国防科技图书出版基金

武器装备研制项目技术状态管理

Configuration Management of Weapon and Equipment Development Program

主　审　吴一戎

主　编　殷世龙
副主编　白　松
许光銮
左金晶
孙友礼

国防工業出版社
·北京·

图书在版编目(CIP)数据

武器装备研制项目技术状态管理/殷世龙主编. —
北京:国防工业出版社,2022.4
ISBN 978-7-118-12143-8

Ⅰ. ①武… Ⅱ. ①殷… Ⅲ. ①武器装备-研制-项目管理 Ⅳ. ①E139

中国版本图书馆 CIP 数据核字(2022)第 038677 号

※

国防工业出版社出版发行
(北京市海淀区紫竹院南路 23 号 邮政编码 100048)
三河市腾飞印务有限公司印刷
新华书店经售

*

开本 710×1000 1/16 **印张** 36 **字数** 600 千字
2022 年 4 月第 1 版第 1 次印刷 **印数** 1—5000 册 **定价** 160.00 元

国防书店:(010)88540777 书店传真:(010)88540776
发行业务:(010)88540717 发行传真:(010)88540762

致　读　者

本书由中央军委装备发展部**国防科技图书出版基金**资助出版。

为了促进国防科技和武器装备发展，加强社会主义物质文明和精神文明建设，培养优秀科技人才，确保国防科技优秀图书的出版，原国防科工委于 1988 年初决定每年拨出专款，设立国防科技图书出版基金，成立评审委员会，扶持、审定出版国防科技优秀图书。这是一项具有深远意义的创举。

国防科技图书出版基金资助的对象是：

1. 在国防科学技术领域中，学术水平高，内容有创见，在学科上居领先地位的基础科学理论图书；在工程技术理论方面有突破的应用科学专著。

2. 学术思想新颖，内容具体、实用，对国防科技和武器装备发展具有较大推动作用的专著；密切结合国防现代化和武器装备现代化需要的高新技术内容的专著。

3. 有重要发展前景和有重大开拓使用价值，密切结合国防现代化和武器装备现代化需要的新工艺、新材料内容的专著。

4. 填补目前我国科技领域空白并具有军事应用前景的薄弱学科和边缘学科的科技图书。

国防科技图书出版基金评审委员会在中央军委装备发展部的领导下开展工作，负责掌握出版基金的使用方向，评审受理的图书选题，决定资助的图书选题和资助金额，以及决定中断或取消资助等。经评审给予资助的图书，由中央军委装备发展部国防工业出版社出版发行。

国防科技和武器装备发展已经取得了举世瞩目的成就，国防科技图书承担着记载和弘扬这些成就，积累和传播科技知识的使命。开展好评审工作，使有限的基金发挥出巨大的效能，需要不断摸索、认真总结和及时改进，更需要国防科技和武器装备建设战线广大科技工作者、专家、教授，以及社会各界朋友的热情支持。

让我们携起手来，为祖国昌盛、科技腾飞、出版繁荣而共同奋斗！

国防科技图书出版基金
评审委员会

前　言

在我国国防工业领域，技术状态管理问题的提出始于1987年国务院、中央军委联合发布的《军工产品质量管理条例》。该法规在"产品质量主要是设计、制造出来的，而不是检验出来的"思想指导下，强调了对产品研制、生产过程中的质量控制，提出了"承制单位要建立技术状态管理制度"，要在研制、生产过程中实行技术状态管理的要求，并规定了技术状态管理的四个方面的活动，即技术状态标识、技术状态控制、技术状态记实和技术状态审核。1988年11月，我国第一次技术状态管理研讨会在成都召开，会议指出：技术状态管理是武器装备研制系统工程管理的重要组成部分，是实施研制、生产质量保证的重要手段。为纪念我国第一次技术状态管理研讨会的召开，作者特编写本书，献给为武器装备论证、研制、生产、使用、服务保障作出贡献的广大装备工作者。

我国在推进武器装备研制的过程中，虽有相关法规和标准的指导，各单位在理解以及实施过程中也不同程度地逐步形成了自己的一套技术状态管理方法，但与现行法规、国家军用标准相比，还都不够系统、完善和严密。武器装备研制过程中，技术状态管理是在整个装备寿命周期中都要实施的一项重要管理内容，是适用并贯穿于装备研制的顶层与源头策划、设计与制造运行、试验与验证考核、试用与使用改进以及维修的全过程；技术状态管理是控制产品质量，对产品实物质量判定、把关以及处置等工作的基础和核心活动。无论是装备顶层与源头策划、设计与制造运行，还是小批量试生产能力的形成和技术、质量管理工作的开展，以及装备的使用与维修全过程，都离不开技术状态管理工作。本书根据国家相关法规、标准的要求，紧紧围绕武器装备研制各阶段，从装备研制的论证阶段起，针对顶层与策划、设计与制造、小批量试生产能力的形成和批生产的研制及生产过程，详细描述了技术状态管理的内涵、时机、文件和实施方法，旨在提高广大从事装备研制设计、工艺控制与管理和质量控制与监督及第三方质量监督人员的技术状态管理水平和能力，切实起到确保研制装备质量一致性、稳定性作用，使装备研制项目的策划与设计过程、试制与生产过程、使用与保障过程，既有法规、标准可依，又有规范书指导。

近年来，装备编制体制调整改革工作使装备研制程序、鉴定定型方式方法和相关法规标准都发生了重大的变化，也给承制单位的新装备研制管理工作带来了不少的挑战和难度。其中装备研制阶段划分的变化对承制单位开展研制流程管理和技术状态管理产生最直接、最明显、最有难度的影响，这让许多承制单位非常困惑，感觉难以适应且无从应对。但是，不论体制、法规、标准如何调整，装备研制流程管理和技术状态管理都是基于系统工程过程的一种技术管理过程，其核心就是"技术状态"。这是一种科学的、内在的、必然的逻辑规律。只要能够熟练地掌握这种"逻辑规律"，不论体制、法规、标准如何变化，承制单位都可以从容、高效地应对，正所谓"万变不离其宗"。

因改革调整工作需要一定的周期，现在新的顶层法规和标准还没有修订或颁布，装备研制工作仍主要沿用原有的法规和标准。虽然在此期间，新老法规时常存在一些冲突，相关标准的应用也存在较多争议，但从权威性、依据性和多年实践应用的角度出发，本书在阐述具体内容和方法时，仍主要使用现行的相关法规和标准。同时，为更好地适应当前改革调整及今后的实际工作，本书对系统工程技术过程和技术状态管理的核心内涵进行了全面、系统的分析，并给出了现有装备研制程序和改革调整后的研制程序对应关系模型，着重从装备研制管理的逻辑和规律上寻找突破口，以指导和帮助承制单位迅速、有效地适应新的改革要求。待新的法规和标准发布实施后，对"武器装备研制管理"系列图书进行系统性修订，界时本书的相关内容自然对应地适应新的法规标准要求。

本书由中国科学院空天信息创新研究院院长吴一戎院士担任主审,殷世龙担任主编,白松、许光銮、左金晶、孙友礼担任副主编。殷涛、王刚(成都局)、杨贞萍、张洪建、薛炎、张晓峰、金伟参加了本书的编写;石永红、李阳、殷波、王刚(上海局)对书中章节进行了专审。

感谢空军装备部驻北京地区军事代表局、中国科学院空天信息创新研究院、中国电子科技集团公司第三十六研究所在本书编写过程中提供的支持和帮助;感谢无锡天宸嘉航科技有限公司的大力协助和支持。感谢原兰空工程部订货处朱玉庆处长、西安局杜有裁局长、白庆宝总代表和原空军工程学院杨先涛主任对系列图书主编自 2012 年以来为用于指导装备研制工作而呕心写作的《武器装备研制工程管理与监督》、《武器装备研制质量管理与审核》、《武器装备研制工艺管理与控制》和《武器装备研制项目技术状态管理》给予的鼓励和帮助。对中国新时代认证中心杨晓蔚同志,空军装备部驻北京地区军事代表局宫黎明同志,中国科学院空天信息创新研究院徐建斌、高鑫、王刚、张志强等同志提出的宝贵意见和建议,在此表示衷心感谢。

目　录

CONTENTS

第一章　技术状态管理综述

技术状态管理是武器装备系统工程管理中,装备研制过程规范地、系统地、迭代地贯彻落实装备研制总要求的一种有效的技术管理手段和方法。开展技术状态管理工作的核心在于对研制装备的技术状态标识。系统单位对研制的武器装备实施技术状态标识后,项目在研制和生产过程中所应完成的工作是自上而下逐级分解形成一个层次体系的,即系统、分系统、设备、组件、部件和零件(元器件)等;尔后,分系统单位再根据本层次项目自上而下逐级分解形成第二层次体系,即设备、组件等;设备单位再根据本层次项目自上而下逐级分解形成第三层次体系,即组件、部件、零件(元器件)等。上述过程仅仅是技术状态标识的第一步,也是技术状态管理最核心的一步。只有将系统或分系统或设备实施分解,提出层次间的接口要求,并且进行特性分类,即指标分析、设计分析以及正确选取检验、验收项目,汇总技术状态项、关键件、重要件以及进货、工序、最终产品和首件检验的项目等,才能建立不同层次技术状态文件(如除了系统级或复杂的分系统级编制系统规范以外,各层次的研制规范、材料规范、工艺规范、软件规范和产品规范等专用规范,验收规范、调试规范、检验规范等质量控制和质量保证文件的要求性文件)并发放。上述过程是技术状态管理的基础,缺少任一环节,技术状态管理都是不健全的,其运行也是不正常的。由此可见,装备的研制如果没有进行技术状态标识,则不可能实施有效的技术状态管理,那时,技术状态控制、记实、审核就是一句空话。本章主要从讲述状态的概念和用途开始,让读者了解并熟知技术状态、技术状态项、技术状态文件、技术状态基线和技术状态管理的概念、内涵、用途,以及技术状态管理的实施现状,技术状态管理与工程管理、产品标识和可追溯性要求的关系等内容,并针对当前武器装备研制的现状,提出了实施技术状态管理的建议等。

第一节　状　　态

一、状的概念与应用

(一) 状的概念

状的含义有多种解释:一是形状、情况;二是陈述、描摹,也指陈述、记叙、申诉和褒奖的文辞或证件,如:行状、传状、诉状、奖状等;三是善状、礼貌等。

(二) 状的应用

状的用途也很广,从唐代开始的科举考试以名列第一为元:乡试第一为解元,会试第一为会元,殿试第一为状元。因举人赴京应礼部试者皆须投状,称居首者为状头,故有状元之称;中状元者号为“大魁天下”,是科名中最高荣誉,又因其为殿试一甲第一名,亦别称殿元。

“状”还用于现代汉语中的状语。状语是动词、形容词前面修饰或限制的成分,它表示动作的状态、方式、时间、处所或形状等。状语一般用副词、形容词或表示处所和时间的名词来充当。如“很好”“慢慢地走”“屋里坐”“下午开会”中的“很”“慢慢”“屋里”“下午”。状语后面有时要用助词“地”。

二、状态的概念与应用

(一) 状态的概念

状态是人或物表现出来的形态。我们到火车站乘火车时,首先应在候车室处于“等待”状态,即等待检票准备进站台上车;火车进站前十分钟,通知转入“进站”状态,即进火车车厢。这一过程,反映了人表现出来的一种动态形态。

计算机进入睡眠状态,即为不工作、不显示画面的情况,它反映了一件物体表现出来的一种动态形态。汽车点火开关有 START、ON、ACC、LOCK 四个不同的挡位,即四种不同的状态供选择;ACC 状态是接通汽车部分电器设备的电源,如 CD、空调等;正常行车时钥匙处于 ON 状态,这时全车电路处于工作状态;START 挡是发动机启动挡位,启动后恢复正常状态也就是 ON 挡;锁车后钥匙处于 LOCK 状态,此时,钥匙门锁住方向盘,同时切断全车电源。

(二) 状态的应用

在科学技术中,状态指物质系统所处的状况。物质系统的状态由一组物理量来表征。例如:质点的机械运动状态由质点的位置和动量来确定;由一定质量气体组成的系统的热学状态由系统的温度、压强和体积来描述。在外界作用下,物质系统的状态将随时间而变化。状态一词也指各种聚集态,如物质的固态、液态和气态等。

状态系数是热力学中表示物质系统或工质所处状态的量。物质系统或工质在一定的状态下,其状态参数有一定的数值。常用的状态参数有温度、压力、比容、浓度、内能、焓、熵等。

第二节　技术状态

一、技术的定义与概念

(一) 技术的定义

对技术的本质和意义进行考察研究,始于古希腊,亚里士多德曾把技术看作是制作的智慧。在罗马时代,工程技术比较发达,人们对技术不只看到“制作”这一实的方面,也看到了“知识形态”这一虚的方面。18 世纪,法国思想家狄德罗(1713—1784)在他主编的《百科全书》中列入了“技术”条目。他指出:“技术是为某一目的共同协作组成的各种工具和规则体系。”这是较早给技术下的定义,至今仍有指导意义。

(二) 技术的概念

技术最原始的概念是熟练。所谓熟能生巧,巧就是技术。技术远比科学古老。事实上,技术史与人类史一样源远流长。广义地讲,技术是人类为实现社会需要而创造和发展起来的手段、方法和技能的总和。作为社会生产力的社会总体技术力量,包括工艺技巧、劳动经验、信息知识和实体工具装备,也就是整个社会的技术人才、技术设备和技术资料。

阐明技术概念的五个要点是:

(1) 把技术与科学区别开,技术是“有目的的”;

(2) 强调技术的实现是通过广泛“社会协作”完成的;

(3) 指出技术的首要表现是生产“工具”,是设备,是硬件;

(4) 指出技术的另一个表现形式——“规则”,即生产使用的工艺、方法、制度等知识,也就是软件;

(5) 和科学一样,把定义的落脚点放在“知识体系”上,即技术是成套的知识系统。

技术的这个概念及定义,基本上指出了现代技术的主要特点,即目的性、社会性、多元性。直到现代,许多辞书上的技术定义,基本上没有超出狄德罗的技术概念。

(三) 技术的内涵

技术,泛指根据生产实践经验和自然科学原理而发展成的各种工艺操作方法与技能,它是知识进化的主体。如计算机等新技术的产生使人们相信技术是社会进化的决定性力量,换句话说,它是驱动改变的自发性动力。它可以指物质,如机器、硬件或器皿;也可以包含更广的架构,如系统、组织方法和技巧。

技术是有条件的、有前提的,或者说是有特定环境要求的。一种技术必然是在一个或几个明确的或默示的条件规定下的特定环境内有效的方法。技术必须符合科学规律才能发挥作用。技术的条件性要求我们在应用技术时,应该认真考察我们的目标环境是否适合这项技术的应用。

技术是总结出来的一种方法;不是活动,而是一种抽象。技术对环境的要求是随着人们的认识深入而变化的,在一个生产活动中,一种技术的应用只考虑环境的一个或几个特定变量,而其他环境变量被忽略了,这是必然的,这些被忽略的环境因素也可以影响技术发挥作用。人们对技术的认识需要一个过程,技术抽象性要求我们在应用技术时必须有意识地把技术和实际联系起来,并注意到任何总结出来的技术都不是一成不变的,有待我们进一步完善。

技术是有目的的,任何技术从其诞生起就具有目的性。技术的目的性贯穿于整个技术活动的过程之中。没有目的,技术就不成为技术了。技术的目的性要求我们在拥有技术时,要认识到我们应用这种技术除了能够获得我们想要的结果,还会得到一些我们意想不到的结果,而这些结果产生的影响可能对我们有间接的意义。技术涵盖了人类生产力发展水平的标志性事物,是生存和生产工具、设施、装备、语言、数字数据、信息记录等的总和。

二、技术状态简介

(一) 技术状态的由来

对于 configuration(技术状态)一词的译法,从 20 世纪 80 年代中期这一名词被引进后,就有多种不同意见。该词一般被直译为外形、轮廓、构造、构型、配置等。但从 configuration 的定义看,显然不仅是外形或构造。当时,用法较多的是构型、技术状态和配置。自从 1987 年《军工产品质量管理条例》提出了要实行技术状态管理的要求后,就明确了技术状态管理的内容就是技术状态(configuration)的内容。为了与上级文件保持一致,之后的有关资料均将 configuration 译为技术状态,GJB 3206《技术状态管理》中沿用了技术状态这一术语。

但在民用飞机研制过程中,认为“构型”的提法更符合他们的实际情况,因此至今仍采用“构型”的概念。

在软件工程中,根据软件研制的特点和传统习惯,对 configuration 一词更多地翻译为“配置”。因此,很多时候软件技术状态管理也称为软件配置管理。但有些情景下,软件技术状态管理和软件配置管理也存在一些侧重点的不同。称“软件技术状态管理”时,更强调其需求的充分性、设计的规范性、阶段的控制程度、版本的冻结或固化程度等,与本书中硬件产品的技术状态管理含义更为接近。称“软件配置管理”时,更强调其组成的模块、结构、单元、代码等和配置的数据、库文件、文档、环境等,与硬件产品的图样管理、工艺管理、文件管理等内涵更为接近。

与此同理,英文中的 specification 一词,在传统装备研制领域(硬件产品)一般翻译为“规范”,有时也翻译为“规格书”,如系统规范、研制规范、产品规范、材料规范、工艺规范等。该“规范”是技术状态管理的核心内容,本书阐述的技术状态管理方法和内容就是以“规范”为核心展开的。而在软件行业,specification一词一般翻译为“规格说明”,如系统规格说明、需求规格说明、接口需求规格说明、产品规格说明等,有时也被翻译为“规范”,如GJB 6387《武器装备研制项目专用规范编写规定》和GJB 2102《合同中质量保证要求》中所称的“软件规范”。本书为提高适用性和易理解性,对specification一词采用了“规范(规格说明)”的提法,以顾及装备研制领域大部分工程设计与管理人员的习惯和传统,也兼顾以硬件为主的标准和软件行业标准的要求。需要说明的是,“软件规范”并非指某个具体的文件,该词兼顾包含了软件需求规格说明、接口需求规格说明和产品规格说明,在阅读本书时应根据上下文语境理解。一般情况下,从研制阶段和主要内容上讲,系统规格说明对应硬件系统的“系统规范”,软件需求规格说明对应硬件产品的“研制规范”,软件产品规格说明对应硬件产品的“产品规范”。

(二)技术状态的定义

GJB 1405A《装备质量管理术语》中3.20对技术状态进行定义:技术文件中规定的,并在产品中达到的功能特性和物理特性。

该定义明确了产品的技术状态就是产品的特性,并将产品特性分为功能特性和物理特性两部分。这些特性应在技术文件中明确规定,并在按文件要求所生产出的产品中实际达到。只有这样才能确认该产品的技术状态。

(三)技术状态的内涵

什么是技术状态?国际标准和美国军用标准中对configuration一词均有相同的明确定义。简言之,一个系统的技术状态就是该系统的特性,即功能特性和物理特性(功能特性包括性能、可靠性、维修性等;物理特性包括外形、尺寸、配合等),而这些特性又必须在各种文件中标识清楚。为了解决在研制、生产中如何实现它的功能特性和物理特性,控制这些特性的更改变化,记录并报告变化的信息,并对系统实际达到的特性进行审核等一系列问题,就产生了技术状态管理的概念。

GJB 3206A《技术状态管理》中将功能特性定义为:“产品的性能指标和设计约束条件,如战术技术指标、使用保障特性等。”这就明确指出,对武器装备不能只要求性能指标,而必须同时注重其使用效能和适用性的要求。诸如使用范围、速度、杀伤力等性能指标以及可靠性、维修性和安全性等,反映使用效能和适用性的保障性要求。

GJB 3206A中将物理特性定义为产品的形体特性,如组成、尺寸、表面状态、形状、配合、公差、质量等,又称为实体特性。形体特性过去都有要求,这里综合起来给出了物理特性这一新的概念。

三、技术状态文件

技术状态文件是规定技术状态项的功能特性和物理特性,或从这些内容发展而来的关于技术状态项的验证、使用、保障和报废要求的技术文件。技术状态文件一般分为功能技术状态文件、分配技术状态文件和产品技术状态文件。这三种技术状态文件在产品寿命周期不同阶段进行编制、批准和保持,且在内容上逐级细化。

定义中明确规定,技术状态文件是规定技术状态项的要求所必需的文件。也就是说,技术状态文件就是技术状态项文件,是其他项目根据其自身情况,编制其所必需的技术文件的依据。

(一) 技术状态文件的定义

技术状态文件的定义,在 GJB 3206—1998《技术状态管理》中 3.8 条阐述得比较清晰、明确,即规定技术状态项的要求、设计、生产和验收所必需的技术文件。GJB 3206A—2010《技术状态管理》中的 3.6 条规定技术状态项的功能特性和物理特性,或从这些内容发展而来的关于技术状态项的验证、使用、保障和报废要求的技术文件是一样的。不难看出,技术状态项文件是贯彻武器装备研制总要求及技术协议书的技术文件,也是装备研制过程中传递设计要求、验证装备研制过程质量的文件,同时还是规范装备生产、检验和验收的规范性文件。

在装备研制的论证阶段,首先应制定系统级的功能技术状态文件,即系统规范。根据功能技术状态文件的要求,在下一阶段即方案阶段中,制定描述出具有各技术状态项的分配技术状态文件,即研制规范;根据分配技术状态文件要求,进一步制定产品制造所必需的各类文件、图样,即产品技术状态文件,如材料规范、工艺规范、软件规范和产品规范。与此同时,对于配套设备、外协外包组件、部件及零件也应建立相应的技术状态文件。随着对各技术状态文件的评审、修改和确认,产品设计渐趋完善。所以定义中规定:“这三种技术状态文件,在不同的研制阶段进行编制、批准和保持,且在内容上逐级细化。”

技术状态文件通常是直接作为产品研制、生产或使用保障依据的技术文件,其主要包括规范、图样及其他需要的技术文件。计算报告、试验报告等技术文件虽是产品定型所需技术文件,但一般不作为技术状态文件。

(二) 技术状态文件的分类

技术状态文件一般分为功能技术状态文件、分配技术状态文件、产品技术状态文件。技术状态文件应循序渐进地描述武器装备系统与技术状态项的要求。

功能技术状态文件是编制分配技术状态文件的依据和基础,分配技术状态文件是编制产品技术状态文件的依据和基础。从功能技术状态文件到分配技术状态文件再到产品技术状态文件是一级接一级的。三者之间应相互协调并具有可追溯性，后者应对前者进行扩展和细化，有些内容具有进行传承的义务。如果三者之间出现矛盾，其优先顺序是功能技术状态文件、分配技术状态文件和产品技术状态文件。下面对三种文件进行细化说明。

1. 功能技术状态文件

功能技术状态文件是规定武器装备系统或独立研制的重大技术状态项的功能特性、接口特性以及验证上述特性是否达到规定要求所需进行的检查的文件。在武器装备研制的论证阶段，输出的功能技术状态文件是系统规范，在方案阶段系统规范被确认。

在装备研制的论证阶段，承制单位应按一报批复的装备研制立项报告或合同书的要求，编制形成系统功能基线所要求的功能技术状态文件，即系统规范。对单独研制的重大项目而言，是项目的研制规范加上其他适用文件。系统规范是系统的功能、性能、验证和质量保证的规范，其主要内容为功能特性（如系统能力、可靠性、维修性、环境条件、运输性、电磁兼容性、生产性、互换性、安全性、人机工程、计算机资源要求、综合保障要求等）、接口要求和验证要求等，与《主要作战使用性能》的技术内容协调一致。

系统规范一般由承制单位从论证阶段开始编制，随着研制工作的进展逐步完善，到方案阶段结束前经合同监管机构主管研制项目的业务机关正式批准（或参加审查通过后），纳入方案阶段的研制依据。

2. 分配技术状态文件

分配技术状态文件是规定技术状态项内容的文件，包括从武器装备研制的系统或从高一层技术状态项分配给该技术状态项的功能特性、接口特性、接口要求，附加的设计约束条件，验证上述特性是否达到规定要求所需进行的检查。武器装备研制的方案阶段，输出的分配技术状态文件是研制规范。

在方案阶段，承制单位应按研制总要求及技术协议书和合同要求编制形成各技术状态项分配基线所要求的分配技术状态文件。分配技术状态文件包括项目（指下一层次设备）研制规范（对于软件配置项目应是软件需求规格说明）、相关接口控制文件及其他适用文件。项目研制规范的主要内容一般是，功能特性、接口要求、附加的设计约束条件和验证要求等。

研制规范描述分系统或设备以下层的功能特性、接口要求和验证要求等；属研制规范范畴的软件规范描述软件产品的工程需求、合格性需求和验证要求以及接口要求、数据要求和验证要求等，其应与装备研制总要求及技术协议书的技术内容协调一致。研制规范一般由承制单位从方案阶段开始编制，随着研制工作的进展逐步完善，到工程研制阶段技术设计结束前经合同监管机构主管研制项目的业务机关正式批准或通过驻厂代表的评审确认，纳入工程研制阶段的研制合同(或签署相关技术协议书等)。

3. 产品技术状态文件

产品技术状态文件是规定技术状态项内容的文件,包括技术状态项所必须有的功能特性和物理特性、被指定进行质量一致性检验的生产验收试验的功能特性和物理特性、为保障技术状态项合格所需的验证试验。

在工程研制阶段,承制单位应按研制总要求及技术协议书和合同要求进行各技术状态项的工程设计和产品试制与试验工作,编制形成各技术状态项产品基线所要求的产品技术状态文件,包括产品项目研制规范、工艺规范、材料规范、软件规范、设计图样(设计定型或鉴定之后称为产品图样)和其他技术文件。产品技术状态文件应说明技术状态项必需的物理特性和功能特性,以及证明达到这些特性要求所必需的验收检验方法。这些文件共同构成技术状态项的成套技术资料。

产品规范描述产品的功能特性、物理特性和验证要求等;属产品规范范畴的软件规范描述软件产品(含产品中的软件)的软件设计与编译/汇编程序和验证要求等;材料规范描述材料的性能、形状和试验要求;工艺规范描述用于产品或材料制造的专用工艺所需的材料、设备及加工等的控制要求。产品规范一般由承制单位从工程研制阶段早期开始编制(即初样机后期),随着研制工作的进展逐步完善,到工程研制阶段详细设计结束前经合同监管机构主管研制项目的业务机关正式批准或通过评审确认(评审确认指研制工作可以按产品规范的要求进行工作;定型或鉴定试验前,形成正式文件,表明产品研制已进入设计定型或设计鉴定定型状态,即设计定型阶段的定型试验状态)。

(三) 技术状态文件与技术文件

技术状态文件与技术文件是有区别的。技术文件是有关装备研制、使用与维修的指令性和指导性文件的统称,是装备研制、使用与维修的基本技术依据。并非所有的技术文件都是技术状态文件。技术文件可分为型别技术文件和遂号技术文件两类。

型别技术文件适用于同型的所有装备,主要包括:说明装备性能、构造和工作原理的技术说明书、图册和图样;使用及技术的手册和守则;维修规范、技术细则、维修规程、修理技术标准、修理容差图册;使用和维修必备的工具、仪器、试验台、设备、设施和零备件等的使用说明书,成套或单机配套清单,零件图册;各种类型的技术通报等。

遂号技术文件适用于每一件(号)的具体装备或部件,包括其履历本、合格证、证明书等,用以记录装备或部件出厂时的原始情况和使用中的维修情况,以及耐久性、使用保证期、重量与平衡、水平测量结果、使用限制等。由于现代先进技术装备的技术文件数量庞大、种类繁多,为便于提供和减少费用,有的采用计算机软件等形式给出。

武器装备寿命周期内生成的技术文件多种多样。从装备研制的五个阶段中派生的技术文件按主要内容的表现形式划分一般包括：

1. 图样

（1）按 GJB 2993《武器装备研制项目管理》和 GJB 1362A《军工产品定型程序和要求》规定，图样在研制过程中有四种不同的表示形式，设计定型前称为设计图样，其中包含试制图样和生产图样；设计定型后称为产品图样，属于技术状态文件。

（2）图样的种类含整机及零、部、组件结构图，安装图，随机工具图，地面设备图及各类工装图等。

2. 文字文件

文字文件如计算文件、调试细则、接口文件、说明书、维修手册、使用维护说明书、大纲、试验规程、报告和总结类等，属于技术文件。

3. 表格文件

表格文件如配套表、明细表、汇总表和目录等，属于技术文件。

4. 文件内容维度

技术文件有二维形式和三维形式：传统的技术文件是二维形式；三维形式的技术文件是随着信息技术的发展而出现的，如三维虚拟模型。

5. 专用规范规定

GJB 6387《武器装备研制项目专用规范编写规定》规定的武器装备研制项目专用规范是产品寿命周期内生成的技术状态文件（也是技术文件）。GJB 1405A《装备质量管理术语》规定，规范是阐明要求的文件，因此，规范文件就是要求性文件。

6. 产品技术文件体系组成

根据相关标准规定，国家标准、国家军用标准、行业标准等标准化文件通过法定采用或在产品技术文件中的引用而成为产品技术文件体系的组成部分。

（四）技术状态文件的编写和签署

技术状态文件的编写和签署是有严格规定及明确要求的，除按一般技术文件编写和签署的管理规定外，还应强调：

（1）确定每个技术状态项在不同阶段所需技术状态文件的名称、标识号、内容和责任主体。

（2）技术状态文件应随产品的寿命周期阶段递进、研制工作深化而逐步完备。

（3）技术状态文件的内容和格式应按相应标准规定执行。其中，武器装备研制项目专用规范按 GJB 6387 编写（如系统规范、研制规范、材料规范、工艺规范、软件规范和产品规范)。

(4) 技术状态文件都应有标识,标识号应具有唯一性。

(5) 技术状态文件应按相应程序进行签署。

(五) 技术状态文件的发放和保持

技术状态文件的发放和保持也是有明确规定及时机要求的,除按一般技术文件发放和保持的管理外,还应强调:

(1) 制定技术状态文件发放的程序。技术状态文件未经批准不应发放(或编制成程序文件)。

(2) 记录并保存技术状态文件的发放信息。

(3) 技术状态基线建立后,应控制并保持所有现行已批准的技术状态文件的原件。

四、技术状态项

从 GJB 3206A 中 3.5 技术状态项的定义(能满足最终使用功能,并被指定作为单个实体进行技术状态管理的硬件、软件或其集合体)可以看出,技术状态项可以是硬件,也可以是软件或其集合体。由此可知,武器装备研制中使用的软件也和硬件一样,要从系统或分系统或设备中分解、分析、选择、确定技术状态项进行技术状态管理。

技术状态项的形成过程,实际上就是技术状态管理活动的标识、控制、记实和审核四大功能中,最关键、最首要的技术状态标识的形成过程,此过程含产品的结构分解、接口要求、设计分析和结果汇总等。其结果不仅得出了技术状态项,而且还得出了关键件、重要件,过程工序检验项目,最终产品检验项目,以及自制项目和外包外协项目的检验或验收汇总情况等。

(一) 技术状态项的内涵

什么项目可作为技术状态项,并实施技术状态管理?相关定义中明确了两个条件:一是能满足最终使用功能,即该项目具备功能特性和物理特性;二是被指定为单个实体,也就是说,它是一个独立的单个的实体。只有这种项目才能对其功能特性和物理特性进行标识、控制、记实和审核,才有进行技术状态管理的必要。所以,技术状态管理是以技术状态项作为单元来进行的。

技术状态项从产品的系统层以下五个层次中选择,每个产品层次的技术状态项所具备的功能特性和物理特性是不一样的。只有在同层次中,技术状态项选定后才具有一定的代表性,如一个设备内有五个功能特性和物理特性基本相同的组件,可选择其中一个作为技术状态项实施技术状态管理,其余四件按同样的技术状态文件、方法进行管理,这样就可以起到技术状态管理及控制的效果。

（二）技术状态项的形成

从技术状态项的内涵可以得出，产品被分为六个层次，那么，任一层次的下层次产品都有可能是上层次的技术状态项。根据 GJB 190《特性分类》的要求，按重要性、代表性、复杂性和经济性进行设计分析确定。

根据 GJB 2993 中 5.4.2 承制单位应按照研制合同开展的论证和验证工作中 a 条的要求，按照 GJB 2116A《武器装备研制项目工作分解结构》对武器装备系统进行逐级分解，形成工作分解结构，为确定技术状态项，进行费用估算、进度安排和风险分析提供依据。

对武器装备系统进行逐级分解，涉及装备研制的系统层厂家，分系统层厂家，设备层、组件层、部件层，甚至零件层厂家，所在的分解层次不同，技术状态项的内涵是不同的，如主要战术技术指标、使用要求和初步的总体技术方案是不一样的。所以，各层次技术状态项的形成，都必须经过以下四个步骤：

1. 结构分解

按照 GJB 2116A 中的要求，对武器装备系统进行逐级分解，即各层次的分解，从而形成层次性产品（硬件和软件）工作分解结构的那一独立部分（详细的分解结构步骤在本书第二章中讲述）。

2. 设计分析

按照 GJB 190 中的要求，对产品特性实施识别并分类，形成特性分析报告。此项工作由设计部门将型号设计要求利用相关报告和专用规范文件输出，以便于工艺部门、质量部门和生产部门了解型号的设计意图和设计的技术要求，并通过相关部门参加的评审、审查，不断完善和提高产品的设计质量和可生产性。

产品的特性分类，有利于在实施质量控制中分清主次，控制重点，严格产品标识，保证产品质量的稳定性和可追溯性；有利于对选取的各类检验项目分别提出规范性要求，即形成试验规范、检验规范、验收规范等；有利于质量部门或检验部门合理安排检验力量，编制试验规程、检验规程和验收规程等。与此同时，合同监管机构应有针对性地开展对产品质量的监督和审查。

3. 项目汇总

通过结构分解、明确接口控制要求和进行设计识别分析后，建立各类汇总表格，供技术状态管理过程实施。这些表格包括：

（1）技术状态项汇总表；

（2）关键件、重要件汇总表；

（3）互换性项目（含替换、互换以及国外代用项目）汇总表，同时在产品规范中明确；

（4）检验（进货、工序和最终产品）项目和验收项目（外包、外协和自制件）等规范性文件汇总表，并在编制及发放的检验规范和验收规范中明确。

4. 产品层次关系

产品层次是法规和相关标准规定的，它们之间的关系也是技术状态项之间的关系。在装备研制过程中，其变化也是很频繁的，这种变化将影响着层次技术状态项的变化，其变化规律一般有以下三种。

（1）系统策划时，从系统伊始逐级向下以规范的形式提出系统要求、接口要求及相关技术状态文件的要求。

（2）系统集成时，从元器件、原材料伊始，逐级向上一级形成产品质量保证，即通过检验规程检验合格后交付；上一级形成质量控制文件，通过验收规程的检验，接收已合格的产品。

（3）同层次或向上一层次交付时，存在质量保证和质量控制的关系，一方交付时要有质量保证，即经检验规程检验合格后才能交付；另一方接收，必然要有质量控制文件，即经验收规程检验合格后，才能接收同层次或下层次交付的产品。产品层次间的关系，如表 1-1 所列。

表 1-1　产品层次关系表

项目 层次	系统级	分系统级	设备级	组件级	部件级	零件级
一层	系统 1 个					
二层		分系统 N 个 分系统 1 个				
三层			设备 N 个 设备 1 个			
四层				组件 N 个 组件 1 个		
五层					部件 N 个 部件 1 个	
六层						零件（元器件、原材料）N 个

（三）技术状态项文件属性

在武器装备研制过程中，确定为技术状态项的项目，一般都应有一整套技术状态文件，这些技术状态项的文件从系统工程管理全过程划分，其属性一般有以下四种类型：

1. 规范类技术状态文件

规范类技术状态文件是指武器装备研制项目专用规范类的要求性文件。装备研制每上一层次，如系统层给分系统层、设备层提要求的技术状态文件，以及装备研制的每上一层次给下一层次提要求，都是以规范类文件的形式传递的。GJB 1405A 中 2.38 条规定，阐明要求的文件用规范表示。换句话说，规范类的文件就是要求类的技术文件。如装备研制过程的系统规范、研制规范、材料规范、工艺规范、软件规范和产品规范等专用规范，都是系统层次文件或上一层次向下一层次（如分系统层、设备层等）提出功能特性、物理特性以及接口要求的规范性文件，即技术状态文件。

分系统层再依层次类推，每一个产品层次都形成一批规范类技术状态文件（相关标准规定，分系统、设备以下级不编制系统规范，只编制研制规范、材料规范、工艺规范、软件规范和产品规范）。

需要说明的是，产品基线的四个规范，即材料规范、工艺规范、软件规范和产品规范的编制，一般情况下要根据产品的复杂程度进行编制。简单产品可以不编制工艺规范，如有工艺要求时，应编制在产品规范的相关章节中；简单的机械产品可以不编制软件规范，如有软件要求时，应编制在产品规范的相关章节中。技术状态基线的详细内容见本书第二章第四节。

由此可见，装备的研制项目在研制过程中，产品层次不同，其技术状态管理的模式也是不同的，即技术管理文件的项目、内容、要求以及相关术语是不同的。

规范类技术状态文件，也属于设计类技术文件的范畴，必须依据 GJB 6387 的要求，根据研制状态、逐产品层次完成编制并适时进行评审和审查确认后实施。

2. 设计类技术状态文件

设计类技术状态文件是武器装备研制系统工程过程和寿命周期内，技术状态项综合策划的设计文件，如型号研制的总体要求或产品层次的技术方案或研制方案，标准化大纲、特性分析报告，以及将工程专门综合工作的，如可靠性、保障性、维修性、测试性、安全性和环境适应性、互换性、电磁兼容性、运输性、人机工程等的要求及时而恰当地综合到武器装备的设计中去，并按相关标准形成可考核或验证的设计类文件，如可靠性、保障性、维修性、测试性、安全性和环境适应性大纲，以及互换性、电磁兼容性、运输性大纲和操作性的规程、报告（计算、设计、数学模型）等。

值得一提的是，有些文件具有双重性。如 GJB 1406A《产品质量保证大纲要求》中 4.2.4 规定，产品应按 GJB 450A《装备可靠性工作通用要求》、GJB 368B《装备维修性工作通用要求》、GJB 2547A《装备测试性工作通用要求》、GJB 900A《装备安全性工作通用要求》和 GJB 3872《装备综合保障通用要求》等标准的要求，分别编制可靠性、维修性、测试性、安全性和综合保障等专业大纲，并将其作为产品质量保证大纲的组成部分。

3. 生产类技术状态文件

生产类技术状态文件主要指技术状态项的工艺文件，工艺文件包含通用工艺文件和专用工艺文件。在产品试制或小批量试生产过程中，专用工艺文件主要包含生产性工艺文件和工艺工装工艺文件。

生产性标准化类文件包括型号的工艺标准化综合要求或工艺标准化大纲。

生产性工艺文件包括型号的工艺总方案、工艺规程、生产图样、工艺路线表、随件流转卡以及产品各种过程卡、工序卡、检验卡、调整卡、指令等。

工艺工装工艺文件包括专用工艺装备明细表、外购工艺装备明细表、工位器具明细表、专用工艺装备设计任务书、专用工艺装备使用说明书和工艺装备验证书等。

4. 质量类技术状态文件

质量类技术状态文件针对产品而言，主要指产品质量要求类、产品质量保证类和产品质量控制类技术文件。这些技术文件中技术状态项的功能特性和物理特性已充分体现了规范性文件的要求，已可验证产品的功能特性和物理特性，考核其战术技术指标是否满足相关要求。

《武器装备质量管理条例》中第三十六条规定，武器装备研制、生产单位应当按照标准和程序要求进行进货检验、工序检验和最终产品检验，对首件产品应当进行规定的检验，对实行军检的项目应当按照规定提交军队派驻的现场代表检验。在产品的质量控制过程中，对于采购产品（含外购、外协、外包）检验、顾客提供产品的检验、生产过程（工序）检验、产品的最终检验、提交顾客代表检验、产品包装检验等都应该根据相关标准以及规范性文件的要求，编制不同的检验规程或验收规程等操作性技术状态文件进行检验或验收。如对于生产过程（工序）检验，属于工艺过程的质量控制范畴，应编制工艺规程实施控制；对于外包接收的产品，应编制验收规程进行验收检验，合格后才能接收；对于采购的货架产品应按编制的复验规程进行验收。

1）产品质量要求类文件

产品质量要求类文件，包括试验规范、检验规范、验收规范等。根据 GJB 190 活动过程要求，按技术指标分析和设计分析所需保证的关键或重要特性以及该特性在零件或装配件上检验的可能性和经济性进行综合分析后，选定检验单元（注：过程控制的，需检验或验收的技术状态项），提出检验或验收的技术要求并输出，如试验规范、调试规范、检验规范、验收规范等，以此作为工艺管理和质量管理及编制调试规程、试验规程、检验规程和验收规程的依据文件。

2）产品质量保证类文件

在产品研制之初，一般是按 GJB 1406A 编制的产品质量保证大纲和可靠性、保障性、维修性、测试性、安全性、环境适应性大纲等作为装备研制的质量保证文件。当产品交付时，本着下一层次为上一层次负责的原则，拟交付的产品必须经产品质量保证文件检验合格，即经检验规程或试验规程检验或试验合格后，质量管理人员或检验人员根据相关法规、标准的要求，才能完成交付或部署。

3）产品质量控制类文件

产品质量控制类文件，是指产品在研制过程中，对采购产品、配套产品、外包（含外协）产品和自制产品进行接收时的质量控制文件，即检验用的验收类文件。

根据《〈武器装备质量管理条例〉学习读本》的解释，进货检验有以下几种情况：

（1）对货架产品的质量控制检验，采用复验规程实施控制检验；

（2）对配套产品的质量控制检验，采用验收规程实施控制检验；

（3）对外包产品的质量控制检验，采用验收规程实施控制检验；

（4）对自制产品的质量控制检验，采用检验规程或工艺规程实施控制检验。

根据 GJB /Z 16《军工产品质量管理要求与评定导则》要求，器材复验的检测方法与验收标准，应与供应单位保持一致。实际操作方法是，在技术协议书中应明确规定供应单位将出厂使用的质量保证文件，即检验规程提供一份给承制单位；承制单位将其改编成入厂控制的质量控制文件，即验收规程用于检验供方单位交付的产品。

4）产品质量证明类文件

产品质量证明类文件是指装备履历本、设备履历本以及产品合格证。

装备履历本是装备出厂的质量证明、使用、维护及排故记录的基本文件，供承制单位、合同监管机构及翻修单位共同使用。

设备履历本一般用于合同监管机构需做性能检查或定期检查记录的产品。

产品合格证一般用于合同监管机构不需做性能检查的产品。

对于结构简单，或无件号交付的产品所采用的合格证，对其格式的相关标准并未作规定，由承制单位自行决定。

飞机履历本按照 GJB 2488《飞机履历本编制要求》编制；机载设备履历本及产品合格证按照 GJB 2489《航空机载设备履历本及产品合格证编制要求》编制。

5）产品质量类文件的关系

下面通过一个产品的外包或外协过程，介绍产品质量保证、质量控制和质量证明文件之间的关系及区别，如图 1-1 所示。

（1）产品的外包或外协从产品的质量保证和质量控制角度来说，其方法和活动的项目是一样的。外包和外协的区别主要体现在工艺文件的编制上。当承制单位提要求，供应单位编制工艺设计、生产图样等工艺文件时，此状态称为外包，否则就是外协。

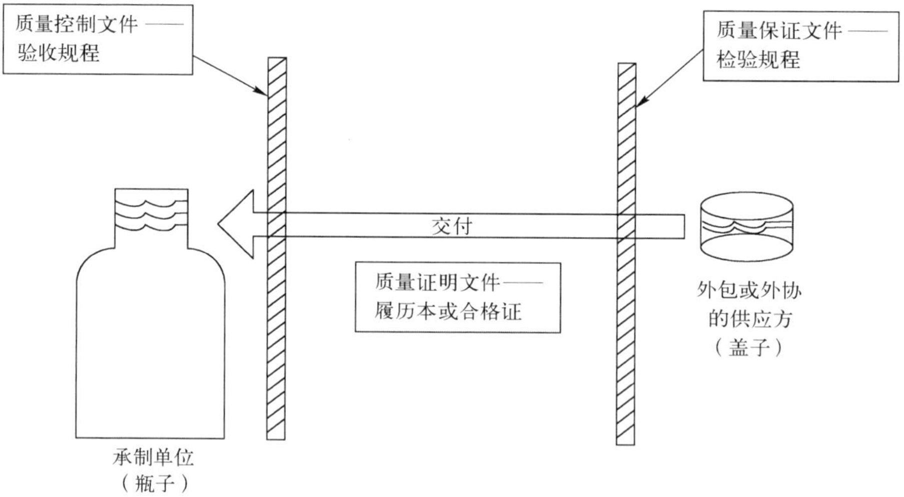

图 1-1　产品外包或外协关系图

（2）外包或外协供应方的瓶盖做好后，必须通过其质量保证文件之一的检验规程检验合格后，提交军方代表用检验验收规程检验合格后，由供应方交付承制单位。

（3）检验规程必须按照承制单位检验规范的要求、产品规范规定的相关内容以及 GJB 1442A《检验工作要求》的格式及内容编制。

（4）检验规程是供应方向承制单位实施产品质量保证的文件。在签订技术协议书时，应按 GJB /Z 16 中，器材复验的检测方法与验收标准应与供应单位保持一致的规定，即可提供一份检验规程给承制单位，使其改编成验收规程，从而形成对外包或外协产品的质量控制文件。对同一个产品的检验与验收应做到其产品的质量保证文件和产品的质量控制文件要求是一致的。

（5）验收规程必须按验收规范的要求和产品规范规定的相关内容进行编制，并在形成质量保证文件和质量控制文件前，将相关事宜写入技术协议中以制约双方实施。

五、技术状态基线

技术状态基线是技术状态管理的两个关键要素之一，如何建立基线，建立什么样的基线是技术状态管理的关注焦点。本小节主要围绕基线建立的时机、基线建立的方式和三种基线的内在关系，进行阐述。

（一）技术状态基线概述

技术状态基线，是一个型号研制开发阶段形成以后对产品状态的描述，也是下一层次产品研制开发活动的主要依据之一，因而，技术状态基线的建立，应当在上一级基线建立、受控后进行。由此可见，技术状态基线的管理是技术状态控制的基础。

（二）技术状态基线建立

在技术状态基线建立过程中，操作者应抓住三个重要环节：

（1）把握基线建立的时机；

（2）掌握基线建立的有效方式；

（3）正确理解三种基线的内在关系。

产品寿命周期内，在型号的研制伊始一般应建立三种技术状态基线，即功能基线、分配基线和产品基线。这三种技术状态基线应循序渐进地描述技术状态项的要求，并由相应的技术状态文件体现，即功能技术状态文件、分配技术状态文件和产品技术状态文件。这三种技术状态文件之间应相互协调并具有可追溯性，且后者应对前者进行扩展和细化。

技术状态基线各阶段的技术状态文件可以归纳为：论证阶段后期或方案阶段中期的系统层需编制草拟的系统规范，将作为单独系统进行管理的高层次重大项目的系统功能基线；方案阶段中期编制各技术状态项功能的分配基线文件、研制规范以及产品基线文件的材料规范、工艺规范、软件规范；工程研制阶段中期编制各技术状态项产品基线文件的产品规范；在各级的功能技术状态审核和物理技术状态审核后，经设计定型审查批准，在生产定型阶段的小批量试生产状态前确立产品基线。

在技术状态基线建立过程中应注意以下几个问题：

（1）在技术状态基线建立之前，承制单位应编制建立技术状态基线所需的技术状态文件的清单，并提交合同监管机构认可。所列技术状态文件应满足合同及技术协议书的要求。

（2）功能基线应与型号的主要使用要求（含技术指标）协调一致；分配基线应与型号的总体技术方案协调一致。

（3）技术状态基线应通过技术审查方式确定，技术审查按照 GJB 3273A《武器装备研制项目技术审查》执行。技术状态基线建立的标志应是组成基线的技术状态文件全部获得合同监管机构的确认。

（4）功能基线，其代表状态文件是系统规范，一般在型号研制的方案阶段建立。分配基线，其代表状态文件是研制规范，一般在产品的方案阶段中期建立。产品基线，其代表文件是四个规范，即材料规范、工艺规范、软件规范和产品规范。材料规范、工艺规范、软件规范是在方案阶段中期形成并提出研制要求，只有产品规范是在工程研制阶段中期编制，一般在设计定型时批准确认，以规范小批量试生产和批生产。

（三）技术状态基线的维持

（1）功能基线、分配基线和产品基线一般应自建立时起，维持到产品寿命周期结束为止。

（2）技术状态基线的修订应结合技术状态控制活动进行。原技术状态基线中不再适用的技术状态文件应进行适当标识后归档或作废销毁。

（四）技术状态基线文件编制时机与属性

技术状态基线文件编制表，是在武器装备研制过程中，以三个技术状态基线派生的六个专用规范为主，随产品基线的要求而形成的系统性、规范性文件。对于质量保证文件、质量控制文件和产品试验等文件，如检验规范、验收规范和试验规范等并未提出。这些内容将在后续章节中详细阐述。技术状态基线派生的文件，如表 1-2 所列。

表 1-2　技术状态基线文件编制表

序号	文件主题或名称	文件编制时机					文件属性		
		论证	方案	工程研制	设计定型	生产定型	功能技术状态文件	分配技术状态文件	产品技术状态文件
1	研制总要求（由军方编制）	▲							
2	系统规范	▲	▲				●		
3	研制规范		▲					●	
4	可靠性、维修性、测试性、保障性、安全性、生存性；环境适应性、电磁兼容性、人机工程、标准化、生产性等特性的大纲或工作计划		▲					●	
5	材料规范		▲	▲					●
6	工艺规范		▲	▲					●
7	软件开发文档（含软件规范）		▲	▲			●	●	●
8	产品规范			▲	▲				●
9	试制图样		▲						
10	生产图样			▲					●
11	产品图样				▲				●
12	配套表、明细表、汇总表和目录			▲	▲				●
13	保障资料（含使用说明、维修说明、工具清单、保障设备清单、零备件清单、包装装卸运输仓储说明、报废处理说明等）			▲	▲				●
14	试验大纲、试验规程以及试验表格			▲	▲	▲			●
15	经批准的技术状态更改申请和通知			▲	▲	▲			●
16	经批准的偏离许可、让步申请			▲	▲	▲			●

注：1. “▲”编制，“●”属于；

2. 所列编制文件是根据常规武器研制程序和 GJB 2993 要求编制和确认属性。

六、接口控制

（一）接口控制概述

系统级装备是由五个不同的产品层次组成的，包含分系统、设备、组件、部件、零件（元器件）。对两个或两个以上系统、分系统、设备或计算机软件产品间共同边界的功能特性、物理特性要求称为接口。标识、记载接口的功能特性和物理特性并控制其更改的过程称为接口控制。规定系统、分系统及设备间功能和物理接口要求的控制图或其他文件，称为接口控制文件。

从系统级装备的视角看，其层次间的接口，应按照 GJB 2737《武器装备系统接口控制要求》，编入相应的专用规范和图样，以提出接口要求。如针对各层次的主要战术技术指标、使用要求和初步的总体技术方案，应按照 GJB 6387 的要求，编制系统规范（系统级编制，重要分系统可视情编制），提出功能基线要求，在系统规范经批准、评审或审查确认后，建立功能基线；尔后编制研制规范，建立分配基线，以此作为系统与其他厂家签订技术协议书的依据。分系统、设备级单位签署技术协议书后，应按照 GJB 6387 的规定，每个层次都应编制研制规范和产品规范及其他规范等。依次传承来规范其他层次产品的研制工作。

（二）接口控制基本要求

在系统研制过程中，合同监管机构应提出需要控制的接口项目要求；承制单位应规定技术状态项的接口要求并确保所设计的各种硬件、软件之间的兼容性和共用性。其基本要求如下：

（1）编制接口控制文件。

接口控制是依靠接口控制文件实施的。接口控制文件由总体设计单位、设计师系统或有关研制单位进行编制。

（2）接口协调工作。

接口协调工作内容主要包括：

① 编制协调接口控制文件初稿，并提出批准或不批准的建议；

② 编制协调接口控制更改的建议，并提出批准或不批准的建议；

③ 协调跨部门、跨系统间的接口。

（3）应按照 GJB 2737 对接口进行管理。在研制期间，承制单位应将合同监管机构必须控制的接口要求纳入功能技术状态文件和分配技术状态文件。

（4）在建立产品基线之前，承制单位应规定并控制分配技术状态文件中未规定的所有接口。承制单位应确保所设计的各种硬件和软件之间的兼容性，并确保它们与技术状态文件中规定的相应接口要求之间的兼容性。

（三）研制阶段的接口控制要求

装备研制中有两个环节的接口控制是有很大区别的，一是装备研制的层次间的接口控制;二是随着研制工作的进一步深入,在不同阶段(或状态)接口控制的方法、内容和要求是不一样的。下面以常规武器装备研制程序为例,介绍五个阶段装备研制的接口控制的内容。

1. 论证阶段

在论证阶段,合同监管机构应提出需要控制的接口项目要求。并组织业内各行业专家进行评审、审查。

2. 方案阶段

在方案阶段,总体设计单位及设计师系统应依据确定的工作分解结构及其相应的功能要求,提出总的接口方案,由有关研制单位编制所需要的接口控制文件。在总体技术设计完成之前,通常应完成系统、分系统接口控制文件的协调并经批准;对软件应提出接口要求规范初稿。

3. 工程研制阶段

在工程研制阶段试制与试验状态(GJB 2993 5.5.2)之前,应正式确定所有的接口控制文件。在设计中应严格贯彻并完善接口控制文件,验证接口要求的正确性。

若有不满足要求或其他原因需修改时,应按照更改控制程序进行修改。属合同监管机构控制的更改项目,由承制单位批准,合同监管机构认可;承制单位控制的更改项目,由承制单位按规定批准。

4. 设计定型阶段

设计定型阶段是最终考核接口控制要求的阶段,一般不得更改接口控制文件。若必须更改时,应按照更改控制程序进行更改。

5. 生产定型阶段

生产定型阶段是最终考核物理状态(一致性或稳定性)接口控制要求的阶段,一般不得更改接口控制文件。若必须更改时,应按照更改控制程序进行更改。

有关接口控制要求的详细内容,将在本书第二章第二节中详述。

第三节　技术状态管理

技术状态管理是武器装备研制系统工程通用要求中,技术管理过程(研制策划、需求管理、技术状态管理、接口管理、技术数据管理、技术风险管理、研制成效评估和决策分析)的八项管理方法之一。技术状态管理应在武器装备研制的全过程实施,它包括技术状态标识、技术状态控制、技术状态记实、技术状态审核等技术管理活动。

一、技术状态管理概述

（一）技术状态管理由来

技术状态管理是系统工程管理的一个重要组成部分。随着在大型武器装备研制中系统工程管理应用的发展和成熟，技术状态管理也逐步完善起来。20 世纪 60 年代末期，美国国防部开始制定有关系统工程管理的标准。在 1968 年发布了 MIL-STD-480《技术状态控制 技术状态更改、偏离许可和让步》；然后又陆续发布了 MIL-STD-481《技术状态控制 技术状态更改（简要形式）、偏离许可和让步》、MIL-STD-482《技术状态状况 记实数据元素及有关特性》；1970 年，又发布了 MIL-STD-483《系统、设备、军需品与计算机程序的技术状态管理》，使技术状态管理标准趋于完善。经多年实践，1992 年，美国国防部发布了 MIL-STD-973《技术状态管理》，其内容更加完整、明确，代替了原有标准。1995 年，国际标准化组织发布了 ISO 10007《技术状态管理指南》，技术状态管理标准成为各类产品研制、生产中普遍通用的程序。1997 年 3 月，国家技术监督局等同采用 ISO 10007，发布了 GB/T 19017《质量管理 技术状态管理指南》，作为推荐性国家标准在全国通用。

（二）状态管理与工程管理

一般意义的工程管理体现在环境工程管理、人机工程管理和装备工程管理等方面，而武器装备研制的工程管理则是一个特定的专用概念，它是针对武器装备开展的工程研制。GJB 1405A 中规定，工程研制就是按照批准的研制总要求进行具体设计、试制、试验的过程，产生实物与过程，而进行的科学的、系统的、全面的管理。它不仅包含了武器装备研制的各个阶段、使用维护全过程所涉及的文件资料、实物样品以及相关设备、相关单位及其管理的方式方法等，还包含了承制单位和合同监管机构的决策层、管理层和执行层的管理机制、管理机构、管理制度、运行程序以及手段方法等。武器装备研制工程管理的内容介绍如下。

1. 分阶段管理

我国武器装备有三种类型，即常规武器装备、战略武器装备和人造卫星。GJB 2993 中 4.1.5 规定，常规武器装备、战略武器装备和人造卫星的研制，分别按照《常规武器装备研制程序》、《战略武器装备研制程序》和《人造卫星研制程序》开展工作，并根据研制程序进行分阶段管理和决策。常规武器装备研制项目一般划分为论证阶段、方案阶段、工程研制阶段、设计定型阶段和生产定型阶段；按 GJB 726A《产品标识和可追溯性要求》中 4.2 规定，组织应针对监视和测量要求，对产品的状态进行标识。

GJB 2993 中规定，系统或主机研制在工程研制阶段有设计和试制与试验两种工作状态，在 GJB 3273A 中称为初步设计和关键设计及审查，其内容在工程研制阶段内完成，如图 1-2 所示。

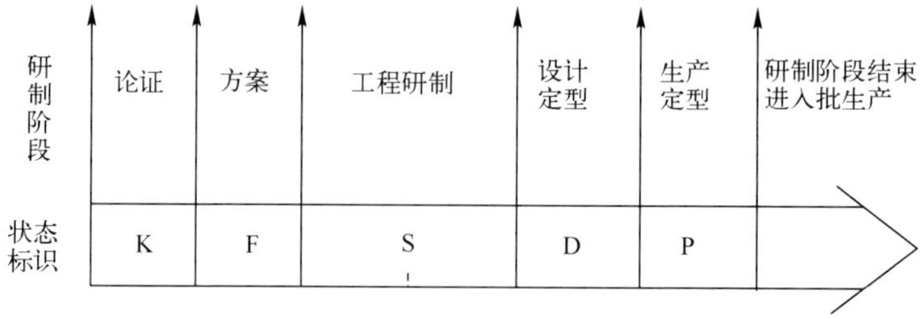

图 1-2　常规武器装备研制(系统级)阶段划分和状态标识

设备级研制在工程研制阶段,依据《常规武器装备研制程序》中第 14 条规定,要求分为初样机研制和正样机研制,对应 GJB 2993 的要求,是设计状态出初样机,试制与试验状态出正样机,可以用 C 和 S 表示,如图 1-3 所示。

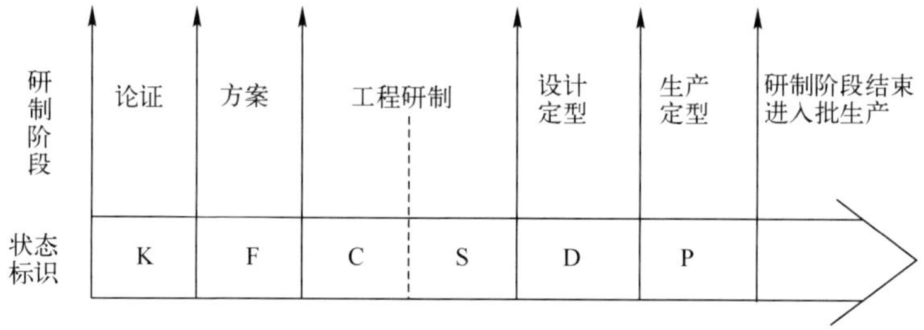

图 1-3　常规武器装备研制(设备级)阶段划分和状态标识

战略武器装备项目一般划分为论证阶段、方案阶段、工程研制阶段和定型阶段,如图 1-4 所示。

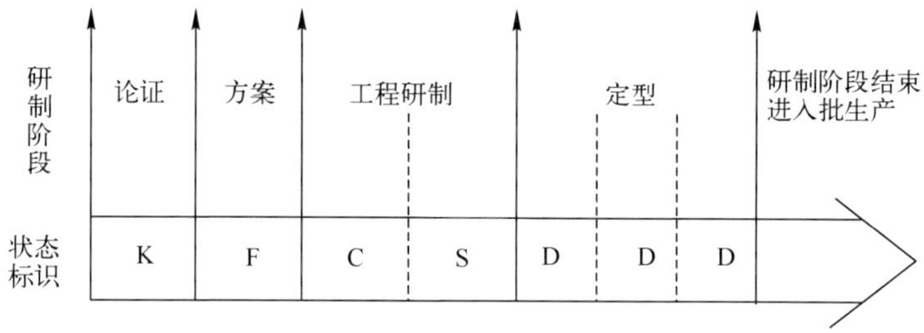

图 1-4　战略武器装备研制阶段划分和状态标识

人造卫星研制项目一般划分为论证阶段、方案阶段、初样研制阶段、正样研制阶段和使用改进阶段。如图 1-5 所示。

在每一个阶段结束前或重要节点,合同监管机构和承制单位应按照合同工作说明要求,根据有关国家军用标准开展转阶段评审和上级组织的技术审查工作,以确定该阶段研制工作是否达到了合同的要求。只有达到后方可进入下一研制阶段。

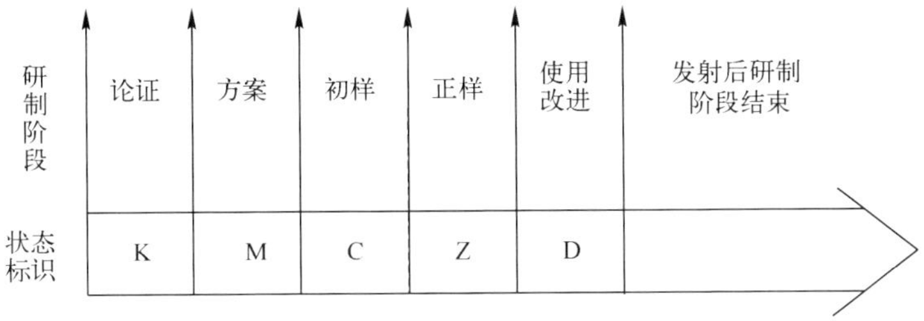

图 1-5　人造卫星研制阶段划分和状态标识

《武器装备质量管理条例》第二十五条规定，军队有关装备部门应当按照武器装备研制程序，组织转阶段审查，确认达到规定的质量要求后，方可批准转入下一研制阶段。军队有关装备部门进行的转阶段审查，就是分阶段管理及控制产品研制质量的有效方法之一。法规要求的组织转阶段审查有两个含义。

(1) 承制单位在阶段(状态)内的工作完成后，应进行单位内转阶段评审工作，解决有关协调性、完整性和一致性的问题。

(2) 对于合同及技术协议要求的技术审查环节或上一级机关关注的重要节点，在本单位实施转阶段评审结束并满足要求后，上报申请进行技术审查。这种转阶段的评审和技术审查的方式，实际上就是对装备研制项目的技术状态适时进行控制，阶段内工作完成后，都应该进行转阶段(或状态)评审和技术审查，见图 1-6 中阶段内网状区。以常规武器装备研制为例，装备研制项目技术状态控制图，如图 1-6 所示。

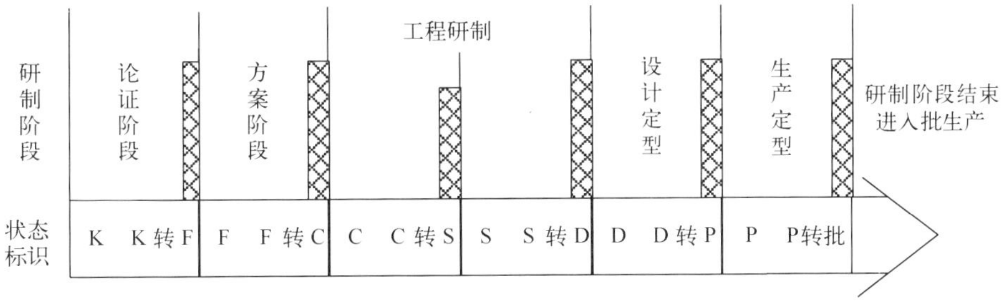

图 1-6　研制项目技术状态控制图

系统级和设备级软件产品研制阶段划分，如图 1-7 和图 1-8 所示。

2. 工程管理

工程管理的核心是系统工程管理。在武器装备的研制和生产过程中，贯彻系统集成思想，就是把握高新武器装备技术发展的新特点，利用系统工程的方法，按照顶层设计、系统综合的模式，从系统论证、系统设计、系统试验、系统调试、系统测试、系统考核等系统集成的管理机制，自上而下推进武器装备全系统、全寿命的工程管理。

<table>
<tr><td>审查评审</td><td>—</td><td colspan="2">系统/子系统规格说明评审</td><td>概要设计评审转阶段审查</td><td>详细设计评审</td><td>交付及测评审查</td><td colspan="2">定型审查</td></tr>
<tr><td>基线</td><td>—</td><td colspan="2">功能基线</td><td>分配基线</td><td>设计基线</td><td>验证基线</td><td colspan="2">产品基线</td></tr>
<tr><td>阶段</td><td>论证阶段</td><td colspan="3">方案阶段</td><td colspan="2">工程研制阶段</td><td colspan="2">设计定型阶段</td></tr>
<tr><td>系统工程过程</td><td>—</td><td>技术要求分析</td><td>设计决策</td><td>体系结构设计</td><td>工程设计</td><td>试制与试验</td><td>定型试验</td><td>定型审查与批复</td></tr>
<tr><td>GJB 2786A</td><td>系统需求分析</td><td>—</td><td>系统级设计决策</td><td>体系结构设计</td><td>—</td><td>集成和测试</td><td>系统合格性测试</td><td>系统移交验收</td></tr>
</table>

图 1-7　系统级软件产品研制阶段划分

<table>
<tr><td rowspan="2">GJB 2786A</td><td rowspan="2">用户需求分析</td><td rowspan="2">软件需求分析</td><td colspan="2">软件设计</td><td>实现和测试</td><td>单元集成和测试</td><td>合格性测试</td><td>软件移交验收</td></tr>
<tr><td>体系结构设计</td><td>详细设计</td><td>—</td><td>—</td><td>—</td><td>—</td></tr>
<tr><td>阶段</td><td>论证阶段</td><td colspan="2">方案阶段</td><td colspan="3">工程研制阶段</td><td colspan="2">设计定型阶段</td></tr>
<tr><td>审查评审</td><td>—</td><td>需求规格评审</td><td>概要设计评审</td><td>详细设计评审</td><td colspan="2">交付及测评审查</td><td colspan="2">定型审查</td></tr>
<tr><td>基线</td><td>—</td><td>功能基线</td><td>分配基线</td><td>开发基线</td><td colspan="2">验证基线</td><td colspan="2">产品基线</td></tr>
</table>

图 1-8　设备级软件产品研制阶段划分

系统工程学是系统学理论在工程技术方面的发展。第二次世界大战中,由于战争的需要发展了军事运筹学,在此基础上,逐步形成了系统工程的概念。一项重大武器装备本身就是一个大的系统,由于重大武器装备的技术复杂程度日益提高,研制费用不断增加,如何加强研制管理,避免研制失败,在预计的经费范围内实现技术性能和进度目标,就成为需要研究的重大问题。

系统工程的重要性日益为人们所了解并受到越来越多的关注。现代重大武器系统的研制和生产集中应用了大量新的科学技术,而这些科学技术必须要通过管理才能转化为产品。随着管理问题的复杂性正在呈几何级数在增长,管理问题已成为研制、生产成败的关键。因此,要求人们自觉地应用系统工程的原理和方法,以确保研制的系统不但能满足任务的要求,而且是可生产的、可使用的、可保障的。

3. 实施技术状态管理

系统工程管理要求人们自觉地应用系统工程的原理和方法,这种方法就是技术状态管理,技术状态管理是一种纯技术管理的模式。实施技术状态管理可以确保研制的系统不但能满足任务的要求,而且是可生产的、可使用的、可保障的。

武器装备研制是一种以技术管理为主、行政管理为辅的管理模式，在装备研制过程中，其职责、要求和实施的范围是非常明确的。技术管理是一种科学的管理模式，讲究的是科学管理，如技术状态管理等。技术状态管理是利用技术状态文件，落实研制总要求及技术协议书的要求，如产品层次的系统规范、研制规范、材料规范、工艺规范、软件规范和产品规范等，编制提出要求、贯彻要求、检查要求落实的技术状态文件。技术状态管理通过对文件的评审，形成了产品层次的迭代，它是一种交流，也是一个技术和一个技术管理的传承方式；而行政管理是在遵守法规、标准和制度的前提下，在不违反公平、公正、公开的情况下，实施过程中讲究灵活的艺术的一种管理方法。二者之间的管理方法有着本质的区别，不能混淆、代替和迭代。

（三）技术状态管理与系统工程管理

技术状态管理是武器装备研制系统工程在武器装备全寿命周期循环应用的技术过程和技术管理过程（研制策划、需求管理、技术状态管理、接口管理、技术数据管理、技术风险管理、研制成效评估和决策分析）中的八项管理方法之一。

系统工程由技术过程和技术管理过程组成（参见 GJB 8113《武器装备研制系统工程通用要求》）。系统工程是逐步发展并验证含装备、人和过程且满足用户需求的全寿命周期综合平衡解决方案的跨学科方法，是涉及设计、制造、试验、培训、使用、保障、退役处理等相关内容的技术活动综合机制。我们可以通过分解技术过程和技术管理过程的内容，加深了解系统工程在技术状态管理过程中的作用和地位。

1. 技术过程

系统工程技术过程表明了产品研制的逻辑顺序。系统工程的技术过程流程图如图 1-9 所示。

图 1-9　技术过程流程图

下面简述技术过程的内容、任务以及技术要求。

1）需求分析

（1）需求分析概述。

应对合同监管机构（或潜在合同监管机构）的需求开展分析，识别武器装备在规定的使用环境内应具备的作战能力（或功能）。需求分析过程包括以下步骤：

① 获知需求；

② 定义需求；

③ 分析及维护需求。

(2) 获知需求。

与武器装备合同监管机构和相关业务部门沟通武器装备的研制需求。

(3) 定义需求。

定义需求的主要任务包括:

① 定义武器装备解决方案的约束条件。

② 定义一组具有代表性的活动序列或任务剖面,用于识别武器装备的作战任务和使用过程。在定义时,应考虑武器装备的使用构想和综合保障设想。

③ 详细说明武器装备的主要功能、作战使用性能和使用质量需求。

④ 识别武器装备与使用人员之间的相互作用,明确武器装备的使用环境和条件,以及对使用人员的定性定量要求。

(4) 分析及维护需求。

分析及维护需求的主要任务包括:

① 分析全部需求;

② 沟通和协调发现的问题,例如需求不可实现或不切实际;

③ 向合同监管机构反馈需求分析结果,确立双方认可的需求范围和内容表述;

④ 维护需求内容及其更改记录,记录形式应适用于武器装备寿命周期内的需求管理,确保可追溯到合同监管机构的需求来源。

(5) 需求分析的输出。

需求分析过程的输出内容主要包括:

① 包含使用构想、主要功能、作战使用性能、使用质量需求和综合保障设想等的武器装备概念;

② 费用、进度和技术等方面的约束条件说明;

③ 正式成立且经确认的需求定义;

④ 需求追溯记录;

⑤ 需求实现的确认准则。

2) 技术要求分析

(1) 技术要求分析概述。

需求分析之后应开展技术要求分析,将武器装备研制需求转化为武器装备的功能、性能和接口要求。技术要求分析过程包括以下步骤:

① 定义武器装备的技术要求;

② 分析及维护技术要求。

(2) 定义武器装备的技术要求。

定义武器装备技术要求的主要任务包括:

① 定义武器装备的功能及功能边界；

② 定义武器装备的研制约束条件，包括源自合同监管机构需求或解决方案自身不可避免的限制条件；

③ 定义武器装备技术参数及其量值，以及武器装备质量衡量指标；

④ 详细说明武器装备研制需考虑的因素，内容范围见第（3）条。

（3）武器装备研制考虑因素。

在武器装备研制中，除了考虑武器装备的专用特性之外，还应考虑武器装备的通用特性和特殊要求。在需求分析过程应说明相关需求；在技术要求分析过程应识别、分析、分解和分配下列适用的武器装备通用特性和特殊要求：

① 可靠性要求，具体工作要求见 GJB 450A《装备可靠性工作通用要求》。

② 维修性要求，具体工作要求见 GJB 368B《装备维修性工作通用要求》。

③ 安全性要求，具体工作要求见 GJB 900A《装备安全性工作通用要求》。

④ 测试性要求，具体工作要求见 GJB 2547A《装备测试性工作通用要求》。

⑤ 保障性要求，具体工作要求见 GJB 3872《装备综合保障通用要求》。

⑥ 环境适应性要求，具体工作要求见 GJB 4239《装备环境工程通用要求》。对腐蚀防护有特殊要求的，应明确相应设计要求。

⑦ 兼容性要求，具体工作要求见 GJB /Z 17《军用装备电磁兼容性管理指南》。对电磁频谱有特殊要求的，应明确相应设计要求。

⑧ 人机工程要求，具体工作要求见 GJB 3207《军事装备和设施的人机工程要求》。

⑨ 互连、互通、互操作要求和信息安全要求，以及军用软件工程化的开发要求。软件开发具体工作要求见 GJB 2786A《军用软件开发通用要求》。

⑩ 生存力要求。

⑪ 伪装、隐蔽（隐身）要求。

⑫ 电子防御、抗干扰要求。

⑬ 机动性要求。

⑭ 标准化要求。标准化大纲的编制要求见 GJB /Z 114A《产品标准化大纲编制指南》。

⑮ 生产性要求，具体工作要求见 GJB 3363《生产性分析》。对价值工程有特殊要求的，应明确相应设计要求。

⑯ 包装、装卸、贮存和运输的要求。具体工作要求见 GJB 1181《军用装备包装、装卸、贮存和运输通用大纲》。

⑰ 经济可承受性要求。

⑱ 其他方面的要求，例如退役处理、非军事化应用、人员健康与环境保护、核生化防护、系统开放性与可升级扩展性设计、货架民品采用、国产化、军用电子

元器件与军用材料采购等。

（4）分析及维护技术要求。

分析及维护技术要求的主要任务包括：

① 分析武器装备技术要求的完整性，确保每一项（对、组）要求可量化、可实施、可验证、可追溯以及必需唯一、清晰全面、协调统一；

② 向合同监管机构反馈分析结果，确保技术要求的定义充分体现合同监管机构需求；

③ 记录合同监管机构的需求与技术要求分析结果的可追溯性；

④ 在武器装备寿命周期内，维护技术要求内容及其论证、决策和更改的记录。

（5）技术要求分析的输出。

技术要求分析过程的输出内容主要包括：

① 武器装备功能、性能、接口和特殊考虑因素等的技术要求说明；

② 影响武器装备体系结构设计和产品实现的约束条件说明；

③ 武器装备技术要求和合同监管机构所需求的追溯记录；

④ 规定武器装备技术要求及其验证准则的正式文件，例如系统规范。

3）体系结构设计

（1）体系结构设计概述。

应根据需求分析、技术要求分析的结果，开展体系结构设计，经多方案设计、权衡择优，最终形成满足技术要求并可接受的体系结构技术数据包。技术数据包内容的详尽程度和表现形式，取决于体系结构设计过程所处的武器装备寿命周期阶段和产品层次结构。体系结构设计过程包括以下步骤：

① 定义武器装备的体系结构；

② 分析并评价体系结构；

③ 生成并维护体系结构技术数据包。

（2）定义武器装备的体系结构。

定义武器装备体系结构的主要任务包括：

① 定义适当的逻辑体系结构，识别并详细说明功能逻辑顺序和功能单元交互作用，并通过与武器装备技术要求的追溯核对，确保体系结构的逻辑描述全面、协调一致；

② 借助逻辑体系结构的设计模型，分解、分配技术要求分析过程中识别出的武器装备功能，并派生出必需的技术要求；

③ 定义武器装备内部之间、武器装备与外部系统之间的接口，包括人与系统、人与人的接口；

④ 按照优选的逻辑体系结构设计方案、派生的技术要求以及分配的武器装备技术要求，识别可承担任务的体系结构组成单元（或技术状态项，下同），形成

实体体系结构。

（3）分析并评价体系结构。

分析并评价武器装备体系结构的主要任务包括：

① 分析体系结构设计方案并确定每个组成单元的设计准则，包括功能特性、基本的实体特性和合同监管机构关注的其他特殊要求，并分析确定关键技术的研究内容和技术途径。

② 分析确定分配给武器装备使用人员的要求，例如对人员能力的限制要求。

③ 考虑费用、进度和技术风险，分析确定满足设计准则的组成单元是否采用现成货架产品、沿用已定型（或鉴定）产品或新设计产品，并确定自制或外协产品的范围。

④ 通过建模仿真、必要试验或多目标权衡分析，评价候选的体系结构设计方案，确定优选结果。建模仿真应尽可能体现真实性和完整性，建模仿真结果能够与技术要求分析过程中定义的技术要求，以及在需求分析过程中定义的性能、费用、进度、风险进行对照。

（4）生成并维护体系结构技术数据包。

生成并维护体系结构技术数据包的主要任务包括：

① 生成优选的武器装备体系结构（主要是实体体系结构），详细说明组成单元的功能、性能、活动、接口及不可避免的约束条件，其表现形式包括图样、图表、清单、规范等；

② 记录体系结构设计过程信息（含逻辑体系结构和实体体系结构），例如功能分配条件、设计决定决论、试验信息等；

③ 维护体系结构设计结果及其更改记录，并保持体系结构设计结果与武器装备技术要求之间的相互一致性，确定现行有效。

（5）体系结构设计的输出。

体系结构设计的输出内容主要包括：

① 包含接口要求的武器装备体系结构说明，例如体系结构视图及其方案论证报告；

② 组成单元实施、验证和确认所需的技术定义，例如研制规范；

③ 组成单元技术要求向上层和向下层的双向可追溯证明；

④ 武器装备及其组成单元的集成准则。

4）单元实施

（1）单元实施概述。

完成体系结构设计后，开展体系结构组成单元的实施。其实施过程包括以下步骤：

① 完成单元设计；

② 完成单元实现。

(2) 完成单元设计。

完成单元设计的主要任务包括：

① 识别和分析组成单元的设计和实现约束条件，例如可用技术、可用工艺和可用材料的限制。对于沿用已定型(或鉴定)产品的，应识别使用环境的差异。

② 提出组成单元的设计原型和实现方案，并分析确定优选结果。

③ 明确并落实单元实现所需程序、工具和设备，制定单元实现所需文件。

(3) 完成单元实现。

完成单元实现的主要任务包括：

① 获取所需原材料、工具和设备；

② 必要时，获取合格配套产品；

③ 根据所定义的单元实现程序和条件，开展组成单元的实现；

④ 检验检查，例如质量检验、环境检查、安全检查；

⑤ 分析、记录及报告单元实现信息，包括单元实现活动结果、不符合项及其纠正活动等；

⑥ 根据供应合同(或协议)，对产品进行适宜包装、存储或运送。

(4) 单元实施的输出。

单元实施过程的输出内容主要包括：

① 组成单元成套文件，包括图样、产品规范、工艺规范、软件规范、材料规范等设计、工艺和检验文件，培训手册、维修手册、使用维护说明书等使用保障文件，质量合格证明文件等；

② 组成单元的合格产品；

③ 单元实现的新工具和新设备；

④ 单元实现过程记录信息；

⑤ 对改进设计的反馈。

5) 产品集成

(1) 产品集成概述。

对完成产品实现和验证的组成单元，应集成为武器装备体系结构中更高层次的单元。经自下而上逐级集成和验证，最终形成与体系结构设计相一致的武器装备。产品集成过程包括以下步骤：

① 制定集成计划；

② 完成产品集成。

（2）制定集成计划。

制定集成计划的主要任务包括：

① 考虑集成的时间、费用和风险最小化，定义产品集成的顺序、策略，以及所需的资源和条件；

② 识别产品集成策略对改进设计的反馈，例如作业可达性需求、中间组合件的接口要求等；

③ 明确并落实产品集成所需的程序、工具和设备，制定产品集成所需文件。

（3）完成产品集成。

完成产品集成的主要任务包括：

① 建立产品集成条件并获取产品集成所必需的辅料；

② 按照进度安排，接收或领取待集成的组成单元产品；

③ 按照检验验收条件，验证、确认组成单元产品；

④ 利用规定的产品集成工具、设备和设施，按集成程序和适用的接口控制文件，对组成单元进行集成；

⑤ 检验检查，例如质量检验、环境检查、安全检查；

⑥ 分析、记录及报告产品集成信息，包括产品集成活动结果、不符合项及其纠正活动等；

⑦ 编写适当的产品使用保障文件。

（4）产品集成的输出。

产品集成过程的输出内容主要包括：

① 产品集成计划（含集成策略）；

② 产品集成所需成套文件、新工具和新设备；

③ 集成完毕，准备按照体系结构设计结果进行验证的产品；

④ 产品集成过程记录信息；

⑤ 适当的产品使用保障文件；

⑥ 对改进设计的反馈。

6）验证

（1）验证概述。

应对武器装备及其体系结构组成单元进行验证，确定其是否满足技术要求。单元实现和产品集成完毕后均应开展验证。验证的方式包括演示、检查（或检验）、分析、试验（或检测）等。验证过程包括以下步骤：

① 制定验证计划；

② 完成验证。

（2）制定验证计划。

制定验证计划的主要任务包括：

① 定义被验证对象的寿命周期验证策略；

② 根据被验证对象的需求和技术要求，考虑被验证对象技术状态的变更安排，定义验证计划；

③ 识别并沟通设计结果对验证开展的潜在约束条件，例如精度限制、不确定性限制、可重复性限制等。

（3）完成验证。

完成验证的主要任务包括：

① 确保验证所需的程序、工具、设备、设施和使用人员等符合要求并准备就绪；

② 开展验证；

③ 获取可用的验证数据；

④ 分析、记录及报告验证信息，包括验证活动结果、不符合项及其纠正活动等。

（4）验证的输出。

验证过程的输出内容主要包括：

① 验证计划（含验证策略）；

② 验证报告（含不符合项纠正活动的数据信息）；

③ 对改进设计的反馈。

7）移交

（1）移交概述。

移交过程适用于武器装备体系结构组成单元向更高层次单元集成的转移，以及武器装备从验证向用户确认的转移（包括武器装备直接部署使用）。移交过程包括以下步骤：

① 制定移交计划；

② 完成移交。

（2）制定移交计划。

制定移交计划的主要任务包括：

① 定义移交策略，包括使用人员培训、综合保障、运送方式、问题解决方法等；

② 根据产品安装要求，配合合同监管机构准备使用场地。

（3）完成移交。

完成移交的主要任务包括：

① 按时按地点运送待安装的产品；

② 在使用位置安放产品，并按照产品使用说明，与外部环境进行连接；

③ 演示产品的恰当安装；

④ 激活产品，例如通电、加注燃料、怠速运转等，使产品处于待用状态；

⑤ 演示产品功能，核武器除外；

⑥ 演示产品的综合保障，证明产品功能的可持续性；

⑦ 分析、记录并报告移交信息，包括移交活动结果、不符合项的管理及其纠正活动等。

（4）移交的输出。

移交过程的输出内容主要包括：

① 移交计划（含移交策略）；

② 安装在使用位置且具备规定功能的产品；

③ 移交和安装状态的记录信息；

④ 不符合项纠正活动的记录信息；

⑤ 确保产品持续可用的综合保障系统。

8）确认

（1）确认概述。

由合同监管机构对移交的武器装备进行作战能力确认，判定需求是否实现。确认过程可适用于武器装备体系结构组成单元。确认的方式包括需求核查，在使用构想条件下的模型、样机评估，部队试验试用或作战试验等。确认过程包括以下步骤：

① 制定确认计划；

② 完成确认。

（2）制定确认计划。

制定确认计划的主要任务包括：

① 考虑使用环境和需求，定义武器装备作战能力的确认策略；

② 编制确认计划。

（3）完成确认。

完成确认的主要任务包括：

① 确认所需的使用人员、基础条件已准备就绪；

② 开展确认，演示与需求一致的作战能力；

③ 获取可用的确认数据；

④ 根据规定或协议，隔离或单独处理产生不符合项的武器装备体系结构组成单元；

⑤ 分析、记录及报告确认信息，包括确认活动结果、故障、暴露的设计问题等。

（4）确认的输出。

确认过程的输出内容主要包括：

① 确认计划(含确认策略);

② 确认报告(含不符合项纠正活动的数据信息);

③ 对改进设计或武器装备升级的反馈。

2. 技术管理过程

技术管理应结合承制单位的基础设施、人力资源、质量管理体系,确定技术管理过程的具体活动。系统工程的技术管理流程图,如图 1-10 所示。

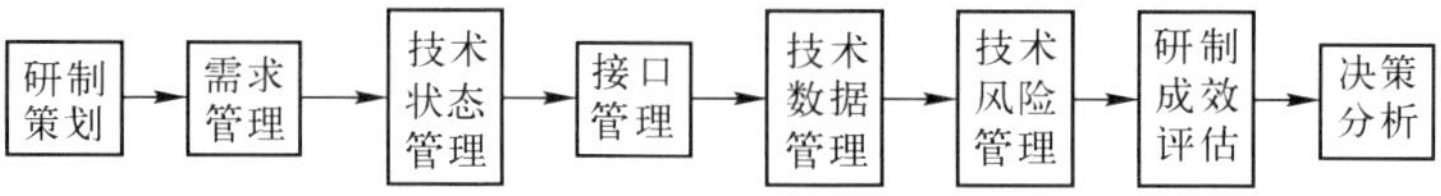

图 1-10　技术管理流程图

1) 研制策划

应制定装备研制计划,明确系统工程过程的具体活动和工作分解。工作分解结构要求具体见 GJB 2116A《武器装备研制项目工作分解结构》,任务说明要求具体见 GJB 2742《工作说明编写要求》。

2) 需求管理

应在武器装备研制的全过程实施需求管理,建立需求和技术要求的追溯系统,记录、跟踪技术要求的分解、分配和变更,以及维护需求与技术要求的双向追溯。

3) 技术状态管理

应在武器装备研制的全过程实施技术状态管理,具体要求见 GJB 3206。

4) 接口管理

应明确武器装备各组成单元之间的接口定义,以及武器装备与其他有互连、互通、互操作要求的系统的接口定义,确保接口定义完整并符合相关规定。具体要求见 GJB 2737。

5) 技术数据管理

针对武器装备研制过程中生成的和使用的技术数据,应明确其采集、访问、分析处理和发布使用等的程序和要求。

6) 技术风险管理

应制定并实施技术风险管理计划。技术风险管理宜纳入武器装备研制项目风险管理的整体统筹考虑,具体工作要求见 GJB /Z 171《武器装备研制项目风险管理指南》。

7) 研制成效评估

应在武器装备研制全过程开展技术审查,具体要求见 GJB 3273A。技术审查的安排应纳入武器装备研制计划。针对武器装备的关键技术参数,宜进行持续地监测和分析预测。对于武器装备的关键技术和关键制造工艺,应开展成熟度评价,明确其应用于武器装备研制项目的准备就绪程度。对于关键技术的成熟度评价,其具体工作要求见 GJB 7688《装备技术成熟度等级划分及定义》和 GJB 7689《装备技术成熟度评价程序》。

8）决策分析

在择优选择方案时,应开展决策分析,例如系统分析、费用—效能分析、权衡优化研究等。决策分析贯穿于武器装备研制各环节、各领域的方案优化和选定。对于费用—效能分析,其具体工作要求见 GJB 1364《装备费用—效能分析》。

3. 系统工程过程的应用

1）技术过程在产品研制中的循环应用

系统工程技术过程在产品研制中循环应用,如图 1-11 所示。

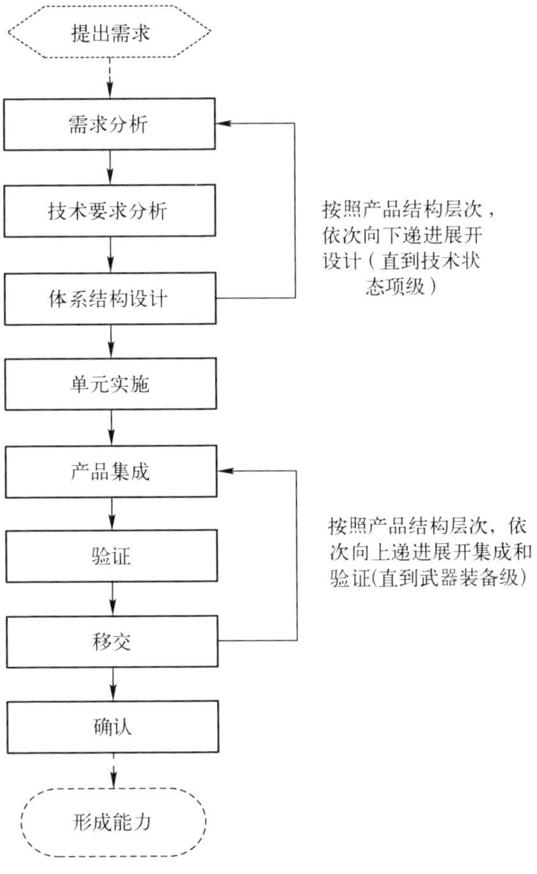

图 1-11　技术过程在产品研制中的应用

系统工程技术过程表明了产品研制的逻辑顺序。由于产品复杂性和研制不确定性，技术过程呈现多次循环迭代。第一组循环是需求分析、技术要求分析和体系结构设计。武器装备研制采取自顶向下的设计方式，按产品结构层次，逐级向下开展设计。在设计过程中，反复开展需求分析、技术要求分析和体系结构设计，确保上下层设计协调一致、前后设计逐渐优化。第一组循环结束的标志是确立技术状态项(CI)及其要求，支持后一步的CI产品实现。CI产品实现通过单元实施和产品集成过程完成。

单元实施的方式包括采购、制造或软件编程等，第二组循环是产品集成、验证、移交。武器装备研制采取自底向上的集成和验证方式，按产品结构层次，逐级向上集成和验证。

第二组循环结束的标志是武器装备完成集成和必要的试验验证，具备开展定型基地试验、部队试验试用或作战试验的条件。第三组循环是需求分析到验证，反复迭代，形成多轮优化设计以及样机制造、试验验证。

2）系统工程过程在武器装备全寿命周期的循环应用

（1）系统工程过程模型。

系统工程过程模型的主体内容称为“V模型”。“V模型”左侧说明逐级分解和定义，右侧说明逐级集成和验证。系统工程技术过程在产品研制中循环迭代，技术管理过程贯穿于产品研制项目全寿命周期。系统工程过程在一般产品研制项目周期阶段的应用，如图1-12所示。

（2）在武器装备全寿命周期内的循环应用。

常规武器装备研制一般在设备级产品的方案阶段开展模型机或原理样机的研制与试验验证工作，工程研制阶段开展初样机的设计和正样机的试制与试验工作；在设备级装备的方案阶段，开展试制型样机的初步设计或试验验证，工程研制阶段开展设计定型样机的关键设计与研制试验工作；在设计定型阶段开展定型试验。每次样机研制与试验遵循系统工程过程模型。批生产、使用保障阶段的武器装备升级改进，亦同样遵循系统工程过程模型。由此，系统工程过程在武器装备全寿命周期内可以有多次循环应用，如图1-13所示。

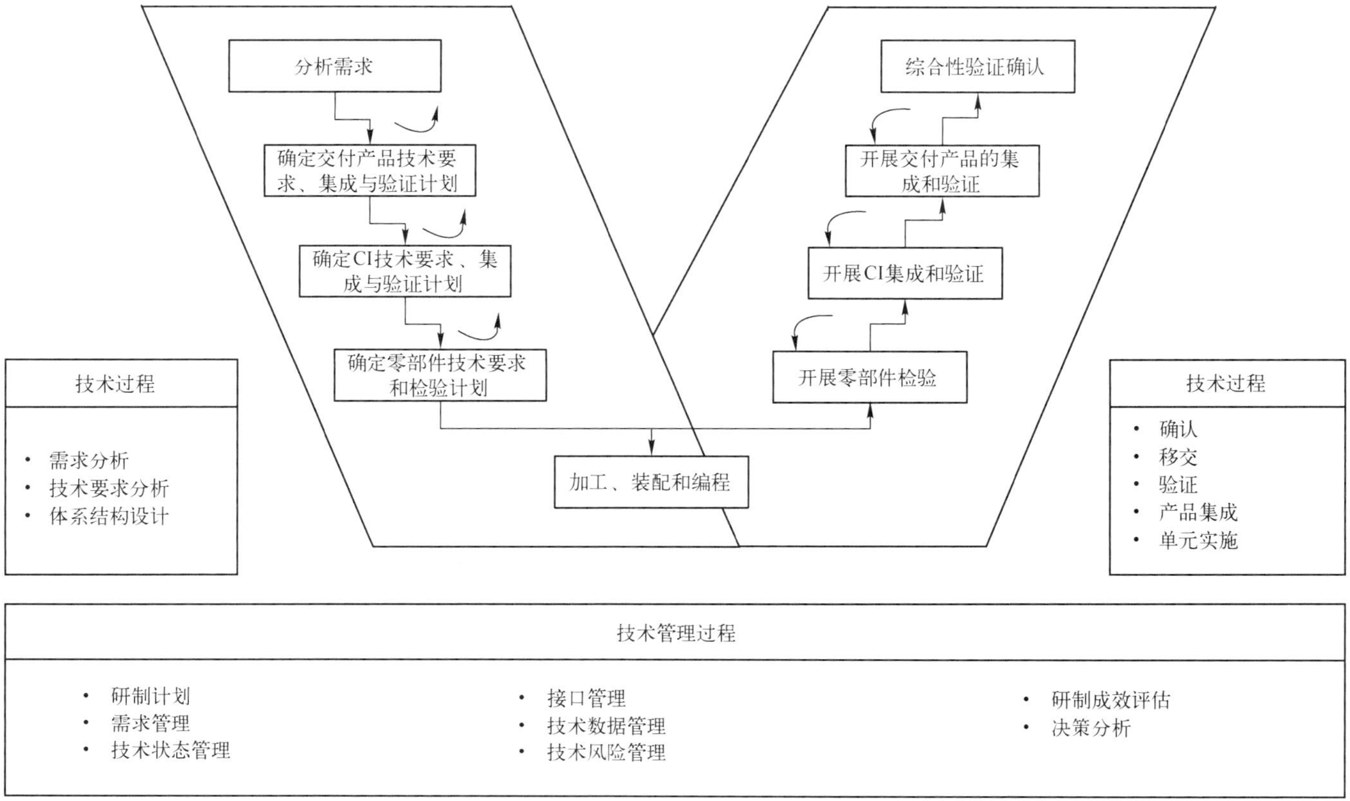

图1-12　系统工程过程模型

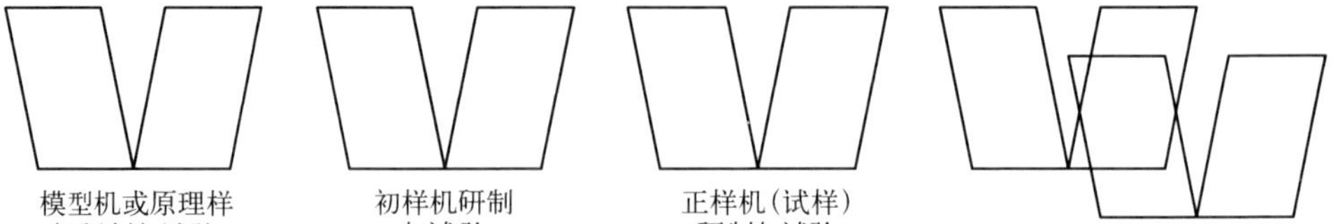

图 1-13　系统工程过程在武器装备全寿命周期内的循环应用示意图

二、装备体制调整改革对技术状态管理的影响

随着装备编制体制调整改革工作的深入推进,装备研制程序和技术状态管理工作产生了重大的变化,这些变化对新装备研制管理工作带来了不小的挑战和难度。其中装备研制阶段划分的变化对承制单位开展研制流程管理和技术状态管理产生最直接、最明显、最有难度的影响。本书就对装备编制体制调整改革在研制程序和技术状态管理方面的主要变化、对承制单位装备研制管理工作带来的主要影响、承制单位适应该影响需采取的对策措施等几个方面开展分析。

(一) 调整改革工作在研制程序和技术状态管理方面的主要变化

1. 顶层的装备研制程序发生较大变化

调整改革之前,我国把武器装备分为常规武器、战略武器和航天器(人造卫星)三大类,也是三个大的专业方向。《常规武器装备研制程序》规定常规武器装备研制过程分为论证阶段、方案阶段、工程研制阶段、设计定型阶段、生产定型阶段。《战略武器装备研制程序》规定战略武器装备研制过程分为论证阶段、方案阶段、工程研制阶段、定型阶段。《人造卫星研制程序》规定航天器研制过程分为论证阶段、方案阶段、初样研制阶段、正样研制阶段和使用改进阶段。现在正处在调整改革期间,以上几项法规文件和 GJB 2993《武器装备研制项目管理》正在修订过程当中,调整改革后统一的研制阶段划分一般认为是"论证立项阶段、工程研制阶段和鉴定定型阶段"(本文以该阶段划分进行讨论)。《装备试验鉴定首批指导性文件》的编写示例中也有按"方案阶段、工程研制阶段、状态鉴定阶段、列装定型阶段"描述的。

2. 装备鉴定定型工作发生较大变化

改革之前,装备鉴定定型主要按 GJB 1362A《军工产品定型程序和要求》开展,分为设计定型(鉴定)和生产定型(鉴定)。改革后统称为"试验鉴定"工作。试验鉴定是对装备战术技术性能和作战、保障效能进行全面考核并作出评价结论的综合性活动,贯穿于装备发展全寿命过程,是装备建设决策的重要支撑,是确定装备技术状态、发现装备问题缺陷、改进提升装备性能、确保装备实战适用性和有效性的重要手段。鉴定定型类别分为状态鉴定和列装定型。装备试验类别分为性能试验、作战试验和在役考核。

装备试验鉴定流程为试验鉴定总体论证——性能试验——状态鉴定——作战试验——列装定型——在役考核。

装备试验鉴定总体论证工作内容主要包括试验鉴定初步方案论证和鉴定定型试验总案论证。在装备立项综合论证期间，装备试验鉴定管理部门组织试验鉴定总体论证单位论证编制试验鉴定初步方案。在装备立项批复后，装备试验鉴定管理部门组织试验鉴定总体论证单位论证编制鉴定定型试验总案。

性能试验又分为设计验证性能试验（性能验证试验）、状态鉴定性能试验（性能鉴定试验）。设计验证性能试验（性能验证试验）主要验证技术方案的可行性和装备性能指标的符合度，为检验装备研制总体技术方案和关键技术提供依据。状态鉴定性能试验（性能鉴定试验）主要考核装备性能的达标度，确定装备技术状态，为状态鉴定和列装定型提供依据。

状态鉴定是对装备是否符合研制立项批复和研制总要求明确的主要战术技术指标进行综合评定。状态鉴定结论是小批量试生产、作战试验和列装定型的基本依据。

作战试验是在近似实战战场环境和对抗条件下，对装备完成作战使命任务的作战效能和适用性等进行考核与评估的装备试验活动。作战试验主要依托部队、军队装备试验基地、军队院校及科研机构等联合实施，验证装备完成规定作战使命任务的能力，摸清装备在典型作战任务剖面下的作战效能和适用性底数，并探索装备作战运用方式等。作战试验结论是装备列装定型的基本依据。

列装定型是对装备是否符合研制立项批复和研制总要求明确的战术技术性能、作战效能等进行综合评定，以及对装备批生产条件、生产工艺等进行审查。列装定型结论是组织开展批生产、采购及列装交付部队的基本依据。

在役考核是一项持续性的装备试验鉴定活动，针对不同的关注问题，可在装备列装到退役全程多次开展。装备列装部队后，应组织在役考核；装备使命任务变更、装备体系变动、装备改进以及接近服役期限等情况时，应组织有针对性的在役考核。在役考核主要依托列装部队、相关院校开展并结合作战、正常战备训练、联合演训及教学等任务组织，或针对装备专项问题专门组织。在役考核结论是装备后续采购决策、装备改进或改型的基本依据。

3. 配套的顶层法规标准发生较大变化

改革之前，装备研制生产领域主要执行的法规有《武器装备质量管理条例》《驻厂军事代表工作条例》《军工产品定型工作规定》《军用软件产品定型管理办法》《装备条例》《装备科研条例》《装备采购条例》《军用软件质量管理规定》《武器装备研制合同暂行办法》《武器装备研制设计师系统和行政指挥系统工作条例》等。改革过程中一系列新的法规将出台（含原法规的修订），如《军队装备订购条例》《军队装备试验鉴定条例》《军队装备采购合同监督管理条例》《军队装备军事代表工作条例》等。同时,相关的顶层国家军用标准也已发布或在修订当中,《装备试验鉴定首批指导性文件》已经发布实施,项目管理相关标准和装备采购合同监管业务工作系列标准也将逐步更新。

(二)调整改革对承制单位装备研制管理工作带来的主要影响

1. 原有的研制流程管理模式做适应性调整存在技术性难度

多年来,承制单位根据自身专业特点在《常规武器装备研制程序》《战略武器装备研制程序》和《人造卫星研制程序》的基础上,剪裁、细化形成本单位或具体项目的研制管理流程。面临新的研制程序要求,承制单位需要根据新的研制程序和阶段划分来重新策划本单位或项目新的研制流程。由于研制阶段的划分本身就存在较高的技术难度,新的程序要求必将存在较长的过渡期和磨合过程。同时,原有三类装备在研制程序、阶段划分和行业习惯上也有一定区别,按新的程序要求进行变更时,需要较大规模的宣贯、培训和适应工作量。

2. 技术状态管理工作需要作更加深入的适应性变化

技术状态管理是系统工程技术管理过程的一项重要内容,也是质量管理中的一项重要内容。同时也是合同监管机构机关、军代表和承制单位感觉最难理解、最难实行的一项管理方法。其原因与我国装备发展的历史有关,过去测绘仿制的发展模式使我们有基础、有台阶,不需要自己开展系统、规范的技术状态管理,所以技术状态管理工作一直没能很好地开展起来。但新时期测绘仿制的时代已经过去,我们面对的是装备跨越式发展,是立足于自主研制的全新模式,对技术状态管理工作的要求更加严格、更加深入。另外,新的研制程序由原来的五个阶段(论证阶段、方案阶段、工程研制阶段、设计定型阶段、生产定型阶段)减少为三个阶段(论证立项阶段、工程研制阶段和鉴定定型阶段),主要是取消了"方案阶段"。原"方案阶段"是装备研制策划、开展系统设计和技术状态管理工作策划最重要的阶段。改革调整之所以取消如此重要的方案阶段,将该阶段的工作内容全部纳入工程研制阶段,主要是为转变"保姆式"管理的传统,突出承制单位主体责任,减少订购机关对研制过程的参与和精力投入,集中精力重点关注立项论证和试验鉴定工作。是典型的"抓两头、放中间"的策略。这种变化给承制单位开展独立的、系统的、规范的技术状态管理工作提出了更高的要求。

3. 相关法规标准的形成和应用存在较长的过渡期和适应期

编制体制的变化,将会对所有顶层法规产生影响,顶层发挥会经历一次普遍的更新过程,这是一个较长时间的过程。配合顶层法规的修订,下层次的规章和实施细则也将逐步开展制修订,又需要较长的过渡期。同时,这些法规、规章、细则的宣贯、培训、推广、落实等工作均需要一定的过渡期。另外,相关国家军用标准也存在较长的过渡期,并且存在新标准发布、老标准继续有效、新老标准持续并存使用的情况,这一情况在 GJB 150、GJB 151、GJB 1362 等标准上均有体现。

(三) 承制单位适应调整改革的影响需采取的对策措施

1. 充分发挥系统工程过程在装备研制管理工作中的主线作用

从法规的角度来看,研制阶段的划分会随着国家装备建设体制、政策等因素的调整而产生变化,以法规和标准的重新颁布为准。但是从系统工程逻辑规律的角度来看,不论是传统的三类装备的研制程序,还是改革后统一的研制程序,其在管理和实现上是一致的,没有差别的,都是遵循着系统工程过程需求分析、技术要求分析、体系结构设计、单元实施、产品集成、验证、移交、确认等技术过程,再施以技术状态管理、接口管理、技术风险管理和通用质量特性管理等技术管理过程(系统工程过程详见 GJB 8113)。即使相关法规标准发生了变化,系统工程过程的逻辑规律是不会变化的,这种规律是客观存在的、普遍适用的。所以,只要在研制项目管理过程中,牢牢把住系统工程这条技术主线,从理论上、规律上吃透装备研制管理工作的特点,就能够从容处理法规变化所带来的挑战和压力。新老研制程序与系统工程技术过程的对应关系模型见图 1-14。通过这一模型,承制单位可以顺利地开展衔接和过渡工作,将原有好的方法和措施有序地继承和发展,也可以针对新的要求补充和提出新的管理手段。

<table>
<tr><td>原研制阶段</td><td>论证阶段</td><td colspan="2">方案阶段</td><td colspan="2">工程研制阶段</td><td colspan="3">设计定型阶段</td><td colspan="2">生产定型阶段</td></tr>
<tr><td>状态</td><td>—</td><td>—</td><td>—</td><td>初样机设计(C)</td><td>正样机试制(S)</td><td>基地试验</td><td>部队试验</td><td>设计定型</td><td>部队试用</td><td>生产定型</td></tr>
<tr><td>系统工程技术过程</td><td>需求分析</td><td>技术要求分析</td><td>体系结构设计</td><td>单元实施</td><td>产品集成</td><td>验证</td><td>验证</td><td>确定</td><td>—</td><td>—</td></tr>
<tr><td>对应的基线</td><td>需求基线</td><td>功能基线</td><td>分配基线</td><td>设计基线</td><td>制造基线</td><td>产品基线</td><td>使用基线</td><td>—</td><td>—</td><td>—</td></tr>
<tr><td>新研制阶段</td><td>论证立项</td><td colspan="4">工程研制</td><td colspan="5">鉴定定型</td></tr>
<tr><td>状态</td><td>—</td><td>—</td><td>—</td><td>—</td><td>采信区(S)</td><td colspan="2">状态鉴定</td><td colspan="3">列装定型</td></tr>
<tr><td>试验类型</td><td>—</td><td>—</td><td>—</td><td>—</td><td>设计验证性能试验</td><td>状态鉴定性能试验</td><td>状态鉴定</td><td>作战试验</td><td>列装定型</td><td>在役考核</td></tr>
<tr><td>—</td><td>—</td><td>—</td><td>—</td><td>—</td><td>—</td><td>—</td><td>—</td><td>—</td><td>—</td><td>—</td></tr>
</table>

图 1-14　新老装备研制程序及工作项目对应与衔接转换图

2. 充分发挥技术状态管理工作在装备研制管理中的核心作用

装备研制的一切管理目标和形成的各种文件,都是围绕装备的技术状态开展的。研制工作的最终输出标的就是能够批量转化为装备的“技术状态”。不论论证工作、系统设计工作、详细设计工作还是试制与试验工作,一切都是围绕装备技术状态开展的。改革调整后,装备建设更加突出自主创新和国产化工作,订购机关更加强化论证立项和试验鉴定工作。这些变化是承制单位必须更加突出研制过程管理暨技术状态管理工作,确保整个装备研制过程技术状态清晰、确定、受控。另外,新的试验鉴定工作还采取了“采信”的工作模式,即设计验证性能试验的结果可以用来支撑状态鉴定性能试验的结论,其前提就是设计验证性能试验过程装备的技术状态必须清晰、确定、受控并与用来开展状态鉴定性能试验的样机保持一致。这一变化在科学、合理地减轻承制单位试验工作量的同时,也给承制单位的技术状态管理工作提出了更高的要求。承制单位只要吃透、掌握了“技术状态”在研制过程中的核心作用,就能够从容应对调整改革带来的新变化。

3. 充分发挥质量管理体系对法规标准适应性剪裁的作用

所谓对法规和标准的“剪裁”,是指根据研制项目的实际特点,有针对性地对相关的法规、标准进行细化、完善、补充、调整的过程。因为研制项目“一次性”“独特性”的固有特点,任何一份法规和标准,缺少了“剪裁”过程,都是无法真正落地和适用的。《常规武器装备研制程序》和《武器装备研制生产标准化工作规定》规定了法规和标准要剪裁使用,根据实际情况进行剪裁,纳入相关文件并得到合同监管机构认可后严格执行。不能生搬硬套法规和标准,也不能将法规和标准束之高阁。美军研制管理工作也非常明确地反复强调,装备研制工作要根据使用需求、研制周期和研制费用进行权衡和取舍。这就要求在新时期承制单位更要掌握法规和标准的剪裁能力,既不能被法规和标准束缚,也要严格执行剪裁后的法规和标准。

三、技术状态管理内容

我国早在 1987 年发布的《军工产品质量管理条例》中规定,承制单位应当建立技术状态管理制度。对零部(组)件、加工工序、工艺装备、材料、设备的技术状态更改,必须进行系统分析、论证和试验,并履行审批程序的要求。1998 年,第一册国家军用标准即 GJB 3206《技术状态管理》出版。该标准适用于武器装备(常规武器装备、战略武器装备、人造卫星)技术状态项目在研制、生产中的技术状态管理。2010 年,中国人民解放军总装备部批准实施 GJB 3206A《技术状态管理》,其代替了 GJB 3206。与前一版相比,新版标准的主要变化如下:

(1) 文本结构变为“总则+各项技术状态管理职能”。增加“产品寿命周期技术状态管理”等三个资料性附录。删除技术状态更改建议格式资料性附录。

(2) 原术语“技术状态项目”改称“技术状态项”;原术语“工程更改”改称“技术状态更改”;删除原术语“偏离”和“超差”,改用“偏离许可”和“让步”;新增“功能技术状态审核”和“物理技术状态审核”术语;修正和调整保留的原术语定义。

(3) 新增技术状态管理总体要求,如产品寿命周期开展技术状态管理、技术状态管理主体和职责确定、数据管理、软件的技术状态管理、技术状态管理实施监督。调整技术状态管理的编写内容。

(4) 新增技术状态标识要求,如编制技术状态项清单、技术状态文件清单;技术状态基线的建立标志和维持期限;技术状态文件归档或销毁。调整技术状态基线对应的技术内容和建立的时间点。

(5) 新增技术状态控制要求,如评审技术状态更改申请、编制技术状态更改通知、检查技术状态更改实施,及控制偏离许可和让步实施、纠正偏离和不合格。调整内容:技术状态更改类别从原来的二类改为三类;技术状态更改的流程和审批权限;偏离许可和让步分为严重和轻度二级。

(6) 新增技术状态记实要求,如归档和维护。调整内容:记录报告的发送主体、时间、对象和内容。

(7) 新增技术状态审核要求,如审核组成员需具有代表性和资质;承制单位自行组织内部审核;转产、复产开展技术状态审核。

(8) 调整内容,如审核的时间点和方式;审核的具体实施改为资料性附录。

因此,2010 年发布实施的 GJB 3206A 适用于武器装备及其配套产品在寿命周期内的技术状态管理。

(一) 技术状态管理总则

武器装备的技术状态管理,应该是在产品寿命周期内实施的技术状态管理。本书重点讲述武器装备在研制阶段(常规武器研制程序为五个阶段、战略武器研制程序为四个阶段、人造卫星研制程序为五个阶段)的工作内容。将从以下几方面建立技术状态管理的总则。

(1) 武器装备的研制应随产品寿命周期各阶段的特点和要求,逐步建立和完善技术状态管理。产品寿命周期各阶段技术状态管理的工作内容参见本书第六章第二节相关内容。

(2) 武器装备的研制应明确技术状态管理责任主体及其职责。必要时,应成立由相关技术领域和管理领域代表组成的技术状态控制委员会,按照赋予的权限对技术状态及其管理进行审查和决策。

(3) 应编制技术状态管理计划。技术状态管理计划应规定参与者的职责、技术状态管理内容。技术状态管理计划应根据产品寿命周期各阶段的特点和要求,进行必要的修订。承制单位的技术状态管理计划应提交给合同监管机构认可。技术状态管理计划的内容参见本书第一章第五节相关内容。

(4) 应监督技术状态管理实施。技术状态管理实施监督应与质量管理体系监督协调一致,可以一并进行。

(5) 应针对产品寿命周期数据,明确管理内容,确保数据的可用性和可追溯性。开展数据管理时应考虑信息技术发展对当前数据格式的影响、法律法规对数据保护的要求。

(6) 软件产品应按照 GJB 5235《军用软件配置管理》的规定,开展配置管理。

(二) 技术状态标识

技术状态标识的任务包括:

(1) 分解产品结构,选择技术状态项;

(2) 确定各技术状态项在不同阶段所需的技术状态文件;

(3) 识别技术状态项和编写技术状态文件;

(4) 建立技术状态基线;

(5) 发放经正式确认的技术状态文件并保持其原件。

(三) 技术状态控制

1. 技术状态控制的含义

技术状态管理活动中的技术状态控制,并非单一的技术状态更改、偏离许可和让步的工作管理。从装备研制的广义角度讲,每一环节、某一个技术人员、每一份文件、每一层次的工作,都含有对状态控制的义务。对技术人员的要求而言,在每一个阶段或状态内,工作完成后须进行阶段或状态内评审,合格后才能提交分管技术状态管理工作的部门进行转阶段或状态审查,合格后才能批准进入下一研制阶段。从装备研制项目管理、系统工程管理、风险管理和质量管理的关键环节分析、型号策划伊始,应高度重视型号的需求管理和配置管理,接口管理和数据管理,风险管理并进行有效控制,以及有效质量控制并进行质量评审,技术状态管理即研制过程的转阶段审查等工作。每一阶段、每一状态内的工作内容,必须符合《武器装备质量管理条例》的规定,即有关装备部门或技术状态管理部门,应当按照武器装备研制程序,组织转阶段(状态)审查,确认达到规定的质量要求后,方可批准转入下一研制阶段。

因此,技术状态控制的环节,根据产品层次和产品的复杂程度,可能在某阶段或状态要进行两次技术状态控制活动,即承制单位技术状态转阶段或状态审查,合格后提交上一级机关组织系统专家进行转阶段或状态审查,确认达到规定的质量要求后,方可批准转入下一研制阶段。

2. 技术状态控制的任务

技术状态控制的任务主要体现在以下方面:

(1) 制定控制技术状态更改、偏离许可和让步的管理程序与方法;

(2) 控制技术状态更改、偏离许可和让步;

(3) 确保已批准的技术状态更改申请、偏离许可及让步申请得到准确实施;

(4) 系统的需求管理和软件配置管理的评审、审查的状态控制;

(5) 各层次提出的接口要求和数据管理的评审和审查的状态控制;

(6) 各层次风险管理的评审和审查的状态控制;

(7) 各层次技术文件的质量控制的评审和审查的状态控制;

(8) 各层次研制阶段转阶段(或状态)审查的状态控制等。

(四) 技术状态记实

技术状态记实的任务包括:

(1) 记录并报告各技术状态项的标识号、现行已批准的技术状态文件及其标识号;

(2) 记录并报告每一项技术状态更改从提出到实施的全过程情况;

(3) 记录并报告技术状态项的所有偏离许可和让步的状况;

(4) 记录并报告技术状态审核的结果,包括不符合的状况和最终处理情况;

(5) 记录并维持已交付产品的版本信息及产品升级的信息;

(6) 定期备份技术状态记实数据,维护数据的安全性。

(五) 技术状态审核

技术状态审核的任务包括对每一个技术状态项都应进行功能技术状态审核和物理技术状态审核。应成立技术状态审核组,审核组成员应有代表性和相应的资质。在正式的技术状态审核之前,承制单位应自行组织内部的技术状态审核。内部的技术状态审核实施可参照第三节第二条第(六)款。

需要区分的是:

(1) 内部技术状态审核的对象是体系、是过程;审核的准则是质量管理体系文件和相关质量管理体系标准。

(2) 技术状态审核的性质是决策性的,审核的对象是技术状态项,审核的准则是技术状态文件。

(六) 技术状态审核实施

1. 审核实施概述

一般由合同监管机构担任组长、承制单位担任副组长,合同监管机构和承制单位共同组成的审核组在承制单位或分承制单位的现场进行技术状态审核。技术状态审核与内部审核是有根本性区别的,这两种审核都应该认真对待。

(1) 技术状态审核具备以下特征:

① 技术状态审核的性质是决策性的;

② 技术状态审核的对象是技术状态项;

③ 技术状态审核的准则是技术状态文件。

(2) 技术状态审核与承制单位内部审核的区别:

① 内部审核的对象是体系、是过程;

② 内部审核的准则是质量管理体系文件和相关质量管理体系标准。

当技术状态审核与定型工作结合进行时,按定型工作的要求执行。

2. 承制单位职责和合同监管机构职责

1) 承制单位职责

承制单位职责一般包括:

(1) 编制技术状态审核计划;

(2) 保证分承制单位参与必要的技术状态审核;

(3) 审核前,向技术状态审核组提交一份清单,列出技术状态审核中要用的文件、硬件和软件;

(4) 指定审核组副组长和本方参与人员;

(5) 与合同监管机构协调审核日程和地点;

(6) 提供必要的资源和器材;

(7) 按照技术状态审核计划做好资料准备;

(8) 做好会议记录,内容包括重要问题和对策、措施、结论和建议性意见等,交合同监管机构确认后,形成正式的会议记录。

2) 合同监管机构职责

合同监管机构职责一般包括:

(1) 指定审核组组长和本方参与人员;

(2) 审查会议记录,保证其内容反映合同监管机构的所有重要意见,向承制单位发出技术状态审核的结论,即认可、有条件认可或不认可。

3. 审核准备

审核前完成的准备工作一般包括:

(1) 确定参与审核的人员;

(2) 确定审核日程和地点;

(3) 编制审核计划,提交审核清单和准备审核资料(对于功能技术状态审核,额外准备一份说明每个受审核技术状态项试验结果和结论的概要。此外,还应说明未达到规定要求的方面,及其解决办法建议。该概要也要说明技术状态更改情况)。

4. 审核的项目

1) 功能技术状态审核

功能技术状态审核的项目一般包括:

(1) 审核承制单位的试验程序和试验结果是否符合技术状态文件的规定;

(2) 审核正式的试验计划和试验规范的执行情况,检查试验结果的完整性和准确性;

(3) 审核试验报告,确认这些报告是否准确、全面地说明了技术状态项的各项试验;

(4) 审核接口要求的试验报告;

(5) 对那些不能完全通过试验证实的要求,应审查其分析或仿真的充分性及完整性,确认分析或仿真的结果是否足以保证技术状态项满足其技术状态文件的要求;

(6) 审核所有已确认的技术状态更改是否已纳入了技术状态文件并已经实施;

(7) 审核未达到质量要求的技术状态项是否进行了原因分析,并采取了相应的纠正措施;

(8) 审查偏离许可、让步清单;

(9) 对软件与硬件集合成一体的技术状态项,除进行上述审核外,还可进行必要的补充审核。

2) 物理技术状态审核

物理技术状态审核的项目一般包括:

(1) 审核各技术状态项有代表性数量的产品图样和相关工艺规程(或工艺卡,下同),以确认工艺规程的准确性、完整性和统一性,包括反映在产品图样和技术状态项上的更改。

(2) 审核技术状态项所有记录,确认按正式生产工艺制造的技术状态项的技术状态准确地反映了所发放的技术状态文件。

(3) 审核技术状态项首件的试验数据和程序是否符合技术状态文件的规定;审核组可确定需重新进行的试验;未通过验收试验的技术状态项应由承制单位进行返修或重新试验,必要时,重新进行审核。

(4) 确认技术状态项的偏离、不合格是在批准的偏离许可、让步范围内。

(5) 审核技术状态项的使用保障资料,以确认使用保障资料的完备性和正确性。

(6) 确认分承制单位在制造地点所做的检验和试验资料。

(7) 审核功能技术状态审核遗留的问题是否已经解决。

(8) 对软件与硬件集合成一体的技术状态项,除进行上述审核外,还可进行必要的补充审核。

四、技术状态管理组织和职责

技术状态管理组织和职责应说明参与技术状态管理活动的人员、部门和机构,必要时,用简图说明。同时,应说明各参与方在技术状态管理中的职责,包括在技术状态控制委员会中的作用。此外,应说明技术状态管理职能与技术审查和定型工作等方面的有机联系。

(一) 技术状态管理组织

技术状态管理是武器装备研制的一种行之有效的科学的管理方法。技术状态管理中的各级组织和部门共同构成技术状态管理体系,其是一个完整的统一体,在组织机构确立的同时,应设计好各级和各部门的职责和任务接口,以保证每个环节在整个管理流程中的合理和顺畅,从而依据设计好的流程和接口,确定工作规范。

应根据具体项目和不同寿命周期的阶段或状态的需要建立组织结构。该结构应规定技术状态管理过程中直接涉及的各项活动间的相互关系,也应包括技术状态管理职能、接口组织、设计、采购和合同管理部门、资料管理、制造、质量保证以及涉及的其他专业,包括必要的分承包方和销售商。

技术状态管理组织结构应确保技术状态管理活动与其他活动的协调一致并对所有技术状态管理活动合理地分配权限和职责。在一个项目组织内,应规定批准技术状态基线和任何更改的权限。对于小型项目,技术状态管理职责可以由项目管理者指派项目的具体人员承担。

(1) 为达到所要求的技术状态管理目标,承制单位一般应建立三层次管理机构:

① 承制单位应成立技术状态管理控制委员会、技术状态管理办公室和项目管理办公室。

② 技术状态控制委员会主任一般由主管研制的副(厂长、所长)职或总工程师担任,成员单位由相关部门项目代表(如项目成本管理、风险管理、设计工程部门及制造工程部门)等组成。需要时,邀请项目合同监管机构代表、分承制单位代表参加会议。

③ 技术状态管理办公室由科研管理部门建立,负责日常工作。

④ 项目管理办公室由项目主管设计师和有关职能部门的代表组成,项目负责人担任项目管理办公室主任。

⑤ 对于大型项目的技术状态控制委员会,可按需要考虑下设工作分部,以对不同层面的管理事项作出快速决策。

(2) 技术状态管理控制委员会还应具有以下验证职能:

① 对有关基线具有恰当的权限;

② 更改是必须的;

③ 结果是可接受的;

④ 更改已恰当地形成文件并分类;

⑤ 文件、硬件和/或软件更改的实施计划是令人满意的。

（二）技术状态管理部门职责

1. 技术状态控制委员会

1）技术状态控制委员会的职责

（1）技术状态控制委员会负责本单位（本系统）技术状态管理工作程序、技术状态标识文件和重大技术状态更改等活动的审批。

（2）技术状态控制委员会应明确工作职责、界定工作范围，特别是与项目技术指挥系统的工作界面与接口。还应建立内部工作规定，角色定义和授权，制定和维护控制流程。

（3）技术状态控制委员会应注重会议的组织和协调，在实际运作过程中，应成立技术状态管理办公室/组。

（4）技术状态控制委员会将项目管理机构提出的建议进行更改，对费用、后勤保障和实施计划的影响进行评审。

2）技术状态项管理机构评审的要求

（1）对于每个经由项目管理机构评审的技术状态更改建议或偏离要求、数据与结论应输入技术状态管理系统中；

（2）评审结论应包括技术状态更改建议或偏离要求的处置措施，并应包括基于项目管理机构的评审结论而确定的各措施项目的描述；

（3）每个项目管理机构指示的主要和补充措施项目，将维持其状态记录，包括实施措施项目的组织职责、预计的完成日期及其现行状态。

3）实施要点

（1）应从组织、职责和制度方面确保技术状态控制委员会与项目技术指挥系统间保持清晰的职能界面；

（2）技术状态控制委员会可授权项目技术指挥系统或工程部门负责相关业务层面的控制；

（3）由技术状态控制委员会审批的技术状态管理流程、计划和要求的实施，应受技术状态控制委员会监督。

2. 技术状态管理办公室

1）技术状态管理办公室职责

（1）技术状态管理办公室负责技术状态管理计划的制定，项目技术状态的归口管理，协同标准化部门或质量部门制定管理程序和管理要求，负责技术状态控制委员会交办的管理和协调业务，组织实施技术状态管理的记实和报告，会同质量部门对技术状态基线的保持实施检查和监督说明。

（2）负责和牵头组织各技术负责人，就更改进行影响分析和技术协调，并与项目管理部门积极沟通，对更改进行经济性分析和决策。

（3）技术状态管理办公室是技术状态控制委员会的办事机构和项目技术状

态管理的信息中枢。

2）技术状态管理办公室工作内容

（1）会同标准化部门推进技术状态管理标准的实施，协调解决技术状态管理标准实施中的问题；

（2）筹划技术状态管理所需资源；

（3）研究技术状态管理的新技术，认证并参与构建技术管理信息平台；

（4）制定和维护技术状态管理制度；

（5）拟定项目技术状态管理计划；

（6）实施技术状态记实的监控和技术状态记实报告的编写；

（7）协调并诊断技术状态管理中出现的问题；

（8）会同质量部门组织项目技术状态审核；

（9）会同质量部门对项目技术状态管理情况实施监督；

（10）制定供应商技术状态管理要求；

（11）协调合同监管机构、承制单位的项目技术状态管理事宜；

（12）通报技术状态信息。

3）实施要点

（1）技术状态管理办公室是技术状态管理的职能部门，它应有的职能必须得到明确，技术状态管理办公室的业务活动应设计在项目研制的业务流程中，才能保证技术状态管理工作的有效开展。

（2）技术状态管理办公室的首要工作是做好技术状态管理规划，建立标准、制度和管理要求。

（3）构建有效的信息技术环境。

3. 项目管理办公室

1）项目管理办公室职责

（1）项目管理办公室负责技术状态管理计划的组织实施，并向有关方面提供人员、设备及相关的资源配置说明。

（2）项目管理办公室是技术状态计划的组织实施部门，应保证所有技术状态管理活动被纳入项目的实施计划之中，并落到相应有组织和授权的个人身上，并保证按计划的节点完成（如 CI 项的选定、标识的确定、基线的确立、技术状态更改的实施、验证及审核等）。

（3）组织项目在研制过程中，转入阶段或状态的评审。确保阶段或状态内项目的研制质量。

（4）对提交的技术状态更改建议、关键和重要的偏离以及让步申请进行审查。

（5）项目管理办公室是职能机构，在活动中应不断地发现和报告实施中的问题,维护相关规范和制度,协调并解决问题。

(6) 对批准的技术状态更改建议和批复的偏离以及让步申请,由设计师系统以技术文件形式传递到有关单位,并抄报系统总体设计部门备案、建档。

(7) 项目管理办公室成员可以是项目各技术领域的负责人,在管理上,必须理清其技术负责人和技术状态管理成员两种不同角色的关系,严肃技术状态管理的职责。

2) 实施要点

(1) 项目管理办公室应把技术状态管理活动纳入计划控制的范围,并实施自行监督;

(2) 项目管理办公室应会同技术状态管理办公室,协调与供应商和承制单位相关的技术状态管理活动。

五、技术状态管理标准的应用

目前,我国武器装备研制所贯彻的技术状态管理标准是 GJB 3206A,其规定了技术状态管理的内容、要求和方法。该标准适用于武器装备及其配套产品在寿命周期内的技术状态管理。本章从标准的应用角度出发,对贯彻标准的一些错误的理解、不正确的做法等问题,进行现状分析,并根据法规和标准的要求,提出相关的意见与建议。

(一) 选用与剪裁标准的一般要求

1. 选用与剪裁标准的目的和作用

选用和剪裁标准是落实武器装备战术技术指标和保证研制、生产要求的一项重要技术管理活动,合同监管机构和承制单位应相互协商,根据各自职责,完成有关工作。

选用和剪裁后的标准要求经合同监管机构、承制单位同意后应按照 GJB 2742 纳入合同“工作说明”和“技术规范(专用规范)”。在合同所提标准要求之外,承制单位可根据研制及生产的需要,补充选用标准并剪裁其要求,纳入产品其他专用技术文件。

注:技术规范,GJB 3363 明确规定,包含系统规范、研制规范、产品规范、工艺规范、材料规范等。由于我国装备自主式研制刚刚起步,对软件规范的理解不深,认识不到位。按照 GJB 6387 的要求,技术规范实际上就是专用规范。

2. 选用标准的范围

(1) 一般应选用现行、有效的国家标准(国家军用标准)、行业(部门)标准、企业标准;

(2) 在没有合适的国内标准或合同监管机构有特殊要求时,可按有关规定选用国际标准或国外先进标准。

3. 标准剪裁的对象

(1) 所有选用的标准,除法律、法规规定必须执行的要求外,均可结合产品效能、费用和周期等约束条件进行剪裁。

(2) 选用的标准中,剪裁的主要对象是通用性广、贯彻实施费用高的要求,包括:

① 通用规范要求;

② 技术状态管理要求;

③ 质量保证要求;

④ 可靠性、维修性要求;

⑤ 保障性要求;

⑥ 人机工程和安全性要求;

⑦ 环境要求和试验方法;

⑧ 技术资料要求;

⑨ 包装、贮存和运输要求。

4. 选用与剪裁标准的原则

为使产品研制、生产和使用具有良好的费用效益和技术可行性,达到效能、费用和周期之间的最佳平衡,选用和剪裁标准时应遵循以下原则:

(1) 满足武器装备作战使用要求,保证战术技术指标的实现;

(2) 满足产品研制、生产的需要,考虑技术水平和工艺条件,优先选用在同类产品中使用过、技术成熟的标准,降低研制风险;

(3) 综合分析产品特点,如复杂性、关键性等;

(4) 适时选用与研制阶段、产品层次相适应的标准;

(5) 充分考虑费用、周期等约束条件;

(6) 相互配套,内容协调。

(二) 贯彻 GJB 3206 应注意的问题

在装备研制过程中,型号的产品层次(六层)中的技术状态项在贯彻、运用 GJB 3206 时并非完全一致。它们在采用 GJB 3206 时,应根据技术状态项的重要性、复杂程度、规模、预定用途、综合保障和其所处的研制、生产阶段等具体情况,可以对本标准的详细要求进行剪裁,从而指导标准的应用。

(1) 重要性:

重要的武器装备应慎重选择技术状态项,如选择的技术状态项比较多,要求也更加严格。

(2) 复杂程度、规模:

规模较大、复杂程度较高的武器装备,一般选择技术状态项的层次较高,如选择了系统级的技术状态项。对于系统级单位而言,同时可能还要选择其他技术状态项。

(3) 预定用途:

预定用途不同,对技术状态项的要求也不相同,如大型舰船,一般不进行成批生产,因此,也就不需要进行物理技术状态审核。

(4) 综合保障要求:

武器装备使用保障中所需的保障设备、设施、备件等,因其为合同监管机构单独订购的项目,故应定为技术状态项,进行技术状态管理。

(5) 所处的研制、生产阶段等具体化情况:

这些情况包括研制经费、研制进度要求等。研制经费较少,研制进度紧急的,不可能选择过多的技术状态项。

根据以上情况,除选择技术状态项外,在满足一般要求的前提下,可以根据武器装备的具体情况和合同监管机构与承制单位的约定对详细要求进行剪裁。

(三) 标准的过使用和欠使用

1. 标准的过使用

过使用是指要求实施的标准或其中的条文对于产品研制、生产和使用的要求而言是过高的或不必要的。在实施选用和剪裁标准时应防止过使用和欠使用。避免造成不必要的损失。

1) 过使用的原因

选成过使用的主要原因有:

(1) 实施费用较高的标准及其要求(见 3. 标准剪裁的对象)未给予充分注意和重点控制。

(2) 对于仅在良好环境下使用的产品和在恶劣环境下使用的产品,在提出要求时缺乏区别,要求所有产品在设计上都满足事实上没有必要的严酷环境。

(3) 对于所选标准的必要性及其每一项要求的适用性未予以充分的注意。

(4) 对于合同"工作说明""技术规范"和产品其他专用技术文件直接规定的标准中所引用的相关标准的适用性未予以具体明确。

(5) 将一个产品研制、生产中的标准及其要求未经认真分析、评价,以完全相同的方式在另一个产品研制、生产中要求实施。

(6) 对标准使用的时间和研制阶段未加以注意。

(7) 对于产品的一般特性,盲目提出过高要求。

2) 过使用的后果

过使用可能导致:

(1) 增加研制、生产费用;

(2) 拖延研制周期;

(3) 增加研制风险。

2. 标准的欠使用

欠使用是指未选用应该选用的标准及其要求,或不恰当地删减降低了标准中的必要要求。

1) 欠使用的原因

造成欠使用的主要原因有:

(1) 不了解设计、工艺、使用环境和管理;

(2) 片面地追求节约研制费用;

(3) 片面地追求缩短研制周期。

2) 欠使用的后果

欠使用可能导致:

(1) 降低产品的性能水平;

(2) 降低产品的可靠性、维修性、安全性水平;

(3) 增加全寿命周期费用;

(4) 降低产品的保障性;

(5) 缩短产品的使用寿命。

(四) 技术状态管理涉及的标准

技术状态管理是系统工程管理的组成部分,是对武器装备全寿命实施的一种动态管理的活动。活动的第一步,分阶段进行研制是武器装备全寿命管理(策划、研制、使用和退役)的需要,也是系统工程管理的前提,如不进行分阶段研制,就不可能有系统工程管理,也就不可能进行技术状态管理。

可见,技术状态管理的活动在每一阶段都有每一阶段的标准、内容和要求,为了加深对技术状态管理标准 GJB 3206 的理解与应用,本节将对技术状态管理活动的相关标准进行实施分析与简单介绍。

1. GJB 2116A《武器装备研制项目工作分解结构》

武器装备实施技术状态管理,是将系统级装备按相应标准进行分解结构研制,形成标准规定的六层次的技术状态管理模式,每层次以工作分解结构作为选择技术状态项的基础。工作分解结构单元应包括所有技术状态项,但并不是所有的工作分解结构单元都必须进行技术状态管理。

按照 GJB 2116A 进行武器装备研制项目工作分解结构是能够达到上述要求的。该标准是1994 年发布的第一项有关工程管理的标准,2015 年完成了 GJB 2116A 的修编,与 GJB 2116—1994 相比,其主要变化如下:

(1) 将工作分解结构的类别调整为"项目工作分解结构"和"合同工作分解结构"两类;

(2) 将工作分解结构文件调整为单元明细表和词典,并增加文件样式;

(3) 增加工作分解结构的编号与命名体系要求;

(4) 增加对合同工作分解结构内容的确认要求；

(5) 调整典型装备的项目工作分解结构内容，并增加无人机系统和运载火箭系统两类装备。

武器装备研制项目工作分解结构(WBS)是武器装备实施系统工程管理的有效工具和基础。在武器装备研制过程中，随着研制工作的发展，逐步形成了产品的体系结构和保障项目的体系结构，这两个体系结构结合在一起，构成了系统的工作分解结构。GJB 2116A 给出了各武器装备系统工作分解结构典型的上三级(称为纲要分解结构)和典型武器装备项目工作分解结构。如给出了飞机系统、电子系统、导弹系统、军械系统、舰船系统、航天器系统、车辆系统、无人机系统、运载火箭系统等9类武器装备项目工作分解结构的三层内容，供各类武器装备研制选用。

2. GJB 2737《武器装备系统接口控制要求》

在系统研制过程中，合同监管机构应提出需要控制的接口项目要求，承制单位应规定技术状态项目的接口要求并确保所设计的各种硬件、软件之间的兼容性和共用性。GJB 2737 也是一项工程管理标准。该标准适用于对武器装备系统、分系统及设备间的接口控制，控制文件的制定、协调和更改控制。该标准是对武器装备系统研制过程中接口控制文件的制定、协调和更改控制的一般规定，具体使用时，可进行剪裁。

标准中的"接口"一词定义为"对两个以上的系统、分系统、设备或计算机软件产品间共同边界的功能特性、物理特性要求。"武器装备研制过程中，要制定接口控制文件，即"规定系统、分系统及设备间功能和物理接口要求的控制图或其他文件。"要求该文件"应规定技术状态项的接口要求并确保所设计的各种硬件、软件之间的兼容性和共用性"。接口控制文件应置于技术状态管理之下进行控制，如需更改，应按照技术状态管理要求进行。

如系统规范、研制规范、材料规范、工艺规范、软件规范和产品规范，就起到了规范接口、控制接口的作用，同时还起到了装备研制的传承作用。

3. GJB 190《特性分类》

对武器装备进行特性分析的目的就是为了更好地实施技术状态管理。对于需要实施特性分类的武器装备，其目的是：

(1) 对产品特性实施分类，有利于设计部门提高设计质量。如通过设计分析，对产品能否承担其使命以及有效地完成其使命所需具有的质量指标进行分析后，划定的特性类别(如关键件、重要件和一般件)应保持与特性分析的一致性。

(2) 便于生产部门了解设计意图，有利于在实施质量控制中分清主次，控制重点，保证产品质量的稳定性和可追溯性。如通过设计分析，对划定的互换性项目,提出了详细的试验验证要求,确保了产品研制质量的稳定性。

(3) 便于合理安排检验力量以及合同监管机构对产品质量实施检查和监督。如通过分析,明确了设计文件,即技术状态基线文件的战、技术指标内容、接口要求,检验规范和试验规范的内容和方式及要求,指明了工序检验(工序过程控制)、最终产品检验(产品质量保证)以及外包外协产品检验或验收(产品质量保证和质量控制)的方式、文件和要求等。

4. 参照标准和法规

建立技术状态管理制度时,应参照下列标准和法规:GB/T 19017《质量管理 技术状态管理指南》;GJB 2993《武器装备研制项目管理》;GJB 3273A《武器装备研制项目技术审查》;ISO 10007《技术状态管理指南》;国防科工委《常规武器装备研制程序》《战略武器装备研制程序》《人造卫星研制程序》。

5. 技术状态管理与其他标准的关联

贯彻《技术状态管理》标准时,一定要了解、熟悉和掌握并同时贯彻、引用以下标准:GJB 190《特性分类》;GJB 2116A《武器装备研制项目工作分解结构》;GJB 2737《武器装备系统接口控制要求》;GJB 2993《武器装备研制项目管理》;GJB 3273A《武器装备研制项目技术审查》。

(1) 贯彻 GJB 2993,按照系统工程管理这种系统的规划、研究、设计、制造、试验和使用的科学方法,对所有系统都具有普遍意义。如在装备研制的论证阶段,军方提出武器装备系统作战使用要求。

(2) 贯彻 GJB 2116A,有利于研制阶段的技术状态管理,如在方案阶段,经仿真、模拟试验验证后,编制系统规范建立功能基线,编制研制规范建立分配基线等。

(3) 贯彻 GJB 190,在方案阶段,技术方案确定后,进行研制项目工作分解结构,此后就应该对产品层次进行特性分析。与此同时,按标准要求提出接口要求(功能、结构和软件等),并同时实施技术状态控制。

产品的特性分类由设计部门负责,组织设计人员对产品进行特性分析(即技术指标分析、设计分析和选定检验单元),提出特性分析资料,并征集有关部门的意见。特性分析划定了技术状态项,关重件,互换件,工序检验和最终产品检验项目后,设计人员有针对性地提出研制、试验、检验等要求,形成规范性文件(专用规范)来指导型号的研制工作。

(4) 贯彻 GJB 2737,按照该标准的要求提出接口控制内容、方法以及控制要求,实施有效的技术状态管理。如研制规范建立的分配基线确定后,从方案阶段开始向下层次(分系统、设备级)签订技术协议书。

分系统、设备级研制进入工程研制阶段设计状态后,与组件、部件和零件承制单位签订技术协议书。

（5）贯彻 GJB 3273，该标准于 1998 年第一次发布，其规定了武器装备研制过程中技术审查要求的标准。本标准所规定的技术审查，是为基线的形成、确定、发展和落实而进行的技术审查。其适用于武器装备研制项目研制过程的各类技术审查工作。配套产品研制项目可参照执行。

该技术审查是根据武器装备的技术复杂程度、承制单位的能力、经费和进度等综合情况进行剪裁，并在合同附件（工作说明）中指定技术状态项并对审查项目和内容做出具体规定。该标准于 2017 年完成了 GJB 3273A 的修编，与 GJB 3273—1998《研制阶段技术审查》相比，其主要变化如下：

① 标准名称改为“武器装备研制项目技术审查”。

② 文本结构方面，取消“一般要求”与“详细要求”之分，改为“总则+各项技术审查+技术审查组织管理”。

③ 术语方面，新增了“技术审查”“首次大型试验准备审查”“定型试验准备审查”“小批量试生产准备审查”等术语。

④ 技术审查类型方面，删除仅针对软件产品的“软件规格说明审查”“测试准备审查”，将对软件的有关要求纳入各项技术审查；将“生产准备审查”改为“小批量试生产准备审查”；增加“首次大型试验准备审查”“定型试验准备审查”。

⑤ 附录方面，精简原各项技术审查的资料性附录，并新增有关审查资料和审查意见的要求，作为第 5 章的支撑部分。

⑥ 资料性附录“应用指南”中增加技术审查准入要求说明，及技术审查与技术状态基线确认关系说明。

技术审查的目的是确保正确实施系统工程过程且持续迭代；确保定义和分配的要求是清晰、一致、完备、可行和可验证的，且具有可追溯性；确保软硬件接口互联互通互操作，且与人员间的接口友好高效；确保及时有效地关注技术状态，为确定和控制技术状态基线提供技术依据。

（五）技术状态管理术语及理解说明

1. 一般术语及理解说明

围绕技术状态管理工作有关的术语称为一般术语，也是装备研制工程管理的概念术语，为了便于弄清工程管理术语与技术状态管理术语的关系，称装备研制的工程管理术语为技术状态管理中的概念术语。

1）装备科研

装备科研的定义是：为发展新型装备和改进、提高现役装备作战使用性能进行的科学研究及相关管理活动。

理解说明：

按照《装备科研条例》第七条规定，装备科研由五种类型组成，即预先研究、研制、军内科研、技术革新和技术基础。这五种类型的工作内容、程序、术语、鉴定名称、质量管理要求或控制方法都是不一样的。因此,科研与研制不能混淆,更不能混用。

2）型号研制

型号研制的定义是:按战术技术要求和使用要求,设计和试制新型号装备的工程技术活动。

理解说明:

型号研制是已有型号批复的一种工程研制项目,在研制的型号没有批复之前,技术文件的名称可以用代号表示(见 GJB/Z 114A《产品标准化大纲编写指南》和 GJB/Z 106A《工艺标准化大纲编制指南》)。简单地讲,型号研制就是型号工程研制,其特点是实施系统工程管理、分阶段研制、采取技术状态管理的方法。

3）工程研制

工程研制的定义是:按照批准的研制总要求(或技术协议书)进行的具体设计、试制、试验的过程。

理解说明:

工程研制与型号研制基本相同。

4）设计规范

设计规范的定义是:阐明产品设计过程应遵循的技术准则、程序、方法等基本要求的文件。

理解说明:

根据 GJB 1405A 中 3.16 设计规范的定义可知,此规范并非一份规范,而是型号在设计策划过程中,所有要求性的技术文件可按规范形式由设计人员编制,所以统称为设计规范。

5）检验规范

检验规范的定义是:通过观察和判断,适当时结合测量、试验所进行的符合性评价的内容、程序或方法的要求性文件。

理解说明:

检验规范是设计文件,也是编制检验文件(检验计划、检验规程、检验表格、检验报告)的依据性文件。检验规范由设计人员在型号研制的方案阶段伊始,按照 GJB 190 的要求进行编制,对产品研制的关键、重要的工序以及自制件的运行、最终产品的出厂和批生产的首件提出检验要求的规范性质量保证文件,并可作为质量检验人员编写检验规程的依据。所以,检验规程也称质量保证文件。

《武器装备质量管理条例》第十七条规定,订立武器装备研制、生产合同应当明确规定武器装备的性能指标、质量保证要求、依据的标准、验收准则和方法以及合同双方的质量责任。

从上述法规不难看出,承制单位的“质量保证要求”即检验规范应从以下几方面体现:

(1) 型号研制过程的质量保证文件。如在方案阶段编制的产品质量保证大纲,可靠性、维修性、保障性、测试性、安全性以及环境适应性大纲等文件中的保证内容。

(2) 关键件、重要件的工序检验。《武器装备质量管理条例》第二十七条规定,武器装备研制、生产单位应当对产品的关键件或者关键特性、重要件或者重要特性、关键工序、特种工艺编制质量控制文件。对于一般的工序检验,则可按照工艺规程编制随件流转卡进行检验(参见 GJB 726A 5.6.4 对实行批次管理的产品,组织应按批次建立随件流转卡,详细记录投料、加工、装配、交付过程中投入产出的数量、质量状况及操作者和检验者。在批次管理中,产品的批次标识可作为进行追溯时的标识。由此可见,随件流转卡是工艺质量控制文件,又是一般性工序的检验文件)。

(3) 最终产品的检验。以设计编写的检验规范、产品规范和 GJB 1442A 为依据,对交付的最终产品编写检验规程,用其检验拟交付的最终产品,经检验合格后,保证产品的出厂质量。

在装备研制的实际运行中,承制单位一定要避免用工艺文件代替质量保证文件,即避免使用工艺规程检验最终产品的错误做法,因为工艺文件就是工艺质量控制文件(如工艺规程、随件流转卡),它的性质是装备研制中的内部质量控制,并非产品交付时的质量保证,只有承制单位的质量部门对产品按检验规程检验合格后,才具有对交付产品负有质量保证的责任。

(4) 首件检验。对批量加工的第一件产品所进行的自检和检验员专检的活动。

GJB 467A《生产提供过程质量控制》中 5.3 关键过程控制规定,关键过程除需满足本标准其他条款规定的相关质量控制要求外,还应满足下列要求:

① 对关键过程进行标识;

② 对关键和重要特性实行百分之百检验;

③ 对首件产品,按规定进行首件二检,记录实测数据并做出首件标识;

④ 适用时,应用统计技术进行关键过程的质量控制。

GJB 9001C《质量管理体系要求》8.5.1 生产和服务提供的控制 o)条规定,对首件产品进行自检和专检,并对首件做出标记,保留实测信息。

6）验收规范

验收规范的定义是:顾客对提交的成品进行检验,以确认内容、程序或方法以及接收或拒收内容的要求性文件。

理解说明：

验收规范是设计文件，也是编制质量控制文件（即验收规程）的依据性文件。《武器装备质量管理条例》第十七条规定，订立武器装备研制、生产合同应当明确规定武器装备的性能指标、质量保证要求、依据的标准、验收准则和方法以及合同双方的质量责任。

承制单位的验收准则主要体现在三个方面。一是应有进货检验的验收。《武器装备质量管理条例》第三十九条还明确，合同监管机构现场代表应当按照合同和验收技术要求对交付的武器装备及其配套的设备、备件和技术资料进行检验、验收，并监督新型武器装备使用和维修技术培训的实施。二是对于外购、外协产品和配套产品，依据验收规范的要求，编制验收规程，实施验收。三是对于自制产品，依据验收规范的要求，编制验收规程，实施验收。

7）试验规范

试验规范的定义是：阐明产品试验过程应遵循的技术准则、程序、方法等基本要求的文件。

理解说明：

试验是按照程序确定一个或多个特性。根据 GJB 1405A 中 3.18 试验规范的定义可知，此规范是由设计人员在型号研制的方案阶段的设计策划过程中编制。设计人员依据 GJB 2993 中 3.13 研制项目专用规范的定义，在武器装备研制项目中，用以规定技术状态、特定工艺、特定材料的基本技术要求（包括确定这些要求是否满足所需要的检查、试验程序和方法）的一种文件。因此，试验要求性的文件即试验规范、派生的试验大纲（参见 GJB 1452A《大型试验质量管理要求》编制）、试验规程（含试验程序或试验方法，参见 GJB 0.1《军用标准文件编制工作导则第 1 部分：军用标准和指导性技术文件编写规定》附录 D 试验规程类标准的要求要素框架）、试验表格、试验报告（参见 GJB/Z 170《军工产品设计定型文件编制指南》，格式及内容要求可参照其第 5 部分和第 10 部分编制）。

8）试验大纲

试验大纲的定义是：规定试验项目、目的、要求、方法和步骤的文件。

理解说明：

根据《武器装备质量管理条例》第二十九条规定，武器装备研制单位组织实施研制试验（承制单位满足符合性要求的试验），应当编制试验大纲或者试验方案，明确试验质量保证要求，对试验过程进行质量控制。由此可见，承制单位在实施研制试验前，应当编制试验大纲或试验方案（定型文件要求编制试验大纲）；在装备进入考核试验时，应当草拟鉴定试验大纲，报主管试验部门组织专家对试验大纲审查，待批复后依据试验大纲的要求编写试验规程。

9）产品

产品的定义是：过程的结果。

理解说明：

从 GJB 190 中可以明确，产品是指设计文件中所表示的任何零件、部件、组件、系统或其他装置。

从 GJB 6117《装备环境工程术语》中不难看出，产品是一个非限定性术语，用来泛指元器件、零部件、组件、设备、分系统和系统。也可以指硬件、软件或两者的结合。

从 GJB 1405A 中可以进一步明确，有下述四种通用的产品类别：

（1）服务（如运输）；

（2）软件（如计算机程序、字典）；

（3）硬件（如发动机机械零件）；

（4）流程性材料（如润滑油）。

许多产品由不同类别的产品构成，服务、软件、硬件或流程性材料的区分取决于其主导成分。

例如 1：外供产品“飞机”由硬件（如轮胎）、流程性材料（如：燃料、润滑油）、软件（如：电子信息控制软件、驾驶员手册）和服务（如：培训空地勤人员、质量访问）组成。

软件由信息组成，其通常是无形产品并可以方法、论文或程序的形式存在。

硬件通常是有形产品，其量具有计数的特性。流程性材料通常是有形产品，其量具有连续的特性。硬件和流程性材料经常被称为货物。

例如 2：硬件通常是有形产品，其量具有计数的特性。因此，硬件产品是有层次的，武器装备研制的型号，其相关标准分为六个层次，即系统、分系统、设备、组件、部件和零件（元器件）。

关于“产品”的定义，在 GB/T 19000—2016 中（见 3.7.6 与 3.7.7 条例）有的变化，尤其是其把“产品”与“服务”分开。但在武器装备科研领域，该变化影响不大，所以这里不详细区分，仍要用 GJB 1405A 的术语。

10）产品层次

产品层次的定义是：产品由简单到复杂的纵向排列顺序，一般为零件、部件、组件、设备、分系统和系统。

理解说明：

装备研制从技术装备管理的角度出发分为六个层次，以便于技术状态管理。系统层的技术要求，通过“专用规范”（见 GJB 6387 的要求）逐级下传（因 GJB 1405A 规定，规范相当于或就是要求），每一层次有每一层次的“专用规范”，除系统层必须有系统规范外，其他层次的产品可以不编写系统规范，但必须编写研制规范和产品规范,材料规范、工艺规范、软件规范应根据产品的复杂程度及结构特点酌情编写,或根据系统级单位要求编写。

11）最终产品

最终产品的定义是:已装配完毕或已加工完毕即将提交合同监管机构验收的产品。

理解说明:

GJB 1442A 中,强调最高管理者应对最终产品质量负全责。需要时,可指定一名最高管理层的成员负责质量检验工作,并负责为其配备必要的资源等要求。

上述标准的 5.3 条还规定,组织应按照质量管理体系的要求,结合本单位的实际情况和产品的特点编制检验文件。组织应规定检验文件的编制、审批、发放和更改的要求,以确保检验文件的现行有效。检验文件一般包括检验计划、检验规程、检验记录和检验报告等。

上述标准的 5.5.4 条明确了最终检验的要求,组织应按照验收依据(检验规程)和相关规定,对完工产品进行最终检验,以表明产品符合规定的要求(所谓表明,实际上就是对交付产品的质量保证,可见,检验规程是产品质量保证文件的组成部分)。

组织在对最终产品检验合格后,应按规定向军代表(或顾客代表)提交验收,经军代表(或顾客代表)确认合格后,应按照 GJB 726A 的规定做出标识,方可办理质量证明文件(即合格证或履历本)。

12）特性

特性的定义是:产品的性能、参数和其他技术要求。主要特性有功能、互换、寿命、安全和协调等。

13）特性分类

特性分类的定义是:根据特性的重要程度,对其实施分类的过程。特性分为三类,即关键特性、重要特性和一般特性。

14）关键特性

关键特性的定义是:如有故障,可能危及人身安全、导致武器系统或完成所要求使命的主要系统失效的特性。

15）重要特性

重要特性的定义是:该特性虽不是关键特性,但如有故障,可能导致最终产品不能完成所要求使命的特性。

16）一般特性

一般特性的定义是:该特性虽与产品质量有重要的关系,但如有故障,一般不会影响产品的使用性能。

17）工作结构分解（WBS）

工作结构分解的定义是:以产品为中心,由产品(硬件和软件)项、服务项、资料项及其他反映项目成果的内容共同构成的体系。它确立了项目的工作范围,并反映了所需研制的产品以及工作任务之间、工作任务与最终产品之间的关系。

18）接口

接口的定义是:对两个或两个以上系统、分系统、设备或计算机软件产品间共同边界的功能特性、物理特性要求。

19）接口控制

接口控制的定义是:标识、记载接口的功能特性和物理特性并控制其更改的过程。

20）接口控制文件

接口控制文件的定义是:规定系统、分系统及设备间功能和物理接口要求的控制图或其他文件。

2. 硬件技术状态管理术语及理解说明

1）功能特性

功能特性的定义是:产品的性能指标和设计约束条件,如战术技术指标、使用保障特性等。

2）物理特性

物理特性的定义是:产品的形体特征,如组成、尺寸、表面状态,形状、配合、公差、质量等,又称实体特性。

3）技术状态

技术状态的定义是:在技术文件中规定的并且在产品中达到的功能特性和物理特性。

4）技术状态管理

技术状态管理的定义是:在产品寿命周期内,为确立和维持产品的功能特性、物理特性与产品需求、技术状态文件规定保持一致的管理活动。其主要内容包括技术状态标识、技术状态控制、技术状态记实和技术状态审核。

理解说明:

技术状态管理是武器装备研制系统工程过程在武器装备全寿命周期循环应用的技术过程和技术管理过程(研制策划、需求管理、技术状态管理、接口管理、技术数据管理、技术风险管理、研制成效评估和决策分析)中的八项管理方法之一。技术状态管理的核心是产品的技术状态标识,产品的技术状态标识做到位了,技术状态控制、记实和审核工作就可能到位;反之,技术状态标识不到位,技术状态控制、记实和审核工作就不可能做好。

5）技术状态项

技术状态项的定义是:能满足最终使用功能,并被指定作为单个实体进行技术状态管理的硬件、软件或其集合体。

6）技术状态文件

技术状态文件的定义是：规定技术状态项的功能特性和物理特性，或从这些内容发展而来的关于技术状态项验证、使用、保障和报废要求的技术文件。技术状态文件一般分为功能技术状态文件、分配技术状态文件和产品技术状态文件。这三种技术状态文件在产品寿命周期不同阶段进行编制、批准和保持，且在内容上逐级细化。

理解说明：

产品层次的定义规定，系统、分系统、设备、组件、部件和零件（元器件）六个层次中都有技术状态项。六个层次中的技术状态项内涵、控制的方法、形成的技术状态文件及其要求都是不一样的，在装备研制中要认真分析产品形成原理的复杂程度、结构特点，形成相应的技术文件。

如简单的组件、部件和元器件级产品，可以不编写工艺规范、材料规范和软件规范等，如对上述方面有简单要求，可以将其编写在产品规范中，此时的产品规范就代表了该产品的产品基线文件，也称技术状态文件。

7）功能技术状态文件

功能技术状态文件的定义是：规定产品的功能特性、接口特性和验证要求的技术状态文件。

8）分配技术状态文件

分配技术状态文件的定义是：规定技术状态项的接口特性、从高一层技术状态项分配下来的功能特性和接口特性、附加的设计约束条件，以及上述特性的验证要求的技术状态文件。

9）产品技术状态文件

产品技术状态文件的定义是：规定技术状态项所有必需的功能特性、物理特性，以及检验验收、使用、保障和报废要求的技术状态文件。

10）技术状态基线

技术状态基线的定义是：在产品寿命周期内的某一特定时刻，被正式确认并作为今后研制生产、使用保障活动基准，以及技术状态改变判定基准的技术状态文件。技术状态基线一般包括三种类型，即功能基线、分配基线和产品基线。

11）功能基线

功能基线的定义是：经正式确认的功能技术状态文件。

理解说明：

功能技术状态文件一般指系统规范。

12）分配基线

分配基线的定义是：经正式确认的分配技术状态文件。

理解说明：

分配技术状态文件一般指研制规范。在设备层的研制规范中，含有本层功能技术状态的内容。

13）产品基线

产品基线的定义是：经正式确认的产品技术状态文件。

理解说明：

产品技术状态文件一般指材料规范、工艺规范、软件规范、产品规范。在实践中，材料规范、工艺规范、软件规范（规格说明）的编制，是根据产品的结构和复杂程度的需要进行编制的。

14）技术状态更改

技术状态更改的定义是：在产品寿命周期内，对已正式确认的现行技术状态所做的更改。

15）技术状态标识

技术状态标识的定义是：确定技术状态项及其所需技术状态文件，标识技术状态项及其技术状态文件，发放和保持技术状态文件，建立技术状态基线的活动。

理解说明：

技术状态标识与产品标识是有区别的，技术状态标识是进行工作结构分解，提出接口要求，对已分解的全部项目进行识别，确定技术状态项，建立技术状态基线文件，然后对识别的项目进行汇总的一种活动。

16）工作分解结构单元

构成工作分解结构的每一独立部分。

17）项目工作分解结构（PWBS）

体现武器装备研制项目完整工作范围，包含项目合同各方任务的工作分解结构。

18）合同工作分解结构（CWBS）

体现武器装备研制合同工作范围，仅包含承制单位（合同乙方）任务的工作分解结构。

19）技术状态控制

技术状态控制的定义是：技术状态基线建立后，对提出的技术状态更改申请、偏离许可申请和让步申请所进行的论证、评定、协调、审批和实施活动。

20）技术状态记实

技术状态记实的定义是：在产品寿命周期内，为说明产品的技术状态所进行的记录、报告活动。

21）技术状态审核

技术状态审核的定义是：为确定技术状态项与其技术状态文件的一致程度而进行的正式检查。其包括功能技术状态审核和物理技术状态审核。

理解说明：

技术状态审核与承制单位内部审核，两者的性质、对象和准则是不同的。

（1）技术状态审核的性质是决策性的；

（2）技术状态审核的对象是技术状态项；

（3）技术状态审核的准则是技术状态文件；

（4）内部审核的准则是对象、是体系、是过程；

（5）内部审核的准则是质量管理体系文件和相关质量管理体系的标准。

22）功能技术状态审核

功能技术状态审核的定义是：为验证技术状态项的功能特性是否达到功能基线、分配基线规定的要求所进行的技术状态审核。

23）物理技术状态审核

物理技术状态审核的定义是：为建立或验证产品基线，对技术状态项试制试产样品的完工状态、所依据的技术状态文件而进行的技术状态审核。

3. 软件配置管理术语

1）软件

与计算机系统操作有关的计算机程序、规程和可能相关的文档。

理解说明：

软件本身就包括文件（软件行业多称为文档）。因此，不论是软件产品还是产品软件（嵌入式软件）均应重视文档工作。现阶段软件的技术状态管理的薄弱环节就是对软件文档的认识不够、重视不足。为此，抓好软件的技术状态管理的首要工作就是抓好软件文档的形成与确认。

2）软件配置及软件配置管理

软件配置的定义：在软件生存周期各阶段产生的各种形式和各种版本的文档、程序、数据及环境的集合。

软件配置管理的定义：为保证软件配置项的完整性和正确性，在整个软件生存周期内应用配置管理的过程。配置管理是对软件相关活动开展技术及管理指导及监督的一门学科，内容包括标识并建档记录配置项的功能特性和物理特性；控制对这些特性的更改；记录并报告更改的处理过程和实现状态；验证与规定的需求的符合性。

理解说明：

在软件工程中，根据软件研制的特点和传统习惯，对“configuration”一词更多地翻译为“配置”。因此，很多时候软件技术状态管理也称为配置管理。但有些情景下,软件技术状态管理和软件配置管理也存在一些侧重点的不同。称“软件技术状态管理”时,更强调其需求的充分性、设计的规范性、阶段的控制程度、版本的冻结或固化程度等,与本书中硬件产品的技术状态管理含义更为接近。称“软件配置管理”时,更强调其组成的模块、结构、单元、代码等和配置的数据、库文件、文档、环境等,与硬件产品的图样管理、工艺管理、文件管理等内涵更为接近。

3) 软件配置项(software configuration item,SCI)

软件配置项的定义:为了配置管理的目的而作为一个单位来看待的软件成分,通常为软件配置中的一个元素。

理解说明:

软件配置管理中的任何一部分都属于软件配置项,如某份文档、某个插件、某个数据库等。应注意软件配置项与计算机软件配置项的区别。

4) 计算机软件配置项(computer software configuration item,CSCI)

满足最终使用要求并由需方指定进行单独技术状态(配置)管理的软件集合。

理解说明:

CSCI 是对软件产品开展技术状态管理最重要的概念之一,对应硬件产品的“技术状态项”。是单独进行独立管理的重要组成单元。对计算机软件配置项,一般应独立建立生存周期模型,开展软件工程化管理,形成独立的需求、设计、编码、测试和交付文件,确定自身的功能基线、分配基线和产品基线。

5) 基线

一组经正式评审同意的规格说明或工作产品,此后它们将作为进一步开发的基础,并且只有通过更改控制过程才能修改它们。

理解说明:

同硬件产品类似,软件基线也是以软件规格说明为主要文件的一组文件,根据管理需要,还可包括数据、代码、测试文件等。

6) 配置基线

在产品或产品部件的生存周期中一个特定时刻正式指定的配置信息。配置基线加上来自那些基线的经批准的更改构成当前的配置信息。

理解说明:

配置基线的含义与基线相同。配置基线一般分为功能基线、分配基线和产品基线。根据需要,还可设置任务基线、设计基线、验证基线等。

7) 产品基线

在配置管理中,在其生存周期中开发、运行、维护,以及保障支持期间初始批准的定义配置项的一个技术数据包(包括源码清单)。

理解说明：

软件产品基线的含义与硬件产品基线的含义相同。一般由软件产品规格说明、源代码、执行程序、版本说明组成。根据需要还可包括配置的数据、用户手册、测试规范、检验规范等文件。

8）配置标识（configuration identification，CI）

配置管理的一个元素，由下列步骤构成：为产品选择配置项、对它们赋以唯一的标识符，并在技术文档中记录其功能特性和物理特性。

理解说明：

软件配置标识的含义与硬件技术状态标识的含义基本相同。包含确定软件基线，开展工作分解结构，从中选择配置项，为配置项分配唯一的标识符，将软件功能特性和物理特性形成文档等。

9）配置控制（configuration control，CC）

配置管理的一个元素，包括：在正式建立配置项的配置标识之后，对配置项的更改所作的评价、协调、批准或不批准，以及实施。

理解说明：

软件配置控制的含义与硬件技术状态控制的含义基本相同。虽然在软件行业很少提及偏离、超差、让步或不合格等术语或概念，但这些术语或概念对软件产品也是适用的。如 GB/T 11457—2006 标准第 2.473 条。

10）配置审核（configuration audit，CA）

为了验证一个配置项或构成基线的一组配置项是否符合规定的标准或需求所进行的一种审核。

理解说明：

配置审核是对所要求的全部配置项均已开发出来，当前的配置与规定的需求相符所作的证明。技术文件完全而准确地描述了各个配置项，并且曾经提出的所有变更请求均已得到解决的过程。验证工作是配置审核的重要手段。配置审核在 ESA 也称配置验证评审（configuration verification review，CVR）。

11）功能配置审核（functional configuration audit，FCA）

为了证实一个配置项的开发已经圆满完成，已经达到了在功能或分配的配置标识中指明的性能和功能特性，并且它的运行和支持文档是完备且令人满意的，而进行的一种审核。

理解说明：

功能配置审核主要强调功能特性的实现程度。

12）物理配置审核（physical configuration audit，PCA）

为了验证一个配置项是否符合定义和描述它的技术文档所进行的一种审核。

理解说明：

物理配置审核主要强调物理特性的实现程度，包括软件"文实一致"的情况。

13）配置状态记实（configuration status accounting，CSA）

配置管理的一个元素，包括记录并报告有效管理一个配置项所需的信息。这个信息包括一张经批准的配置项标识列表、建议的配置项更改的状态以及经批准的更改的实现状态。

理解说明：

软件"配置状态记实"比硬件行业"技术状态记实"翻译得更为准确。"configuration status accounting"在硬件行业翻译为"技术状态状况记实"更为合理。CSA 工作主要是实时地反映 CI 的发展与演进情况。

14）软件开发周期

从决定开发一个软件产品开始到产品交付结束的时间周期，这个周期典型地包括需求阶段、设计阶段、实现阶段、测试阶段，有时还包括安装和验收阶段。

理解说明：

软件开发周期有时也用于含义为更长的时间周期，即软件生存周期。上述所列的阶段可以覆盖或重复执行，取决于所用的软件开发方法，如瀑布模型、增量模型、迭代模型等。

15）配置控制委员会（configuration control board，CCB）

负责评价、批准或不批准建议的对配置项的更改，并确保批准的更改得以实施的一组人。

理解说明：

有时 CCB 也指"更改控制委员会"（change control board，CCB）。

16）软件开发库

在软件生存周期中，存放软件配置项的集合。

理解说明：

软件开发库用来存放正在开发中的各项配置，一旦开发者认为可以提交上层次产品、部门或单位去认可、评审、验证、确认了，通过一定的形式，应存入软件受控库。

17）软件受控库

在软件生存周期中，存放已通过测试或评审且作为阶段性产品的软件配置项的集合。

理解说明：

凡是正式提交上层次产品、部门或单位的认可、评审、验证、确认的软件产品，均应从软件受控库中提取。

18）软件产品库

在软件生存周期中，存放已定型（鉴定）且供交付、生产、检验验收的软件配置项的集合。

理解说明：

正式交付的软件产品（含嵌入式软件）必须是从软件产品库中提取。有的单位将应用软件所生产的数据、信息等“产品”存入软件产品库，这是对“软件产品库”认识上的错误。

4. 技术管理组织术语

1）接口协调工作组

接口协调工作组的定义是：由总体设计单位、有关承制单位和合同监管机构派代表组成的负责协调接口事项的组织。

2）配置控制委员会（CCB）

配置控制委员会的定义是：由技术和管理专家组成的，对配置及其管理具有决策权限和职责的小组。

（六）技术状态管理现状分析

1. 技术状态管理应明确的目的

技术状态管理包括四个方面的技术和管理活动，即技术状态标识、技术状态控制、技术状态记实和技术状态审核。技术状态管理的目的应使得系统、分系统、设备等技术状态项的研制、生产工作能有序地进行。一个具有良好的技术状态管理的项目可以确保：

（1）设计的可追溯性；

（2）更改受到控制并形成文件；

（3）接口得到定义并便于理解；

（4）产品与其支持文件保持一致。

2. 技术状态管理应掌握的要求

我国早在1987年5月经国务院、中央军委批准，国防科工委发布的《军工产品质量管理条例》中第九条质量保证组织的主要职责第（三）条要求，参与新产品方案论证、设计和工艺评审、大型试验、技术鉴定及产品定型，应实施有效的技术状态控制；第二十七条还要求，承制单位应当建立技术状态管理制度。对零部（组）件、加工工序、工艺装备、材料、设备的技术状态更改，必须进行系统分析、论证和试验，并履行审批程序。时隔11年，直到1998年GJB 3206才颁布实施。

此前，我国武器装备研制仍处于测绘仿制和老装备改进改型时期，军工企业还未进入新装备自行研制的跨越式发展时期，认为没有必要全面实施技术状态管理，仅仅实施技术状态控制、记实和审核工作；并没有掌握、贯彻好技术状态管理中的“标识”工作，其主要的观念和做法是：

（1）GJB 3206《技术状态管理》是直译 MIL-STD-973《技术状态管理》，两者内容相同，但装备研制平台是不同的，从文字理解上有一定难度，执行标准就可想而知了，如技术状态管理的"技术状态标识"一词，MIL-STD-973 中的"标识"与 GJB 3206 中的"标识"差异（或直译的含义）很大，因"技术状态标识"的结果取决于技术状态控制、技术状态记实和技术状态审核的做法，不懂"标识"，不理解"标识"的含义，那么"标识"的结果是无法操作的。因此，装备研制中的技术状态管理就成了一句空话。

（2）部分承制单位对新装备（第三、四代装备）研制工程管理的理念，仍停留在第一、二代装备引进修理或测绘仿制时期工程管理的水平上，实施的还是苏式的技术管理、质量管理模式。这些承制单位虽然参加了第三、四代装备的研制，但其装备研制管理的机制没有改变，不了解第三、四代装备技术先进了、质量要求也提高了，将第三、四代武器装备研制工程管理，仍然采用第一、二代装备的引进修理或测绘仿制时期工程管理的方法和老路子已经完全不适应现代装备发展的需求。

我们知道，第一、二代装备的引进修理或测绘仿制时期的工程管理，贯彻、执行或实施的是苏式标准及技术文件和质量管理文件等。20 世纪 90 年代中期以后，我国的武器装备发展坚持走自力更生、自主研制的新路子，采取引进、改进与研制、创新相结合；在第三、四代武器装备研制工程管理中，借鉴了国外先进的管理经验及模式，即美国国防部 MIL 系列有关系统工程管理的标准和模式。由此，我国武器装备研制的技术状态管理，在 30 年以前提出，30 年后才开始正确实施。

（3）第三、四代装备研制质量要求，应由引进修理或测绘仿制时期的符合型或适用型，提升到现阶段的满意型或卓越型。第三、四代武器装备研制的质量管理要求，也应随着第三、四代装备研制技术管理要求的变化而发生变化，仍采用第一、二代装备引进修理或测绘仿制时期的质量管理模式已经不适应现代装备的发展，如技术管理的要求，是以"规范"类文件进行产品层次间传承的，GJB 1405A 中 2.38 条规定，"规范"就是"要求"。只有设计人员才有权制定规范、提出要求，所以说规范是设计文件。

GJB 2993 中 4.2.2 开展系统工程工作规定，应进行顶层设计，随着研制工作的深入，自上而下（由系统层到分系统层、设备层）逐级分配要求，逐级进行各种分析、权衡研究、产生各类研制项目（型号）的专用规范，作为研制工作的具体依据。所以 GJB 6387 中的系统规范、研制规范、材料规范、工艺规范、软件规范、产品规范，就是分配、传承技术要求的文件，也是技术状态管理文件。技术状态管理文件是否按相关标准实施，是否符合标准的要求，也反映了研制过程中质量管理是否落实到位，贯彻法规、标准是否坚决的原则性问题。

综上所述,承制单位加强对新装备研制、生产以及老装备的改进改型中的技术状态管理是非常有必要的。

3. 技术状态管理应更新的观念

技术状态管理工作必须要从技术状态管理的源头做起,即首先要从新装备研制伊始,技术状态管理中的技术状态标识做起。严格地说,我国装备研制的技术状态管理工作仍是个短板,作为装备研制(各产品层次)的策划者,在武器装备的研制过程中必须更新理念、实施科学指导。

做什么?要树立理念、形成思路;怎么做?应组织并实施策划,完成顶层设计;按什么标准做?建立并完善装备研制的标准体系;做到什么程度?研究、批准技术状态文件,掌握操作程序;为什么应这样做?认真总结和推广经验材料。

4. 技术状态管理应克服的弊端

我国武器装备的发展壮大,是我国科技建军的重点体现,但新时代武器装备的发展,如何适应国家整体全面强国强军发展的战略,从科技建军向质量建军、从科技强军向质量强军的转移,必须克服、改变一些不正确的想法、模式和做法,真正做到:

(1)克服封闭式发展理念。管理理念不先进,仍然实施20世纪50年代一、二代装备引进修理、测绘仿制时期的苏式理念,如装备研制的专用规范即系统规范、研制规范、产品规范不能提供,产品规范仍然使用一、二代装备的、苏联管理模式的技术条件等文件替代;出厂产品的质量检验文件,即质量保证文件,以及最终产品的检验规程缺失,仍然使用苏式管理时代的制造与验收技术条件替代,不符合相关法规、标准的要求等。

(2)克服习惯性思维模式。管理机制不适应装备技术的发展,不重视技术状态管理体制、机构建设,对因为落后、不先进,就应该比别人做得更好,是"工匠精神"产生的一个重要因素的认识不足,如有的承制单位没有设置技术状态管理办公室,仅仅在生产车间指定一个工艺人员负责生产现场。

(3)克服随意性工作指导。技术管理不规范,随意性大。装备研制的系统层承制单位,型号研制的技术管理没有系统规范、研制规范等技术状态文件;设备层型号研制的承制单位,技术管理怎么管?编制什么文件,领导说怎么办就怎么办。型号研制过程没有编制研制规范,审查时认为研制方案(技术方案)可以替代研制规范等。

5. 技术状态管理应实施标准化

在武器装备研制过程中,行政管理、质量管理和技术管理分工是非常明确的,在装备研制的实施过程中不能混淆,应各行其是,各行其法,既分工明确,又相互配合。行政管理是法规及艺术的结合体,在不违背法规和纪律的前提下,艺术即方法的应用是能起到关键性作用的;技术管理即装备的技术状态管理有所不同，其一切做法必须要以法规及标准为中心，严格执行相关法规及标准，坚决杜绝以下几点。

1）杜绝用行政管理替代技术管理

如装备研制中的技术要求和技术管理要求是通过装备系统规范、研制规范等规范迭代并传递的，这是一种技术管理模式，技术工作不能凭领导的意见、按领导的指示办事或执行。行政管理替代技术管理的方式是十分错误的，必须执行装备研制的程序，或问题处理的程序。

2）杜绝用程序文件替代技术标准

在武器装备研制过程中，用程序文件替代技术标准的现象比较普遍。这种做法忽视了武器装备论证、研制、生产、试验和维修应当执行军用标准以及其他满足武器装备质量要求的国家标准、行业标准和企业标准。鼓励采用适用的国际标准和国外先进标准的要求，如承制单位编制产品质量保证大纲等技术文件，常出现按×××体系文件执行、实施等。程序文件并非企业标准，如果上升为企业标准一定应满足武器装备质量要求。编制一份产品质量保证大纲，几乎将承制单位编制的体系文件全被“引用”，但是仍然看不出该产品的质量如何保证。这种做法以及文件的编写方法，是非常错误的。技术标准、文件的引用，一定应按照 GJB 0.1 的要求严格实施。

3）杜绝用质量管理代替技术管理

在装备研制的实施活动中，遇到一些问题分不清哪些属于质量管理工作、哪些属于技术管理工作。具体说，质量方面的指挥和控制活动通常包括制定质量方针和质量目标以及质量策划、质量控制、质量保证和质量改进，在这些活动中制定质量方针和质量目标以及质量策划等环节容易理解，也易于执行、实施，而在质量控制、质量保证和质量改进等方面，其界面不是非常清晰，有些甚至无法分清，在执行过程中就会出现很大误差，执行难度增大，直到产品出现问题或事故时，再找原因、制定措施为时已晚。然而此时的原因是否正确、措施是否有效，必须进行反复验证才能确定，不应等到下一次出现问题或事故来验证。

4）杜绝用工序控制替代产品质量控制

GJB 467A 对生产提供过程采用的加工、检验、测量和试验都属于工序过程控制的基本内容及方法，只能证明工序质量控制的活动已经实施，产品实现过程的工艺管理满足相关工艺文件的规定及要求，而并非能证明对产品（型号）实施了质量控制。如某最终产品在形成过程中，按照工艺文件及工艺规程的工序内容及要求，完成了装配、工序检验、工序测量和工序试验等工作后，提交军方检验，这种做法是错误的。最终产品完成工序工作后，应提请质量部门根据检验规程的内容和要求进行质量专检，检验合格后方可提交军方检验验收。

5）杜绝用质量管理体系替代技术状态管理

质量管理体系是武器装备研制的平台，质量管理体系运行越正常，研制出的装备越有可能具有好的质量。技术状态管理是武器装备研制过程的一种技术管理的方法，这种方法能够更有效地促进装备新技术的发展进步和理顺装备寿命周期内的技术管理工作。

第四节　技术状态管理监督

对承制单位装备研制过程的技术状态管理的监督，一般是指装备研制第三方的活动内容。它不仅仅是对承制单位的技术状态管理活动情况进行监督，同时还应反映监督方所监督的方法和内容是否有针对性、有效性。本节仅是一般性简述。

一、技术状态管理监督简述

（一）技术状态管理监督的含义

本节只是重点介绍对装备承制单位技术状态管理实施监督的要求、方式及内容，以及适用于合同监管机构现场代表或第三方对装备承制单位技术状态管理的监督及其相关活动。

（二）技术状态管理监督的依据

合同监管机构现场代表应依据各厂所的实际情况，制定并落实监督措施，按照产品层次、类别、合同及技术协议书的要求和有关标准，制定并执行技术状态管理监督文件。从论证阶段开始，这些文件贯穿于鉴定定型、小批量试生产、批生产和使用全过程。

二、技术状态管理监督一般要求

合同监管机构现场代表或第三方应依据有关法规、标准以及合同及技术协议书的要求，对承制单位的装备研制、生产各阶段（状态）实施技术状态管理监督，落实监督措施，确保监督的有效性。

（一）技术状态管理监督的项目

（1）应监督承制单位按照装备类别、合同及技术协议书要求和有关标准，制定并执行技术状态管理形成文件的程序。

（2）应监督承制单位在装备系统或技术状态项研制过程的不同阶段，分别编制出能全面反映其在某一特定时刻能够确定下来的技术状态文件，经军方确认后建立功能基线、分配基线、产品基线，并控制对这些基线的更改，使对这些基线所做出的全部更改都具有可追溯性，以确保装备系统或技术状态项在其研制、生产和使用的任何时刻，都能使用正确的技术文件。

(3) 应监督承制单位制定技术状态管理计划。技术状态管理计划应符合合同及技术协议书的要求,明确对技术状态项的功能特性和物理特性进行管理所采取的程序和方法。

(4) 应对承制单位技术状态标识、技术状态控制、技术状态记实、技术状态审核等管理过程全部相互关联的活动实施监督。

(二) 技术状态管理监督的方式

(1) 在监督项目上首先做到:

① 产品结构与技术状态项的选择;

② 技术状态基线的建立;

③ 技术状态标识符的选定、编码与标识。

(2) 监督承制单位在充分论证的基础上,向军代表推荐技术状态项,由军代表选择和确定。

(3) 监督承制单位在论证阶段,编制功能技术状态文件,形成功能基线;在方案阶段,编制分配技术状态文件,形成分配基线;在工程研制阶段,编制产品规范、工艺规范、材料规范和软件规范,进行关键设计和产品试制与试验工作,逐步形成产品基线。所有文件应做到相互协调一致和具有可追溯性。

(4) 监督承制单位对技术状态项及其零件、部件、文件、接口、更改、偏离等指定标识符进行编码。

(5) 监督承制单位从原材料、元器件、毛坯、零部件直至最终产品做相应的标识,以确保产品标识的可追溯性。标识的位置、方法、大小、内容应符合有关标准,并在设计和工艺文件中做出具体规定。同时,各种标识方法均不影响产品性能、寿命和防护质量。

(6) 对结构复杂的产品,应督促承制单位按照 GJB 190 对产品划定特性类别,编制《关键件、重要件目录》《关键特性、重要特性项目明细表》,并在产品图样和技术文件上做特性标识。

(7) 同时,督促承制单位编制《关键工序目录》,对“关键件”“重要件”的工艺文件、加工计划、流程卡、检验卡等加盖“关键件”或“重要件”印章;对关键工序加盖“关键工序”印章;对作业指导书等做相应标识。

三、技术状态管理监督的要素

合同监管机构现场代表或第三方对承制单位技术状态管理的监督,一定要从技术状态管理的活动内容上入手,深入到技术状态标识、技术状态控制、技术状态记实、技术状态审核等环节,监督其在实施的要求、方法、内容及工作程序上,是否符合相关法规、标准的要求。

（一）技术状态标识监督

1. 标识监督的一般要求

合同监管机构现场代表应监督承制单位进行技术状态标识，为技术状态控制、技术状态记实和技术状态审核建立并保持系统的文件依据。技术状态标识一般应包括：

（1）按照 GJB 2116A 的要求，从工作性能或构成结构分解的单元中选择技术状态项；

（2）按照 GJB 190 的要求，按技术状态项在工作分解结构的单元中所处的位置进行识别，分析确定每一技术状态项所需的技术状态文件；

（3）制定用以标识技术状态项、技术状态文件、技术状态文件更改建议以及偏离许可与让步等的标识号编号制度，发布每一技术状态文件标识号；

（4）军方确认有关技术状态文件，建立技术状态基线，作为正式技术状态控制的起点；

（5）发放经正式确认的技术状态文件；

（6）标识每个技术状态项在研制技术状态中的内部控制文件。

2. 选择技术状态项

（1）合同监管机构现场代表应监督承制单位选择功能特性和物理特性能被单独管理的项目作为技术状态项，一般选择：

① 装备系统、分系统级项目和跨承制单位、分承制单位研制的项目；

② 在风险、安全、完成作战任务等方面具有关键性的项目；

③ 采用了新技术、新设计或全新研制的项目；

④ 与其他项目有重要接口的项目和共用分系统；

⑤ 单独采购的项目；

⑥ 在使用和维修方面需着重考虑的项目。

（2）选择的技术状态项应由承制单位和合同监管机构现场代表协商后共同提出，经批准的技术状态项应在合同中规定。

3. 建立技术状态基线

合同监管机构现场代表应监督承制单位建立三种技术状态基线：

（1）在论证阶段，编制功能技术状态文件，形成功能基线；功能基线应与装备战术技术指标协调一致（一般要求系统级单位）。

（2）在方案阶段，编制分配技术状态文件，形成分配基线；分配基线应与装备研制总要求及技术协议书的技术内容协调一致。

（3）在工程研制阶段，编制产品技术状态文件（如材料、工艺、软件和产品规范），形成产品基线；产品基线应与研制合同或技术协议书中的技术要求协调一致。

4. 编制技术状态文件

1）功能技术状态文件

合同监管机构现场代表应监督承制单位功能技术状态文件的编制，确认其满足装备主要作战使用性能要求。功能技术状态文件内容包括：

（1）装备各层次功能特性指标；

（2）主要的界面特性及安装尺寸；

（3）验证各层次功能特性所需进行的试验项目；

（4）可靠性、安全性、维修性和测试性技术指标和保障性要求；

（5）设计规范（指所有设计要求的文件）及有关限制要求。

2）分配技术状态文件

合同监管机构现场代表应监督承制单位分配技术状态文件的编制，确认其符合装备研制总要求及技术协议书的要求。分配技术状态文件内容包括：

（1）根据装备系统功能特性指标制定各分系统的性能指标；

（2）确定各分系统的接口要求；

（3）分配可靠性、维修性技术指标；

（4）附加的设计约束条件；

（5）提出验证分系统及设备特性指标所需的试验项目。

3）产品技术状态文件

合同监管机构现场代表应监督承制单位产品技术状态文件的编制，确认其符合研制合同及技术协议书的要求。产品技术状态文件内容包括：

（1）所有的工程设计图样（含试制图样和生产图样）、产品规范、材料规范、工艺规范、软件规范、试验规范、检验规范和验收规范等设计文件。

（2）根据设计文件及试验、生产要求编制形成的成套制造工艺、产品检验技术文件，如工艺规程、检验规程等。

（3）产品的特性分析报告和关键件、重要件；检验项目、验收项目以及技术状态项等目录。

（4）合格供应单位名录和器材验收标准。

（5）装备的技术说明书和使用维护说明书。

（6）生产、使用、维护及综合保障各阶段的技术管理制度。

5. 技术状态文件保持

技术状态基线建立后，合同监管机构现场代表应监督承制单位控制并保持所有现行已批准技术状态文件的原件。

6. 各层次技术状态项标识号

（1）合同监管机构现场代表应监督承制单位指定用以标识每个技术状态项、技术状态文件、技术状态文件更改建议以及偏离许可与让步的标识号并进行编码；

（2）合同监管机构现场代表应监督承制单位对器材、毛坯、零件、组合件直至最终装备做相应的标识，以确保装备标识的可追溯性。

7. 技术状态文件发放

（1）合同监管机构现场代表应监督承制单位制定并执行发放技术状态文件的程序，使其工程文件发放系统将有关的技术状态文件发放到各有关部门。被发放的每份技术状态文件均应有发放签字，以表明该文件是经批准的并适合于预期的用途。

（2）合同监管机构现场代表应监督承制单位确保工程文件发放系统记录技术状态文件发放的信息，并检查技术状态文件更改的落实情况。

8. 技术状态文件控制

合同监管机构现场代表应监督承制单位按照 GJB 9001C 和 GJB 5709《装备技术状态管理监督要求》中的规定对技术状态文件进行控制。

9. 规定接口要求

（1）合同监管机构现场代表应监督承制单位按照 GJB 2737 的要求，规定武器装备系统和技术状态项的接口要求；

（2）在研制期间，合同监管机构现场代表应检查合同中规定必须控制的接口要求是否已纳入功能技术状态文件或分配技术状态文件；

（3）合同监管机构现场代表应监督承制单位确保所设计的各种硬件和软件之间的兼容性，并确保它们与技术状态文件中规定的相应接口要求之间的兼容性。

10. 特性标识

合同监管机构现场代表应监督承制单位划定特性类别并做特性标识。同时，还应监督承制单位编制关键工序目录并做相应标识。

（二）技术状态控制监督

1. 技术状态更改监督

（1）军代表对承制单位技术状态更改的监督范围：

① 已经定型的产品图样、技术文件、试验规程等设计文件；

② 标准样件等实物标准；

③ 重要工艺和特种工艺文件；

④ 冶金规范和材料进厂复验项目表。

（2）军代表对已经定型或鉴定的产品图样、技术文件、试验规程的更改应履行相应的更改审签程序，监督承制单位执行版次管理规定。更改资料发放后应及时进行更改后工艺文件和相关资料的检查，督促其更改到位。

（3）军代表应监督承制单位对已定型、鉴定的产品图样、技术文件、试验规程等设计文件，不得擅自修改或增减。如因生产和使用上的需要必须变更时，应按技术文件审签办法办理。

(4) 军代表应参加承制单位实物标准的更改和补充选定,并签署标准样件卡片。

(5) 军代表应参与重要工艺和特种工艺的更改试验和鉴定,并审签结论。

(6) 对承制单位冶金技术条件和材料进厂复验项目表的更改,军代表应按技术文件审签办法办理。

(7) 军代表应对各种技术状态更改的执行情况进行检查和评价。

2. 偏离许可、让步监督

(1) 军代表应监督承制单位按照经批准的技术状态文件进行生产,不允许验收未经批准的偏离许可、让步产品。

(2) 军代表应监督承制单位在采用代用器材、超差零件之前,办理偏离许可、让步申请审签手续。

(3) 经批准的偏离许可、让步,只能用于限定数量或规定期限的产品,不构成对技术状态文件的更改。军代表原则上不应办理再次偏离许可、让步,并从严控制再次偏离许可、让步。

3. 参与转阶段(或状态)评审或技术审查监督

承制单位在阶段内对每一研制项目评审合格的基础上,科研管理部门在全部项目结束后,还应组织转阶段(状态)评审工作;对于有关重要节点,应上报装备研制主管部门组织专家进行技术审查。在上述工作过程中,军事代表应:

(1) 参加阶段(或状态)内,关键技术状态文件(如系统规范、研制规范等专用规范)的评审,监督承制单位严把与产品质量有关要求的输入关,其顶层策划应系统、全面、规范和操作明确。

(2) 参加型号研制转阶段(或状态)的审查,监督承制单位严格控制阶段(或状态)内技术状态文件的完整性、系统性、规范性(六性以及通用质量特性等质量保证文件);图样、技术文件的传承性、迭代性、合理性(如风险管理文件、特性分析报告等设计文件)。

(3) 参加型号研制过程的试制准备状态检查和生产准备状态检查,监督承制单位严格进行工艺管理,打好装备小批量试生产的一致性、稳定性的批生产基础。

(4) 参加装备试验验证工作。监督承制单位在完成装备的研制试验后,做好定型试验前的一切准备工作。

(5) 参与装备研制主管部门组织专家进行的技术审查工作。

(三) 技术状态记实监督

(1) 监督厂(所)建立产品研制、生产、检验、试验、使用、服务全过程的技术状态状况记实系统。记实系统全部记录应清晰、完整、准确、真实,不得补填,并按规定程序归档、贮存,严防丢失、损坏,确保记录的可追溯性。

(2) 监督厂(所)准确记录技术状态项、技术状态文件、技术状态基线、技术状态更改、偏离许可、让步等,确保技术状态管理的有效性。

(3) 监督厂(所)建立技术状态状况分析报告制度,要求厂(所)定期向军代表提供技术状态状况、更改、偏离许可、让步状况,及更改实施和检验状况等报告。

(4) 军代表应定期或不定期地检查厂(所)技术状态状况记录是否准确、及时,记录内容是否符合要求,对记录存在的问题督促厂(所)及时纠正。

(四) 技术状态审核监督

(1) 军代表应监督厂(所)按照有关规定和合同及技术协议书要求,在设计定型前完成功能技术状态审核和物理技术状态审核。

(2) 军代表应监督厂(所)提交功能技术状态审核的数据,必要时从原型机或试验件的试验中采集;提交物理技术状态审核的产品必须是首件技术状态项目产品。

(3) 军代表应监督厂(所)在审核前编制审核计划、提交审核清单、准备审核资料,并将情况报告业务主管部门。

(4) 按照业务主管部门的要求,军代表参加技术状态审核工作,协助业务主管部门对审核做出批准或有条件批准或不批准的结论。

(5) 军代表应监督厂(所)完成审核后的遗留工作。

(五) 技术状态管理计划监督

(1) 督促厂(所)制定技术状态管理计划。技术状态管理计划应符合合同及技术协议书要求,并在工程研制阶段前完成。

(2) 审查厂(所)编制的技术状态管理计划是否明确规定技术状态项目管理的过程、方法和程序。

(3) 对复杂的武器装备,军代表应监督厂(所)制定的技术状态管理计划相互兼容。

(六) 其他形式的监督

对处于科研、生产交叉状态产品的技术状态标识、技术状态控制、技术状态记实、技术状态审核监督,按照有关规定或军厂(所)协商制定的实施办法实施。

第五节　研制型号技术状态管理计划

承制单位应按照 GJB 3206A 的有关要求,针对研制型号制定技术状态管理计划。技术状态管理计划应符合研制总要求、合同及技术协议书的要求。技术状态管理计划应确定技术状态管理的内容、目标和原则,以及承制单位及其供应商的责任、工作程序和方法、管理手段和资源等。其管理计划应根据研制项目技术状态管理目标的改变而调整,并对该计划进行必要的修订说明。制定技术状态管理计划文件应处理好与图样文件管理制度的层次性和针对对象的差异。

一、技术状态管理计划简述

(一) 技术状态管理计划的含义

承制单位应按照 GJB 3206A 的要求制定技术状态管理计划。技术状态管理计划应符合研制总要求、合同及技术协议书的要求,根据承担武器装备研制型号(产品)的性质、特点和结构复杂程度,编制与本单位承担任务相适应的技术状态管理计划。该计划应详细描述武器装备研制、生产、试验和修理过程技术状态管理的模式及要求,并说明对技术状态项的功能特性和物理特性进行管理所采用的程序和方法。

对于既有研制又有生产的承制单位,应描述两者之间有关技术状态管理的区别与关系;对于既有机械产品研制又有电子产品研制的承制单位,在产品层次中应明显加以区别或形成两种不同的技术状态管理计划(机械产品技术状态管理计划或电子产品技术状态管理计划),使技术状态管理计划规范指导武器装备研制过程的各项工作。

(二) 编制技术状态管理计划的注意事项

(1) 技术状态管理计划可参考本书第一章第五节相关内容进行编制;

(2) 技术状态管理计划应规定参与者的职责、技术状态管理内容;

(3) 技术状态管理计划应根据产品寿命周期各阶段的特点和要求,进行必要的修订;

(4) 技术状态管理计划的内容不能与实际研制过程的产品的技术状态管理脱节;

(5) 技术状态管理计划一般应提交合同监管机构会签、认可。

二、研制型号技术状态管理计划编制要求

(一) 编制技术状态管理计划的依据

GJB 3206A 在总则中明确规定,应编制技术状态管理计划。技术状态管理计划应规定参与者的职责、技术状态管理内容。技术状态管理计划的内容参见 GJB 3206A 附录 B。技术状态管理计划应根据产品寿命周期各阶段的特点和要求,进行必要的修订。承制单位的技术状态管理计划应提交给合同监管机构认可。

GJB 9001C 第 8 章运行规定,按照 GJB 3206A 的要求,确定技术状态基线及其技术状态项,编制技术状态管理计划,实施技术状态标识、控制、记实、审核。

由此可见,技术状态管理计划的编制是承制单位在装备研制过程实施技术状态管理的关键环节。技术状态管理计划的编制不落实,技术状态管理就是一句空话;装备研制失去了技术状态管理,确保研制装备的质量同样也是一句空话。

(二) 编制技术状态管理计划的要求

1. 概述

技术状态管理计划的载体形式和文字格式按照相关规定执行。技术状态管理计划的构成包括下列内容:

(1) 封面;

(2) 签署和修订情况页;

(3) 目次;

(4) 引言;

(5) 相关文件;

(6) 组织和职责;

(7) 技术状态管理里程碑;

(8) 技术状态标识;

(9) 技术状态控制;

(10) 技术状态记实;

(11) 技术状态审核;

(12) 分承制单位/供应商控制;

(13) 数据管理。

2. 详细说明

1) 封面

封面标有文档标识号、产品型号、文档主题、编制单位和编制日期等信息。

2) 签署和修订情况页

(1) 审批签名;

(2) 历次修订版本及其日期等信息。

3) 目次

列出正文和附录的标题和页码,在此之后按各自顺序列出所有图、表格的标题和页码。

4) 引言

(1) 技术状态管理的目的和范围;

(2) 所适用的产品或技术状态项的简要说明;

(3) 技术状态管理计划的主要特点及实施方法的概述。

5）相关文件

本部分列出技术状态管理计划中所涉及的标准化文件、规章制度及适用的设计文件等，给出所列文件的编号、名称、版次、发布机构等信息。文件排列顺序如下：

（1）国家标准；

（2）国家军用标准；

（3）行业标准；

（4）企业标准；

（5）国际国外标准；

（6）设计文件；

（7）规章制度。

6）组织和职责

本部分说明参与技术状态管理活动的人员、部门和机构，需要时，用简图说明。同时，说明各参与方在技术状态管理中的职责，包括在技术状态控制委员会中的作用。此外，说明技术状态管理职能与技术审查和定型工作等方面的有机联系。

7）技术状态管理里程碑

本部分说明产品或技术状态项寿命周期的阶段划分，并按阶段说明技术状态管理重大事项的安排。重大事项包括成立技术状态控制委员会、确立技术状态基线（包括内部控制的基线）和准备用于项目技术审查或技术状态审核的技术状态文件等。

8）技术状态标识

（1）选取的技术状态项。

① 结构分解；

② 提出接口要求；

③ 特性分类；

④ 技术状态项汇总。

（2）建立每一条技术状态基线所需的技术状态文件，需要时用图示方式来表示各技术状态文件之间的关系，例如用规范树来表示。

（3）标识制度，包括技术状态项及其各层次产品的标识、技术状态文件的标识。

（4）技术状态文件的发放程序。

（5）接口管理。

9）技术状态控制

（1）技术状态更改分类；

(2) 技术状态更改的审批权限;

(3) 各类技术状态更改申请的处理程序;

(4) 偏离许可、让步申请的处理程序;

(5) 技术状态更改通知的处理程序;

(6) 研制型号转阶段(状态)过程的评审控制。

10) 技术状态记实

本部分说明为形成技术状态记实报告所需资料的收集、记录、处理和保持的程序,以及所有技术状态管理报告内容和形式的规定。

11) 技术状态审核

本部分说明功能技术状态审核和物理技术状态审核的计划、程序、文档以及审核报告的格式等。

12) 分承制单位/供应商控制

本部分说明承制单位为保证分承制单位或供应商符合本标准规定所采取的方法。

13) 数据管理

本部分说明在技术状态数据访问、传递、存储等方面所采取的方法,以及数据保存计划。

(三) 技术状态管理计划编制过程的问题及说明

装备研制的相关法规、标准已将技术状态管理计划上升到与产品质量保证大纲、通用质量特性工作计划、软件质量保证计划、产品标准化大纲和风险管理计划的同等高度,GJB 9001C 8.1 运行的策划和控制条款中规定,组织应编制并实施质量计划(或质量保证大纲);质量计划(或质量保证大纲)及其调整应征得顾客同意。在下面的注解中明确指出,通用质量特性工作计划、软件质量保证计划、产品标准化大纲、技术状态管理计划、风险管理计划,可单独编制也可包含在质量计划中。由此推出,技术状态管理计划,也是产品质量保证大纲的一部分。但在实施运行过程中仍存在两张皮现象。这主要表现在:

(1) 本单位编制的技术状态管理计划与本单位承担的研制任务不适应。编制的技术状态管理计划只是为了应付体系检查,并不知道编制计划的目的。明明研制、生产的是机械装备,技术状态管理计划显示的却是电子产品的技术状态管理模式。

(2) 本单位编制的技术状态管理计划与实际运行的技术状态管理活动不相符,能提供技术状态管理计划,但提供不出研制产品的特性分析报告,也没有技术状态的基线文件(系统级单位没有系统规范和研制规范;设备级单位提供不出研制规范),只有产品规范。

(3) 系统级单位编制的技术状态管理计划与技术状态管理活动不相符。其原因是产品是分为六个层次研制的,一般主机厂或集成单位是系统级,应站在系统层次经过结构分解、提出接口要求,尔后再通过识别描述所有重点的分系统层次,其次再描述重点的设备级层次产品的控制模式。但有些系统级单位给出的仅仅是理论上的技术状态管理计划,并没有实际活动中型号研制过程的控制模式、做法及要求。

(4) 技术状态管理计划中,贯彻标准的文件、名词、术语、符号不一致,对名词的内涵不理解,GJB 3206 与 GJB 3206A 的术语、符号混用。对 GJB 3206A 与 GJB 3206 的变化全然不知。这些主要变化如下:

① 文本结构变为“总则+各项技术状态管理职能”;增加“产品寿命周期技术状态管理”等三个资料性附录;删除原来的工程更改建议格式资料性附录。

② 术语“技术状态项目”改称为“技术状态项”;术语“工程更改”改称为“技术状态更改”;删除术语“偏离”和“超差”,改用“偏离许可”和“让步”;新增“功能技术状态审核”和“物理技术状态审核”术语;修正和调整保留的原术语定义。

③ 新增技术状态管理总体要求:产品寿命周期开展技术状态管理、技术状态管理主体和职责确定、数据管理、软件的技术状态管理、技术状态管理实施监督。调整技术状态管理技术的编写内容。

④ 新增技术状态标识要求:编制技术状态项清单、技术状态文件清单;技术状态基线的建立标志和维持期限;技术状态文件归档或销毁。调整技术状态基线对应的技术内容和建立的时间点。

⑤ 新增技术状态控制要求:评审技术状态更改申请、编制技术状态更改通知、检查技术状态更改实施,及控制偏离许可和让步实施、纠正偏离和不合格。调整内容:技术状态更改类别从原来二类改为三类;技术状态更改的流程和审批权限;偏离许可和让步分为严重和轻度两级。

⑥ 新增技术状态记实要求:归档和维护。调整内容:记录报告的发送主体、时间、对象和内容。

⑦ 新增技术状态审核要求:审核组成员需具有代表性和资质;承制单位自行组织内部审核;转产、复产开展技术状态审核。调整内容:审核的时间点和方式;审核的具体实施改为资料性附录。

三、研制型号技术状态管理计划编写索引

(一) 引言

本部分应提供一般信息,其主要内容包括:

(1) 所适用的装备或技术状态项的说明;

（2）技术状态管理计划的目的和范围；

（3）重要的技术状态管理活动的时间安排；

（4）相关文件（如合同监管机构、分承制单位的技术状态管理计划等）。

（二）程序和规定

本部分应包括与合同监管机构或分承制单位（供应方）取得一致意见的技术状态管理要素。其主要内容包括：

（1）技术状态管理组织机构；

（2）技术状态管理的有关制度和规定；

（3）技术状态项选择准则；

（4）内部报告和向合同监管机构提供报告的节点，以及报告的分发和控制要求；

（5）对分承制单位（供应方）的控制措施。

（三）技术状态标识

本部分的主要内容包括：

（1）产品的分解结构、接口要求、识别（特性分类）和汇总，建立技术状态项规范树；

（2）需建立的技术状态基线、进度及文件类型；

（3）规范、图样和更改所惯用的编号制度；

（4）使用和分配的序列号码或其他可追溯性的标识；

（5）发放单位、程序。

（四）技术状态控制

本部分的主要内容包括：

（1）建立技术状态基线前的内部控制程序；

（2）建立技术状态基线后，从提出技术状态更改建议到检查其实施情况的程序；

（3）偏离许可、让步放行的控制程序；

（4）研制型号转阶段（状态）评审内容及要求控制。

（五）技术状态记实

本部分的主要内容包括：

（1）为形成技术状态记实报告所需资料的收集、记录、处理和保持的程序；

（2）所有技术状态管理报告内容和形式的规定。

（六）技术状态审核

本部分的主要内容包括：

（1）要进行技术状态审核的技术状态项清单及其与产品研制进度的关系；

（2）所使用的审核程序；

(3) 审核报告的形式。

四、技术状态管理计划编写示例及理解说明

(一) 技术状态管理计划编写指南示例

技术状态管理计划编写指南是根据某承制单位既有系统、设备研制,又有系统、设备生产,且型号结构复杂、产品层次多的特点编制,具有一定的覆盖范围和代表性。

然而,承制单位的体系文件应从承担的研制、生产任务出发,编制具有代表性、规范性的技术状态管理计划的编写指南、操作性文件,再根据具体技术状态项,编写系统级或设备级等技术状态管理计划。下面的技术状态管理计划编写指南示例,仅供参考。

1 适用范围

本指南规定了具体型号或产品技术状态管理计划编制的程序、内容和格式要求,以保证产品研制周期内技术状态受控。

本指南适用于本单位承担的武器装备研制项目的研制、小批量试生产和批生产的技术状态管理。

2 引用文件

下列文件中的条款通过本指南的引用而成为本指南的条款。凡是标注日期的引用文件,其随后所有的修改单(不包括勘误的内容)或修订版均不适用于本指南,然而,鼓励根据本指南达成协议的各方研究是否可使用这些文件的最新版本。凡是不标注日期的引用文件,其最新版本适用于本指南。

GJB 190—1986《特性分类》

GJB 726A—2004《产品标识和可追溯性要求》

GJB 2116A—2015《武器装备研制项目工作分解结构》

GJB 2737—1996《武器装备系统接口控制要求》

GJB 3206A—2010《技术状态管理》

GJB 3273A—2017《武器装备研制项目技术审查》

3 术语和定义

下列术语和定义适用于本部分。

3.1 接口

对两个或两个以上系统、分系统、设备或计算机软件产品间共同边界的功能特性、物理特性要求。

3.2 接口控制

标识、记载接口的功能特性和物理特性并控制其更改的过程。

4 一般要求

4.1 技术状态管理由科研处负责归口管理。

4.2　应设立技术状态管理委员会。技术状态管理委员会由所长、主管所领导、技术负责人、主任(副主任)设计师、工艺师及科研生产管理、质量管理等部门代表组成,负责按照决策权限审查技术状态更改建议和偏离许可、让步申请,预审Ⅰ类技术状态更改并呈报上一级审批;审批Ⅱ类技术状态更改。

4.3　应设置技术状态管理委员会常设机构,负责技术状态管理的更改建议和偏离许可、让步申请,承办Ⅰ类技术状态更改,预审Ⅱ类技术状态更改,批复并协调Ⅲ类技术状态更改等日常工作,负责研制过程转阶段(状态)审查的技术状态控制工作。

4.4　应在武器装备的论证或方案阶段,按照总体单位的技术状态管理计划或项目合同要求,编制本单位具体型号研制的技术状态管理计划,必要时提交总体单位或军方认可。根据型号研制周期各阶段(状态)的特点和要求,进行必要的修订。

4.5　技术状态管理计划的内容应包括封面、签署和修订情况页、目次、引言、相关文件、组织和职责、技术状态标识、技术状态控制、技术状态记实、技术状态审核、分承制单位/供应商控制和数据管理。

4.6　技术状态管理计划应规定参与者的职责、技术状态管理的内容。参与者应按照技术状态管理计划实施技术状态管理,保证型号产品技术状态在装备研制过程中受控。

4.7　技术状态管理计划的编制及修订应纳入型号策划及研制生产计划。

4.8　本指南不包含与产品质量有关的评审工作,凡涉及相关各阶段(状态)的评审,按本单位《装备研制评审实施办法》的要求执行。

4.9　应明确供方按照本指南要求对所承制的产品实施技术状态管理。

5　详细要求

5.1　技术状态管理计划的封面应包括标识号、产品代号、文档主题、编制单位和编制日期等信息。

5.2　签署和修订情况页

本部分包括技术状态管理计划的审批签名、历次修订版本及其日期等信息。

5.3　技术状态管理类型

本单位技术状态管理的典型类型包括陆基车载发射装置、舰潜载发射装置、无人机起落架三种,其他产品可参照执行。

5.3.1　陆基车载发射装置

作为二层次装备、三层次装备如何分解,我们以地面设备为例进行分解,如表1-3所列。

表 1-3　分系统以下级结构分解

二层次(分系统级)	三层次(设备级)	四层次(组件级)
导弹发射车	—	—
—	车控设备	—
—	—	车控控制器
—	—	手动控制箱
—	—	驾驶终端
—	—	驱动器
—	—	—
—	底盘总成	—
—	—	底盘
—	—	副车架
—	—	—
—	发射架	—
—	—	发射架本体
—	—	箱架锁定电动机构
—	—	—
—	发射箱	—
—	导流器	—
—	行军固定器	—
—	—	行军固定器本体
—	—	行军锁定电动机构
—	—	—
—	发射箱辅助支撑	—
—	前设备舱	—
—	后设备舱	—
—	起竖缸	—
—	调平缸	—
—	电缆网	—
—	—	车控电缆网
—	—	综控电缆网
—	辅助驾驶设备	—
—	—	视觉增强设备
—	—	平显设备

续表

二层次(分系统级)	三层次(设备级)	四层次(组件级)
—	地面强度测量仪	—
—	温湿度与烟雾复合传感器	—
—	防雷击装置	—
—	视频监视装置	—
—	附件	—
—	—	—
测试、发控设备	—	—
—	单元测试设备	—
—	水平测试设备	—
—	测试—发控设备	—
—	测试—发控软件	—
—	—	—
地面设备	—	—
—	装填车	—
—	加注车	—
—	供弹车	—
—	运输车	—
—	气源设备	—
—	吊具	—
—	—	—
试验与评定	—	—
—	研制试验与评定	—
—	鉴定试验与评定	—
—	试验用样机	—
—	试验与评定保障	—
—	试验设施	—
专用保障设备	—	—
—	基层级专用保障设备	—
—	中继级专用保障设备	—
—	基地级专用保障设备	—
资料	—	—
—	工程资料	—

续表

二层次(分系统级)	三层次(设备级)	四层次(组件级)
—	管理资料	—
—	保障资料	—
通用保障设备	—	—
—	基层级专用保障设备	—
—	中继级专用保障设备	—
—	基地级专用保障设备	—
—	—	—

5.3.2 舰潜载发射装置

作为二层次装备、三层次装备如何分解,我们以舰潜载为例进行分解,如表 1-4 所列。

表 1-4 舰潜载发射装置分解

二层次(分系统级)	三层次(设备级)	四层次(组件级)
导弹	—	—
—	—	—
—	—	—
舰潜载发射装置	—	—
—	发射箱(筒)	—
—	—	箱体
—	—	箱盖
—	—	锁弹机构
—	—	脱插机构
—	—	发射箱电气
—	—	发射箱环境监测装置
—	—	—
—	发射装置	—
—	—	发射架
—	—	电缆网
—	—	电气控制箱
—	—	箱盖控制箱
—	—	—
技术支援系统	—	—

续表

二层次(分系统级)	三层次(设备级)	四层次(组件级)
—	特种地面车辆	—
—	—	装填车
—	—	供(挂)弹车
—	—	气源、电源车
—	—	加注车
—	—	运输车
—	地面辅助设备	—
—	—	技术阵地拖车
—	—	测试设备
—	—	吊具
—	—	清理设备
—	—	污水处理设备
—	—	—
试验与评定	—	—
—	研制试验与评定	—
—	鉴定试验与评定	—
—	试验用样机	—
—	试验与评定保障	—
—	试验设施	—
专用保障设备	—	—
—	基层级专用保障设备	—
—	中继级专用保障设备	—
—	基地级专用保障设备	—
资料	—	—
—	工程资料	—
—	管理资料	—
—	保障资料	—
通用保障设备	—	—
—	基层级专用保障设备	—
—	中继级专用保障设备	—
—	基地级专用保障设备	—
—	—	—

5.3.3 无人机起落架

作为二层次装备、三层次装备如何分解,我们以无人机起落架为例进行分解,如表 1-5 所列。

表 1-5 无人机起落架结构分解

二层次(分系统)	三层次(设备)	四层次(组件)
—	—	—
起落架	—	—
—	集成与装配	—
—	缓冲器	—
—	减摆器/转弯操纵装置	—
—	作动筒	—
—	锁定机构	—
—	舱门收放机构	—
—	刹车控制系统	—
—	收放控制系统	—
—	转弯操纵控制系统	—
—	机轮	—
—	轮胎	—
—	—	—
地面配套设备	—	—
—	缓冲器充气设备	—
—	轮胎充气设备	—
—	—	—
试验与评定	—	—
—	研制试验与评定	—
—	鉴定试验与评定	—
—	试验用样机	—
—	试验与评定保障	—
—	试验设施	—
专用保障设备	—	—
—	基层级专用保障设备	—
—	中继级专用保障设备	—
—	—	—

续表

二层次(分系统)	三层次(设备)	四层次(组件)
资料	—	—
—	工程资料	—
—	管理资料	—
—	保障资料	—
通用保障设备	—	—
—	基层级专用保障设备	—
—	中继级专用保障设备	—
—	基地级专用保障设备	—
—	—	—

6 技术状态管理计划编制流程

技术状态管理计划编制流程,是指一般性管理流程,具体内容参见每章节的详细要求。一般性管理流程如图 1-15 所示。

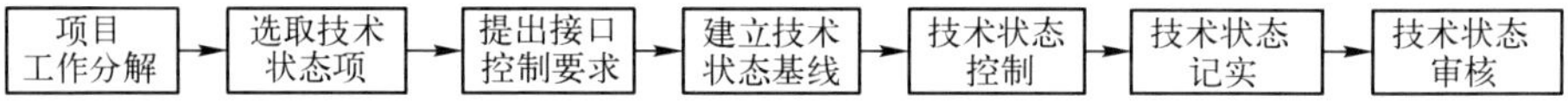

图 1-15 技术状态管理计划编制流程

7 项目工作分解

7.1 按照 GJB 2116 和本指南 4.3 条对产品进行项目工作分解,形成项目工作分解结构。

7.2 编制工作分解项目汇总表。如表 1-6 所列。

表 1-6 工作分解项目汇总表

WBS 编号	单元名称	单元定义
A	—	—
A1	—	—
A1.1	—	—

8 选取技术状态项

8.1 按照 GJB 190 和本单位《装备研制特性分类编制要求》进行特性分析,选取技术状态项。

8.2 编制技术状态项汇总表。

8.3 在工作分解结构中,可从多个角度选择技术状态项。被选为技术状态项的一般是:

8.3.1　分系统产品或者跨单位、跨部门研制的产品。

8.3.2　在风险、安全、完成作战任务等方面具有关键特性和重要特性的产品。

8.3.3　新研制的产品。

8.3.4　接口复杂且重要的产品。

8.3.5　单独采购的重要产品。

8.3.6　使用和保障方面需着重考虑的产品。

8.4　按照 GJB 726A 要求，完成技术状态项及其各层次产品的标识。标识的内容一般有技术状态的型号、序列号等信息，标识号应具有唯一性。

9　提出接口控制要求

9.1　按照 GJB 2737 和本单位《技术文件管理办法》中附录 B 技术状态文件传阅一览表中的技术状态文件，对产品的结构及技术状态项提出接口要求。

9.2　根据确定的工作分解结构及其相应的功能性能特点，在研制技术方案中提出总的接口方案。

9.3　根据产品层次和结构特点，提出并组织有关研制单位编制所需要的接口控制文件，形成技术状态文件清单，并提交总体认可。如表 1-7 所列。

表 1-7　技术状态文件清单

技术状态项	技术状态项标识	技术状态文件名称	技术状态文件标识	编制单位	传阅单位
—	—	—	—	—	—

9.3.1　各技术状态文件都应有唯一的标识号。

9.3.2　按本单位《技术文件管理办法》的要求，编制并传阅技术状态文件。

9.4　接口控制文件的形成，是根据产品层次逐步分解、细化的过程，在总体技术设计完成前，应完成分系统接口控制文件的协调并经批准，对软件应提出接口要求及规范的初稿。如表 1-8 所列。

表 1-8　接口控制文件关系

<table>
<tr><td>基线
类型</td><td colspan="2">接口控制文件</td><td>产品层次</td></tr>
<tr><td>功能基线</td><td>系统规范(上一层编写)</td><td>/</td><td>/</td></tr>
<tr><td>分配基线</td><td>研制规范</td><td>软件需求规格说明</td><td rowspan="2">第二、三、四、五、六层次</td></tr>
<tr><td>产品基线</td><td>产品规范、工艺规范、材料规范、软件规范</td><td>软件产品规格说明</td></tr>
<tr><td colspan="4">注：1. 产品功能基线中的功能要素编入本层次的研制规范；
2. 材料规范、工艺规范和软件规范应根据产品复杂程度和结构特点视情编制</td></tr>
</table>

10　建立技术状态基线

科研处按照《设计和开发策划与控制程序》中技术审查的方式确定技术状态基线，审查通过后建立技术状态基线。

11　技术状态控制

11.1　按照 GJB 3206A 和本单位《技术状态更改管理程序》的要求，明确具体型号产品的技术状态更改分类，包括更改的依据、流程、方法及要求。

11.1.1　明确各类技术状态更改申请程序。

11.1.2　明确技术状态更改通知的处理程序等内容。

11.2　按照 GJB 3206A 和本单位《偏离许可和让步管理程序》的要求，明确具体型号产品技术状态的偏离许可和让步的权限，控制偏离许可和让步的频次。

11.2.1　明确偏离许可、让步申请程序。

11.2.2　明确偏离许可、让步申请的处理程序。

11.3　按照《武器装备质量管理条例》第二十四条的要求，结合本单位《设计和开发策划与控制程序》，实施不同层次产品转阶段（状态）审查活动。

11.3.1　按本指南上述技术状态管理类型，确定的二层次产品的类型和项目内容，由型号技术负责人组织转阶段（状态）审查。

11.3.2　按本指南上述技术状态管理类型，确定的三层次及以下的产品类型和项目内容，由科研处负责组织转阶段（状态）审查。

12　技术状态记实

12.1　按照 GJB 3206A 的要求，明确具体型号产品的技术状态记实任务。技术状态记实任务包括：

12.1.1　记录并报告各技术状态项的标识号、现行已批准的技术状态文件及其标识号。

12.1.2　记录并报告每一项技术状态更改从提出到实施的全过程情况。

12.1.3　记录并报告技术状态项的所有偏离许可和让步的状况。

12.1.4　记录并报告技术状态审核的结果，包括不符合的状况和最终处理情况。

12.1.5　记录并维持已交付产品的版本信息及产品升级的信息。

12.1.6　定期备份技术状态记实数据，维护数据的安全性。

12.2　按照 GJB 3206A 的要求，明确具体型号产品技术状态记录和报告的内容及要求。

12.2.1　从型号方案阶段起开展技术状态记实活动。

12.2.2　在产品研制生产阶段，应按照合同及技术协议书的要求，针对具体产品，明确向总体单位、顾客、供方及供方向本单位发送不同类型的适用的文件，

以表明产品是按批准的技术状态文件制造的,所有的更改、偏离都经过了审查、批准,并已在产品中落实。适用的文件包括:

a) 技术状态项及其技术状态基线文件清单;

b) 当前技术状态说明报告;

c) 技术状态更改、偏离许可和让步状况报告;

d) 技术状态更改实施和验证报告;

e) 其他要求的报告。

12.2.3 在产品定型时,科研处组织按照 GJB 1362A 的要求编制关于产品技术状态的文件。

12.2.4 本指南 12.2.2 条中所述适用的文件,可单独编制,也可在各阶段研制总结中体现。

12.3 归档和维护。

12.3.1 明确具体产品研制生产阶段应归档的各类技术状态记实数据,包括设计文件、工艺文件、质量文件、会议记录、测试记录、试验记录、计算分析、模拟、工艺验证、检验等。

12.3.2 归档的技术状态记实数据可采用纸质载体或电子载体。归档的数据应保持完整性和正确性。

12.3.3 各研究室以技术状态项为单位,根据技术状态更改登记表,记录文件技术状态更改和偏离状况,统计后每季度将研制阶段的更改偏离情况报科研处,批产阶段的报生产处。

12.3.4 科研处建立维护产品研制阶段技术状态更改台账,用于记录技术状态项标识、更改从提出到落实的全过程技术状态记实活动。

12.3.5 生产处建立维护产品小批量试生产和批生产阶段的技术状态更改台账,用于记录技术状态项标识、更改从提出到落实的全过程技术状态记实活动。

13 技术状态审核

13.1 每一个技术状态项都应进行功能技术状态审核和物理技术状态审核。

13.2 在正式的技术状态审核之前,承制单位应自行组织内部的技术状态审核,解决体系文件、运行过程间的协调、操作以及工作权限、平衡等组织关系问题。内部技术状态审核参照本指南要求执行。

13.3 明确对供方产品进行技术状态审核的内容及要求。供方产品技术状态审核参照本指南要求执行。

13.4 技术状态审核应成立审核组,参照 GJB 3206A 附录 D 的要求,明确具体产品内部技术状态审核和供方技术状态审核审核组成员及职责。

13.5　技术状态审核应按照 GJB 3206A 附录 D 的要求明确审核准备内容，并编制审核计划。

13.6　功能技术状态审核。

13.6.1　功能技术状态审核可与设计定型工作结合进行。根据产品的复杂性，功能技术状态审核可分步进行，与产品的技术审查((评审)工作)相结合。

13.6.2　待审查的试验数据应从拟正式提交设计定型的样机的技术状态试验中随机采集，如果未制造设计定型样机，则应从第一个(批)生产件的试验数据中随机采集。

13.6.3　功能技术状态审核的内容包括：

a）审核试验程序和试验结果是否符合技术状态文件的规定。

b）审核正式的试验计划和试验规范的执行情况，检查试验结果的完整性和准确性。

c）审核确认试验报告是否准确、全面地说明了技术状态项的各项试验。

d）审核接口要求的试验报告。

e）对于那些不能完全通过试验验证的要求，应审查其分析或仿真的充分性及完整性，确认分析或仿真结果是否足以保证技术状态项满足其技术状态文件的要求。

f）审核所有已确认的技术状态更改是否已纳入了技术状态文件并已经实施。

g）审核未达到质量要求的技术状态项是否进行了原因分析，并采取了相应的纠正措施。

h）审查偏离许可、让步清单。

13.6.4　功能技术状态审核完成后，明确审核组织者应向有关各方发放审核纪要。审核纪要只要求记录功能技术状态审核的完成情况和结果，以及解决遗留问题所必需采取的措施。审核纪要还应给出功能技术状态审核的结论，即认可、有条件认可或不认可。

13.6.5　对于产品的转产、复产，应重新进行功能技术状态审核。

13.7　物理技术状态审核。

13.7.1　物理技术状态审核应在功能技术状态审核完成之后进行。根据产品的复杂性，可开展预先的物理技术状态审核。预先的物理技术状态审核可与产品质量评审工作相结合。

13.7.2　待审查的试验数据和检验数据应从按照正式生产工艺制造的首批(个)生产件的试验与检验中得到。

13.7.3　在进行物理技术状态审核之前，承制单位应将全部技术状态更改纳入到适用的技术状态文件中，并形成新的、完整的文件版本。

13.7.4 物理技术状态审核的内容包括：

a）审核各技术状态项有代表性数量的产品图样和相关工艺规程，以确认工艺规程的准确性、完整性和统一性，包括反映在产品图样和技术状态项上的更改。

b）审核技术状态项的所有记录，确认按照正式生产工艺制造的技术状态项的技术状态是否准确地反映了所发放的技术状态文件。

c）审核技术状态项首件的试验数据和程序是否符合技术状态文件的规定。

d）审核技术状态项的偏离、不合格是否是在批准的偏离许可、让步范围内。

e）审核技术状态项的使用保障资料，以确认使用保障资料的完备性和正确性。

f）确认供方在制造地点所做的检验和试验资料。

g）审核功能技术状态审核遗留的问题是否已经解决。

13.7.5 物理技术状态审核完成后，明确审核组织者应向有关各方发放审核纪要。审核纪要主要应记录物理技术状态审核的完成情况和结果，以及解决遗留问题所必需的措施。审核纪要还应给出物理技术状态审核的结论，即认可、有条件认可或不认可。

13.7.6 对于产品的转产、复产，应重新进行物理技术状态审核。

14 数据管理

明确在技术状态数据访问、传递、存储等方面所采取的方法以及数据保存计划。

附录：技术状态管理计划模板

1 封面

封面应由标识号、产品代号、文档主题、编制单位和编制日期等信息组成。

2 签署和修订情况页

本部分包括审批签名、历次修订版本及其日期等信息。

3 目次

列出征文和附录的标题和页码，在此之后按各自顺序列出所有图、表格的标题和页码。

4 引言

本部分内容包括：

a）技术状态管理的目的和范围；

b）所使用的产品或技术状态项的简要说明；

c）技术状态管理计划的主要特点和实施方法的概述。

5 相关文件

列出技术状态管理计划中所涉及的标准化文件、规章制度及适用的设计文件，给出所列文件的编号、名称、版次、发布机构等信息。文件排列顺序如下：国家标准、国家军用标准、行业标准、企业标准、国际国外标准、设计文件、规章制度。

6 组织和职责

参与技术状态管理活动的人员、部门和机构，需要时，用图示说明。同时，说明各参与方在技术状态管理中的职责，包括在技术状态控制委员会中的作用。

7 技术状态管理里程碑

本部分说明产品或技术状态项寿命的阶段划分，并按照阶段说明技术状态管理重大事项的安排。

重大事项包括成立技术状态控制委员会、确立技术状态基线（包括内部控制的基线）和准备用于项目技术审查或技术状态审核的技术状态文件等。

8 技术状态标识

本部分说明：

a）选取的技术状态项；

b）建立每一条技术状态基线所需的技术状态文件，需要时用图示方式来标识各技术状态文件之间的关系；

c）标识制度，包括技术状态项及其各层次产品的标识（工作分解、提出要求、特性分析和各项汇总）、技术状态文件的标识；

d）技术状态文件的发放程序；

e）接口管理。

9 技术状态控制

本部分说明：

a）技术状态更改分类；

b）技术状态更改的审批权限；

c）各类技术状态更改申请的处理程序；

d）偏离许可、让步申请的处理程序；

e）技术状态更改通知的处理程序；

f）转阶段（状态）评审控制或技术状态审查控制。

10 技术状态记实

本部分说明为形成技术状态记实报告所需资料的收集、记录、处理和保持的程序,以及所有技术状态管理报告内容和形式的规定。

11 技术状态审核

本部分说明功能技术状态审核和物理技术状态审核的计划、程序、文档和审核报告的形式等。

12 分承制单位/供应商控制

本部分说明承制单位为保证分承制单位或供应商符合本标准规定所采取的方法。

13 数据管理

本部分说明在技术状态数据访问、传递、存储等方面所采取的方法、以及数据保存计划。

(二) 分系统级技术状态管理计划编制

×××飞机降落架系统技术状态管理计划

1 范围

本计划规定了×××飞机×××降落架系统在其寿命周期内的技术状态管理内容和要求,包括技术状态标识、技术状态控制、技术状态记实和技术状态审核。×××降落架系统在本单位按分系统级进行管理。

本计划适用于×××飞机×××降落架系统研制过程的技术状态管理工作。

2 引用文件

下列文件中的有关条款通过引用而成为本计划的条款。所有文件均应注明日期或版本,其后的任何修改单(不包括勘误的内容)或修订版本都不适用于本计划。

GJB 190—1986《特性分类》

GJB 726A—2004《产品标识和可追溯性要求》

GJB 1269A—2000《工艺评审》

GJB 2116A—2015《武器装备研制项目工作分解结构》

GJB 2737—1996《武器装备系统接口控制要求》

GJB 3206A—2010《技术状态管理》

GJB 3273A—2017《武器装备研制项目技术审查》

3 组织和职责

3.1 研制队伍人员组成及职责分工

研制队伍由指挥调度、设计师、工艺师、标准化主管、质量主管组成,如表 1-9 所列。

表 1-9　研制队伍人员组成及职责分工

序　号	姓　名	型号职务	承担职责	部　门
1	×××	型号指挥	对本产品经费、研制进度及产品质量和安全负全责	×××
2	×××	技术负责人	对本产品技术和产品总体质量负责	×××
3	×××	型号副指挥	组织制定本产品研制计划并组织实施;组织技术状态管理工作;组织研制过程中试验的实施,组织设计外包外购管理;在研制过程中对与产品有关的人、财、物实行有效的协调管理	××处
4	×××	型号调度、质量管理	制定本产品研制计划并组织实施;负责技术状态管理工作;负责组织研制过程中试验的实施,负责设计外包外购管理;在研制过程中对与产品有关的人、财、物实行有效的协调管理;质量计划及管理	××处
5	×××	质量管理	质量管理监督	××处
6	×××	主任设计师	降落架总体设计	××室
7	×××	主任设计师	降落架控制系统设计	××室
8	×××	主任设计师	降落架缓冲系统和动力系统设计	××室
9	×××	副主任设计师	降落架控制软件设计	××室
10	×××	工艺师	降落架工艺总方案	××部
11	×××	副主任工艺师	降落架工艺	××部
12	×××	标准化师	标准化	××处

3.2　型号岗位职责

型号两总对型号产品的技术状态管理具有决策权。型号技术负责人对基线建立、技术状态更改等工作具有决策权,对型号研制过程中各阶段需开展的工作做出决策;行政指挥领导调度系统,通过制定计划、协调资源对各项工作进行落实。型号调度负责技术状态归口管理,技术状态更改落实;质量师负责技术状态管理的质量控制检查。

设计师系统负责技术状态文件的完整性、协调性、正确性、可追溯性,其中型号技术负责人对产品的技术状态负全责,主任设计师协助型号技术负责人控制技术状态。工艺师系统负责工艺文件技术状态的控制,负责工艺技术状态文件的完整性、协调性、正确性、可追溯性。

4　WBS 分解

×××降落架系统项目工作分解结构,如表 1-10 所列。

表 1-10 ×××降落架系统项目工作分解结构

WBS 编号	单元名称			单元定义
	二层次(分系统)	三层次(设备)	四层次(组件)	
A1	×××降落架系统	—	—	×××飞机降落架系统
A1.1	—	舱门收放机构	—	飞机舱门收放作动机构
A1.1.1	—	—	前舱门作动筒	—
A1.1.2	—	—	左主舱门作动筒	—
A1.1.3	—	—	右主舱门作动筒	—
A1.2	—	前降落架(01-0)	—	飞机前降落架部分
A1.2.1	—	—	前缓冲支柱	—
A1.2.2	—	—	前降落架作动筒	—
A1.2.3	—	—	前轮操纵机电作动器	—
A1.2.4	—	—	防扭臂组件	—
A1.2.5	—	—	轮叉组件	—
A1.2.6	—	—	前机轮	—
A1.2.7	—	—	航空轮胎	前轮胎
A1.3	—	左主降落架(02-0)	—	飞机左主降落架部分
A1.3.1	—	—	左主缓冲支柱	—
A1.3.2	—	—	主降落架作动筒	—
A1.3.3	—	—	主阻尼器	—
A1.3.4	—	—	防扭臂组件	—
A1.3.5	—	—	斜撑杆	—
A1.3.6	—	—	接地装置	—
A1.3.7	—	—	支柱上位锁	—
A1.3.8	—	—	主机轮	—
A1.3.9	—	—	航空轮胎	主轮胎
A1.4	—	右主降落架(03-0)	—	飞机右主降落架部分
A1.4.1	—	—	右主缓冲支柱	—
A1.4.2	—	—	主降落架作动筒	—
A1.4.3	—	—	主阻尼器	—
A1.4.4	—	—	防扭臂组件	—
A1.4.5	—	—	斜撑杆	—

续表

WBS 编号	单元名称			单元定义
	二层次(分系统)	三层次(设备)	四层次(组件)	
A1.4.6	—	—	接地装置	—
A1.4.7	—	—	支柱上位锁	—
A1.4.8	—	—	主机轮	—
A1.4.9	—	—	航空轮胎	主轮胎
A1.5	—	收放控制系统	—	降落架收放控制系统(电气)
A1.5.1	—	—	收放控制盒	—
A1.5.2	—	—	电缆	—
A1.5.3	—	—	收放控制软件	—
A1.6	—	刹车控制系统(J/LSX-57)	—	主机轮刹车控制系统
A1.6.1	—	—	防滑刹车控制盒	—
A1.6.2	—	—	驱动控制盒	—
A1.6.3	—	—	轮速传感器	—
A1.6.4	—	—	电缆	—
A1.7	—	转弯控制系统(J/LCX-29)	—	前轮转弯减摆系统
A1.7.1	—	—	前轮操纵控制盒	—
A1.7.2	—	—	电缆	—
A1.8	—	气压能源系统(08-0)	—	降落架气压部分
A1.8.1	—	—	前降落架气瓶组件	—
A1.8.2	—	—	主降落架气瓶组件	—
A1.8.3	—	—	气压电磁阀	—
A1.8.4	—	—	气压减压阀	—
A1.8.5	—	—	气压减压阀	—
A1.8.6	—	—	转换活门	—
A2	地面配套设备	—	—	—
A2.1	—	缓冲器充气设备	—	降落架缓冲支柱、气瓶充气
A2.2	—	轮胎充气设备	—	降落架轮胎充气
A2.3	—	加油设备	—	降落架缓冲器、作动筒加油
A3	试验与评定	—	—	—

续表

WBS 编号	单元名称			单元定义
	二层次(分系统)	三层次(设备)	四层次(组件)	
A3.1	—	摸底试验	—	—
A3.1.1	—	—	落震试验	—
A3.1.2	—	—	摆振试验	—
A3.1.3	—	—	静力试验	—
A3.1.4	—	—	前降落架负载操纵力矩试验	
A3.1.5	—	—	刹车系统动力矩试验	—
A3.2	—	交付试验	—	—
A3.2.1	—	—	高低温试验	—
A3.2.2	—	—	振动功能试验	—
A4	资料	—	—	—
A4.1	—	工程资料	—	—
A4.1.1	—	—	见表5.2、表5.3清单	工程研制过程文件
A4.2	—	管理资料	—	—
A4.2.1	—	—	×××降落架系统产品实现策划报告	—
A4.2.2	—	—	×××降落架系统技术状态管理计划	—
A4.2.3	—	—	×××降落架系统产品质量保证大纲	—
A5	工具	—	—	—
A5.1	—	降落架系统装配通用工具	—	—

5 技术状态管理里程碑

×××降落架系统的缓冲器、折叠撑杆锁、作动筒等结构形式借鉴了×××起落架等型号，在以往型号研制过程中已经进行了试验验证，因此，×××降落架系统不开展方案阶段(M)，直接进入工程研制阶段。同时，该技术验证机是×××飞机的中间状态，完成飞行试验技术验证即完成使用，不进行设计定型，因此×××降落架系统研制仅进行初样机和正样机两轮研制，分别对应工程设计状态(状态标识为C)和正样机试制与试验状态(状态标识为S)，详细划分如表1-11所列。

表 1-11　工程研制阶段的内容

序　号	阶　段	状态标记	时　间	主要任务
1	工程研制阶段	C	20××—20××	1. 完成降落架系统方案设计与技术设计; 2. 完成降落架试验件的生产; 3. 完成降落架的静力、落震、摆振、收放联调等试验验证; 4. 生产初样产品两套
			20××—20××	1. 完成降落架系统随主机的系统试验; 2. 完成降落架系统的滑跑试验; 3. 完成降落架系统转阶段评审
2		S	20××—20××	1. 完成降落架系统技术状态更改; 2. 参加完成×××飞机全系统首飞

降落架主要工作:

20××年 11 月—20××年 6 月,主要开展方案设计和关键技术攻关,完成产品研制,参加完成×××技术验证机系统联调试验、总装、滑跑试验及飞行试验。降落架交付系统联试前进行各项考核性试验,包括性能试验、落震试验、摆振试验、静力试验、收放联调试验等地面试验,并进行评审。

里程碑:

T0 点,完成降落架技术协议评审,建立产品研制的功能基线;

T0+1 个月,完成降落架的研制规范评审,建立分配基线;

T0+2 个月,完成降落架的技术设计评审和相关技术状态文件存档;

T0+12 个月,完成降落架的生产和试验;

T0+15 个月,降落架参加完成全机各项地面试验;

T0+19 个月,参加完成系统首飞;

T0+19 个月,参加完成系统首飞;

T0+19 个月,完成该阶段工作。

6　技术状态标识

6.1　技术状态标识

6.1.1　技术状态项。

通过前述对降落架系统的 WBS 工作分解,降落架技术状态项及其标识,见表 1-12 所列。

表 1-12　降落架系统技术状态项列表

序　号	产品名称	代　号	备　注
1	舱门收放机构	×××	
2	前降落架	01-0	
3	左主降落架	02-0	
4	右主降落架	03-0	
5	收放控制系统	30-0	
7	刹车控制系统	LSX-××	
8	转弯控制系统	J/LCX-××	
9	气压能源系统	08-0	

6.1.2　技术状态文件。

技术状态文件用于规定技术状态项的功能特性和物理特性,其分为功能技术状态文件、分配技术状态文件、产品技术状态文件。功能技术状态文件用于规定产品的功能特性、接口特性和验证要求;分配技术状态文件规定技术状态项的接口特性、从上一级技术状态项分配下来的功能特性和接口特性、附加约束条件和验证要求;产品技术状态文件规定技术状态项所有必须的功能特性、物理特性,以及检验验收、使用、保障和报废要求。

在型号研制阶段的技术状态文件管理中,将总体输入的任务书及其他约束性文件列为功能技术状态文件,将分系统的研制规范列为分配技术状态文件,将规定产品功能特性和物理特性的设计文件列为产品技术状态文件,软件文档按照软件工程化管理要求执行。

技术状态文件应经过审批流程后保存在档案室。在进行技术状态的传递过程中,档案室应按照提取文件的指令提取相应技术文件,并按照指令要求分发到相关单位。

技术状态文件清单如表 1-13、表 1-14 所列,其包括总体输入文件、设计输出文件(研试文件、设计文件、工艺文件、软件文件等)。

表 1-13　×××降落架系统输入文件清单

序　号	文件名称	来　源
1	×××降落架系统技术协议书	—

表 1-14 ×××降落架系统设计输出文件清单(C 状态)

序 号	文 件 名 称	完成单位	备 注
1	×××降落架系统设计方案	—	—
2	×××降落架系统产品质量保证大纲	—	—
3	×××降落架系统风险分析报告	—	—
4	×××降落架系统标准化大纲	—	—
5	×××降落架系统六性大纲及工作计划	—	—
6	×××降落架系统设计和开发策划报告	—	—
7	×××降落架系统技术设计报告	—	—
8	×××降落架系统特性分析报告	—	—
9	×××降落架系统研制规范	—	—
10	×××降落架系统全套图样	—	—
11	×××降落架系统产品规范	—	—
12	×××降落架系统试验规范	—	—
13	×××降落架系统使用维护说明书	—	—
14	×××降落架系统工艺总方案	—	—
15	×××降落架系统工艺标准化综合要求	—	—
16	×××降落架系统试制准备状态检查报告	—	—
17	设计、工艺、产品质量和专题评审资料	—	—
18	转阶段(状态)评审资料和技术审查的预审查资料	—	—
19	×××降落架系统控制软件研制任务书	—	—
20	×××降落架系统控制软件需求规格说明	—	—
21	×××降落架系统控制软件产品规格说明	—	—

6.1.3 标识技术状态项和技术状态文件。

设计文件编号按照 QJ.5B 标准执行,研试文件编号按照 QJ.2A 标准执行,工艺文件按照 Q/HD 标准执行,更改标识和更改单编号按照 QJ.11B 标准执行,偏离单编号按照 QJ.12B 标准执行,工艺文件更改单编号按照 Q/HD 标准执行。设计文件的阶段标识按照 QJ.2B 标准执行。

6.1.4 建立技术状态基线。

×××降落架系统的技术状态基线分为功能基线、分配基线和产品基线。在完成降落架技术协议书评审,明确六性大纲及环境条件后,建立产品研制的功能基线;在完成降落架方案设计评审,形成研制规范后,建立分配基线;在完成降落架技术设计评审,形成产品规范、图样等技术状态文件,以及完成降落架生产和试验后建立产品基线(包括软件文件)。

6.1.5　技术状态控制发放经正式确认的技术状态文件并保持其原件。

档案室对技术状态文件的发放进行有效控制，保证发放到现场使用的技术文件与归档保管文件的正确、统一、协调，并保持原件。

7　技术状态控制

技术状态文件，特别是技术状态基线一经批准后，应严格执行，原则上不允许更改，确实需要更改时，应执行"充分论证、各方认可、有益无害、试验验证、审批完备、落实到位"的原则。

在装备研制过程中，按照法律法规的规定及标准要求，装备研制过程的技术状态控制重点应放在以下方面。

7.1　转阶段（转状态）评审控制

武器装备质量管理条例规定，军队有关装备部门应当按照武器装备研制程序，组织转阶段审查，确认达到规定的质量要求后，方可批准转入下一研制阶段。

装备研制过程的转阶段（状态）评审是技术状态管理控制的重要环节，一个阶段（状态）工作结束，技术状态管理机构应事先检查、评审本阶段的研制及技术状态活动情况，是否贯彻了上一层次规范的要求，评审发现问题，应及时改正。一般情况下，由第三方或联合承制方组织转阶段（转状态）评审工作，本阶段工作没完成、问题更改不到位，不能转入下一研制阶段或状态。

7.2　研制过程技术审查的预先评审控制

技术审查，是装备研制过程中在关键事件点上进行技术审查，以评估系统的设计进展情况、设计成熟程度、技术风险消除情况……，以确定研制工作是否可进入下一个研制阶段（状态）。技术审查是建立技术状态基线所必经的手段。

研制过程转阶段研制预先技术审查，也是全面了解、检查技术状态管理情况的极好时机。合同监管机构的主管研制部门会同研制方的主管研制部门，联合运用研制过程转阶段研制的时机，即装备研制过程的关键阶段，如系统功能审查、关键设计审查等；关键环节，如首次大型试验准备、定型试验准备和小批量试生产准备等环节，进行全面检查装备研制过程的技术状态管理情况。此时，承制单位应按照 GJB 3273A 的要求，针对技术审查的项目，作预先性技术审查，迎接主管研制部门的检查。

7.3　技术状态更改控制

对于涉及产品功能、物理特性、接口关系的重大更改，应先行论证，对更改的必要性和相关影响进行分析，必要时需经评审验证确认。技术状态文件发布后，只有设计师系统或工艺师系统有权对已批准的技术状态文件提出实施更改；顾客提出更改建议时，设计师系统或工艺师系统应进行分析和论证，得出结果后与顾客沟通、协调，再决定是否更改。

对于技术状态更改，应遵照以下要求执行：

1）科研处建立×××飞机型号技术状态台账，对型号内各产品技术状态更改和偏离进行记录，负责组织各项技术状态更改落实到位，以形成闭环管理。

2）更改单和偏离单的使用应严格按照 QJ 1714.11B 和 QJ 1714.12B 及《××××所设计文件更改与偏离管理办法》执行，使用更改单时，将每张图纸的设计更改内容逐条在“更改前”和“更改后”中进行描述，以加强技术更改的可追溯性，同时提高审签工作效率；偏离单的内容表述应做到清晰可操作，通过偏离单产生的设计更改一周内通过更改单落实。

3）技术状态更改的审批应按照 GJB 3206A《技术状态管理》中 6.2.3.5 的要求执行，影响产品性能和功能、“六性”指标、外形尺寸、接口特性等属性的更改应上报型号两总，经批准后方可实施；对满足产品要求有影响但未达到上述程度和勘误译印、修正描图、统一标注等对满足产品要求没有影响的更改需经单位型号技术负责人批准后方可实施。

4）不合格品的处理措施按照不合格品控制程序执行，由不合格品审理委员会和常设机构按照相应程序进行处理。

注：研制过程中要按照《设计和开发策划与控制程序》进行转阶段评审。

8 技术状态记实

除软件代码外（软件配置管理工具），所有技术状态记实都以纸质文件形式在档案室归档，并在研制总结报告、技术状态报告、产品质量报告等文件中反映。

科研处、生产处按照职责分工及时组织完成技术状态更改在相关产品上的落实，并将其作为临时计划列入科研生产调度计划内容中检查落实并考核。科研处负责对技术状态更改落实的符合性进行查证确认，向型号两总系统反馈结果，并结合产品质量评审，将此项内容纳入产品质量报告中。

9 技术状态审核

科研处按照 GJB 3206A《技术状态管理》组织审核产品的技术状态是否满足技术状态文件、任务书、合同的要求。技术状态审核应结合转阶段评审、质量评审、设计定型（鉴定）进行。产品研制总结报告、质量总结报告、生产工艺总结报告中应包含技术状态审核的相关内容。

功能技术状态审核内容包括：

a）产品技术状态文件能够准确反映功能特性和必要的物理特性；

b）试验和分析数据能够证明产品已达到规定的特性要求。

物理技术状态审核内容包括：

a）对照实物，对产品生产中使用的图样、规范、技术资料进行详细核对，以做到文实相符；

b) 对发放的技术文件、生产制造资料、质量控制记录进行核对，以做到文文相符。

10 软件工程化管理

把软件作为技术状态项，按照 GJB 5000A《军用软件能力成熟度模型》和《××型号软件工程化体系文件》中的管理规定、实施细则和技术类规范与指南的要求实行分级管理、分级测试（A、B、C、D）。降落架软件分为收放控制系统软件、刹车控制系统软件和转弯控制系统软件，其中，收放控制系统软件为自研，刹车和转弯控制系统软件采用外包。收放控制系统软件（自研）、刹车控制系统软件和转弯控制系统软件按照 A 级进行管理。

收放控制系统软件主要功能是接收飞控机的降落架"正常放"/"应急放"控制指令，控制降落架正常/应急放下，并反馈降落架状态信息。通过 1553B 总线接收飞控机的刹车、转弯控制指令，通过 RS422 向刹车控制系统及转弯控制系统转发刹车、转弯等控制指令；刹车控制系统、转弯控制系统通过 RS422 向收放控制系统反馈状态信息，收放控制系统再通过 1553B 总线向飞控机转发刹车控制系统和转弯控制系统的状态信息。软件配套表如表 1-15 所列。

表 1-15 降落架系统软件配套表

序号	软件名称	所属设备	软件代号	软件等级	开发单位	备注
1	收放控制系统软件	收放控制盒	R1/×××-××	A		
2	刹车控制系统软件	防滑刹车控制盒	LF91-RJ-××	A		
3	转弯控制系统软件	转弯控制盒	Q/KZH-××R-01	A		

软件的设计、实现与内部测试人员保证相对独立，应分别设置软件需求分析、设计、编程、测试岗位，并配备软件质量保证人员。软件开发的需求分析、设计、编程、测试和配置管理人员应经过相应培训，通过考核，取得资格证书。

其中，在收放控制系统软件开发过程中，应贯彻模块化、结构化设计等工程化技术协议书。应使用型号统一要求中规定的编程语言进行编程，并遵循相应语言编程格式的约定，编程规范应执行 GJB 8114《C/C++语言编程安全子集》，设计和编程参考《××型号软件设计及编程指南》等。

刹车控制系统软件和转弯控制系统软件采用外包，其研制过程要求外包单位按照 GJB 5000A 和《××型号软件工程化体系文件》的管理要求执行，并经过第三方评测。

11 评审、验证和确认活动

型号研制过程中的评审和确认活动应按照 GJB 1269A 和《装备研制评审实施办法》《装备研制验证实施办法》《装备研制确认实施办法》执行。

11.1　初样机状态的评审、验证和确认

本状态降落架系统的主要设计内容是:依据总体下发的研制任务书完成降落架方案设计和技术设计工作,完成初样机的生产、地面试验,并按照计划参加完成验证机的滑跑试验。本状态工作目标是确定降落架系统总体方案并完成关键技术攻关。本状态应进行以下评审、验证和确认工作,如表1-16所列。

表1-16　初样机状态的评审、验证和确认工作

序号	项　　目	确认方式	主要参加人员
1	设计输入评审		
1.1	×××降落架系统合同及技术协议书	所内评审	科研处、设计师系统、工艺师系统、相关部门
2	降落架系统方案设计		
2.1	×××降落架系统研制规范	评审	型号两总、相关人员
2.2	×××降落架轮胎、机轮、刹车控制系统、电动操纵系统技术协议书	会签	型号两总、外包单位
2.3	×××降落架气压减压阀、气压电磁阀、气压传感器技术协议书	会签	型号两总、外包单位
2.4	×××降落架上位锁、作动筒及阻尼器技术协议书	会签	型号两总、外包单位
2.5	×××降落架系统方案设计	评审	型号两总
3	降落架系统技术设计		
3.1	×××降落架系统技术设计	评审	型号两总
3.3	×××降落架收放控制软件研制任务书	评审	型号两总
3.4	×××降落架收放控制软件需求规格说明	评审	型号两总
3.5	×××降落架收放控制软件开发计划	评审	型号两总
3.6	×××前、主降落架落震试验规范	试验规范评审	型号两总、试验单位
		试验验证	
		试验总结评审	
3.7	×××前、主降落架静力试验规范	试验规范评审	型号两总、试验单位
		试验验证	
		试验总结评审	
3.8	×××降落架摆振试验规范	试验规范评审	型号两总、试验单位
		试验验证	
		试验总结评审	

续表

序号	项　　目	确认方式	主要参加人员
3.9	×××降落架系统功能试验规范	试验规范评审 试验验证 试验总结评审	型号两总
3.10	×××降落架系统环境试验规范	试验规范评审 试验验证 试验总结评审	型号两总
4	降落架系统工艺		
4.1	×××降落架工艺总方案	评审	型号两总
5	地面试验		
5.1	初样机产品交付试验	试验验证	型号两总
5.2	系统对接试验	试验验证	—
6	产品出所质量评审		
6.1	初样机产品出所质量评审	评审	型号两总、质量/标准化/工艺师系统
7	滑跑试验		
7.1	技术验证机滑跑试验	大纲评审 试验验证 试验总结评审	型号两总
8	转阶段		
8.1	初样机转正样机转阶段(状态)评审	评审	型号两总、质量/标准化/工艺师系统

11.2　正样机状态的评审、验证和确认

本状态降落架系统的主要设计内容是:结合初样机状态的技术成果,完善降落架系统设计,进行可靠性、维修性、安全性、保障性等六性分析,参加技术验证机飞行试验。本状态的目标是对产品各项技术指标进行充分验证,对产品进行优化,完善并冻结产品状态。本状态应进行以下评审、验证和确认工作,如表1-17所列。

表1-17　正样机状态的评审、验证和确认工作

序号	项　　目	确认方式	主要参加人员
1	技术状态完善		
1.1	×××降落架系统设计更改	评审	型号两总
2	降落架系统工艺		

续表

序号	项　　目	确认方式	主要参加人员
2.1	×××降落架工艺总方案	评审	型号两总
3	产品出所质量评审		
3.1	正样机产品出所质量评审	评审	型号两总、质量/标准化/工艺师系统
4	飞行试验		
4.1	技术验证机系统飞行试验	大纲评审	型号两总、顾客代表
		试验验证	
		试验总结评审	

12　分承制单位/供应商控制

降落架系统分为生产外包、设计外包和技术服务外包三类，应按照《装备研制外包外协管理与控制程序》办法，通过合同及技术协议书、验收规范等外包外协流程内容和要求进行控制管理。为了保证降落架系统产品开发项目的整体进度，充分利用各方面的优势资源，应将部分非所内主要技术专业范围的项目外包，外包外购项目如表1-18所列。

表1-18　外包外购项目列表

序号	外包项目	外包原因	配套技术文件	备　注
1	×××前、主降落架落震试验	所内不具备试验条件	《×××前降落架落震试验规范》《×××主降落架落震试验规范》	试验外包
2	×××前降落架摆振试验	所内不具备摆振试验条件	《×××前降落架摆振试验规范》	试验外包
3	×××前、主降落架静力试验	所内不具备静力试验条件	《×××前降落架静力试验规范》《×××主降落架静力试验规范》	试验外包
4	机轮和刹车系统	所内无此专业	《×××降落架前机轮技术协议书》《×××降落架主机轮技术协议书》《×××降落架刹车控制系统技术协议书》《×××降落架前机轮验收规程》《×××降落架主机轮验收规程》《×××降落架刹车控制系统验收规程》	设计外包
5	转弯减摆系统	所内无此专业	《×××降落架前轮电动操纵系统技术协议书》《×××降落架前轮电动操纵系统验收规程》	设计外包
6	轮胎	所内无此专业	《×××降落架轮胎技术协议书》《×××降落架轮胎验收规程》	设计外包
7	主控板	型号统一要求	《Q6-ZKB主控板技术协议书》《Q6-ZKB主控板验收规程》	设计外包

续表

序号	外包项目	外包原因	配套技术文件	备注
8	作动筒及阻尼器	所内无研制经验	《×××降落架作动筒及阻尼器技术协议书》《×××降落架作动筒及阻尼器验收规程》	设计外包
9	支柱锁	所内无研制经验	《×××降落架支柱上位锁技术协议书》《×××降落架支柱上位锁验收规程》	设计外包
10	气压电磁阀、气压减压阀、气压传感器	所内无此专业	—	设计外包
11	降落架系统结构件	所内加工能力达不到要求	×××降落架缓冲支柱、作动筒、斜撑杆、阻尼器等全套图纸、生产技术协议书及验收规程	生产外包

生产外包控制

参考×××起落架系统生产分工，确定×××飞机起落架结构件由××××装备有限责任公司生产，该单位生产的×××起落架结构件经过各项研制试验考核，从生产能力、精度保证和生产进度方面均能满足×××飞机起落架的研制生产需求。

设计外包分工

机轮及刹车系统。起落架机轮及刹车系统需要专业厂家进行研制生产，根据前期调研分析，主机轮刹车系统拟选用中航工业×××厂货架产品×××全电刹车机轮，前机轮拟选用中航工业×××厂的货架产品×××。因此，×××飞机起落架主机轮及刹车系统和前机轮由我所提出技术协议，分别委托中航工业×××厂和×××厂生产。

前轮电动操纵装置。通过前期与中航工业×××所就全电转弯减摆装置技术的沟通交流，与×××飞机相近吨位量级的×××技术验证机采用×××型前轮电动操纵装置能够满足验证机需求，该产品具备全电操纵转弯功能，并能够实现转弯操纵和减摆的自由切换。因此，×××飞机起落架前轮电动操纵装置及其转弯系统由×××所提出技术协议，委托中航工业×××所生产。

轮胎。现阶段起落架轮胎主要由中国×××有限公司进行生产和研制，该公司属于航空轮胎配套的主流厂家，且我所选用的×××厂前机轮和×××厂主机轮的原轮胎均为该公司进行配套，因此，×××飞机起落架轮胎由×××所提出技术协议，委托××院在原产品的基础上进行改制生产。

技术服务外包分工

×××所不具备起落架静力、落震和摆振试验的条件。航天×××和中航工业

×××所具备静力试验的条件,其中航天×××承担了×××起落架的静力试验,×××所承担了×××起落架的静力试验,因此,×××飞机起落架的静力试验由×××所提出试验任务书,委托航天×××或×××所进行试验。中航工业×××所是目前国内唯一具有摆振试验能力的专业试验厂家,是现阶段国内落震、摆振等试验条件最全、实力最强的试验单位;因此,×××降落架系统的落震试验和摆振试验由×××所提出任务书,委托中航工业×××所进行试验。

13 数据管理

×××降落架系统技术状态管理数据通过 TC 系统进行审签,文件存档于第九研究室,按照档案管理办法进行访问、存储。

(三) 设备级技术状态管理计划编写示例

×××降落架收放控制系统技术状态管理计划

1 范围

本计划规定了×××降落架收放控制系统技术状态管理计划,以保证产品在研制周期内技术状态受控。本计划适用于×××降落架收放控制系统研制过程的技术状态控制工作。×××降落架收放控制系统是按设备级进行管理。

2 引用文件

下列文件中的有关条款通过引用而成为本计划的条款。所有文件均应注明日期或版本,其后的任何修改单(不包括勘误的内容)或修订版本都不适用于本计划。

GJB 190—1986《特性分类》

GJB 726A—2004《产品标识和可追溯性要求》

GJB 1269A—2000《工艺评审》

GJB 2116A—2015《武器装备研制项目工作分解结构》

GJB 2737—1996《武器装备系统接口控制要求》

GJB 3206A—2010《技术状态管理》

GJB 3273A—2017《武器装备研制项目技术审查》

《技术状态管理计划编制指南》

《×××降落架系统技术状态管理计划》

3 组织和职责

3.1 研制队伍人员组成

×××降落架收放控制系统研制队伍由指挥调度、设计师、工艺师、标准化主管、质量主管等组成,人员组成及职责分工如表 1-19 所列。

表 1-19　研制队伍人员组成及职责分工

序号	姓名	型号职务	承担职责	部门
1	×××	型号指挥	对本产品经费、研制进度及最终产品质量和安全负全责	×××
2	×××	技术负责人	对本产品技术决策和产品总体质量负责	×××
3	×××	型号副指挥	组织制定本产品研制计划并组织实施;组织技术状态管理工作;组织研制过程中试验的实施,组织设计外包外购管理;在研制过程中对与产品有关的人、财、物实行有效的协调管理	××处
4	×××	型号调度、质量管理	制定本产品研制计划并组织实施;负责技术状态管理工作;负责组织研制过程中试验的实施,负责设计外包外购管理;在研制过程中对与产品有关的人、财、物实行有效的协调管理;质量计划及管理	××处
5	×××	质量管理	质量管理与控制	××处
6	×××	主任设计师	降落架收放控制系统总体设计	××室
7	×××	副主任设计师	降落架控制软件设计	××室
8	×××	工艺师	降落架收放控制系统工艺总方案	××部
9	×××	副主任工艺师	降落架收放控制系统工艺	××部
10	×××	标准化师	标准化	××处

3.2　型号岗位职责

型号两总对型号产品的技术状态管理具有决策权。型号技术负责人对基线建立、技术状态更改、技术归零等工作具有决策权,对型号研制过程中各阶段需开展的工作做出指示,行政指挥领导调度系统,通过制定计划、协调资源对各项工作进行落实。型号调度负责技术状态归口管理,技术状态更改落实;质量师负责技术状态管理的质量控制、检查。

设计师系统负责技术状态文件的完整性、协调性、正确性、可追溯性,其中型号技术负责人对产品的技术状态负全责,主任设计师协助型号技术负责人控制技术状态。工艺师系统负责工艺文件技术状态的控制,以及工艺技术状态文件的完整性、协调性、正确性、可追溯性。

4　WBS 分解

×××降落架收放控制系统工作分解结构,如表 1-20 所列。

表 1-20　×××降落架收放控制系统项目工作分解结构

WBS 编号	单元名称			单元定义
	二层次	三层次	四层次	
A1	—	×××降落架收放控制系统	—	×××降落架系统
A1.1	—	—	收放控制盒	降落架收放控制系统

续表

WBS 编号	单元名称			单元定义
	二层次	三层次	四层次	
A1.1.1	—	—	—	—
A1.1.2	—	—	—	—
A1.2	—	—	电缆	—
A1.3	—	—	收放控制系统软件	—
A2	—	—	—	—
A2.1	—	试验	—	—
A2.1.1	—	—	功能试验	—
A2.1.2	—	—	环境筛选试验	—
A2.1.3	—	—	高低温工作试验	—
A2.1.4	—	—	振动交付试验	—
A2.1.5	—	—	高低温贮存试验	—
A2.1.6	—	—	振动耐久试验	—
A3	—	资料	—	—
A3.1	—	工程资料	—	—
A3.1.1	—	—	×××降落架收放控制系统研制规范	—
A3.1.2	—	—	×××降落架收放控制系统产品规范	—
A3.1.3	—	—	×××降落架收放控制系统试验大纲	—
A3.1.4	—	—	×××收放控制盒盒体技术协议书	—
A3.1.5	—	—	×××主控板技术协议书	—
A3.1.6	—	—	×××收放控制盒盒体验收规程	—
A3.1.7	—	—	×××主控板验收规程	—
A3.2	—	管理资料	—	—
A3.3	—	保障资料	—	—
A3.3.1	—	—	×××降落架收放控制系统使用维护说明书	—

5 技术状态管理里程碑

×××降落架收放控制系统的原理借鉴了×××起落架等型号，在以往型号研制过程中已经进行了试验验证,因此,×××降落架收放控制系统不开展方案阶段(M),直接进入工程研制阶段。同时,该技术验证机是×××飞机的中间状态,完成飞行试验技术验证即完成使用,不存在设计定型,因此×××降落架收放控制系统研制阶段具体分为初样机(C)和正样机(S),详细划分如表1-21所列。

表1-21 工程研制阶段内容

序号	阶段	状态标记	时间范围	主要任务
1	工程研制阶段	C	20××—20××	1. 完成降落架收放系统方案设计与技术设计; 2. 完成降落架收放控制试验件的生产; 3. 完成降落架收放控制系统的试验验证; 4. 生产初样产品两套
			20××—20××	1. 完成降落架收放控制系统随主机的系统试验; 2. 完成降落架收放控制系统随主机的滑跑试验; 3. 完成降落架收放控制系统转阶段评审
2		S	20××—20××	1. 完成降落架收放控制系统技术状态更改; 2. 参加完成×××飞机全系统首飞

主要工作及基线建立如下。

(1) 降落架收放控制系统主要工作:

20××年11月—20××年6月,主要开展方案设计和关键技术攻关,完成产品研制,参加完成×××技术验证机系统联调试验、技术验证机总装、滑跑试验及飞行试验。在降落架收放控制系统交付前应进行各项考核性试验,包括性能试验、环筛试验、高低温工作试验、振动交付、高低温贮存试验、振动耐久试验、收放联调试验等地面试验,并进行评审。

里程碑:

T0点:完成降落架系统研制任务书评审,明确六性大纲及环境条件,建立产品研制的功能基线;

T0+1个月,完成降落架收放控制系统的方案设计评审,建立分配基线;

T0+2个月,完成降落架收放控制系统的技术设计评审,产品技术状态文件存档、受控;

T0+12个月,完成降落架收放控制系统的生产和试验;

T0+15个月,降落架收放控制系统参加完成全机各项地面试验;

T0+19个月,参加完成系统首飞;

T0+19个月,完成该阶段工作。

6 技术状态标识

6.1 技术状态标识

6.1.1 技术状态项

通过前述WBS分析得出技术状态项,明确降落架收放控制系统技术状态项,如表1-22所列。

表1-22 降落架收放控制系统技术状态项列表

序号	技术状态项	代　号	备　注
1	收放控制盒	30-0	—
2	收放控制盒盒体	—	—
3	主控板	—	—
4	电缆	0-0LL	—
5	收放控制系统软件	R1/×××—××	—

6.1.2 技术状态文件

技术状态文件用于规定技术状态项的功能特性和物理特性,其分为功能技术状态文件、分配技术状态文件、产品技术状态文件。功能技术状态文件用于规定产品的功能特性、接口特性和验证要求;分配技术状态文件规定技术状态项的接口特性、从上一级技术状态项分配下来的功能特性和接口特性、附加约束条件和验证要求;产品技术状态文件规定技术状态项所有必须的功能特性、物理特性,以及检验或验收、使用、保障和报废要求。

在型号研制阶段的技术状态文件管理中,将总体输入的任务书及其他约束性文件列为功能技术状态文件,将分系统技术协议书列为分配技术状态文件,将规定产品功能特性和物理特性的设计文件列为产品技术状态文件,软件文档按照软件工程化管理要求执行。

技术状态文件应经过审批流程后保存在档案室。在进行技术状态的传递过程中,档案室应按照提取文件的指令提取相应的技术文件,并按指令要求分发到相关单位。

技术状态文件清单如表1-23、表1-24所列,包括总体输入文件、设计输出文件(研试文件、设计文件、工艺文件、软件文件等)。

表1-23 ×××降落架收放控制系统技术状态输入文件清单

序号	文件名称	来　源
1	KD综合控制计算机与降落架收放控制系统技术协议书	—
2	×××降落架系统研制规范(上一层次控制)	—

表1-24 ×××降落架收放控制系统技术状态输出文件清单(C状态)

序号	文件名称	完成单位	备注
1	×××降落架收放控制系统设计方案	—	—
2	×××降落架收放控制系统产品质量保证大纲	—	—

续表

序号	文 件 名 称	完成单位	备注
3	×××降落架收放控制系统风险分析报告	—	—
4	×××降落架收放控制系统标准化大纲	—	—
5	×××降落架收放控制系统六性大纲及工作计划	—	—
6	×××降落架收放控制系统技术设计报告	—	—
7	×××降落架收放控制系统特性分析报告	—	—
8	×××降落架收放控制系统研制规范	—	—
9	×××降落架收放控制系统全套图样	—	—
10	×××降落架收放控制系统全套明细表	—	—
11	×××降落架收放控制系统产品规范	—	—
12	×××降落架收放控制系统试验规范	—	—
13	×××降落架收放控制系统环境试验规范	—	—
14	×××降落架收放控制系统检验规范	—	—
15	×××降落架收放控制系统使用维护说明书	—	—
16	Q6-KZH 控制盒盒体技术协议书	—	—
17	Q6-ZKB 主控板技术协议书	—	—
18	JZ101-527 橡胶减震器技术协议书	—	—
19	×××降落架收放控制系统工艺总方案	—	—
20	×××降落架收放控制系统工艺标准化综合要求	—	—
21	×××降落架收放控制系统工艺规程	—	—
22	×××降落架控制软件研制任务书	—	—
23	×××降落架控制软件需求规格说明	—	—
24	×××降落架收放控制系统试制准备状态检查报告	—	—
25	设计、工艺、产品质量和专题评审资料	—	—
26	转阶段(状态)评审资料和技术审查的预审查资料	—	—

6.1.3　标识技术状态项和技术状态文件。

设计文件编号按照 QJ171.4B 系列标准执行，工艺文件按照 QJ903B 标准执行，更改标识和更改单编号按照 QJ1714.11B 执行，偏离按照 QJ1714.12B 执行。

6.1.4　建立技术状态基线。

降落架收放控制系统的技术状态基线分为功能基线、分配基线和产品基线。在完成降落架技术协议书评审，明确“六性”大纲及环境条件后，建立产品研制的功能基线;在完成降落架收放控制系统方案设计评审后,形成研制规范建立分配基线;在完成降落架收放控制系统技术设计评审,产品技术状态文件存档、受控,以及完成降落架收放控制系统生产和试验后建立产品基线(包括软件文件),如表1-25所列。

表1-25 ×××降落架收放控制系统产品基线

序号	技术状态项	代号	文件名称	承担部门	备注
设计文件					
1	收放控制系统	—	×××降落架收放控制系统产品规范	—	—
2	收放控制系统	—	×××降落架收放控制系统环境试验大纲	—	—
3	收放控制软件	—	×××降落架收放控制系统软件源程序	—	—
4	收放控制软件	—	×××降落架收放控制系统软件产品规格说明	—	—
5	收放控制软件	—	×××降落架收放控制系统软件版本说明	—	—

注:材料规范、工艺规范和软件规范应根据产品的复杂程度、结构特点确定是否专门单独编制。

6.1.5 技术状态控制发放经正式确认的技术状态文件并保持其原件。

档案室对技术状态文件的发放进行有效控制,保证发放到现场使用的技术文件与归档保管文件的正确、统一、协调,并保持原件。

7 技术状态控制

技术状态文件特别是技术状态基线一经批准后,应严格执行,原则上不允许更改,确实需要更改时,执行"充分论证、各方认可、有益无害、试验验证、审批完备、落实到位"的原则。

在装备研制过程中,按照法律法规的规定及标准要求,装备研制过程的技术状态控制重点应放在以下方面。

对于涉及产品功能、物理特性、接口关系的重大更改,应先行论证,对更改的必要性和相关影响进行分析,必要时需经评审验证确认。技术状态文件发布后,只有设计师系统或工艺师系统有权对已批准的技术状态文件提出实施更改;顾客提出更改建议时,设计师系统或工艺师系统应进行分析和论证,得出结果后与顾客沟通、协调,再决定是否更改。

对于技术状态更改,应遵照以下要求执行:

1) 科研处建立×××飞机型号技术状态台账,对型号内各产品技术状态更改和偏离进行记录,负责组织各项技术状态更改落实到位,以形成闭环管理。

2) 更改单和偏离单的使用应严格按照QJ1714.11B和QJ1714.12B及《××××所设计文件更改与偏离管理办法》执行,使用更改单时,将每张图纸的设计更改内容逐条在"更改前"和"更改后"中进行描述,以加强技术更改的可追溯性,同时提高审签工作效率;偏离单的内容表述应做到清晰可操作,通过偏离单产生的设计更改一周内通过更改单落实。

3）技术状态更改的审批应按照GJB 3206A中6.2.3.5的要求执行,影响产品性能和功能、六性指标、外形尺寸、接口特性等属性的更改应上报型号两总,经批准后方可实施;对满足产品要求有影响但未达到上述程度和勘误译印、修正描图、统一标注等对满足产品要求没有影响的更改需经型号技术负责人批准后方可实施。

4）不合格品的处理措施按照不合格品控制程序执行,由不合格品审理委员会和常设机构按照相应程序进行处理。

注: 研制过程中要按照《设计和开发策划与控制程序》进行转阶段评审。

8 技术状态记实

除软件代码外(软件配置管理工具),所有技术状态记实都以纸质文件形式在档案室归档,并在研制总结报告、技术状态报告、产品质量报告等文件中反映。

科研处、生产处按照职责分工及时组织完成技术状态更改在相关产品上的落实,并将其作为临时计划列入科研生产调度计划内容中检查落实并考核。科研处负责对技术状态更改落实的符合性进行查证确认,向型号两总系统反馈结果,并结合产品质量评审,将此项内容纳入产品质量报告中。

9 技术状态审核

科研处按相关标准规定,组织审核产品的技术状态是否满足技术状态文件、合同及技术协议书的要求。技术状态审核应结合转阶段评审、质量评审、设计定型(鉴定)进行。产品研制总结报告、质量总结报告、生产工艺总结报告中应包含技术状态审核的相关内容。

9.1 功能技术状态审核内容包括:

a）产品技术状态文件能够准确反映功能特性和必要的物理特性;

b）试验和分析数据能够证明产品已达到规定的特性要求。

9.2 物理技术状态审核内容包括:

a）对照实物,对产品生产中使用的图样、规范、技术资料进行详细核对,以做到文实相符;

b）对发放的技术文件、生产制造资料、质量控制记录进行核对,以做到文文相符。

10 软件工程化管理

把软件作为技术状态项,按照GJB 5000A和《××型号软件工程化体系文件》中的管理规定、实施细则和技术类规范与指南的要求实行分级管理、分级测试(A、B、C、D)。其中,降落架收放控制软件为自研,按照A级进行管理。

收放控制软件主要功能是接收飞控机的降落架“正常放”/“应急放”控制指令，控制降落架正常/应急放下，并反馈降落架状态信息。通过1553B总线接收飞控机的刹车、转弯控制指令，通过RS422向刹车控制系统及转弯控制系统转发刹车、转弯等控制指令；刹车控制系统、转弯控制系统通过RS422向收放控制系统反馈状态信息，收放控制系统再通过1553B总线向飞控机转发刹车控制系统和转弯控制系统的状态信息。软件配套表如表1-26所列。

表1-26 降落架收放控制系统软件配套表

序号	软件名称	所属设备	软件代号	软件等级	开发单位	备注
1	收放控制系统软件	收放控制盒	R1/×××-××	A	—	—

软件的设计与实现、实现与内部测试人员保证相对独立，分别设置软件需求分析、设计、编程、测试岗位，并配备软件质量保证人员。软件开发的需求分析、设计、编程、测试和配置管理人员应经过相应培训，通过考核，取得资格证书。

其中，在收放控制系统软件开发过程中，应贯彻模块化、结构化设计等工程化技术协议书。应使用型号统一要求中规定的编程语言进行编程，并遵循相应语言编程格式的约定，编程规范应执行GJB 8114，设计和编程参考《××型号软件设计及编程指南》等。

11 评审、验证和确认活动

型号研制过程中的评审和确认活动应按照GJB 1269A和《装备研制评审实施办法》《装备研制验证实施办法》《装备研制确认实施办法》执行。

11.1 工程研制阶段初样机评审、验证和确认

本阶段降落架收放控制系统的主要设计内容是：依据合同及技术协议书和总体下发的研制任务书完成降落架收放控制系统研制规范的进一步确认，完成方案设计和技术设计工作，完成初样机的生产、地面试验，并按照计划参加完成验证机的滑跑试验。本阶段工作目标是确定降落架收放控制系统总体方案并完成关键技术攻关。本阶段应进行以下评审、验证和确认工作，如表1-27所列。

表1-27 初样机评审、验证和确认工作

序号	项目	确认方式	主要参加人员
1	设计输入评审		
1.1	×××降落架系统合同及技术协议书	所内评审	科研处、设计师系统、工艺师系统、相关部门
	×××降落架系统研制规范（上一层次）	所内评审	科研处、设计师系统、工艺师系统、相关部门

续表

序号	项　　目	确认方式	主要参加人员
2	降落架收放控制系统方案设计		
2.1	×××降落架收放控制系统研制规范	评审	型号两总、相关人员
2.2	×××降落架收放控制盒盒体、主控板技术协议书	评审	型号两总、外包单位
2.3	×××降落架收放控制系统方案设计	评审	型号两总
3	降落架收放控制系统技术设计		
3.1	×××降落架收放控制系统技术设计	评审	型号两总
3.3	×××降落架收放控制软件研制任务书	评审	型号两总
3.4	×××降落架收放控制软件需求规格说明	评审	型号两总
3.5	×××降落架收放控制软件开发计划	评审	型号两总
3.6	×××降落架收放控制系统试验规范(大纲)	试验规范评审 试验验证 试验总结评审	型号两总
3.7	×××降落架收放控制系统环境试验规范(大纲)	试验规范评审 试验验证 试验总结评审	型号两总
4	降落架收放控制系统工艺		
4.1	×××降落架收放控制系统工艺总方案	评审	型号两总
6	产品出所质量评审		
6.1	初样机产品出所质量评审	评审	型号两总、质量/标准化/工艺师系统
8	转阶段		
8.1	初样机转正样机转阶段(状态)评审	评审	型号两总、质量/标准化/工艺师系统

11.2　正样机评审、验证和确认

本阶段降落架收放控制系统的主要设计内容是：结合初样机阶段的技术成果，完善降落架收放控制系统设计，进行可靠性、维修性、安全性、保障性等六性分析，参加技术验证机飞行试验。本阶段的目标是对产品各项技术指标进行充分验证，对产品进行优化，完善并冻结产品状态。本阶段应进行以下评审、验证和确认工作，如表1-28所列。

表1-28　正样机评审、验证和确认工作

序号	项　　目	确认方式	主要参加人员
1	技术状态完善		
1.1	×××降落架收放控制系统设计更改	评审	型号两总

续表

序号	项　　目	确认方式	主要参加人员
2	降落架收放控制系统工艺		
2.1	×××降落架收放控制系统工艺总方案	评审	型号两总
3	产品出所质量评审		
3.1	正样机产品出所质量评审	评审	型号两总、质量/标准化/工艺师系统

12　分承制单位/供应商控制

为了保证降落架收放控制系统产品开发项目的整体进度，充分利用各方面的优势资源，将部分非主要技术专业范围的项目外包。按照《装备研制外包外协管理与控制程序》办法，通过合同及技术协议书以及依据验收规范编制的验收规程等外包外协流程内容和要求进行控制管理。降落架收放控制系统研制过程中，收放控制盒盒体、主控板和减震器为设计外包。外包外购项目如表1-29所列。

表1-29　外包外购项目列表

序号	外包项目	外包原因	配套技术文件	备注
1	收放控制盒盒体	所内无此专业	《×××收放控制盒盒体技术协议书》 《×××收放控制盒盒体验收规程》	设计外包
2	主控板	所内无此专业	《×××主控板技术协议书》 《×××主控板验收规程》	设计外包

设计外包分工：

收放控制盒盒体。×××为专业进行收放控制盒盒体研制的单位，前期×××等型号起落架控制盒盒体为该单位研制，能够满足要求，因此本收放控制盒盒体由×××所提出技术协议书，委托×××进行研制生产。

主控板。根据型号统一化规定，主控板由×××所草拟技术协议书，×××所研制生产。

13　数据管理

×××降落架收放控制系统技术状态管理数据通过TC系统进行审签，文件存档于第九研究室，按照档案管理办法进行访问、存储。

（四）技术状态管理准则

根据GJB 5709中规定，技术状态管理计划内容的相关程序和规定中，要求应有与军事代表取得一致意见的技术状态管理要素，其主要内容包括：

（1）技术状态管理的有关制度和规定。

（2）技术状态管理组织机构。

(3) 技术状态项目选择准则。

(4) 内部报告和向军事代表提供报告的时间间隔,以及报告的分发和控制要求。依据标准的要求,提供武器装备研制技术状态项选择准则示例,以供参考。

技术状态管理准则

1 范围

本标准规定了技术状态管理的工作准则,适用于军品型号/项目研制过程的技术状态标识、控制、记实和审核活动。

2 引用文件

GJB 190—1986《特性分类》

GJB 726A—2004《产品标识和可追溯性要求》

GJB 2116A—2015《武器装备研制项目工作分解结构》

GJB 2737—1996《武器装备系统接口控制要求》

GJB 3206A—2010《技术状态管理》

GJB 3273A—2017《武器装备研制项目技术审查》

3 定义

3.1 技术状态

在技术文件中规定的并且在产品中达到的功能特性和物理特性。

3.2 技术状态项

能满足最终使用功能,并被指定作为单个实体进行技术状态管理的硬件、软件或其集合体。

3.3 技术状态标识

确定技术状态项及其所需技术状态文件,标识技术状态项及其技术状态文件,发放和保持技术状态文件,建立技术状态基线的活动。

3.4 技术状态控制

技术状态基线建立后,对提出的技术状态更改申请、偏离许可申请和让步申请所进行的论证、评定、协调、审批和实施活动。

3.5 技术状态记实

在产品寿命周期内,为说明产品的技术状态所进行的记录、报告活动。

3.6 技术状态审核

为确定技术状态项与其技术状态文件的一致程度而进行的正式检查。包括功能技术状态审核和物理技术状态审核。

3.7 产品技术状态文件

规定技术状态项所有必需的功能特性、物理特性,以及检验验收、使用、保障和报废要求的技术状态文件。

3.8　技术状态基线

在产品寿命周期内的某一特定时刻，被正式确认并作为今后研制生产、使用保障活动基准，以及技术状态改变判定基准的技术状态文件。一般包括三种技术状态基线，即功能基线、分配基线和产品基线。

3.9　功能基线

经正式确认的功能技术状态文件。

3.10　分配基线

经正式确认的分配技术状态文件。

3.11　产品基线

经正式确认的产品技术状态文件。

3.12　技术状态更改

在产品寿命周期内，对已正式确认的现行技术状态文件所做的更改。

4　技术状态管理工作准则

4.1　技术状态标识准则

4.1.1　选择技术状态项。

4.1.1.1　选择的时机。

当确定了研制/开发项目之后，应对需管理和控制的技术状态项进行选择并确定研制过程中技术状态管理的活动要求。技术管理部门应在论证阶段或方案阶段的初期组织并协助型号/项目组进行项目结构分解，选定高层次的技术状态项以确定功能基线，在工程研制阶段初期或其之前选定较低层次的技术状态项以确定分配基线。

4.1.1.2　选择的准则。

对项目结构分解后，委托外研的分项目应选择技术状态项，总的选择准则是选择那些功能特性和物理特性能被单独管理，以达到项目总的最终使用性能的项目作为技术状态项，同时应考虑经费和人力的承受能力。一般情况下，可将下述项目选为技术状态项：

a）产品系统、分系统级项目和跨单位、跨部门研制的项目；

b）在风险、安全、完成作战任务等方面具有关键性的项目；

c）采用了新技术、新设计或全新研制的项目；

d）与其他项目有重要接口的项目和共用分系统；

e）单独采购的项目；

f）使用和维修方面需着重考虑的项目。

选择的技术状态项应与顾客充分协商后，在产品实现过程策划的输出文件（质量计划或产品质量保证大纲）中予以规定。

4.1.2 建立技术状态基线。

4.1.2.1 技术状态基线的类别。

一般应建立三种技术状态基线，即功能基线、分配基线和产品基线，并分别由功能技术状态文件、分配技术状态文件和产品技术状态文件来表述。这三种基线应循序渐进地描述产品系统与技术状态项的要求，功能基线和分配基线为工程研制和形成的产品技术状态文件提供依据，产品基线为其后的生产和交付提供依据。

4.1.2.2 技术状态基线的形成。

a）功能技术状态文件（功能基线）。

功能技术状态文件，即合同、协议、按上一级系统规范分解下来的项目规范等适用文件。其主要内容包括功能特性（如系统能力、技术指标、可靠性、维修性、环境条件、运输性、电磁兼容性、生产性、互换性、安全性、人机工程、计算机资源要求、综合保障要求、人员与训练要求）、接口要求和验证要求等。

在论证阶段，技术管理部门应协助计划管理部门组织对产品要求、顾客要求进行评审，在合同及相关文件中明确产品的功能特性、接口要求、技术状态管理要求，编制系统规范，经顾客确认后，建立功能基线。功能基线的内容应与“产品研制总要求”的技术内容协调一致。

b）分配技术状态文件（分配基线）。

分配技术状态文件，即研制方案、技术说明书、分机/分系统技术要求及验收准则、研制规范（对软件配置项来说是软件规范）、分机/分系统之间的接口控制文件及其他适用文件。其主要内容包括功能特性（包括从产品系统或高层技术状态项分配给该技术状态项的指标、可靠性、维修性、环境条件、运输性、电磁兼容性、生产性、互换性、安全性、人机工程、计算机资源要求、综合保障要求、人员与训练要求）、接口要求、附加的设计的约束条件和验证要求等。

在方案阶段，应按照合同要求编制形成分配基线所要求的分配技术状态文件（如研制方案、技术说明书、分系统或分机的技术要求及验收准则、研制规范等），通过方案评审并经顾客确认后，建立分配基线。分配基线的内容应与“技术协议书”的技术内容协调一致。

c）产品技术状态文件（产品基线）。

产品技术状态文件为提供定型/鉴定所需的成套技术资料中的下述文件：

- 产品规范；
- 工艺规范；
- 材料规范；
- 软件规范；

其他技术文件（各类汇总表及清单）。

这些文件共同构成产品技术状态的全套技术资料。产品技术状态文件应说明技术状态项必需的物理特性和功能特性以及证明达到这些性能要求所必需的检验、验收方法。

在工程研制阶段，应按照合同要求进行工程设计和试制与试验，在产品定型之前编制完成产品基线所要求的产品技术状态文件，如技术说明书、使用维护说明书等，经功能技术状态审核和物理技术状态审核(如定型审批)后建立产品基线。产品基线是产品批生产的依据。

4.1.2.3　各种技术状态基线之间的关系。

形成三种技术状态基线的三类技术状态文件是从功能技术状态文件到分配技术状态文件再到产品技术状态文件一级接一级的技术状态文件，这三者之间应相互协调具有可追溯性，而且后者应对前者进行扩展和细化。如果这三者之间出现矛盾，其优先顺序是：功能技术状态文件、分配技术状态文件和产品技术状态文件。

4.1.2.4　技术状态文件的保持。

技术状态基线建立后，应将所有现行已批准技术状态文件的原件归档并进行控制和保持，并满足×××《文件控制程序》的相关要求。

4.2　技术状态控制准则

本条仅适用于对技术状态项的功能技术状态文件、分配技术状态文件和产品技术状态文件的控制。

4.2.1　转阶段(状态)评审控制。

在型号线/项目组设立技术状态控制委员会，由产品/项目技术负责人、主任(副主任)设计师及技术管理、生产计划和质量管理等部门代表组成，负责按决策权限实施转阶段(状态)评审控制和技术审查的预检查工作。发现问题及时更正，尤其是对功能技术状态文件、分配技术状态文件和产品技术状态文件的控制，审查技术状态更改建议和偏离许可、让步放行申请，预审Ⅰ类技术状态更改，审批Ⅱ类技术状态更改。

4.2.2　对技术状态更改的控制。

顾客和本所都可对现行已批准的技术状态文件提出技术状态更改的建议。

4.2.2.1　技术状态更改分类。

按控制权限的不同，将技术状态更改分为以下两类。

a) Ⅰ类技术状态更改：由顾客或有关上级领导机关批准的技术状态更改，即

1) 影响合同中下列任一要素的更改：

* 合同经费。

* 合同保证或担保。

★ 合同规定的交付要求；合同重大事件安排。

2）研制过程中，更改功能技术状态文件、分配技术状态文件，致使下列要求超出规定限值或规定容差者：

★ 性能；

★ 可靠性、维修性或生存性；

★ 重量、平衡、惯性矩；

★ 接口特性；

★ 电磁特性；

★ 规范中的其他重要要求。

3）生产过程中，更改产品技术状态文件，致使对功能技术状态文件或分配技术状态文件的影响达到本条2）款所述程度或者影响下列因素者：

★ 顾客提供的设备；

★ 安全性；

★ 与接口技术状态项、保障设备或保障软件、备件、训练器材或训练装置、设备和软件等的兼容性；

★ 已交付的使用和维修手册；

★ 技术状态项和其零、组件的互换性；

★ 技能、人员配备、训练、生物医学因素或人机工程设计。

b）Ⅱ类技术状态更改：本所自行控制的技术状态更改，即4.2.2.1之1）以外的技术状态更改。

Ⅱ类技术状态更改又分为勘误性更改和实质性更改。

4.2.2.2 技术状态更改流程

本所提出技术状态更改的工作流程，如图1-16所示。

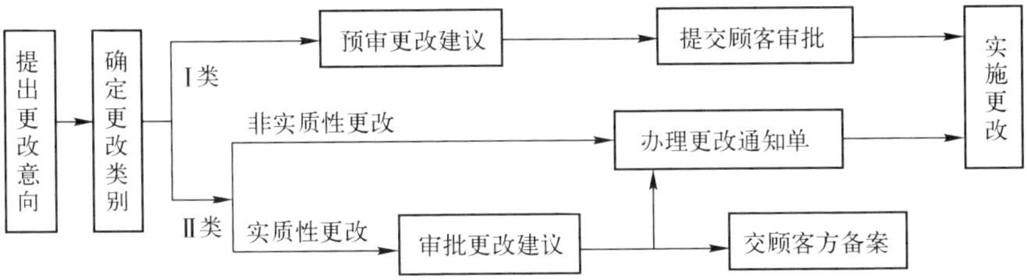

图1-16 技术状态更改工作流程

4.2.2.3 确定技术状态更改类别

a）型号线/项目组成员根据研制实际情况，进行必要的分析和论证，提出技术状态更改意向，同时按4.2.2.1规定的原则确定技术状态更改类别，Ⅰ类技术状态更改和Ⅱ类技术状态更改中的实质性更改须填写并办理“更改建议审批表”。

b)“Ⅰ类技术状态更改建议”应包括下述内容:

★ 要更改的产品名称(型号)、技术状态项和技术状态文件的名称和编号;

★ 建议单位名称和提出日期;

★ 更改内容及更改理由;

★ 更改的迫切性及更改方案;

★ 更改带来的影响(包括受影响的项目、文件、性能参数、进度、综合保障、接口等);

★ 更改所需费用估算;

★ 更改的实施日期。

提出的Ⅰ类技术状态更改建议还应附有必要的资料(如试验数据与分析、保障性分析、费用分析等),以论证和说明更改的必要性和更改带来的影响。

c) 技术状态更改建议(ECP)的编号由技术状态管理部门统一编制。

4.2.2.4 技术状态更改的审批

a) Ⅰ类技术状态更改,经技术状态控制委员会相关部门审签或各有关的协作单位协调,产品/项目技术负责人签署后,由技术状态控制部门送交顾客方审批。对重大更改和定型状态的技术状态更改,还应报上级主管机关批准。

b) Ⅱ类技术状态更改中的实质性更改,“技术状态更改建议审批表”经技术状态控制委员会相关部门审签和产品/项目技术负责人批准后,技术状态管理部门送交顾客方备案。如顾客方对技术状态更改类别有异议,则由技术状态控制委员会与顾客方协商后决定。

c) Ⅱ类技术状态更改中的非实质性更改(如:勘误、完善视图等),直接办理“设计更改通知单”,按被更改文件的原审批路径进行审批。

4.2.2.5 实施更改

技术状态更改建议经批准后,按照《设计文件更改规范》要求实施更改。

4.2.3 偏离许可和让步的控制。

4.2.3.1 总要求

在办理偏离、超差时,一般应参照4.2.2的要求进行。

除特殊情况外,一般不能申请涉及安全性及致命缺陷的偏离许可和让步以及影响产品使用或维修的偏离许可和让步。经批准的偏离许可和让步仅在指定范围和时间内适用,并不构成对功能技术状态文件、分配技术状态文件或产品技术状态文件的更改。应在技术状态项制造之前办理偏离许可和让步的申请和审批手续。

4.2.3.2　编制偏离许可和让步申请

办理偏离、超差应提出偏离、超差申请。偏离申请的内容一般包括:编号,标题,技术状态项名称及编号,受影响的文件,偏离许可和让步内容,有效期限,适用范围,对进度、性能、接口、软件、综合保障、费用的影响,相应的措施等。偏离许可申请由型号线/项目组以“偏离许可审批单”的形式提出,让步申请由检验验收人员以“不合格品审理单”的形式提出。

4.2.3.3　审批偏离许可和让步申请

“偏离许可审批单”的签署、审批权限与被偏离的设计文件相同或高一级别,对涉及关键、重要特性和产品功能特性的偏离许可,应征得顾客或其代表的同意。在规定的偏离许可期限或范围内,被批准的“偏离许可审批单”应附在原设计文件上做为产品生产、试验、验收的依据,验收记录应注明“偏离许可审批单”的编号。

对研制、生产过程中的超差申请(不合格品审理单),按照《不合格品控制程序》的有关要求进行处置。

4.3　技术状态记实准则

4.3.1　记录

技术状态记实应记录技术状态标识和技术状态控制过程中的有关事项和数据,包括相应的零、组件号,序列号、版本、标题、日期、发放状态、更改、偏离、超差等内容,为技术状态进展过程中实施有关管理提供可追溯性。

4.3.2　报告

对于实施技术状态管理的项目或产品系统,技术管理部门应组织技术状态记实系统阶段性或不定期地向顾客、相关部门和供方(必要时)发送下述不同类型的报告:

a) 技术状态项及其技术状态基线文件清单;

b) 当前(设计或生产)的技术状态状况;

c) 批量交付产品的技术状态更改、偏离许可和让步状况报告;

d) 技术状态更改实施和验证的状况报告。

4.3.3　分析

技术管理部门应组织进行以下分析:

a. 对所报告的问题进行分析,以查明问题的动向;

b. 评定纠正措施,验证它是否已解决了相应的问题,或是否又产生了新的问题。

4.4　技术状态审核准则

技术管理部门应与顾客方共同组织成立审核组,在产品/项目定型或鉴定时进行功能技术状态审核和物理技术状态审核,有关要求可按照产品定型中相关规定执行，并满足下述 4.4.1 和 4.4.2 规定的审核内容。

4.4.1　功能技术状态审核

4.4.1.1　审核要求

功能技术状态审核的数据必须从拟正式提交的设计定型(鉴定)样机的技术状态试验中采集，如果未制造设计定型(鉴定)样机，则从第一个(批)生产件的试验数据中采集。

技术管理部门应组织编写并向功能技术状态审核组提供一份概要(如研制总结)，叙述每个受审核技术状态项的试验结果和结论。概要除一般地介绍技术状态项的试验工作情况外，还应说明未得到满足的技术状态项的要求及其解决办法和技术状态项的技术状态更改情况。

审核内容包括：

a) 试验程序和试验结果是否符合系统规范或项目研制规范的要求；

b) 正式的试验计划和试验规范的执行情况，试验结果的完整性和准确性；

c) 试验报告是否准确、全面地说明了技术状态项的各项试验；

d) 审核接口要求的试验报告；

e) 对那些不能完全通过试验证实的要求，应审查其分析或仿真的充分性及完整性，确认分析和仿真的结果足以保证技术状态项满足其技术状态文件的要求；

f) 所有已被批准的技术状态更改是否已纳入了技术状态文件并已经实施；

g) 未达到质量要求的技术状态项是否进行了原因分析，并采取了相应的纠正措施；

h) 对计算机软件配置项，除进行上述审核外，还可进行必要的补充审核；

i) 审查偏离和超差清单。

4.4.1.2　审核后工作

功能技术状态审核完成后，技术管理部门应进行下列工作：

a) 公布功能技术状态审核会议记录；

b) 在技术状态记实的记录中记录功能技术状态审核的完成情况和结果；

c) 指定责任部门负责完成遗留的工作。

4.4.2　物理技术状态审核

4.4.2.1　审核要求

物理技术状态审核是依据技术状态项的设计文件对按正式生产工艺制造的技术状态项的技术状态进行的最终考核，应确保技术状态文件规定的验收试验要求足以满足技术状态项生产验收的需要。物理技术状态审核后确立产品基线。

审核工作内容包括：

a）审查由顾客方联席主持人规定的每个硬件技术状态项的有代表性数量的生产图样和相关的工艺规程（工艺卡），以确认工艺规程（工艺卡）的准确性，并保证它们包括了反映在生产图样和产品硬件上的更改；

b）审查技术状态项的所有记录，确认按正式生产工艺制造的技术状态项的技术状态准确地反映了所发放的工程资料；

c）审查技术状态项的试验数据和程序是否符合产品规范的要求，审核组可确定需重新进行的试验，未通过验收试验的技术状态项应返修或重新试验，必要时，重新进行审核；

d）确认供方的产品在制造地点所做的检验和试验资料；

e）审查功能技术状态审核遗留的问题是否已经解决；

f）对计算机软件配置项，除进行上述审核外，还可进行必要的补充审核。

对已发放的工程文件和质量控制记录的审核，应确保这些文件如实反映了按正式生产工艺制造的技术状态项的技术状态。

4.4.2.2　审核后工作

物理技术状态审核完成后，技术管理部门应进行下列工作：

a）公布物理技术状态审核会议记录；

b）在技术状态记实的记录中，记录物理技术状态审核的完成情况和结果；

c）指定责任部门负责完成遗留的工作。

5　记录表格

技术状态更改建议审批表，如表1-30所列。

表1-30　技术状态更改建议审批表

<table>
<tr><td colspan="5">技术状态更改建议（ECP）编号：
第 1 页 共 2 页</td></tr>
<tr><td>产品/项目名称</td><td colspan="2"></td><td>更改性质</td><td>□I 类　□II 类</td></tr>
<tr><td>产品/项目代号</td><td></td><td>合同/协议名称</td><td colspan="2"></td></tr>
<tr><td>合同编号</td><td></td><td>建议提出单位</td><td colspan="2"></td></tr>
<tr><td>更改说明</td><td colspan="4">更改原因：□设计改进　□设计错误　□配套要求
□内部接口变化：
□外部（用户）要求：
更改内容：（可加附页）

更改提出人：　日期：　部门审核：　日期：</td></tr>
<tr><td colspan="5">更改方案、可行性论证及验证情况（可加附页）：</td></tr>
</table>

续表

<table>
<tr><td colspan="2">更改的迫切性：</td></tr>
<tr><td rowspan="5">更改带来的影响</td><td>性能参数：</td></tr>
<tr><td>可靠性、维修性：</td></tr>
<tr><td>综合保障：</td></tr>
<tr><td>内外接口：</td></tr>
<tr><td>进度：</td></tr>
<tr><td>受影响的项目</td><td>□系统、分系统：
□部件及专用工装：</td></tr>
<tr><td>受影响的文件</td><td>□技术文件：
□图样：
□软件程序：
□其他</td></tr>
<tr><td colspan="2">实施更改所需费用（费用计算、来源）：</td></tr>
<tr><td colspan="2">需说明的其他事项（如对已验收或已交付产品的处置）：</td></tr>
<tr><td colspan="2">产品更改的实施计划：

更改起始时间或批（套）次__________________</td></tr>
</table>

续表

<table>
<tr><td rowspan="5">技术状态控制委员会审批</td><td>技术管理部门对更改类别的审查意见：

签字：　　　　　　日期：</td></tr>
<tr><td>生产管理部门对已制品更改实施性的审查意见：

签字：　　　　　　日期：</td></tr>
<tr><td>计划管理部门对更改影响进度、经费的审查意见：

签字：　　　　　　日期：</td></tr>
<tr><td>质量管理部门对更改后测试验收性的审查意见：

签字：　　　　　　日期：</td></tr>
<tr><td>型号/项目技术负责人审批/预审（Ⅱ类更改/Ⅰ类更改）：

签字：　　　　　　日期：</td></tr>
<tr><td colspan="2">Ⅰ类更改顾客方审批意见：

审批人职务：　　　　签字：　　　　　　日期：</td></tr>
<tr><td colspan="2">领导机关审批意见（重大更改）：

审批人职务：　　　　签字：　　　　　　日期：</td></tr>
</table>

5.1 偏离许可审批单

偏离许可审批单，如表 1-31 所列。

表 1-31 偏离许可审批单

<table>
<tr><td colspan="2">产品型（代）号</td><td>产品名称</td><td>被偏离技术状态文件名称</td><td>被偏离技术状态文件代号</td></tr>
<tr><td colspan="2"></td><td></td><td></td><td></td></tr>
<tr><td>偏离内容</td><td colspan="4">基线文件要求：　　　　　　偏离后要求：

提出日期：</td></tr>
</table>

续表

<table>
<tr><td>偏离原因</td><td colspan="3"></td><td>偏离适用范围期限</td><td colspan="2"></td></tr>
<tr><td rowspan="8">对其他要求的影响</td><td colspan="3">受影响的项目</td><td colspan="3">影响程度</td></tr>
<tr><td colspan="3">性能指标：</td><td colspan="3"></td></tr>
<tr><td colspan="3">接口要求：</td><td colspan="3"></td></tr>
<tr><td colspan="3">软件程序：</td><td colspan="3"></td></tr>
<tr><td colspan="3">综合保障性</td><td colspan="3"></td></tr>
<tr><td colspan="3">进度</td><td colspan="3"></td></tr>
<tr><td colspan="3">费用</td><td colspan="3"></td></tr>
<tr><td colspan="3">其他</td><td colspan="3"></td></tr>
<tr><td colspan="2">提出（拟制）</td><td></td><td></td><td>审核</td><td></td><td></td></tr>
<tr><td rowspan="3">会签</td><td>电路主管</td><td></td><td></td><td>校对</td><td></td><td></td></tr>
<tr><td>结构主管</td><td></td><td></td><td></td><td></td><td></td></tr>
<tr><td>质量主管</td><td></td><td></td><td>总设计师</td><td></td><td></td></tr>
<tr><td colspan="7">顾客代表审批</td></tr>
<tr><td colspan="2">单位</td><td colspan="2"></td><td colspan="2"></td><td></td></tr>
<tr><td colspan="2">审批人</td><td colspan="2"></td><td colspan="2"></td><td></td></tr>
<tr><td colspan="2">日期</td><td colspan="2"></td><td colspan="2"></td><td></td></tr>
</table>

第二章　装备研制技术状态标识

第一节　研制技术状态标识综述

我们从 GJB 3206A 3.15 条技术状态标识的工作内容中可知,技术状态标识有四项重要工作,一是确定技术状态项及其所需的技术状态文件;二是标识技术状态项及其所需的技术状态文件;三是发放和保持技术状态文件;四是建立技术状态基线。本章紧紧围绕装备研制技术状态标识的四项工作,重点讲述应做哪些事?如何做?按什么标准做?做到什么程度?以及对它们工作的相关要求等。

一、技术状态标识概念

技术状态标识是技术状态管理的基础,没有完善的技术状态标识,就不可能有完善、规范的技术状态管理。技术状态标识起始于武器装备研制的论证阶段或方案阶段(指系统或设备),进而贯穿于研制、生产、试验、修理和使用的全过程。

定义中明确规定了技术状态标识的四项主要活动,但过去对于技术状态标识的认识常常容易有两个误区:一个误区是认为技术状态标识包括制定技术状态文件,但定义规定的四项活动中,不包括制定技术状态文件,制定技术状态文件应由设计人员完成,而不是技术状态管理人员的任务,技术状态标识只包括确认技术状态文件,建立技术状态基线;另一个误区是认为技术状态标识就是给项目及其文件指定标识号,这显然是不全面的,指定标识号只是其中的一项活动,最重要的活动是选择技术状态项和建立技术状态基线。

二、技术状态标识要求

了解、掌握技术状态标识要求,首先应明确技术状态标识的工作内容,以及承制单位在技术状态标识期间应做哪些工作,才能满足技术状态标识的要求。技术状态标识要求一般情况下可在《技术状态管理程序》中规定,包括选定技术状态项的原则、编制技术状态项汇总表等。下面根据技术状态标识必须要进行的主要工作内容,讲述技术状态标识的具体要求。至于主要工作的标准依据,可在项目分析时一并讲述。

（一）选定技术状态项

技术状态项(以下简称 CI)是需要进行技术状态管理又具有独立功能的单个实体。在研制中,不是系统的每一个零件、部件都能被选为技术状态项并实施技术状态管理。一般情况下,下列项目可定为 CI 以进行技术状态管理:

（1）武器装备系统、分系统项目和跨单位、跨部门研制的项目;

（2）采用了新技术、新设计而具有研制风险的项目;

（3）与其他项目有重要接口的项目等。

技术状态项的选定从论证或方案阶段,及系统体系结构逐步形成时开始,到工程研制阶段系统的工作分解结构(WBS)(WBS 包括系统的产品项目体系结构、服务项目和资料项目体系结构,CI 应从产品项目和部分服务项目中产生)完成时终止。选择的 CI 由承制单位和合同监管机构协商提出,并在研制合同及技术协议书中加以规定。

（二）确定技术状态文件类型

技术状态文件是规定 CI 的要求、设计、生产和试验等功能特性和物理特性所必须的技术文件,主要是各型规范。规范在不同的研制阶段,有三种不同的类型。

（1）每一 CI 所需编制的技术状态文件类型根据 CI 在 WBS 中所处的位置确定(即产品层次确定)。

（2）武器装备系统或单独研制的重大项目(如航空发动机)应制定规定其功能特性、接口要求、验证要求等的系统规范——功能技术状态文件。

（3）分系统、设备、组件、部件等一般技术状态项应制定规定其功能特性、接口要求、附加的设计约束条件和验证要求等的产品项目性能等的研制规范——分配技术状态文件。

（4）各 CI 都应制定包括产品项目的产品规范、工艺规范、材料规范、软件规范、图样和其他技术文件等的产品技术状态文件。这三种级别的文件相互衔接、协调,后者是对前者的扩展和细化。

（三）制定状态文件标识号

制定用以标识 CI、技术状态文件、技术状态更改建议以及偏离许可和让步等的标识号的编号制度,发布每一 CI 及其技术状态文件的标识号。

（1）技术状态编号——技术状态项的编号(系统、分系统、设备);

（2）技术文件编号——系统规范、研制规范、工艺规范、材料规范、软件规范、产品规范、图样等;

（3）设计更改编号——技术单(执行)、更改单(改图);

（4）偏离许可申请编号——只有事先得到批准才能执行的项目;

（5）让步申请编号——制造过程需申请“原样使用”的项目。

编号是规范设计、制造 CI 管理、进行追溯必不可少的工作。因此需要为其专门编制一项制度,可以是作业指导文件《技术状态标识编码规定》,并将其作为《技术状态管理程序》的支持文件。

(6) 规定编码方法。

规定编码方法用于 CI、技术状态文件以及零件和部件的更改标识。编码方法或其他的信息管理系统应能兼容管理:

① 在产品结构内,CI 之间的等级关系或隶属关系;

② 在每一 CI 中,其零件或部件的等级关系或隶属关系;

③ CI 与文件的关系;

④ 文件和更改的关系;

⑤ 文档的结构;

⑥ 其他要求。

编码方法应考虑组织或供方现有的编码程序。但状态标识码必须具有唯一性。

(四) 建立技术状态基线

技术状态基线是在 CI 研制过程的某一特定时刻,经承制单位与合同监管机构正式确认,并被作为今后研制、生产活动基准的技术状态文件。一般应建立三种基线,即功能基线、分配基线和产品基线。

(1) 在论证阶段,系统规范开始形成,经方案确立和降低风险阶段进一步的系统工程过程工作,在方案阶段正式确认系统规范,建立功能基线;

(2) 在方案阶段的系统工程过程中,产品的研制规范开始形成,经工程研制阶段的设计、试制与试验过程,进一步确定系统工程过程工作,正式确认产品性能的研制规范,建立分配基线;

(3) 在工程研制阶段的系统工程过程中,产品项目的图样、产品规范、工艺规范、材料规范、软件规范等开始形成,在研制批和部署初始的小批量试生产后,正式确认,建立产品基线;

(4) 这三种基线就是技术状态控制的依据,不经承制单位与合同监管机构双方批准,不得随意更改;

(5) 基线的正式建立,要通过有关的技术审查和技术状态审核来进行;

(6) 技术状态基线管理是 CI 的核心内容,其要求可在《技术状态管理程序》中规定,也可单独编制成管理规定。

三、几种标识的应用

(一) 标识的含义

在装备研制过程中,标识的用途是极其广泛的,从装备研制之初的代号标识到型号标识;文件标识到实物标识;从产品的存放标识、过程运行标识到产品的输出标识,其含义及性质、内容及要求、方法及程序都是不一样的。

本章主要围绕相关标准对装备研制过程中涉及的阶段标识、产品标识和技术状态标识的区别以及含义及性质、内容及要求、方法及程序进行讲述。三种标识具有三种不同的含义和内涵,我们在装备研制的相关标准中都能看到,但在实际运用中应加以区别,不能混用,也不能错用。

首先来了解一下标识。汉语理解的标识就是一种标志。比如,在一个物体上刻字、挂牌、划分区间,或随一张纸记录数量、型号、件数、批次等;而国外理解的标识是进行的一种活动,比如,技术状态管理的四大功能是标识、控制、记实和审核。这个标识讲的是技术状态管理活动的过程。其标识的含义就是,装备研制在进入结构分解、提出接口要求、对项目进行识别的过程中对其实施管理,称为标识。下面分别谈一谈三种标识的区别:

(1) 状态标识。状态标识是产品在进行结构分解、提出接口要求、对项目进行识别的过程中所对应的技术文件的标识,这种标识是描述产品研制过程的状态,所以 GJB 726A 中强调的是实施状态标识。如某技术文件封面的右上角,标示有密级、版次,第三应标示该产品所在阶段的状态(比如 C 或 S)。因此,GJB 3206A 中的技术状态标识,从时间域看,状态的结果不是初始的产品,仅仅是产品形成某一过程中的状态。

(2) 阶段标识。阶段标识是对不同武器装备研制程序有不同的阶段划分,每一个阶段用一个字母表示。我国有三种武器装备的研制,阶段划分都是不一样的,字母的表示可能就会不一样。在现行的法规、标准中没有要求进行阶段标识。我国的武器装备研制采用的是技术状态管理的方法,应针对监视和测量要求对产品的状态进行标识。

GJB 630A《飞机质量与可靠性信息分类和编码要求》中,5.2 产品工作状态与环境信息代码,5.2.1 所处阶段代码,是指产品所处寿命周期各阶段。如:论证阶段为 A、方案阶段为 B、工程研制阶段为 C、设计定型阶段为 D、生产定型阶段为 E、使用阶段为 F。这种所处阶段代码,是指系统级单位为了了解、掌握产品工作状态与环境信息,如所处阶段、所处状态、工作方式、工作环境、工作时间、计时单位、使用单位、使用地点、试验单位、贮存单位、贮存地点、翻修次数等都有不同的代码,所处阶段代码并不是阶段标识,与装备研制过程的技术状态标识没有直接联系。

(3) 产品标识。产品由简单到复杂的纵向排列顺序一般为:零件、部件、组件、设备、分系统和系统。在装备研制过程中,依据产品的特点及生产和使用的需要,对采购产品、生产过程的产品和最终产品,采用适宜的方法进行标识,产品标识的一般要求和产品标识的运用将在下面详述。

（二）阶段标识及运用

在装备研制的现行法规及标准中，并没有明确规定在装备研制过程中，用代码进行阶段标识的要求。现行的文件标识在做法上不尽一致，有的承制单位认为其代码表示阶段，也有的承制单位认为其代码表示状态。

GJB 2993 中明确规定，武器装备研制阶段划分为：

（1）常规武器装备研制项目一般划分为论证阶段、方案阶段、工程研制阶段、设计定型阶段、生产定型阶段；

（2）战略武器装备研制项目一般划分为论证阶段、方案阶段、工程研制阶段、定型阶段；

（3）人造卫星研制项目一般划分为论证阶段、方案阶段、初样研制阶段、正样研制阶段和使用改进阶段。

由此可见，三种武器装备的研制都是围绕阶段内工作的要求而进行的，并对三种武器装备的研制分别规定了研制程序（如《常规武器装备研制程序》《战略武器装备研制程序》和《人造卫星研制程序》），未完成研制程序内的工作将不能转入下一个研制阶段。正如《武器装备质量管理条例》规定，军队有关装备部门应当按照武器装备研制程序，组织转阶段审查，确认达到规定的质量要求后，方可批准转入下一研制阶段。

研制阶段仅仅规定了武器装备研制工作的内容及范围，该阶段的工作结束，应按照相关标准的要求，在研制过程中的重要节点上为确定现阶段工作是否满足既定要求而进行审查，该审查是决定本阶段工作能否转入下一阶段的正式审查，通常称为阶段审查。

以常规武器装备研制项目为例，GJB 630A 明确规定了产品所处寿命周期各阶段的代码用一位大写字母表示，如：论证阶段用 A 表示，方案阶段用 B 表示，工程研制阶段用 C 表示，设计定型阶段用 D 表示，生产定型阶段用 E 表示。

一般情况下，系统级单位便于分系统、设备的集中或分散，从产品所处寿命周期各阶段安排工作，而设备以下承制单位可能存在一个阶段内有几种状态的现象，都须精细的管理。例如，《常规武器装备研制程序》第十四条规定，研制单位负责武器装备的设计、试制及科研试验。除飞机、舰船等大型武器装备平台外，一般进行初样机和正样机两轮研制。这说明在常规武器装备研制程序中的工程研制阶段，初样机和正样机是两种不同的状态；战略武器装备研制程序中工程研制阶段的主要工作是进行初样、试样研制和试验，以及定型的部分工作。初样研制和试样研制是两种不同的状态。此时，其标识的代码应该表示工程研制阶段的状态。

（三）产品标识及运用

产品标识一是标注在产品上或载体上，二是产品标识在相应的文字、图案或代号上。在产品研制过程或不同节点,适时进行标识。

1. 产品标识的一般要求

(1) 承制单位应依据产品的特点及生产和使用的需要,对采购产品、生产过程的产品和最终产品,采用适宜的方法进行标识。

(2) 承制单位应针对监视和测量要求,对产品的状态进行标识。

(3) 承制单位应识别产品的可追溯性要求,在有可追溯性要求的场合,应控制并记录产品的唯一性标识。

(4) 产品标识可标注在产品上或载体上。产品标识的文字、图案或代号应清晰、完整,处于醒目或图样指定的位置,易于识别和追溯。在产品接收、生产、贮存、包装、运输、交付等过程中,产品标识应与产品同步流转。

(5) 产品标识的保留期限应与所标识产品的状态、产品的保管和使用期限以及可追溯性要求相适应。

(6) 有关产品标识的记录应纳入质量记录的控制程序,并给予保存。

(7) 承制单位可采用信息化管理方式对产品进行电子标识和可追溯性管理。

(8) 当标识丢失使得产品变得不确定时,该产品应视为不合格品。

2. 产品标识的内容

产品标识一般可根据需要选用下述内容:

(1) 产品名称、型号、图(代)号;

(2) 研制阶段产品的状态;

(3) 关键件、重要件;

(4) 紧急放行、例外放行;

(5) 产品状态(如成品、半成品等);

(6) 检验和试验状态(如待检、合格、不合格、待定等);

(7) 所处工序;

(8) 质量状况;

(9) 生产批次或编号;

(10) 生产单位;

(11) 生产者;

(12) 检验者;

(13) 制造日期、检验日期;

(14) 油封期、保管期(库存期);

(15) 产品处置、使用和防护;

(16) 安全警示;

(17) 其他内容。

3. 产品标识的方法

根据产品的特点和实际需要,选择下列标识方法。

(1) 成型:如铸件、模锻件、注塑件、橡胶件等,将标识通过成型模具制作在产品上。

(2) 印记:如钢印、胶印、铅(铝)封印、密封印等。

(3) 涂敷:如用涂漆、喷塑、书写等方法做彩色、文字、符号等。

(4) 附带:是在相关的文件(如流程卡)上对产品进行标识,并随产品同步流转,或将标识制作在标签、套管、标牌、铭牌等载体上,再以粘贴、挂系或固定的方法附加在产品上或相关区域。

(5) 其他形式的标识,如化学腐蚀、电子标识、刻字等。

4. 产品标识的制作

(1) 产品在接收、贮存、加工、装配、运输、交付过程中,应按照设计文件和工艺文件的规定制作标识,且标识的制作对产品的特性和寿命不应产生不良影响。必要时应考虑标识所用材料与产品所用材料的相容性。

(2) 产品标识可直接制作在产品上,必要时,应同时制作在其包装物和质量证明文件上。

(3) 当不能直接在产品(如小零件、制作标识会影响其特性或寿命的产品、液体、粉状物、粒状物、应力敏感材料等)上制作标识时,允许制作在包装物或适当的载体上(如标签、标牌、套管等),也可以利用流程卡、产品合格证明文件或其他记录等方式进行标识,并随产品一起流转。

(4) 具有标识的母体(如板材、线材、棒料、管料、化工原料等)需分为多个子体时,应进行标识移植,并做好记录,注明标识的移植者和检验者。

(5) 在生产过程中,原有的标识被加工掉时,应按规定恢复原有标识或以新的标识替代原有的标识,并经确认。

(6) 标识的恢复或替代,应在工艺文件中做出具体规定,并遵循下述原则:

① 加工掉的标识有追溯性要求时,加工后应按规定恢复原标识;

② 加工掉的标识没有追溯性要求时,允许用后面工序的标识代替原标识。

5. 采购产品的标识

(1) 组织所使用的采购产品,应具有符合规定的相应的标识。组织应识别供方的标识方法和内容是否能满足需要,并在采购文件中指出需要的标识要求。

(2) 原材料的标识可根据需要选择下述内容:

① 生产单位(或代号);

② 材料牌号(或代号)和规格;

③ 炉批号;

④ 检验单号;

⑤ 执行的标准；

⑥ 贮存条件；

⑦ 质量状态标识，出厂检验者或其代号；

⑧ 出厂日期和保管期；

⑨ 其他标识和证明文件。

（3）元器件、成品的标识可根据需要选择下述内容：

① 生产单位（或代号）；

② 型号与规格；

③ 生产批次编号和日期；

④ 执行的标准或协议；

⑤ 质量等级及状态标识；

⑥ 保管期；

⑦ 质量状态标识，出厂检验者或其代号；

⑧ 其他标识和证明文件。

（4）采购产品在进厂、入库、投入生产时，原生产单位所做的标识应予以保留，并根据需要做各种形式的标识，以保证其可追溯性。对具有追溯性的原始记录应归档保存，或按要求进行标识的移植和替代。

（5）采购产品进货检验后，应在产品或证明文件上做出标识。

（6）对确需紧急放行的采购产品，应做出标识，并做记录。

（7）在有可追溯性要求的场合，对投产的采购产品应做出唯一性标识（如投入生产的批次、编号等）。

6. 生产过程的产品标识

（1）承制单位应按照设计文件，将产品标识和可追溯性要求的实施方法，在工艺文件中做出具体规定。设计文件没有要求时，应根据需要，在工艺文件中做出具体要求，在产品上做标识时应征得设计方同意。

（2）在产品生产过程中，应按照设计和工艺文件的规定，适时地制作对产品处置和使用以及安全警示等标识。

（3）经过检验的成品、半成品、在制品以及影响产品质量特性的每道工序，均应有检验的标识。

（4）经首件鉴定的产品，应在首件及其记录上做出首检标识。

（5）特殊过程（锻、铸、焊接、热处理、表面处理等）加工的产品，经检验合格后，应在产品或流程卡上做出标识。

（6）经无损检测（如 X 光、萤光、超声波、磁力探伤等）的产品，应在产品或流程卡上做出标识。

（7）关键件（特性）、重要件（特性）和关键过程的产品，应在产品或流程卡上做出标识。

(8) 经试验合格的产品,必要时,应在被试产品上做出标识,并做记录。

(9) 对紧急放行、例外转序的产品,应做出标识,并做记录。

(10) 检验人员对鉴别出的不合格品应及时做出标识,并进行隔离。不合格品的处置结果也要做出相应的标识。

(11) 对让步接收和材料代用,除在产品上做出相应的标识外,必要时还应对其进行编号,在流程卡上注明其去向,并在合格证上加以注明。

(12) 对有可追溯性要求的零件、部件、设备和最终产品,应按照设计、工艺文件的规定制作产品唯一性标识(对每个或每批产品的编号)。

(13) 按规定的军检项目,经军检合格后,在产品或合格文件上做出军检验收合格标识。

(14) 生产过程中,产品标识至少包括或能查明:

① 生产部门;

② 生产批次和日期;

③ 生产者;

④ 检验者;

⑤ 不合格品处理的结果。

(15) 生产过程结束后,产品上如有下列标识,应予保留,不允许替代:

① 在制品检验和试验验收标识;

② 无损检测标识;

③ 最终热处理标识;

④ 批次编号;

⑤ 让步接收(超差)的标识代号;

⑥ 关键件、重要件材料的炉批号;

⑦ 对产品处置和使用的提示性标识;

⑧ 安全警示标识;

⑨ 材料代用代号;

⑩ 军检验收合格代号。

(16) 产品进行过程检验时,检验人员应按照设计和工艺文件的规定核对标识。

7. 最终产品的标识

(1) 承制单位应在设计文件中对最终产品标识的内容、形式、位置等做出详细规定。必要时,可经顾客确认或办理审批手续。

(2) 最终产品应按有关标准、法规或设计文件的规定在产品、包装物和合格证明文件上制作产品型号(或代号)、规格、生产单位、生产批次(或日期)、最终检验标识,运输、贮存和安全警示等标识,以及顾客要求的产品出厂标识。

(3) 最终产品附带的产品履历本、合格证明文件等,应具有按规定做出的标识或记录。合格证明文件上,应有被授权部门(或人员),以及顾客代表验收的签署或印章标识。

(4) 根据需要,最终产品和包装应有被授权部门(或人员)或顾客代表的最后封印。

(5) 对最终产品的出厂时间,必要时包括去向,应在产品质量证明书上做详细记录。

8. 可追溯性要求

(1) 承制单位应根据有关法规、标准的要求和产品的特点及合同或技术协议书的规定,进行产品可追溯性需求分析,并在设计文件或工艺文件中规定产品应具有可追溯性的项目、追溯的范围与时间期限。

(2) 对规定有可追溯性要求的产品,组织应按规定制作每一件或每一批次的唯一性标识,并做好记录、加以保存。

(3) 对与可追溯性要求有关的记录,应按投产批次分批保存,其保存期限应与产品的寿命周期相适应。

(4) 对实行批次管理的产品,承制单位应按批次建立随件流转卡,详细记录投料、加工、装配、交付过程中投入产出的数量、质量状况及操作者和检验者。在批次管理中,产品的批次标识可作为进行追溯时的标识。

(四) 技术状态标识及运用

技术状态标识是延续了美国军用标准 MIL-STD-973 的做法,也是依据 GJB 2993 中的要求,在产品研制的过程中,不同层次的产品都要求在同一个技术状态上工作,应规定统一的状态、统一的标识方法,即技术状态标识法。其技术状态管理过程标识的节点包括以下内容。

1. 产品的结构分解

选择技术状态项之前应确定产品分解结构。产品分解结构应能说明当前阶段产品的组成。如合同或技术协议书规定采用 GJB 2116 时,承制单位应确保技术状态项能与工作分解结构单元对应。

2. 技术状态项选择

技术状态项选择就是技术状态项的识别过程,如合同或技术协议书规定采用 GJB 190 时,承制单位应确保选择功能特性和物理特性能被单独管理且有助于达到总的最终使用要求的产品作为技术状态项。承制单位应编制技术状态项清单,并提交合同监管机构认可。选定的技术状态项应在合同或在技术协议书中予以规定。较高层次的技术状态项可在方案阶段初期或之前选择,较低层次的技术状态项可在工程研制阶段初期或之前选择。可从多个角度选择技术状态

项,被选择作为技术状态项的产品一般是:

(1) 武器装备、分系统级产品或跨单位、跨部门研制的产品。

(2) 在风险、安全、完成作战任务等方面具有关键特性和重要特性的产品。

(3) 新研制的产品。

(4) 接口复杂且重要的产品。

(5) 单独采购的重要产品。

(6) 使用和保障方面需着重考虑的产品。

(7) 每个技术状态项都应有标识。标识内容一般有技术状态项的型号、序列号(或批次号)等信息,标识号应具有唯一性。

(8) 技术状态项要求的汇总:

① 技术状态项汇总;

② 关键件、重要件汇总;

③ 检验和验收项目汇总;

④ 互换性(含替换、互换和代替)项目汇总。

3. 技术状态文件编制

1) 技术状态文件编写和签署

(1) 应确定每个技术状态项在不同阶段所需技术状态文件的名称、标识号、内容和责任主体。技术状态文件应随产品的寿命周期阶段递进、研制工作深化而逐步完备。常见的技术状态基线文件见表1-2所列。

(2) 各技术状态文件的内容和格式应按相应标准规定执行。其中,武器装备研制项目专用规范应按照GJB 6387编写。

(3) 各技术状态文件都应有标识,标识号应具有唯一性。

(4) 各技术状态文件应按相应程序进行签署。

2) 技术状态文件发放和保持

(1) 应制定技术状态文件发放的程序。技术状态文件未经批准不应发放。

(2) 应记录并保存技术状态文件的发放信息。

(3) 技术状态基线建立后,应控制并保持所有现行已批准的技术状态文件的原件。

4. 技术状态基线建立

1) 概述

(1) 在产品寿命周期内,一般应建立三种技术状态基线,即功能基线、分配基线和产品基线。武器系统级产品的技术状态基线与其所属技术状态项的技术状态基线的关系参见表1-2。

(2) 三种技术状态基线应循序渐进地描述技术状态项的要求,并由相应的技术状态文件体现,即功能技术状态文件、分配技术状态文件和产品技术状态文件。三种技术状态文件之间应相互协调并具有可追溯性,且后者应对前者进行扩展和细化。如果三者之间出现矛盾,其协调依据依次是功能技术状态文件、分配技术状态文件和产品技术状态文件。

2)技术状态基线建立和维持

(1)在技术状态基线建立之前,承制单位应编制建立技术状态基线所需的技术状态文件的清单,并提交合同监管机构认可。所列技术状态文件应满足合同的要求。

(2)功能基线应与产品的主要使用要求(含技术指标)协调一致;分配基线应与产品的总体技术方案协调一致;产品基线应与上级技术状态文件规定及产品定型(或鉴定,下同)要求协调一致。功能基线、分配基线和产品基线各自对应的技术状态文件见表1-2。

(3)技术状态基线应通过技术审查方式确定,技术审查应按照GJB 3273A执行。技术状态基线建立的标志应是组成基线的技术状态文件全部获得合同监管机构的确认。

(4)功能基线一般在产品的方案阶段建立;分配基线一般在产品的方案阶段末期或工程研制阶段初期建立;产品基线一般在产品设计定型时基本建立,在产品生产定型时最终建立。

(5)功能基线、分配基线和产品基线一般应自建立时起,维持到产品寿命周期结束为止。

(6)技术状态基线的修订应结合技术状态控制活动进行。原技术状态基线中不再适用的技术状态文件应进行适当标识后归档或作废销毁。

5. 接口控制

应按照GJB 2737对接口进行管理。承制单位应规定技术状态项的接口要求。在研制期间,应将合同监管机构必须控制的接口要求纳入功能技术状态文件或分配技术状态文件。在建立产品基线之前,承制单位应规定并控制分配技术状态文件中未规定的所有接口。承制单位应确保所设计的各种硬件和软件之间的兼容性,并确保它们与技术状态文件中规定的相应接口要求之间的兼容性。

6. 汇总表格

(1)技术状态项汇总表;

(2)关键件、重要件汇总表;

(3)替换项目、互换项目和代用项目汇总表;

(4)检验、验收项目汇总表。

(五)三种标识的区别

在装备的研制工作中,标识的应用有阶段标识、产品标识和状态标识,这三种标识的含义、方法、要求和内容是完全不一样的。阶段标识是国家将装备的研制过程划分成几个阶段并用代码标识，主要体现在系统级的集成管理上；产品标识是将产品在形成过程中，将半成品、在制品以及影响产品质量特性的每道工序均进行的标识，主要体现在产品形成过程；状态标识是描述装备研制的全过程甚至全寿命周期的技术状态情况。三者的区别如表 2-1 所列。

表 2-1　三种标识的区别

类型内涵性质	阶段标识	产品标识	状态标识
目的	明确范围内的工作内容。一般是系统级提出的要求。 指产品所处寿命周期各阶段，产品工作状态与环境信息代码。所处阶段可以用代码表示	区分不同型号、特点、特性的产品，在形成过程中组件、部件和零件的状态，防止混淆	区分不同监视和测量状态(在阶段内有几种状态，从技术状态控制角度，每种状态都应审查)，防止误用或遗漏
标识必要性	系统给设备在提供服务时提出的要求。系统集成统一技术状态	在产品实现过程中必须有的标识	工程管理的方法是技术状态管理，每一状态结束，都应进行状态审查(阶段结束，也应进行审查)。全寿命周期的情况
标识的可变性	在产品实现过程中通常不变	产品实现过程中可随监视和测量状态变化而变化	唯一性

第二节　研制项目的标识活动

产品标识活动是装备研制中策划与设计工作的开始，各层次的研制项目，通过不同层次的结构分解、明确接口要求、识别技术状态项和关键件、重要件及通过选取检验项目，明确检验与验收的要求并以检验与验收规范的形式输出等标识活动，提出各层次的研制要求，并形成输出的研制规范，且通过技术协议书传承其功能和分配基线的相关内容。

一、产品层次的结构分解

(一) 工作分解结构和编制原则

1. 输入输出和编制原则

(1) 编制输入。

项目工作分解结构的编制输入包括立项综合论证报告、研制总要求、总体技术方案等；合同工作分解结构的编制输入包括招标书、合同、协议等。

(2) 编制输出。

项目工作分解结构的编制输出包括工作分解结构单元明细表和词典，必要时可增加层次结构框图。工作分解结构单元明细表应列出各级工作分解结构单元(以下简称单元)的编号和名称。工作分解结构词典应给出各级单元的说明，内容应包括编号、名称和工作范围，必要时可补充其他使用信息。

（3）编制原则。

项目工作分解结构的编制原则是：

① 完整：完成项目或合同所需的工作均需纳入工作分解结构。

② 以成果为向导：每个单元宜有可交付成果。

③ 协调：上下层的单元之间是包含与被包含关系；不同分支的层次可不相同。

④ 动态更新：随项目进展和管理需要，适时调整工作分解结构。

2. 编号与命名体系

1）层次划分及单元编号

工作分解结构层次划分、单元编号形式第一层单元采用字母标记，第二层及以下层单元采用字母、数字标记且采用圆点标记层次间隔（第一层与第二层除外）。工作分解结构层次划分及单元编号见图2-1所示。

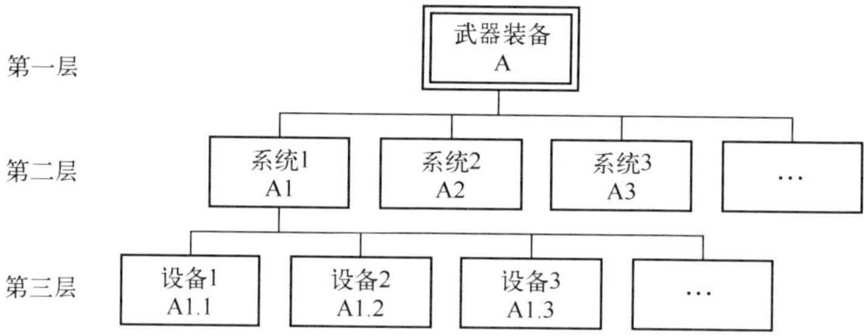

图2-1　工作分解结构层次划分及单元编号示意

2）编号传递

合同工作分解结构的第一层单元应延续其在项目工作分解结构中的编号，以此类推。

3）单元命名

项目工作分解结构的第一层单元宜以研制的武器装备简称命名，第二层及以下层单元（含合同工作分解结构单元）按以下原则命名：

（1）反映工作成果的称呼，采用名词或偏正短语，宜以专用术语或实际的系统名称表述单元名称；

（2）单元命名的方式在各研制阶段应尽量一致，以保证可追溯性；

（3）对于出现在不同研制阶段的相似成果，命名中应描述其状态差异。

3. 总体构成及单元确立

（1）项目工作分解结构总体构成，典型武器装备项目工作分解结构的具体框架，参见本节第（四）节所述。

① 第一层:武器装备。

② 第二层:构成武器装备的重要单元,以及系统工程、项目管理、综合试验、综合保障等单元。必要时,还包括“综合、装配、试验与检验”单元。

③ 第三层及以下:从属于上一层的单元。

(2) 合同工作分解结构总体构成。

合同工作分解结构由以下层次构成:

① 第一层:合同标的物。

② 第二层:构成合同标的物的重要单元,以及适用的系统工程、项目管理、综合试验、综合保障等单元。必要时,还包括“综合、装配、试验与检验”单元。

③ 第三层及以下:从属于上一层的单元。

(3) 单元。

工作分解结构单元分为通用单元和专用单元。按以下准则确立单元,以产品为中心。

以任务角色为边界范围,项目工作分解结构应根据武器装备合同监管机构和承制单位各自的工作任务,承制单位工作任务的详尽程度以及合同监管机构的管控需求而确定。合同工作分解结构以总(主)承包合同、分承包合同、单项承包合同的内用要求为界面,确立相应的工作任务范围。

系统工程、项目管理、综合实验、综合保障等单元仅支撑工作分解结构的第一层单元。

“综合、装配、实验与检验”单元可支撑工作分解结构第一层及以下各层的产品单元,一般支撑至产品设计模块、单元层级。

有可交付成果,且适宜开展费用数据采集与报告的工作内容可设为单元。不符合条件但产生合理费用的工作内容应纳入相应的单元,不再单设单元。

(二) 工作分解结构编制程序

(1) 在测算项目费用、制定项目计划、进行项目任务招投标等之前应编制工作分解结构,并随项目进展定期完善,并按适用的保密规定开展定密和管理。

(2) 项目工作分解结构由武器装备合同监管机构组织编制。合同工作分解结构由承制单位(合同乙方)组织编制。工作分解结构应履行审批手续。

(3) 合同工作分解结构第一层至第三层的内容应提交合同监管机构确认。第四层及以下如存在高风险单元,经双方协商后,一并提交给合同监管机构确认,经确认的合同工作分解结构发生变更时,应提交合同监管机构重新确认。

(4) 分承包项目的合同工作分解结构除提交武器装备总(主)承包方确认之外,还需提交武器装备合同监管机构确认。

(5) 武器装备全寿命周期过程的工作分解结构编制流程是:

论证阶段,武器装备合同监管机构组织相关单位根据军事需求、装备主要作战使用性能以及初步总体技术方案等综合立项论证结果和研制项目管理的总体考虑，编制项目工作分解结构，纳入立项论证成果随同批报。

方案阶段，武器装备合同监管机构根据立项批复，结合总（主）承包合同、分承包合同、单项承包合同签订的考虑，从项目工作分解结构中选定相应的单元作为承制单位合同工作分解结构的输入。承制单位编制合同工作分解结构作为投标书或合同谈判材料的组成部分，纳入合同工作分解结构，其更改应履行审批手续。承制单位可细化形成扩延的合同工作分解结构，并根据合同要求，向合同监管机构提交作为项目监管所需材料。

工程研制及后续阶段，随研制深入以及研制项目管理、综合保障需求，合同监管机构可更改项目工作分解结构并办理手续。承制单位可更改合同工作分解结构，当与合同要求不一致时，应报合同监管机构认可。工作分解结构编制流程如图 2-2 所示。

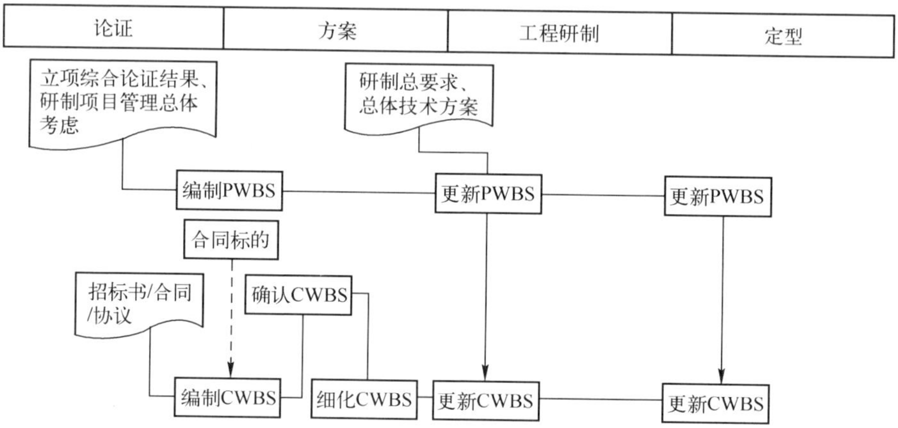

图 2-2　工作分解结构编制流程

（三）工作分解结构文件样式

1. 单元明细表

单元明细表是汇总不同层次 WBS 后给出的单元名称。增加层次框图之后，单元明细表中的各层级单元名称可合并一列表示。单元明细表样式如表 2-2 所列。

表 2-2　单元明细表样式

WBS 编号	单元名称			
	第一层	第二层	第三层	…
…	…	…	…	…
…	…	…	…	…

2. 单元说明及词典

较为详细的单元说明样式如表 2-3 所列。单元说明汇总后,与单元明细表共同构成工作分解结构词典。简化的单元说明仅定义工作范围,与单元明细表合并形成简化版的工作分解结构词典,如表 2-4 所列。

表 2-3　单元说明样式

WBS 编号		单元名称	
1. 概述　对单元进行概括性描述,主要阐明该单元的对象、目标和范围等;概述一般以文章段落形式表述			
2. 工作范围　罗列单元的各项主要工作:工作一般以"名词+动词"或"动词+名词"的列项形式表述			
3. 主要输入　罗列单元的各项主要输入,包括文件、实物、服务等;输入一般以名词列项形式表述			
4. 主要输出　罗列单元的各项主要输出,主要指该单元的可交付成果;输出一般以名词列项形式表述			
5. 相关单元　列出与其亲密相关的单元编号与名称			

表 2-4　简化版工作分解结构词典样式

WBS 编号	单元名称	单元定义
…	…	…
…	…	…

(四) 典型武器装备项目工作分解结构

典型武器装备项目工作分解结构给出了飞机系统、电子系统、导弹系统、军械系统、舰船系统、航天器系统、车辆系统、无人机系统、运载火箭系统等九类武器装备的项目工作分解结构的三层内容。

1. 飞机系统

飞机系统的项目工作分解结构,如表 2-5 所列。

表 2-5　飞机系统项目工作分解结构

WBS 编号	单元名称			单元定义
	第一层	第二层	第三层	
A	飞机系统	—	—	研制和生产固定翼、可变翼、旋转翼或复合翼的有人驾驶飞机系统所需的设备、资料、服务和设施的综合体
A1	—	飞机	—	完整的可飞行的飞机
A1.1	—	—	机体	装配好的飞机结构和空气动力部件,包括机身、机翼、尾翼、短舱等
A1.2	—	—	推进装置	安装在飞机上为飞机提供飞行动力的发动机及其有关附件

续表

WBS编号	单元名称			单元定义
	第一层	第二层	第三层	
A1.3	—	—	机械和机电系统	以机械和机电产品为主的机上任务设备，包括飞控系统、辅助动力系统、液压系统、电气系统、乘员站系统、环控系统、燃油系统、起落装置、旋翼系统、传动装置、机械和机电系统软件等
A1.4	—	—	航空电子系统	以电子产品为主的机上任务设备，包括通信/识别装置、导航/制导装置、中央计算机、火力控制装置、数据显控装置、生存力装置、侦察装置、自动飞行控制装置、健康管理系统、储备管理系统、航空电子系统软件等
A1.5	—	—	武器投放系统	用于提供武器投放（轰炸、发射和射击）能力的机上设备
A1.6	—	—	辅助装置	不属于其他单元的机体和系统中的辅助设备，以及为任务设备提供辅助功能的设备，如：外部油箱、吊舱等
A1.7	—	—	机舱内饰	供机上乘客生活使用的常用物品。一般包括：地毯、座位、卫生间等
A1.8	—	—	飞机软件	未包含在其他具体单元中的软件
A1.9	—	—	飞机综合	*注2
A2	—	系统工程	—	*注2
A3	—	项目管理	—	*注2
A4	—	综合试验	—	*注2
A5	—	综合保障	—	*注2
A6	—	其他	—	*注2

注：1. 编号中的“A”为假定的项目代码；

2. 相应的内容参见第（五）节。其中“××综合”对应第（五）节中的“综合、装配、试验与检验”单元。

2. 电子系统

电子系统的项目工作分解结构，如表2-6所列。

表2-6 电子系统项目工作分解结构

WBS编号	单元名称			单元定义
	第一层	第二层	第三层	
A	电子系统	—	—	研制和生产某一个军用电子系统（或装备）所需要和应提交的设备、资料、服务和设施的综合体
A1	—	主要任务产品（1，…，n）	—	用于完成武器装备项目主要任务的硬件和软件

续表

WBS编号	单元名称			单元定义
	第一层	第二层	第三层	
A1.1	—	—	主要任务产品分系统(1,…,n)	具体分系统的硬件和软件组合
A1.2	—	—	主要任务产品软件(1,…,n)	为计算机系统的功能应用而专门开发的软件,或为特定的计算机系统或计算机系统系列设计的软件
A1.3	—	—	主要任务产品综合	*注3
A2	—	平台综合、装配、试验与检验	—	*注3
A3	—	系统工程	—	*注3
A4	—	项目管理	—	*注3
A5	—	综合试验	—	*注3
A6	—	综合保障	—	*注3
A7	—	其他	—	*注3

注:1. 电子系统种类繁多,各类系统的产品结构均不一致,因此,本标准采用“主要任务产品”“主要任务产品分系统”“分系统硬件”“分系统软件”等通用词汇表示电子系统的产品单元;

2. 编号中的“A”为假定的项目代码;

3. 相应内容参见第(五)节。其中“××综合”对应第(五)节中的“综合、装配、试验与检验”单元。

3. 导弹系统

导弹系统的项目工作分解结构,如表2-7所列。

表2-7 导弹系统项目工作分解结构

WBS编号	单元名称			单元定义
	第一层	第二层	第三层	
A	导弹系统	—	—	研制和生产在作战环境中应用导弹武器对选定的目标产生毁灭性效果的能力所需的设备(硬件/软件)、资料、服务和设施的综合体
A1	—	导弹	—	对目标产生毁灭性效果的主要工具
A1.1	—	—	弹体	为导弹部件提供空气动力外形、安装面和环境保护的结构框架,包括主体结构、二级结构、飞行结构等
A1.2	—	—	推进装置	在导弹预定的飞行中对导弹产生推力的装置,包括发动机、矢量推力装置、姿态控制系统、燃油(或液体氧化剂)管理系统、点火装置、飞行(或任务)终止装置、推进装置软件等

续表

WBS编号	单元名称			单元定义
	第一层	第二层	第三层	
A1.3	—	—	电源和供电系统	为导弹提供并分配电源的装置，包括主电源、电源调节电子设备、分布线束。电源和配电系统件等
A1.4	—	—	制导系统	引导导弹锁定预定目标的装置，包括天线罩、导引头、制导系统软件等
A1.5	—	—	导航系统	测量导弹角运动和线运动并生成导航指令的装置，包括传感器、导航系统软件等
A1.6	—	—	控制系统	从发射到拦截期间控制导弹运动的装置，包括主要结构、舵（或前翼）展开系统、作动器、控制电源、控制系统软件等
A1.7	—	—	通信系统/指令系统	在导弹与外部实体之间建立数据连接的装置，包括天线、通信软件等
A1.8	—	—	载荷	战斗部及其支持组装件，包括目标探测机制、目标探测装置、引信等，不包括重返大气层系统
A1.9	—	—	重返大气层系统	对于外大气层导弹，重返大气层系统是由部署模块、重返大气层飞行装置、有效载荷、突防辅助设备以及上升罩盖组成的主要设备项目的组合体
A1.10	—	—	后助推系统	调节和散布有效载荷，提供横滚速率控制和最终速度的组合体
A1.11	—	—	任务自动装置	启动所有弹药事件的装置
A1.12	—	—	弹载试验设备	装有测试设备的有效载荷，可与真实的战斗部互换，适用于研制试验的引爆
A1.13	—	—	弹载培训设备	练习用有效载荷，可与真实的战斗部互换，适用于训练的引爆
A1.14	—	—	辅助设备	未包括在其他具体单元中的其他设备
A1.15	—	—	导弹软件	未包含在其他具体单元中的软件
A1.16	—	—	导弹综合	* 注 2
A2	—	装箱设备	—	与导弹装箱有关的硬件和软件组合
A2.1	—	—	装箱设备结构	装箱设备的主要结构
A2.2	—	—	装箱设备软件	装箱设备应用的软件
A2.3	—	—	其他组件	* 预留项
A2.4	—	—	装箱设备综合	* 注 2
A3	—	指挥和发射设备	—	安装在发射场或机动发射平台上的，用于储存、准备和发射导弹系统中的导弹所要求的各分系统

续表

WBS编号	单元名称			单元定义
	第一层	第二层	第三层	
A3.1	—	—	监视、识别和跟踪探测设备	通过保持对进入目标的监视,提供目标瞄准、发射、途中制导和自动寻的,以支持导弹系统所需的传感器,而这些能力的本身又没有包含在导弹上
A3.2	—	—	发射和制导设备	用于使导弹对准目标,提供发射精度和指挥发射的设备
A3.3	—	—	通信设备	不是驻留在导弹上的,用于在导弹和指挥与发射设备之间的传输信息的设备
A3.4	—	—	发射装置	从固定的场地和移动发射平台发射导弹的设备
A3.5	—	—	辅助设备	未包括在具体单元中的通用/多用途地面设备,用于支持指挥和发射设备的各种工作能力
A3.6	—	—	助推器转接装置	提供发射装置最上一级与导弹之间的机械和电气接口的结构组件
A3.7	—	—	指挥和发射设备软件	控制、指挥、发射设备工作所需的所有软件
A3.8	—	—	其他组件	* 预留项
A3.9	—	—	指挥和发射设备综合	* 注 2
A4	—	导弹系统软件	—	未包含在其他具体单元中的软件
A5	—	导弹系统综合、装配、试验与检验	—	* 注 2
A6	—	系统工程	—	* 注 2
A7	—	项目管理	—	* 注 2
A8	—	综合试验	—	* 注 2
A9	—	综合保障	—	* 注 2
A10	—	其他	—	* 注 2

注:1. 编号中的“A”为假定的项目代码;

2. 相应内容参见第(五)节,其中“××综合”对应第(五)节中的“综合、装配、试验与检验”单元。

4. 军械系统

军械系统的项目工作分解结构,如表 2-8 所列。

表 2-8　军械系统项目工作分解结构

WBS编号	单元名称			单元定义
	第一层	第二层	第三层	
A	军械系统	—	—	研制和生产向目标施放弹药能力所引起的设备(硬件/软件)、资料、服务和设施的综合体
A1	—	弹药	—	击发一次,诸如:地雷、炸弹、火箭、鱼类、海军炮、步枪以及炮弹所必须的部件
A1.1	—	—	弹药结构	全弹的一部分,用于将有效载荷运输到目标,如炸弹或火箭的基本外壳,弹壳,鱼雷的本体,或包含有子母弹的战术弹药布撒器
A1.2	—	—	发射装药/推进设备	提供将全弹从发射位置输送到目标所需的化学、机械和电子装置(如,炸药装药、化学精密启动装药、电源模块以及火箭发动机)
A1.3	—	—	装药弹体(装填物)/弹丸	在弹道上完成预定战斗任务、产生终点效应的组件,如高能炸药、信号弹芯体、枪弹弹头以及教练弹丸等,不包括引信,也不包括空抛弹的弹体等结构
A1.4	—	—	引信	位于全弹中的,设计用于在预定的条件下引爆装药或底火或者设置能够引爆装药或底火作用力的机械、电子装置
A1.5	—	—	保险和引爆装置	位于全弹中的,控制启动爆炸序列能力的装置(例如,机械装置、流体静力装置、惯性装置、计数器、计时器)
A1.6	—	—	制导和控制装置	判断全弹的路径并将其与目标信息相关联的电子设备(硬件/软件)的组合
A1.7	—	—	弹药软件	未包含在其他具体单元中的软件
A1.8	—	—	其他组件	*预留项
A1.9	—	—	弹药综合	*注 2
A2	—	装箱装置	—	与弹药装箱有关的硬件和软件组合
A2.1	—	—	装箱装置结构	装箱设备的主要结构
A2.2	—	—	装箱装置软件	装箱设备应用的软件
A2.3	—	—	其他组件	*预留项
A2.4	—	—	装箱装置综合	*注 2
A3	—	发射系统	—	将弹药发射和控制到预定弹道上的成套设备
A3.1	—	—	发射装置	将弹药保持在发射位置并将其抛射出去的结构装置
A3.2	—	—	运载平台	安装其他单元,并使发射装置具有机动性能的基本结构或平台
A3.3	—	—	火力控制装置	用电气、电子、光学、机械等系统或仪器控制弹药发射的方向、数量和时间的设备

续表

WBS编号	单元名称			单元定义
	第一层	第二层	第三层	
A3.4	—	—	供输弹装置	使弹药处于待发状态的成套装置
A3.5	—	—	转接器材	使发射系统适合特定用途的器材及安装工程
A3.6	—	—	发射系统软件	未包含在其他具体单元中的软件
A3.7	—	—	其他组件	*预留项
A3.8	—	—	发射系统综合	*注2
A4	—	军械系统软件	—	未包含在其他具体单元中的软件
A5	—	军械系统综合、装配、试验与检验	—	*注2
A6	—	系统工程	—	*注2
A7	—	项目管理	—	*注2
A8	—	综合试验	—	*注2
A9	—	综合保障	—	*注2
A10	—	其他	—	*注2

注:1. 编号中的"A"为假定的项目代码;

2. 相应内容参见第(五)节,其中"××综合"对应第(五)节中的"综合、装配、试验与检验"单元。

5. 舰船系统

舰船系统的项目工作分解结构,如表2-9所列。

表2-9　舰船系统项目工作分解结构

WBS编号	单元名称			单元定义
	第一层	第二层	第三层	
A	舰船系统	—	—	研制和生产具有直接作战能力及其后勤保障能力或执行其他海上任务能力的舰船所需要的设备、资料、服务和设施的综合体
A1	—	舰船	—	舰船系统位于水中(含水上、水下)带有一定使命任务的武器装备
A1.1	—	—	船体机构	由各种结果类型组成的舰船船体
A1.2	—	—	推进系统	安装在舰船上为舰船推进提供动力的系统
A1.3	—	—	电气系统	安装在舰船上用于舰船日用供电、应急供电、事故供电的电源、配电系统及负载
A1.4	—	—	警戒与指挥控制系统	舰船上安装的为接收船外信息、向船外发送信息、向全船分配信息及实施作战指挥、控制所需的系统

续表

WBS编号	单元名称			单元定义
	第一层	第二层	第三层	
A1.5	—	—	辅助系统	安装在舰船上用于舰船控制、安全、供应和居住所需的系统
A1.6	—	—	船体属具与舱室设施	不包括在舰船下属其他单元中的为居住和舰船运行所需的设备及设施
A1.7	—	—	武器	安装在舰船上用于雷、弹发射的装置以及反雷、弹的转运、贮存、保障系统和有关设施的组合
A1.8	—	—	舰船综合工程	不包括在系统工程和项目管理单元中的与整舰研制和建造有关的工程业务和器材
A1.9	—	—	舰船制造及保障服务	与保障整舰建造有关的工作项目和器材
A2	—	系统工程	—	*注2
A3	—	项目管理	—	*注2
A4	—	综合试验	—	*注2
A5	—	综合保障	—	*注2
A6	—	其他	—	*注2

注:1. 编号中的"A"为假定的项目代码;

2. 相应内容参见第(五)节。

6. 航天器系统

航天器系统的项目工作分解结构,如表2-10所列。

表2-10　航天器系统项目工作分解结构

WBS编号	单元名称			单元定义
	第一层	第二层	第三层	
A	航天器系统	—	—	与整个航天器系统的设计、研制、生产、集成、装配、试验和使用有关的设备(硬件/软件)和所有资源的综合体
A1	—	航天器	—	在多个或不同航天器配置中的一个完整的航天器。包括与设计、研制、生产、集成、装配、试验(包含所要求的每一个航天器的验证试验)有关的所有资源
A1.2	—	—	飞船运载舱	用于在空间运载有效载荷和其他面向任务的设备的载体或平台,包括结构和机构、热控制、电源、姿态控制、推进、遥测、跟踪和指挥,飞行软件等
A1.3	—	—	通信/有效载荷	包括通信装置、有效载荷装置、飞行软件,以及保障设备等

续表

WBS编号	单元名称			单元定义
	第一层	第二层	第三层	
A1.4	—	—	助推器转接装置	提供发射装置最上一级与航天器之间的接口
A1.5	—	—	航天器存放	航天器存放、准备存放或从存放中移出待用
A1.6	—	—	发射系统集成	航天器与其发射装置集成所需的工程研究和分析
A1.7	—	—	发射施工和任务保障	由航天器和有效载荷的提供部门准备进行以及为保障航天器的发射而完成的工作
A1.8	—	—	航天器综合	*注2
A2.	—	地面系统(1,…,n)	—	硬件、软件和固件的固定的、可运输的或机动的组合,与航天器有通信接口,用于仅接收或者接收和传送由航天器产生的数据和收集的任务数据
A2.1	—	—	地面终端分系统	接收、降频变换、解调和调整遥测、跟踪、指挥、任务(有效载荷)数据的分系统
A2.2	—	—	指挥和控制分系统	对航天器的遥测信号进行解码、分离和译码,产生传输给飞船的指挥信号,处理跟踪数据的分系统
A2.3	—	—	任务管理分系统	接受任务分派,为本地控制的航天器和地面设施产生并提供日常和长期的系统和任务计划、进度安排和时间线的分系统
A2.4	—	—	数据归档/存储分系统	接收日常的和长期的系统和任务数据,为本地控制的航天器和地面设施提供归档/存储的分系统
A2.5	—	—	任务数据处理分系统	对航天器有效载荷的数字和/或模拟任务数据进行解码、分离和译码,产生用于有效载荷控制的指令的分系统
A2.6	—	—	任务数据分析和传播分系统	负责航天器上有效载荷的任务数据分析的分系统
A2.7	—	—	任务基础分系统	地面分系统之间的宽带数据,窄带数据,指挥和控制、遥测及其他保障数据之间的交换或传输
A2.8	—	—	收集管理分系统	接收和分析航天器的任务结果、外部用户和内部的任务分派请求,产生航天器和地面设施的任务分派
A2.9	—	—	地面系统综合	*注2
A3	—	发射装置	—	包括接收、存放和运输发射装置及有关设备;装配发射装置;航天器与发射装置的配接;完成已集成系统的试验和测试;在上升阶段跟踪和测量发射装置性能等

续表

WBS编号	单元名称			单元定义
	第一层	第二层	第三层	
A4	—	航天器系统综合	—	* 注 2
A5	—	系统工程	—	* 注 2
A6	—	项目管理	—	* 注 2
A7	—	综合试验	—	* 注 2
A8	—	综合保障	—	* 注 2
A9	—	其他	—	* 注 2

注:1. 编号中的“A”为假定的项目代码;

2. 相应内容参见第(五)节,其中“××综合”对应第(五)节中的“综合、装配、试验与检验”单元。

7. 车辆系统

车辆系统的项目工作分解结构,如表 2-11 所列。

表 2-11 车辆系统项目工作分解结构

WBS编号	单元名称			单元定义
	第一层	第二层	第三层	
A	车辆系统	—	—	研制和生产具有地面行驶能力的车辆系统所需的车载电子设备、资料、服务、设施的综合体
A1	—	主要车辆	—	备有执行作战任务手段的车辆系统的机动单元
A1.1	—	—	车体/车架	车辆的主要承载部件
A1.2	—	—	悬挂/操控	在或靠近地球表面产生牵引力、推力、升力和操纵力并使车辆适宜不规则的表面的装置
A1.3	—	—	动力组件/传动装置	按要求的数值和传动速率为传动部件产生和输送动力的装置
A1.4	—	—	辅助系统	为主要车辆的所有分系统提供服务的(不同于特殊设备分系统)且装备在机架上的硬件和软件的组合
A1.5	—	—	炮塔组件	提供作战车辆战斗舱单元所需的结构和设备安装
A1.6	—	—	火力控制	安装在车辆中用于提供武器投放(如发射和射击)所需信息的设备(硬件和软件)
A1.7	—	—	军械	用于作战车辆向敌对目标开火及其后勤和其他车辆实施自我保护的手段
A1.8	—	—	车身/驾驶室	安装在底盘上的,使整个车辆具有规定的任务能力的主要部件

续表

WBS编号	单元名称			单元定义
	第一层	第二层	第三层	
A1.9	—	—	自动装弹	用于从车辆中存放弹药位置选取弹药并将其输送和装载到军械系统中的设备(硬件和软件)
A1.10	—	—	自动/遥控驾驶	安装在车辆上用于自动或通过遥控操作来计划和控制车辆速度和方向的设备(硬件和软件)
A1.11	—	—	生存力	分别或集中向车辆成员提供核、生物、化学防护和生存能力的分组件或部件
A1.12	—	—	特殊设备	与底盘或与底盘/车体/驾驶室组件相连接的实现特殊任务能力的特殊设备(硬件和软件)
A1.13	—	—	车载电子	集成车辆的电子分系统和部件而使用的所有硬件/软件
A1.14	—	—	导航	安装在车辆上用于使乘员能够确定车辆的位置和标绘出车辆行驶路线的设备(硬件和软件)
A1.15	—	—	通信	车辆系统内的用于对车辆乘员和作战车辆外部人员进行指挥、控制和传输信息的设备(硬件和软件)
A1.16	—	—	主要车辆软件	为功能应用、特定的计算机系统或计算机系统设计的软件
A1.17	—	—	其他组件	* 预留项
A1.18	—	—	主要车辆综合	* 注 2
A2	—	辅助车辆	—	同主要车辆
A3	—	远程控制系统	—	* 预留项(为无人车辆系统保留)
A4	—	系统工程	—	* 注 2
A5	—	项目管理	—	* 注 2
A6	—	综合试验	—	* 注 2
A7	—	综合保障	—	* 注 2
A8	—	其他	—	* 注 2

注:1. 编号中的“A”为假定的项目代码;

2. 相应内容参见第(五)节,其中“××综合”对应第(五)节中的“综合、装配、试验与检验”单元。

8. 无人飞机系统

无人飞机系统的项目工作分解结构,如表 2-12 所列。

表 2-12　无人飞机系统项目工作分解结构

WBS 编号	单元名称			单元定义
	第一层	第二层	第三层	
A	无人飞机系统	—	—	研制和生产无人机系统所需的设备(硬件/软件)、资料、服务、设施的综合体
A1	—	飞机	—	完整的无人机
A1.1	—	—	机体	装配好的飞机结构和空气动力部件
A1.2	—	—	推进装置	飞机的一部分,从属于安装的设备(推进装置和其他动力装置),为推进飞机提供动力/推力
A1.3	—	—	机械和机电系统	以机械和机电产品为主的机上任务设备,包括飞控系统、辅助动力系统、液压系统、电气系统、环控系统、燃油系统、起落装置、旋翼系统、传动装置、机械和机电系统软件等
A1.4	—	—	航空电子系统	以电子产品为主的机上任务设备,包括通信/识别装置、导航/制导装置、自动飞行控制装置、健康管理系统、储备管理系统、中央计算机、火力控制系统、航空电子系统软件等
A1.5	—	—	辅助设备	没有分配给各个单元设备的辅助的机体、电子和/或军械/武器投放设备,或者为有关任务设备提供辅助功能的设备
A1.6	—	—	飞机软件	为功能应用、特定的计算机系统或计算机系统系列设计的软件
A1.7	—	—	飞机综合	* 注 2
A2	—	有效载荷	—	完成使命任务的设备
A2.1	—	—	生存力	安装在飞机中或者与飞机相连接的,辅助使命任务遂行的设备,包括搜索与接收器、告警装置、电子诱骗装置等
A2.2	—	—	侦察	安装在飞机中或者与飞机相连接的,完成侦察任务所需的设备(硬件/软件)
A2.3	—	—	电子战	安装在飞机中的电子战设备(硬件/软件),提供了电子战支援、电子攻击和电子保护等功能
A2.4	—	—	军械/武器投放	安装在飞机上的提供火力功能的设备(硬件/软件),或安装在飞机上的用于提供武器投放能力的设备(硬件/软件)
A2.5	—	—	有效载荷软件	为功能应用、特定的计算机系统或计算机系统系列的软件
A2.6	—	—	其他组件	* 预留项
A2.7	—	—	有效载荷综合	* 注 2
A3	—	地面系统	—	与飞机具有通信接口的硬件、软件和固件的固定的、可运输的或机动的组合体,或仅用于接收,或用于接收和传输,由飞机产生的数据和收集的任务数据的系统

续表

WBS编号	单元名称			单元定义
	第一层	第二层	第三层	
A3.1	—	—	地面控制分系统	接收、降频变换、解调和调整遥测、跟踪、指挥以及任务(有效载荷)数据的分系统
A3.2	—	—	指挥和控制分系统	对飞机遥测信号进行解码、分离和译码,产生传输给飞机的指挥信号,处理跟踪数据,产生飞机的天体数据的分系统
A3.3	—	—	发射和回收设备	在执行无人机任务期间,发射和回收无人机所必须的设备
A3.4	—	—	运输工具	为运输无人机、地面控制站设备或其他任务设备而专门设计或改制的任何运输工具
A3.5	—	—	地面系统软件	为功能应用、特定的计算机系统或计算机系统系列设计的软件
A3.6	—	—	其他组件	* 预留项
A3.7	—	—	地面系统综合	* 注 2
A4	—	无人机系统软件	—	未包含在其他具体单元中的软件
A5	—	无人机系统综合	—	* 注 2
A6	—	系统工程	—	* 注 2
A7	—	项目管理	—	* 注 2
A8	—	综合试验	—	* 注 2
A9	—	综合保障	—	* 注 2
A10	—	其他	—	* 注 2

注:1. 编号中的"A"为假定的项目代码;
2. 相应内容参见第(五)节,其中"××综合"对应第(五)节中的"综合、装配、试验与检验"单元。

9. 运载火箭系统

运载火箭系统的项目工作分解结构,如表 2-13 所列。

表 2-13 运载火箭系统项目工作分解结构

WBS编号	单元名称			单元定义
	第一层	第二层	第三层	
A	运载火箭系统	—	—	研制和生产从地球把航天器送入太空运行轨道的火箭所需的设备(硬件/软件)、资料、服务、设施的综合体
A1	—	运载火箭	—	运载航天器的主要工具

续表

WBS编号	单元名称			单元定义
	第一层	第二层	第三层	
A1.1	—	—	各级箭体(1,…,n)	包括结构与机构、推进系统、喷气操纵系统、回收系统、环境控制系统、箭体专用电子系统等
A1.2	—	—	载荷舱(1,…,n)	确保载荷安全到达最终目的地,包括载荷整流罩、载荷接合器(基座)、专用任务设备等
A1.3	—	—	电子系统	包括制导、导航和控制装置,电源系统、数据获取和遥测装置、距离跟踪和安全装置(空中)、飞行软件等
A2	—	任务集成与分析系统	—	需求和进度的设计安排和符合性验证
A2.1	—	—	标准任务集成与分析系统	对标准型任务的集成和分析
A2.2	—	—	专用任务集成与分析系统	针对特殊机械/电气接口,对箭上电子系统、地面硬件和软件开展的任务集成和分析
A3	—	发射作业现场	—	包括在发射作业现场所需的活动
A3.1	—	—	运载火箭准备	发射前的火箭接收和处理
A3.2	—	—	发射现场准备	与发射作业相关的硬件生产和安装
A3.3	—	—	发射	包括发射正常、中断、延迟所需资源
A3.4	—	—	飞行操纵	飞行期间指挥控制、追踪和通信所需资源
A3.5	—	—	发射后	包括回收操作和服务、发射后维修
A3.6	—	—	现场维修	发射作业周期中的现场维护、修理
A3.7	—	—	基地保障	包括设施和人力资源,与发射作业无直接相关
A3.8	—	—	距离跟踪和安全装置(地面)	包括航程地面跟踪系统研制、航程监测作业
A4	—	发射场(1,…,n)	—	发射场建设发展所需资源
A4.1	—	—	现场准备	现场准备建设所需资源
A4.2	—	—	专用保障设备	专用保障设备研制、使用、保障等所需资源
A4.3	—	—	地面指挥、控制和通信	地面指挥、控制和通信系统研制、验证、发射作业、保障等所需资源
A5	—	运载火箭综合	—	* 注 2
A6	—	系统工程	—	* 注 2
A7	—	项目管理	—	* 注 2

续表

WBS编号	单元名称			单元定义
	第一层	第二层	第三层	
A8	—	综合试验	—	*注2
A9	—	综合保障	—	*注2
A10	—	其他	—	*注2

注:1. 编号中的“A”为假定的项目代码;

2. 相应内容参见第(五)节,其中“××综合”对应第(五)节中的“综合、装配、试验与检验”单元。

(五) 工作分解结构通用单元

1. 通用单元概述

工作分解结构通用单元是指各型武器装备研制项目普遍适用的单元,包括:

(1) 系统工程;

(2) 项目管理;

(3) 综合试验;

(4) 综合保障;

(5) 综合、装配、试验与检验;

(6) 其他。

其中,系统工程、项目管理、综合试验、综合保障一般为项目工作分解结构、合同工作分解结构的第二层。“综合、装配、试验与检验”可作为项目分解结构、合同工作分解结构第二层及以下的单元。

2. 系统工程

系统工程是指为指导和控制项目的总体综合工程所进行的技术与技术管理工作。

(1) 技术工作一般包括:

① 需求分析;

② 技术要求分析;

③ 武器装备体系结构或结构分析、总体技术方案设计;

④ 武器装备研制考虑因素的分子与设计,例如可靠性、维修性、安全性等,具体范围见 GJB 8113;

⑤ 武器装备研制验证与确认大纲的设计等。

(2) 技术管理工作一般包括:

① 研制策略;

② 需求管理;

③ 技术状态管理;

④ 技术风险管理；

⑤ 技术数据管理；

⑥ 接口管理；

⑦ 研制成效评估，例如技术成熟度评价、制作成熟度评价、技术审查等；

⑧ 权衡分析，例如费效分析；

⑨ 总体技术协调；

⑩ 质量保证；

⑪ 标准化、计量、技术情报管理等。

3. 项目管理

项目管理是指为实现项目总目标在计划、组织、指导、协调、控制和审批等方面所进行的业务和管理。它不与具体的产品单元相关联，且未包括在“系统工程单元中。项目管理一般包括：

（1）计划管理；

（2）费用管理；

（3）合同管理、供应商管理；

（4）项目风险管理；

（5）沟通管理、信息与资料管理；

（6）项目协调、业务相关管理；

（7）项目人力资源管理、项目团队管理；

（8）项目监督、重大节点审查等。

4. 综合试验

综合试验是指为取得或验证武器装备性能和使用过程的工程数据，采用样机、产品或专门制造的硬件和软件所进行的试验与鉴定。综合试验一般包括：

（1）研制试验与鉴定、验证设计、验证武器装备技术指标和要求的符合性的试验与鉴定，包括试验计划、实施、特定保障、数据处理与报告，以及试验消耗品。

（2）作战试验与鉴定。评估武器装备作战效能和作战适用性所需的试验与鉴定，包括计划、实施、特定保障、数据处理报告，以及试验消耗品。

（3）样机（或系统集成实验室）。合同规定或工程研制所需的产品样机（件）的设计和制造，或可代替样机（件）用于试验验证的系统集成实验室的建设。

（4）试验通用保障。综合试验所需的保障资源的准备，以及综合试验过程中必要的保障工作，例如靶机、跟踪车辆等。

（5）试验设施。综合试验所需特殊试验设施的建设。

（6）与武器装备具体组成产品相关联的试验，应包括在该具体产品中，常纳入“综合、装配、试验与检验”单元。

5. 综合保障

1) 单元

单元是指按照保障性要求,规划并研制保障资源,及时提供装备所需保障的相关工作。单元一般包括“资料”“保障设备”“培训”“现场准备”和“备件”。

2) 资料

资料是指合同要求需交付资料的编制和交付,一般包括:

(1) 技术出版物,例如:技术说明书、使用维修说明书;

(2) 工程资料,例如:工程图样,专用规范等;

(3) 管理资料,例如:研制计划,风险评估报告等;

(4) 保障资料,例如:使用保障计划、维修保障计划等。

3) 保障设备

保障设备是指为保障和维护装备所需的,且没有直接参与实际任务执行的专用和通用保障设备的研制和交付。保障设备一般包括用于加油、运输、起重、修理、维护、装配、拆解、试验、检查等的车辆、设备、工具及软件。

4) 培训

培训是指为完成操作和维修培训任务所需的培训设备、服务和设施,一般包括:

(1) 操作和维修培训器材的研制和交付;

(2) 培训计划、培训教程的编制和交付;

(3) 承制单位向合同监管机构提供的培训业务;

(4) 培训设施的新建、改建和扩建等。

5) 现场准备

现场准备是指为武器装备实际使用所需的全部准备工作,一般包括:

(1) 在实际使用现场中,任务系统及保障设备安装,装备的测试和试运行;

(2) 由各级承制单位提供的,实际使用现场所需的器材和服务;

(3) 实际使用现场所需基础设施(水、电、气、电缆、公路等)的建造;

(4) 改造现有的场地、车辆或舰船所需的器材和服务等。

6) 备件

备件是指用于装备投入使用初期进行替换的修理件和消耗件的研制和交付,其不包括研制过程中以及使用现场安装、测试和试运行过程中所需的备件。

6. 综合、装配、试验与检验

综合、装配、试验与检验是指将本级产品单元集成为上级产品单元的所有技术和职能活动。这些活动与上级产品单元的总体设计、试验验证、集成、检验验收、技术协调等过程有关,且不属于本级其他单元的直接工作内容,一般包括:

(1) 总体布局、总体设计特性和设计评审要求的确定;

(2) 已装配好的部件或分系统在其安装前所进行的试验和审查;
(3) 工艺性设计、工艺总方案制定、工艺研发及试验验证;
(4) 入厂(所)检验、联络或协调供应商;
(5) 设计维持、技术协调;
(6) 质量策划与控制;
(7) 工装、设备、检测工具的规划、设计和制造;
(8) 生产管理;
(9) 产品软硬件综合;
(10) 产品检验验收等。

7. 其他

与产品研制紧密相关,且又不属于其他单元的工作,如关键技术攻关、研保条件建设等。研保条件建设是指武器装备生产、库存和承制单位基地维修所需基础条件的新建、改建和扩建,不包括试验、培训和武器装备使用现场相关条件的建设。

(六) 工作分解结构的应用

1. 计划管理

基于工作分解结构进行计划管理的具体方法为:

(1) 从单元说明、工作说明中获取工作分解结构单元交付物所需开展的活动;

(2) 确定各项活动的起止时间、周期、前置工作、后续工作等,建立初步研制计划;

(3) 依据研制相关方要求,充分考虑资源平衡问题,对初步研制计划进行调整和完善,形成正式研制计划。

2. 费用管理

基于工作分解结构进行费用管理的具体方法为:

(1) 依据工作分解结构,估计完成项目所必需的资源费用的近似值;

(2) 在费用估算的基础上,进行工作分解结构单元的费用分配和调整,形成项目费用预算;

(3) 结合研制计划,开展装备研制全寿命费用分析,建立项目费用基线;

(4) 依据项目费用基线,对工作分解结构单元进行费用跟踪和控制。

3. 风险管理

根据工作分解结构进行风险管理的具体方法为:

(1) 依据工作分解结构、研制计划、费用预算等,制定项目风险管理计划,确定风险管理的责任主体、进度和费用要求、风险类别、管理方法等;

(2) 逐级分析工作分解结构,识别风险事件,定义风险类别(技术、进度、费用、客户、供应商等）、风险发生概率及后果，编制风险登记册；

（3）根据风险管理计划和风险登记册，开展项目风险评估和监控，编写风险评估报告。

4. 合同管理

依据工作分解结构进行合同管理的具体方法为：

（1）招标时，合同监管机构可从初步的或确认的项目工作分解结构中选择合适的单元，编制工作说明。承制单位以此为投标依据之一，编制投标方案。

（2）经合同相关方商定后将工作说明和合同工作分解结构纳入正式合同中。

（3）每个合同应编制一份合同工作分解结构，承制单位以此作为完成合同任务所进行的各项管理工作的基础。

5. 组织管理

依据工作分解结构进行组织管理的具体方法为：

（1）确定工作分解结构单元的责任类型，包括自主承担和外协两种，外协包括分承研、购买货架产品等形式；

（2）确定自主承担的工作分解结构单元的主责部门和协作部门；

（3）确定需外协的工作分解结构单元的承担单位；

（4）形成项目的完整分工，以此为基础在项目过程中实施监控。

6. 技术状态管理

以工作分解结构作为选择技术状态项的基础。工作分解结构单元应包括所有技术状态项，但并不是所有的工作分解结构单元都必须进行技术状态管理。

二、项目识别，设计分析

对产品特性实施分类，有利于设计部门提高设计质量；便于工艺、质量和生产部门了解设计意图，有利于在实施质量控制中分清主次，控制重点，保证产品质量的稳定性和可追溯性；同时也便于质量检验部门合理安排检验力量以及合同监管机构对产品质量实施检查和监督。

（一）一般要求

产品的特性分类是每一个产品层次都应该进行的一项工作，这是技术状态管理的基础，也是必须应先进行的第一项工作。为了实施对武器装备技术状态的精细化管理，过程中还应做到：

（1）产品的特性分类由设计部门负责。

（2）应根据产品出现故障的严重程度划定特性类别。

（3）划定的特性类别应保持与特性分析的一致性。

（二）划定特性类别的程序

（1）在划定特性类别之前，应对产品进行特性分析（即技术指标分析、设计分析和选定检验单元），提出特性分析资料，并征集有关部门的意见。

（2）根据特性分析资料和本标准的规定，在设计文件上标注特性分类符号。

（三）特性分析的内容及理解说明

在装备的研制过程中，装备的特性分析是设计人员一个非常薄弱的的环节，其原因至少有以下两种。一是与我国装备的发展有着重大的联系。早在20世纪50年代初期，我国的武器装备主要来源于苏联的帮助，采取引进修理的模式，我们的设计能力非常薄弱，没有必要进行特性分析，在装备的使用、维修等方面，完全按照苏联模式的要求实施。其二是20世纪80年代中期，我国的武器装备发展战略方针发生了根本性变化，由过去的引进修理、测绘仿制，变成了自主式研制的模式，同时学习国外先进标准，并将国外先进标准有选择性地用于我国装备发展、研制的过程中。但由于受习惯做法的影响或对相关标准的认识不足，造成该标准在新装备的研制中未能发挥其应有的作用。

本节根据相关标准的要求和对标准的理解，对新研制装备特性分析的内容和理解进行简单说明。

1. 技术指标分析

技术指标分析是指依据产品预定的使命，对其规定的要求进行分析。分析内容如下：

（1）功能。分析该产品在执行任务期间规定完成的全部功能。

（2）持续工作时间。分析该产品每一项功能所要求的持续工作时间。

（3）环境条件。分析适合该产品使命要求的极端环境条件，产品可能承受的环境变化范围。

（4）维修性。

（5）分析产品在使用中维修的可能性以及产品在恶劣条件下能进行哪些维修。

（6）失效。分析产品是否允许部分或完全失效，失效对完成产品使命的影响。

理解说明：

技术指标分析是在研制型号完成了工作分解结构项目后，在产品的六个层次中的某一层次上所进行的工作。技术指标分析要从技术指标的功能、持续工作时间、环境条件、维修性和失效等五个方面逐一分析，其分析的结果用于两个方面：一方面用于特性分析的报告中；另一方面用于编写研制规范、产品规范，以便于产品设计定型后，要求小批量试生产和批生产中的传承。在装备研制的实施中，对于系统级装备，还应专门编写环境适应性大纲、维修性和保障性大纲；对于分系统以下级，应以产品规范为依据，编制产品使用维护说明书即可。

2. 设计分析

设计分析是指对产品能否承担其使命以及有效地完成其使命所需具有的质量指标进行分析。

（1）材料。分析材料性能对产品性能和质量的影响，所选择的材料对于保证完成其规定使命所起的作用。

（2）工艺要求。分析加工、装配、试验和检验过程对材料性能和保证产品质量的稳定性所带来的影响。除可观察到的影响外，还应注意那些不易观察和检测的影响。

（3）互换性。分析为了满足产品的互换性要求，哪些尺寸、参数以及公差最为重要。

理解说明：

互换性指标对不同的产品层次，其要求、内容以及试验或验证的方法是不一样的，如何满足产品的互换性要求，应根据产品层次的要求而定。如系统级的互换性要求，应做替换性试验；设备级的互换性要求应做互换性试验；元器件或原材料级的互换性要求应做代用性试验，各类试验合格才算满足要求。

（4）协调性。分析为了满足较高级装配件的需要而应提出的协调性要求。如装配件之间的尺寸、重量、电源要求等。

（5）寿命。分析哪些因素决定其寿命。

（6）失效。分析失效的类型及失效对产品性能、人身、财产安全等方面造成的危害。

（7）安全。分析产品在正常使用、运输、储存中能否对人身、财产的安全造成危害。

（8）裕度。分析产品是否采用裕度设计（如采用并联贮备设计时，可以适当降低其特性类别）。

理解说明：

特性分析的内容来源于 GJB 190 的规定，对产品进行设计分析从一个装备的正向设计角度讲是非常有必要的，技术人员在不同产品层次上的设计理念、内容和要求都是不一样的，关注点都不一样，甚至连输出的文件都不一样，下面仅从几个难以理解的要素中，简单说明。

① 材料。

分析材料时一定是关键、重要材料（一般性材料可以不讲或少讲），其性能对产品性能和质量的影响，应对的措施和预防的方式、方法以及注意事项；另一方面，虽不是关键、重要材料，但所选择的材料对于保证完成其规定使命所起的作用、效果，以及环境的变化对使命的影响程度等，应逐一分析并都有应对措施。

通过分析后，除了在设计方案中报告外，对材料的选用、使用有一个新的要求，尤其是系统级单位，对系统的材料选用有规范性、系统性、一致性要求，这个要求就应该通过材料规范输出，并具有传承性；对于材料的一般性要求，可以通过产品规范实施传承。

② 工艺要求。

工艺要求包含工艺技术要求和工艺管理要求。在装备研制的过程中，设计定型之前，所有的工艺工作都是工艺准备工作，为了小批量试生产，工艺到底应做哪些准备工作呢？哪些工作准备不好，会影响加工、装配、试验和检验过程对材料性能和保证产品质量的稳定性呢？如何做到文件标准化、要素标准化、装备标准化、术语标准化、符号标准化，这是工艺标准化系统的要求。一个合格产品，仅仅是样品或展品，并不能称为产品；一批合格产品，才能被称为真正的产品，而且还是质量稳定的产品。要生产出质量稳定的产品，必须关注工艺的过程，必须关注批次性的工艺管理。尤其应关注加工、装配、试验和检验过程对材料性能和保证产品质量的稳定性（绝非一个产品）所带来的影响。如一批零件的加工，没有工艺规程的要求，没有加工过程的随件流转卡（GJB 726A 规定的随件流转卡能详细记录投料、加工、装配、交付过程中投入产出的数量、质量状况及操作者和检验者。在批次管理中，产品的批次标识可作为进行追溯时的标识）等工艺文件，这批零件能做到性能相同，并保证产品质量的稳定吗？事实是绝对不可能。工艺标准化的第一个标准化内容是文件标准化；工艺鉴定的第一个鉴定项目首先是文件鉴定。由此可知，工艺文件在装备研制过程中对装备研制的一致性、稳定性起着关键性作用。批次装备的一致性、稳定性好，才能说明装备的质量好。这才是真正的顶用、管用、好用的装备。

对那些过程中不易观察和检测的影响，工艺准备工作的要求是什么呢？

通过分析，除了在系统级的设计方案中报告外，对工艺的选用、使用和管理有哪些新的方法、要求，尤其是系统级单位，对系统的工艺选用、管理具有规范性、系统性、一致性要求，这个要求应该通过工艺规范输出，并具有传承性；对于工艺管理、选用的一般性要求，可以通过产品规范实施传承。

③ 互换性。

互换性一词本身有三层含义，如产品层次规定有六个层次，即系统、分系统、设备、组件、部件和零件（元器件、原材料），承制单位是系统单位，在研制规范和产品规范文件中，要求下一层的内容应该是替换；承制单位是设备级单位，在研制规范和产品规范文件中，要求下一层的内容应该是互换；承制单位是元器件级单位，在研制规范和产品规范文件中，要求的内容应该被称为能代用。为了满足产品的互换性要求，哪些尺寸、参数以及公差最为重要，在分析时应逐一列举，并有预防措施。

在装备的研制过程中，互换性工作是应该进行验证的。在产品规范的质量一致性检验项目中,B组检验项目就是合同监管机构要求的互换性试验。系统级应做替换性试验;设备级应做互换性试验;部件以下级应做代用性验证。例如:设备级的互换性试验,即由合同监管机构代表从检验合格的同期同批或所代表数量的产品中抽取,试验尺寸、参数及公差都合格,视为试验通过,本批产品可以交付。

互换性试验的层次、内容和方法,都应编制在产品规范的第四章验证章节中。

④ 寿命。

寿命一词是1986年在GJB 190中规定的。现行的GJB 6387中明确要求用耐久性一词替代。

什么是耐久性? 耐久性的参数主要包括:

a. 使用寿命。

对于一个产品,其各部分的使用寿命不可能是完全相等的,即使用寿命也是一个随机变量,是一个统计值,达到规定寿命的概率一般也可称耐久性。因此,一般在提出使用寿命指标时应包括:使用寿命的量值(寿命单位数)、达到使用寿命的概率及其置信度。一般情况下,按规定的样本量,在规定的条件下进行寿命试验,试验持续到要求的使用寿命,记录发生耐久性损坏(达到极限状态)的样本数,用非参数法计算不发生耐久性损坏概率的置信下限(达到要求寿命的概率)。在提出寿命指标时,同时规定参数的样本数和试验到使用寿命要求时不发生耐久性损坏的样本数。

有使用寿命要求的产品,应同时提出耐久性损坏的判断准则,这是使用寿命的一些评估参数(值)和定性评估标准。有些故障也会使产品(装备)报废或需要大修,但不是耐久性损坏,而是偶然故障。耐久性损坏一般是耗损型故障。

使用寿命的确定应通过规定的寿命试验。一个产品的部件或零件的使用寿命不一定是一个相同的指标,一个产品不同层次的部件、零件可以有不同的使用寿命要求。

对于不可修产品,一般用使用寿命来表述其耐久性水平,对于可修产品也可用大修寿命、首次大修期限等术语来表述。

以上参数既是使用参数,又是合同参数。

b. 首次翻修期限(首次大修寿命)。

首次翻修期限是可修产品(装备)使用寿命的一种表述用语。

c. 耐久性。

耐久性还规定了在使用与维修条件下,直到极限状态前完成规定功能的能力。实体的耐久性定量要求可视情采用下述多个适用的参数指标表示:有用寿命、经济寿命、贮存寿命、总寿命、首翻期与翻修间隔期限等。确定耐久性指标时,应明确:

☆ 实体的类别及使用特点(例如具有耗损失效特征);

☆ 实体所采取的维修方案或贮存方案。

规定耐久性寿命参数的定量要求时,还应综合权衡实体的极限状态和经济性。在装备研制过程中,应根据产品特点确定有关参数。如机械产品应突出耐久性参数、主要部件更换时间等;而电子产品,除有关的 RMS 参数外,还应突出测试性参数。

因此,在设计分析原寿命时,应替换成耐久性指标进行分析,不能单独分析寿命,而对经济寿命、贮存寿命、总寿命、首翻期与翻修间隔期限等,应进行详细、逐一分析,找出决定其寿命的因素,并建立预防措施。

3. 选定检验单元

检验单元依据技术指标分析和设计分析所需保证的关键或重要特性以及该特性在零件或装配件上检验的可能性和经济性进行综合分析后选定。具备下列条件之一,可被选定为一个检验单元:

(1) 最终产品。

(2) 维护或修理最终产品所需的备件。

(3) 从使用或安全的角度出发要求更换的产品。

(4) 仅在使用条件下才能决定其性能的产品(即必须进行破坏性试验)。

(5) 在较高级装配后不能检验、修理和更换或需要高成本方能检验、修理和更换的产品。

理解说明:

GJB 190 5.3 中规定选定检验单元也可称选定检验项目。它是设计人员在依据技术指标分析和设计分析所需保证的关键或重要特性以及该特性在零件或装配件上检验的可能性和经济性进行综合分析后选定的项目。在产品的层次上,(1)项是绝对存在的,如果(2)(3)(4)(5)要素都存在时,必须都应选定为检验项目。选定后如何输出,用什么文件输出?恰恰是设计人员对检验人员的检验范围及内容的要求。这种要求是设计人员利用检验规范的输出要求,对检验人员提出的检验项目、内容等要求;另一方面,在装备研制过程中,都会出现外包或外协项目以及层次间配套项目的接受(或接收),从质量控制角度出发,应有一份质量控制文件,即验收规程,其实验收规程的编写依据从表面看,是供方提供的检验规程,承制单位直接改成验收规程,这种做法也是符合相关标准规定的。但实际上,这也是设计人员输出的验收规范对检验工作提出的要求,在双方签署的技术协议书中,反映了承制单位对供方提出的应将检验规程提供给承制单位的条款的落实。

由此,对于配套产品、外包外协产品,设计人员对质量人员检验、验收的控制要求,是通过输出验收规范,提出质量控制的要求;通过输出检验规范,提出质量保证的要求;通过输出试验规范,提出试验控制质量的要求等。应牢记规范文件就是要求性文件。

(四)特性分类符号

特性分类符号由特性类别代号、顺序号组成,必要时可增加补充代号。

1. 特性类别代号

用大写汉语拼音字母表示。

关键特性:G;

重要特性:Z;

一般特性:不规定。

2. 顺序号

在同一图(代)号的设计文件上,按阿拉伯数字顺序表示在特性类别代号后。

关键特性:G1~G99;

重要特性:Z101~Z199;

一般特性:不规定。

3. 补充代号

用大写汉语拼音字母表示在顺序号后。

A——产品单独销售时,该特性被分类为关键特性或重要特性,而在高一级装配中检验或试验时则为一般特性;

B——装配前复验;

C——工艺过程数据作为验收数据;

D——要求特殊的试验或检验。

(五)特性分类符号的标注

1. 尺寸公差特性的标注

当某尺寸极限偏差被分类为关键特性或重要特性时,应在其极限偏差数值后标注特性分类符号并加括号。如该尺寸上、下极限偏差具有不同的特性类别时,则上极限偏差加"+"号,下极限偏差加"-"号。

(1)当上、下极限偏差均为关键特性,如图 2-3 所示。

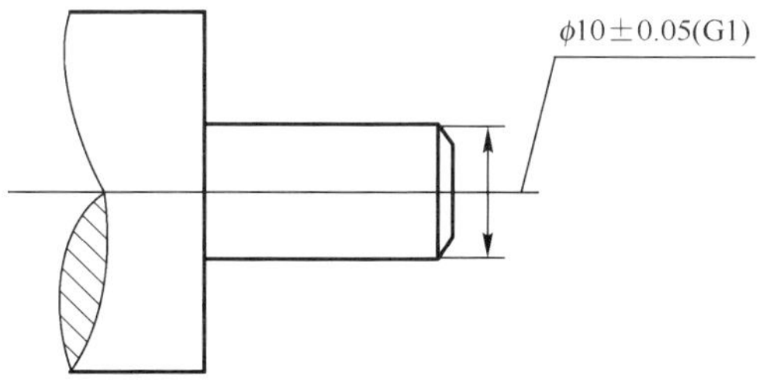

图 2-3　上、下极限偏差均为关键特性

（2）当上、下极限偏差均为重要特性，如图 2-4 所示。

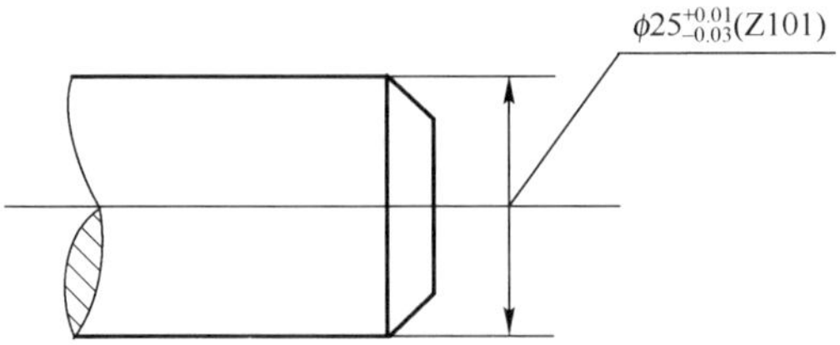

图 2-4　上、下极限偏差均为重要特性

（3）当上极限偏差为关键特性、下极限偏差为一般特性，如图 2-5 所示。

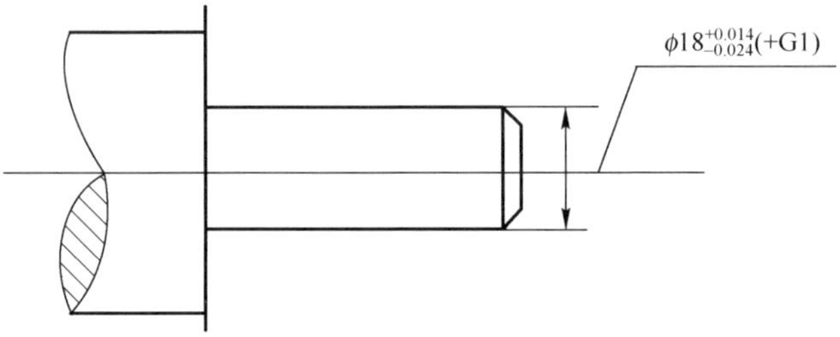

图 2-5　上极限偏差为关键特性，下极限偏差为一般特性

（4）当上极限偏差为关键特性、下极限偏差为重要特性，均在装配前复检，如图 2-6 所示。

（5）作为单独销售的产品时，下极限偏差为关键特性，在高一级装配件中为一般特性，如图 2-7 所示。

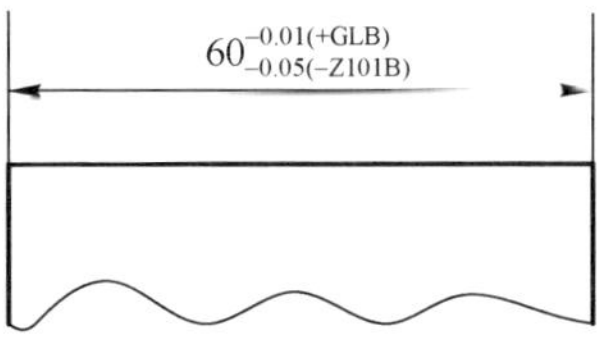

图 2-6　上极限偏差为关键特性，下极限偏差为重要特性

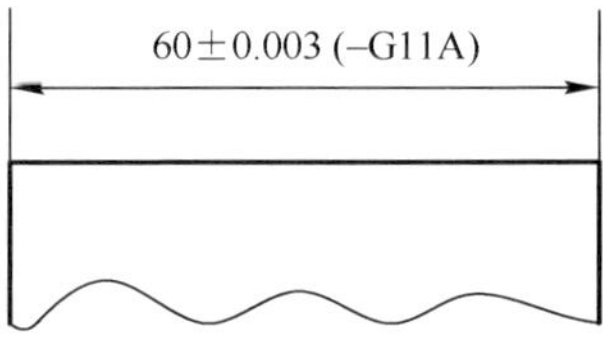

图 2-7　下极限偏差为关键特性

2. 形位公差特性的标注

当某项形位公差被分类为关键特性或重要特性时，应在该项形位公差框格后标注特性分类符号并加括号。

（1）同轴度要求为重要特性，在装配前复检，如图 2-8 所示。

（2）平行度要求为关键特性，如图 2-9 所示。

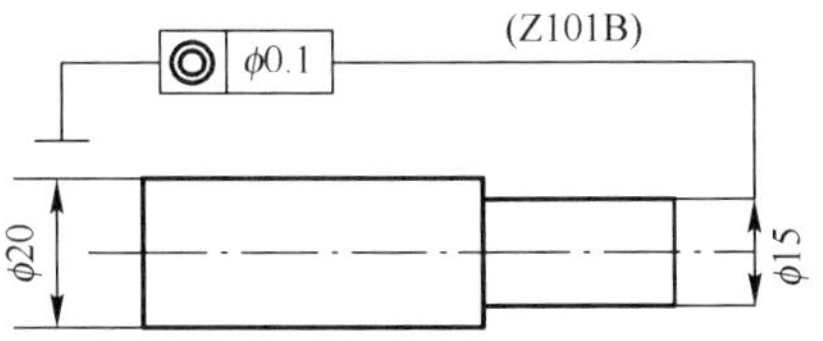

图 2-8　同轴度要求为重要特性

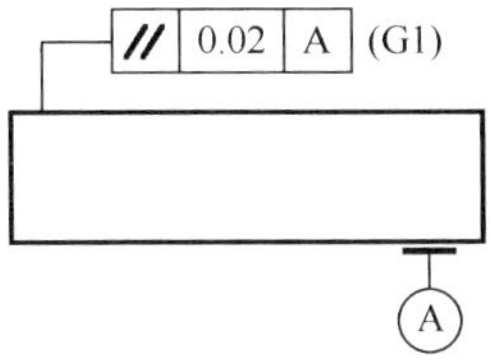

图 2-9　平行度要求为关键特性

3. 表面粗糙度特性的标注

当某项表面粗糙度被分类为关键特性或重要特性时，应在该项表面粗糙度代(符)号后标注特性分类符号并加括号，如图 2-10 所示。

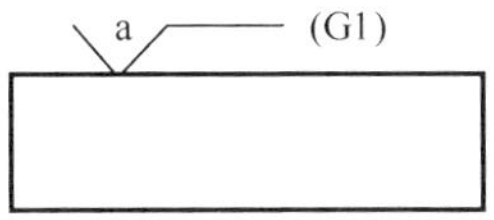

图 2-10　表面粗糙度特性的标注

4. 图样上技术要求特性的标注

当某项技术要求被分类为关键特性或重要特性时，应在该项技术要求后或技术要求序号前标注特性分类符号并加括号，但对同一产品其标注位置应一致。

(1) 某技术要求为重要特性，装配前复检。

(Z101B) 1. 零件外表面应无划伤、裂纹。

(2) 硬度值为重要特性，工艺数据为验收依据。

1. 热处理 HRC = 32 ~ 36(Z102C)。

5. 材料特性的标注

当零件的材料为关键特性或重要特性时，在零件图样上的材料栏标注特性分类符号并加括号，如图 2-11 所示。

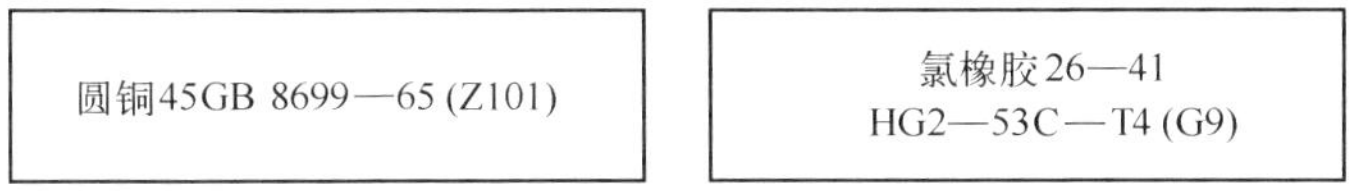

图 2-11　材料特性的标注

(六) 文字内容设计及在文件上的标注

在文字内容的设计文件中，对于具有关键特性或重要特性的条款，应在该条款后标注特性分类符号并加括号。

(1) 某条技术要求为关键特性。

平台平均无故障工作时间不少于×××小时(G1)。

(2) 某条技术要求为重要特性，并以试验数据作为验收依据。

发动机比推力为×××时××秒(Z101C)。

(3) 标注。

① 图样上的标注。

a. 对具有关键特性或重要特性的产品应在图样的醒目位置明显地标注“关键件”“重要件”或“G”“Z”字样。

b. 应在关键件或重要件所属装配图的明细栏内标注“G”或“Z”。

② 表格内容设计文件上的标注。

当产品零、部、组件目录和系统目录或明细表含有关键件或重要件时,应在该目录或明细表内标注“G”或“Z”字样。

三、逐级接口要求的控制

本节适用于对武器装备系统、分系统及设备间的接口控制、控制文件的制定、协调和更改控制。该逐级接口要求是对武器装备系统研制过程中接口控制文件的制定、协调和更改控制的实施要求,具体使用时可进行剪裁。

(一) 实施要求

1. 基本要求

1) 接口要求

在系统研制过程中,合同监管机构应提出需要控制的接口项目要求,承制单位应规定技术状态项目的接口要求并确保所设计的各种硬件、软件之间的兼容性和共用性。

2) 接口控制文件编制

接口控制是依靠接口控制文件实施的,接口控制文件由总体设计单位、设计师系统或有关研制单位进行编制。

3) 接口协调工作内容

接口协调工作内容主要包括:

(1) 协调接口控制文件初稿,并提出批准或不批准的建议;

(2) 协调接口控制更改建议,并提出批准或不批准的建议;

(3) 协调跨部门、跨系统间的接口。

4) 接口控制的协调

接口控制的协调由接口协调工作组(ICWG)或设计师系统来组织进行,当需要成立接口协调工作组时,按武器装备系统、分系统工作分解结构的位置,可成立不同层次的接口协调工作组;系统级的接口协调工作组由有关承制单位和合同监管机构派代表组成,组长由总体设计单位或系统总设计师担任。

5) 接口更改控制

经协调并批准的接口控制文件应置于技术状态管理之下,不得擅自更改,若需要更改,必须按更改控制程序进行。属合同监管机构控制的更改项目,由承制单位批准,合同监管机构认可。属承制单位控制的更改项目,由承制单位按规定批准。

2. 研制阶段的接口控制要求

1）论证阶段

在论证阶段，合同监管机构应提出需要控制的接口项目要求。

2）方案阶段

在方案阶段，总体设计单位、设计师系统应依据确定的工作分解结构及其相应的功能要求，提出总的接口方案，由有关研制单位编制所需要的接口控制文件。在总体技术设计完成之前，通常应完成系统、分系统接口控制文件的协调并经批准；对软件应提出接口要求规范初稿。

3）工程研制阶段

在工程研制阶段试制与试验（GJB 2993 5.5.2）状态之前，应正式确定所有的接口控制文件。在设计中应严格贯彻并完善接口控制文件，验证接口要求的正确性，若有不满足要求或其他原因需更改时，应按接口更改控制规定进行更改。

4）设计定型阶段

设计定型阶段是最终考核接口控制要求的阶段，一般不得更改接口控制文件。若必须更改时，应按接口更改控制规定进行更改。

3. 接口控制文件编号

通常，按国家或本部门的图样文件管理规定，由批准者所在单位统一编号。

4. 状态报告

总体设计单位、设计师系统应及时通报要提出的接口控制要求和未决定的接口控制文件情况，以便在研制过程中有效地控制接口。有关研制方应及时向总体设计单位、设计师系统报告接口控制情况。

（二）详细要求

1. 接口控制文件编制过程

1）准备

首先应绘制构成系统的接口关系图，确定所需的接口控制文件。典型的空间系统接口控制文件关系图示例如图 2-12 所示；接口控制文件制定流程图如图 2-13 所示。

接口控制文件的编制准备工作主要包括：

（1）合同监管机构提供需要控制的接口要求；

（2）总体设计单位提出接口要求；

（3）有关研制单位提供接口数据、资料或要求。

2）编制接口控制文件初稿

总体设计单位、有关研制单位在系统的方案阶段，应适时地编制系统、分系统、设备间的接口控制文件初稿，定义接口，提出所缺的接口数据要求，并要求有关研制单位在规定期限内提供初稿,提交给接口协调工作组或设计师系统。

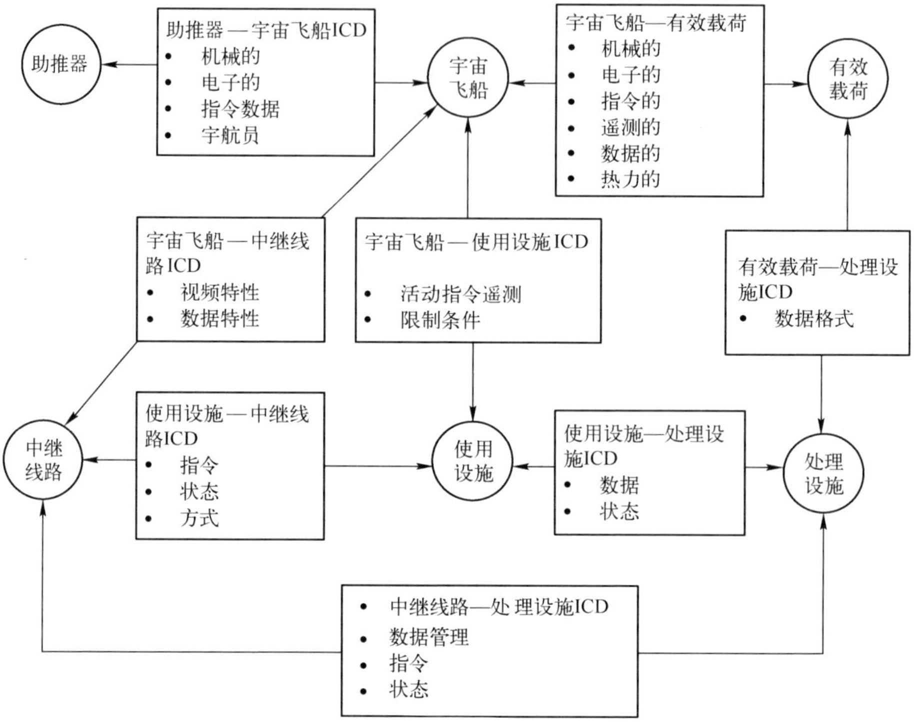

图 2-12 空间系统接口控制文件关系

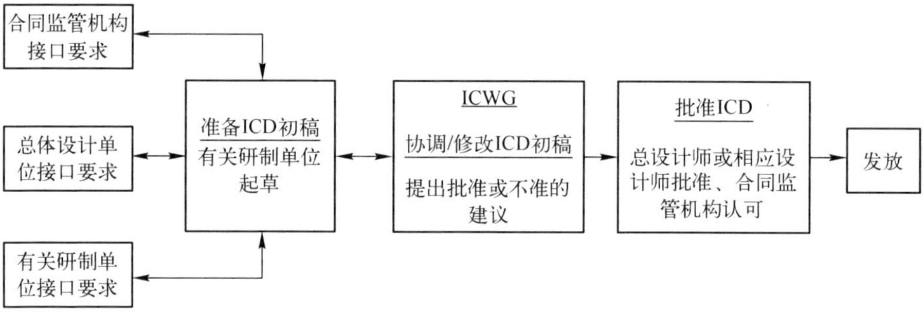

图 2-13 接口控制文件制定流程

3)协调接口控制文件初稿

接口协调工作组或设计师系统对提交的接口控制文件初稿进行协调、修改,并提出批准或不批准的建议。

4)批准接口控制文件

通常由系统总设计师、分系统主任设计师或技术负责人批准接口控制文件,必要时,由上一级系统、分系统技术负责人或总体设计单位批准下一级系统、分系统的接口控制文件。对涉及合同监管机构控制的接口控制项目文件,首先由受影响的各方签署,由相应设计师批准,合同监管机构认可。

5）发放接口控制文件

接口控制文件由批准者所在单位发放。

2. 接口控制文件的更改过程

接口控制文件的更改过程适用于已批准发放实施的相应的接口控制文件,接口控制文件更改流程图,如图 2-14 所示。

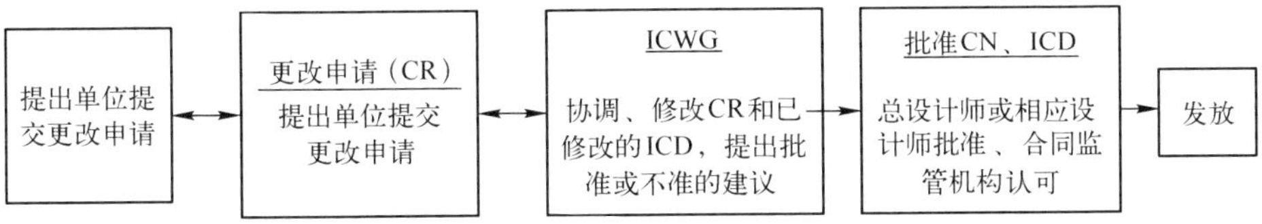

图 2-14　接口控制文件更改流程

1）申请

要求更改接口控制文件的单位应按有关国家军用工程管理标准规定的格式提出更改申请,提交给接口协调工作组或设计师系统。

2）协调

由接口协调工作组或设计师系统进行协调、修改更改申请,并提出批准或不批准的建议。

3）批准

通常,由系统总设计师、分系统主任设计师或技术负责人批准接口控制文件的更改,必要时由上一级系统、分系统技术负责人批准下一级的接口控制文件的更改。对涉及合同监管机构控制的接口控制文件的更改,首先由受影响的各方签署,经相应设计师批准,合同监管机构认可。

4）发放

通常由批准者所在单位发放更改通知(CN)和更改后的接口控制文件。

3. 接口的分类

武器装备系统的接口通常分为功能接口和环境接口两类。根据各类武器装备系统的具体特点及其所处的环境,其功能接口和环境接口又可分为若干类。

4. 接口控制文件的主要内容及格式

应依据武器装备系统所处的环境、包含的类别以及在工作分解结构中所在的位置和功能特性,确定接口控制文件的内容。

1）范围

（1）主题内容。

主题内容起摘要作用,应简要说明接口控制文件的主题内容或目的。建议采用下列典型用语：

“本文件规定了××类的接口内容。”

（2）适用范围。

主要说明接口控制文件的适用范围、应用领域等。建议采用下列典型用语：

“本文件适用于……。”

“本文件适用于……,也适用于……。”

2）引用文件

在接口控制文件第二章“引用文件”中应列出所引用的接口标准或文件。

3）要求

在接口控制文件第三章“要求”中应规定所涉及的所有接口控制要求。

4）验证

在接口控制文件第四章“验证”中应规定验证有关接口要求正确性的要求。

5）接口控制文件的内容及格式

接口控制文件的内容及格式示例见以下接口控制文件示例章节。

5. 接口协调工作组会议和有关事项进度要求

1）接口协调工作组会议

必要时,应召开接口协调工作组会议,协调接口方面的问题,协调前应准备好有关接口方面的文件。

2）有关事项进度要求

有关事项进度要求主要包括：

（1）定义接口要求；

（2）提出接口数据和资料；

（3）提交接口文件初稿；

（4）协调接口控制文件；

（5）批准接口控制文件。

（三）接口控制文件示例

1. 典型的空间系统接口控制文件关系图示例

典型的空间系统接口控制文件关系图示例如图 2-12 所示。

2. 舰船系统接口分类示例

B1　环境接口

B1.1　保障装置

B1.1.1　压缩气体

B1.1.2　电子设备冷却水

B1.1.3　电子设备干燥空气

B1.1.4　电源

B1.1.5　淡水
B1.1.6　液压系统
B1.1.7　盐水
B1.1.8　蒸汽
B1.1.9　废水处理
B1.1.10　其他
B1.2　可控制的因素
B1.2.1　空调
B1.2.2　电缆和连接器
B1.2.3　加热
B1.2.4　维修通道
B1.2.5　形状
B1.2.6　尺寸系统
B1.2.7　通风
B1.2.8　武器操纵
B1.2.9　重量
B1.2.10　其他
B1.3　不可控制的环境
B1.3.1　湿度
B1.3.2　舰船运动姿态
B1.3.3　海浪冲击
B1.3.4　风
B1.3.5　其他
B1.4　作战因素
B1.4.1　爆炸
B1.4.2　电磁场
B1.4.3　磁场
B1.4.4　噪声(声学)
B1.4.5　冲击
B1.4.6　振动
B1.4.7　其他
B2　功能接口
B2.1　电子信息(信号)
B2.1.1　音频
B2.1.2　射频

B2.1.3　数字

B2.1.4　电传

B2.1.5　视频

B2.1.6　其他

B2.2　武器控制(信号)

B2.2.1　搜索

B2.2.2　界面功能参数

B2.2.3　导弹制导

B2.2.4　跟踪

B2.2.5　武器指令

B2.2.6　武器选择

B2.2.7　其他

B2.3　电气信息(信号)

B2.3.1　警报

B2.3.2　计数

B2.3.3　伺服

B2.3.4　状态指令

B2.3.5　同步

B2.3.6　其他

B2.4　机械信息(信号)

B2.4.1　计数

B2.4.2　断路凸轮

B2.4.3　限制开关

B2.4.4　位置指示

B2.4.5　停止

B2.4.6　其他

3. 接口控制文件的内容及格式示例

C1　范围

目的和覆盖范围

C2　引用文件

C3　要求

C3.1　物理接口

C3.1.1　机械要求:外壳、附件、遮蔽、调整

C3.1.2　主要工具

C3.1.3　质量特性:重量、惯性矩及重心位置、轴、模式交换(数字/物理)等

C3.2　电子接口

C3.2.1　命令信号:格式、速率、标识

C3.2.2　数据信号:无线电频率特性、格式、速率

C3.2.3　计时信号:格式、时标、标识、记录

C3.3　电气接口

C3.3.1　电力:类型、电压、电力分配图、保护

C3.3.2　接口插座分配

C3.3.3　电磁兼容性

C3.4　液压或气压接口:类型、流速、温度、压力

C3.5　软件

C3.5.1　数据:输入、输出、速率、精度

C3.5.2　信息:格式、内容、贮存

C3.5.3　协议:权限、处理、确认、错误检测、恢复

C3.6　硬件或软件

C3.6.1　接口:图形、标准和惯例

C3.6.2　定时和排序:控制和逻辑关系、数据传输、输入判断

C3.7　环境

C3.7.1　结构:振动、冲击、噪声、加载、动态模式形状

C3.7.2　热;温度范围、加热速率、热交换面

C3.7.3　磁:磁力线密度、变化率

C3.7.4　辐射:类型、射线密度、总量

C3.7.5　环绕空间:压力、温度、容量

C3.7.6　空调:温度、流动速率

C3.8　安全性

C3.9　使用限制

C4　验证

C4.1　质量保证

C4.1.1　质量保证要求

C4.1.2　接口控制文件要求验证:矩阵

C4.2　工厂试验

C4.2.1　设施要求

C4.2.2　接收检查

C4.2.3　安装要求

C4.2.4　测试约束条件

C4.2.5　测试顺序

C4.2.6 装运准备

C4.3 发射基地测试

四、集成 CI 的标识活动

(一) 技术状态项明细

1. 一般要求

(1) 承制单位应选择具有功能特性和物理特性的项目,能被单独管理且有助于达到总的最终使用要求的项目,作为技术状态项。

(2) 应编制技术状态项清单,并提交合同监管机构认可。

(3) 选定的技术状态项应在合同中予以规定。

(4) 较高层次的技术状态项可在方案阶段初期或之前选择,较低层次的技术状态项可在工程研制阶段初期或之前选择。

(5) 可从多个角度选择技术状态项,被选择作为技术状态项的产品应符合 GJB 3206A 的相关要求。

(6) 选择技术状态项的一般原则是:

① 武器装备、分系统级产品或跨单位、跨部门研制的产品;

② 在风险、安全、完成作战任务等方面具有关键特性和重要特性的产品;

③ 新研制的产品;

④ 接口复杂且重要的产品;

⑤ 单独采购的重要产品;

⑥ 使用和保障方面需着重考虑的产品。

2. 技术状态项汇总

技术状态项汇总表如表 2-14 所列。

表 2-14 技术状态项汇总表

序号	名称(型号或代号)	系统级装备名称	CI 所处产品层次	产品标识号	识别理由	下层次是否有 CI	确定的基线数量及主要组成文件	CI 提供的性质	责任单位或部门
1									
2									
3									
…									

3. 明细表填写说明

(1) 序号:项目数。

(2) 名称:填写 CI 的名称(型号或代号)。

(3) 系统级装备名称:填写系统级总体装备名称,自研的独立设备无需填写。

(4) CI 所处产品层次:产品层次分为系统、分系统、设备(软件 CSCI)、组件(软件 CSCI)、部件和零件。

(5) 产品标识号:根据 WBS 确定 CI 唯一识别码。

(6) 识别理由:按照 GJB 3206A 标准,确定选择为 CI 的理由。

(7) 下层次是否有 CI:若下层次仍识别了 CI,这里应描述,主要为确定基线打基础。

(8) 确定的基线数量及主要组成文件:填写功能基线、分配基线与产品基线,并注明主要组成文件。

(9) CI 提供的性质:主要描述 CI 的来源,如配套产品、外包外协产品或货架产品等。

(10) 责任单位或部门:主要描述其他本单位本部门、本单位其他部门或外单位。

(二) 关键件/重要件汇总

1. 一般要求

(1) 承制单位设计部门应按照 GJB 190 的要求,分析出关键件、重要件项目后,应编制关键件、重要件项目明细表,并经工艺、质量部门会签,主管领导审批。

(2) 汇总的关键件、重要件应有标识,确保关键件、重要件的可追溯性。

(3) 关键件、重要件应及时归档,其保存期限应与产品耐久性周期相适应。

(4) 应按照 GJB 909A《关键件和重要件的质量控制》的要求,结合产品特点制定并实施关键件、重要件的质量控制程序。根据不同时期、环节(如设计过程控制、采购控制、生产过程控制、检验与试验控制、不合格品控制、产品防护控制、记录控制、交付后的活动等)的具体要求,实施质量控制方法。

2. 关键件/重要件项目汇总表

关键件/重要件项目汇总表如表 2-15 所列。

表 2-15　关键件/重要件项目汇总表

序号	名称	特性类别	型号/图(件)号	数量	特性描述
1					
2					
…					

(三) 互换性项目(替换、互换和代用)明细

1. 替换、互换和代用的区别

产品的互换性有三种含义,这三种含义是指站在产品的六个不同层次上提出互换性要求，其术语、要求和方法差异甚远，区别较大，如：

（1）替换的含义，一般是指系统或分系统对设备以下层产品的要求。一定具备替换的能力，当系统运行有问题时，可及时替换掉有问题的产品。

（2）互换的含义，一般是指设备层内部组件、部件的一种技术要求，互换后能够满足设备、分系统或系统层的要求。

（3）代用的含义，一般是指元器件层的产品代用。对于短期内或定型前临时代用的进口件，在规定的时间内能够更换进口的代用产品，且满足设备或组件的性能需求。

由此可见，产品层次决定了产品互换性的性质、方法、术语的不同，同时也决定了试验或验证方法的不同。有可能三种情况在一个承制单位都存在。

2. 一般要求

（1）产品互换性适用于电子、电气、机械和液压等军用产品的研究、试制、采购，生产、试验、评定、分配、使用、维修、运输、贮存和转让。

（2）同上述事项有关的各种技术文件，在事项前后应能符合相关法规和标准的要求。

（3）产品由简单到复杂的纵向排列顺序，一般为：零件、部件、组件、设备、分系统和系统。

（4）在型号的特性分析报告中，必须明确替换项目、互换项目和代用项目，并同时建立表格。

3. 互换性（替换、互换和代用）项目汇总

互换性（替换、互换和代用）项目汇总表如表2-16所列。

表2-16　互换性（替换、互换和代用）项目汇总表

序号	名称	型号/图（件）号	互换性			合计数量	备注
			替换	互换	代用		
1							
2							
…							

（四）检验和验收项目明细

1. 检验

产品检验，一般指该产品是要输出的，这个控制产品输出的文件称为质量保证文件，如检验规程。

1）检验的含义

检验一词是通过观察和判断，适当时结合测量、试验所进行的符合性评价。但从它的属性、性质和目的区分，检验一词在武器装备研制过程中用途非常

广泛。

2）检验的类别划分

GJB 6387 规定,检验类别可分为以下三大部分:

（1）研制试验与评定,如设计验证;

（2）使用试验与评定:

① 初始使用试验与评定,如模拟试验;

② 后续使用试验与评定,如定型(鉴定)试验。

（3）生产验收试验与评定,如首件检验、质量一致性检验、其他类别检验与包装检验等。

3）简述几种不同的检验

（1）过程检验。

先简述一下过程。过程是一组将输入转化为输出的相互关联或相互作用的活动。换句话说,过程有三层含义:

① 一个过程的输入通常是其他过程的输出;

② 组织为了增值通常对过程进行策划并使其在受控条件下运行;

③ 对形成的产品是否合格不易或不能经济地进行验证的过程,通常称之为“特殊过程”。

由上述内容可知,在适当环节、控制点,由专人进行测量、试验,并进行符合性评价同时给出结论的行为,统称为过程检验。

（2）首件检验。

首件检验是对批量加工的第一件产品所进行的自检和检验员专检的活动。

由定义可知,首件检验是对批量加工的第一件产品进行的检验。换句话讲,只有对设计定型(或设计鉴定)后的产品才能进行批量加工。这一点应该与首件鉴定的性质分开。

若选择了首件检验,承制单位应规定批生产产品的检验项目、检验顺序、受检样品数及合格判据。一般应用表列出首件检验的项目、相应的规范(依据)和检验方法等。

（3）工序检验。

工序检验是《武器装备质量管理条例》中规定的,在装备的研制、生产与试验质量管理中应实施的一项具体的检验内容。工序检验也是提高工序质量的有效措施,是整个生产过程正常、稳定地生产合格产品的基础。受操作者、机器设备、原材料、工作方法和环境等因素的影响,使得设置工序检验环节是非常有必要的。

工序检验的依据是工艺规程,检验文件是随件流转卡或随工流程卡以及记录表格。必要时,也可编制专门的检验规程(质量控制文件)实施检验。

（4）军检。

军检是军事检验的简称，是中国人民解放军驻厂军事代表工作的常用术语。其有狭义和广义两种内涵。

狭义专指对军事订货产品的检验验收；广义泛指驻厂军事代表的各项业务工作。

为此，可以明确检验验收也可称为军检；研制过程中军方关注的项目，如固定项目提交检验，也可称军检。但在文件上是分开的。如军事代表室编制的×××项目检验验收规程，而承制单位编制的质量保证文件如检验规程，就没有“验收”二字。

《武器装备质量管理条例》规定，对实行军检的项目，应当按照规定提交军队派驻的军事代表（以下简称军代表）检验。如有些过程性环节，军方检验后虽然合格但不接收，仍返回进入生产线或研制线的设备、部件、组件等，有关文件规定为固定项目提交检验，也称为军检；检验合格接收的设备、部件、组件等有关文件规定为检验验收。

2. 验收

产品验收，一般指该产品是要输入的，这个控制产品输入的文件称为质量控制文件，如验收规程。承制单位在装备研制、生产过程中，与承制单位的配套产品、外协、外包和外购的产品，返回时都存在质量控制，这个控制产品输入的文件就是质量控制文件，如验收规程或复验规程。

3. 检验和验收的含义

产品检验的项目属于承制单位应向合同监管机构或上一层次单位交代的项目，经相关文件检验合格后可以交付。该检验文件就是质量保证文件，即检验规程。也就是说，用检验规程检验合格的产品，具有质量保证作用。

验收项目属于承制单位应接收的项目，其检验文件及验收规程属于质量控制文件之一。

不论是质量保证文件还是质量控制文件都属于检验文件，对于此类文件，GJB 1687A 规定，在实施前都应组织内部评审，即应当以产品规范为审核准则，对有关产品验收要求（如产品最终检验和试验规范或规程）进行评审，以确定产品检验或验收要求符合相关要求。

4. 检验和验收的一般要求

（1）承制单位设计人员应根据产品特点编制关键件（特性）、重要件（特性）和关键过程检验规范，经评审后由质量部门（或检验部门）组织编制检验规程，经质量部门负责人批准实施。

（2）承制单位应编制检验规程（或作业指导书），当工艺人员实施工序质量控制时，检验规程可以是工艺规程的一部分，工艺规程属于工序质量控制文件

(如:《武器装备质量管理条例》规定,武器装备研制、生产单位应当对产品的关键件或者关键特性、重要件或者重要特性、关键工序、特种工艺编制质量控制文件)。

(3) 承制单位应建立并保持检验记录,并规定记录的格式和内容。检验记录应能提供产品实现全过程的完整质量证据,并能清楚地表明产品满足规定要求的程度。

(4) 承制单位应根据产品特点和管理要求,编制检验日常报告和定期报告,对检验日常报告和定期报告的格式及内容做出明确规定。

5. ×××检验项目汇总

关键工序检验、CI 检验、固定项目提交检验、产品最终检验、装机前检验、首件检验项目汇总,如表 2-17 所列。

表 2-17　×××检验项目汇总表

类别＼项目	子类别	数量	检验项目名称	检验依据	检验文件	检验方式
过程检验	关键工序检验					
	装机前检验					
首件检验	数控检验					
	非数控检验					
军检	固定项目提交检验					
	CI 检验					
	产品最终检验					

6. ×××验收项目汇总

与承制单位的配套产品和承制单位外包产品、外协产品、采购产品的验收汇总,如表 2-18 所列。

表 2-18　×××验收项目汇总表

类别＼项目	子类别	数量	检验项目名称	检验依据	检验文件	检验方式
进货检验	配套					
	采购					
	外包					
	外协					
	自制件					
—	—					
	—					

7. 单项检验/验收项目明细

对于单项检验/验收项目的汇总,如表 2-19 所列。

表 2-19 单项检验/验收项目汇总表

序号	检验/验收项目名称	数量	图(件)号	检验/验收依据	检验/验收文件	检验/验收方式
1						
2						
…						

第三节 技术状态文件的编制

技术状态项的文件俗称技术状态文件,其定义为:“规定技术状态项的要求、设计、生产和验收所必须的技术文件。技术状态文件分为功能技术状态文件、分配技术状态文件、产品技术状态文件。这三种技术状态文件,在不同的研制阶段进行编制、批准和保持,且在内容上逐级细化”。定义中明确规定,技术状态文件是规定技术状态项的要求所必须的文件,也就是说,只有技术状态项才编制技术状态文件,其他项目则根据其自身情况,编制其所必须的技术文件。

一、技术状态文件概述

技术状态文件就是技术状态项文件。技术状态文件编制也就是对六个规范的编制。

编制六个规范一定要知其来由,要明确产品的层次、状态文件的重要性以及承制单位与合同监管机构双方对文件编写的目的、统一性、协调性、适用性等的要求,经正式评审确认或批准后,纳入装备研制阶段的研制合同,相互监督实施。

(一) 研制项目的专用规范

研制项目的专用规范规定特定武器装备研制项目的系统、分系统(含子系统)、设备、计算机软件、材料和工艺应符合的要求及其符合性判据等内容的技术状态文件,其一般分为系统规范、研制规范、产品规范、软件规范、材料规范和工艺规范等六类,统称为武器装备研制项目的专用规范。它代表选定的技术状态项建立的技术状态基线,即功能基线、分配基线和产品基线,作为其后技术状态控制的依据。

功能基线主要由批准的系统规范构成;分配基线主要由批准的研制规范构成;产品基线主要由批准的产品规范、重要特殊原材料或半成品(例如新材料)的材料规范、重要特殊工艺(例如专用的新工艺)的工艺规范构成。对软件规范而言,软件需求规格说明和接口需求规格说明属研制规范范畴,而软件产品规格说明则属产品规范范畴。

（二）合同监管机构与承制单位共享文件

专用规范是一组旨在规定明确而无歧义的条款，促进合同监管机构与承制单位的沟通，以获得符合实体要求、双方共同满意并实施的技术状态文件。为此，专用规范应做到：

（1）内容完整、全面、系统、贴切地反映系统工程过程的输出对实体的要求，既无遗漏，也无冗余；

（2）技术先进，充分考虑最新技术水平，同时又要考虑继承性、可行性和经济性；

（3）为提高研制成功率和研制工作效率，具有满足实体研制范围所需的系统性和完整性；

（4）无歧义，内容应清楚、准确、相互协调，逻辑性强；

（5）表述简单、明了、易懂，为未参加其编制的相关人员所理解。

（三）文件的统一性、协调性

武器装备研制的相关法规和标准要求，对同一武器装备研制项目内的各类专用规范的文体应统一，类似条文应采用类似措辞，相同条文应采用相同措辞；同一武器装备研制项目内的各类专用规范所用的术语以及符号、代号应统一；同一术语应指称同一概念，同一概念应使用同一术语表述；选用的每个术语应只有唯一的含义。

相关法规和标准还规定，专用规范的要求应与相关基础通用标准的相应条款协调一致，同一武器装备研制项目内的各类专用规范间的相关内容也应协调一致。

在适用性方面，专用规范的每个条款应具有可操作性，便于实施，并便于引用。为了使技术状态管理的标题具有完整性，此处个别内容与《武器装备研制工程管理与监督》一书有重复，不会引起歧义，只会加强对主题的更深刻理解。

（四）专用规范的层次划分

专用规范不设部分。专用规范的第一层次为章。章下可设条，条下可再设条，依此类推，但不宜超过五层。章、条下可视情设段。条下可视情设项，章、条下只有一个段时，段下也可设项。

二、规范要素的起草规则

（一）封面

专用规范应有封面。封面一般应包括密级及保密期限、专用规范编号、文件版本号、被代替文件编号、专用规范名称及编制单位名称等内容。具体编排内容及格式按研制项目技术文件编写的有关规定执行。

（二）扉页

必要时可设扉页，摘录专用规范的简要技术内容，记录会签事项（栏目）、批准机构名称及批准文号等。其具体编排格式按照研制项目技术文件编写的有关规定执行。

（三）有效页目录

专用规范应设有效页目录，一般应包括页码、版次号和出版日期等内容。具体编排内容及格式按照研制项目技术文件编写的有关规定执行。

（四）目次

专用规范的内容超过 15 页时，宜设目次。该要素应以“目次”为标题，并在其下依次列出下列要素及其所在页码，但不应列出“说明事项”一章中的术语及其条号：

（1）前言。

（2）引言。

（3）章号及其标题。

（4）相应章下的条号及其标题（视需要而定，但不宜包括第四层及以下层次的条，不应列入无标题的条）。

（5）附录编号及其标题（应在圆括号中注明附录的性质）。

（6）相应附录下的章号及其标题、条号及其标题（视需要而定，但不宜包括第四层及以下层次的条，不应列入无标题的章和条）。

（7）参考文献。

（8）索引。

（9）图号及图题（视需要而定，也可另起一面编排）。

（10）表号及表题（视需要而定，也可另起一面编排）。对每个要素，应从左至右，依次列出其编号（如有时）、完整的标题及所在页码。编号一律左对齐。编号与标题之间空一个字的间隙。标题与页码之间用“……”连接，标题回行时顶格排。页码不加括号，右对齐。

目次应另起一面编排，编排格式见 GJB 0.3《军用标准文件编制工作导则第 3 部分：出版印刷规定》。

（五）前言

必要时可设前言，说明下列内容：

（1）与前一版本相比的重大技术变化；

（2）说明附录的性质。前言应另起一面编排，编排格式见 GJB 0.3。

（六）引言

必要时可设引言，提供有助于理解专用规范有关技术内容的特殊信息或背景资料，但不应规定要求。

引言以“引言”为标题,不编号。

引言内容需要分条叙述时,用0.1、0.2等编条号。

引言应另起一面编排,编排格式见GJB 0.3。

(七) 正文首页

正文首页应在书眉下左右居中位置编排专用规范的名称。正文首页应从单数页起排,编排格式见GJB 0.3。

(八) 专用规范名称

专用规范的名称由实体的型号(代号)和(或)名称与规范类别的名称组成。可视情由一行或分两行具名。

示例1:×××型潜艇系统规范

示例2:×××型潜艇水下警戒系统研制规范

示例3:×××型潜艇综合声纳产品规范

示例4:×××型潜艇×××软件需求规格说明

示例5:×××型潜艇×××钢材料规范

示例6:×××型潜艇总段建造工艺规范

注:装备研制进入工程研制阶段时,实体的代号应改为型号,以免在设计定型前改动,会造成不必要的损失。具体要求见GJB/Z 106A。

(九) 范围

专用规范的第1章“范围”是必备要素。

范围不应包含要求,其具体内容如下:

(1) 针对本专用规范的实体,明确其主题内容。主题内容的典型表述形式为“本规范规定了××××[标明实体的代号和(或)名称]的要求。”;

(2) 根据需要,简要描述本专用规范所针对的实体。简要描述实体在其所隶属的武器装备“工作分解结构”中的层次。必要时,可列出该实体下一层次各组成部分的代号和名称。

(十) 引用文件

1. 概述

专用规范的第2章“引用文件”只应汇总列出下列要素中“要求性”内容提及的文件:

(1) 要求(第3章)、验证(第4章)、包装(第5章);

(2) 规范性附录;

(3) 表和图中包含要求的段与脚注。

引用文件不应汇总列出下列要素中资料性内容提及的文件:

专用规范的前言、引言、范围、说明事项、资料性附录、示例、条文的注与脚注、图注、表注以及不包含要求的图和表的脚注。这些内容提及的文件可列入参考文献，见 GJB 6387 5.16。

专用规范有引用文件时，应列出其引用文件一览表，并以下述引导语引出："下列版本文件中的有关条款通过引用而成为本规范的条款，其后的任何修改单（不包括勘误的内容）或修订版本都不适用于本规范，但提倡使用本规范的各方探讨使用其最新版本的可能性。"

专用规范无引用文件时，应在"2 引用文件"下另起一行空两字起排"本章无条文"字样。

2. 引用文件的排列顺序

引用文件的排列顺序一般为：国家标准，国家军用标准，行业标准，部门军用标准，企业标准，国家和军队的法规、条例、条令和规章，ISO 标准，IEC 标准，其他国际标准。国家标准、国家军用标准、ISO 标准和 IEC 标准按标准顺序号排列；行业标准、部门军用标准、企业标准、其他国际标准先按标准代号的拉丁字母顺序排列，再按标准顺序号排列。

3. 引用文件一览表的编排

引用文件均左起空两个字起排，回行时顶格排，结尾不加标点符号。

标准编号和标准名称之间空一个字的间隙。标准的批准年号一律用四位。标准的名称不加书名号。

引用国家和军队的法规性文件时，应依次列出其名称（加书名号）、发布日期、发布机关及发布文号，每项内容之间空一个字的间隙。

（十一）要求

1. 概述

专用规范的第 3 章"要求"是必备要素，应规定实体必须满足的各项要求。通常应根据实体的使用需求、效费比等提出与满足其预定用途的能力相适应的要求，并且所提出的要求应是可验证的（一条要求就有一条验证方法，应是对应的），所规定的性能特性应是可度量的。

专用规范的第 3 章不应包括纯属合同内容的要求，如费用、交付时间或地点、保证期等，也不应包括合同管理和认证管理方面的要求。

各类专用规范第 3 章"要求"包含的要素及其编写要求参见 GJB 6387 中的 6.3、7、8.3 和 9.3。

2. 技术要求的定量表示

（1）一般情况下，每一项技术要求规定一个量值。当同一技术要求随型式或类别而不同，或要分等级时，则应分别规定相应的量值。

（2）规定量值时，应考虑与其测试方法、测试条件和测试设备的准确度等级相匹配。

（3）定量地表示技术要求时，应视情规定其量值范围、标称值（或额定值）

及其允许偏差或极限值：

① 规定标称值(或额定值)时，应优先考虑采用优先数和优先数系或模数制。规定标称值时应考虑数值的传递要求。

② 规定允许偏差时，应选择合适的偏差类别，如均方根偏差、圆概率偏差和中值偏差等。

③ 规定极限值时，应选择最合适的方式表示。或者规定上限和下限，或者只规定上限或下限。

（十二）验证

专用规范的第 4 章“验证”是必备要素，应规定所需要的所有检验要求，包括检验分类、检验条件、检验项目、检验顺序、受检样品数、合格判据、抽样方案、缺陷分类和检验方法等，以确定实体是否符合该规范第 3 章和第 5 章对其规定的所有要求。但不应包括属于合同规定的质量管理要求，例如检验职责、质量或检验大纲要求的制定、担保、不合格品管理以及承制单位对产品不合格所承担的责任等。

具体检验要求的起草参见 GJB 6387 中的 6.4、7、8.4 和 9.4。

（十三）包装

当实体要求包装时，则专用规范的第 5 章“包装”应规定防护包装、装箱、运输、贮存和标志要求。若有适用的现行标准，则应直接引用或剪裁使用。若无标准可供引用，则应根据需要规定：

（1）防护包装，包括清洗、干燥、涂覆防护剂、裹包、单元包装、中间包装等要求；

（2）装箱，包括包装箱，箱内内装物的缓冲、支撑、固定、防水，封箱等要求；

（3）运输和贮存，包括运输和贮存方式、条件，装卸注意事项等；

（4）标志，包括防护标志、识别标志、收发货标志、储运标志、有效期标志和其他标志，以及标志的内容、位置等。

有关危险品的标志要求应符合国家有关标准或条例的规定。

（十四）说明事项

专用规范的第 6 章“说明事项”不应规定要求，只应提供下列说明性信息：

（1）预定用途；

（2）分类；

（3）订购文件中应明确的内容；

（4）术语和定义；

（5）其他。

上述内容可酌情取舍，各项说明性信息应按 GJB 0.2《军用标准文件编制工作导则第 2 部分：军用规范编写规定》中 6.12.2~6.12.6 的规定编写。

（十五）附录

附录分为规范性附录和资料性附录，可根据需要设立。

规范性附录是对专用规范第3、4、5章条款的补充，与第3、4、5章的条款具有同等效力。

资料性附录提供有助于正确理解和使用专用规范的附加信息，不应包含要求。

附录的性质应在专用规范的前言中说明，在目次中标明。附录应在正文中提及。

提及规范性附录时，采用诸如“遵照附录A的规定”“见附录B”之类的措辞形式。

提及资料性附录时，采用如“参见附录C”的措辞形式。附录应另面起排，但有多个较短的附录时，附录之间也可接排。

附录的编排格式见GJB 0.3。

（十六）参考文献

参考文献汇总列出下述文件的一览表：

（1）专用规范提及但又不属于引用文件的文件（见GJB 6387中5.10.1）；

（2）专用规范编制过程中参考过的文件（必要时）。

若有参考文献，则应在最后一个附录之后，以“参考文献”为标题，在其下列出参考文献一览表。

参考文献一览表中标准和法规文件的编排见GJB 6387中5.10.3，其他文献的编排应符合GB/T 7714—2015《信息与文献　参考文献著录规则》的规定。

（十七）索引

专用规范通常不设索引，超过100页时可设索引。索引排在终结线之前。索引应按汉语拼音字母顺序，列出专用规范章、条的标题和章条号及其所在页码。

标题顶格书写，章条号位于中间，页码居右对齐，中间可视情用“……”连接。索引可视情编排成一栏或两栏。

（十八）终结线

终结线表示专用规范的内容到此终结。终结线为粗实线，长度为版面宽度的四分之一，应排在专用规范所有内容之后的左右居中位置，不应另起一面排。

三、系统、研制、产品规范的编制

系统规范、研制规范、产品规范是技术状态管理最核心的技术基线文件，三个技术基线文件在装备研制的不同阶段编制，系统规范的内容对研制规范具有传承性，研制规范的内容对产品规范具有传承性。因此，将三个规范的编制方法合并在一起讨论，有利于将三个规范的要求、内容及不同点进行比较说明。在

“要求”章节中,将研制过程中容易编写错误的环节、内容,增加了理解说明的提示,以帮助解决在装备研制实践中的错误认识和做法,同时也有益于在学习中领会。

三个规范编写的要求是,系统规范仅是系统单位或较复杂的分系统单位编制,在系统级单位的研制规范确认后,须与一般分系统和设备以下单位签订技术协议书;一般分系统和设备以下单位开始编制研制规范和产品规范等。装备研制的每一个层次,每一个技术状态项都必须编制研制规范和产品规范,产品基线的材料规范、工艺规范和软件规范应根据需要编制。

(一) 规范编制概述

(1) 系统规范描述系统的功能特性、接口要求和验证要求等,其应与《主要作战使用性能》的技术内容协调一致。系统规范一般由承制单位从论证阶段开始编制,随着研制工作的进展逐步完善,到方案阶段结束前经合同监管机构主管研制项目的业务机关正式批准,纳入方案阶段的研制合同。

(2) 研制规范描述分系统或产品的功能特性、接口要求和验证要求等。属研制规范范畴的软件规范描述软件产品的工程需求、合格性需求和验证要求及接口需求、数据要求和验证要求等,其应与《研制总要求》的技术内容协调一致。研制规范一般由承制单位从方案阶段开始编制,随着研制工作的进展逐步完善,到工程研制阶段技术设计结束前经合同监管机构主管研制项目的业务机关正式批准,纳入工程研制阶段的研制合同。

(3) 产品规范描述产品的功能特性、物理特性和验证要求等。属产品规范范畴的软件规范描述软件产品(含用于产品中的软件)的软件设计与编译/汇编程序和验证要求等。

(二) 范围

三个规范的第1章“范围”是必备要素。

1. 主题内容

范围不应包含要求,其具体内容如下:

针对本专用规范的实体,明确其主题内容。主题内容的典型表述形式为“本规范规定了××××[标明实体的代号和(或)名称]的要求。”。

2. 实体说明

根据需要,简要描述本专用规范所针对的实体。简要描述实体在其所隶属的武器装备“工作分解结构”中的层次。必要时,可列出该实体下一层次各组成部分的代号和名称。

(三) 引用文件

1. 概述

三个规范的第2章“引用文件”只应汇总列出下列要素中“要求性”内容提

及的文件：

（1）要求（第3章）、验证（第4章）、包装（第5章）；

（2）规范性附录；

（3）表和图中包含要求的段与脚注。

引用文件不应汇总列出下列要素中资料性内容提及的文件：

三个规范的前言、引言、范围、说明事项、资料性附录、示例、条文的注与脚注、图注、表注以及不包含要求的图和表的脚注。这些内容提及的文件可列入参考文献（见GJB 6387中5.16）。

三个规范有引用文件时，应列出其引用文件一览表，并以下述引导语引出：“下列版本文件中的有关条款通过引用而成为本规范的条款，其后的任何修改单（不包括勘误的内容）或修订版本都不适用于本规范，但提倡使用本规范的各方探讨使用其最新版本的可能性。”

三个规范无引用文件时，应在“2 引用文件”下另起一行空两字起排“本章无条文”字样。

2. 引用文件的排列顺序

引用文件的排列顺序一般为：国家标准，国家军用标准，行业标准，部门军用标准，企业标准，国家和军队的法规、条例、条令和规章，ISO标准，IEC标准，其他国际标准。国家标准、国家军用标准、ISO标准和IEC标准按标准顺序号排列；行业标准、部门军用标准、企业标准、其他国际标准先按标准代号的拉丁字母顺序排列，再按标准顺序号排列。

3. 引用文件一览表的编排

每项引用文件均左起空两个字起排，回行时顶格排，结尾不加标点符号。标准编号和标准名称之间空一个字的间隙。

标准的批准年号一律用四位。标准的名称不加书名号。

引用国家和军队的法规性文件时，应依次列出其名称（加书名号）、发布日期、发布机关及发布文号，每项内容之间空一个字的间隙。

（四）要求

1. 作战效能/功能

本条规定：

（1）作战使命任务。根据作战需求，规定实体预期完成的任务、行动或活动。

（2）作战使用的方式。根据作战使命任务，规定实体使用的指挥关系、协同方式、人员编成及各种状态与方式等。需要实体以一个以上的状态或方式运行时，本条宜明确相应状态与方式，诸如空载、准备、战斗（工作）、训练、紧急备用、平时与战时等。宜采用表格描述状态与方式同各项要求间的关系。

2. 性能

本条规定有关表征实体能力的指标要求,包括相应的参数及其使用条件下的允许偏差,以表征实体应具备的能力。例如飞机的作战半径,雷达的射频工作频率,通信装备的地域覆盖能力,导弹的射程、命中精度和突防能力,舰船的稳性、航速和续航能力,火炮的口径与射程,坦克的装甲防护能力等。适用时,还要规定实体在意外条件下所需具备的运行特征、防误操作措施,以及在紧急情况下保证连续运行所需要的各种预防措施。

3. 作战适用性/通用质量特性

本条规定实体的作战使用特性,可根据实体的作战功能从下列参数中选取适用的参数:

(1) 战备完好性参数,通常有下述几种:

① 固有可用度 A_i 与使用可用度 A_o,即实体在任一随机时刻需要和开始执行任务时,处于可使用状态的程度;

② 装备完好率,例如资源准备完好率或待机准备完好率;

③ 能执行任务率,例如飞机的出动架次率、舰船的在航率等。

(2) 任务成功性参数,通常有下述几种:

① 任务可靠度 R,即实体在规定的任务剖面条件下和规定的一个时间周期内完成基本任务功能的概率,诸如行使可靠度、发射可靠度、飞行可靠度、运载可靠度、待命可靠度、贮存可靠度等;

② 任务成功率,即实体在规定的任务剖面内完成规定任务的概率。

(3) 使用寿命 L_{se},即实体从首次使用直至退役之间的时间长度或循环次数。

4. 环境适应性

本条规定实体在运输、贮存、维护保养和使用中适应预期环境的能力,以其寿命周期内预期经历的环境条件描述。

(1) 自然环境:

① 气象条件,诸如温度、湿度、盐雾、砂尘、霉菌、雨、雷电、风、压力、雪、冰、霜等;

② 水文条件,诸如水深、海流、潮汐、温度与密度、盐度、风浪、波高与周期、表层流速及流向等;

③ 地理条件,诸如经纬度、江河、湖泊、地形、森林、沼泽、桥梁、道路、海拔高度等。

(2) 特殊环境,包括实体在未来战争中可能经受的由于使用核、化学、生物、电磁、光波与激光等武器所造成的环境效应。

(3) 诱发环境,包括实体在作战、训练、试验、运输、贮存等过程中可能经受的冲击、振动、倾斜、摇摆、噪声、高温等。

5. 可靠性

本条规定实体在无故障、无退化或不要求保障系统保障的情况下执行其功能的能力。实体的可靠性定量要求用相应的可靠性参数指标表示。可靠性参数宜按 GJB 1909A《装备可靠性维修性保障性要求论证》的规定选取。确定可靠性指标时,应明确:

(1) 寿命剖面;

(2) 任务剖面;

(3) 故障判别准则;

(4) 维修方案及维修级别;

(5) 验证时机、验证方法,还包括置信水平、接受和拒收判据;

(6) 达到指标的时间或阶段;

(7) 其他假设或约束条件。

初次规定可靠性定量要求时,可用目标值和(或)门限值表示。在研制合同或技术协议书中,保障性设计特性参数应为规定值和最低可接受值。

理解说明:

初次规定可靠性定量要求时,可用目标值和(或)门限值表示。它是一种设计值。但在研制合同或技术协议书中,保障性设计特性参数应为规定值和最低可接受值。用目标值和(或)门限值的错误表示往往来源于研制总要求的讨论稿,认为研制总要求就是这样写的,技术协议书也这样写的不会有错,实际上是不对的。

GJB 3872 早在 1999 年对六性指标的确定原则是,在论证阶段,应根据使用的方案、费用约束、基准比较系统和初始的保障方案等拟定初步的系统战备完好性参数、保障性设计特性参数、保障系统及其资源参数的目标值和门限值(至少应有门限值)。在方案阶段结束时,应最后确定一组相互协调匹配的系统战备完好性参数、保障性设计特性参数、保障系统及其资源参数的目标值和门限值(至少应有门限值),并应将保障性设计特性参数的目标值和门限值分别转换为规定值和最低可接受值。因此,产品在定型时,合同监管机构是按合同及技术协议书的规定值和最低可接受值考核的。

6. 维修性

本条规定实体在规定的维修条件下和规定的维修时间内,按规定的程序和方法进行维修时,保持和恢复到规定状态的能力。

实体的维修性定量要求用相应的维修性参数指标表示。

维修性参数宜按 GJB 1909A 的规定选取。确定维修性指标时,应明确 5. 可靠性中(1) ~(7) 的各项内容。初次规定维修性定量要求时,可用目标值或门限值表示。

理解说明：

同第5条。

7. 保障性

本条规定实体满足平时战备要求能力及战时使用要求能力的设计特性和计划保障资源，并以相应的保障性设计参数与保障资源参数指标表示。

保障性设计参数及保障资源参数宜按GJB 3872规定的原则进行选取，指标从战备完好性要求导出。

初次规定保障性定量要求时，可用目标值或门限值表示。

理解说明：

同第5条。

8. 测试性

本条规定实体易于及时、准确地检测其状态（可工作、不可工作或性能下降）的能力和隔离其内部故障的能力。

实体的测试性参数宜按GJB 1909A的规定选取。

确定测试性指标时，应明确与检测、隔离和报告故障等有关的诊断能力，其主要包括：

（1）机内测试；

（2）自动测试；

（3）手工测试；

（4）维修辅助措施；

（5）技术资料；

（6）人员和培训；

（7）其他。

规定测试性定量要求时，可以单个产品为对象确定相关的参数指标；条件具备时，可以系统为对象综合确定相关的参数指标，以满足系统的任务要求。

理解说明：

同第5条。

9. 耐久性

本条规定实体在规定的使用与维修条件下，直到极限状态前完成规定功能的能力。

实体的耐久性定量要求可视情采用下述多个适用的参数指标表示：有用寿命、经济寿命、贮存寿命、总寿命、首翻期与翻修间隔期限等。确定耐久性指标时，应明确：

（1）实体的类别及使用特点（例如具有耗损失效特征）；

(2) 实体所采取的维修方案或贮存方案。

规定耐久性寿命参数的定量要求时,还应综合权衡实体的极限状态和经济性。

10. 安全性

本条规定:

(1) 实体在规定条件下和规定时间内,以可接受的风险执行规定功能的能力。实体的安全性定量要求可用总事故风险参数指标表示。总事故风险参数指标由实体各类事故风险参数指标之和统计确定。风险参数指标不能量化时,采用风险分析方法对灾难、严重、轻度、轻微等四个事故严重性等级的事故发生概率做出预估。

(2) 实体防止危害性事故发生的设计限制条件,主要包括:

① 实体为保护自然环境、人员、设备及信息安全所应固有的安全性特征;

② “失效保险”和紧急操作的限制条件;

③ 健康与安全准则,包括考虑有害物质、废料与副产品的毒害效应、离子化与非离子化辐射及其对环境造成的影响;

④ 软件预防无意识动作或非动作的措施;

⑤ 各类机械、电气设备在安全措施方面所用的各类探测报警装置等;

⑥ 核安全等特定的安全规则。

11. 信息安全

本条规定:

(1) 实体在警戒、情报、指挥、控制、通信和对抗等重要系统中,以可接受的风险执行规定功能的能力。实体信息安全的定量要求可用信息泄露率参数指标和数据完整性(表明数据未遭受以非授权方式所做的篡改或破坏)要求表示。

(2) 实体为确保信息安全的设计要求和措施,主要包括:

① 密码保护。根据实体所涉信息的密级,采取相应级别的密码保护措施及密钥管理措施。

② 安全保护。根据实体所涉信息的密级,采取加扰、屏蔽等安全防护措施,防止明信息流或纯密钥流输出。

③ 计算机安全。根据实体所涉信息的密级,对实体中配置的计算机机内软件和信息进行安全隔离,并采用存储管理、容错、防病毒、防入侵、防复制等保护措施。

④ 访问控制。限定数据系统的访问权和被访问权,采取必要的访问控制手段。

⑤ 信息交换控制。根据交换信息的密级,制定相应的加密协议和数据验收协议。

⑥ 人员控制。对涉密人员进行必要审查，确保人员可信。

12. 隐蔽性

本条规定实体的物理场不易被敌方发现、跟踪、识别的能力。

实体的隐蔽性定量要求可视实体的具体情况，以下述一个或数个物理场强度的参数指标表示：雷达波反射、电磁辐射、声辐射、光辐射、红外辐射、放射性辐射、磁特性、声目标强度、压场、流场、暴露率等。

确定隐蔽性要求时，应明确：

（1）实体与其相关物理场的技术状态；

（2）实体与其相关物理场的隐蔽或伪装措施。

13. 兼容性

本条规定：

（1）实体与其处于同一系统或同一环境中的一个或多个其他实体互不干扰的能力，包括以下列相应参数指标表示的电磁兼容性定量要求、声兼容性定量要求和火力兼容性定量要求：

① 根据实体的使用环境和 GJB 151A《军用设备和分系统电磁发射和敏感度要求》、GJB 1389A《系统电磁兼容性要求》等标准的要求，确定实体在规定频率范围内的电磁发射和敏感度的电磁兼容性定量要求。

② 根据实体的使用环境和有关噪声检验标准的要求，确定实体在规定频率范围内的噪声限值和抗背景噪声能力的声兼容性定量要求。

③ 根据实体的使用环境和武器、弹药的变动特性与空间状态，确定实体在规定的作战战术原则下所需的时间安全域和空间安全域的火力兼容性定量要求。

（2）实体与其所在系统内的其他实体同时存在或同时工作时，不对其他实体发生干扰的能力或能防止危害性事故发生的能力，以及实现这一能力所需的下列设计限制条件：

① 实体在不同状态与方式下开启的时间特性及频率工作范围；

② 实体对其周围人员、装备、燃油、电子器件危害的界限；

③ 实体对其天线布置、电缆敷设、线路排列、信号处理等方面的限制；

④ 实体在其布置、屏蔽、隔振、阻尼、隔声、消声、吸声等方面需要采取的措施；

⑤ 实体对各类报警装置选用的限制；

⑥ 实体对其周围武器使用优先级别的确定；

⑦ 实体软硬件需要有效采取的安全控制措施等。

14. 运输性

本条规定实体通过各种运输工具实施输送的固有能力。实体的运输性要求可用实体为实施其有效输送而需要的运输方式、运输工具、流动路线、部署地点和装卸能力表示。

理解说明：

确定运输性要求时，应明确：

（1）采用的运输设施；

（2）实体要素和保障项目的限定条件；

（3）运输性试验在产品定型前做一次，代表定型批运输性试验情况，运输性试验不满足要求，产品不能定型；例行试验的每批抽一套（台）做运输性试验，代表例行试验批运输性试验情况，运输性试验合格，整批产品可以交付，否则不能交付。

15. 人机工程

本条规定实体和与之相关的人与环境的要求，以及三者之间的相互关系、相互作用与相互协调的方式，以最优组合方案获取最佳综合效能。

实体的人机工程要求，包括通用要求和专用要求。根据实体的使用状况和GJB 2873《军事装备和设施的人机工程设计准则》等标准的要求，确定人机接口要求、人员工作环境（含照明、颜色、温度、湿度、噪声、冲击、振动等）要求和人员工作强度要求等人机工程通用要求。

对于可能引起特别严重后果的特定区域或特定实体的下述因素提出人机工程专用要求：

（1）操作十分灵敏或功效十分关键之处，对操作者的约束，对操作者的信息处理能力与极限要求；

（2）正常和极端条件下可预见错误（例如关键信息的输入、显示、控制、维护与管理）的预防与纠正要求；

（3）实体处在系统总体特定环境（包括保障环境、训练环境和作战环境）下所需的特殊要求。

16. 互换性

本条规定实体在尺寸和功能上与其他一个或多个产品（包括零部件）能够彼此互相替换的能力。

实体的互换性要求可用实体实行产品（包括零部件）互换或代用的组装层次表示。

确定互换性要求时，应明确：

（1）实体的设计条件；

（2）完成实体规定层次的替换所需的时间。

理解说明：

实体的互换性要求，六个层次产品所提的要求、术语、试验的方法都是不一样的。因此，互换性试验对于系统、设备和器件的做法也是不一样的，即互换性试验有替换试验、互换试验和代用验证试验三种方式。

系统或重要分系统单位或产品，在规范性文件中提出的要求是如何替换的？如何做替换试验？替换试验如何实施检验等。

设备单位或产品，在规范性文件中提出的要求是如何互换的？如何做互换试验？互换试验如何实施检验等。

代用试验一般指国内新研制产品如何代用国外产品的试验。在规范性文件中提出的要求是如何代用的？如何做代用试验？代用试验的检验项目、要求等。

上述三种试验的要求、样件的抽取比例、检验的方法都是不一样的。以设备级产品做互换性试验检验为例，首先必需由合同监管机构代表在一批合格的产品中，任意抽取两件，将机内预定的互换项目进行互换后测试，符合指标要求后，再恢复原状退回到批次中，表示本批产品的互换性试验过关，该批产品能交付。

17. 稳定性

本条规定实体控制理化性能变化以满足其预定用途及预定寿命所必需的能力。

实体的稳定性定量要求可用实体的抗老化、抗腐蚀、抗倾覆等参数指标表示。

确定稳定性定量要求时，应明确：

（1）实体的各种稳定性所对应的该实体的理化性能；

（2）实体的环境适应性；

（3）实体的贮存寿命与使用寿命。

18. 综合保障

（1）本条规定实体的保障要求，以及与之相互匹配的保障系统的要求。实体的保障要求包括维修规划和设计接口；保障系统包括实体在其寿命周期内使用和维修所需的所有保障资源。

（2）规定实体的维修规划时，应明确：

① 实体的维修方案，包括实体预定维修级别划分、维修策略和各维修级别的主要任务；

② 实体的维修计划，包括每一级别的维修工作所需的保障资源、维修程序和维修方法等实施实体维修的说明。

（3）规定实体的设计接口时，应依据实体的保障性设计参数和保障资源参数，提出实体的保障性设计和保障系统设计两者间的设计接口要求。

（4）规定实体的保障资源要求时，应明确：

① 保障设备要求。提出保障实体的使用和维修所需通用保障设备和专用保障设备的类型、功能、性能、数量和编配关系等要求。

② 供应保障要求。针对初始供应保障和后续供应保障,提出供应品的供应方法、贮存地点及分布,备品、备件和专用工具的提交要求等。

③ 包装、装卸、贮存和运输要求。参照 GJB 1181《军用装备包装、装卸、贮存和运输通用大纲》的规定,提出关于实体及其保障设备、备品、供应品等的包装、装卸、贮存和运输的所需资源、过程、方法及设计等要求。

④ 计算机资源保障要求。提出保障实体中计算机系统的使用和维修所需的设施、硬件、软件、人力和人员等方面的约束条件,例如采用的计算机语言、软件开发环境等。

⑤ 技术资料要求。提出保障实体的使用和维修所需的技术资料的要求及有关约束条件。

⑥ 保障设施要求。提出与实体的研制方案和使用的方式相适应的各类必需的建筑物与配套装置的要求及其相关约束条件。

⑦ 人力和人员要求。提出平时和战时保障实体的使用、维修与管理所需人员的数量及其文化程度、专业及技能等要求。

⑧ 训练和训练保障要求。提出训练要求、训练责任、训练器材的种类及其数量要求、训练方式与训练计划等。

19. 接口

(1) 本条规定实体的外部接口和内部接口,即规定本实体与其他一个或数个实体之间,以及本实体内部各组成部分之间的共同边界上需要具备的诸多特性,诸如功能特性、电气电子特性、机械特性、液压气压特性、光学特性、信息特性、软件特性等。

规定接口时,应尽量采用标准接口或通用接口,少用专用接口。并要说明接口要求,明确其作用或用途。可能时,量化地规定各个接口的要求。若不同的工作状态有不同的接口要求,则要对不同的工作状态提出相应的接口要求。每一外部、内部接口应以名称标明,且宜引用相应的标识文件(例如接口控制文件),并可采用外部、内部接口图做出说明。接口要求也可制定为单独的文件,供本条引用。

(2) 实体外部接口的主要内容包括:

① 确定实体接口优先顺序;

② 有关接口型式实现的要求;

③ 与实体相互配合所需要的各种接口特性。

(3) 对由设计确定的内部接口,应说明设计确定所考虑的各种主要因素及接口型式;对由强制确定的内部接口,包括下列主要内容:

① 需要执行的标准或文件的名称、版次及主要相关内容;

② 有关接口型式实现的要求;

③ 与实体内部各组成部分相互配合所需要的各种接口特性。

20. 经济性

(1) 本条规定实体在满足项目经济承受性条件下实现任务目标的能力。

(2) 规定实体的经济性要求时,应通过对下列项目费用的测算,进行全寿命周期费用分析:

① 研制成本(含论证费用);

② 生产成本;

③ 使用与保障费用;

④ 退役与处置费用。

21. 计算机硬件与软件

本条规定:

(1) 实体对计算机硬件的要求,主要包括:

① 处理器的最大许用能力;

② 主存储器的能力;

③ 输入/输出设备的能力;

④ 辅助存储器的能力;

⑤ 通信/网络能力;

⑥ 故障检测、定位、隔离以及必要的冗余能力。

(2) 实体对计算机软件的要求,主要包括:

① 软件运行能力。包括响应时间、目标处理批数、数据处理精度、目标指示精度等。

② 综合显示能力。以数据或标准图形符号的形式显示各种目标特性。

③ 运行周期时间。软件全功能、满负荷运行周期所需的时间。

④ 灵活性。当实体功能降级重组或某组成部分发生故障时,软件仍能支持实体降功能或全功能运行。

⑤ 实时性。不可重入的任务执行时间。

⑥ 可移植性。软件从一个计算机系统或环境转移到另一个计算机系统或环境的容易程度。

⑦ 可测试性。测试准则的建立及按准则对软件进行评价的程度。

⑧ 人机界面。用户与计算机之间的接口状态。

(3) 实体对与计算机配套使用的相关设备的选择要求,例如服务器、适配器、控制器和路由器等。

理解说明:

当产品中软件较为复杂时,应单独将软件识别为技术状态项,或是单独形成软件文档,本条中可列出产品中软件的组成,即软件数量、各软件名称、各软件版本、各软件形成的文档和各软件配置的信息等。

22. 尺寸和体积

本条规定实体在外形尺寸和体积上的限制性定量要求、允许偏差与配合要求。必要时还应规定实体的体积中心位置要求。

23. 重量

本条规定实体在重量上的限制性定量要求、允许偏差与配合要求。必要时还应规定实体的重心位置要求以及实体各组成部分的重量要求。

24. 颜色

本条从安全性、警示性、隐蔽性、耐脏性、协调性、舒适性和美观性等方面的要求出发,规定实体颜色的限制性要求。

可能时,规定对应的定量要求,例如孟塞尔明度。

25. 抗核加固

本条对于有可能在受核攻击的情况下执行关键任务的实体规定抗核加固要求。

26. 理化性能

本条规定实体的理化性能要求,诸如成分、浓度、硬度、强度、延伸率、热膨胀系数、电阻率以及其他类似性能等。

27. 能耗

本条规定实体直接消耗能源的品种、参数及能耗指标。必要时还规定实体重要组成部分的能耗指标。

28. 材料

本条依据实体的预定用途与性能,以及人体健康与环境保护的要求,规定实体所用材料的下列限制性要求或预防性措施要求:

(1) 性能要求,例如抗拉强度、硬度、冲击值、疲劳强度等;

(2) 防腐性要求;

(3) 阻燃性要求;

(4) 防电化学腐蚀要求;

(5) 无毒或低毒要求;

(6) 时效性要求。

29. 非研制项目

本条规定实体采用非研制项目(含标准零部件、组件)的要求。

30. 外观质量或加工质量

本条规定实体的表面粗糙度、波纹度、防护涂镀层、缺陷、锈蚀、毛刺、机械伤痕、裂纹、表面加工的均匀性、一致性等外观质量以及感官方面的要求。提出的要求应能确切反映对实体外观质量的需要,并能作为判断实体外观质量是否合格的依据。

31. 标志和代号

本条规定实体的标志和代号的要求，包括：

(1) 标志的位置、内容及其顺序和制作方面的要求。标志的位置应明显。标志的内容主要包括：

① 实体的型号或标记；

② 制造日期或生产批号。

(2) 代号的编号方法、含义及印制要求。代号应简短，一般不超过 15 个字符。

(3) 适用时，功能或标识码专用代号(例如有颜色的文字、线条、圆点)的含义以及实体上打印或压印字符(例如标准合金牌号或条形码)的含义。

32. 主要组成部分特性

必要时，本条下设若干下一层次的条，分别规定实体各主要组成部分的性能特性要求和物理特性要求，并明确说明构成各主要组成部分的零部件、组件在其交付和安装之后可能需要进行的检验。

33. 图样和技术文件

本条包括类似于下述的说明性内容：应对×××(实体名称)提供下列生产(含加工和装配)用的生产图样和技术文件(含编号及名称)。

34. 标准样件

适用时，本条规定标准样件，说明标准样件所应展示的具体特性以及从该标准样件上能观察到这些特性的程度。标准样件应尽量少用，应只用来描述或补充描述下述品质和特性：由于没有详细的试验程序或设计数据而难以描述的；或难以用其他方式描述或准确表述的，例如皮毛的纹理、织物的颜色或木材的细度等。

(五) 验证

1. 检验分类

1) 确定检验分类的基本原则

应根据实体的特点、约束条件，以往检验类似实体的实践经验等选择合适的检验类别及其组合。确定检验分类时应遵循以下原则：

(1) 具有代表性，能反映实际的质量水平；

(2) 具有经济性，有良好的效费比；

(3) 具有快速性，能及时得出检验结果；

(4) 具有再现性，在相同条件下能重现检验结果。

2) 检验类别的划分

检验类别可分为以下三大部分：

(1) 研制试验与评定，如设计验证；

（2）使用试验与评定：

① 初始使用试验与评定，如模拟试验；

② 后续使用试验与评定，如定型（鉴定）试验。

（3）生产验收试验与评定，如首件检验、质量一致性检验、其他类别检验与包装检验等。

3）检验分类的表述

确定的检验类别及其组合应采用下述表述形式：

“4.1　检验分类

本规范规定的检验分类如下：

① ……（见 4.×）；

② ……（见 4.×）；

③ ……（见 4.×）。”

2. 检验条件

（1）检验条件的主要内容如下：

① 被试实体状态，包括技术状态、配套要求、安装调试要求等；

② 试验环境，包括气候环境、地理环境及特定环境等；

③ 试验场地，包括场地的二维或三维尺度、场地的物理属性等；

④ 试验保障，包括保障设施、安全保障及兵力保障等。

（2）检验条件应采用下列表述形式：

“4.×　检验条件

除另有规定外，应按×××（标明相应试验方法标准号与章条号或本规范相应的章条号）规定的条件进行所有检验。”

或

“4.×　检验条件

除另有规定外，应在下列条件下进行所有检验：

① ……；

② ……；

③ ……。”

（3）设计验证。

若需通过设计验证来验证设计方案是否满足实体技术要求，可采用模型和仿真验证、演示验证和系统联调试验等，本条则规定检验项目、检验顺序、受检样品数及合格判据。宜用表列出检验项目、相应的规范第 3 章要求和第 4 章检验方法的章条号。

（4）模拟试验。

若选择了模拟试验，则应模拟威胁条件，并在模拟平时和战时两种条件下由典型的操作人员使用和维修的系统或产品项目上进行，本条则规定检验项目、检验顺序、受检样品数及合格判据。宜用表格列出模拟试验检验项目、相应的规范第 3 章要求和第 4 章检验方法的章条号。

(5) 定型(鉴定)试验。

若选择了定型(或鉴定)试验，本条则规定检验项目、检验顺序、受检样品数及合格判据。宜用表列出定型(或鉴定)检验项目、相应的规范第 3 章要求和第 4 章检验方法的章条号。

(6) 首件检验。

若选择了首件检验，本条则规定检验项目、检验顺序、受检样品数及合格判据。宜用表列出首件检验项目、相应的规范第 3 章要求和第 4 章检验方法的章条号。

(7) 质量一致性检验。

在编写质量一致性检验项目时，应注意下面几个问题：

① 若选择了质量一致性检验，本条则规定检验项目、检验顺序、受检样品数及合格判据。宜用表列出质量一致性检验项目、相应的规范第 3 章要求和第 4 章检验方法的章条号，且能相互对应。

② 质量一致性检验是否分组，分几个组，应视情确定。质量一致性检验组别划分的一般原则应依据 GJB 0.2 的附录 C。

③ 质量一致性检验组别划分的一般原则分为四组。其划分的一般原则及理解说明如下：

a. **A 组检验**。A 组检验是为证实产品是否符合规范要求面对一个检验批中的样品或生产的全部产品所进行的非破坏性试验。其用来检查那些最易受生产工艺或生产技能变化影响的特性，以及对于达到预定要求至关重要的性能。经过 A 组检验的样品可作为产品交付。

理解说明：

A 组检验一般为全数检验。但对于有些不可能全数检验的产品，如子弹的检验，只能要求面对一个检验批中的样品(百分比抽样)。

b. **B 组检验**。B 组检验一般是比 A 组检验更复杂或需要更多试验时间的一种非破坏性试验。B 组检验用来检查那些受零部件和设备质量影响较大，而受生产工艺或生产技能影响较小的特性，以及那些要求特殊工装或特殊环境的性能。所需的受试样品数量比 A 组少，经过试验的样品稍加整修或不加整修即可作为产品交付。

理解说明：

B 组检验一般为互换性试验检验。互换性试验检验对于系统、设备和器件的做法是不一样的，即互换性试验检验有替换、互换和代用三种方法。上述检验仅仅是指替换试验检验。设备级单位做互换性试验检验时，必需由合同监管机构代表在一批合格的产品中，任意抽取两件，将机内预定的互换项目进行互换合格后，退回到批次中，表示本批产品的互换性试验过关，该批产品能够交付。

c. **C 组检验**。C 组检验一般是周期性的破坏性试验（电子产品应具体分析）。其用来定期检查那些与产品设计及材料有关的特性。C 组检验通常要求模拟工作环境（进行环境试验），所需的受试样品数量比 B 组检验少，而且与生产量或生产周期有关。经 C 组检验的样品须做较大整修后才能作为产品交付。

理解说明：

C 组检验一般为环境例行试验检验。环境例行试验是为考核生产过程稳定性，按规定的环境项目和顺序及环境条件，定期或定数对批生产装备（产品）的样本进行的环境检验。它是批生产例行（型式）试验的组成部分。

d. **D 组检验**。D 组检验是一种破坏性试验，或者是一种要消耗全部或相当大一部分设计使用寿命的长时间试验。D 组检验只能在少数样品上进行。受试样品数量与生产量或生产周期有关。经过 D 组检验的样品，经合同监管机构同意，完成整修后可作为产品交付。不可修复的样品不能作为产品交付。

理解说明：

D 组检验一般为装备研制后期的可靠性验收试验。但在现行研制装备过程中，装备的可靠性试验只做了定型前的可靠性鉴定试验，定型后的可靠性验收试验，做过的承制单位甚少。

（8）其他类别的检验。

若选择了其他类别的检验，例如型式检验、例行检验、出厂检验、交收检验等，本条则规定检验项目、检验顺序、受检样品数及合格判据。宜用表列出检验项目、相应的规范第 3 章要求和第 4 章检验方法的章条号。

（9）包装检验。

若需要对包装件进行检验，本条则规定检验项目、检验顺序、抽样方案、检验方法及合格判据。

理解说明：

包装检验并非仅仅对包装件进行检验。包装规定了防护包装、装箱、运输、贮存和标志的内容和要求。因此，应根据需要规定：

① 防护包装检验。包括清洗、干燥、涂覆防护剂、裹包、单元包装、中间包装等检验内容及要求。

② 装箱检验。包括包装箱，箱内内装物的缓冲、支撑、固定、防水，封箱等检验内容及要求。

③ 运输和贮存检验。包括运输和贮存方式、条件，装卸注意事项等检验内容及要求。

④ 标志检验。包括防护标志、识别标志、收发货标志、储运标志、有效期标志和其他标志，以及标志的内容、位置等检验内容及要求。

有关危险品的标志要求应符合国家有关标准或条例的规定。

（10）复验。

若需要，本条则规定复验规则，例如允许复验的项目、条件、次数及结果的判定等。

（11）抽样。

若检验采用抽样，本条则确定：

① 组批规则，包括组批条件、方法和批量。

② 抽样方案，包括检查水平（IL）、可接受质量水平（AQL）或其他类型的质量水平，以及缺陷分类等；若采用非标准抽样方案，应包括置信度、质量水平和缺陷分类等。

③ 抽样条件（必要时），如过筛、筛选、磨合、时效条件等。

④ 抽样或取样方法（必要时）。

所规定的组批规则、抽样方案、抽样条件、抽样或取样方法应能保证样本与总体的一致性。

确定组批规则和抽样方案时应考虑实体的特点、风险的危害程度和成本。

（12）缺陷分类。

若需要，可对缺陷进行分类。分类的缺陷可按下述规定编码：

① 1~99，致命缺陷；

② 101~199，严重缺陷；

③ 201~299，轻缺陷。

如需划分更多的类，可用 301、401、501 等数列进行编码。若某一类的缺陷数量大于 99，则对超出部分用字母为后缀从头开始编码，如 101a、102a、103a 等。

（13）检验方法。

本条规定用于检验的方法，包括分析法、演示法、检查法、模拟法和试验法。若所用方法为分析法、演示法，本条标题也可改为“验证方法”。

若所用的检验方法已有适用的现行标准，则应直接引用或剪裁使用。若无标准可供引用，则应规定相应的检验方法。

检验方法的主要构成及其编排顺序一般如下：

① 原理；

② 检验用设备、仪器仪表或模型及其要求；

③ 被试实体状态，包括技术状态、配套要求及安装调试要求；

④ 检验程序；

⑤ 故障处理；

⑥ 结果的说明，包括计算方法、处理方法等；

⑦ 报告，如试验报告等。

（六）包装

当实体要求包装时，则三个规范的第 5 章“包装”应规定防护包装、装箱、运输、贮存和标志要求。

若有适用的现行标准，则应直接引用或剪裁使用。若无标准可供引用，则应根据需要规定：

（1）防护包装，包括清洗、干燥、涂覆防护剂、裹包、单元包装、中间包装等要求；

（2）装箱，包括包装箱，箱内内装物的缓冲、支撑、固定、防水，封箱等要求；

（3）运输和贮存，包括运输和贮存方式、条件，装卸注意事项等；

（4）标志，包括防护标志、识别标志、收发货标志、储运标志、有效期标志和其他标志，以及标志的内容、位置等。

有关危险品的标志要求应符合国家有关标准或条例的规定。

理解说明：

在包装的质量控制方面，可参考第 3 章第（五）节（9）款包装检验的理解说明。

（七）说明事项

三个规范的第 6 章“说明事项”不应规定要求，只应提供下列说明性信息：

（1）预定用途提供与订购对象用途有关的信息。如果不能适应于某些特定的场合，应做相应说明。

（2）分类提供与订购对象分类有关的信息。只有当规范的技术要求随订购对象的型式、类别或等级的不同而不同时，才应设置“分类”。分类应简要说明依据和类别名称。

分类一般采用型式、类别或等级来表示，例如颜色、形状、重量、装载平台、品种规格、动力供给形式、温度等级、条件、组分、封装形式、额定值、工作方式、绝缘等级等。若规范包括多种等级的可靠性要求，则应注明其所包括的程度。分类在所有版本的文本中宜保持不变。必须改成新的分类时，应列出新、旧类别名称对照表，并说明代替关系和代替程度。

（3）订购文件中应明确的内容。当招标书、合同或其他订购文件中引用该规范时，该条应说明合同监管机构在订购文件中选定该规范中需要选择的项目。

选定的项目宜按其在规范中出现的顺序列出。

示例：

×××订购文件中应明确的内容

订购文件应规定下列内容：

① 本规范的编写、名称；

② 本规范中引用文件的版次(必要时)；

③ 型式、类型或等级；

④ 包装等级。

(4) 术语和定义。

规范中有需要定义的术语时，可使用下述适合的引导语："下列术语和定义适用于本规范。"或"GJB ×××确立的以及下列术语和定义适用于本规范。"

术语和定义的其他编写要求见 GJB 0.1 中 6.9。

(5) 若有其他需要说明的事项或信息，则可根据具体内容确定相应标题，说明有关内容。上述内容可酌情取舍。

四、材料规范的编制

(一) 规范编制概述

材料规范的编写，应依据实体的预定用途与性能，描述材料的性能、形状和试验要求以及人体健康与环境保护的要求，规定实体所用材料的下列限制性要求或预防性措施要求：

(1) 性能要求，例如抗拉强度、硬度、冲击值、疲劳强度等；

(2) 防腐性要求；

(3) 阻燃性要求；

(4) 防电化学腐蚀要求；

(5) 无毒或低毒要求；

(6) 时效性要求。

(二) 范围

范围不应包含要求，其具体内容如下：

针对本专用规范的实体，明确其主题内容。主题内容的典型表述形式为"本规范规定了××××[标明实体的代号和(或)名称]的要求"。

(三) 引用文件

1. 概述

材料规范的第 2 章"引用文件"只应汇总列出下列要素中"要求性"内容提及的文件：

(1) 要求(第 3 章)、验证(第 4 章)、包装(第 5 章)；

(2) 规范性附录；

(3) 表和图中包含要求的段与脚注。

引用文件不应汇总列出下列要素中资料性内容提及的文件：

专用规范的前言、引言、范围、说明事项、资料性附录、示例、条文的注与脚注、图注、表注以及不包含要求的图和表的脚注。这些内容提及的文件可列入参考文献(见 GJB 6387 中 5.16)。

材料规范中有引用文件时,应列出其引用文件一览表,并以下述引导语引出:“下列版本文件中的有关条款通过引用而成为本规范的条款,其后的任何修改单(不包括勘误的内容)或修订版本都不适用于本规范,但提倡使用本规范的各方探讨使用其最新版本的可能性。”

材料规范中无引用文件时,应在“2 引用文件”下另起一行空两字起排“本章无条文”字样。

2. 引用文件的排列顺序

引用文件的排列顺序一般为:国家标准,国家军用标准,行业标准,部门军用标准,企业标准,国家和军队的法规、条例、条令和规章,ISO 标准,IEC 标准,其他国际标准。国家标准、国家军用标准、ISO 标准和 IEC 标准按照标准顺序号排列;行业标准、部门军用标准、企业标准、其他国际标准先按照标准代号的拉丁字母顺序排列,再按照标准顺序号排列。

3. 引用文件一览表的编排

每项引用文件均左起空两个字起排,回行时顶格排,结尾不加标点符号。标准编号和标准名称之间空一个字的间隙。

标准的批准年号一律用四位。标准的名称不加书名号。

引用国家和军队的法规性文件时,应依次列出其名称(加书名号)、发布日期、发布机关及发布文号,每项内容之间空一个字的间隙。

(四) 要求

1. 状态特征

本条规定材料完全满足其预定用途所应具有的特定状态与特定性质,诸如:

(1) 品种;

(2) 规格;

(3) 品质;

(4) 尺寸;

(5) 颜色;

(6) 防护涂镀层;

(7) 表面粗糙度;

(8) 材料代号;

(9) 其他。

2. 机械性能

本条规定材料完全满足其预定用途所应具有的机械性能指标,诸如:

(1) 抗拉、抗压强度;

(2) 伸长、收缩率;

(3) 疲劳、屈服极限;
(4) 硬度;
(5) 抗剪强度;
(6) 摩擦系数;
(7) 冲击韧性;
(8) 弹性模量;
(9) 其他。
3. 物理性能
本条规定材料完全满足其预定用途所应具有的物理性能指标,诸如:
(1) 比重;
(2) 比热;
(3) 环境适应性;
(4) 电阻率;
(5) 熔点;
(6) 粒度;
(7) 导电磁性;
(8) 折光系数;
(9) 黏度;
(10) 放射性;
(11) 其他。
4. 化学性能
本条规定材料完全满足其预定用途所应具有的化学性能指标,诸如:
(1) 化学成分;
(2) 耐腐蚀性;
(3) 酸碱度;
(4) 溶液黏度;
(5) 时效性;
(6) 其他。
5. 工艺性能
本条规定材料完全满足其预定用途所应具有的工艺性能指标,诸如:
(1) 机械加工性;
(2) 可铸性;
(3) 可锻性;
(4) 冷成形性;
(5) 可焊性;

（6）热处理性；

（7）其他。

6. 稳定性

本条规定材料完全满足其预定用途并能超过其预定寿命所应具有的贮存寿命和抗老化要求。

7. 毒性

适用时，本条规定有毒物品的限制性要求和应采取的安全防护措施以及销毁要求，以保证实体的使用与安全、人员健康和保护环境。

（五）验证

1. 检验分类

1）确定检验分类的基本原则

本条应根据材料的特点、约束条件，以往检验类似对象的实践经验等确定检验类别及其组合。确定检验分类时应遵循以下原则：

（1）具有代表性，能反映实际的质量水平；

（2）具有经济性，有良好的效费比；

（3）具有快速性，能及时得出检验结果；

（4）具有再现性，在相同条件下能重现检验结果。

2）检验分类的表述

确定的检验类别及其组合应采用下述表述形式：

"4.1　检验分类

本规范规定的检验分类如下：

① ……（见 4.×）；

② ……（见 4.×）；

③ ……（见 4.×）。"

2. 检验条件

本条规定进行各种检验的环境条件。当环境条件等对检验结果有明显的影响时，应规定检验条件，以保证检验结果的可靠程度和可比性，否则，可不作规定。

检验条件应采用下列表述形式：

"4.2　检验条件

除另有规定外，应按×××（标明相应试验方法标准号与章条号或本规范相应的章条号）规定的条件进行所有检验。"

或

"4.2　检验条件

除另有规定外，应在下列条件下进行所有检验：

① ……;

② ……;

③ ……。”

3. 定型(鉴定)试验

若选择了定型(或鉴定)试验,本条则规定检验项目、检验顺序、受检样品数及合格判据。宜用表列出定型(或鉴定)检验项目、相应的规范第3章要求和第4章检验方法的章条号。

4. 首件检验

若规范第3章规定了首件试验,本条则规定检验项目、检验顺序、受检样品数及合格判据。宜用表列出首件检验项目、相应的规范第3章要求和第4章检验方法的章条号。

5. 质量一致性检验

在编写质量一致性检验项目时,应注意下面几个问题:

(1) 若选择了质量一致性检验,本条则规定检验项目、检验顺序、受检样品数及合格判据。宜用表列出质量一致性检验项目、相应的规范第3章要求和第4章检验方法的章条号,且能相互对应。

(2) 质量一致性检验是否分组,分几个组,应视情确定。质量一致性检验组别划分的一般原则依据GJB 0.2的附录C。

(3) 质量一致性检验组别划分的一般原则分为四组。

① A组检验。

A组检验是为证实产品是否符合规范要求面对一个检验批中的样品或生产的全部产品所进行的非破坏性试验。其用来检查那些最易受生产工艺或生产技能变化影响的特性,以及对于达到预定要求至关重要的性能。经过A组检验的样品可作为产品交付。

理解说明:

A组检验一般为全数检验。但对于有些不可能全数检验的产品,如子弹的检验,只能要求面对一个检验批中的样品(百分比抽样)。

② B组检验。

B组检验一般是比A组检验更复杂或需要更多试验时间的一种非破坏性试验。B组检验用来检查那些受零部件和设备质量影响较大,而受生产工艺或生产技能影响较小的特性,以及那些要求特殊工装或特殊环境的性能。其所需的受试样品数量比A组少,经过试验的样品稍加整修或不加整修即可作为产品交付。

理解说明:

B组检验一般为互换性试验检验。互换性试验检验对于系统、设备和器件的做法是不一样的,即互换性试验检验有替换、互换和代用三种方法。上述检验仅仅是替换试验检验。设备级单位做互换性试验检验时,必需由合同监管机构代表在一批合格的产品中,任意抽取两件,将机内预定的互换项目进行互换合格后,退回到批次中,表示本批产品的互换性试验过关,该批产品能够交付。

③ C 组检验。

C 组检验一般是周期性的破坏性试验(电子产品应具体分析)。其用来定期检查那些与产品设计及材料有关的特性。C 组检验通常要求模拟工作环境(进行环境试验),所需的受试样品数量比 B 组检验少,而且与生产量或生产周期有关。经 C 组检验的样品须做较大整修后才能作为产品交付。

理解说明:

C 组检验一般为环境例行试验检验。环境例行试验是为考核生产过程稳定性,按照规定的环境项目和顺序及环境条件,定期或定数对批生产装备(产品)的样本进行的环境试验。它是批生产例行(型式)试验的组成部分。

④ D 组检验。

D 组检验是一种破坏性试验,或者是一种要消耗全部或相当大一部分设计使用寿命的长时间试验。D 组检验只能在少数样品上进行。受试样品数量与生产量或生产周期有关。经过 D 组检验的样品,经合同监管机构同意,完成整修后可作为产品交付。不可修复的样品不能作为产品交付。

理解说明:

D 组检验一般为装备研制后期的可靠性验收试验。但在现行研制的装备过程中,装备的可靠性试验只做了定型前的可靠性鉴定试验,定型后的可靠性验收试验,做过的承制单位甚少。

6. 其他类别的检验

若选择了其他类别的检验,例如型式检验、例行检验、出厂检验、交收检验等,本条则规定检验项目、检验顺序、受检样品数及合格判据。宜用表列出检验项目、相应的规范第 3 章要求和第 4 章检验方法的章条号。

7. 包装检验

若需要对包装件进行检验,本条则规定检验项目、检验顺序、抽样方案、检验方法及合格判据。

理解说明:

包装检验并非仅仅对包装件进行检验。包装规定了防护包装、装箱、运输、贮存和标志的内容和要求。因此,应根据需要规定:

(1) 防护包装检验。包括清洗、干燥、涂覆防护剂、裹包、单元包装、中间包装等检验内容及要求。

(2) 装箱检验。包括包装箱,箱内内装物的缓冲、支撑、固定、防水,封箱等检验内容及要求。

(3) 运输和贮存检验。包括运输和贮存方式、条件,装卸注意事项等检验内容及要求。

(4) 标志检验。包括防护标志、识别标志、收发货标志、储运标志、有效期标志和其他标志,以及标志的内容、位置等检验内容及要求。

有关危险品的标志要求应符合国家有关标准或条例的规定。

8. 复验

若需要,本条则规定复验规则,如允许复验的项目、条件、次数及结果的判定等。

9. 组批与抽样

本条应根据材料的特点,对全部检验项目的检验方式——全数检验或抽样检验做出规定。部分项目可能要抽检。

对材料实行抽样检验时,则应对检验批的组成、抽样和取样的规则做出规定。

10. 缺陷分类

适用时,本条可对材料检验出来的缺陷进行分类,一般分为致命缺陷、严重缺陷和轻缺陷三类。各类缺陷的编码见 GJB 6387 中 6.4.12。

应界定每类缺陷的范围或所包括的各个具体缺陷,应确定每类缺陷的判据。

11. 检验方法

本条规定对规范第 3 章中材料的各种特性要求进行检查、测定、试验、分析、计算、演示所用的各种方法。若所用的检验方法已有适用的现行标准,则应直接引用或剪裁使用。若无标准可供引用,则应规定相应的检验方法。

(六) 包装

当实体要求包装时,则专用规范的第 5 章“包装”应规定防护包装、装箱、运输、贮存和标志要求。若有适用的现行标准,则应直接引用或剪裁使用。若无标准可供引用,则应根据需要规定:

(1) 防护包装,包括清洗、干燥、涂覆防护剂、裹包、单元包装、中间包装等要求;

(2) 装箱,包括包装箱,箱内内装物的缓冲、支撑、固定、防水,封箱等要求;

(3) 运输和贮存,包括运输和贮存方式、条件,装卸注意事项等;

(4) 标志,包括防护标志、识别标志、收发货标志、储运标志、有效期标志和其他标志,以及标志的内容、位置等。

有关危险品的标志要求应符合国家有关标准或条例的规定。理解说明:更详细的质量控制要求和检验方法,参考(五)7. 包装检验的理解说明。

（七）说明事项

材料规范的第6章“说明事项”不应规定要求，只应提供下列说明性信息：

1. 预定用途

预定用途提供与订购对象用途有关的信息。如果不能适应于某些特定的场合，应做相应说明。

2. 分类

分类提供与订购对象分类有关的信息。只有当规范的技术要求随订购对象的型式、类别或等级的不同而不同时，才应设置“分类”。分类应简要说明依据和类别名称。分类一般采用型式、类别或等级来表示，例如颜色、形状、重量、装载平台、品种规格、动力供给形式、温度等级、条件、组分、封装形式、额定值、工作方式、绝缘等级等。

若规范包括多种等级的可靠性要求，则应注明其所包括的程度。分类在所有版本的文本中宜保持不变。必须改成新的分类时，应列出新、旧类别名称对照表，并说明代替关系和代替程度。

3. 订购文件中应明确的内容

当招标书、合同或其他订购文件中引用该规范时，该条应说明合同监管机构在订购文件中选定该规范中需要选择的项目。选定的项目宜按其在规范中出现的顺序列出。

示例：

“6.3 订购文件中应明确的内容

订购文件应规定下列内容：

a. 本规范的编写、名称；

b. 本规范中引用文件的版次(必要时)；

c. 型式、类型或等级；

d. 包装等级。”

4. 术语和定义

规范中有需要定义的术语时，可使用下述适合的引导语：

“下列术语和定义适用于本规范。”或“GJB ×××确立的以及下列术语和定义适用于本规范。”

术语和定义的其他编写要求见GJB 0.1中6.9。

5. 其他

若有其他需要说明的事项或信息，则可根据具体内容确定相应标题，说明有关内容。

上述内容可酌情取舍，各项说明性信息应按照GJB 0.2中6.12.2~6.12.6的规定编写。

五、工艺规范的编制

（一）规范编制概述

工艺规范是设计文件。它描述用于产品或材料制造的专用工艺所需的材料、设备及加工等控制要求性的技术状态文件。

规范一般由承制单位设计人员从工程研制阶段早期开始编制，随着研制工作的进展逐步完善，到工程研制阶段详细设计结束前经合同监管机构主管研制项目的业务机关正式批准，纳入分承包的研制合同。

工艺规范的编制，并不是产品的六个层次的承制单位都需编制该文件，一般设备以下承制单位，根据研制产品的结构、复杂程度，有必要时编制。

（二）范围

范围不应包含要求，其具体内容如下：

针对本专用规范的实体，明确其主题内容。

主题内容的典型表述形式为“本规范规定了××××［标明实体的代号和（或）名称］的要求。”。

（三）引用文件

1. 概述

工艺规范的第 2 章“引用文件”只应汇总列出下列要素中“要求性”内容提及的文件：

（1）要求（第 3 章）、验证（第 4 章）、包装（第 5 章）；

（2）规范性附录；

（3）表和图中包含要求的段与脚注。

引用文件不应汇总列出下列要素中资料性内容提及的文件：

工艺规范的前言、引言、范围、说明事项、资料性附录、示例、条文的注与脚注、图注、表注以及不包含要求的图和表的脚注。

这些内容提及的文件可列入参考文献（见 GJB 6387 中 5.16）。工艺规范有引用文件时，应列出其引用文件一览表，并以下述引导语引出：

“下列版本文件中的有关条款通过引用而成为本规范的条款，其后的任何修改单（不包括勘误的内容）或修订版本都不适用于本规范，但提倡使用本规范的各方探讨使用其最新版本的可能性。”

工艺规范无引用文件时，应在“2 引用文件”下另起一行空两字起排“本章无条文”字样。

2. 引用文件的排列顺序

引用文件的排列顺序一般为：国家标准，国家军用标准，行业标准，部门军用标准，企业标准，国家和军队的法规、条例、条令和规章，ISO 标准，IEC 标准，其他国际标准。国家标准、国家军用标准、ISO 标准和 IEC 标准按照标准顺序号排列;行业标准、部门军用标准、企业标准、其他国际标准先按照标准代号的拉丁字母顺序排列,再按照标准顺序号排列。

3. 引用文件一览表的编排

每项引用文件均左起空两个字起排,回行时顶格排,结尾不加标点符号。标准编号和标准名称之间空一个字的间隙。标准的批准年号一律用四位。标准的名称不加书名号。

引用国家和军队的法规性文件时,应依次列出其名称(加书名号)、发布日期、发布机关及发布文号,每项内容之间空一个字的间隙。

(四)要求

1. 一般要求

1)环境要求

本条规定实体加工的环境要求,主要包括:

(1)施工场地的具体要求;

(2)施工场地的温度、湿度及通风的特殊要求;

(3)施工场地的电源、气源及光源的特殊要求;

(4)施工场地周围的环境保护措施。

2)安全防护要求

本条规定实体加工的安全防护要求,主要包括:

(1)需规定的安全措施,包括对可能危及人身、产品及设备安全操作,提出相应的各种预防措施及应急处理方法。

(2)需配置的防护设施,包括防爆、防火;防核辐射、热辐射、光辐射、电磁辐射;防静电、水淹及有害气体等所需的各种报警装置及设施。

3)人员要求

本条规定实体加工人员的要求,主要包括:

(1)技术工种人员需经培训的主要内容;

(2)特种工艺人员需经专门考试的项目及应获得的等级资格证书。

2. 控制要求

1)概述

本条可视情设若干个下一层次的条,分别规定各种因素的控制要求。

2)工艺材料控制

本条规定专用工艺涉及的材料要求,包括:

(1)材料的性能和应控制的关键特性及其公差等;

(2)有毒材料及易燃材料的限制要求。

3)工艺设备与工艺装备控制

本条规定专用工艺涉及的设备与装备的要求,包括设备与装备的性能,应控制的关键特性及其设计极限等。列出或说明为保证工艺产生的效果符合规定要求所必需的工艺设备与工艺装备的名称、型号与规格(或代号)等,包括较为特殊的仪器、仪表和专用工具等。

4) 零件控制

本条规定重要零件完工后的表面状态、形状(含直线度、圆弧度、平面度和圆柱度等)和尺寸容差的要求(可引用有关的图纸目录),以及检验合格后的标记要求。除非图纸另有规定,本条应明确重要零件生产及检验所采用的各类工艺标准和验收标准。

5) 制造控制

(1) 依据相应专用规范(指研制规范、产品规范或材料规范,下同)所含实体的设计要求及承制单位应具备的基本条件,提出实体制造大纲。制造大纲的主要内容包括:

① 制造过程中各个阶段和各道工序的组织管理计划要求;

② 工艺总方案、工艺标准化综合要求(设计定型后,称工艺标准化大纲)、工艺规程、工艺路线和工艺装备等工艺技术保障要求;

③ 物资计划、资源组织和物资仓库管理等物资供应保障要求;

④ 制造所需的水、电、气、汽,起重、运输及劳动保护、消防、安全等后勤保障要求。

(2) 规定相应专用规范所含实体的制造工艺过程和工艺参数等重要要求的标准或重要的工艺规程;

(3) 规定相应专用规范所含实体必需的制造工序,各道工序的操作要求和完工要求,建立工艺路线图(表);

(4) 规定相应专用规范所含实体的加工质量要求,包括与所需要的加工质量标准相关的必要要求、缺陷的消除要求和最终产品的外观要求;

(5) 当相应专用规范所含实体中的全部零件或某些零件的精确设计需要控制时,应明确与其有关的全部生产图样目录(包括下一层次的),并按其进行制造与组装。

6) 包装控制

(1) 规定相应专用规范所含实体的包装形式和密封要求,包括完工后的中间产品及最终产品能在运输和贮存过程中有效避免环境的和机械的损伤;

(2) 规定每个包装件上应清楚地做出耐久的标记并有下列说明:

① 采用的工艺规范编号;

② 承制单位全称;

③ 制造日期;

④ 中间产品工件号或最终产品名称;

⑤ 订制单编号；

⑥ 数量。

（3）规定相应专用规范所含实体防护包装的工艺规程，其主要工艺有：

① 清洁、干燥；

② 涂覆防护剂；

③ 裹包、单元包装、中间包装。

（4）规定相应专用规范所含实体装箱的工艺规程，其主要工艺有：

① 包装箱制造；

② 箱内内装物的缓冲、支撑、固定与防水；

③ 封箱。

（五）验证

1. 检验分类

1）确定检验分类的基本原则

应根据相应专用规范所含实体采用各种专用工艺形成的中间结果或最终结果的形态特点，选择合适的检验类别及其组合。确定检验分类时应遵循以下原则：

（1）具有代表性，能反映实际的质量水平；

（2）具有经济性，有良好的效费比；

（3）具有快速性，能及时评判检验结果；

（4）具有再现性，能重复演示原工艺过程。

2）检验类别的划分

检验类别可分为以下两大部分：

（1）工艺设计评审；

（2）完工后检验。

3）检验分类的表述

确定的检验类别及其组合应采用下述表述形式：

“4.1　检验分类

本规范规定的检验分类如下：

① ……（见 4.×）；

② ……（见 4.×）；

③ ……（见 4.×）。”

2. 检验条件

本条规定对各种专用工艺形成的中间结果和最终结果的检验应具备的基本条件。

3. 工艺设计评审

本条规定工艺设计评审要求。工艺评审的重点包括工艺总方案、工艺说明书等指令性文件,关键件、重要件、关键工序的工艺文件,特种工艺文件,采用的新工艺、新技术、新材料和新设备,批生产的工序能力等。

若采用工艺设计评审,本条则规定评审项目、评审顺序、评审内容及合格判据。宜用表列出评审项目、相应的规范第 3 章要求和第 4 章检验方法的章条号。

4. 完工后检验

若选择对完工后的成品进行检验,本条则规定检验项目、检验顺序、受检样品数及合格判据。宜用表列出完工检验项目、相应的规范第 3 章要求和第 4 章检验方法的章条号。

5. 检验方法

本条规定对规范第 3 章中各项要求进行检验所用的各种方法。若所用的检验方法已有适用的现行标准,则应直接引用或剪裁使用。若无标准可供引用,则应规定相应的检验方法。

工艺设计评审的方法按照 GJB 1269A 的有关规定执行。

(六) 说明事项

工艺规范的第 6 章"说明事项"不应规定要求,只应提供下列说明性信息:

1. 预定用途

预定用途提供与订购对象用途有关的信息。如果不能适应于某些特定的场合,应作相应说明。

2. 分类

分类提供与订购对象分类有关的信息。只有当规范的技术要求随订购对象的型式、类别或等级的不同而不同时,才应设置"分类"。分类应简要说明依据和类别名称。

分类一般采用型式、类别或等级来表示,例如颜色、形状、重量、装载平台、品种规格、动力供给形式、温度等级、条件、组分、封装形式、额定值、工作方式、绝缘等级等。

若规范包括多种等级的可靠性要求,则应注明其所包括的程度。分类在所有版本的文本中宜保持不变。必须改成新的分类时,应列出新、旧类别名称对照表,并说明代替关系和代替程度。

3. 订购文件中应明确的内容

当招标书、合同或其他订购文件中引用该规范时,该条应说明合同监管机构在订购文件中选定该规范中需要选择的项目。选定的项目宜按其在规范中出现的顺序列出。

示例：
“订购文件应规定下列内容：
a. 本规范的编写、名称；
b. 本规范中引用文件的版次(必要时)；
c. 型式、类型或等级；
d. 包装等级。”
4. 术语和定义
规范中有需要定义的术语时，可使用下述适合的引导语：“下列术语和定义适用于本规范。”或“GJB ×××确立的以及下列术语和定义适用于本规范。”
术语和定义的其他编写要求见 GJB 0.1 中 6.9。
5. 其他
若有其他需要说明的事项或信息，则可根据具体内容确定相应标题，说明有关内容。

六、软件需求规格说明的编制

不论是软件产品还是产品软件(嵌入式软件)均需编制软件需求规格说明(software requirement specification，SRS)。软件需求规格说明是 GJB 6387 中提及的“软件规范”的一种，对应硬件产品为“研制规范”，是系统级装备分配基线的组成部分，是软件产品本身的功能基线(有时也称开发基线)。

1 范围

1.1 标识

本条应描述本文档所适用系统和软件的完整标识，适用时，包括其标识号、名称、缩略名、版本号和发布号。

1.2 系统概述

本条应概述本文档适用的系统和软件的用途；描述系统和软件的一般特性(如规模、安全性、可靠性、实时性、技术风险等特性)；概述系统开发、运行和维护的历史；标识项目的需方、用户、开发方和保障机构等；标识当前和计划的运行现场；列出其他有关文档。

1.3 文档概述

本条应概述本文档的用途和内容，并描述与它的使用有关的安全保密方面的要求。

2 引用文档

本章应列出引用文档的编号、标题、编写单位、修订版及日期，还应标识不能通过正常采购活动得到的文档的来源。

3 需求

本章应分为如下小条规定 CSCI 需求，即作为 CSCI 验收条件的 CSCI 特征。

CSCI 需求是为满足分配给该 CSCI 的系统需求而形成的软件需求。每条需求应指定项目唯一的标识符以便测试和追踪,而且应以一种能为其定义具体测试对象的方式来描述。每条需求应注明所采用的合格性方法(见第 4 章),还应注明与系统或子系统需求的可追踪性(或在第 5 章给出)。需求的详尽程度如下规则:包括作为 CSCI 验收条件的系统特性;应遵循的设计说明。

3.1 要求的状态和方式

如果要求 CSCI 在多种状态或方式下运行,并且不同的状态或方式具有不同的需求,则应标识和定义每一状态和方式。状态和方式的例子包括:空闲、就绪、活动、事后分析、训练、降级、紧急情况、后备、战时和平时等。可以仅用状态描述 CSCI,也可以仅用方式、或方式中的状态、或状态中的方式、或其他有效的方案描述 CSCI。如果不需要多种状态和方式,应如实陈述,而不需要进行人为的区分;如果需要多种状态和/或方式,应使本规格说明中的每个需求或每组需求与这些状态和方式相对应,对应关系可以在本条或本条所引用的附录中通过表格或其他方式加以指明,也可以在该需求出现的章条中加以说明。

3.2 CSCI 能力需求

本条应逐一列出与 CSCI 各个能力相关的需求,可分为若干子条。"CSCI 能力需求"中的"能力"为一组相关需求,可用"功能""主题""目标",或其他适合表示需求的词替代。

3.2.× (CSCI 能力)

本条应标识出所要求的每一个 CSC 能力,并逐一列出与该能力有关的需求。如果该能力可以更清晰地分解成若干子能力,则应分条对子能力进行说明。需求应详细说明所需的 CSCI 行为,包括适用的参数,如响应时间、吞吐时间、其他时限约束、时序、精度、容量、优先级、连续运行需求和在基本运行条件下允许的偏差;适当时,需求还应包括在异常条件、非许可条件或超限条件下所需的行为,错误处理需求和任何为保证在紧急时刻运行的连续性而引入到 CSCI 中的规定。在确定与 CSCI 所接收的输入和 CSCI 所产生的输出有关的需求时,应考虑在 3.3.×给出的要考虑的主题列表。

3.3 CSCI 外部接口需求

本条可分为若干个小条来规定关于 CSCI 外部接口的需求(若有)。本条可引用一个或多个接口需求规格说明(IRS)或包含这些需求的其他文档。

3.3.1 接口标识和接口图

本条应标识所需要的 CSCI 外部接口(即与涉及共享、提供或交换数据的其他实体的关系)。每一个接口的标识应包括项目唯一的标识符,(若适用)应通过名称、编号、版本、引用文档来指明接口实体(系统、配置项、用户等)。该标识应声明哪些实体具有固定的接口特性(要给出这些接口实体的接口需求),说明哪些实体正在开发或修改之中(这些实体已有各自的接口需求),应该通过一张或多张接口图来描述这些接口。

3.3.× (接口的唯一标识符)

本条(从3.3.2开始)应通过唯一标识符来标识CSCI外部接口,应简要地标识接口实体。视需要可分小条描述为实现该接口提出的该CSCI的需求。该接口所涉及的其他实体的接口特性应作为假定予以描述,或以"当[未涵盖的实体]这么做时,本CSCI应该……"的形式加以叙述,而不作为针对其他实体的需求。本条可引用其他文档(例如数据字典、通信协议标准、用户接口标准)代替在此描述信息。(若适用)需求应包括如下内容,并以任何适合于需求的顺序给出,还应从接口实体的角度说明这些特性之间的区别(例如对数据元素的大小、频率或其他特性的不同期望值):

a) CSCI分配给该接口的优先级。

b) 所实现的接口类型(如实时数据传送、数据的存储和检索等)的特征。

c) CSCI所提供、存储、发送、访问和接收的各个数据元素的特征。

1) 名称/标识符:

a. 唯一标识符;

b. 非技术名称(自然语言名称);

c. 数据元素名称(应优先使用标准化的数据元素名称);

d. 技术名称(如系统中变量名称、数据库字段名称);

e. 缩略名或同义名。

2) 数据类型(字母、数字、整数等)。

3) 大小和格式(如:字符串的长度)。

4) 计量单位(如:m等)。

5) 可能值的范围或枚举(如:0~99)。

6) 准确性(正确程度)和精度(有效数字位数)。

7) 优先级、定时、频率、容量、序列以及其他约束条件(例如数据元素是否可以被更新、业务规则是否适用)。

8) 保密性约束。

9) 来源(建立/发送实体)和接收者(使用/接收实体)。

d) CSCI所提供、存储、发送、访问和接收的数据元素组合体(记录、消息、文件、数组、显示和报表等)的特征。

1) 名称/标识符:

a. 唯一标识符;

b. 非技术名称(自然语言名称);

c. 技术名称(如系统中变量名称、数据库字段名称);

d. 缩略名或同义名。

2）数据元素组合体中的数据元素及数据元素的结构（编号、顺序和成组情况）。

3）介质（例如光盘）以及在介质上数据元素/包的结构。

4）显示和其他输出的视听特性（例如颜色、布局、字体、图标和其他显示元素、峰鸣音和亮度）。

5）数据元素组合体之间的关系，如排序/存取特性。

6）优先级、时序、频率、容量、序列及其他约束，例如包是否可以被更新、业务规则是否适用。

7）保密性约束。

8）来源（建立/发送实体）和接收者（使用/接收实体）。

e）CSCI 所使用的接口通信方法的特征。

1）唯一标识符；

2）通信链路/带宽/频率/介质及其特性；

3）消息格式；

4）流控制（如序列编号和缓冲区分配）；

5）周期/非周期传送的数据传送速率，传输间隔；

6）路由、寻址、命名约定；

7）传输服务，包括优先权和等级；

8）安全性/保密性考虑，如加密、用户鉴别、隔离和审核。

f）CSCI 所使用的接口协议的特征。

1）唯一标识符；

2）协议的优先级/层次；

3）打包（包括拆包和重新打包）、路由和寻址；

4）合法性检查、错误控制和恢复过程；

5）同步，包括建立连接、保持和终止；

6）状态、标识和其他需要报告的内容。

g）其他要求的特征，例如接口实体的物理兼容性（尺寸、公差、负载和接插件的兼容性等）、电压等。

3.4 CSCI 内部接口需求

本条应指明施加于 CSCI 内部接口的需求（若有）。如果所有内部接口都留待设计时再明确，那么应在此如实陈述。如果施加了这样的需求，应按 3.3 条要求描述。

3.5 CSCI 内部数据需求

本条应指明施加于 CSCI 内部数据的需求（若有），包括对 CSCI 中数据库和数据文件的需求(若有)。如果关于内部数据的所有决策都留待设计时再考虑,那么应在此如实陈述。如果施加了这样的需求,应按3.3.×c)和3.3.×d)要求描述。

3.6　适应性需求

(若有)本条应指明与CSCI安装相关的数据需求(如场地的经纬度或位置编码),应描述CSCI使用要求的运行参数(如与使用相关的目标设置或数据记录等方面参数),这些运行参数可能会根据运行需要而改变。

3.7　保密性(security)需求

(若有)本条应指明与维护保密性有关的CSCI需求。(若适用)这些需求应包括:CSCI必须在其中运行的保密性环境、所提供的保密性的类型和级别、CSCI必须经受的保密性风险、减少此类风险所需的安全措施、必须遵循的保密性政策、CSCI必须具备的保密性责任、保密性认证认可必须满足的准则等。

3.8　安全性(safety)需求

(若有)本条应指明关于防止或尽可能降低对人员、财产和物理环境产生意外危险的CSCI安全性需求。例子包括:CSCI必须提供的安全措施,以便防止意外动作(例如意外地发出一个"自动导航关闭"命令)和无动作(例如发出"自动导航关闭"命令失败)。本条还应包括关于系统核部件的CSCI需求(若有),若适用应包括预防意外爆炸以及与核安全规则保持一致等方面的需求。

3.9　CSCI环境适应性需求

(若有)本条应指明CSCI的运行环境需求,例如运行CSCI的计算机硬件和操作系统(对计算机资源的其他需求见3.11)。

3.10　其他质量特性

本条应指明合同规定的或由更高一层规格说明派生出的CSCI其他质量特性方面的需求,其中包括:可靠性、测试性、维护性等。

理解说明:

软件的质量特性的需求分析和设计是软件技术状态管理的重要一环,尤其是软件技术状态标识过程的重要内容,当前行业对软件质量特性的认识还不够充分,应充分予以重视。GJB 5236—2004《军用软件质量度量》将软件通用的质量属性划分为6个特性,包括功能性、可靠性、易用性、效率、维护性和可移植性,并进一步细分为27个子特性。功能性包括适合性、准确性、互操作性、安全保密性、功能性的依从性;可靠性包括成熟性、容错性、易恢复性、可靠性的依从性;易用性包括易理解性、易学性、易操作性、吸引性、易用性的依从性;效率包括时间特性、资源利用性、效率的依从性;维护性包括易分析性、易改变性、稳定性、易测试性、维护性的依从性;可移植性包括适应性、易安装性、共存性、易替换性、可移植性的依从性。软件的可靠性、易用性、效率、维护性和可移植性可视为软件的

“五性”,即软件的通用质量特性。下面加以解释。

可靠性

可靠性在指定条件下使用时,软件产品维持规定的性能级别的能力。软件不会损耗或老化。可靠性的种种局限是由于需求、设计和实现中的故障所致。

a) 成熟性:软件产品为避免由软件中故障而导致失效的能力。

b) 容错性:在软件出现故障或者违反指定接口的情况下,软件产品维持规定的性能级别的能力。

c) 易恢复性:在失效发生的情况下,软件产品重建规定的性能级别并恢复受直接影响的数据的能力。在失效发生后,软件产品有时候会在某些时间宕掉,这段时间的长短可根据其易恢复性评估。

有效性是在规定的使用环境下,软件产品在给定的时间点完成所需功能情况的能力。有效性还可以根据软件产品在整个时间内处于工作状态的百分比从外部进行评定。因此,有效性是成熟性(控制失效的频度)、容错性和易恢复性(控制每个失效发生后的宕机时间长短)的组合。因为这个原因,它没有作为单个子特性被包括进来。

易用性

易用性在指定条件下使用时,软件产品被理解、学习、使用和吸引用户的能力。功能性、可靠性和效率的某些方面也会影响易用性,但它们没被分类为易用性。用户可能包括操作员、最终用户和受该软件的使用影响或依赖于使用结果的间接用户。易用性必须针对软件所涉及的所有不同的用户环境,这可能包括对使用的准备和结果的评价。

a) 易理解性:软件产品使用户能理解软件是否合适以及如何能将软件用于特定的任务和使用条件的能力。这要依赖于软件提供的文档和初始印象。

b) 易学性:软件产品使用户能学会其应用的能力。该内部属性相当于 ISO 9241—10 中定义的对学习的适合性。

c) 易操作性:软件产品使用户能操作和控制它的能力。适合性、易改变性、适应性和易安装性的某些方面可能会影响易操作性。易操作性相当于 ISO 9241—10 中定义的可控性、容错性和与用户期望的符合性。对于用户所操作的系统,功能性、可靠性、易用性和效率的组合可通过使用质量从外部进行测量。

d) 吸引性:软件产品吸引用户的能力。

效率

效率是在规定条件下,相对于所用资源的数量,软件产品可提供适当性能的能力。资源可能包括其他软件产品、系统的软件和硬件配置,以及物资材料(如打印纸、磁盘等)。对于用户所操作的系统,功能性、可靠性、易用性和效率的组合可以由使用质量从外部进行测量。

a）时间特性：在规定条件下，软件产品执行其功能时，提供适当的响应和处理时间以及吞吐率的能力。

b）资源利用性：在规定条件下，软件产品执行其功能时，使用合适数量和类别的资源的能力。人力资源作为生产率的一部分被包括进来。

维护性

维护性是软件产品可被修改的能力。修改可能包括纠正、改进或软件对环境、需求和功能规格说明变化的适应。

a）易分析性：软件产品可被诊断自身的缺陷或失效原因或标识其待修改部分的能力。

b）易改变性：软件产品使指定的修改可以被实现的能力。实现包括编码、设计和文档的更改。如果软件由最终用户修改，那么易改变性可能会影响易操作性。

c）稳定性：软件产品避免由于软件修改而造成意外结果的能力。

d）易测试性：软件产品使已修改软件能被确认的能力。

可移植性

可移植性是软件产品从一种环境转移到另外一种环境的能力。环境可能包括组织、硬件或软件的环境。

a）适应性：软件产品毋需采用额外的活动或手段就可适应不同的指定环境的能力。适应性包括内部容量的可伸缩性（例如屏幕区域、表、事务量、报告格式等）。如果软件能被最终用户所采用，那么适应性就相当于ISO 9241—10中所定义的个性化的适合性，而且可能会影响易操作性。

b）易安装性：软件产品在指定环境中被安装的能力。如果软件由最终用户安装，那么易安装性就可能导致对适合性与易操作性的影响。

c）共存性：软件产品在公共环境中同与其分享公共资源的其他独立软件共存的能力。

d）易替换性：软件产品在同样环境下，替代另一个相同用途的指定软件产品的能力。例如，软件产品的新版本的易替换性在升级时对于用户来说是重要的。易替换性用来代替兼容性，目的是为了避免可能与互操作性的含义相混淆。易替换性可能包括易安装性和适应性的属性。由于此概念的重要性，故被引入作为一个独立的子特性。

3.11 计算机资源需求

3.11.1 计算机硬件需求

本条应指明CSCI必须使用的计算机硬件的需求（若有）。（若适合）这些需求应包括：各类设备的数量，处理机、存储器、输入/输出设备、辅助存储器、通信/网络设备及所需其他设备的类型、大小、容量和其他所需的特征。

3.11.2　计算机硬件资源使用需求

本条应指明CSCI计算机硬件资源使用需求(若有),例如,最大允许利用的处理机能力、内存容量、输入/输出设备的能力、辅助存储设备容量和通信/网络设备的能力。这些需求(例如陈述为每一个计算机硬件资源能力的百分比)应包括测量资源使用时所处的条件(若有)。

3.11.3　计算机软件需求

本条应指明CSCI必须使用或必须被纳入本CSCI的计算机软件的需求(若有)。包括操作系统、数据库管理系统、通信/网络软件、公用软件、输入和设备仿真软件、测试软件和制造软件。要列出每一个软件项的正确名称、版本和参考文档。

3.11.4　计算机通信需求

本条应指明CSCI必须使用的计算机通信方面的需求(若有)。包括要连接的地理位置;配置和网络拓扑;传输技术;数据传送速率;网关;要求的系统使用时间;被传送/接收数据的类型和容量;传送/接收/响应的时间限制;数据量的峰值;以及诊断特性。

3.12　设计和实现约束

本条应指明约束CSCI的设计和实现的需求(若有)。这些需求可引用相应的商用或军用标准和规范来指定。关于这方面需求例子如下:

a) 使用一个特定的CSCI体系结构,或针对体系结构的要求,例如所要求的数据库或其他软件单元;使用标准的或现有的部件;或使用由政府/需方提供的资源(设备、信息或软件);

b) 使用特定的设计或实现标准;使用特定的数据标准;使用特定的编程语言;

c) 为支持在技术、威胁或使命方面预期的增长或变化,必须提供的灵活性和可扩展性。

3.13　人员相关需求

(若有)本条应描述CSCI需求,包括与CSCI使用或保障人员有关的容纳人员的数量、技能等级、工作周期、必需的训练以及其他的信息,例如要求允许多少用户同时工作,以及内置的帮助和培训短片等方面的需求;也包括施加于CSCI的人机工程需求(若有)。这些需求包括对人员在能力与局限性方面的考虑;在正常和极端条件下可预见的人为错误;以及人为错误造成特别严重影响的区域。例如包括对错误消息的颜色和持续时间、关键指示器或按钮的物理位置,以及对听觉信号的使用要求。

3.14　训练相关需求

(若有)本条应指明与训练相关的CSCI需求,如包括在CSCI中的训练软件。

3.15 软件保障需求

本条应指明与软件保障考虑有关的 CSCI 需求(若有)。这些考虑可以包括对系统维护、软件保障、系统运输方式、补给系统的要求,对现有设施的影响和对现有设备的影响。

3.16 包装需求

本条应指明为了交付而对 CSCI 进行包装、标记和处理(例如用光盘提交,并按规定要求对光盘标记和包装)的需求(若有),可引用适用的标准。

3.17 其他需求

本条应指明上述各条未能覆盖的其他 CSCI 需求(若有)。

3.18 需求的优先顺序和关键性

(若适用)本条应指明本规格说明中各需求的优先次序、关键性或表示其相对重要性的权重。例如标识出对安全性和保密性关键的需求,以便进行特殊处理。如果所有需求具有相等的权重,本条应如实说明。

4 合格性规定

本条应定义一组合格性检验方法,针对第 3 章中的每个需求指定确定需求得到满足所使用的方法。可用表格形式表述,或为第 3 章中的每个需求注明所使用的方法。合格性检验方法可以包括:

a) 演示:不需要使用仪器、专用测试设备或进行事后分析,而是依靠可见的功能操作,直接运行本 CSCI 或本 CSCI 的一部分。

b) 测试:使用仪器或其他专用测试设备,运行本 CSCI 或本 CSCI 的一部分,采集数据供事后分析使用。

c) 分析:处理从其他合格性检验方法获得的累积数据。例如,对测试结果进行约简、解释或推断。

d) 审查:对 CSCI 代码、文档等进行目视检查。

e) 特殊的合格性检验方法:任何针对 CSCI 的特殊合格性方法,例如专用工具、技术、规程、设施、验收限制。

5 需求可追踪性

本章应描述:

a) 从本规格说明中的每一个 CSCI 需求,到所涉及的系统/子系统需求的可追踪性(也可以通过对第 3 章中的每一个需求进行注释来提供可追踪性)。

注:每一个层次的系统细化都可能导致需求不能直接被追踪到较高层次。例如:一个系统体系结构设计建立了多个 CSCI,可能导出关于这些 CSCI 如何接口的需求,而这些接口需求在系统需求中并没有被

涵盖。这样的需求可以被追踪到类似于“系统实现”这样的一般需求,或被追踪到导致它们产生的系统设计决策。

b) 从已分配给本 CSCI 的每一个系统/子系统需求,到所涉及的 CSCI 需求的可追踪性。分配给本 CSCI 的全部系统/子系统需求都应加以说明。追踪到包含在 IRS 中的 CSCI 需求时,可引用那些 IRS。

6 注释

本章应包括有助于了解文档的所有信息(例如:背景、术语、缩略语或公式)。

七、软件产品规格说明的编制

不论是软件产品还是产品软件(嵌入式软件)均需编制软件产品规格说明(software product specification,SPS)。软件产品规格说明是 GJB 6387 标准中提及的“软件规范”的一种,对应硬件产品为“产品规范”,是产品基线的组成部分。

软件产品规格说明的编制是目前装备技术状态管理和软件研制的一个短板和弱项。因其不如软件需求规格说明、设计说明等文件显得必需和常用,所以项目管理、质量管理、配置管理中均容易忽视该文件。而实际上,软件产品规格说明恰是配置管理中最为重要的文件之一,他既体现了已建成软件的技术状态,又体现了已建成软件的版本和发布情况,对稳定软件产品质量和开展软件配置管理十分重要。

1 范围

1.1 标识

本条应描述本文档所适用系统和软件的完整标识,适用时,包括其标识号、名称、缩略名、版本号和发布号。

1.2 系统概述

本条应概述本文档适用的系统和软件的用途;描述系统和软件的一般特性(如规模、安全性、可靠性、实时性、技术风险等特性);概述系统开发、运行和维护的历史;标识项目的需方、用户、开发方和保障机构等;标识当前和计划的运行现场;列出其他有关文档。

1.3 文档概述

本条应概述本文档的用途和内容,并描述与它使用有关的安全保密方面的要求。

2 引用文档

本章应列出引用文档的编号、标题、编写单位、修订版及日期,还应标识不能通过正常采购活动得到的文档的来源。

3 需求

本章应分为以下子条描述实现软件交付、确定另一软件实体为该 CSCI 的有效拷贝所应满足的需求。

注:软件的制造与硬件不同,软件的制造不是根据设计的重建,而是由软件本身的电子拷贝、确定拷贝的有效性组成。软件拷贝的有效性的确定是通过与软件本身的比较而不是与设计说明的比较。因此软件产品规范与硬件产品规范不同,硬件产品规范的需求部分提供了作为硬件制造要求的最终设计,而本文档第 3 章"需求"则是将软件本身确立为判定软件实体是否为 CSCI 有效拷贝的标准,本文档第 5 章"软件支持信息"不是作为"需求",而是作为用于软件更改、增强或其他支持等的信息。对于软件而言,软件本身构成了产品基线,而不是软件的设计说明。

3.1 可执行软件

本条应通过引用包含 CSCI 可执行软件的介质或其他形式,给出 CSCI 的可执行软件,包括在目标计算机上安装和运行该软件所需的批处理文件、命令文件、数据文件或其他软件文件。为使软件实体成为该 CSCI 可执行软件的有效拷贝,它必须与这些文件精确匹配。

3.2 源文件

本条应通过引用包含 CSCI 源文件的介质或其他形式,给出 CSCI 的源文件,包括重新生成 CSCI 可执行软件所需的批处理文件、命令文件、数据文件或其他文件。为使软件实体成为该 CSCI 源文件的有效拷贝,它必须与这些文件精确匹配。

3.3 包装需求

(若有)本条应描述 CSCI 拷贝的包装和标记等方面的需求。

4 合格性规定

本条应描述用于证明指定软件实体是 CSCI 有效拷贝所使用的方法。例如,针对可执行文件所使用的方法可以是,确定 3.1 条中引用到的每个可执行文件在当前所述软件中是否有相同命名的对等实体,并且可通过按位比较、校验和,或其他方法表明每个这样的对等实体和对应的可执行文件是相同的;针对源文件所使用的方法可以是与 3.2 条中引用的源文件进行比较。

5 软件支持信息

5.1 "已构建"软件设计

本条应包含描述"已构建"CSCI 的设计信息,或引用包含此信息的一个附录或其他可交付的文档。(若适用)此信息应与软件设计说明(SDD)、接口设计说明(IDD)和数据库设计说明(DBDD)所要求的信息相同。如果这些文档或其等价物要随"已构建"CSCI 交付,本条应引用这些文档;否则,此信息应在本文档中提供。本条也可以引用源代码清单中的头文件、注释和代码提供的信息,此处无需重复提供。如果 SDD、IDD 或 DBDD 是以附录的形式提供,无需改变其条号与页码。

5.2 编译/建立规程

本条应描述从源文件创建可执行文件和准备向固件或其他分布介质中加载可执行文件所要使用的编译/建立规程,或引用描述此信息的附录。本条应指定所用的编译程序/汇编程序,包括版本号;其他所需的软、硬件,包括版本号;要使用的设置、选项或约定;编译/汇编、连接和建立 CSCI 和包含 CSCI 的软件系统的规程,包括对不同现场、配置、版本的变更等。CSCI 级之上的建立规程可以在某个 SPS 中给出,而在其他 SPS 中引用。

5.3 修改规程

本条应描述修改 CSCI 应遵循的规程。(若适用)包括或引用下述信息:

a) 保障设施、设备和软件,以及它们的使用规程;

b) CSCI 所使用的数据库/数据文件,以及使用与修改它们的规程;

c) 要遵循的设计、编码及其他约定;

d) 与上述不同的编译/建立规程;

e) 要遵循的集成和测试规程。

5.4 计算机硬件资源使用

本条应描述“已构建”CSCI 对计算机硬件资源(如处理器能力、内存容量、输入/输出设备能力、辅存容量和通信/网络设备能力)的实际使用情况,并应覆盖包括在 CSCI 使用需求中的、影响 CSCI 的系统级资源分配中的、或软件开发计划中的所有计算机硬件资源。如果指定的计算机硬件资源的所有使用数据出现在一个单独的地方,如在某个 SPS 中,则本条可以引用它。针对每一计算机硬件资源,应包括:

a) 得到满足的 CSCI 需求或系统级资源分配(到 CSCI 需求的可追踪性可在 6 c)中提供);

b) 使用数据所基于的假设和条件(例如,典型用法、最坏情况用法、特定事件的假设);

c) 影响使用的特殊考虑(例如,虚存的使用、覆盖、多处理器或操作系统开销的影响、库软件或其他的实现开销等);

d) 所采用的测度的单位(例如,处理器能力百分比、周期/秒、存储器字节数、千字节/秒等);

e) 已进行的估计或测量的级别(例如,软件单元、CSCI 或可执行程序)。

6 需求的可追踪性

本章应描述:

a) 从每一 CSCI 源文件到它所实现的软件单元的可追踪性;

b) 从每一软件单元到实现它的源文件的可追踪性;

c）从5.4中指定的每一计算机硬件资源使用测量到它所涉及的CSCI需求的可追踪性(此可追踪性也可在5.4中提供)；

d）从有关计算机硬件资源使用的每一CSCI需求到5.4中指定的使用测量的可追踪性。

7 注释

本章应包括有助于了解文档的所有信息(例如:背景、术语、缩略语或公式)。

八、系统、研制和产品规范要素

(一) 系统、研制、产品规范概述

(1) 系统规范描述系统的功能特性、接口要求和验证要求等,其应与《主要作战使用性能》(论证部门一报的内容或研制总要求及二报的内容)的技术内容协调一致。

系统规范一般由承制单位从论证阶段开始编制,随着研制工作的进展逐步完善,到方案阶段结束前经合同监管机构主管研制项目的业务机关正式批准或经合同监管机构代表评审确认转入方案阶段,或在方案阶段正式确认作为编制研制规范的依据文件。

(2) 研制规范描述分系统或产品的功能特性、接口要求和验证要求等;属研制规范范畴的软件规范描述软件产品的工程需求、合格性需求和验证要求及接口需求、数据要求和验证要求等,其应与《研制总要求》的技术内容协调一致。

研制规范一般由承制单位从方案阶段开始编制,随着研制工作的进展逐步完善,到工程研制阶段设计(见GJB 2993 5.5.1)状态结束前经合同监管机构主管研制项目的业务机关正式批准或经合同监管机构代表评审确认,纳入工程研制阶段的研制合同(即系统级或分系统级单位,与设备单位签订技术协议书的依据)。

(3) 产品规范描述产品的功能特性、物理特性和验证要求等;属产品规范范畴的软件规范描述软件产品(含用于产品中的软件,即嵌入式产品软件)的软件设计与编译/汇编程序和验证要求等。

产品规范一般由承制单位从工程研制阶段早期开始编制,随着研制工作的进展逐步完善,到工程研制阶段详细设计(系统应称为关键设计状态;设备称为试制与试验状态,见GJB 2993 5.5)结束前经合同监管机构主管研制项目的业务机关正式批准或合同监管机构代表正式确认,才能与分承包签订小批量试生产的研制合同及技术协议书。

由此可见,产品规范是为设计定型后的小批量试生产和批生产的研制或生产服务的。以常规武器装备研制程序为例,常见的系统规范、研制规范和产品规范文件要素如表2-20所列。

表 2-20　系统、研制和产品规范要素对照表

建议的章条标题	系统规范	研制规范	产品规范
1　范围	○	○	○
主题内容	●	●	●
实体说明	●	●	●
2　引用文件	○	○	○
3　要求	○	○	○
作战效能/功能	●	—	—
性能	●	●	●
作战适用性/通用质量特性	●	●	●
环境适应性	●	●	●
可靠性	●	●	●
维修性	●	●	●
保障性	●	●	●
测试性	●	●	●
耐久性	●	●	●
安全性	●	●	●
信息安全	●	●	●
隐蔽性	●	●	●
兼容性	●	●	●
运输性	●	●	●
人机工程	●	●	●
互换性	●	●	●
稳定性	—	●	●
综合保障	●	●	●
接口	●	●	●
经济性	●	●	●
计算机硬件与软件	●	●	●
尺寸和体积	●	●	●
重量	●	●	●
颜色	●	●	●
抗核加固	●	●	—
理化性能	—	—	●
能耗	●	●	●

续表

建议的章条标题	系统规范	研制规范	产品规范
材料	—	●	●
非研制项目	●	●	●
外观质量或加工质量	—	—	●
标志和代号	●	●	●
主要组成部分特性	—	—	●
图样和技术文件	—	—	●
标准样件	—	—	●
4 验证	○	○	○
检验分类	●	●	●
检验条件	●	●	●
设计验证	●	●	—
模拟试验	●	●	—
定型(鉴定)试验	●	●	●
首件检验	—	—	●
质量一致性检验(含验收检验、互换性试验检验、环境例行试验检验和可靠性验收试验检验)	—	—	●
包装检验	—	—	●
复验	—	—	●
抽样	—	—	●
缺陷分类	—	—	●
检验方法	●	●	●
5 包装	—	—	○
防护包装	—	—	●
装箱(含包装箱)	—	—	●
运输和贮存	—	—	●
标志	—	—	●
6 说明事项	○	○	○
预定用途	●	●	●
分类	●	●	●
订购文件中应明确的内容	●	●	●
术语和定义	●	●	●

续表

建议的章条标题	系统规范	研制规范	产品规范
其他	●	●	●

注：1. ●可能需要包含的要素；○章的规定标题；-不需包含的要素或标题。

2. 本表仅是一个示例，并没有包括系统规范、研制规范和产品规范各章中的所有要素，也不要求每项系统规范、研制规范和产品规范都必须包括本表中列出的各章的所有要素。每项系统规范、研制规范和产品规范可根据其规定实体的具体情况剪裁本表列出的各章的要素。

3. 第6章无内容时，可以省略；第5章和第6章均无内容时，均可省略。

(二) 疑难事项理解说明

(1) 系统规范、研制规范和产品规范的对照表，主要是描述三个规范的具有传承性、继承性内容，以及要素之间的区别，如系统规范、研制规范称设计验证(此时产品并未形成)；而产品规范称为试验验证、首件检检等。

(2) GJB 3206A 和本章上述规定三类专用规范编制中的格式要求、表述要求与内容导则，是为了满足武器装备研制的系统工程过程中实施技术状态管理的需要。

(3) 产品基线的四个规范，产品规范是最具有代表性的。设计人员对材料、工艺、软件和互换性以及检验等提的要求，是否要编写专门的材料、工艺和软件规范，一定要根据产品的复杂程度、结构特点，不能认为没有材料、工艺和软件规范，就没有材料、工艺和软件方面的要求。因此，对于简单产品，他们的产品基线要求可以直接写入产品规范中。

(4) 设计人员对检验、验收文件等提的要求，一定要以检验规范、验收规范形式提出。承制单位应当以产品规范为审核准则，对有关产品验收的要求性文件(如产品最终检验的检验规范、验收规范、试验规范以及依据其编制的各类规程)进行评审，以确定产品检验(质量保证文件)、验收(质量控制文件)要求是否达到：

① 验收的项目和要求与产品规范相符；

② 验收的方法、测量手段及其精度能满足产品质量特性的要求；

③ 抽样方案合理；

④ 验收记录要求明确。

(5) 设计人员对检验、验收工作等提的要求，即利用输出检验规范、验收规范中的体现，对于外包外协供方厂家，一定要通过技术协议书和人员下到供方单位参加相关专题和专项(如检验规程)评审的方式贯彻实施。

九、常见技术状态文件一览表

(一) 技术状态文件概述

技术状态文件通常是直接作为产品研制、生产或使用保障依据的技术文件。

主要包括规范、图样及其他需要的技术文件。计算报告、试验报告等技术文件虽是产品定型所需要的技术文件,但一般不作为技术状态文件。

(1)常规武器装备研制程序的功能技术状态文件一般是系统规范。研制总要求是装备研制的规范性文件。

(2)常规武器装备研制程序的分配技术状态文件一般包括产品层次的研制规范(每一层次必须有研制规范),以及必需的、规定系统(主要是指主战装备)通用特性要求的文件,如可靠性工作计划、维修性大纲等。需要时,亦可包括必需的其他类型规范、图样和相关数据。

(3)常规武器装备研制程序的产品技术状态文件一般包括产品、材料和工艺规范,及图样和必需的相关数据、保障资料,及其他技术文件。视情包括软件规范。

以常规武器装备研制程序为例,常见技术状态文件编制的阶段、编制的时间以及状态文件的属性如表 2-21 所列。

表 2-21　武器系统常见技术状态文件一览表

<table>
<tr><th rowspan="2">序号</th><th rowspan="2" colspan="2">文件主题或名称</th><th colspan="5">文件编制时间</th><th colspan="3">文件属性</th></tr>
<tr><th>论证</th><th>方案</th><th>工程研制</th><th>设计定型</th><th>生产定型</th><th>功能技术状态文件</th><th>分配技术状态文件</th><th>产品技术状态文件</th></tr>
<tr><td></td><td colspan="2">研制总要求(规范性)</td><td>▲</td><td></td><td></td><td></td><td></td><td></td><td></td><td></td></tr>
<tr><td></td><td colspan="2">技术协议书(制约性)</td><td>▲</td><td>▲</td><td>▲</td><td></td><td></td><td></td><td></td><td></td></tr>
<tr><td>1</td><td colspan="2">系统规范(甲型规范)</td><td></td><td>▲</td><td></td><td></td><td></td><td>●</td><td></td><td></td></tr>
<tr><td>2</td><td colspan="2">研制规范(乙型规范)</td><td></td><td>▲</td><td></td><td></td><td></td><td></td><td>●</td><td></td></tr>
<tr><td>3</td><td colspan="2">可靠性、维修性、测试性、保障性、环境适应性、人机工程、标准化等特性的大纲或工作计划</td><td></td><td>▲</td><td></td><td></td><td></td><td></td><td>●</td><td></td></tr>
<tr><td>4</td><td colspan="2">工艺性分析报告</td><td></td><td>▲</td><td></td><td></td><td></td><td></td><td>●</td><td></td></tr>
<tr><td>5</td><td colspan="2">电磁兼容性大纲</td><td></td><td></td><td>▲</td><td></td><td></td><td></td><td>●</td><td></td></tr>
<tr><td>6</td><td colspan="2">安全性大纲</td><td></td><td></td><td>▲</td><td></td><td></td><td></td><td>●</td><td></td></tr>
<tr><td>7</td><td colspan="2">软件开发文档(含软件规范(丁型规范))</td><td></td><td>▲</td><td>▲</td><td>▲</td><td></td><td></td><td>●</td><td>●</td></tr>
<tr><td>8</td><td colspan="2">产品规范(丙型规范)</td><td></td><td></td><td>▲</td><td>▲</td><td>▲</td><td></td><td></td><td>●</td></tr>
<tr><td>9</td><td colspan="2">材料规范(戊型规范)</td><td></td><td></td><td>▲</td><td>▲</td><td>▲</td><td></td><td></td><td>●</td></tr>
<tr><td>10</td><td colspan="2">工艺规范(巳型规范)</td><td></td><td></td><td>▲</td><td>▲</td><td>▲</td><td></td><td></td><td>●</td></tr>
<tr><td rowspan="2">11</td><td rowspan="2">设计图样</td><td>试制图样</td><td></td><td>F▲</td><td>C▲</td><td></td><td></td><td></td><td></td><td>●</td></tr>
<tr><td>生产图样</td><td></td><td></td><td>S▲</td><td></td><td></td><td></td><td></td><td>●</td></tr>
</table>

续表

序号	文件主题或名称	文件编制时间					文件属性		
		论证	方案	工程研制	设计定型	生产定型	功能技术状态文件	分配技术状态文件	产品技术状态文件
12	产品图样				D▲	P▲			●
13	配套表、明细表、汇总表和目录			▲	▲	▲			●
14	保障资料(含使用说明、维修说明、工具清单、保障设备清单、零备件清单、包装装卸运输仓储说明、报废处理说明等)			▲	▲	▲			●
15	试验大纲、试验规程、试验表格			▲	▲	▲		●	●
16	经批准的技术状态更改申请和通知			▲	▲	▲	●	●	●
17	经批准的偏离许可、让步申请			▲	▲	▲			●

注:1. "▲"编制;"●"属于。

2. 所列文件根据武器系统研制生产特点视情况选择编制和确认属性。

(二) 疑难事项理解说明

(1) 研制总要求及技术协议书是规范性或制约性文件。按 GJB 1362A 规定,定型时并不划分在技术文件中。

(2)《武器装备质量管理条例》第二十九条规定,试验大纲与试验方案是一样的。

(3) 设计图样与产品图样不在一个时间段上。GJB 1362A 7.2.1.Q 条规定,审查产品全套设计图样。在 GJB 2993 5.5.1.1 条和 5.6.2 条,在工程研制阶段的管理过程中明确指出,完成全套试制图样的编制和定型阶段应最终确定产品规范、工艺规范和材料规范的正式版本,并形成正式的全套生产图样、有关技术文件及目录。由此可见,工程研制阶段的设计图样就包含试制图样和生产图样。因此,定型之前要求审查设计图样时,试制图样到生产图样的变化过程也是审查之列。实际上,就是再一次重复审查早期工艺人员审查过的试制图样的正确性。

第四节　技术状态基线

一、技术状态基线定义及概述

(一) 技术状态基线定义

技术状态基线的内涵是技术状态项在装备研制过程中的某一特定时刻,被相关方正式确认,并被作为今后研制、生产活动基准的技术状态文件。

(二) 技术状态基线概述

GJB 3206A 中 3.10 条明确规定了,技术状态基线"在产品寿命周期内的某一特定时刻,被正式确认并作为今后研制生产、使用保障活动基准,以及技术状态改变判定基准的技术状态文件。技术状态基线一般包括三种,即功能基线、分配基线和产品基线"。因此,不同层次的技术状态项都应建立三种技术状态基线,即功能基线、分配基线和产品基线,并分别视情以技术状态文件输出,同时规定了建立各技术状态基线文件输出的时间段及要求和建立技术状态基线的程序和责权等。

二、技术状态基线及文件建立

技术状态基线并不是一份具体文件,而是围绕功能基线、分配基线和产品基线等活动内容所发生的所有的技术文件。

(一) 功能基线

经正式确认的用以描述装备的系统或独立研制的重大技术状态项,输出文件为系统规范,其文件包含下列内容:功能特性;接口特性;验证上述特性是否达到规定要求所需的检查。

(二) 分配基线

经正式确认(批准或经第三方评审通过)的用以描述技术状态项,输出文件为研制规范,其文件包含下列内容:从装备的系统或高一层技术状态项分配给该技术状态项的功能特性和物理特性;技术状态的接口要求;附加的设计约束条件;验证上述特性是否达到规定要求所需的检查。各技术状态项分配基线的总合,形成满足装备的系统功能基线目标的技术途径。

(三) 产品基线

经正式确认的用以描述技术状态项,输出文件为材料规范、工艺规范、软件规范和产规范。其文件包含下列内容:技术状态项所有必需的功能特性和物理特性;被指定进行生产验收试验的功能特性和物理特性;为保障技术状态项合格所需的试验要求、项目及方式方法。

需要说明的是,系统规范仅在装备的系统或独立研制的重大技术状态项中编制,系统以下级可以不编制该文件;材料规范、工艺规范、软件规范应根据研制产品的结构以及技术复杂程度选编,对于不编的规范,但又有部分要求的内容,可以全部编写入产品规范中。

三、技术状态基线及文件顺序

装备在各研制阶段,承制单位应按合同要求,通过系统工程过程工作,制订出各级技术状态文件,经合同监管机构确认后(评审和技术审查),建立各阶段

(状态)、各层次的技术状态基线。

(一) 论证阶段技术状态基线

在论证阶段承制单位根据一报一批的综合论证报告,制定系统层功能技术状态文件,即草拟系统规范,经评审、技术审查确认后,基本完成论证阶段的论证工作,经转阶段评审通过后,系统转入方案阶段的方案论证工作。

(二) 方案阶段技术状态基线

方案阶段初期,系统规范经承制单位评审合格后,提交合同监管机构与承制单位共同进行的技术审查并经合同监管机构确认后,在本阶段制定各技术状态项的分配技术状态文件,即编制研制规范并进行评审。评审通过后,系统层次的研制规范,利用技术协议书形式,传承于分系统的系统规范或研制规范(复杂分系统也可编制系统规范),也可作为工程研制阶段的输入性文件。此时,系统级的研制规范也是与设备厂家签署技术协议书的依据。

在方案阶段后期或工程研制阶段初期,经合同监管机构与承制单位共同进行技术审查并经合同监管机构确认后,逐项建立并评审或技术审查确立各技术状态项的分配技术状态基线,即形成了研制规范文件。

(三) 工程研制阶段技术状态基线

在工程研制阶段,承制单位进行各技术状态项的工程设计、试制和试验工作。系统级装备为初步设计和关键设计,初步设计结束经关键设计审查通过后,方可转入试制与试验状态。

设备级产品分二轮研制,即设计状态和试制与试验状态。设计状态为初样机(简称为 C 状态),试制与试验状态为正样机(简称为 S 状态)。工程研制阶段,应完成技术状态项的相关技术状态文件的编制,如材料规范、工艺规范、软件规范和产品规范,经初步评审和技术审查确认,合同监管机构和承制单位共同进行功能技术状态审核和物理技术状态审核。

(四) 设计和生产定型阶段技术状态基线

经设计定型机构批准后,在生产定型阶段小批量试生产状态确立产品基线(即产品规范、材料规范、工艺规范和软件规范的确立)。因此,技术状态基线的建立,是承制单位与合同监管机构共同协调的结果。而对建立技术状态基线的最后决策权在合同监管机构。技术状态管理工作还应包括接口管理工作和资料管理工作。这两项工作都有专门的标准和规定。这里不再赘述。

四、产品各层次的技术状态基线与权限

产品的功能基线、分配基线和产品基线一般是面向产品的合同监管机构和总承制单位,从产品层次的角度及不同视角的技术状态基线,分承制单位只对应产品的分配基线和产品基线。

（一）分承制单位技术状态基线

对于分承制单位而言，其研制任务要求来源于总承制单位的分配基线（实际运行的方法，就是依据总承制单位的分配基线文件，即研制规范的要求，与分承制单位签订技术协议书）。分承制单位为方便管理，可转换建立并命名己方视角的基线，例如“任务基线”“制造基线”（一般仍称研制规范，因为此时，该层次仍存在分配问题，所以还称分配基线较好）。当研制任务复杂时，可在任务基线之后增加基线以细化研制任务要求，如“性能基线”。

若分承制单位所转换建立的基线受产品合同监管机构控制时，则任务基线、性能基线属于产品的分配基线，制造基线属于产品的产品基线。

（二）不同视角的技术状态基线关系

一个系统是由六个层次组成的，即系统、分系统、设备、组件、备件和零件组成。系统层的基线文件即系统规范、研制规范形成确认后，可通过技术协议书传承系统层的研制任务要求，直到每一个产品层次的基线文件建立。下一层次基线文件应满足系统层研制任务要求。

以常规武器装备研制程序为例，合同监管机构、总承制单位和分承制单位不同视角的技术状态基线如图 2-15 所示。

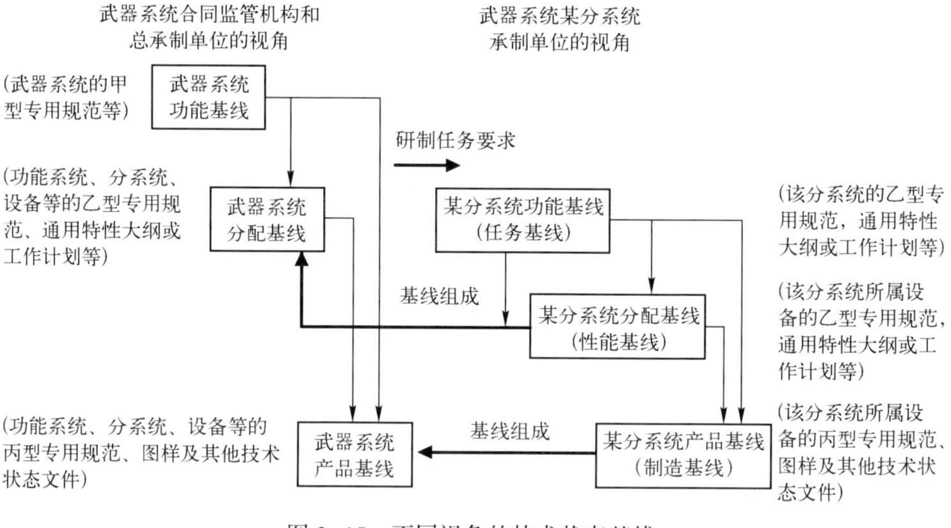

图 2-15　不同视角的技术状态基线

（三）确认技术状态基线的内容

技术状态基线应按 GJB 3273A 的要求，通过第三方组织的技术审查方式确定，技术状态基线建立的标志应是组成基线的技术状态文件，一般应获得合同监管机构签署、审查或专审的确认。根据产品层次的不同（产品的复杂程度、结构不一样），获得合同监管机构评审签署、审查或专审以及批准的管理层次也是不

一样的,但在确认技术状态基线的内容方面是一样的,一般情况下应包含下列内容:

(1) 确认技术状态项的最终清单和产品技术状态文件清单;

(2) 认可功能技术状态文件清单;

(3) 确认受合同监管机构控制的技术状态项;

(4) 组织评审并批准规定产品设计要求和验证要求的技术状态文件(如系统规范),以建立功能基线;

(5) 组织审查并批准部分技术状态项设计和验证要求的技术状态文件(如研制规范),以建立分配基线;

(6) 审核所有已确认的技术状态更改是否已纳入了技术状态文件并已经实施;

(7) 做好会议记录,内容包括重要问题的对策、措施、结论和建议性意见等;交合同监管机构确认后,形成正式的会议记录。

每一阶段技术状态文件的确认形式,在研制阶段的技术状态管理活动中详述。

第三章　装备研制技术状态控制

在装备研制的系统工程管理过程中，属于论证、评定（评审）、协调、审批和实施的环节很多，本章节主要针对相关标准的要求，第一，通过对技术状态控制的概念、任务、类型和程序等进行综述后，使读者对其有一个初步的了解和认识；第二，通过技术状态更改，了解其更改的原则、分类和更改的一般程序；第三，通过偏离许可和让步的学习，熟悉编制偏离许可和让步的要求、申请、批准权限和如何控制装备研制过程的偏离许可和让步；第四，装备研制转阶段（状态）评审或审查是本章的重点，也是技术状态管理最容易失控的环节。本章主要以常规武器装备研制为例，讲述装备研制转阶段（状态）过程的技术状态控制。

第一节　技术状态控制综述

根据 GJB 3206A 规定，武器装备研制过程中，应在产品的寿命周期内实施技术状态管理。应随着产品寿命周期各阶段的特点和要求，逐步建立和完善技术状态管理。

技术状态控制是技术状态管理活动中的重要内容之一，技术状态控制是在系统、技术状态项（CI）的基线正式确定之后，为控制系统、技术状态项的更改而对提出的更改建议，按规定程序进行的论证、评定（评审）、协调、审批和实施的活动。我们首先要了解技术状态控制的任务，掌握其控制的方法，熟悉更改的原则和分类以及更改的一般程序和编制偏离许可和让步申请等。

在武器装备研制过程中，论证、评定（评审）、协调、审批和实施的活动是技术状态控制的重要环节，我们除了了解上述基本内容之外，应针对武器装备研制过程的技术状态即对装备研制的转阶段（状态）工作的技术状态实施有效控制。

一、技术状态控制的概念

在技术状态文件首次评审或审查发布后，应控制所有的更改。技术状态控制是使系统、技术状态项的更改如何得到实施和管理的控制过程。技术状态控制始于功能基线确定之时，继而贯穿于系统、技术状态项研制、生产和使用的全过程（本书仅描述装备研制与生产过程的技术状态管理）。

技术状态文件首次评审或审查确认,如何能做到一级一级贯彻而不走样,在产品层次的管理上,具有规范的制约性措施文件,即技术协议书。但技术状态项在研制过程中的活动,涉及装备形成的多种方式、方法和不同的要求,如何控制使这些方式、方法和不同的要求都能满足系统的要求,需要我们掌握技术状态控制与管理的最佳时机。

我国武器装备研制以常规武器装备研制为例,分五个阶段研制。《武器装备质量管理条例》规定,装备部门应当按照武器装备研制程序,组织转阶段审查,确认达到规定的质量要求后,方可批准转入下一研制阶段。这个规定恰恰给技术状态管理及控制从法律法规层面提出了更高的要求。由此,装备研制的转阶段(状态)必须进行评审和审查,承制单位科研管理部门在上级装备研制管理部门组织审查之前,首先应对装备研制的转阶段(状态)工作进行评审或预审查。

对那些三级或三级以下的产品,在上级装备部门顾及不到的情况下,承制单位应自行对装备研制转阶段(状态)进行评审,经现场使用代表评审,确认达到规定的质量要求后,方可转入下一研制阶段。

二、技术状态控制的任务

在装备研制的过程中,系统即技术状态项在技术状态文件首次评审通过后,就应控制不同层次所有的更改。

(一) 质量管理体系的任务及要求

质量管理体系要求的程序文件中应详细描述技术状态控制所涉及的下列活动:

(1) 将更改形成文件并判断其正确性;

(2) 评价更改的后果;

(3) 批准或不批准更改;

(4) 实施并验证更改;

(5) 处理偏离和超差。

(二) 技术状态完整性的任务及要求

为确保技术状态的完整性并为更改控制提供依据,应在下列条件下保存技术状态项、组成部分及其文件:

(1) 符合要求的环境;

(2) 防止未经批准或私自更改;

(3) 提供受损文件的修复方法;

(4) 应能对软件、资料、文件或图样等受控原件的复制件进行控制;

(5) 保障技术状态的制造/生产状况与设计状况的一致性。

三、技术状态管理控制的类型

在武器装备研制过程中,随着装备研制的深入发展,其技术状态是不断完善、变化的,但这种变化是逐步靠近或符合合同或技术协议书要求的。控制技术状态按需求的模式、既定的模式或理想的方式实施,主要由于在装备研制过程中,采用了各阶段研制项目评审控制、研制过程转阶段研制评审控制、研制过程转阶段研制预先技术审查控制、技术状态更改控制和偏离许可、让步放行控制等五种不同的控制模式,使装备研制过程的技术状态管理工作行之有效。

(一) 各阶段研制项目评审控制

武器装备研制工作的三大特点是实施系统工程管理、分阶段研制以及采取技术状态管理的方法。这三大特点区分了武器装备研制与武器装备科研的不同,也区分了民用企业研发、生产的不同。

我国武器装备研制有三种类型,即常规武器、战略武器和人造卫星的研制都是分阶段研制的,但是三种武器划分的阶段以及使用的术语和名称都是不一样的,但其共同点是,在研制过程的每个阶段内,都必须建立并严格执行设计评审、工艺评审和产品质量评审制度。对技术复杂、质量要求高的产品,应当进行可靠性、维修性、保障性、测试性和安全性以及计算机软件、元器件、原材料等专题评审。对一些特殊的管理过程,如技术协议书,产品试验前、中和后,技术状态文件发放,质量保证文件,质量控制文件等,还应进行专项评审。

(二) 研制过程转阶段研制评审控制

我国的常规武器、战略武器和人造卫星的研制都是分阶段研制的,自然在传承与衔接过程中存在阶段与阶段之间、阶段与状态之间、状态与状态之间的转移。《武器装备质量管理条例》规定,承制单位应组织转阶段审查,确认达到规定的质量要求后,方可批准转入下一研制阶段。装备研制的转阶段(状态)评审有三个好的作用:

(1) 检查本阶段各专业工作的完成情况;

(2) 检查本阶段各专业风险措施的落实情况;

(3) 全面检查技术状态管理情况,确认达到规定的质量要求后,方可转入下一研制阶段(状态)。

(三) 研制过程转阶段研制预先技术审查控制

技术审查是系统研制过程中,在关键事件点上进行技术审查,以评估系统的设计进展情况、设计成熟程度、技术风险消除情况等,以确定研制工作是否可进入下一个研制级别。技术审查是建立技术状态基线所必经的手段。

研制过程转阶段研制预先技术审查,也是全面了解、检查技术状态管理情况的极好时机。合同监管机构的主管研制部门会同研制方的主管研制部门,联合运用研制过程转阶段研制的时机,即装备研制过程的关键阶段,如系统功能审查、关键设计审查等;关键环节,如首次大型试验准备、定型试验准备和小批量试生产准备等环节,全面检查装备研制过程的技术状态管理情况,此时,承制单位可针对技术审查的项目,做预先性技术审查,以迎接主管研制部门的检查。

(四) 技术状态更改的控制

技术状态更改是指对已经确认的现行技术状态文件的更改。为便于控制,将技术状态更改分为三类,即Ⅰ类技术状态更改、Ⅱ类技术状态更改和III类技术状态更改。

三类更改的权限各有明确的要求与实施方法,因此,在承制单位与合同监管机构实施技术状态更改控制方面的侧重点是不一样的。

(五) 偏离许可、让步放行控制

偏离是指在技术状态项(CI)制造之前,对该CI的某些方面在指定的数量或时间范围内,可以不按其已经批准的技术状态文件要求进行制造的一种书面认可。

让步是指CI在制造期间或检验验收过程中,发现某些方面不符合已批准的现行技术状态文件规定要求,但同意不需修理或用批准的方法修理后仍可使用的一种书面认可。

承制单位办理偏离、超差时,应与技术状态更改一致,按照程序进行。除特殊情况外,一般不能申请涉及安全性和致使缺陷影响部队使用或维修的偏离或超差。

涉及装备性能、可靠性、维修性、生存性、互换性、重量、尺寸和人员健康等的偏离或超差,应由承制单位提出申请,合同监管机构审批。

偏离、让步均不对功能技术状态文件、分配技术状态文件、产品技术状态文件进行更改。

第二节　各阶段研制项目评审控制

一、研制项目评审控制简述

武器装备研制项目的评审,主要发生在装备研制阶段(状态)内,对于一个新装备的研制而言,既存在产品层次的项目要求不同,同时也存在其控制点和每一个阶段内评审项目的差异。本节主要围绕阶段内研制项目评审控制的类型和装备研制各阶段需评审的项目,分析、描述装备研制技术状态管理的手段及方法,从而增强武器装备研制在每一个阶段内技术状态管理的时效性。

(一) 研制项目评审概述

在装备研制过程的每个阶段内,都必须建立并严格执行设计评审、工艺评审和产品质量评审制度。《武器装备质量管理条例》规定,对技术复杂、质量要求高的产品，应当进行可靠性、维修性、保障性、测试性和安全性以及计算机软件、元器件、原材料等专题评审。对一些特殊的管理过程，如技术协议书，产品试验前、中和后，技术状态文件发放，质量保证文件编制，质量控制文件编写等，都应进行专项评审。

本节主要围绕研制过程及样机评审、研制过程的专题评审、研制过程的专项评审、研制过程的试验评审和研制过程的转阶段（状态）研制评审等方式，明确技术状态管理工作的内涵，提高技术状态管理的水平及能力。与此同时，将装备研制各阶段需评审的项目列出，供技术人员在实施技术状态管理活动中参考。

（二）研制项目评审的层次控制

装备评审的层次是各承制单位根据承担武器装备的产品层次不同，对装备评审的层次自然就不同。装备按照 GJB 2116 的要求，可以分解成几百件甚至几千件技术状态项，这些技术状态项是由国内几十家甚至几百家企事业单位和研究所、院校共同来研制完成。按照 GJB 6117 规定，这些工作分解结构的技术状态项是由不同的产品层次即系统、分系统、设备、组件、部件、零部件组成，产品层次不同，评审的目的、范围及要求自然也就不同。产品层次的不同，使得评审的组织者也不尽相同。因此，评审层次一般划分为：

（1）系统级评审；

（2）分系统级评审；

（3）设备级评审；

（4）组件级评审；

（5）部件级评审；

（6）零部件（元器件）级评审。

假如六个层次的技术状态项都由一个承制单位承担研制，此时，必须要分层次进行评审，本层次评审合格后，方可转入上一层次的评审。

（三）研制项目评审控制点设置

根据 GJB 2993 规定，常规武器装备、战略武器装备和人造卫星的研制，应分别按照《常规武器装备研制程序》《战略武器装备研制程序》和《人造卫星研制程序》开展研制工作，并根据研制程序进行分阶段管理和决策。在每一研制阶段结束前或重要节点，使用部门和承制单位应按合同中工作说明的要求，根据有关国家军用标准开展评审和审查工作，以确保该阶段的研制工作达到合同的要求。只有达到要求后方可进入下一研制阶段。根据法规、标准要求，我国对常规武器装备、战略武器装备和人造卫星的评审控制选择内容如下。

（1）常规武器装备的评审控制，一般按下列类型选择：

① 论证阶段评审；

② 方案阶段评审；

③ 工程研制阶段评审（含设计状态和试制与试验状态）；
④ 设计定型评审；
⑤ 生产定型评审。
（2）战略武器装备的评审，一般可按下列类型选择：
① 论证阶段评审；
② 方案阶段评审；
③ 工程研制阶段评审（含设计状态和试制与试验状态）；
④ 定型阶段评审。
（3）人造卫星的评审，一般可按下列类型选择：
① 论证阶段评审；
② 方案阶段评审；
③ 初样研制阶段评审；
④ 正样研制阶段评审；
⑤ 使用改进阶段评审。

二、研制过程评审控制的类型

在装备的研制过程中，需评审的项目及项目类型是很多的，每一个产品层次、每一个装备的研制阶段或状态，需进行评审的项目、内容和要求都是不同的。

在装备研制阶段范围内所做的工作越多，其评审的项目也越多，但大部分内容在《武器装备研制工程管理与监督》《武器装备研制质量管理与审核》和《武器装备研制工艺管理与控制》三本书中已详述。本节仅根据技术状态管理活动需求，对质量管理的评审控制、研制过程及样机评审控制、研制过程的专题评审控制、研制过程的专项评审控制、研制过程的试验评审控制和研制过程的转阶段（状态）研制评审控制进行讲述。

（一）质量管理的评审控制

质量管理方面的评审控制，应针对本层次、本阶段（状态）的工作内容，检查其过程是否规范，编制、评审、更改等是否符合法规、标准的要求，如合同评审、分级分阶段的设计评审、工艺评审、产品质量评审、经济性分析和风险性分析和质量管理体系监督的管理评审等。

各层次、各阶段（状态）技术状态文件、图样等的评审，是否规范，并是否符合法规、标准的要求。规范性的技术状态文件如系统规范、研制规范、产品规范、材料规范、工艺规范、软件规范以及试验、检验等规范是否齐全、规范，评审的问题是否修改，覆盖是否全面等。

上述内容系统审查完成并符合合同及技术协议书的要求后，方可转入下一研制阶段。

（二）研制过程及样机评审控制

在装备研制过程中，三种类型装备的术语是有区别的，如常规武器装备研制程序中，要求系统级的试制型样机评审，设计定型样机评审，试生产型样机评审，生产定型型样机评审符合相关法规、标准的要求；设备以下级的原理样机（模型样机）评审、初样机评审、正样机评审，以及设计鉴定型样机评审、试生产型样机评审、生产鉴定样机评审等符合相关法规、标准的要求。

战略武器装备研制程序中，要求系统级的初样样机评审（地面试验样机）、试样样机评审（飞行试验样机）、地面鉴定试验评审、定型批飞行试验评审、设计定型评审和工艺定型评审等，应符合相关法规、标准的要求。

人造卫星研制程序中，要求系统级的初样研制阶段样机评审、正样研制阶段样机评审和使用改进阶段评审应符合相关法规、标准的要求。

（三）研制过程的专题评审控制

研制过程的专题评审是指法规标准中直接要求进行专题评审的项目，如《武器装备质量管理条例》明确指出，武器装备研制、生产单位应当严格执行设计评审、工艺评审和产品质量评审制度。对技术复杂、质量要求高的产品，应当进行可靠性、维修性、保障性、测试性和安全性以及计算机软件、元器件、原材料等专题评审。

（1）标准化专题评审。即：设计标准化评审（分三种：标准化方案评审、标准化实施评审和标准化最终评审）；工艺标准化评审（分三种：工艺标准化方案评审、工艺标准化实施评审和工艺标准化最终评审）。

（2）通用质量特性专题评审。即可靠性、维修性、保障性、测试性、安全性和环境适应性的专题评审。

（3）计算机软件、元器件、原材料等专题评审。

（四）研制过程的专项评审控制

研制过程的专项评审是指装备研制过程中具体项目的评审工作，是为了确认、验证研制过程的正确性而进行的评审项目，如：

（1）试验、验证及鉴定项目的专项评审。如首件检验评审，产品的互换性试验、发动机试车、可靠性鉴定和可靠性验收试验前、中和后的评审以及设计定型后的例行试验评审等。

（2）设备级交付（放飞）或装机专项评审。

（3）系统地面联试、首飞评审、空中联试评审以及系统（整机）交付专项评审等。

需要说明的是，常规武器装备、战略武器装备和人造卫星研制阶段划分虽然不同，研制程序内容要求不同，术语也不同，但专题、专项评审要素的基本内容区别很小。需承制单位在武器装备的研制过程中加以区别，在工程管理上各自的术语不要混淆，避免造成不必要的错漏或重复性工作，形成错试验、过试验和欠试验状况，对产品减少不必要的经济、质量损失。

（五）研制过程的试验评审控制

研制过程的试验评审主要体现在武器装备研制单位组织实施的研制试验项目和试验所用的试验装备及其配套的检测设备的评审控制。每次评审都应有记录，并可追溯。

1. 承制单位组织实施的研制试验评审控制

研制试验包括功能性试验、电源特性试验、电磁兼容试验、环境适应性试验和可靠性试验。新产品试制工作完成后，武器装备研制单位应组织实施产品的研制试验工作，编制产品的试验大纲，明确试验质量保证要求，并严格按生产图样和技术文件的要求，对试验全过程进行质量控制。在研制试验过程中，当需要对产品技术状态更改时，必须按技术状态控制的规定，进行充分论证和严格审批，并对更改情况进行记录和报告，保证现场使用的生产图样和技术文件协调一致和现行有效。

为了保证产品试验工程质量，在产品试制和试验前应按照 GJB 1710A《试制和生产准备状态检查》和 GJB 1452A《大型试验质量管理要求》对准备工作进行条件检查。

1）完成试制前准备状态检查

试制前准备状态检查内容包括：生产图样，工艺规程，技术文件，外购器材，工艺装备，设备，关键岗位人员培训、考核情况，工程设计状态样机试验结果等，并有检查报告。

2）完成试验前准备状态检查

试验前准备状态检查内容包括：理论设计结果，试验目的、要求，试验大纲（试验方案）文件，数据采集要求，试验设备和仪器仪表的校验情况，受试产品的技术状态，试验过程中使用的故障报告、分析与纠正措施系统，以及岗位设置、人员职责等，并有评审记录。

3）产品研制试验结束，完成三个评审

产品研制试验结束后，依据 GJB 907A《产品质量评审》要求，在开展产品质量评审之前，应完成设计评审、工艺评审及首件鉴定工作，达到申请设计定型（鉴定）试验的条件后，承制单位申请设计定型（鉴定）试验。

4）实施要求

（1）制订和执行试制、试验过程的质量控制措施。

（2）建立技术状态管理制度。试制、试验过程中出现技术状态更改、工艺更改，以及超差、代料等影响产品技术状态改变的情况，均须执行论证、审批程序和记录、报告。

（3）制订并执行试制、试验前准备状态检查程序，记录检查情况和遗留问题。

（4）制订并执行首件鉴定程序。

5）评审要点

（1）试制、试验质量是否处于受控状态，有无制度、措施保证；

（2）是否落实了技术状态管理制度，对技术状态更改是否进行了有效控制；

（3）是否制订并实施了试制、试验前准备状态检查程序、首件鉴定程序，产品质量评审制度执行情况如何；

（4）是否严格控制了设计定型（鉴定）试验前的条件审查。

2. 承担武器装备定型试验单位的评审控制

承担武器装备定型试验单位应当根据武器装备定型有关规定，拟制试验大纲，明确试验项目质量要求以及保障条件，根据武器装备定型有关规定和装备的特点，在承制单位的配合下按 GJB 1452A 拟制试验大纲和试验规程，明确试验项目以及质量要求和试验保障条件，并经专家审查。对试验的全过程进行质量控制，保证试验数据真实、准确和试验结论完整、正确。

1）实施要求

（1）承试单位应按相关标准、规范编制试验大纲和试验规程；

（2）试验大纲应明确质量要求与措施，以及试验保障条件；

（3）承试单位的试验大纲拟制完成后，应组织对试验大纲的评审、会签和审批程序，定型试验条件具备后，由定委组织专家审查。

2）评审要点

（1）试验大纲是否经过了承试单位的评审、会签和审批程序；

（2）试验大纲是否经专家审查，问题和意见是否修改和完善；

（3）试验数据是否真实、准确，试验结论是否完整、正确。

3. 试验单位所用的试验装备及其配套的检测设备评审控制

试验单位所用的试验装备及其配套的检测设备应当符合使用要求，并依法定期进行检定、校准，保持完好的技术状态；对一次性使用的试验装备，应当进行试验前的检定、校准，两种检定、校准应有记录，并可追溯。

1）实施要求

（1）试验单位所用的试验装备及其配套的检测设备建立了定期检定、校准管理制度，并有实施监督的措施；

（2）所用的试验装备及其配套的检测设备已按相关法规和标准进行了检定、校准，符合使用要求；

（3）对一次性使用的试验装备，应当进行试验前的检定、校准，试验装备技术状态明确，标志清晰。

2）评审要点

（1）试验单位是否建立了试验装备及其配套检测设备定期检定、校准管理制度，是否有控制措施；

（2）所用的试验装备及其配套检测设备是否进行了检定、校准，符合使用要求；

（3）对一次性使用的试验装备，是否在管理制度中明确试验前的检定、校准要求，贯彻实施情况如何。

（六）研制过程转阶段（或状态）研制评审控制

装备研制过程的转阶段（或状态）评审和技术审查，是承制单位和合同监管机构共同实施技术状态管理活动的重要手段之一。

装备研制转阶段（或状态）评审控制，是承制单位对武器装备研制实施技术状态管理的方法和手段之一，准确地说，它是承制单位负责技术状态管理的科研管理部门组织的一项技术状态管理的重要活动之一。依据相关法规、标准的规定，凡提交使用部门主持审查的工作项目，承制单位应事先确认合格的原则，即产品提交合同监管机构进行技术审查前，应进行相关内容的评审并确认合格。承制单位在武器装备研制过程中开展的技术状态管理活动所应遵循的规律是，在装备研制阶段内，各项工作完成、文件编写、过程确认等的评审，由各相关部门组织；装备研制转阶段（或状态）研制评审由科研管理部门组织。需合同监管机构组织技术审查的环节，科研管理部门做好迎接上级机关进行技术审查的准备工作，技术审查通过后，方可转入下一研制阶段（或状态）。

转阶段（或状态）研制评审与阶段内工作项目完成后的评审，其性质、内容和要求完全不同。这两个评审在《武器装备研制工程管理与监督》和《武器装备研制质量管理与审核》两本书中都有描述，但其角度、内容和要求都是不同的。

本节描述的装备研制转阶段（或状态）研制评审，主要针对承制单位围绕装备研制技术状态管理的关键环节和内容进行评审及技术状态管理控制，组织转阶段的审查，确认达到规定的质量要求后，方可批准转入下一研制阶段；

另一方面，对于合同监管机构须进行的技术审查环节，应依据 GJB 2102《合同中质量保证要求》中规定，凡提交合同监管机构主持审查的工作项目，承制单位应事先确认合格。因此，在装备研制的各个转阶段（或状态）的节点上，承制单位都应确认其合格方式，事先对转阶段（或状态）之前的评审工作需更改、补充的内容进行清理、完善，评审合格后，对合同监管机构关注的阶段或节点，承制单位应为合同监管机构做好预先技术审查，符合要求后，申请提交合同监管机构进行转阶段（或状态）或节点的技术审查。装备研制过程中研制项目的评审、转阶段（或状态）评审以及技术审查的关系，见图 3-1 所示。

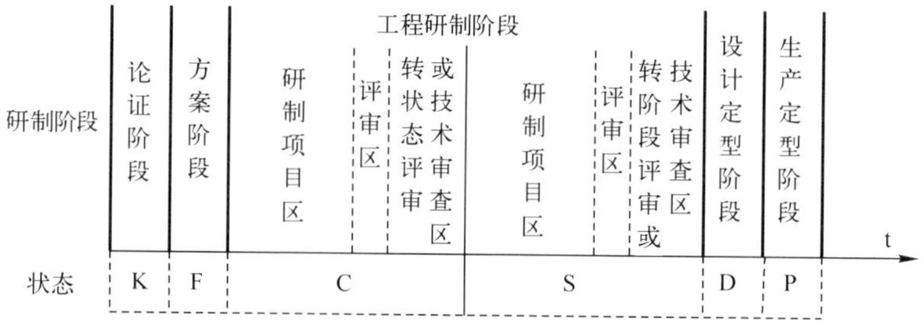

图 3-1　转阶段(或状态)研制评审控制

图解说明:

(1) 如图 3-1 所示,技术状态管理活动情况,以设备研制项目为例,从工程研制阶段的“设计”状态和“试制与试验”状态,分析期间的技术状态管理活动,应该是三个活动过程。这三个区的活动过程,实际上都是技术状态管理控制过程。

(2) 常规武器装备研制程序的五个阶段内,都有设计、工艺和生产技术人员的研制项目,每一个工程研制项目都要进行设计、试验验证、试验和自评审工作,如研制项目区。

(3) 阶段内工程研制工作结束后,各专业要进行设计、工艺和产品质量以及通用质量特性的专题评审以及材料、软件等的专项评审,如专业综合组织的评审区。

(4) 转入下一阶段(或状态)前,承制单位的科研管理部门,还应进行技术状态管理活动的转阶段(或状态)评审,如转阶段(或状态)评审区。

(5) 科研管理部门或第三方按 GJB 3273A 的要求,在关键环节进行技术审查,合格后方批准进入下一阶段的研制工作。

(6) 其他阶段的技术状态管理活动也应该是三个区的活动过程。

三、各阶段研制项目的评审控制

承制单位在装备研制过程中,由本单位科研管理部门自行组织的转阶段(状态)检查,应称为评审;由装备研制机关或与合同监管机构联合组织进行的检查,应称为技术审查(技术审查之前承制单位应进行评审,认为合格后,才上报技术审查申请)。

转阶段(状态)研制评审,是根据 GJB 2993 规定,在研制过程中的重要节点上为确定现阶段工作是否满足既定要求,承制单位和主管装备研制部门(系统级单位检查设备级单位)应当对装备工程研制转阶段等重大节点,及时组织转阶段研制评审或技术审查,审查通过后方可转入下一研制阶段。

常规武器装备、战略武器装备和人造卫星的研制,应按照常规武器装备研制程序、战略武器装备研制程序和人造卫星研制程序,进行转阶段(状态)研制评审工作。主管装备研制部门及其系统级单位,对下一层次产品的技术审查是根据产品的复杂程度、节点的重要度认真组织技术审查,确认达到规定的质量要求后,方批准转入下一阶段(状态)研制工作。

(一) 论证阶段研制项目评审

论证阶段内的工作属于工程管理中的一段重要、特殊的既有评审也有技术审查特点的工作,当然也是技术状态管理控制的前期需求分析,需求确立的重点工作。在装备研制的论证阶段,被邀请的一个或数个持有武器装备许可证的承制单位,对草拟的立项综合论证报告、研制总要求和系统规范经自行评审确认后,可提交使用部门的装备研制主管部门和研制主管单位,并联合组织专家,适时对草拟的立项综合论证报告、研制总要求和系统规范进行评审或审查。

1. 立项综合论证报告评审或审查

1) 评审或审查的目的

使用部门会同研制主管部门对邀请的一个或数个持有武器装备许可证的承制单位进行多方案论证,并对各总体技术方案进行评审或审查,经技术、经费、周期、保障条件等因素综合权衡后,选出或优化组合一个最佳方案并选定武器装备研制的承制单位,对立项综合论证的材料组织专家和专业技术人员进行认真、细致的评审或审查。审查的主要内容是根据 GJB 4054《武器装备论证手册编写规则》5.5 条型号论证的内容和针对武器装备研制之初,在论证阶段对武器装备的论证原则、程序、内容、需求及要求、管理以及论证所用的理论、方法和技术是否符合研制装备的要求等进行,立项综合论证报告审查通过后,并形成二报二批中的一报材料,即武器装备研制立项综合论证报告,上报批复。

2) 评审或审查提供的文件

(1) 立项综合论证报告;

(2) 关键技术攻关情况的材料;

(3) 新工艺、新设备、新材料的选用和攻关情况;

(4) 论证阶段风险分析报告的材料。

3) 评审或审查的主要内容

立项综合论证报告的评审或审查,其内容主要体现在以下几个方面:

(1) 适用性。

立项综合论证报告的内容选择是否遵循武器装备论证工作的一般规律;所提出的论证方法和要求,是否充分考虑装备发展的特点、论证及论证管理工作的实际需要,内容是否规范,要求是否具体,操作性是否强。

(2) 系统性。

立项综合论证报告是否全面体现武器装备论证工作的全过程;是否反应武

器装备研制工作的全过程以及武器装备使用的全寿命；是否反映论证及相关领域知识理论与技术研究成果的全貌，使立项综合论证报告系统完整、主次分明。

（3）协调性。

立项综合论证报告的格式和涉及的内容与要求是否与相关法律、法规及国家军用标准相协调；报告的各章节内容在深度、广度、范围和要求等方面是否互相协调一致，自身能成为一个有机整体。

（4）先进性。

立项综合论证报告是否充分反映当代科学技术的发展特点和论证中的前沿问题；是否反映未来高技术战争对武器装备建设和发展的新要求；是否展示当代科学技术和军事技术领域发展的最新水平；是否对论证及相关基础研究的各种新成果进行了系统整理和吸收。

（5）知识性。

立项综合论证报告是否具有知识性；对专业领域涉及的名词、术语、基本理论与方法以及相关的知识，各种计算公式、模型等的来源、主要特点、使用的方法及注意的问题等都是否能叙述清楚，是否力求知识完备。

（6）科学性。

立项综合论证报告的内容选择及整体结构安排是否科学合理，引证资料来源是否清楚，内容是否可靠，文理是否通顺，语言表达是否严谨，逻辑性是否强。

2. 研制总要求的评审或审查

1）评审或审查的目的

根据 GJB 2993 5.3 论证阶段的管理要求，合同监管机构会同研制主管部门对各总体技术方案进行评审，对技术、经费、周期、保障条件等因素综合权衡后，选出或优化组合一个最佳方案，并将装备研制立项申请和综合论证报告一并报上级部门审批。经批准的装备研制立项，是组织研制项目招标、开展装备研制工作、制定装备研制年度计划和订立装备研制合同的依据。装备研制进入工程研制阶段之前，上级部门应当按照规定组织装备研制总要求的综合论证，并拟制装备研制总要求。经使用部门的装备研制主管部门会同研制主管单位组织完成装备研制总要求的审查后，将装备研制总要求报上级部门审批。

此时也完成了二报二批中的二报材料。装备研制总要求上报批复后，是开展工程研制和组织装备定型考核的依据。

在合同监管机构会同主管研制管理部门上报装备研制总要求的同时，系统级承研单位应根据草拟的装备研制总要求，编制装备系统规范（草拟）。

2）评审或审查提供的文件

根据批准的装备主要作战使用性能，草拟并需专家审查的各类材料：

（1）草拟的装备研制总要求；

（2）编制的装备研制设计方案和国内保障方案工作的材料；

（3）关键技术攻关情况的材料；

（4）对配套引进的关键电子元器件进货质量保证情况的材料；

（5）研制、定型等大型试验方案的材料；

（6）装备采购价格和全寿命费用的材料；

（7）阶段风险分析报告。

3）审查的主要内容

装备研制总要求的审查，应当根据批准的装备主要作战使用性能，结合装备方案设计工作，需经多次审查、反复修改。

（1）审查战术技术性能指标和研制、定型等大型试验的方案是否完整、可行；

（2）审查、测算批生产试制费用及装备采购价格和全寿命费用的合理性；

（3）审查配套引进的关键电子元器件及国内保障方案等是否合理、可行。

3. 系统规范的评审或审查

根据批复或确认的型号研制总要求（或武器系统总要求）进行任务和要求分析后修编系统规范（该规范用以从总体上对武器装备提出技术和任务要求，并将要求分配给各分系统及设备，明确设计的约束条件，确定分系统及设备之间或分系统及设备内部的界面或接口）。该规范经研制主管部门评审，系统规范已基本符合批准或确认的研制总要求。上报使用部门会同研制主管部门组织专家审查后，确认或批复。

1）审查的依据

（1）GJB 0.2《军用标准文件编制工作导则 第2部分：军用规范编写规定》；

（2）GJB 3206A《技术状态管理》；

（3）GJB 6387《武器装备研制项目专用规范编写规定》；

（4）型号研制总要求；

（5）研制中相关法规及相关技术文件。

2）审查提供的文件

（1）确定的技术状态项汇总表；

（2）产品功能技术文件清单；

（3）承制单位技术状态管理制度；

（4）产品寿命周期的技术状态管理计划；

（5）对分承制单位或供应商的技术状态管理的要求和考核标准；

（6）经承制单位评审的系统规范及编制说明。

3）审查的内容

（1）系统规范编写是否符合 GJB 0.2 的要求；

（2）系统规范编写要素的起草是否符合 GJB 6387 第五章“要素的起草规则”的要求；

（3）系统规范编写的内容是否符合 GJB 6387 第六章“系统规范、研制规范、产品规范”规定的编写内容和附录 A“系统规范、研制规范、产品规范的各章要素表”的要求；

（4）系统规范中的性能指标是否与研制总要求一致，性能指标的试验与验证方法，是否符合相关标准要求；

（5）系统规范编写的基本规则、结构规则、表述方式和规则、编排格式等是否符合 GJB 6387 第四章“总则”的要求。

（二）方案阶段研制项目评审

GJB 9001C 中第 8.2.3 条规定，组织应评审与产品有关的要求。评审结果及评审所引起的措施的记录应予保持。方案阶段与产品有关要求的项目随着装备研制深入，需评审的项目越来越多，我们将这些评审都称为质量评审（即设计评审、工艺评审和产品质量评审），但这些评审也是技术状态管理的过程，应加以控制。而且这些评审具备下列特点：

（1）承制单位应首先自行组织评审；

（2）评审的依据是合同或技术协议书中的技术状态管理条款和质量保证条款；

（3）型号的产品质量保证大纲贯彻了相关标准、法规、规范及有关质量管理体系文件。

根据相关法规、标准规定，承制单位应对技术复杂、质量要求高的产品，进行通用质量特性（即可靠性、维修性、保障性、测试性、安全性和环境适应性）以及计算机软件、元器件、原材料等专题评审。对于专题评审本节仅列举可靠性、维修性、保障性等项目的评审（工程研制阶段、设计定型和生产定型阶段同上）。

上述项目要求的评审，驻厂军事代表为了解情况，应参加项目的评审，也有一些组件、部件和零件级且属于承制单位级评审的项目，驻厂军事代表应根据需要选择参加。下面从装备研制在方案阶段应评审的项目出发，简述承制单位对装备研制要求的评审。方案阶段内的评审项目主要有：

1. 合同或技术协议书的评审

1）概述

新研制装备有特殊要求时，承制单位与供应单位（配套单位）应签订技术协议书，技术协议书是合同的组成部分。根据 GJB 939《外购器材的质量管理》规定，技术协议书一般应包括下列内容：

（1）特殊技术要求及质量责任；

（2）试制、试验、使用的程序和必须具有的原始记录；

(3) 技术协调、试加工、匹配试验、复验鉴定和装机使用的要求;

(4) 交付状态及特殊的检验方法;

(5) 其他特殊的质量控制要求。

标准要求,技术协议书应经质量部门人员会签,其副本应提供给质量部门。

本节根据装备研制的实施情况,简述合同或技术协议书的评审时机、依据、基本内容和双方在质量保证中的权利和义务等方式、内容。

2) 评审的时机和依据

合同或技术协议书拟制后,应在承制单位向使用部门做出提供产品的承诺之前进行,如:提交标书之前;接受合同或订单之前和接受合同或订单的更改之前。合同或技术协议书评审的依据一般包括:

(1) 研制总要求或系统规范或研制规范;

(2) 系统型号产品质量保证大纲;

(3) 适用的标准、规范及有关质量管理体系文件。

3) 评审提供的文件

(1) 合同或技术协议书;

(2) 合同或技术协议书编制说明;

(3) 与相关技术指标有关的标准。

4) 评审的内容

(1) 规定承制单位应保持其质量管理体系有效运转,并向使用部门提供证实材料。

(2) 规定使用部门对承制单位质量管理体系进行监督的具体要求。

(3) 规定承制单位应执行的军用标准以及其他满足武器装备质量要求的国家标准、行业标准和企业标准;鼓励采用适用的国际标准和国外先进标准及有关文件,如有特殊要求应当明确。

(4) 规定承制单位按照 GJB 1406A 制定产品质量保证大纲及使用部门会签确认的要求。

(5) 技术状态管理要求及使用部门明确的技术状态项。

(6) 规定使用部门主持或参加的审查活动和要求。明确转阶段或节点时,使用部门参与的方式。凡提交使用部门主持审查的工作项目,承制单位应事先确认合格。

(7) 合同双方交换质量信息的要求。

(8) 按照 GJB 906《成套技术资料质量管理要求》的规定提出成套技术资料的质量控制要求,明确承制单位向使用部门提供的技术资料项目及交接办法。

(9) 标的完成的标志,包括评定标准、规定的试验和批准的要求。

(10) 对分承制单位的质量控制要求。

（11）对售后服务的要求。

（12）质量奖惩要求。

5）双方的权利和义务

（1）使用部门的权利和义务：

① 提出明确的质量保证要求，并同进度、经费相协调；

② 按照合同规定落实应提供实施质量保证要求的条件；

③ 采取有效的办法检查和控制合同质量保证要求的实施；

④ 按照《中国人民解放军驻厂军事代表工作条例》的规定，派出军事代表对承制单位的研制和生产进行了解和质量监督；

⑤ 按规定进行检验验收。

（2）承制单位的权利和义务：

① 提出实施质量保证要求所需的合理、必要条件，包括进度及经费等保障条件；

② 按合同规定落实应提供实施质量保证要求的条件；

③ 按合同要求，制订并实施具体有效的产品质量保证大纲；

④ 落实《武器装备质量管理条例》的要求，完善质量管理体系，并持续有效地运行；

⑤ 配合使用部门做好合同中质量保证要求的检查和验收；

⑥ 按照《中国人民解放军驻厂军事代表工作条例》的规定，接受军事代表的质量监督，配合军事代表做好工作；

⑦ 按合同规定履行售后服务。

6）常见的问题

（1）有些单位对技术协议书的重要性认识不足，在签署技术协议书前，未对技术协议书进行预先评审。GJB/Z 16 4.6.3.1 条明确规定，技术协议书是制约性文件。供需双方签订技术协议书时，应详细列出新产品的技术要求和质量标准，试制、试验、使用的程序和记录，以及各方应负的质量责任。有的技术协议书被预先评审了，但提供不出相关评审记录，无法追溯；有些技术协议书中未涉及的内容，承制单位在装备研制中提出免做的不正确说法，将技术协议书凌驾于法规、标准之上。

（2）合同双方质量保证要求的内容不具体，如验收文件规定不详细，（实际操作是分承制单位向承制单位提供检验规程，承制单位转换成验收规程，验收分承制单位提交的产品）；有些合同的试验项目中试验方法不明确，规定了互换性试验项目，但由于对术语理解不正确，试验结果未能验证产品的互换性。

（3）在贯彻型号的标准体系中，推荐了采用适用的国际标准和国外先进标准，但在实施过程中，并没有按照国际标准进行试验。如某型飞机电源特性试验,推荐的是 MIL-STD-704A,但有些设备做稳态试验并没有按此标准执行,而是降低了标准要求。

2. 标准化方案评审

标准化方案评审包括设计标准化方案评审和工艺标准化方案评审。GJB/Z 113《标准化评审》中对标准化评审的定义是:在新产品研制过程中,为了评价新产品的目标和要求以及是否达到这些目标和要求,对标准化工作进行的全面的和系统的检查。根据新产品研制标准化工作任务和范围的不同,标准化评审分为两大类:设计标准化评审和工艺标准化评审。每类评审根据新产品研制程序又可划分为三种标准化评审:标准化方案评审、标准化实施评审和标准化最终评审。

标准化评审点原则上应在装备研制阶段,分别设置标准化方案评审点、标准化实施评审点和标准化最终评审点。对不同层次产品或相同层次且功能相似的产品的同一种评审点,在保证评审质量和效果的前提下,凡能合并评审的应尽量合并设置标准化评审点。当标准化评审与设计评审或工艺评审统一组织评审时,可按照设计评审或工艺评审要求设置统一的评审点。

标准化评审应根据新产品研制的实际情况,可单独进行,也可与设计评审或工艺评审统一组织评审。标准化评审的结论应作为确定新产品研制能否转入下一研制阶段(或状态)的依据之一。

一般情况下,各种标准化评审的时机为:

(1) 设计标准化方案评审——在方案阶段进行;

(2) 设计标准化实施评审——在工程研制阶段 C 状态转 S 状态时进行;

(3) 设计标准化最终评审——在设计定型阶段会议审查前进行;

(4) 工艺标准化方案评审——在方案阶段编制工艺文件前进行;

(5) 工艺标准化实施评审——在工程研制阶段 C 状态转 S 状态时进行;

(6) 工艺标准化最终评审——在生产定型阶段工艺鉴定时进行。

1) 标准化方案评审概述

方案阶段的标准化评审实际上就是进行设计标准化方案评审或工艺标准化方案评审。承制单位应按 GJB/Z 113 和《武器装备研制生产标准化工作规定》的要求组织标准化评审。标准化评审工作的计划应与设计评审或工艺评审工作的计划相协调。

设计标准化方案评审和工艺标准化方案评审的主要任务是:对新产品研制标准化目标、实施方案和计划、措施进行的检查。

2) 评审依据

标准化评审依据一般包括下列内容:

(1) GJB/Z 69《军用标准的选用和剪裁导则》;

（2）GJB/Z 106A《工艺标准化大纲编制指南》；

（3）GJB/Z 113《标准化评审》；

（4）GJB/Z 114A《产品标准化大纲编制指南》；

（5）GJB 1269A《工艺评审》；

（6）GJB 1310A《设计评审》；

（7）国防科工委《武器装备研制生产标准化工作规定》。

3）评审提供的文件

在装备的研制初期，标准化工作是动态的文件管理，标准化工作文件是在不同的研制阶段逐步产生的，由此，在方案阶段设计标准化方案评审和工艺标准化方案评审的文件主要是标准化工作管理的基础性文件：

（1）标准化工作管理规定等文件；

（2）标准化工作计划、记录等文件；

（3）草拟型号标准化大纲；

（4）标准化工作报告。

4）评审的内容

方案阶段设计标准化方案评审和工艺标准化方案评审的主要内容是：

（1）标准化大纲是否满足研制总要求、合同或技术协议书的要求；

（2）标准化大纲内容是否正确、合理、完整并符合《武器装备研制生产标准化工作规定》和 GJB/Z 114A 的要求；

（3）检查工艺标准化综合要求是否满足设计文件和工艺总方案的要求并与标准化大纲协调一致；

（4）检查工艺标准化综合要求的内容是否正确、合理、完整、可行，并符合 GJB/Z 106A 的要求；

（5）与上层标准化大纲是否协调。

5）常见的问题

（1）不知道标准化评审分为两大类：设计标准化评审和工艺标准化评审。设计标准化方案评审是对新产品研制标准化目标、实施方案和计划、措施进行的检查；工艺标准化方案评审是对新产品制造标准化工作目标、实施方案和计划、措施的检查。前者是动态评审标准化大纲的内容，后者是先评审工艺标准化综合要求，后评审工艺标准化大纲，直至固化工艺标准化大纲。实施中有些承制单位没有编制型号工艺标准化综合要求的文件，多数单位在设计定型时才补写此文件，就谈不上对工艺标准化评审了。

（2）每类评审根据新产品研制程序又可划分为三种标准化评审：标准化方案评审、标准化实施评审和标准化最终评审。实施中，多数承制单位在方案阶段能开展标准化方案评审，设计定型时也能查到标准化方案评审记录，至于标准化实施评审和标准化最终评审多数单位是在设计定型时一并评审，但查不到评审的记录。

（3）产品设计定型或鉴定时，承制单位只提供了标准化审查报告，未能提供标准化工作报告。经查也未提供标准化工作计划文件及评审的记录等。

3. 设计评审

装备研制的每一个阶段（状态）都存在新的设计，有新的设计就会有新的评审，但涉及的内容、评审的依据和对下一层次的研制要求都是不同的。层次间的设计评审不同、每层次的过程设计评审也不同。实施中应严格区分。现将系统级与设备级的设计评审相关的标准、依据、内容以及要求列表汇总，见表3-1所列。

表3-1　系统级与设备级研制各阶段设计评审一览表

<table>
<tr><td></td><td>阶段
项目</td><td>论证阶段</td><td>方案阶段</td><td colspan="2">工程研制阶段</td><td>设计定型阶段</td><td>生产定型阶段</td></tr>
<tr><td rowspan="4">系统级</td><td>样机名称</td><td>初步研制型</td><td>试制型</td><td colspan="2">设计定型型</td><td>试生产型</td><td>生产定型型</td></tr>
<tr><td>设计评审内容及要求</td><td>2993
5.3</td><td>2993
5.4</td><td colspan="2">2993
5.5</td><td>2993
5.6</td><td>2993
5.7</td></tr>
<tr><td>设计评审依据</td><td>2993
5.3.4</td><td>1310A
5.2.1</td><td colspan="2">1310A
5.2.2</td><td>1310A
5.2.3
1362A/
Z170</td><td>1310A
5.2.3
1362A/
Z170</td></tr>
<tr><td>状态</td><td>K</td><td>F</td><td colspan="2">S</td><td>D</td><td>P</td></tr>
<tr><td rowspan="4">设备级</td><td>样机名称</td><td>—</td><td>原理样机（模型样机）</td><td>初样机</td><td>正样机</td><td>设计定型样机</td><td>生产定型样机</td></tr>
<tr><td>设计评审内容及要求</td><td>技术协议书</td><td>2993
5.4</td><td>2993
5.5.1</td><td>2993
5.5.2</td><td>2993
5.6</td><td>2993
5.7</td></tr>
<tr><td>设计评审依据</td><td>939.5.2.3.4</td><td>1310A
5.2.1
3273
438B
2786A
6387</td><td>1269A
907A
908A
1710A5.1
6387</td><td>1310A
5.2.2
1269A
907A
908A
114A
1406A
1710A5.2
1362A</td><td>1362A/
Z170</td><td>1362A/
Z170</td></tr>
<tr><td>状态</td><td>K</td><td>F</td><td>C</td><td>S</td><td>D</td><td>P</td></tr>
</table>

1）设计评审概述

根据GJB 1310A的要求，设计评审是在研制过程决策的关键时刻，尤其是方案阶段经过方案论证的设计总方案的设计评审。应全面、系统地检查设计输出是否满足设计输入的要求,发现设计中存在的缺陷和薄弱环节,提出改进措施建议,加速设计成熟,降低决策风险。设计评审能影响设计决策,但不能代替设计决策,设计评审作为产品研制程序中的组成部分,应纳入研制计划,从时间、经费、工作条件等方面予以保证。

承制单位应根据型号研制总要求、研制合同和(或)技术协议书的要求,严格按照产品研制程序所划分的研制阶段及产品的功能级别(产品层次)和管理级别实行分级、分阶段的设计评审。设计评审由承制单位自行组织实施,承制单位的质量管理部门和研制主管部门负责监督。设计评审的参加者应包括与所评审的产品方案设计有关的职能部门的代表,非直接参与设计工作的同行专家。合同要求时,应邀请顾客或其代表参加。设计评审的结论是产品研制管理决策的重要依据,也是技术状态管理的基线。产品研制未按研制计划规定进行设计评审或评审未通过,不允许转入下阶段工作。

2)评审的类型

按产品的功能级别或管理级别分,设计评审可分为:

(1)系统级设计评审;

(2)分系统级设计评审;

(3)设备级设计评审;

(4)设备以下级设计评审。

不同级别的设计评审,由于产品特点不同,评审的具体内容也不同。应根据产品所处的研制阶段和评审点的位置,结合产品的特点,参照本节评审的内容,规定相应级别设计评审的具体要求。

(5)专题设计评审。

专题设计评审是对产品质量、研制进度和经费有重大影响的专业技术进行的评审。如:可靠性、维修性、安全性、保障性设计评审,系统试验评审,设计复核复算评审和软件、标准化、元器件选用及电磁兼容性设计评审等。

承制单位可根据研制工作的实际需要,组织专题设计评审。一般三级以上产品为了降低风险,都应进行专题设计评审。专题设计评审的内容和要求可参照相应的国家军用标准或行业标准进行。

3)评审提供的文件

承制单位主管设计师应根据设计评审计划及研制工作实际进展情况,当具备设计评审条件时应向上一级设计师或相应的技术负责人提交设计评审申报文件,其中包括:

(1)《设计评审申请报告》;

(2)《产品设计工作报告》,其内容至少应包括:

① 设计满足研制总要求或技术协议书、系统规范或研制规范要求的情况,

逐一列出所有的指标要求、达到情况和验证方法或支持性文件；

② 研制过程主要工作情况；

③ 对研制过程中发生问题的分析处理情况；

④ 对设计的技术风险分析；

⑤ 结论及建议。

(3) 产品特性分析报告；

(4) 提供备查的其他主要设计资料及清单；

(5) 对设计评审计划安排的建议。

4) 评审的内容

方案阶段的设计评审应根据批准的型号研制总要求、研制合同和(或)技术协议书的要求,对承制单位优选的系统方案的正确性、先进性、适用性、可行性和经济性进行评审。方案阶段的设计评审一般应在完成方案论证和方案设计工作后转入工程研制阶段前进行。方案阶段设计评审的主要内容一般包括：

(1) 不同方案优选的依据和优选结果；

(2) 所选方案的正确性、先进性、适用性、可行性和经济性；

(3) 方案的各项技术性能指标和要求(包括可靠性、安全性、维修性、保障性等)满足合同或技术协议书的情况；

(4) 系统分解结构和功能原理图；

(5) 系统可靠性、安全性、维修性、保障性大纲和产品质量保证大纲和标准化大纲情况；

(6) 重大技术、关键新技术、新材料、新工艺攻关项目进展和采用情况；

(7) 元器件的选用情况；

(8) 设计的继承性及所采用新技术的比例；

(9) 可生产性分析；

(10) 系统验证试验方案；

(11) 系统对分系统及设备可靠性、安全性、维修性、保障性及耐久性分析试验要求；

(12) 研制程序和计划；

(13) 全寿命周期费用预算及技术风险分析；

(14) 工程研制技术状态。

4. 工艺评审

GJB 2993 要求,在装备研制的方案阶段,应开展方案论证和方案验证工作的组织实施。在方案阶段早期建立武器装备研制设计师系统和行政指挥系统,具体组织进行系统方案设计、关键技术攻关以及新部件、分系统的试制与试验。根据装备的特点和需要设备以下级单位应进行模型样机或原理样机的试验工作。根据 GJB 2993 5.4.2.*n* 条的要求，编制试制工艺总方案，并按照 GJB 1269A 规定进行评审。

工艺评审是指对工艺总方案、工艺说明书等指令性工艺文件、关键件、重要件、关键工序的工艺规程以及特殊过程和采用新工艺、新技术、新材料、新设备等四类工艺文件和四新的评审。

按照标准规定，在装备研制的方案阶段重点是对工艺总方案的评审。其余项目的评审，随着装备研制的深入，分别在不同阶段或状态中进行反复评审。

1）工艺评审概述

工艺评审是承制单位及早发现和纠正工艺设计中缺陷的一种自我完善的工程管理方法。对产品的工艺设计，承制单位应根据管理级别（产品层次）和产品研制程序，建立分级、分阶段的工艺评审制度，并针对具体产品确定产品的工艺设计状态，设置评审点，列入型号研制计划网络图，认真组织分级、分阶段的工艺评审，为批准工艺设计提供决策性的咨询。未按规定要求进行工艺评审或评审未通过，则工作不得转入下一阶段。

承制单位的每一次工艺评审，应吸收影响被评审阶段质量的所有职能部门代表参加，需要时，可邀请合同监管机构或其代表及其他专家参加；在各项工艺设计文件付诸实施前，对工艺设计的正确性、先进性、经济性、可行性、可检验性进行分析、审查和评议。

2）评审的依据

工艺评审的依据包括产品设计资料、合同或技术协议书、有关的法规、标准以及相关规范、技术管理文件和符合产品质量要求的质量管理体系程序文件，以及上一阶段的评审结论报告等。

3）评审提供的文件

承制单位主管工艺师应根据工艺评审计划及研制工作实际进展情况，当具备工艺评审条件时应向上一级工艺师或相应的技术负责人提交工艺评审申报文件，其中包括：

（1）工艺评审申请报告。

（2）初步工艺总方案（F 状态时）。

（3）型号工艺工作情况报告，其内容至少应包括：

① 对产品的特点、结构、特性要求的工艺性分析及情况说明（也可形成工艺性审查报告），逐一列出指标要求、达到情况和验证方法或支持性文件；

② 满足产品设计要求和保证制造质量的分析以及工艺薄弱环节及技术措施计划；

③ 研制过程主要工艺工作情况；

④ 制造过程中产品技术状态的控制情况；

⑤ 工艺(文件、要素、装备、术语、符号等)标准化程度的说明。

(4) 提供备查的其他主要工艺资料及清单。

(5) 对工艺评审计划安排的建议。

4) 评审的内容

在装备研制的方案阶段重点是对工艺总方案的评审,其评审的主要内容如下:

(1) 对产品的特点、结构、特性要求的工艺分析及说明;

(2) 满足产品设计要求和保证制造质量的分析;

(3) 对产品制造分工路线的说明;

(4) 工艺薄弱环节及技术措施计划;

(5) 对工艺装备、试验和检测设备以及产品数控加工和检测计算机软件的选择、鉴定原则和方案;

(6) 材料消耗定额的确定及控制原则;

(7) 制造过程中产品技术状态的控制要求;

(8) 产品研制的工艺准备周期和网络计划,以及实施过程的费用预算和分配原则;

(9) 对工艺总方案的正确性、先进性、可行性、可检验性、经济性和制造能力的评价;

(10) 工艺(文件、要素、装备、术语、符号等)标准化程度的说明;

(11) 工艺总方案的动态管理情况(应根据研制阶段的工作进展情况适时修订、完善,以能在装备的寿命周期内连续使用)。

5. 可靠性维修性评审

1) 评审概述

在方案阶段,评审可靠性维修性研制方案与技术途径的正确性、可行性、经济性和研制风险,是承制单位在装备研制中质量保证要求中的承诺,也是相关法规、标准对技术复杂、质量要求高的产品,应当进行可靠性、维修性、保障性、测试性和安全性以及计算机软件、元器件、原材料等专题评审的要求。可靠性维修性评审的目的是承制单位按计划进行可靠性要求和可靠性工作项目要求的评审,以实现规定的可靠性要求。评审结论为申报型号的《研制总要求》和是否转入工程研制阶段提供了重要依据。

承制单位应安排进行可靠性要求和可靠性工作项目要求的评审,并主持或参与合同要求的可靠性评审;制定的可靠性评审计划须经使用部门认可。计划内容主要包括评审点设置、评审内容、评审类型、评审方式及评审要求等;可靠性评审尽可能与作战性能、安全性、维修性、综合保障性等评审结合进行,必要时也可单独进行;可靠性评审的结果应形成文件,主要包括评审的结论、存在的问题、解决措施及完成日期等。

2）评审提供的文件

在方案阶段评审中，必须将装备的可靠性维修性方案作为重点内容之一进行评审。提交评审的文件一般应包括下列可靠性维修性的内容：

（1）可达到的可靠性维修性定性、定量要求和可靠性维修性技术方案及其分析（含故障诊断及检测隔离要求等）；

（2）可靠性维修性大纲及其重要保证措施；

（3）可靠性维修性指标考核验证方法及故障判别准则；

（4）采用的标准、规范；

（5）可靠性维修性设计准则；

（6）可靠性维修性经费预算及依据。

3）评审的内容

在装备研制的方案阶段，主要评审可靠性维修性大纲的完整性与可行性，相应的保证措施以及初步维修保障方案的合理性。

（1）可靠性评审的详细内容。

① 是否根据可靠性大纲初步要求对 GJB 450A 及相应行业标准进行了合理的剪裁并制定了可靠性大纲，该大纲是否能保证产品达到规定的可靠性要求；

② 可靠性大纲规定的工作项目是否与其他研制工作协调，是否纳入了型号研制综合计划；

③ 所定方案的可靠性指标与维修性、安全性、保障性、性能、进度和费用之间进行综合权衡的情况是否合理；

④ 可靠性指标的目标值是否已转换为合同规定值，门限值是否转换为合同最低可接受值；

⑤ 系统可靠性模型是否正确，相应的指标分配是否合理；

⑥ 可靠性预计结果是否能满足规定指标要求；

⑦ 系统方案是否进行了可靠性的比较与优选；

⑧ 所确定的方案是否采取了简化设计方案，是否尽可能采用了成熟技术，如果采用了新技术、新材料、新工艺，是否有试验充分证明其可靠性及性能满足要求；

⑨ 可靠性指标及其验证方案是否已经确定并纳入到相应合同或任务书中；

⑩ 方案中的可靠性关键项目与薄弱环节及其解决途径是否正确、可行；

⑪ 可靠性设计分析与试验是否规定了应遵循的准则、规范或标准；

⑫ 可靠性工作所需的条件和经费是否得到落实。

（2）维修性评审的详细内容。

① 各备选方案是否避免了现有装备存在的维修性缺陷；

② 是否对各备选方案进行维修性分析并提出各方案的优点和存在的问题；

③ 在确定方案过程中，是否对各备选方案的维修性与可靠性、保障性、性能、进度和费用之间进行权衡分析使方案优化；

④ 是否根据同类型产品的经验数据，初步预计装备各备选方案的有关维修性指标，预计的结果是否符合规定的要求；

⑤ 是否对装备有关的维修性指标规定了成熟期的目标值和门限值；

⑥ 是否将装备有关维修性指标的目标值转换为合同规定值，门限值转换为合同最低可接受值；

⑦ 装备的维修性指标是否按功能框图分配到系统、各分系统和主要设备（主要功能项目）；

⑧ 是否根据维修性大纲初步要求对 GJB 368B 及相应的行业标准进行了合理的剪裁并制定了维修性大纲，该大纲是否能保证产品达到战术指标的维修性要求；

⑨ 是否制定了维修性工作计划并纳入型号研制综合计划；

⑩ 是否确定了系统、主要分系统或设备的维修方案；

⑪ 系统、主要分系统或设备的可修复件的修理级别是否确定，确定的依据是什么；

⑫ 是否规定了系统、主要分系统或设备在各维修级别相应的维修策略，依据是什么；

⑬ 是否初步确定了系统、主要分系统或设备在各维修级别的计划维修和非计划维修任务，依据是什么；

⑭ 测试、维修设备的要求是否与维修方案相一致；

⑮ 是否对各维修级别的维修人员类型、数量、技术熟练程度进行估计，是否满足使用要求；

⑯ 是否根据类似装备的使用与保障经验对新装备的使用与保障方案进行了分析和剪裁；

⑰ 是否确定了初步的维修保障方案；

⑱ 系统、分系统是否可以利用各维修级别现有的维修保障设施，是否需要建立新的设施，对计划的进度和费用有何影响；

⑲ 是否制定了装备的维修性验证方案并纳入合同。

6. 综合保障评审

1）评审概述

方案阶段综合保障评审的目的是：审查综合保障工作计划与综合保障计划的完整性、合理性、协调性、可行性；所确定的保障性要求的正确性、合理性、可行性；所提出的备选方案能否满足装备的功能要求以及与装备使用的方案等方面的协调性。

评审的时机是:综合保障计划、综合保障工作计划宜在方案阶段早期进行评审;计划的执行情况以及保障方案和保障性定性定量要求一般在方案阶段后期进行评审。

2)评审提供的文件

主要包括:

(1)综合保障计划文件;

(2)综合保障工作计划文件;

(3)保障方案文件;

(4)保障性定性定量要求文件。

3)评审的内容

(1)综合保障计划评审检查单。

① 是否明确了装备使用的方案、使用环境以及作战使命、功能、主要性能指标和使用需求;

② 是否明确了装备的采购数量和部署要求;

③ 是否明确了合同监管机构综合保障机构的组织和职责,是否规定了综合保障管理组的构成、领导关系、职责及运行方式;

④ 是否对合同监管机构直接采购的设备的性能指标和软硬件接口规定了明确要求;

⑤ 是否明确了装备研制过程中必须执行的主要法规和标准;

⑥ 是否通过保障性分析确定了影响系统战备完好性的关键因素;

⑦ 是否通过保障性分析确定了影响费用的关键因素;

⑧ 是否对影响系统战备完好性、费用的关键因素进行了敏感性分析;

⑨ 是否明确了在装备研制中对这些关键因素的控制要求和原则;

⑩ 对工程研制阶段的保障性分析工作是否进行了合理的安排;

⑪ 是否明确了工程研制阶段承制单位保障性分析工作的输出要求和时间节点;

⑫ 是否明确了规划保障的进度和输出要求;

⑬ 是否对综合保障工作经费进行预算和规划;

⑭ 对论证阶段的综合保障计划进行内部评审时提出的问题和建议是否得到了圆满解决,有无遗留问题,本阶段应当补充和完善的内容是否已经得到补充和完善;

⑮ 承制单位对综合保障计划提出的合理建议是否已纳入计划。

(2)综合保障工作计划评审检查单。

① 承制单位是否制定了综合保障工作计划,其格式是否符合有关要求;

② 是否明确了承制单位综合联保工作机构的组成和职责,是否规定了综合保障管理组的构成、领导关系、职责及运行方式;

③ 综合保障工作计划规定的工作项目和内容是否与可靠性、维修性等工作相协调;

④ 是否列出了需要开展的保障性设计与分析工作,是否确定了保障性设计与分析工作项目,并明确由谁进行、职责、进度、输入输出要求;

⑤ 列出的保障性设计与分析工作项目是否覆盖了综合保障计划规定的内容和范围;

⑥ 是否针对综合保障计划中提出的影响系统战备完好性和费用的关键因素提出了控制和改进措施?

⑦ 是否明确规定了装备综合保障评审的要求及安排,是否明确了评审项目、目的、内容、主持单位、参加人员、评审时间、判据、评审意见处理等;

⑧ 是否制定了保障性试验与评价计划,试验和评价项目是否合适,试验与评价方法是否符合有关标准或规定;

⑨ 是否明确了规划维修的工作程序、方法、职责、进度、中间成果和最终成果;

⑩ 是否确定了保障资源选择、确定及研制的原则和方法;

⑪ 是否明确了需新研制或增加的重要保障资源,并提交合同监管机构确认;

⑫ 是否已经确定了保障设备、设施等资源的初步需求,对长研制周期的保障设备是否着手或安排研制;

⑬ 是否制定了现场使用评估计划,是否明确了评估的目的、时机、评估参数、评价准则、约束条件、数据收集方式、数据收集表格、传递方法和途径、数据的处理和利用以及所需的资源;

⑭ 是否进行了综合保障工作的经费预算,预算结果是否合理,是否对工程研制阶段的装备综合保障进行了安排;

⑮ 是否制订了初步的装备部署后的保障计划,其内容是否合理;

⑯ 是否考虑了停产后的保障工作安排,是否提出了退役报废处理保障工作的建议;

⑰ 是否明确了对转承制单位和供应方的装备综合保障工作的监督与控制要求;

⑱ 是否列出了综合保障工作进度表,对综合保障工作实施过程是否有监督与控制措施;

⑲ 是否考虑了综合保障与其他专业工作的协调问题。

(3) 保障方案评审检查单。

① 是否对初始保障方案进行了修改细化和优化;

② 承制单位提出的保障方案是否完整、全面；

③ 是否通过保障性设计与分析确定了所需的保障资源，是否初步制定了装备保障计划；

④ 是否初步预测了所需的使用、维修保障费用，能否满足合同监管机构提出的费用约束条件；

⑤ 使用的方案是否充分考虑或者明确了以下问题：

a. 装备动用准备方案及其所需的资源约束条件；

b. 人员和人力需求的约束；

c. 能源供应的约束；

d. 使用、保障技术文件的编制要求；

e. 装备运输方案、装备运输的主要手段以及相关约束条件；

f. 操作、携带和运输检测设备及工具的要求；

g. 与装备相匹配的运输设备（工具）的连接、装卸、使用要求；

h. 充填加挂方案，及对充填加挂设备的约束条件；

i. 弹药加挂和补充能力，及对充填加挂设备的约束条件；

j. 装备贮存方案；

k. 使装备合理和方便地贮存与保管的要求；

l. 装备所需的场站、仓库、码头、放置场所等需长周期建设的设施的基本设计要求。

⑥ 维修方案是否充分考虑了以下问题：

a. 装备的测试诊断方案；

b. 保障设备和检测设备的功能划分；

c. 保障设备与装备的各种软硬件接口要求；

d. 保障设备与装备之间的数据传输要求；

e. 装备的维修级别划分，各维修级别的维修范围；

f. 装备的维修原则；

g. 各维修级别推荐使用的保障设备和保障设施的清单及主要性能等；

h. 工具和设备的通用性和简易性的要求与措施；

i. 维修技术文件的要求与措施；

j. 维修人员的数量和技能要求；

k. 战场抢修工具、设备和各种应急抢修措施；

l. 所需备件的品种和数量的约束；

m. 各维修级别所需的维修设施及设备的配置方案。

⑦ 是否已经初步分析平时和战时装备使用与维修所需的人力和人员，并提出初步的人员配备方案；

⑧ 是否明确了保障设备、备件、人力与人员、用户技术资料、训练与训练保障、计算机资源保障等保障资源规划的程序、方法、进度、中间成果和最终成果；

⑨ 是否制定了供应保障所需的备件和消耗品的品种、数量确定的原则和方法；

⑩ 是否已经确定保障设备(含计量保障所需设备)的初步需求，对长研制周期的保障设备是否着手或安排研制；

⑪ 是否已经初步确定人员训练的需求；

⑫ 是否已经提出初步的技术资料项目要求，编制了初步的技术资料配套目录，提出了技术资料编制要求；

⑬ 是否已经确定了保障设施的初步需求；

⑭ 是否已经明确了装备及其保障设备、备件对包装、装卸、贮存和运输保障的要求及约束条件；

⑮ 是否已经提出初步的计算机资源保障需求，软件如何保障；

⑯ 是否开始编制按合同规定要提交的资料。

(4) 保障性定性定量要求评审检查单。

① 是否修订、完善了装备保障性定性、定量要求；

② 是否根据保障性定性要求制订了保障性设计准则，这些准则是否系统、科学、全面、实用；

③ 保障性要求(包括定性要求和定量指标)是否完整、合理、可行，是否与其他指标或要求相协调；

④ 保障性定量要求的含义是否明确，保障性参数及指标是否经过合理转换；

⑤ 是否进行了保障性指标的分解与分配，分解与分配方法是否正确，分配结果是否合理；

⑥ 保障性定性与定量要求是否与功能、研制进度和费用等进行了综合权衡，结果是否合理；

⑦ 是否已经明确了对重要分承制装备的保障性定性、定量要求，分承制装备的保障性要求与主装备是否匹配；

⑧ 是否明确了保障性定量要求的考核方法，并纳入相应的合同中；

⑨ 保障性定性要求的考核方法是否明确。

7. 样机评审

1) 样机评审概述

样机的定义：在新型武器装备研制过程中，设计和制造的实物样品。其用于阶段性试验或最终鉴定、定型试验。对于样机的类型，装备和设备对样机类型的术语及名称是不同的。GJB 431《产品层次、产品互换性、样机及有关术语》中明

确,样机在装备研制过程中,不同的研制阶段样机的类型及名称是不同的。系统级装备在装备研制阶段的样机类型有五种:

(1) 初步研制型样机。它是为了研究或评价原理、器件或系统的可行性和现实性而用来进行实验或试验的产品。这些实验或试验以模型或简单的实验形式进行,不考虑完全合理的产品的最终形式。这种样机一般出现在装备研制论证阶段的后期和方案阶段的初期。

(2) 试制型样机。它是为了验证设计的可行性,确定符合规定性能要求的能力,获取进一步研制的工程数据及确定签订合同的技术要求而用来进行实验或试验的产品。根据设备的复杂程度和工艺因素以及所需要达到的目标,可能需要连续地制造多个样机。最后的试制型样机要接近于所要求的结构形式,并采用标准零件或经有关部门批准的非标准零件。应慎重考虑诸如可靠性、维修性、人为因素及环境条件等军用标准要求。这种样机一般出现在装备研制方案阶段的前期。

(3) 设计定型样机。它是为了确定战术技术要求适应性而用来进行试验的产品。其试验环境是该产品预定使用的真实环境或模拟环境。这种产品具有设计所要求的结构形式,并采用标准零件或经有关部门批准的非标准零件,且满足诸如可靠性、维修性,人为因素及环境条件等军用标准要求。这种样机一般从装备研制的工程研制阶段逐步形成,进入科研试飞(或调整试飞)、设计定型试验试飞、设计定型会议审查直至批复前,都称为设计定型样机。

(4) 试生产型样机。它是用于全面评价结构、适应性和性能的产品。该样机在各个方面均处于最终形式,并采用标准零件或经有关部门批准的非标准零件,且能完全反映出最终产品的特征。这种样机一般出现在装备研制的生产定型阶段初期。

(5) 生产定型样机。它是采用定型的生产工具、夹具、设备和方法制造的处于设计最终形式的产品。该样机使用标准零件或经有关部门批准的非标准零件。这种样机一般出现在装备研制的生产定型阶段中、后期。

GJB 2993《武器装备研制项目管理》提出,承制单位在方案阶段应按照研制合同要求,开展方案论证和验证工作,并按照 5.4.2 条 O 款“进行样机的设计、制造和审查”。武器装备研制方案阶段的样机审查,实际上是对样机试制制造之前的准备状态进行全面系统的检查,对其开工条件做出评价,不断地规避风险,以确保产品能顺利定型并能保质、保量、按期交付。承制单位应根据产品的特点、生产规模、复杂程度以及准备工作的实际情况等,可以集中,也可以分级分阶段地进行产品的试制状态的检查。应对试制实施有效的控制,并根据产品特点列出检查项目清单,记录检查结果,对存在的问题应制定纠正措施并进行跟踪,同时将与产品试制有关的准备状态信息,纳入质量信息管理系统。产品的试制准备状态检查是装备研制、生产计划的组成部分。

对于设备级产品，相关法规、标准和程序规定，除飞机、舰船等大型武器装备平台外，一般进行初样机和正样机两轮研制。通常按武器装备研制的不同阶段及状态区分为原理样机、模型样机、初样机、正样机以及定型样机等。战略武器装备研制程序在工程研制阶段也分为两轮研制，即地面试验样机研制和飞行试验样机研制。针对设备研制样机的类型、称谓及作用将在装备研制的工程研制阶段进行详细阐述。

2）评审的依据

（1）GJB 1710A《试制和生产准备状态检查》；

（2）GJB 2366A《试制过程的质量控制》；

（3）GJB 2993《武器装备研制项目管理》；

（4）《武器装备质量管理条例》；

（5）《常规武器装备研制程序》；

（6）《战略武器装备研制程序》；

（7）《人造卫星研制程序》。

3）评审提供的文件

（1）图样和技术文件；

（2）试制计划；

（3）生产设施与环境；

（4）工艺总方案及制造工艺文件；

（5）采购及外包产品质量控制（验收规程等）文件；

（6）质量控制（验收规范等）、质量保证（检验规程等）文件。

4）评审的内容

试制准备状态检查的内容应按照 GJB 1710A 的要求，从以下七个方面进行检查：

（1）设计文件。

① 设计文件和有关目次应列出清单，其正确性、完整性应符合有关规定和产品试制要求；

② 设计文件应经过三级审签（校对、审核、批准），并按规定完成工艺性审查、标准化审查和质量会签；

③ 对复杂产品应进行特性分类，编制关键件（特性）、重要件（特性）项目明细表，并在产品技术文件和图样上做出相应的标识；

④ 设计文件的更改应符合相应的规定。

（2）试制计划。

① 应制定试制计划，并经过审批。

② 试制产品的数量、进度和质量应符合最终产品交付及合同要求。

(3) 生产设施与环境。

① 产品试制过程中必要的技术措施(包括基础设施、工作环境等)应能满足产品试制的要求。

② 生产设备处于完好状态,能满足产品质量要求,专用设备应经过检定合格。对新增加的设备要按规定进行试运行,经检定合格后方可使用。

③ 生产设施与工作现场的布置,应能保证试制过程的安全以及产品与工艺对环境的要求。

(4) 人员配备。

① 应确保负责配合现场生产的设计、工艺等技术人员和管理人员具备相应的资格,在数量上和技术水平上符合现场工作的要求。

② 应按照产品生产的过程及各工序和工种的要求,配备足够数量、具有相应技术水平的操作、检验和辅助等人员。各类操作和检验人员应熟悉本岗位的产品图样、技术要求和工艺文件,并经培训、考核按规定持有资格证书。

(5) 工艺准备。

① 应制定了试制产品的工艺总方案并经过评审。

② 工艺文件配套齐全,能满足产品试制要求,并按规定进行了校对、审核、批准三级审签。需要时,应进行标准化审查和质量会签。

③ 关键件、重要件,关键过程、特殊过程均已识别,有明确的质量控制要求,并纳入相应的工艺文件。

④ 产品试制所必要的工艺装备,已经过检验或试用检定,并具有合格证明。

⑤ 检验、测量和试验设备应配备齐全,能满足产品试制要求,并在检定有效期内。

⑥ 采用的新技术、新工艺和新材料,已进行了技术鉴定并符合设计要求。

⑦ 产品试制、检验和试验过程中所使用的计算机软件产品应经过鉴定,并能满足使用要求。

(6) 采购产品。

① 采购文件的内容应符合有关要求,并已列出采购产品的清单。对采购产品的质量、供货数量和到货期已做出明确规定,且按规定进行了审批。

② 外购、外包(协)产品应有明确的质量控制要求,对供方的质量保证能力进行了评价,并根据评价的结果编制了合格供方名录,作为选择、采购产品的依据。

③ 对采购产品的验证、贮存和发放应有明确的质量控制要求,并实施了有效的控制。

④ 对采用的新产品,应按规定进行了验证、鉴定,并能满足产品的技术

要求。

⑤ 采购清单所列产品应订购落实。到货产品应按规定进行入厂(所)复验。对未到货的产品应有措施保证不会影响生产。凡使用代用品的产品,应经过设计确认并办理了审批手续。

(7) 质量控制。

① 产品质量计划(质量保证大纲)的内容应能体现产品的特点,且能满足合同或技术协议书要求,并制定了相应的质量控制程序、方法、要求和措施;

② 应在识别关键过程和特殊过程的基础上制定专用的质量控制程序,并确保这些过程得到有效的控制;

③ 已制定技术状态管理程序,能保证产品在试制过程中对技术状态更改得到有效控制;

④ 已制定不合格品控制程序,能确保对试制过程中出现的不合格品做出标识并得到有效的控制;

⑤ 试制所用的质量记录表格已准备齐全。

8. 研制规范评审

在武器装备研制过程中,通过分阶段研制、系统工程过程和寿命周期综合,按照 GJB 2116A 和 GJB 2737 等规定分解的项目,确定技术状态项,逐步形成系统的功能基线、技术状态项的分配基线和产品基线三种基线。分配基线主要由审查或批准的研制规范构成。研制规范描述了分系统或产品的功能特性、接口要求和验证要求等,其应与《研制总要求》的技术内容协调一致。由于装备是由不同产品层次构成,根据 GJB 3206A 的相关规定,除系统级应编制系统规范以外,其他产品层次一般不需要编制系统规范,但应形成不同产品层次的研制规范。研制规范一般由承制单位从方案阶段开始编制,随着研制工作的进展逐步完善,到工程研制阶段技术设计结束前,使用部门主管研制项目的管理部门,将组织专家对规定产品设计要求和验证要求的技术状态文件研制规范进行审查或批准,并将其纳入分承包单位或工程研制阶段的研制合同。

因此,系统单位或总体单位在方案阶段,就应组织起草规定产品设计和验证要求的技术状态文件研制规范,(注:在论证阶段草拟系统规范,一般指系统单位和总体单位的一级产品;分系统以下单位的一级产品可以不编写系统规范,其内容合编于研制规范),并按照 GJB 6387 的要求,自身对总则、要素的起草规则和规范的内容进行认真评审,评审合格后呈报使用部门主管研制项目的部门会同装备研制主管部门,组织专家对研制规范进行审查或批准。

1) 评审的目的

经承制单位自身的对照评审,使研制规范等技术状态文件的内容基本符合产品设计(如主要作战使用要求含战术技术指标,初步总体技术方案)要求和验证要求，符合技术状态功能基线文件、分配基线以及相关法规及标准的要求，研制规范基本符合《研制总要求》的要求后，呈报使用部门适时组织专家进行审查或批准。

2）评审提供的文件

① 技术状态项汇总表；

② 草拟的研制规范；

③ 研制规范编写说明；

④ 已确认的系统规范。

3）评审的内容

（1）研制规范编写的基本规则、结构规则、表述方式和规则、编排格式等是否符合 GJB 6387 第四章“总则”的要求；

（2）研制规范编写要素的起草是否符合 GJB 6387 第五章“要素的起草规则”的要求；

（3）研制规范编写的内容是否符合 GJB 6387 第六章 “系统规范、研制规范、产品规范”规定的编写内容和附录 A“系统规范、研制规范、产品规范的各章要素表”的要求。

（三）工程研制阶段设计状态研制项目评审

1. 标准化实施评审

1）评审概述

标准化实施评审包含设计标准化实施评审和工艺标准化实施评审。设计标准化实施评审是对新产品研制贯彻执行武器装备研制生产标准化工作规定和标准化大纲的检查。工艺标准化实施评审是对新产品制造过程中贯彻执行工艺标准化综合要求的检查。标准化实施评审是在新产品工程研制阶段，工艺文件实施过程中，产品转状态的情况下进行评审。

2）评审提供的文件

（1）型号标准化大纲；

（2）工艺标准化综合要求；

（3）标准化工作报告；

（4）标准化工作计划等文件；

（5）标准化工作管理规定、程序文件等。

3）评审的内容

设计标准化实施评审和工艺标准化实施评审的主要内容是：

（1）标准化工作计划、经费及保障条件等是否纳入新产品研制计划；

（2）标准化工作系统是否正确履行职责；

（3）所缺标准和规范的制（修）订的进展情况；

(4) 采用的标准、规范是否符合《新产品采用标准目录》并按照 GJB/Z 69 的要求进行了合理的剪裁；

(5) 采用的零部件、元器件、原材料是否合理地简化了品种、规格并符合推荐采用和限制采用清单和相关文件的要求；

(6) 设计文件是否完整、正确、统一和协调，是否达到有关质量要求；

(7) 功能相似的产品(包括产品组成部分)是否进行了通用化设计，已定型或鉴定的产品是否得到合理继承；

(8) 设计是否贯彻了系列化要求或有利于形成系列化产品；

(9) 设计是否按要求采用了组合(模块)化技术，进行了组合(模块)化设计；

(10) 有关接口是否统一或协调，是否符合 GJB 2737 的要求；

(11) 贯彻标准和标准化要求带来的初步效益；

(12) 按照 GJB/Z 106A 的规定，逐项检查其实施情况。

4) 常见的问题

(1) 设计标准化实施评审与工艺标准化实施评审的内涵不清，承制单位在产品转状态之前，并没有进行设计标准化实施评审与工艺标准化实施评审；

(2) 一般执行的情况是，承制单位在转入设计定型之前，只进行一次标准化评审，并没有分设计标准化实施和工艺标准化实施进行评审。

2. 初样机设计评审

1) 设计评审概述

初样机设计评审是指武器装备研制的设备，在工程研制阶段设计状态的初样机进行设计方案的设计评审(也称 C 型样机的设计评审)，战略武器指地面试验样机的设计方案的设计评审。

对于系统级装备而言，工程研制阶段的设计评审是在设备之后进行。之前系统应根据技术协议书和(或)相关标准要求对产品的设计、试制及鉴定试验是否满足产品技术要求进行评审。工程研制阶段设计评审的评审要求、次数、评审点及内容等应根据产品的特点及研制工作实际需要确定，必要时，应征得顾客或其代表的同意。

工程研制阶段的设计评审，对于设备级产品来说，常规武器装备和战略武器装备在工程研制阶段样机的术语不同，但都存在两次设计评审，即初样机或地面试验样机设计方案的设计评审和正样机或飞行试验样机设计方案的设计评审工作。虽然，两次设计评审的内容基本相同，但技术要求和质量要求存在很大不同。

根据研制工作的实际需要，可组织如可靠性、维修性、安全性、保障性专题设计评审，系统试验评审，设计复核复算评审和软件、标准化、元器件选用及电磁兼容性设计评审等专题设计评审。专题设计评审是为了降低风险,对产品质量、研制进度和经费有重大影响的专业技术进行的评审。专题评审的内容和要求可参照相关章节进行了解。

2）设计评审的内容

工程研制阶段初样机或地面试验样机的设计评审主要内容一般包括：

（1）产品设计的功能、理化特性、生物特性满足研制任务书和(或)合同要求的程度；

（2）产品功能、性能分析、计算的依据和结果；

（3）系统与各分系统、各分系统之间、分系统与设备之间的接口协调性；

（4）可靠性、维修性、安全性、保障性大纲和质量保证及标准化大纲的执行情况；

（5）采用的设计准则、设计规范和标准的合理性和执行情况；

（6）故障模式、影响及危害性分析,确定的关键件(特性)和重要件(特性)清单；

（7）安全性分析确定的残余危险清单；

（8）人机工程和生物医学等方面的分析；

（9）系列化、通用化、组合化设计情况；

（10）设计验证情况及结果；

（11）计算机软件的测试结果；

（12）前一次设计评审遗留问题的解决情况；

（13）元器件、原材料、零部件控制情况及结果；

（14）设计的可生产性,工艺的合理性、稳定性；

（15）多余物的预防和控制措施执行情况；

（16）环境适应性分析的依据及结果；

（17）质量问题归零执行情况；

（18）价值工程分析；

（19）其他需要评审的项目。

3）设计评审提供的文件

（1）样机研制、试验情况报告；

（2）可靠性等六性实施情况的报告；

（3）确定的研制规范；

（4）型号特性分析报告；

（5）图样及相关技术文件；

（6）风险分析报告。

3. 工艺评审

1）工艺评审概述

工艺评审是承制单位及早发现和纠正工艺设计中缺陷的一种自我完善的工程管理方法，在不改变技术责任制前提下，为批准工艺设计提供决策性的咨询。对于产品的工艺设计，承制单位应根据管理级别和产品研制程序，建立工艺评审制度，设置评审点，并列入型号研制计划网络图，组织分级、分阶段（状态）的工艺评审。未按规定要求进行工艺评审或评审未通过，则工作不得转入下一阶段。

承制单位的每一次工艺评审，应吸收影响被评审阶段质量的所有职能部门代表参加，必要时，可邀请使用部门或其代表及其他专家参加；在各项工艺设计文件付诸实施前，对工艺设计的正确性、先进性、经济性、可行性、可检验性进行分析、审查和评议。

每一个评审对象的工艺评审结束后，承制单位应认真分析《工艺评审报告》提出的主要问题及改进建议，制定措施，完善工艺设计，并经技术负责人审批后组织实施。

质量部门应对评审结论的处置意见和审批后的措施实施情况进行跟踪管理。

2）工艺评审的依据

（1）产品设计资料；

（2）研制规范、产品规范和工艺规范；

（3）GJB 1269A 第四、第五章的要求；

（4）上一阶段（状态）的评审结论报告；

（5）质量管理体系程序文件。

3）工艺评审时机及内容

GJB 1269A 5.1.1 工艺总方案的评审中明确指出，“工艺总方案的动态管理情况应根据研制阶段和生产阶段的工作进展情况适时修订、完善，以能在工程项目的寿命周期内连续使用。”由此可知，对工艺总方案内容的评审并非一次评审就能达到目的，而是根据装备研制阶段的进展和生产情况，对工艺总方案的内容适时进行评审，例如在工程研制阶段的后期，工艺评审的内容主要是评审首件鉴定的结果与相关工艺文件的符合性等。由此在产品质量评审之前应具备的条件中，产品是否按要求已通过设计评审、工艺评审及首件鉴定，作为合同监管机构组织产品质量评审进入设计定型试验状态的首要条件，工艺评审及首件鉴定不完成，产品质量评审不能进行，申请设计定型试验报告也就不能上报。其评审的项目及内容有：工艺总方案的评审和工艺说明书的评审。其他三项评审，应在正样机状态进行评审。

(1) 工艺总方案的评审。

工艺总方案是第二次评审,其内容主要针对初样机进行评审,主要内容是:

① 对产品的特点、结构、特性要求的工艺分析及说明;

② 满足产品设计要求和保证制造质量的分析;

③ 对产品制造分工路线的说明;

④ 工艺薄弱环节及技术措施计划;

⑤ 对工艺装备、试验和检测设备以及产品数控加工和检测计算机软件的选择、鉴定原则和方案;

⑥ 材料消耗定额的确定及控制原则;

⑦ 制造过程中产品技术状态的控制要求;

⑧ 产品研制的工艺准备周期和网络计划,以及实施过程的费用预算和分配原则;

⑨ 对工艺总方案的正确性、先进性、可行性、可检验性、经济性和制造能力的评价;

⑩ 工艺(文件、要素、装备、术语、符号等)标准化程度的说明;

⑪ 工艺总方案的动态管理情况(应根据研制阶段和生产阶段的工作进展情况适时修订、完善,以能在工程项目的寿命周期内连续使用)。

(2) 工艺说明书的评审。

① 产品制造过程的工艺流程、工艺参数和工艺控制要求的正确性、合理性、可行性;

② 对资源、环境条件目前不能适应工艺说明书要求的情况,所采取的相应措施的可行性、有效性;

③ 对从事操作、检验人员的资格控制要求;

④ 文件的完整、正确、统一、协调性;

⑤ 文件及其更改是否严格履行审批程序,更改是否经过充分试验、验证。

4) 常见的问题

GJB 1269A 规定,工艺总方案在武器装备研制过程中,应实施动态管理,应根据研制阶段和生产过程的工作进展情况适时修订、完善,直到生产定型结束,都能在工程项目的寿命周期内连续使用。在实际工作中,应该克服以下问题。

(1) 按照 GJB 2993 要求,在装备研制的方案阶段,编制工艺总方案,并按 GJB 1269A 5. 1. 1 条规定的工艺总方案评审内容进行评审,评审记录应具有追溯性。有些承制单位的工艺总方案在工程研制阶段后期才进行编制,整个装备研制过程对工艺总方案只评审一次。这充分说明对工艺管理工作的重视程度不够。

(2) 工艺评审的内容包含五个方面,其内容不可能在一个阶段或一个状态全部出现或评审,更不能当五个方面的内容全部编制完成后一起评审。承制单位应对五个方面的内容既分层次又分阶段或状态进行评审,评审记录应具有追溯性。

4. 外购器材质量控制评审

1）器材质量评审概述

GJB 1405A 4.10 条对外购器材的解释是,外购器材是指形成产品所直接使用的非承制单位自制的器材,包括外购的原材料、元器件、零部(组)件、配套设备(含软件及软件承载平台)以及其他外协件等。

外购器材按照相关法规和国家军用标准规定,从自身角度解释属于装备;从承制单位与供应单位角度出发,相关法规及标准称外购器材;《中国人民解放军驻厂军事代表工作条例》中从质量控制和质量监督的角度也将其称为外购部件、器材等。从承制单位角度出发,这些外部购进的或配套的器材,都属于产品层次的六类产品之列,即系统、分系统、设备、组件、部件和零件(元器件)。作为承制单位对外购器材进行严格控制,是由于外购器材的质量管理体系发生变化后,组织应对其进行检查、质量控制评审和确认质量管理体系是否正常运转,这也是符合质量管理要求的。因此,承制单位对外购器材实施质量控制评审也是很有必要的。

GJB 1442A 规定,武器装备研制、生产单位应对完工产品进行最终检验,以表明产品符合规定的要求。即应当对交付的武器装备及其配套的设备、备件和技术资料进行检验以确认其是否合格;交付的技术资料应当满足使用单位对武器装备的使用和维修要求。作为配套单位的产品应按照 GJB 1442A 的规定,编制最终产品的检验规程。当产品已装配完毕或已加工完毕后,应按照检验规程对最终产品进行检验。检验合格后才能提交。承制单位应根据供货单位提供的检验规程(技术协议书的质量保证条款中明确),编制接收外购器材的验收规程,对供货单位交付的器材(产品)进行验收,验收合格后才能装机。

2）器材质量控制依据

(1)《武器装备质量管理条例》;

(2)《中国人民解放军驻厂军事代表工作条例》;

(3) 产品质量保证大纲;

(4) 产品规范和验收规程。

3）器材质量评审的内容

(1) 承制单位所选的外购器材必须符合技术协议书及相关技术文件和系统及整机的要求。

① 评审要求。

分析掌握技术文件和整机系统对外购器材的质量要求,以便选择适用的外购器材及其供应单位。应优先使用经质量认证机构认证合格的器材。

② 评审要点。

a. 是否制定并执行了外购器材质量控制的程序文件;

b. 是否建立了合格器材和合格供应单位名录档案。

(2) 承制单位有权在合同中向器材供应单位提出相应的质量保证要求,对供应单位的质量管理体系进行考察监督评审,根据需要可向供应单位派驻质量验收代表。

① 评审要求。

a. 在外购器材的订购合同中,明确规定质量保证要求。承制单位按照外购器材质量特性的重要程度,分别规定不同的质量保证要求,一般可分为三类:一是提供合格证明文件(合格证和履历本);二是具有检验规程并提供承制单位;三是具有质量管理体系并运转正常。

b. 对供应单位的质量保证能力进行考察、确认,择优订货。对供应单位进行考察监督的广度、深度及频繁程度,应根据外购器材的性质、需要数量、质量历史,以及满足质量保证要求为目的,区别对待。对于关键的外购器材,可以向供应单位派出常驻或流动的质量验收代表。上述质量保证要求,均应在合同中加以明确,供需双方共同遵守。

c. 对供应单位进行质量监督,掌握外购器材的质量动态。

d. 对关键的外购器材,承制单位可向供应单位派出质量验收代表。

② 评审要点。

a. 对外购器材是否合理区分不同类别的质量保证要求;

b. 质量保证要求是否列入合同条款;

c. 对供应单位的质量保证能力是否执行考察监督制度,有无记录和结论;

d. 派往供应单位的质量验收代表是否有效地履行职责;

e. 外购器材质量历史资料档案是否齐全。

(3) 外购新研制的器材,应当制定相应的质量控制程序和质量责任制度,重点控制技术协议书的签订、技术协调、匹配试验、复验鉴定、装机使用等环节。

① 评审要求。

承制单位制定并执行选用新研制器材的质量控制程序。选用新研制的器材时,应当经过充分论证和审批。

a. 新研制的器材,必须经过技术鉴定或设计鉴定,才可以转入装备研制阶段的器材。这类器材缺乏适用性的验证,风险较大,因而要采取较严格的质量控制程序。

b. 技术协议书是制约性文件。供需双方签订技术协议书时,应详细列出新器材的技术要求和质量标准,试制、试验、试用的程序和记录,以及各方应负的质量责任。

c. 供需双方在新器材试制、试验、试用过程中,应按照技术协议书的规定,进行技术协调、试加工、匹配试验、装机使用,确认已满足设计、工艺文件要求后,方可进行鉴定。承制单位对复验鉴定、试加工、匹配试验、装机使用结论的正确性负责。

② 评审要点。

a. 是否制定和执行了选用新研制器材的质量控制程序;

b. 质量控制程序对重点环节的控制是否有效。

(4) 未经进厂复验证明合格的器材,不准投入使用。

① 评审要求。

a. 承制单位对外购器材进行接收复验,是有效控制器材质量所必不可少的。承制单位必须建立和执行外购器材进厂复验制度,复验工作按规范进行。复验规范的内容应包括:复验项目,技术要求,检验、试验方法,验收标准等。

b. 对复验合格、待验或复验不合格的器材,承制单位必须建立和采用有效的方法加以鉴别。对外购器材进行复验时,应具有:供应单位的试验报告和合格证明文件或履历本,检验规程,器材质量历史情况等资料,器材复验的检测方法与验收标准,应与供应单位保持一致。待验器材应单独设置保管区域,防止未经复验而投入使用。复验不合格的器材要及时隔离,标记"禁用"。复验合格的器材,必须标明并保持合格标志。

c. 待验、复验合格、不合格的器材,必须采取有效的控制方法,分别存放,并印上不同的标记,严防待验与复验不合格的器材投入使用。

d. 当采用代用器材时,必须办理偏离许可申请、审批手续。

经派驻供应单位代表验收的器材,承制单位仍需进行必要的进厂复验,防止发生意外差错。

② 评审要点。

a. 是否对所有外购器材建立并执行了进厂复验制度;

b. 各种器材是否编有不同的复验技术文件,即各种器材的验收规程文件;

c. 对器材复验、入库、发放的控制方法是否有效;

d. 代用器材是否履行审批手续。

(5) 承制单位应编制合格的器材供应单位名录,作为选用、采购的依据。

① 评审要求。

a. 制定合格的器材供应单位评价标准和程序,明确规定评价依据,合格标准,考核内容、组织、方法和表格,审批责任与权限。凡列入名录的供应单位,都必须具备保证提供合格器材的资格。确定这种资格有多种途径:对供应单位进行质量保证能力的考察、审查,适时评价和审查供应单位质量控制的有效性;供应单位实际具有的能力和可能提供的质量证明;供应单位的质量历史与信誉等。承制单位应充分利用各种途径来选择合格的供应单位。

b. 合格器材供应单位名录,应按用于不同的产品品种分别编制。将评价、审批合格的供应单位编入合格器材供应单位名录,纳入成套技术资料的管理范围。列入合格器材供应单位名录的供应单位,只能表明这个单位在当时能够制造出满足质量要求的器材;一旦当这个单位的质量保证能力下降,而且不能满足最低的质量要求时,即应对名单进行调整。

c. 控制器材的采购,只限在合格器材供应单位名录中优选供应单位。当必需从未取得合格资格的供应单位采购器材时,必须单独履行审批手续,并加严进厂复验控制。当某个供应单位提供的器材不能满足最低质量保证要求,而又没有其他供应单位可供选择时,承制单位可作为"例外"处理,此时通过改制、筛选等不经济的手段来满足使用要求。但这种单位不允许编入合格器材供应单位的名录中。

d. 根据供应单位的质量动态和器材进厂检验情况,及时修正合格器材供应单位名录,予以删除或增补。

② 评审要点。

a. 是否建立和执行了合格器材供应单位评价标准和程序,要求是否严密、合理;

b. 是否按承制产品品种分别编有合格器材供应单位名单,它是否已纳入成套技术资料管理范围;

c. 合格器材供应单位名单是否对选用、采购器材发挥了控制作用;

d. 合格器材供应单位名单是否保持了现行有效性。

(6) 承制单位应当制定外购器材保管制度。

① 评审要求。

a. 建立严格的外购器材保管制度,对器材入库、保管、发放的每个环节进行有效的控制,是保证投入使用的器材都能满足技术文件和整机、系统要求的重要手段。经验收合格的器材,按照物资管理制度办理入库手续。未经质量验收和不合格的器材,不得入库。

b. 承制单位的外购器材保管制度,必须满足器材的质量保证要求。存放器材的仓库或场地,其环境条件必须满足器材的安全可靠、不变质和其他特殊要求,确保器材性能完好。

c. 对需要油封、充氮等保护处理的器材,应按照规定进行保护处理并定期检查。

d. 易老化和有保管期要求的器材,按照规定期限及时从仓库移出、隔离、报废或听候处理。

e. 器材发放应有完备的领发手续,本着先进先发的原则,按照批(炉)号发放,严防发生混料事故。

f. 当零件对材料有批(炉)号的追溯性要求时,材料下料前应先移植批(炉)号,并经检验人员认可。

g. 器材出库须经检验人员现场核准,并带有合格标记或证件。

② 评定要点。

a. 器材保管制度能否满足质量保证要求;

b. 是否对器材保管的有效性定期进行检查;

c. 有无错混料记录和纠正措施。

(7) 器材保管人员考核评审。

① 评审要求。

a. 建立器材保管人员培训、考核制度及各类保管人员应知应会标准;器材保管人员要取得合格资格,须先经过专业培训,除熟悉器材保管制度的规定和一般保管知识外,还应掌握所管器材的物理、化学特性及其对环境条件的特殊要求,熟悉器材符号标记,熟练掌握在各种情况下出现差错的防范措施与处置方法等。

b. 器材保管人员必须经考核合格,取得资格证书后,方能上岗工作。

c. 保管人员资格证书应写明保管器材的类别,保管岗位与指定的器材类别相一致。保管人员调换工作岗位,应补充进行相应的专业培训,考核合格后方能调到新的岗位。

d. 明确规定器材保管人员的职责。

② 评定要点。

a. 对器材保管人员是否执行培训、考核制度;

b. 器材保管人员是否持证上岗;

c. 器材保管人员是否正确履行职责。

4) 常见的问题

(1) 供方单位的产品在交付之前,质量保证的方法不正确。对最终产品的检验,未按照 GJB 1442A 编制检验规程,以及对最终产品实施检验。

(2) 供方单位对装备研制的质量控制所使用的方法不正确,即用工艺规程检验产品后交付的做法,承制单位未及时纠正,工艺规程检验是工艺控制行为,用检验规程检验产品合格后交付出厂,是质量保证行为。

(3) 承制单位在技术协议书中的质量保证要求,在文件中未提出或不规范、不明确,例如没有要求供方单位提供检验规程,作为承制单位编制验收规程的依据,不符合 GJB/Z 16 4.6.4.2.C 条器材复验的检测方法与验收标准,应与供方单位保持一致的要求。

（4）承制单位与供方单位对最终产品的检验，都没有贯彻实施将检验规程用作保证产品质量要求的文件。

（5）承制单位与供方单位的技术协议书是双方的制约性文件（GJB/Z 16 4.6.3.1），而不是产品的质量保证文件，质量保证文件是供方单位对该产品的检验规程。

5. 保障设备设计方案评审

1）评审概述

在工程研制阶段对保障设备设计方案进行质量评审的目的是：审查装备保障性设计与分析工作实现的程度及其过程与结果的正确性、合理性；规划使用保障、规划维修工作及其结果的正确性、合理性、完整性和协调性。

保障设备设计方案质量评审的时机：承制单位宜在工程研制阶段适时多次安排内部评审和专题评审。合同评审宜在本阶段后期进行。

2）评审提供的文件

（1）保障性设计与分析文件；

（2）保障资源规划与研制相关文件；

（3）综合保障计划执行情况报告文件；

（4）综合保障工作计划执行情况报告文件；

（5）保障计划；

（6）保障性试验准备。

3）评审的内容

（1）保障性设计与分析评审。

① 是否按照保障性设计准则进行了保障设计。

② 是否按照综合保障工作计划的规定和要求开展了各项保障性设计与分析工作，工作是否全面、深入。

③ 保障性设计与分析的程序和方法是否科学、合理，符合有关标准等要求或规定，结果是否可信。

④ 是否将保障性分析结果及时地按照要求进行了记录，分析记录是否规范并符合有关要求。

⑤ 是否对保障性指标分解与分配进行了必要的补充、修改，补充和修改是否合理。

⑥ 运输性设计是否充分考虑了下列问题：

a. 是否根据保障方案或要求制定了科学合理的装备运输的设计准则，并按此准则进行了装备设计；

b. 装备的外形尺寸、质量能否用规定的运输工具进行装卸、运输？能否在规定的道路或空间等通行；

c. 是否设置有固定的运输工具中所需的系紧点、加固设备并便于系紧和加固。

⑦ 是否将以下保障问题纳入装备设计并制定了相应的设计准则：

a. 人员上下或进出装备是否方便迅速；

b. 装备停放、遮盖、拖拉、移动、固定、吊装是否方便，有无必需的挂钩、拉钩、突钮、固定钩、结索环、吊具接口或接头、支架、垫铁或垫木、防滑链（板）、牵引钢缆（绳）、移动滚轮等，整体吊装的部组件或装置是否标明了其质心的位置？操作人员维护装备是否方便；

c. 有无必需的检查靶、清洗器材、校正仪、土木工具、加油机（枪）等附件、工具，其固定安装的位置是否便于人员存取；

d. 装备保管、封存、启封、伪装是否符合规定要求，有无必需的防尘、防雨雪、防日晒、防雷电、防盗窃设计措施；

e. 装备使用前（或再次出动）的准备工作能否满足使用或规定要求；

f. 充填加挂弹药、导弹、燃油、润滑剂、气体、液体是否简便、迅速、安全、可靠（牢固），检查其固定确实或数量达标的方法是否简便；

g. 装备上的被测试单元与计划的测试设备是否匹配兼容；

h. 装备及其保障装备、设备所用能源（如电源、液压源、气源等）是否符合规定要求（如使用自备能源、使用外接能源）；

i. 所设计的装备能否按要求使用多种规格的燃油、润滑与防护油（剂）、液压、密封油液和气体，所使用的特殊规格燃油、润滑与防护剂、气体、液体的品种规格是否减至最少；

j. 是否将装备及其保障设备、备件对包装、装卸、贮存和运输保障的要求及约束条件等纳入装备设计过程。

（2）保障资源规划与研制评审。

① 是否利用保障分析结果和规划保障的有关信息提出了平时和战时使用与维修装备所需的人员数量、技术等级和专业类型，承制单位编制的人力和人员需求报告，是否得到合同监管机构确认。

② 是否合理地优化了平时和战时所需的备件和消耗品的品种和数量？承制单位编制的初始备件和消耗品清单是否得到合同监管机构确认。

③ 是否优化了保障设备配备方案，承制单位编制的保障设备配套目录是否已经得到合同监管机构确认。

④ 是否确定了使用与保障人员必须具备的知识和技能，是否已经制定了各类人员初始训练计划和教材编写计划，并开始编写训练教材或编制完成，承制单位编制的保障设备配套目录是否已经得到合同监管机构确认。

⑤ 训练设施是否已经建设或完成，培训教师是否已经有计划安排。

⑥ 是否确定了技术资料统配目录，是否根据有关标准和装备保障的实际需要编写了使用及维修保障所需的技术资料，所编写的技术资料是否适合基层级、中继级各类人员使用需求并经过初步评审。

⑦ 技术资料的内容和格式是否符合有关标准的规定。

⑧ 承制单位是否及时地按照有关规定和要求向合同监管机构提出了新研设备或新建设施方面的需求，合同监管机构是否确认并安排了设备研制，开展了设施建设。

⑨ 各种专用保障设备是否已经完成样机研制，基层级、中继级使用的专用保障设备是否与相应的维修任务相适应。

⑩ 是否已经展开保障设备等保障资源的筹措工作，长研制周期的保障设备或设施进度能否满足需求，费用是否合理、落实到位。

⑪ 是否已经根据 GJB 1181《军用装备包装、装卸、贮存和运输通用大纲》制定并实施了装备的包装、装卸、贮存和运输大纲，是否充分利用了现有的包装、装卸、贮存和运输方面的保障资源。

⑫ 承制单位提出的计算机资源保障需求是否满足合同监管机构提出的约束条件，是否考虑了后续保障问题，能否满足后续保障需求。

⑬ 是否对有关保障资源的合理性、有效性、经济性进行了进一步的分析、试验和评价，需要评价的保障资源主要包括：

a. 人力和人员；

b. 供应保障；

c. 训练和训练保障；

d. 技术资料；

e. 计算机资源保障；

f. 保障设施；

g. 包装、装卸、贮存和运输保障；

h. 计量保障。

（3）综合保障计划执行情况评审。

① 综合保障工作机构是否认真履行职责。

② 合同监管机构和承制单位联合成立的综合保障管理组成员是否稳定，是否在正常开展工作。

③ 是否对定型阶段的保障性试验与评价工作提出了明确的要求。

④ 是否根据装备部署方案制定了部署保障计划。

⑤ 部署保障计划中各种保障资源是否明确。

⑥ 部署保障计划中各种保障资源的落实责任是否明确，是否有明确的进度要求。

⑦ 是否根据装备的实际情况制定了保障交接计划,保障交接计划中对保障资源的交接方式、进度等是否明确。

⑧ 是否制定了现场使用评估计划,是否明确规定了现场使用评估计划的目的、评估参数、数据收集和处理方法、评价准则、评估时机、约束条件等内容,是否明确了现场使用评估所需的各种资源。

⑨ 是否对停产后的保障工作进行了合理、具体的安排。

⑩ 是否充分考虑了退役报废处理中的保障问题。

(4) 综合保障工作计划执行情况检查单评审。

① 综合保障工作机构是否认真履行了职责。

② 承制单位制定的综合保障工作计划是否得到合同监管机构认可,经认可的综合保障工作计划是否得到严格执行。

③ 是否对定型阶段的保障性试验与评价工作做出了明确的安排。

④ 是否对部署保障工作进行了安排。

⑤ 部署保障工作的安排与合同监管机构综合保障计划中的相关内容是否协调。

⑥ 是否对保障交接工作进行了安排。

⑦ 保障交接工作的安排与合同监管机构装备综合保障计划中的相关内容是否协调。

⑧ 是否对停产后的保障工作做出了明确的安排。

⑨ 是否对退役报废处理的保障工作提出了明确的建议。

⑩ 是否对转承制单位和供应方参与定型阶段的综合保障工作做出了明确的安排。

(5) 保障计划评审。

① 是否针对每项使用任务明确了保障工作的程序、步骤和工作方法。

② 是否明确了对各种保障资源的要求。

③ 是否明确了每一维修级别的维修工作内容和范围。

④ 是否明确了各种预防性维修的时间、内容、程序、维修级别等。

⑤ 是否针对各种修复性维修都明确了维修级别。

⑥ 是否针对每项维修明确了维修工作程序。

⑦ 是否明确了各种维修保障资源。

⑧ 保障计划是否充分考虑了下列使用保障问题:

a. 对装备的寿命剖面、任务剖面是否做了充分地研究。

b. 是否充分考虑了装备的统配、使用的方案(包括装备预计的使用年限以及装备在各种作战任务中的作用和在各种气候自然条件下使用的方法)。

c. 是否进行了充分的使用工作分析。

d. 是否包括了装备在各种作战任务及自然环境条件下的使用保障需求及

对策,并落实到装备设计中。

e. 是否包括了装备动用准备、运输、贮存、诊断、充填加挂等方面的内容及安排。

⑨ 保障计划是否充分考虑了下列维修保障问题:

a. 是否合理地划分了维修级别,并确定各级别的维修范围,是否优化并确定了各维修级别的保障资源,维修级别设置及各级别的任务划分是否合理,是否考虑充分利用部队现有维修机构。

b. 是否按照 GJB 1378A《装备以可靠性为中心的维修分析》制订了预防性维修大纲或计划。

c. 是否按照 GJB 2961《修理级别分析》确定了装备及其组成部分是否进行修理,在何处修理。

d. 是否对战场抢修、抢救进行了分析与设计,是否充分考虑了抢修、抢救所需的资源。

e. 是否充分考虑了利用现有的维修资源(包括居民维修资源)。

f. 是否建立在保障性分析的基础上。

g. 是否包含了详细的计量保障工作安排。

h. 是否经过权衡选优,有效性和经济性是否能够满足保障需求。

i. 是否包括了软件保障工作安排。

(6) 保障性试验准备评审。

① 保障性试验前的各项准备工作是否明确,是否符合试验与评审计划要求。

② 是否详细规定进行试验的项目、目的、内容、主持单位、参加人员、试验时间、判据、统计表格、问题处理等方面的要求和安排。

③ 是否明确了相关的单位、人员。

④ 是否明确了进行试验的具体程序、方法和要求。

⑤ 试验大纲、试验规程是否科学、合理、可行,是否符合有关标准或规定。

⑥ 是否及时将试验实施计划及试验要求通知各有关部门、单位和人员。

⑦ 是否提前将试验文件等相关资料按专业分工发给有关人员,使其在试验前有充足时间做好准备工作。

⑧ 是否对试验中可能遇到的情况或问题进行充分地考虑,并做好相应的对策。

4) 常见的问题

(1) 保障设备的研制未按照 GJB 2993 5.4 条的要求及时展开研制工作,迟后装备研制时间太多,不能在部队的试验中充分验证。

(2) 对保障设备的设计方案评审重视不够。装备研制的主管部门对保障设备的设计方案审查不及时,通常在研制装备进入设计定型状态后,才协调保障设备的问题。造成在保障设备研制时间短的情况下,试验验证不充分、不规范,使用可靠性差,故障率高等问题。

(3) 保障设备的使用维护说明书操作性不好。造成这个问题的主要原因是保障设备应先于装备鉴定,由于装备在试验过程与保障设备未能进行充分使用、验证,尤其是在部队的试验中,经部队维护人员的操作使用、改进验证,充分暴露问题,装备设计定型时随部队交付的保障设备适应性才会提高,才能满足部队使用要求。

6. 产品质量保证大纲评审

1)《产品质量保证大纲》评审概述

型号的《产品质量保证大纲》(以下简称《大纲》)规定了质量工作原则与质量目标、管理职责、设计要求、软件工程化要求、特殊过程和关键过程的要求、标识和可追溯性要求、监视和测量要求以及顾客沟通和顾客财产等要求,是产品研制、生产的规范性文件。GJB 1406A《产品质量保证大纲要求》对《大纲》的编写格式、内容、依据的标准以及编制单位及人员提出了基本要求;同时对《大纲》的实施与监督检查提出了明确规定及操作性很强的具体条款。如"检查结束后应形成书面报告,呈报被检查单位的负责人。被检查单位应根据报告中提出的问题和存在的薄弱环节及时采取纠正措施,并进行跟踪检查,以保证纠正措施的针对性和有效性并得到落实"等。为了贯彻《武器装备质量管理条例》第二十四条"武器装备研制、生产单位应当严格执行设计评审、工艺评审和产品质量评审制度。对技术复杂、质量要求高的产品,应当进行可靠性、维修性、保障性、测试性和安全性以及计算机软件、元器件、原材料等专题评审"的要求。重视产品质量保证大纲的编制和评审,是确保装备质量的前提。

GJB 1406A 在《大纲》编写的基本要求中明确,产品应按照 GJB 450A、GJB 368B、GJB 2547A、GJB 900A、GJB 3872 和 GJB 150.1A 等标准的要求,分别编制可靠性、维修性、测试性、安全性、综合保障和环境适应性等专业大纲,并作为《大纲》的组成部分。由此可知,《大纲》的六性质量保证部分,基本上引用了经过专题评审的六性大纲,那么,对《大纲》实施专项评审也是非常正确和有必要的。

2)《大纲》编制依据

① 与产品有关的法令、法规、相关标准以及本标准的要求;

② 合同、研制任务书及顾客的质量保证要求;

③ 组织的质量方针、质量目标和质量管理体系文件等;

④ 产品研制、生产计划和相关资源;

⑤ 组织应满足内部或外部的质量要求;

⑥ 供方的质量状况;

⑦ 其他相关的计划，如项目计划、环境、健康和安全、安全性与信息管理计划等。

3)《大纲》编制要求

GJB 9001C 8.1 运行的策划和控制中要求编制质量计划(产品质量保证大纲)。顾客要求时，其调整应征得顾客同意。因此，在装备研制的方案阶段后期，产品在实施策划过程中，承制单位应草拟型号《大纲》并进行评审或审查，在工程研制阶段通过初样机工程设计和正样机的试制，完善、确认《大纲》。在大纲编制策划中做到：

(1) 大纲应由质量部门或项目负责人在产品研制、生产开始前，确定产品实现所需要的过程后组织制定。

(2) 大纲实施前应经审批。合同要求时，大纲应提交顾客认可。

(3) 大纲应明确组织或供方满足质量要求所开展的活动及可能带来的风险，并对采购、研制、生产和售后服务等活动的质量控制做出规定：

① 组织各部门实施产品质量保证的职责、权限及相互关系。

② 根据产品应达到的功能、性能、可靠性、维修性、测试性、安全性、可生产性、人机工程和其他质量特性要求，提出各阶段相应的质量控制措施、方法和活动。对可能出现的问题或故障提出预防和纠正措施及检查方法，保证在研制、生产各阶段实现上述要求。

③ 质量保证活动所应提供的人力、物力、财力及时间、信息等资源保证要求。

(4) 产品应按照 GJB 450A、GJB 368B、GJB 2547A、GJB 900A、GJB 3872 和 GJB 150.1A 等标准的要求，分别编制可靠性、维修性、测试性、安全性、综合保障和环境适应性等专业大纲，并作为本大纲的组成部分。

(5) 适当时，大纲应进行修改。修改后的大纲应重新履行审批手续，必要时，再次提交顾客认可。

4)《大纲》评审内容

(1) 型号的《大纲》，其质量工作原则与质量目标的编制是否符合 GJB 1406A 5.2 条的要求。

(2)《大纲》中是否明确各级各类相关人员的职责、权限、相互关系和内部沟通的方法，以及有关职能部门的质量职责和接口的关系。

(3)《大纲》中是否对研制、生产全过程中文件和记录的控制做出规定。成套资料是否符合 GJB 906 的规定。

(4)《大纲》中是否明确规定了为达到产品符合规定要求所需要的信息，以及实施信息的收集、分析、处理、反馈、贮存和报告的要求。

(5)《大纲》中是否针对具体产品按 GJB 3206A 的要求策划和实施技术状

态管理活动,明确规定技术状态标识、控制、记实和审核的方法和要求。

(6)《大纲》中是否规定了参与研制、生产、试验的所有人员进行培训和资格考核的要求,当关键加工过程不能满足要求,工艺、参数或所需技能有较大改变,或加工工艺较长时间未使用时,是否规定了对有关人员重新进行培训和考核的要求。

(7)《大纲》中是否规定了与顾客沟通的内容和方法。

(8)在设计过程质量控制方面,《大纲》是否规定了对产品任务剖面进行分析,以确认对设计最有影响的任务阶段和综合环境,通过任务剖面分析,确定可靠性、维修性、保障性、安全性、人机工程等各种定量和定性因素,并将结论纳入规范作为设计评审的标准。

(9)在设计分析方面,《大纲》是否遵循了通用化、系列化、组合化的设计原则,对性能、质量、可靠性、费用、进度、风险等因素进行综合权衡,开展优化设计。是否通过了设计分析研究,是否确定了产品特性、容差以及必要的试验和检验要求。

(10)在设计输入方面,《大纲》是否确定了产品的设计输入要求,包括产品的功能和性能、可靠性、维修性、安全性、保障性、环境条件等要求,以及有关的法令、法规、标准等要求。是否对设计输入形成了文件并进行评审和批准。

(11)在设计输入方面,《大纲》是否编制了设计规范(如系统规范、研制规范、试验规范、检验规范等)和文件,以保证设计规范化。设计规范和文件是否符合国家和国家军用标准的要求,为使设计采用统一的标准、规范,在进行设计前,是否编制了文件清单,供设计人员使用。

(12)在可靠性设计方面,《大纲》是否规定了按照可靠性大纲,实施可靠性设计工作项目。

(13)在维修性设计方面,《大纲》是否规定了按照维修性大纲,实施维修性设计工作项目。

(14)在保障性设计方面,《大纲》是否规定了按照保障性大纲,实施保障性设计工作项目。

(15)在安全性设计方面,《大纲》是否规定了按照安全性大纲,实施安全性设计工作项目。

(16)在元器件、零件和原材料的选择和使用方面,《大纲》是否明确规定了按照 GJB 450A 工作项目 308 和工作项目 309 中的规定选择和使用元器件、零件和原材料,是否规定了按照 GJB/Z 35《元器件降额准则》的要求开展元器件降额设计。

(17)在软件设计工作方面,是否规定了按照 GJB 2786A、GJB 438B《军用软件开发文档通用要求》、GJB 439A《军用软件质量保证通用要求》和 GJB/Z 102A

《军用软件安全性设计指南》的要求对软件的开发、运行、维护和引退进行工程化管理，并按照 GJB 5000A 的规定进行软件的分级、分类，对软件整个生存周期内的管理过程和工程过程实施有效的控制。

（18）在人机工程设计方面，是否规定了编制人机工程大纲的要求，在保证可靠性、维修性、安全性的条件下，能确保操作人员正常、准确的操作。

（19）在特性分析上，是否按照 GJB 190 的原则进行特性分析，确定关键件（特性）、重要件（特性）和选定检验单元（项目）。

（20）在设计输出方面，《大纲》是否规定了设计输出的要求。

（21）在设计评审方面，《大纲》是否根据产品的功能级别和管理级别，按照 GJB 1310A《设计评审》的有关要求，规定了需实施分级、分阶段评审的项目？或需要时进行的专项评审或工艺可行性评审。

（22）在设计验证方面，《大纲》是否规定了所要进行的设计验证项目及验证方法，并保证在整个研制过程中，能对各项验证进行跟踪和追溯。

（23）在设计确认/定型（鉴定）方面，《大纲》是否明确规定了确认的内容、方式、条件和确认点以及要进行鉴定的技术状态项，根据使用环境，提出要求并实施。

（24）在设计更改的控制方面，《大纲》是否规定了按照 GJB 3206A《技术状态管理》实施设计更改控制的具体要求。

（25）在试验控制方面，《大纲》是否规定了需要制定实施试验综合计划，该计划包括研制、生产和交付过程中应进行的全部试验工作，以保证有效地利用全部试验资源，并充分利用试验的结果。

《大纲》是否规定了按照 GJB 450A、GJB 899A《可靠性鉴定和验收试验》、GJB 1407《可靠性增长试验》、GJB 368B《装备维修性工作通用要求》、GJB 1032《电子产品环境应力筛选方法》的要求进行可靠性研制试验、可靠性鉴定试验、可靠性增长试验、维修性验证试验和环境应力筛选试验，其试验过程的质量管理应符合 GJB 1452A 的规定。

（26）在采购质量控制方面，对外包过程的控制《大纲》是否规定了在产品实现过程中，明确了对所有外包过程的控制要求；采购品的控制是否符合 GJB 939、GJB 1404《器材供应单位质量保证能力评定》的要求。

（27）在试制和生产过程质量控制方面，《大纲》是否对试制、生产、安装和服务过程等做出了明确规定。

（28）在工艺准备工作方面，在完成设计资料的工艺审查和设计评审后是否按照产品研制需要提出工艺总方案、工艺技术改造方案和工艺攻关计划并进行评审；是否对特种工艺制订了专用工艺文件或质量控制程序；在过程分析中，是否对关键过程进行标识、设置质量控制点及规定详细的质量控制要求；工艺更改的控制及有重大更改时，是否采用了评审的程序；试验设备、工艺装备和检测器具是否按规定检定合格；在工艺文件准备过程中，是否按 GJB 1269A《工艺评审》的有关要求，实施分级、分阶段的工艺评审。

(29) 承制单位的元器件、零件和原材料的控制大纲，是否规定了器材(含半成品)的质量控制要求及材料代用程序。

(30) 在关键过程控制方面，《大纲》是否规定了按照工艺文件或专用的质量控制程序、方法，对关键过程实施质量控制的要求。

(31) 在特殊过程控制方面，《大纲》是否根据产品特点，明确规定了过程确认的内容和方式，是否规定了对过程评审和批准的准则，是否规定了对设备的认可和人员资格的鉴定，以及使用针对具体过程的方法和程序，是否规定了再次确认或定期确认的时机。

(32) 在关键件、重要件的控制方面，《大纲》是否明确规定了按照 GJB 909A 的有关规定进行控制。

(33) 在试制、生产准备状态检查方面，《大纲》是否明确规定何时按照 GJB 1710A 的要求进行检查。

(34) 在首件鉴定方面，《大纲》是否明确规定了按照 GIB 908A《首件鉴定》的有关规定进行鉴定。

(35) 在产品质量评审方面，《大纲》是否明确规定了按照 GJB 907A《产品质量评审》的有关规定，对产品质量进行评审，以及对评审中提出的问题，由谁负责处理、保存评审记录和问题处理记录等的具体要求。

(36) 在装配质量控制方面，《大纲》是否规定了对装配质量进行控制的要求，包括编写适宜的装配工艺规程或作业指导书等。

(37) 在标识和可追溯性方面，《大纲》是否规定了按照 GJB 726A 的有关规定对产品进行控制，并按照 GJB 1330《军工产品批次管理的质量控制要求》有关规定对产品进行标识和记录。

(38) 对于顾客财产，《大纲》是否规定了对顾客提供的产品如材料、工具、试验设备、工艺装备、软件、资料、信息、知识产权或服务等进行控制的要求。

(39) 在产品防护方面，在产品的贮存、搬运或制造过程中，对器材(含半成品)或产品《大纲》是否采取了必要的防护措施，并明确规定了按照 GJB 1443《产品包装、装卸、运输、贮存的质量管理要求》的规定，对搬运、贮存、包装、防护和交付等活动进行控制。

(40) 在监视和测量方面，《大纲》是否规定了对产品进行监视和测量的要求与方法，尤其是所采用的过程和产品(包括供方的产品)进行监视和测量的方法与要求，使用的程序和接收准则，使用的统计过程控制方法，测量设备的准确度和精确度，包括其校准批准状态，要求由法律机构或顾客进行的检验或试验，产品放行的准则,以及生产和检验共用设备用作检验手段时的校验方法等是否有明确要求。

(41) 在过程检验方面,《大纲》是否明确规定了按照 GJB 1442A 的规定,编制了检验规程对试制和生产过程进行过程检验,并做好原始记录。

(42) 在验收试验和检验方面,在加工装配完成后,是否明确规定了验收试验和检验的程序、方法等要求;试验和检验中发生故障,是否规定了均应找出原因并在采取措施后应重新进行试验和检验的要求。

(43) 在环境例行试验方面,《大纲》是否明确规定了依据产品规范的规定,编制年度例行试验计划,并积极配合使用单位进行试验,做好试验记录。

(44) 在无损检验方面,《大纲》是否明确了按照 GJB 466《理化试验质量控制规范》和 GJB 593《无损检测质量控制规范》的有关规定对无损检验进行控制的要求。

(45) 在试验和检验记录方面,《大纲》是否规定了保存试验、检验记录的要求,并根据试验或检验的类型、范围及重要性确定记录的详细程度。

(46) 在不合格品的控制方面,《大纲》是否规定了对不合格品进行识别和控制的要求,有关不合格品的标识、评价、隔离、处置和记录等要求是否符合 GJB 571A《不合格品管理》的规定。

(47) 在售后服务方面,《大纲》是否规定了按协议或合同要求组织技术服务队伍到现场,指导正确安装、调试、使用和维护的要求,及时解决出现的问题。

5) 常见的问题

(1)《大纲》没有按照 GJB 1406A 的内容及要求编制,产品研制和生产的特点不突出,规范性不强,经常将一、二代产品的相关文件,通过拷贝换一个产品的型号,作为《大纲》文件。

(2)《大纲》中应针对产品研制和生产的特点制定相关措施,全部使用质量管理体系的程序文件替代,措施丝毫没有操作性。

(3)《大纲》中对产品形成过程的质量保证文件的规定、要求不明确、不突出。如相关法规、标准要求,武器装备研制、生产单位应当按照标准和程序要求进行进货检验、工序检验和最终产品检验;对首件产品应当进行规定的检验等内容,在标准中有要求,但是《大纲》中没有体现,有些承制单位所有的检验项目都是用工艺规程进行检验,最终产品的检验也没有检验规程。此种情况还存在产品研制过程的质量保证吗,用工艺规程检验最终产品,这仅仅只是进行了工艺控制。

(4)《大纲》从方案阶段后期经评审或审查后,直到生产定型前期,未作任何修改、补充,状态标识有四个小格,F、C、S 和 D 都有,既不符合 GJB 726A 4.2 条和 4.3 条"组织应针对监视和测量要求,对产品的状态进行标识;组织应识别产品的可追溯性要求,在有可追溯性要求的场合,组织应控制并记录产品的唯一性标识”的要求。上述做法,只能说明该《大纲》在产品的研制和生产过程中可有可无。

7. 专用规范的评审

专用规范的定义,按照 GJB 6387 的要求,就是指系统规范、研制规范、材料规范、软件规范、工艺规范和产品规范(以下简称专用规范)。由于系统规范、研制规范在论证阶段和方案阶段已论述并评审,本阶段可对变化部分进行评审并确立。

方案阶段,设计人员按照 GJB 190 规定,进行特性分析后的规范性、要求性输出文件,在方案阶段仅仅是初稿并未进行评审,经过初样机的设计、制造实践后,材料规范、工艺规范、软件规范和产品规范可以输出作为各专业的规范性文件,经评审修改、完善并通过后方可实施。

规范可分为两个层面,即作为国家军用标准的规范(以下简称标准规范)和武器装备研制项目专用规范(以下简称专用规范)。前者按 GJB 0.2 的要求编写,是军用标准的一种类型,用来对适用于多种研制项目并需进行重复采购的产品规定技术要求;后者按 GJB 6387 的要求进行编写,它是系统工程过程的一种输出,仅适用于某一特定研制项目。

标准规范(GJB 0.2)可用来指导相应专用规范的编写,专用规范的内容经总结、推广而被其他项目广泛采用后也可按规定程序制定为标准规范。

GJB 6387 指出,《中国人民解放军装备科研条例》明确规定,装备研制必须严格执行装备研制立项和装备研制总要求的两报两批制度。即立项的论证阶段《主要作战使用性能》与方案阶段前期的研制总要求的报批。专用规范是武器装备研制的系统工程过程中的技术状态文件,其中系统规范是支撑主要作战使用性能的综合论证;研制规范是支撑研制总要求的综合论证,随着研制阶段的进展,产品规范、软件规范与材料规范支撑对应的研制规范;工艺规范支撑对应的产品规范或(与)材料规范。

1) 规范评审概述

对专用规范的评审,属于装备研制过程的专项评审。当装备研制进入工程研制阶段时,常规武器和战略武器的设备级产品都属于两轮研制,即初样机研制和正样机研制(战略武器装备研制也是两轮研制,即初样研制地面试验样机和试样研制飞行试验样机)。当初样机研制或地面试验样机完成后,承制单位应着手确立材料规范、软件规范、工艺规范和产品规范的工作,并分层次进行评审。

产品规范描述产品的功能特性、物理特性和验证要求等;属产品规范范畴的软件规范描述软件产品(含用于产品中的软件)的软件设计与编译/汇编程序和验证要求等;材料规范描述材料的性能、形状和试验要求;工艺规范描述用于产品或材料制造的专用工艺所需的材料、设备及加工等的控制要求。专用规范一般由承制单位从工程研制阶段早期开始编制，随着研制工作的进展逐步完善，到工程研制阶段正样机和飞行试验样机试制前（完成初样机研制或地面试验样机研制）经使用部门会同研制主管部门进行转状态（C 转 S）审查确认或正式批准，纳入分承包的研制合同。

2）评审提供的文件

（1）草拟的各类规范；

（2）型号研制规范；

（3）产品质量保证大纲；

（4）可靠性、维修性等大纲；

（5）工艺总方案；

（6）工艺标准化综合要求。

3）评审的内容

（1）产品规范评审内容。

① 产品规范的编写格式、基本内容及要求是否符合 GJB 0.2《军用标准文件编制工作导则 第 2 部分：军用规范编写规定》和 GJB 6387《武器装备研制项目专用规范编写规定》的要求；

② 产品规范要求中的战术技术性能指标和作战使用要求，是否符合型号研制总要求或技术协议书的规定；

③ 质量一致性检验的项目是否正确、合理且具有操作性，是否符合 GJB 0.2 附录 C 的要求；

④ 单独检验项目是否与特性分析报告选取的检验项目一致，检验的方法、手段是否符合 GJB 1442A《检验工作要求》的规定；

⑤ 产品规范验证章节中，对包装箱、运输性试验、贮存等要求，是否符合 GJB 145A《防护包装规范》、GJB 1181《军用装备包装、装卸、贮存和运输通用大纲》和 GJB 1443《产品包装、装卸、运输、贮存的质量管理要求》的规定。

（2）软件规范评审内容。

① 评审说明。

软件作为系统的组成部分，同样以系统规范、研制规范为依据，随研制进展逐步形成其分配基线和产品基线。按照 GJB 2786A《军用软件开发通用要求》的规定，软件分配基线由软件需求规格说明和接口需求规格说明构成，这两类文件当属研制规范范畴；软件的产品基线由源代码、软件产品规格说明、版本说明文档、软件测试报告、运行和保障文件等构成，其中软件产品规格说明当属产品规范范畴。也就是说，软件规范又分为软件需求规格说明、接口需求规格说明和软件产品规格说明，性质上分别对应于研制规范和产品规范。由于软件的特性相比于硬件具有较大差异,因此,GJB 6387 借鉴 MIL-STD-961D 的做法,将其单独作为专用规范的一类提出。

② 文档编制要求。

文档的内容是根据 GJB 2786A 中各活动描述的工作任务而产生的,描述了军用软件开发过程中的主要活动信息和要求。承制单位应按照 GJB 438B 的规定记录有关信息,编写有关文档,并按合同(或软件研制任务书)的要求交付。

文档若为电子文档,应规定电子文档的格式(如 DOC 文件、PDF 文件等)。

③ 文档表示方式如下:

a. 表示形式。为使各文档章条的信息更加清晰可读,可采用图、表、矩阵或其他形式的表示方式进行说明。

b. 页码编制。文档正文的目录使用小写罗马数字编号;文档正文和附录均使用阿拉伯数字顺序编号;若一个文档分为若干卷,则每一卷应重新开始按顺序编号。

c. 自变量。字母 X 和 Y 为各文档小条编号的自变量。标题上圆括号中的文字在编写时要用实际内容替换。

示例:在"软件需求规格说明"文档中 3.2.×条在实际应用时可能为:

3.2.1　信号采集—R001

3.2.2　信号传输—R002

④ 评审内容。

a.《接口需求规格说明》的编写格式和内容,应符合 GJB 438B 附录 C 的要求;

b.《软件需求规格说明》的编写格式和内容,应符合 GJB 438B 附录 M 的要求;

c.《软件产品规格说明》的编写格式和内容,应符合 GJB 438B 附录 R 的要求。

(3) 工艺规范评审内容。

① 评审内容说明。

GJB 6387 涉及的几类规范中,工艺规范具有一定的特殊性,形象地讲,系统规范、研制规范、材料规范、软件规范和产品规范所针对的对象是"物",而工艺规范针对的对象是一种"过程"。GJB 6387 借鉴 MIL-STD-961D 的做法,将其作为专用规范的一类,主要是因为工艺规范规定的内容是构成产品基线的必要组成部分,并且对工艺过程提出的各项要求同样需要通过相应的方式、方法予以验证,因而可以按照"规范"的格式组织编排内容。GJB 3206 也明确规定,产品技术状态文件包括工艺规范。

工程研制阶段对工艺规范的评审,实际上就是对装备生产性分析的一次大检查，生产性分析工作是标识所有硬件的关键特性，减少生产流程时间，减少材料和工时费用，确定最佳进度要求，改善检验和试验程序，减少专用生产工装和试验设备，以便顺利地转入设计定型后的试生产状态。

② 评审生产性对生产规划要素的要求。

a. 生产率和产量。生产率和产量对产品生产性有重大影响，准确地确定生产率和产量是进行产品生产性分析的前提。

b. 专用工艺装备。应按产品性能、结构特点、工艺方法、生产量和生产方法、质量保证及成本因素选择工装的品种和数量，尽量减少专用工装品种和数量。

c. 设备。一是指通用和专用设备的品种、规格、数量、加工能力、排列方式；二是指需外协的设备。

d. 人力资源。各类专业人员的数量、素质、从事产品生产的经验、专业培训状况等。

e. 材料供应状况。材料的交付期能否与生产计划的要求相吻合。

③ 评审内容。

a. 图样评审：

☆ 图样上尺寸是否适当、完整；

☆ 公差是否现实、可生产，是否比功能要求严格；

☆ 公差是否与多种制造工艺相符；

☆ 表面粗糙度是否可以达到，是否比功能要求严格；

☆ 零件的结构要素，如圆弧、圆角、倒角、弯曲半径、下陷、螺距、齿距、紧固件孔径、切削半径与锪窝等，是否标准化、典型化、规范化、通用化；

☆ 螺栓、螺母、螺钉、铆钉的拧紧力矩要求是否合适；

☆ 布线间隙、工具间隙、构件间隙、连接接头间隙是否符合要求；

☆ 是否正确地引用所有必须的规范；

☆ 胶黏剂、密封剂、复合材料、树脂、油漆、塑料、橡胶等非金属材料是否适当；

☆ 是否有防止电化腐蚀和腐蚀流体聚集的措施；

☆ 焊缝是否最少，容易接近，焊缝符号是否正确；

☆ 对造成氢脆、应力腐蚀等设计问题或类似情况，是否可以避免；

☆ 润滑液是否合适；

☆ 污染控制是否合适；

☆ 有寿命限制的材料是否已经标识，它们可以无困难的更换吗；

☆ 是否有防无线电频率干扰的屏蔽措施，是否提供了电的和静电的连接通路；

☆ 是否有备用的插头、接头；
☆ 图样上是否已适当地标识出最大载荷、压力、热、非飞行产品、彩色标记、功率及危害性；
☆ 所有可能的构形方案是否都表示了。

b. 制造工艺评审：

☆ 设计是否包含不必要的机械加工要求；
☆ 关于金属件的结构要素，如平面度、圆角半径、铸造类型等是否有合适规范；
☆ 在锻造、铸造、机械加工和其他制造工艺中，是否有不必要的困难；
☆ 设计的工艺规范是否过分地束缚生产人员于某一工艺过程；
☆ 零件能否经济组装；
☆ 制造是否有定位与夹紧措施；
☆ 生产上是否需要昂贵的专用工装和设备；
☆ 是否规定了最经济的生产方法；
☆ 制造和搬运过程中，是否有专用的搬运装置或方法，以保护关键的和敏感的产品；
☆ 专用的技艺、设备、设施是否有标识，并与有关单位协调一致；
☆ 不使用专用设备和工具，零件是否容易拆卸、分解、重新组装或安装；
☆ 这项设计是否与车间正常的生产流程相符；
☆ 是否考虑了生产过程中测量困难；
☆ 设备和工装清单是否齐全；
☆ 专用设备是否齐备；
☆ 能否使用较简单的工艺；
☆ 是否使用了尺寸奇特的孔和半径；
☆ 假如采用一次成型工艺，是否规定了备选工艺；
☆ 能否使用紧固件代替攻丝；
☆ 是否可以去掉一些机械加工表面；
☆ 是否禁止使用经济的速度和进给量进行最后表面加工；
☆ 被采用的工艺过程与生产数量的要求相符吗；
☆ 在设计约束范围内，是否有备选工艺；
☆ 是否采用了新的工艺并经过验证；
☆ 工人和技术人员是否需要专门的技术培训。

c. 连接方法评审：

☆ 在连接过程中，是否容易接近所有零件；
☆ 在装配和进行其他连接操作时，是否会因空间狭窄或其他原因造成连接困难或根本不可能；
☆ 是否能将两个或多个零件合并为一个零件；
☆ 能否使用新研制的或另一种紧固件加快装配进度；
☆ 能否把装配硬件规格的数量减至最少；
☆ 能否更改设计以改善零件的装配与分解；
☆ 能否更改设计以改善安装和维护；
☆ 当规定采用热连接时，是否考虑热影响区。
d. 涂覆材料和方法评审：
☆ 防护涂层规定得是否合适；
☆ 从材料、防护措施、制造和装配等观点出发，是否考虑了防腐蚀问题；
☆ 特殊的表面防护要求是否标识？解决方法是否已确定；
☆ 能否取消特殊的涂层和表面处理；
☆ 能否采用预涂复材料。
e. 热处理和清洗工艺评审：
☆ 规定的材料是否容易切削；
☆ 热处理后是否规定了切削工艺；
☆ 包括热处理、清洗工艺及它们与其他生产领域关系在内的生产各方面是否已经过评审；
☆ 热处理规定合适吗；
☆ 安排的工艺路线与制造要求（如直线度、平面度等）是否一致。
f. 试验和检验评审：
☆ 检验和试验要求是否适当；
☆ 是否规定了超出实际要求的特殊检验设备；
☆ 能否用切实可行的方法（如编制了最终产品的检验规程等）检验产品；
☆ 预防高拒收率的情况或条件是否已标识，是否开始采取某些补救措施；
☆ 是否提供了必要的样机和模型；
☆ 专用的和标准的试验和检验设备是否到位、检定、校准、经过验证并与图样要求相符；
☆ 标准的和专用的量具是否齐备；
☆ 是否执行了无损检验方法；
☆ 是否需要非标准化试验设备。
g. 安全生产评审：
☆ 设计中是否规定了静电接地要求；
☆ 对易燃、易爆产品是否采取了必要的安全性防护措施；
☆ 加工诸如镁合金、铜铍合金等材料，是否考虑必要的安全措施；

☆ 设计中是否规定了防无线电频率干扰要求；

☆ 对放射性污染是否有防护措施。

h. 环境要求评审：

☆ 对满足湿、热和其他特殊环境要求是否有适当的措施；

☆ 适当的加热、冷却是否被标识并执行。

(4) 材料规范评审内容。

① 评审要求。

a. 材料选择除依据其物理的、机械的和化学性能外，还应考虑材料的成形性、切削性及连接性，以及热处理、表面处理等因素；

b. 材料应有稳定的、充足的供应，避免或控制使用关键材料；

c. 尽量选用标准材料品种和规格；

d. 设计上应规定代用材料；

e. 优先选用低成本材料。

② 评审内容。

a. 是否选择了超出设计要求的材料；

b. 是否能在需求的时间内获得全部材料；

c. 特殊规格的材料和备选材料是否已经确定，来源是否可靠，并与有关的机构进行了协调；

d. 设计规范是否过分严格禁止使用新的备选材料；

e. 设计上是否规定了需进行大量机械加工或采用专用的生产工艺才能得到的特殊形状；

f. 规定的材料是否难以或不可能经济地制造出来；

g. 规定的材料是否与要求的生产数量相符；

h. 设计上是否有充分的灵活性，以便可以使用多种工艺方法和多种材料，而又不降低最终产品的功能；

i. 能否使用较小规格的材料；

j. 能否减少材料的品种；

k. 能否使用较便宜的材料；

l. 能否使用另一种容易加工的材料；

m. 能否避免使用关键材料；

n. 在所有可能部位，是否规定了备选材料；

o. 所有材料和备选材料是否都与计划使用的制造工艺相符。

4) 常见的问题

(1)《专用规范》与“技术状态项”的关系。

专用规范主要应针对技术状态项来制定，换言之，技术状态项需编制专用规范。技术状态项是指能满足最终使用要求,并被指定进行技术状态管理的硬件、软件或其集合体。在武器装备研制中,使用单位并不是对系统的所有组成部分都进行技术状态管理,通常只对技术状态项进行技术状态管理。一般情况下,可将下列项目定为技术状态项:

① 武器装备的系统、分系统项目和跨单位、跨部门研制的项目;

② 在风险、安全、完成作战任务等方面具有关键特性和重要特性的产品;

③ 新研制的产品;

④ 接口复杂且重要的产品;

⑤ 单独采购的重要产品;

⑥ 使用和保障方面需着重考虑的产品。

当某个产品,如火控系统中的雷达被指定为技术状态项时,其主要组成部分,如雷达的发射机、接收机亦有可能被指定为技术状态项。

技术状态项一般应由使用部门最终确定。

(2) 专用规范编写迟后于装备研制。

专用规范的编写迟后于装备的研制,往往容易使专用规范失去作用,使得规范不能在装备的研制过程中反复验证其规范性,在装备设计定型之前再补编、修编,此时试验工作已结束,产品规范并没有经领导签署批准和正式评审,这样做不符合 GJB 1362A 5.2 中 f 条的规定,装备申请设计定型试验的条件是,"具备了设计定型试验所必需的技术文件,主要有:产品研制总要求、承研承制单位技术负责人签署批准并经正式评审的产品规范,产品研制验收(鉴定)试验报告,工程研制阶段标准化工作报告,技术说明书,使用维护说明书,软件使用文件,图实一致的产品图样、软件源程序及试验分析评定所需的文件资料等"。

(3) 专用规范编写的内容不完整。

在装备的研制过程中,应通过系统工程过程确定系统在功能、性能和接口等方面的技术要求,这些要求即构成系统级功能基线的主要文件——系统规范。然后,将系统级的这些要求向下分配给系统级以下的各个项目,通过系统工程过程逐一地为这些项目建立设计依据,确定其性能要求、接口要求、附加的设计约束条件等而形成一套研制规范,连同其他的接口控制文件、图样等,一起构成分配基线。分配基线确立后,即应以研制规范为依据,通过系统工程过程进一步明确技术状态项目制造或生产要求,形成产品规范、材料规范和工艺规范,连同其他有关文件或图样等,构成产品基线。这三种基线正式批准后,在其后的寿命周期内就是技术状态控制的依据,不得随意更改。若需更改,则须按原批准程序审批。同理,构成这三种基线的主要文件——专用规范,也不得随意更改。如需更改,须按规定的程序进行。但在装备研制的实施过程中,不重视专用规范的编制,飞机已完成设计定型,却没有编写系统规范、研制规范和产品规范等,仅是用设计规范替代系统规范,用技术规范替代研制规范,用制造与延寿技术条件替代产品规范,替代文件从格式、技术要求及内容、质量保证要求等方面都不符合相关标准的规定。

从规范的角度,替代文件只是我国在装备引进修理、测绘仿制年代,学习他国装备研制、制造和质量管理的老做法。在系统工程管理及技术状态管理的装备跨越式发展时代,是不符合相关的法规、标准和技术要求的,必须尽快更新观念,改变老做法,回归到对武器装备实施技术状态管理的正确道路上。

(4) 专用规范编写的内容不规范。

有些承制单位编写的产品规范,其章节"验证"中的项目与章节"要求"中的内容不对应,如"要求"章节的"互换性试验检验",在"要求"章节中应明确产品能互换的项目和不能互换的项目,并由军方确定多少套或多少部,抽多少套或多少部(如:规定10套或者累计10套抽2套进行试验)进行互换检验,合格后恢复原样。在"验证"章节中,就要描述实际做法,结果应符合"要求"中×××条×××款的要求。这类试验也应该有试验大纲、试验规程、试验表格和试验报告等,其依据就是产品规范的要求。

有些承制单位对质量一致性检验项目、内容和要求不清楚,应该分A、B、C、D四组试验检验的,没有该项目和内容,主要是按照技术协议实施,这样做不符合GJB 0.2、附录C和GJB 6387的要求。

有些承制单位对产品的包装箱、包装、运输和运输试验等项目及内容不重视,其"要求"编写在第五章,实施过程编写在第四章"验证"中。还有些承制单位对此内容只有要求,没有试验和验证的方法,这样做不符合GJB 145A、GJB 1181和GJB 1443的规定。

8. 试制准备状态检查评审

1) 试制检查概述

承制单位组织在产品试制和生产(包括试生产)前的准备情况检查和检查后的评审是十分必要的,产品在研制过程的试制前,承制单位应根据产品的特点、生产规模、复杂程度以及准备工作的实际情况等,可以集中或者分级分阶段地进行产品的试制准备状态检查。其目的是,对试制的准备状态进行全面系统的检查并及时评审总结,能对其开工条件做出评价,规避装备研制过程的各种风险,对试制准备情况实施有效的控制,并根据产品特点列出检查项目清单,记录检查结果,通过评审总结对存在的问题制定纠正措施并进行跟踪,以保证检查活动的全面性、系统性和有效性,确保试制样机能真实显现技术状态,为正样机或飞行试验样机的制造打下技术、工艺基础,同时也为产品设计定型或设计鉴定打下良好的基础。检查结果应符合GJB 1710A 5.1中有关试制准备状态检查的内容和要求以及相关标准的规定。

2）检查的时机

武器装备研制和生产过程的准备状态检查及评审，一般存在以下五个类型：

（1）产品试制前。工程研制阶段设计状态，初样机研制完成并已通过评审后，正样机试制前，承制单位应组织对正样机的试制准备状态进行检查并经过评审通过后，再进行正样机试制。

在实际实施过程中，此项工作可以结合初样机评审、产品 C 型样件转 S 型样件研制时一起进行，但试制准备状态检查报告应单独编制并提交评审。

（2）小批量试生产。小批量试生产是产品设计定型后的首批生产，一般在设计定型前（或小批量试生产前）进行生产准备状态检查，完成生产准备状态检查报告，一并参加设计定型或鉴定审查并通过后，再进行小批量试生产。

（3）批生产前。批生产是产品生产定型后的首批生产，在批生产前进行准备状态的检查并通过评审后，再进行批生产。

（4）间歇性生产前。隔年度生产前（如奇数年）先进行准备状态的检查并通过评审后，再进行隔年度的生产。

（5）转厂生产前。转厂生产前应先进行准备状态的检查并通过评审后，再进行转厂生产。

3）检查的内容

（1）设计文件。

① 设计文件和有关目录应列出清单，其正确性、完整性应符合有关规定和产品试制要求。

② 设计文件应当实行图样和技术资料的校对、审核、批准的审签制度，完成工艺和质量会签以及标准化审查。

③ 对复杂产品应进行特性分类，编制关键件（特性）、重要件（特性）项目明细表，并在产品技术文件和图样上做出相应的标识。

④ 设计文件的更改应符合相应的规定。

（2）试制计划。

① 应制定试制计划，并经过审批。

② 试制产品的数量、进度和质量应符合最终产品交付及合同要求。

（3）生产设施与环境。

① 产品试制过程中必要的技术措施（包括基础设施、工作环境等）应能满足产品试制的要求。

② 生产设备处于完好状态，能满足产品质量要求，专用设备应经过鉴定合格。对新增加的设备要按规定进行试运行，经鉴定合格后方可使用。

③ 生产设施与工作现场的布置，应能保证试制过程的安全以及产品与工艺对环境的要求。

(4) 人员配备。

① 应确保负责配合现场生产的设计、工艺等技术人员和管理人员具备相应的资格,在数量上和技术水平上符合现场工作的要求。

② 应按产品生产的过程及各工序和工种的要求,配备足够数量、具有相应技术水平的操作、检验和辅助等人员。各类操作和检验人员应熟悉本岗位的产品图样、技术要求和工艺文件,并经培训、考核按规定持有资格证书方可上岗。

(5) 工艺准备。

① 应制定了试制产品的工艺总方案并经过评审。

② 工艺文件配套齐全,能满足产品试制要求,并按规定进行了校对、审核、批准三级审签。需要时,应进行标准化审查和质量会签。

③ 关键件、重要件,关键过程、特殊过程均已识别,有明确的质量控制要求,并纳入相应的工艺文件。

④ 产品试制所必要的工艺装备,已经过检验或试用检定,并具有合格证明。

⑤ 检验、测量和试验设备应配备齐全,能满足产品试制要求,并在检定有效期内。

⑥ 采用的新技术、新工艺和新材料,已进行了技术鉴定并符合设计要求。

⑦ 产品试制、检验和试验过程中所使用的计算机软件产品应经过鉴定,并能满足使用要求。

(6) 采购产品。

① 采购文件的内容应符合有关要求,并已列出采购产品的清单。对采购产品的质量、供货数量和到货期已做出明确规定,且按规定进行了审批。

② 外购、外协产品应有明确的质量控制要求,对供方的质量保证能力进行了评价,并根据评价的结果编制了合格供方名录,作为选择、采购产品的依据。

③ 对采购产品的验证、贮存和发放应有明确的质量控制要求,并实施了有效的控制。

④ 对采用的新产品,应按规定进行了验证、鉴定,并能满足产品的技术要求。

⑤ 采购清单所列产品应订购落实。到货产品应按规定进行入厂(所)复验。对未到货的产品应有措施保证不会影响生产。凡使用代用品的产品,应经过设计确认并办理了审批手续。

(7) 质量控制。

① 产品质量计划(质量保证大纲)的内容应能体现产品的特点,能满足合同与技术协议书的要求,并制定了相应的质量控制程序、方法、要求和措施。

② 应在识别关键过程和特殊过程的基础上制定了专用的质量控制程序,并

确保这些过程得到有效的控制。

③ 已制定技术状态管理程序,能保证产品在试制过程中对技术状态的更改得到有效控制。

④ 已制定不合格品管理程序,能确保对试制过程中出现的不合格品做出标识并得到有效的控制。

⑤ 试制所用的质量记录表格已准备齐全。

4）检查程序及要求

（1）检查组组成。

① 检查组应由一名主管领导负责产品试制和生产准备状态检查工作并担任检查组组长,明确规定一个职能部门具体负责检查的计划、组织与协调等工作。

② 检查组一般由设计、工艺、检验、质量管理、标准化、计划、生产、设备、计量、供应等部门有经验的专业技术人员和管理人员组成。必要时,可吸收顾客或其代表参加,并可担任检查组副组长。

（2）检查组职责。

① 检查组组长。

负责检查组的组织、计划,领导检查工作,审查检查单,提出检查报告。

② 检查组成员。

按照分工,确定检查项目,编制检查单,实施检查。对试制和生产准备状态及其存在的风险做出客观的判断,并对检查结果做出准确的评价。

（3）检查程序。

① 受检查的部门在准备工作完成后,应向主管职能部门提出申请检查报告并提出对本标准要求的删减内容。

② 组织检查组审查申请报告并确定检查项目,将检查项目列入检查单。其格式参见 GJB 1710A 附录 A。

③ 检查组按计划和程序实施检查。

④ 检查组根据检查结果填写检查报告,对产品试制或生产准备状态做出综合评价。其格式参见 GJB 1710A 附录 A。

⑤ 对检查中提出的问题,由组织的负责人负责组织协调,并责成有关部门制定纠正措施,限期解决,主管职能部门负责实施后的跟踪检查。

⑥ 检查合格或检查通过,检查报告由组织负责人批准后,方可开工生产。

9. 首件鉴定及评审

1）鉴定及评审概述

GJB 1405A 中解释,首件鉴定是“对试生产的第一件（批）零部（组）件进行全面的过程和成品检查,以确定生产条件能否保证生产出符合设计要求的产品”的一种鉴定形式。承制单位在质量管理体系的程序文件中,应编制首件鉴定的程序文件,对首件鉴定的项目及内容从“过程”和“产品”两个方面提出要求,并针对产品的特点按“过程”的形式,对首件鉴定的程序进行细化,从而提高程序文件的规范性、操作性。

首件鉴定是对试制或小批量试生产和批生产中首次制造的零(组)件进行全面的检查和试验,以证实规定的过程、设备和人员等要求能否持续地制造出符合设计要求的产品;首件鉴定产品的生产过程所采用的制造方法是否能代表随后在受控条件下进行批生产产品的生产制造方法。

首件鉴定不合格时,应查明不合格产生的原因,采取相应的纠正措施,并重新进行首件鉴定,或对鉴定不合格的项目重新进行首件鉴定。首件鉴定不合格的零件或组件不能批量投产。

2）鉴定范围及时机

组织应对能代表首批生产的产品进行首件鉴定。首件鉴定的范围应包括:

(1）试制产品。

(2）在生产(工艺)定型前试生产中首次生产的新的零(组)件,但不包括标准件、借用件。

(3）在批生产中产品或生产过程发生了重大变更之后首次加工的零(组)件,如:

① 产品设计图样中有关关键特性和重要特性以及影响产品的配合、形状和功能的重大更改;

② 生产过程(工艺)方法、数控加工软件,工装或材料方面的重大更改;

③ 产品转厂生产;

④ 停产两年以上(含两年)等。

(4）顾客在合同中要求进行首件鉴定的项目。

3）鉴定及评审内容

GJB 908A 明确规定,首件鉴定的内容应包括与产品有关的所有特性及其过程的要求,对组件进行首件鉴定时,其配套的零件及分组件应是经首件鉴定合格的零件及分组件。首件鉴定的意义在于对生产过程和能够代表首件生产的产品进行全面的检验及审查,以证实规定的过程、设备及人员等要求能否持续地生产出符合设计要求的产品。其内容是:

(1）生产过程的检验及评审。

① 生产过程的运作与其策划结果的一致性。按规定的生产过程的作业文件(如工艺规程、工作指令等)进行作业,并采用过程流程卡(工艺路线卡)对过程的运作进行控制。

② 对特殊过程确认的检查。当生产过程中含有特殊过程时,检查其特殊过

程用于生产之前已进行了确认,过程参数获得了批准。

③ 器材合格。生产过程中使用的器材经进货检验且有合格证明文件,对于组合件,具有其零(组)件合格状态及可追溯性标识的配套表。

④ 生产条件处于受控状态。为生产过程所提供的资源和信息,涉及基础设施、工作环境、人员资格以及文件和记录均处于受控状态。

⑤ 生产过程文实不符的现象已解决。当生产过程及其资源条件与生产作业文件(如工艺规程、工作指令等)不一致时,应按规定办理更改、偏离或例外转序的批准手续,并进行记录。

(2) 产品的检验及评审。

① 产品特性的符合性。产品的质量特性是否符合设计图样的要求。

② 不合格项目重新鉴定的结果。当有的质量特性不符合要求时,对不合格项目应重新进行首件鉴定,确定是否符合要求。

③ 对于毛坯(如锻件、铸件)首件鉴定的内容还应包括用户的试加工合格的结论意见。

(3) 对生产过程作业文件确认。

首件鉴定合格后,承制单位应对其使用的生产过程作业文件(如工艺规程、工作指令,数控加工的计算机软件源代码文档等)进行确认,并加盖"鉴定合格"的标识。首件鉴定合格后,组织才能批量投产。

4) 常见的问题

(1) 首件的概念不清楚。

有些承制单位人员对首件鉴定的范围不清楚,总认为首件鉴定与新产品研制中的次数有关,认为在装备研制过程中,对试制、试生产产品的第一件(批)零部(组)件进行全面的过程和成品检查,就满足要求了;与产品首件鉴定的范围,尤其是变化的范围有关联却不清楚,没有按规定做首件鉴定。

(2) 评审不能替代首件鉴定。

评审是为确定主题事项达到规定目标的适宜性、充分性和有效性所进行的活动。军工产品在研制生产过程中,从技术上、经济上,有组织地对加工制造方法的设计、生产进行审查、评价,形成明确结论,并有书面报告。

首件鉴定是对试制、批生产、设计和工艺重大更改、非连续性批次生产或合同中有专门规定的第一件产品进行检查考核和评价的活动。

但在实际操作中,有些承制单位错误地将对零件、部件和组件的首件鉴定用评审的方式就确定了,认为评审通过了就等于首件鉴定通过了,对于生产过程的检验和产品的检验是评审的基础工作内容不清楚,这是非常错误的。

(3) 首件检验不能替代首件鉴定。

首件鉴定和首件检验根本的区别在于,首件鉴定是在定型前进行,首件检验是在定型后的小批量试生产中发生。

首件鉴定是对产品加工或装配的确认，批产品中只有先进行首件鉴定合格后，才能进行批生产，有了批生产，才有批次中的第一件进行检验。首件检验是产品研制生产的工序行为，是检验人员对一批零部组件的首件进行性能、外观和尺寸的符合性检查，首件产品检验是否合格，关系到批产品能否继续生产的问题。由此可知，首件检验替代首件鉴定是非常错误的。

（四）工程研制阶段试制与试验状态研制项目评审

工程研制阶段试制与试验状态研制的评审项目，是根据相关法规、标准的要求，必须评审而进行编制的评审项目，还有些评审，可根据研制工作的实际需要，可组织如可靠性、维修性、安全性、保障性专题评审，系统试验评审，设计复核复算评审和软件、标准化、元器件选用及电磁兼容性设计评审等专题评审。专题设计评审是为了降低风险，对产品质量、研制进度和经费有重大影响的专业技术进行的评审，它也是技术状态管理控制的手段之一。专题评审的内容和要求可参照相关章节进行学习，本节就不一一赘述。

1. 正样机设计评审

1）评审概述

工程研制阶段的设计评审是根据技术协议书和（或）相关标准要求对产品的设计、试制及鉴定试验是否满足产品技术要求进行的评审。工程研制阶段的设计评审对于系统应实施两次评审，即初步设计评审和关键设计评审（战略武器称详细设计评审）。设计评审的评审要求、次数、评审点及内容等也可根据产品的特点及研制工作实际需要确定，必要时，应征得顾客或其代表的同意。

对于设备级来说，工程研制阶段的设计评审，常规武器装备和战略武器装备在工程研制阶段样机的术语虽然不同，但都存在两次设计评审，即初样机或地面试验样机设计方案的设计评审和正样机或飞行试验样机设计方案的设计评审工作。两次设计评审在有些项目上虽有重复，但技术要求和质量要求以及提供评审的技术文件的状态仍有区别。

2）评审提供的文件

（1）样机研制、试验情况报告；

（2）可靠性等六性大纲实施情况的报告；

（3）草拟的产品规范、工艺规范、软件规范和材料规范；

（4）型号特性分析报告；

（5）生产图样及相关技术文件；

（6）风险分析报告；

（7）产品质量保证大纲。

3）评审的内容

工程研制阶段正样机或飞行试验样机设计评审的主要内容一般包括：

（1）产品设计的功能、理化特性、生物特性满足研制任务书和(或)合同要求的程度；

（2）产品功能、性能分析、计算的依据和结果；

（3）系统与各分系统、各分系统之间、分系统与设备之间的接口协调性；

（4）可靠性、维修性、安全性、保障性大纲和质量保证及标准化大纲的执行情况；

（5）采用的设计准则、设计规范(指设计活动中编制的规范性文件,如系统规范、研制规范、品质规范、试验规范、检验规范、包装规范等)和标准的合理性和执行情况；

（6）故障模式、影响及危害性分析,确定的关键件(特性)和重要件(特性)清单；

（7）安全性分析确定的残余危险清单；

（8）人机工程和生物医学等方面的分析；

（9）系列化、通用化、组合化设计情况；

（10）设计验证情况及结果；

（11）计算机软件的测试结果；

（12）前一次设计评审遗留问题的解决情况；

（13）元器件、原材料、零部件控制情况及结果；

（14）设计的可生产性,工艺的合理性、稳定性；

（15）多余物的预防和控制措施执行情况；

（16）环境适应性分析的依据及结果；

（17）质量问题归零执行情况；

（18）价值工程分析；

（19）设计定型技术状态以及技术风险分析和采取的措施；

（20）制定的定型鉴定试验方案(或试验大纲)；

（21）其他需要评审的项目。

2. 工艺评审及关重件、关键工序的工艺规程评审

1）该阶段工艺评审概述

对产品的工艺设计,承制单位应根据管理级别和产品研制程序,建立工艺评审制度,设置不同评审点,并列入型号研制计划网络图,组织分级、分阶段(状态)的工艺评审。

方案阶段的工艺评审,仅完成了对工艺总方案和初步工艺说明书的评审,本节在进一步完善工艺总方案等文件的基础上,重点对其他工艺文件进行评审。

2）工艺评审的依据

（1）产品设计资料；

（2）研制规范、产品规范和工艺规范；

（3）GJB 1269A 第四章、第五章的要求；

（4）上一阶段（状态）的评审结论报告；

（5）质量管理体系程序文件。

3）工艺评审时机及内容

GJB 1269A 5. 1. 1 工艺总方案的评审中明确，"工艺总方案的动态管理情况（应根据研制阶段和生产阶段的工作进展情况适时修订、完善，以能在工程项目的寿命周期内连续使用）。"由此可知，对工艺总方案内容的评审并非一次评审就能达到目的，而是根据装备研制阶段的进展和生产情况，对工艺总方案的内容适时进行评审，例如在工程研制阶段的后期，工艺评审的内容主要是评审首件鉴定的结果与相关工艺文件的符合性等。由此在产品质量评审之前应具备的条件中，产品是否按要求已通过设计评审、工艺评审及首件鉴定，作为合同监管机构组织产品质量评审进入设计定型试验状态的首要条件。若工艺评审及首件鉴定不完成，产品质量评审不能进行，申请设计定型试验报告也就不能上报。

（1）工艺总方案的评审。

工艺总方案评审是第三次评审，其主要针对正样机进行评审，评审内容包括：

① 对产品的特点、结构、特性要求的工艺分析及说明；

② 满足产品设计要求和保证制造质量的分析；

③ 对产品制造分工路线的说明；

④ 工艺薄弱环节及技术措施计划；

⑤ 对工艺装备、试验和检测设备以及产品数控加工和检测计算机软件的选择、鉴定原则和方案；

⑥ 材料消耗定额的确定及控制原则；

⑦ 制造过程中产品技术状态的控制要求；

⑧ 产品研制的工艺准备周期和网络计划，以及实施过程的费用预算和分配原则；

⑨ 对工艺总方案的正确性、先进性、可行性、可检验性、经济性和制造能力的评价；

⑩ 工艺（文件、要素、装备、术语、符号等）标准化程度的说明；

⑪ 工艺总方案的动态管理情况（应根据研制阶段和生产阶段的工作进展情况适时修订、完善，以能在工程项目的寿命周期内连续使用）。

（2）工艺说明书的评审。

① 产品制造过程的工艺流程、工艺参数和工艺控制要求的正确性、合理性、可行性；

② 对资源、环境条件目前尚不能适应工艺说明书要求的情况，所采取的相应措施的可行性、有效性；

③ 对从事操作、检验人员的资格控制要求；

④ 文件的完整、正确、统一、协调性；

⑤ 文件及其更改是否严格履行审批程序，更改是否经过充分试验、验证。

（3）关键件、重要件、关键工序的工艺规程评审。

① 关键工序确定的正确性及关键工序目录的完整性；

② 关键件、重要件、关键工序的工艺文件是否有明显的标识，以及质量控制点设置的合理性；

③ 关键件、重要件、关键工序的工艺流程和方法以及质量控制要求的合理性、可行性；

④ 关键工序技术难点攻关措施的可行性、有效性；

⑤ 关键件、重要件、关键工序工艺文件的更改是否经过验证并严格履行审批程序。

4）常见的问题

GJB 1269A 规定，工艺总方案在武器装备研制过程中，应实施动态管理，应根据研制阶段和生产过程的工作进展情况适时修订、完善，直到生产定型结束，都能在工程项目的寿命周期内连续使用。在实际工作中，应该克服以下问题。

（1）按照 GJB 2993 要求，在装备研制的方案阶段，编织工艺总方案，并按照 GJB 1269A 5.1.1 条规定的工艺总方案评审内容进行评审，评审记录应具有追溯性。有些承制单位的工艺总方案在工程研制阶段后期才进行编制，整个装备研制过程对工艺总方案只评审一次。这充分说明对工艺管理工作的重视程度不够。

（2）工艺评审的内容包含五个方面，其不可能在一个阶段或一个状态中全部出现或评审，更不应待五个方面的内容全部编制出来后一起评审。承制单位应对五个方面的内容既分层次又分阶段或状态进行评审，评审记录应具有追溯性。

（3）GJB 1269A 4.6 要求，工艺评审的重点对象是工艺总方案、工艺说明书等指令性工艺文件、关键件、重要件、关键工序的工艺规程和特殊过程的工艺文件。有些承制单位却对关键件、重要件、关键工序的工艺规程的评审，仅仅采取会签的形式，没有进行认真评审，无评审记录，导致无法追溯。

（4）工艺规程及随件流程卡等工艺文件，是装备形成的重要工艺文件，也是装备质量的追溯性工艺文件。有些承制单位不重视该类文件的编制，编制的工艺规程在工序中没有设检验项目、内容和要求，编制的随件流程卡也不符合 GJB

726A 5.6.4 条的要求和 GJB 9001C 8.5.2 条 a)的要求。

（5）相关法规、标准要求武器装备研制、生产单位应当对产品的关键件或者关键特性、重要件或者重要特性、关键工序、特种工艺编制质量控制文件，并对关键件、重要件进行首件鉴定。有些承制单位并不知道质量控制文件包括工艺规程和检验规程，认为只要产品的关键件或者关键特性、重要件或者重要特性、关键工序、特种工艺等工艺文件，经审核通过产品质量就过关了。

5）工艺评审项目及要求

工艺评审项目及要求，见表 3-2 所列。

表 3-2　工艺评审项目及要求一览表

一、依据：研制总要求、合同或技术协议书、GJB 1269A—2000《工艺评审》、GJB 467A—2008《生产提供过程质量控制》、GJB 909A—2005《关键件和重要件的质量控制》等法规和标准			
二、要求： 根据产品复杂程度，建立分级、分阶段的工艺评审制度，设置评审点并纳入型号研制一级网络图；评审的重点是：工艺设计的正确性、先进性、经济性、可行性、可检查性；未经评审或评审不合格时不得转入产品质量评审			
序号	项目内容及要求	合格	不合格
1	工艺总方案、工艺说明书等指令性文件的评审，包括：		
1.1	对产品特点、结构、精度要求的工艺说明及要求		
1.2	满足产品设计要求和保证制造质量的分析		
1.3	产品的工艺分工及工艺路线的确定		
1.4	工艺薄弱环节的技术措施计划		
1.5	工艺装备、试验设备、检测仪器选择的正确性、合理性及工艺装备系数的确定		
1.6	工艺（文件、要素、装备、术语、符号等）标准化程度		
1.7	材料消耗定额确定及控制的原则		
1.8	工艺研制周期的确定和费用分配的原则		
1.9	工艺方案的正确性、先进性、经济性、可行性及可检查性		
1.10	工艺总方案、工艺说明书等指令性文件的完整、正确、统一、协调		
2	关键件（特性）、重要件（特性）、关键工序工艺文件的评审，包括：		
2.1	关键工序确定的正确性及关键工序目录的完整性		
2.2	工艺规程应有明显的标记；工序控制点设置的准确性		
2.3	关键工序的工艺方法及检测要求的合理性和可行性		
2.4	关键工序的技术攻关措施		
2.5	关键工序的控制应符合 GJB 467A 的要求		

续表

序号	项目内容及要求	合格	不合格
3	特殊工艺文件的评审，包括：		
3.1	采取特种工艺的必要性和可行性分析		
3.2	特种工艺说明书的正确性及工艺流程、工艺参数、工艺控制要求的合理性		
3.3	特种工艺工序控制应符合 GJB 467A 的要求		
3.4	特种工艺试验和监测的项目、要求、方法		
3.5	特种工艺试验、检定的原始记录		
3.6	特种工艺操作规程符合特种工艺说明书的情况		
3.7	特种工艺的技术攻关措施		
3.8	对特种工艺操作、检验人员的要求		
4	新工艺、新技术、新材料、新设备的评审，包括：		
4.1	必要性、可行性，材料的工艺性、设备的适宜性		
4.2	应具有鉴定或合格证明文件		
4.3	采用前，经过监测、试验、验证，符合规定要求的		
4.4	采用计划、措施、质量保证要求		
4.5	对操作、检验人员的要求		
5	批生产的工序能力的评审，包括：		
5.1	工序能力分析		
5.2	4M1E 的控制措施		
5.3	工艺控制点精度及质量稳定要求的能力		
5.4	关键工序及薄弱环节工序能力的测算及验证		
5.5	工序统计质量控制方法的有效性和可行性		
6	对评审内容分别提出评审意见		
6.1	评审意见		
6.2	采纳情况		
6.3	确认评审报告		
7	评审提出问题的整改监督		
7.1	问题原因分析		
7.2	针对原因制定纠正措施		
7.3	问题归零		
8	归档		
8.1	资料汇总		
8.2	资料归档		

3. 特殊过程工艺文件的评审

（1）特殊过程工艺文件与工艺说明书、质量体系程序的协调一致性；

（2）特殊过程工艺试验和检测的项目、要求及方法的正确性；

（3）特殊过程技术难点攻关措施的可行性、有效性；

（4）特殊过程工艺参数的更改是否经过充分试验、验证，并严格履行审批程序。

4. 采用新工艺、新技术、新材料、新设备的评审

（1）采用新工艺、新技术的必要性和可行性，新材料加工方法的可行性，以及所选用新设备的适用性；

（2）所采用的新工艺、新技术、新设备是否经过鉴定合格，是否有合格证据；

（3）新工艺、新技术、新材料、新设备采用前，是否经过检测、试验、验证，表明符合规定要求，有完整的原始记录；

（4）是否有采用新工艺、新技术、新材料、新设备的措施计划和质量控制要求；

（5）对操作、检验人员的资格控制要求。

5. 正样机工艺评审及首件鉴定

1）工艺评审概述

工程研制阶段对正样机（战略武器为飞行试验样机）的工艺评审，是针对样机设计评审结束后，产品形成过程对工艺设计的正确性、先进性、经济性、可行性、可检验性等进行分析、评议和工艺评审已经结束，试制图样及技术文件转化为生产图样及技术文件的过程已符合相关法规和标准要求；工艺装备、设备已符合生产要求；工艺标准化要求已到位的基础上，完成对正样机或飞行试验样机首件鉴定的过程，其结果应满足 GJB 908A 并符合 GJB 1269A 的规定和装备产品规范、工艺规范的要求。

每一评审对象的工艺评审结束后，承制单位应认真分析《工艺评审报告》提出的主要问题及改进建议，制定措施，完善工艺设计，并经技术负责人审批后组织实施。

质量部门应对评审结论的处置意见和审批后的措施实施情况进行跟踪管理。

2）工艺评审依据

（1）常规武器装备研制程序的规定和要求；

（2）战略武器装备研制程序的规定和要求；

（3）GJB 907A 5.1 产品质量评审应具备的条件一般包括，产品按要求已通过设计评审、工艺评审及首件鉴定等其他规定的要求。

3）工艺评审的内容

（1）按照 GJB 908A 的要求,对正样机或飞行试验样机进行首件鉴定,确保资料的完整性;

（2）按照相关法规和 GJB 1269A 的要求进行审查、评议;

（3）工艺规范以及关键件、重要件和关键工序的工艺规程的规范性和可操作性;

（4）审查产品相关生产图样及技术文件、资料;

（5）检查上一阶段(状态)评审中发现问题的解决情况;

（6）质量管理体系程序文件对工艺管理要求的适应性、符合性。

4）常见的问题

在工程研制阶段,样机研制结束后,应进行工艺评审及首件鉴定。对于设备来说,设计、工艺和产品质量评审应各进行两次,即初样机或地面试验样机和正样机或飞行试验样机的评审。但在实际的研制工作中,缺项目、缺内容的现象比较普遍,主要体现在:

（1）样机制造结束后,忙于研制试验和设计定型或鉴定试验,往往不知道还应进行工艺评审,只进行产品质量评审后,就转入其他工作;

（2）个别研制单位对工艺评审的认识不正确,总认为样机生产出来了,产品的质量就没问题了。实际上样机生产出来后,仅仅代表一台(套)满足要求,但生产图样及技术文件并不一定符合小批量试生产的要求和需求。必须按相关法规和标准进行工艺评审及首件鉴定。

（3）个别研制单位虽然进行工艺评审及首件鉴定,但文件资料不全,没有追溯性。

6. 装备研制试验评审

1）研制试验概述

装备研制试验是为寻找设计和工艺缺陷,采取纠正措施,增强装备(产品)环境适应性,在工程研制阶段早期进行的试验。它是装备工程研制试验的组成部分。

相关法规、标准规定,装备科研试验按照试验性质分为装备研制试验和装备定型(鉴定)试验。装备研制试验为检验装备研制总体技术方案和关键技术提供依据。装备定型(鉴定)试验为装备定型(鉴定)提供依据。

研制单位负责武器装备的设计、试制及研制试验,装备研制试验是装备研制的重要环节,研制单位和使用单位都极为重视。

系统与设备的装备试验有所不同,设备及产品试验同样分为装备研制试验和装备定型(鉴定)试验。承制单位完成装备研制试验后,按照相关标准应进行设计、工艺及首件鉴定和产品质量评审工作,之后才能转入装备定型(鉴定)试验工作状态。

2）研制试验评审项目

装备研制试验是描述装备在工程研制阶段内完成的试验内容，此阶段的试验一般是由承制单位自行或在驻厂军事代表具体监督下完成，其试验项目一般包括：

（1）功能性能试验；

（2）电源特性试验；

（3）电磁兼容试验；

（4）环境适应性试验；

（5）可靠性研制试验。

这些试验为排除由不良元器件、制造工艺和其他原因引入的缺陷所造成的早期故障或通过对产品施加适当的环境应力、工作载荷，寻找产品中的设计缺陷，以改进设计，从而满足或提高产品的固有可靠性水平。这些试验在装备的研制过程中都是必须做的，而且试验完成后必须进行专门的试验评审以确定试验结果。

研制试验是承制单位在工程研制阶段完成相关研制工作后所进行的试验，试验完成后，应对相关试验结果进行评审，并给出试验结论，其评审过程及内容不再赘述。

3）常见的问题

（1）装备研制试验是承制单位在武器装备的工程研制阶段，验证装备研制质量的关键环节，由于个别承制单位对研制试验理解的差异，此工作往往用摸底试验替代；

（2）对装备研制试验的概念不清楚，认为对样机质量有把握的就不做了，质量没有把握的才去做相关试验；

（3）正样机或飞行试验样机完成后，直接申请做设计鉴定试验，无形中增大了试验风险。

7. 不合格品管理评审

1）管理概述

不合格品管理规定了对不合格品的识别、隔离、不可隔离时的控制，以及审理（审理包含评审和处置）的要求。本节按照 GJB 571A 的要求，着重对不合格品的审理要求和程序以及处置内容进行叙述。

不合格品分为严重不合格品、轻度不合格品和废品。严重不合格品是具有下列质量特性之一且不能满足规定要求并可能造成严重后果的不合格品，例如：

（1）功能特性、使用特性；

（2）功能接口或物理接口；

（3）互换性；

（4）形状、重量、重心；

（5）可靠性、维修性、安全性；

（6）影响人员健康与安全；

（7）其他。

轻度不合格品是指严重不合格品以外的不合格品；废品是指不能按预定要求使用或不能经济地进行返修的不合格品。

不合格品审理是不合格品管理中鉴别、隔离、审理、处置、记录等一系列活动之一的审理工作。不合格品审理包含不合格品评审和不合格品处置。承制单位由不合格品审理委员会及其常设机构（质量部门或技术部门）、不合格品审理小组和审理员等组成的分级审理不合格品系统，独立行使职权。如果要改变其审理结论时，需由最高管理者签署书面决定。

顾客或其代表不属于承制单位不合格品审理委员会及其常设机构（质量部门或技术部门）和不合格品审理小组成员。需要时，可邀请顾客或其代表参加评审。必要时，不合格审理委员可吸收相关专业人员组成专题审理小组，对不合格品进行专题审理。

2）审理要求

参与不合格品审理的人员应具有相应的资格，并经最高管理者授权，需要时，应征得顾客或其代表的同意。审理系统应由设计、工艺、质量、生产、采购等有关部门相对固定的人员组成。审理常设机构一般设置在质量部门或技术部门。研制阶段对不合格品进行审理时，应由设计师系统提出审理意见；应按照GJB 726A的规定对不合格品做好标识，并及时采取隔离或控制措施（当隔离不可实行时），防止非预期的使用或交付。

对返工或返修后的产品应重新进行检验，并做好记录；对废品，应采用破坏性或非破坏性的方式明显地予以标识，并加以隔离，防止误用。当采用非破坏性方式标识时，标识方法及图样大小应根据具体零件确定，但标识应醒目且不易消失。

不合格品的审理意见，仅对当次被审理的不合格品有效，不能作为以后审理不合格品或验收其他同类产品的依据。

3）审理程序

（1）检验人员在发现不合格品时，应做好以下工作：

① 按照GJB 726A的规定做好标识及时进行隔离。当隔离不可实行时，应采取有效控制措施，防止与合格品混淆。

② 按照GJB 571A的要求，认真填写其附录B中不合格品通知/审理单，并加盖检验员印章。

③ 将不合格品通知/审理单送交审理小组(或人员)处置。

(2) 审理小组(或人员)对返工或明显报废的不合格品,可直接填写审理意见,签字后送交责任部门组织实施。否则,提交常设机构处置。

(3) 常设机构在接到不合格品通知/审理单后,按职责范围组织有关人员进行审理,提出并填写审理意见后提交责任部门组织实施。否则,提交审理委员会处置。

(4) 不合格品审理委员会负责对常设机构提交的不合格品进行审理,并填写处置意见后提交责任部门组织实施。

(5) 涉及让步接收、降级使用的不合格品,应根据产品所处的阶段和需要,提交设计师系统或顾客代表处置。经设计师系统或顾客代表填写处置结论并签名、盖章后,由常设机构提交责任部门组织实施。

(6) 责任部门收到不合格品通知/审理单后,应按审理结论处置不合格品,并从人、机、料、法、环、测量等方面,找出不合格品产生的原因,制定纠正措施。

4) 处置方式

不合格品的处置方式一般可包括:

(1) 返工;

(2) 返修;

(3) 报废;

(4) 让步接收;

(5) 降级使用;

(6) 退回供方。

不合格品审理系统分三个层次,即不合格品审理小组、不合格品审理常设机构和不合格品审理委员会。各自在不合格品审理的层次、分工和职责与权限等方面都是很明确的。不合格品审理小组(或人员)负责处理可返工或明显报废的轻度不合格品,并负责将职责范围内不能处置的不合格品提交常设机构;不合格品审理常设机构负责审理由审理小组(或人员)提交的不合格品和职责范围内的不合格品,并负责将严重不合格品或不能处置的不合格品提交审理委员会;不合格品审理委员会负责严重不合格品的审理以及由常设机构提交的不合格品,并对重大问题制定的纠正与预防措施进行审查。

8. 生产准备状态检查评审

1) 状态检查概述

承制单位组织在产品小批量试生产前的准备情况检查和检查后的评审是十分必要的。产品在研制过程小批量试生产前,承制单位应根据产品的特点、生产规模、复杂程度以及准备工作的实际情况等,可以集中或者分级分阶段地进行产品的生产准备状态检查。其目的是,对生产的准备状态进行全面系统的检查并及时评审总结,能对其开工条件做出评价,规避装备研制过程的各种风险,对生产准备情况实施有效的控制,并根据产品特点列出检查项目清单,记录检查结果,通过评审总结对存在的问题制定纠正措施并进行跟踪,以保证检查活动的全面性、系统性和有效性,确保正样机或飞行试验样机能真实显现技术状态,为装备的小批量试生产的批量制造打下技术、工艺基础,同时也为产品设计定型或设计鉴定打下良好的基础。检查结果应符合 GJB 1710A 5.2 中生产准备状态检查的内容和要求以及相关标准的规定。

2) 检查的时机

武器装备研制进入工程研制阶段的后期,生产准备状态检查一般有以下四种状态需检查:

(1) 小批量试生产前(设计定型或鉴定之前)。小批量试生产是产品设计定型后的首批生产,在小批量试生产前进行准备状态的检查并通过评审后,再进行小批量试生产。

(2) 批生产前。批生产是产品生产定型后的首批生产,在批生产前进行准备状态的检查并通过评审后,再进行批生产。

(3) 间断性生产前。隔年度生产前(如奇数年)先进行准备状态的检查并通过评审后,再进行隔年度的生产。

(4) 转厂生产前。转厂生产前应先进行准备状态的检查并通过评审后,再进行转厂生产。

3) 检查的内容

(1) 设计文件。

① 生产图样和主要设计、试验、验收、使用等有关技术文件,应完整、准确、协调、统一、清晰,并能满足小批量试生产的需要;

② 首件鉴定发现的问题已经得到解决;

③ 设计更改已按规定的程序,实施了严格的控制,并符合规定的要求。

(2) 生产计划与批次管理。

① 生产计划的制定应做到全面、协调,能保证均衡生产。其生产进度应符合该批次最终产品交付的要求。

② 已制定了完善的批次管理程序,并对制成品、在制品转批的管理做出了明确规定。

(3) 生产设施与环境。

① 生产设施应按工艺准备的要求配套齐全,并保证安全;

② 生产设备应能符合产品小批量试生产的要求,按规定保养、检修、检定,并做出相应的标志;

③ 当生产工艺、设备使用和测量对温度、湿度、清洁度、振动、电磁场、噪声等环

境有特殊要求时,其生产环境应能符合规定的要求,并有相应的控制手段和记录。

（4）人员配备。

① 应确保负责配合现场生产的设计、工艺等技术人员和管理人员具备相应的资格,在数量上和技术水平上符合现场工作的要求。

② 应按产品生产的过程及各工序和工种的要求,配备足够数量、具有相应技术水平的操作、检验和辅助等人员。各类操作和检验人员应熟悉本岗位的产品图样、技术要求和工艺文件,并经培训、考核按规定持有资格证书。

（5）工艺准备。

① 已制定了生产产品的工艺总方案并经过评审。

② 关键工艺技术已得到解决,并纳入了工艺规程或其他有关文件。

③ 应按规定的要求进行了工艺评审,对工艺总方案和关键件、重要件工艺文件以及特殊过程的工艺文件进行了评审。

④ 在产品研制的基础上,工艺规程、作业指导书等各种技术文件已经确定,能满足小批量试生产的质量和数量的要求。

⑤ 生产现场的工艺布置、工位器具的配备,应按小批量试生产的要求符合工序的性质和加工程序,并实施了定置管理。

⑥ 工艺装备、检验、测量和试验设备等,应按小批量试生产配备齐全,其准确度和使用状态应能满足小批量试生产的要求,并编制了检修、检定计划。对检验与生产共用的工艺装备、调试设备,应有控制程序保证能按规定进行检定或校准。

⑦ 关键过程的控制方法已确定并纳入了工艺规程。必要时,应采取统计技术进行控制,以减少加工中的变异。

⑧ 已制定特殊过程的质量控制程序和有关的工艺文件,能对其实施有效的控制。

⑨ 对产品制造、检验和试验所用的计算机软件,已经过鉴定,并确保能满足生产使用的要求。

（6）采购产品。

① 对提供采购产品的供方已进行质量保证能力和产品质量的评价,并编制了合格供方名录和采购产品优选目录。

② 应在批准的合格供方名录和采购产品优选目录中选择供方和产品,并在质量、数量、交货期方面,能满足小批量试生产的需求。

③ 应有完善的采购产品入厂(所)复验、筛选、检测的程序,且工作条件已经具备。

④ 应按规定的要求,实施了对采购产品入库、贮存、发放的控制,其采购产品的贮存条件应能满足规定的要求。

(7) 质量控制。

① 产品质量计划(质量保证大纲)已经修订完善,并通过了评审;

② 首件鉴定工作已经完成,并有逐工序及最终检验合格结论,制造工艺应符合设计要求;

③ 应有规定的程序,能对产品生产的过程和产品质量实施有效的控制;

④ 应有规定的要求,对设计、工艺文件及材料、设备的技术状态实行严格的控制;

⑤ 对识别的关键过程和特殊过程,已制定了专用质量控制程序,并能实施有效的控制;

⑥ 已制定适用于小批量试生产的不合格品管理程序;

⑦ 对产品实现的过程应能实施监视和测量,并按制定的程序实施有效的控制。

4) 检查程序及要求

(1) 检查组组成。

① 检查组应由一名主管领导负责产品生产准备状态检查工作并担任检查组组长,明确规定一个职能部门具体负责检查的计划、组织与协调等工作。

② 检查组一般由设计、工艺、检验、质量管理、标准化、计划、生产、设备、计量、供应等部门有经验的专业技术人员和管理人员组成。必要时,可吸收顾客或其代表参加,并可担任检查组副组长。

(2) 检查组职责。

① 检查组组长。负责检查组的组织、计划,领导检查工作,审查检查单,提出检查报告。

② 检查组成员。按照分工,确定检查项目,编制检查单,实施检查。对生产准备状态及其存在的风险做出客观的判断,并对检查结果做出准确的评价。

③ 检查程序。

a. 受检查的部门在准备工作完成后,应向主管职能部门提出申请检查报告并提出对本标准要求的删减内容。

b. 组织检查组审查申请报告并确定检查项目,将检查项目列入检查单。其格式参见 GJB 1710A 附录 A。

c. 检查组按计划和程序实施检查。

d. 检查组根据检查结果填写检查报告,对产品生产准备状态做出综合评价。其格式参见 GJB 1710A 附录 A。

e. 对检查中提出的问题,由组织的负责人负责组织协调,并责成有关部门制定纠正措施,限期解决,主管职能部门负责实施后的跟踪检查。

f. 检查合格或检查通过,检查报告由组织负责人批准后,方可开工生产。

9. 质量检验工作评审

1）检验工作概述

相关法规、标准明确规定,武器装备研制、生产单位应当按照标准和程序要求进行进货检验、工序检验和最终产品检验;对首件产品应当进行规定的检验;对实行军检的项目,应当按照规定提交军队派驻的军事代表(以下简称军事代表)检验。应当对其外购、外协产品的质量负责,对采购过程实施严格控制,对供应单位的质量保证能力进行评定和跟踪,并编制合格供应单位名录。未经检验合格的外购、外协产品,不得投入使用。同时还要求,装备及其配套的设备、备件和技术资料应当经检验合格。

承制单位在装备研制、试验和修理工作中,对产品的质量检验工作应认真贯彻国家和上级主管部门颁发的有关质量法令、法规及各项规定,遵循严格把关与积极预防相结合、专职检验与操作者自检相结合的工作原则。设置能独立行使职权的质量检验部门,明确规定检验人员的职责和权限,对检验人员实行集中统一的管理。应配备必要的资源,包括相应的检验技术人员、管理人员、测量装置、检验方法和适宜的工作环境,确保质量检验工作的正常开展,并确保其独立地、客观地行使职权。授权质量检验部门严格按规定的要求对产品进行独立地、符合性判定,防止不合格品的非予期使用或交付。真正做到最高管理者对最终产品质量负全责。

2）检验工作要求

承制单位的质量检验工作,应从质量检验部门的职责与权限、检验人员的职责与权限、检验文件和检测技术以及测量装置四个方面提出具体要求,其内容应符合 GJB 1442A 的具体规定。

(1) 质量检验部门的职责与权限。

质量检验部门应具有的职责和权限:

① 负责管理承制单位的质量检验工作,编制或参与编制检验技术和管理文件,会签有关技术文件。

② 根据检验文件组织检验人员对产品(含采购产品)进行质量检验(含工序检验),做出合格与否的结论,办理产品放行的质量证明文件。

③ 代表承制单位向军代表(或顾客代表)提交经检验合格的产品。

④ 按规定管理和保存为产品实现的过程及产品满足要求提供证据所需要的记录。

⑤ 负责对检验人员进行职业道德教育、专业技术交流、定期考核。配合人力资源部门对复岗、转岗或增加检验项目的检验人员进行培训和考核。

⑥ 负责检验印章的管理工作。

⑦ 负责研究和推行先进的检验方法和检测技术,提出研制、改进和引进新

测量装置的需求。

⑧ 按规定的授权和分工处置不合格品,参与不合格品原因分析。

⑨ 参与首件鉴定、技术质量攻关、产品质量评审和对供方的质量保证能力考察等工作。

⑩ 有权越级反映质量问题。

(2) 检验人员的职责与权限。

检验人员应具有的职责和权限:

① 依据检验技术文件或工艺文件要求,对采购的产品、半成品(在制品)、成品合格与否做出判断,并对检验结果的正确性负责;

② 按照产品监视和测量要求及 GJB 726A 的规定,对产品检验状态进行标识;

③ 做好检验和试验记录并及时归档;

④ 负责授权范围内不合格品的处置;

⑤ 有权越级反映产品质量检验问题。

(3) 检验文件。

① 文件要求。承制单位应按质量管理体系的要求,结合本单位的实际情况和产品的特点编制检验文件。规定检验文件的编制、审批、发放和更改的要求,以确保检验文件的现行有效。检验文件一般包括检验计划、检验规程、检验记录和检验报告等。

② 检验计划。承制单位应按需要编制检验计划,检验计划一般包括:

a. 检验作业计划;

b. 检验保证措施;

c. 检验验收节点网络图;

d. 检验站(点)的设置;

e. 检验器具和测量装置的改造更新计划;

f. 检验人员的配备和培训计划等。

③ 检验规程。承制单位应编制检验规程(或作业指导书),检验规程可以是工艺规程的一部分(指工序检验)。检验规程一般应包括:

a. 产品接收和拒收的准则;

b. 检验项目、程序、方式、方法、环境和场所;

c. 检验所需测量装置和工装;

d. 测量结果的记录要求;

e. 抽样方案和/或批接收的标准;

f. 其他检验要求。

④ 检验记录。承制单位应建立和保存检验记录,并规定记录的格式和内

容。检验记录应能提供产品实现全过程的完整质量证据,并能清楚地表明产品满足规定要求的程度。检验记录应做到:

a. 包括产品形成过程的控制记录、产品检验和试验的记录、不合格品审理的记录以及产品质量证明文件等。

b. 内容与签署完整、数据准确,清晰。按规定要求进行标识、贮存、保护和检索,并能满足产品质量状况可追溯性要求。

c. 满足顾客和法律法规对保存期限的要求,与产品质量相关的记录应与产品的寿命周期相适应。记录的销毁应经授权人批准,销毁记录应予以登记。

⑤ 检验报告。承制单位应根据产品特点和管理要求,编制检验日常报告和定期报告,对检验日常报告和定期报告的格式及内容做出明确规定并满足下列要求:

a. 向内部有关部门提供日常检验报告。报告内容应包括检验的产品、方式、次数,出现的质量问题及接收和拒收的数量等。

b. 应对检验数据进行统计分析,定期向有关部门提出产品质量分析报告和质量改进建议报告。

(4) 检测技术和测量装置。

① 承制单位应提供验证产品质量所需要的检测技术和测量装置。应积极采用、推广先进的检测技术,不断改造、更新测量装置。

② 使用的测量装置应具有检定合格标志,并在规定的检定周期内使用,严禁超期使用。其测量装置的测量不确定度应能满足产品检测的要求。

③ 标准实样应由设计、工艺部门会同检验部门或驻厂(所)军代表室(或顾客代表),根据有关质量文件或合同要求选定、制作,并按规定履行审批手续。

④ 规定有关部门编制标准实样目录,实行注册管理,并在规定的检定周期内使用。

⑤ 对生产和检验共用的工艺装备、标准实样或调试设备用作检验手段时,使用前应进行校准或验证,并按规定的周期进行复检。

⑥ 现场在用检验与测量装置应有状态标识,防止错用。

(5) 检验印章的保管要求。

① 承制单位对检验印章应统一设计、刻制并实行注册管理,确保印章的唯一性。

② 检验人员应通过岗位培训,考核合格并取得检验员资格后,才能领取检验印章。

③ 检验印章应专人、专印、专用,不得借用或挪作它用,遗失印章应及时声明。

④ 检验人员退休,免职或长期(半年以上)脱岗,检验印章应及时收回并

销毁。

3）检验项目及要求

质量检验项目主要是根据武器装备形成的关键环节设置的检验项目内容，如对采购产品（含外购产品、外协产品）的检验、生产过程（工序）的检验、最终产品的检验、提交军代表（或顾客代表）的检验、产品包装的检验等，都应提出具体的质量检验要求，并应符合 GJB 1442A 的规定。

（1）采购产品检验（含外购产品、外协（含外包）产品）总要求。

承制单位在武器装备的研制过程中，对采购产品的检验应有设计文件要求，即复验规范或验证规范等规范性文件，复验规范的内容应包括：

① 复验项目；

② 技术要求；

③ 检验、试验方法；

④ 验收标准。

检验技术人员应针对设计文件及规范的要求，针对产品的特点，编制采购产品的验收规程。其验收规程的检测方法与验收标准，应与供应单位交付时的质量保证文件及检验规程保持一致，并符合 GJB/Z16 的要求。

（2）外购产品（含原材料、元器件、成品件）检验要求。

对外购产品（含原材料、元器件、成品件）的检验，应做到：

① 按照对外购产品编制的验收规程进行复验或验证，确保未经检验或未经验证的外购产品不入库、不投产；验收过程应符合 GJB 939 的相关要求。

② 对出库、入库的外购产品应按规定进行验证，符合要求后才能放行。对有可追溯要求的产品，应做好标识（如批次号、炉批号），并符合 GJB 726A 的规定。

③ 对代用的器材，出库时应检验代料单的审批手续是否齐全。

④ 如因生产急需来不及检验而紧急放行的外购产品，应制定相关规定，严格审批。必要时，应征得顾客代表的同意。对紧急放行的外购产品应做好标识和记录，以便发现有问题产品时，能立即追回和更换。对于不能追回和更换的外购产品不能使用紧急放行。

（3）外包（含外协）产品的检验要求。

承制单位应对外包（含外协、配套）产品进行入厂（所）检验。外包（含外协、配套）产品验收一般应注意下述内容：

① 验证外包（含外协、配套）产品的质量证明文件或检验记录是否满足规定的要求。

② 按照对外包（含外协、配套）产品编制的验收规程进行检验，确保未经检验合格的外包（含外协、配套）产品不入库。

③ 按照规定对入厂(所)外协产品进行验证,未经验证的外协产品不得投产。必要时,可在协作单位的现场实施验证,或对外协单位的生产过程进行监督。

(4) 生产过程(工序)检验要求。

承制单位应根据产品的特点和质量管理许可的要求,对生产提供过程进行策划,确定其受控条件,并根据策划结果和受控条件,编制质量控制文件(如工艺规程、随件流程卡等)。适用时,还应根据产品的特点,编制关键过程和特殊过程的控制文件(操作规程等)。生产过程的工序检验,应按照 GJB 1442A 5.3.3 条的规定,工序检验使用的检验规程可以是工艺规程的一部分。由此,在工序检验时应注意下述内容:

① 按工艺规程中工序的规定进行过程(工序)检验,防止不合格品转入下道工序。

② 按照 GJB 467A 的要求,对批生产的产品或关键件、重要件(含工序)进行首件检验。必要时,进行首件二检(自检、专检),确认合格并做出标识和记录后方可继续加工。

③ 按照规定对加工中的产品实施巡回检验并记录,确保加工中的产品符合规定的要求。

④ 使用代用材料时,应按要求履行审批手续,并经检验合格。

⑤ 按照 GJB 909A 的要求,对关键过程实施有效的控制。对关键件、重要件进行严格检验,并按规定记录实测数据。

⑥ 按照 GJB 726A 的规定,对产品的检验状态进行标识和可追溯性管理,防止产品在过程流转中发生混淆。

⑦ 对让步放行的产品应经批准,并有可靠的追回程序。让步放行的产品应被标识并保存记录。

⑧ 检验人员对鉴别出的不合格品,应按照 GJB 571A 的有关规定进行标识、隔离,做好记录并填写不合格品通知单。检验人员应在授权范围内处置不合格品。

⑨ 对返修、返工的产品应重新进行检验。

(5) 最终产品检验要求。

承制单位应执行 GJB 1442A 5.3.1 条规定,“按质量管理体系的要求,结合本单位的实际情况和产品的特点编制检验文件。”,以及“规定检验文件的编制、审批、发放和更改的要求,以确保检验文件的现行有效。检验文件一般包括检验计划、检验规程、检验记录和检验报告等。”在对最终产品的检验时应注意下述内容:

① 应按照武器装备研制的产品规范编制最终产品的检验规程,对完工产品进行最终检验,以表明产品符合规定的要求。

② 最终产品经检验合格后，应按照规定向军代表（或顾客代表）提交验收，经军代表（或顾客代表）确认合格后，方可办理质量证明文件。

③ 经军代表（或顾客代表）确认验收合格的产品，应按照 GJB 726A 的规定做出标识，并填写质量证明文件。

（6）提交军代表（或顾客代表）检验要求。

当最终产品经检验合格后提交军事代表检验时应注意下述内容：

① 应按照规定向军代表提交经检验合格的产品（含过程）。

② 提交军代表检验的项目与内容应由军代表提出，经协商确定并形成文件（军检项目清单）。

③ 应将工序共检项目、军检项目纳入工艺规程。对于军方独立验收的项目，应设单独的军检工序。

④ 应负责处理军代表在验收中提出的产品质量问题。对处理后的产品需经重新检验合格后，才可再次提交军代表验收。

⑤ 经军代表同意，过程检验和最终检验可以和军代表检验合并进行。

⑥ 军检项目的检查结果应形成记录。

（7）产品包装检验要求。

最终产品经军事代表检验合格后，包装工作准备完毕，提交军事代表检验前应注意下述内容：

① 应制定产品包装检验规程；

② 产品的包装材料、包装箱应符合规定的要求；

③ 检验人员应按装箱单核对装箱产品的型号、图号、名称、规格和数量以及质量证明文件是否齐全等，产品的封存及外观应符合规定的要求；

④ 产品装箱质量，包装箱识别标志及易燃、易爆、易挥发、有毒以及放射性等产品的特殊处理应符合相关的规定；

⑤ 经检验合格的包装产品应在包装箱开启处加盖检验合格封记。

（8）顾客提供产品的检验要求。

顾客提供产品（含产品、零部件、工具和设备）的检验一般包括：

① 验证产品质量证明文件及外观质量，对其进行标识、保护和维护，并保持记录；

② 顾客提供的产品在使用（加工）前应进行检验，符合规定的要求后方可投入使用（加工）。组织应维护顾客提供的产品，当发生产品丢失、损坏或不适用的情况，应及时通报顾客。

4）常见的问题

在装备的研制过程中，对装备的质量检验工作在方式、方法上门类较多，但其都不符合法规和相关标准的要求，尤其是对最终产品的质量检验，没能从根本上起到质量保证的作用，主要包括：

(1) 用技术协议书替代检验规程检验。

对于外包外协产品，提交产品时的质量保证文件应是检验规程，而不是双方鉴定的技术协议书。根据 GJB/Z 16 4.6.3.1 规定，技术协议书是制约性文件，是供需双方在签订技术协议书时，详细列出的新器材的技术要求和质量标准，试制、试验、试用的程序和记录，以及各方应负的质量责任的制约性文件，它不是质量保证文件。使用质量保证文件即检验规程检验合格后的产品才能出厂。

(2) 用检验规范替代检验规程检验。

"规范"的内容是一种要求，并不是操作性文件。武器装备在研制过程中，设计方案评审确定后，设计文件中就应根据 GJB 190《特性分类》5.3 条选定检验单元的要求，编写产品的特性分析报告，并编制检验规范以提出对产品检验的项目、内容和工作的要求。而后，质量检验人员应根据检验规范的项目、内容和 GJB 1442A 的质量保证规定，编制产品的检验规程，而不是直接用设计文件的检验规范来检验产品。

还有些承制单位仍沿用一代或二代测绘仿制产品的传统做法，用验收技术条件或制造与验收技术条件替代检验规程。验收技术条件与检验规范同样也是设计文件，只有检验人员依据设计文件编制的检验规程检验最终产品，才能既符合现行法规和相关标准的要求，又符合承制单位质量管理体系对最终产品实施质量保证的相关要求。

(3) 用工艺规程替代检验规程检验。

工艺规程是装备研制过程中，工艺技术和管理在机加、装配等工序过程中，实施工艺技术质量控制的文件。此文件在工序过程中设有检验项目和内容来保证工序质量，也称工序质量控制，是符合武器装备研制、生产单位应当对产品的关键件或者关键特性、重要件或者重要特性、关键工序、特种工艺编制质量控制文件，并对关键件、重要件进行首件鉴定等的相关法规、标准规定的要求的。

但有些承制单位认为，GJB 1442A 5.3.3 条指出，"检验规程可以是工艺规程的一部分"，用工艺规程检验最终产品也是可以的。实际上检验规程可以是工艺规程的一部分，它指的是工序过程的检验，不是产品的最终检验，任何工艺规程的检验内容，不可能代替检验规程的内容。GJB 1442A 5.3.3 条规定，检验规程一般应包括：

① 产品接收和拒收的准则；

② 检验项目、程序、方式、方法、环境和场所；

③ 检验所需测量装置和工装；

④ 测量结果的记录要求；

⑤ 抽样方案和/或批接收的标准；

⑥ 其他检验要求。

10. 产品质量评审

1）评审概述

产品质量评审是武器装备在研制中，有组织地对产品质量和制造过程的质量保证工作进行的评价和审查活动。其内容包括：产品的性能、可靠性、维修性、保障性、安全性、环境适应性的符合性；产品性能的一致性和稳定性；产品技术状态更改控制；制造过程中的偏离许可、器材代用、让步放行情况；缺陷、故障的分析和处理；质量保证文件的执行情况；质量凭证、原始记录和产品档案的完整性等。

产品质量评审在评审之前应完成设计评审、工艺评审及首件鉴定；产品经检验或试验符合规定要求；并持有经批准的《产品质量评审申请报告》；提交的产品质量评审文件应完整、齐全。

产品质量评审应在产品检验合格后，交付分系统、系统试验之前进行。未经产品质量评审，产品不得交付。产品质量评审应有完整的记录，产品质量评审结论应形成文件，对评审提出的问题或建议，承制单位应列出代办事项并落实。

2）评审提供的文件

（1）提交文件。

提交文件为产品研制质量分析报告，主要内容包括：

① 研制过程简介；

② 技术指标符合任务书（技术协议书）情况；

③ 产品技术状态符合情况；

④ 质量保证大纲执行情况；

⑤ 产品性能指标符合情况；

⑥ 产品质量状况；

⑦ 质量问题及归零情况；

⑧ 专项评审结论；

⑨ 产品质量结论。

根据需要，产品研制质量分析报告可按产品设计质量分析报告和产品生产质量分析报告分开编写。

（2）备查文件。

备查文件一般包括：

① 设计评审、工艺评审或首件鉴定结论报告；

② 专项技术报告、专项评审报告；

③ 有关产品质量的记录；

④ 产品质量证明文件；

⑤ 其他文件。

3）评审的内容

（1）产品的性能、可靠性、维修性、安全性和保障性符合情况。

① 产品的性能参数是否符合设计图样和技术文件规定；

② 质量与可靠性保证大纲是否贯彻落实，需进行的可靠性试验结论是否明确；

③ 是否具备规定的维修性；

④ 安全性要求是否在产品实现中得到贯彻落实；

⑤ 保障性是否按要求进行了评审。

（2）产品性能的一致性、稳定性。

① 该批产品性能指标有无测试记录，技术性能指标是否趋近极限；测试记录是否完整准确；

② 有无产品性能一致性和稳定性分析报告。

（3）产品技术状态控制情况。

① 所用的设计图样、技术文件和标准是否协调一致并现行有效；

② 技术状态更改是否按规定履行了审批手续，重要的技术状态更改是否经过系统分析并报批，是否符合“论证充分，各方认可，试验验证，审批完备，落实到位”五项原则；

③ 工艺文件是否与设计文件状态保持一致；

④ 技术状态更改记录是否全面、完备。

（4）偏离、超差（含原材料、元器件等）的控制情况。

① 偏离许可的审批手续是否齐全，其内容与产品实物是否一致；

② 超差特许审批手续是否符合规定要求，内容是否正确、合理，是否有经分析或论证的结论；

③ 材料代用是否履行了审批手续，是否进行了分析或试验。

（5）关键过程、特殊过程质量控制情况。

① 是否编制关键过程明细表和关键过程控制文件；

② 特殊过程是否进行了确认并有监测记录。

（6）缺陷、故障的分析、处理及质量问题归零情况。

① 缺陷、故障原始记录是否完整；

② 缺陷、故障原因是否清楚；

③ 故障有无分析处理报告，遗留问题和待办事项是否已处理和落实；

④ 质量问题的归零情况。

4）常见的问题

（1）有些承制单位对最终产品实施检验时没有编制检验规程，而是用工艺规程的工序过程检验替代。没有用检验规程检验最终产品，相当于最终产品没有经过质量保证文件的检验，不符合相关法规和 GJB 1442A 的规定。承制单位必须编制最终产品的检验规程，产品经检验合格后，才具备产品质量评审的基本条件。

（2）有些设备级单位在装备研制过程中，正样机在工程研制阶段的样机试制状态前没有进行设计评审，正样机的设计方案仍然是初样机设计方案评审后进行修改完善的方案。在正样机试制之前应再一次对初样机形成后的方案进行设计评审，通过后方可实施试制。否则，不符合相关法规和标准规定的分级、分阶段（分状态）进行设计、工艺和产品质量评审的要求。

（3）评审中发现正样机完成试制后，未进行首件鉴定，这不符合装备研制程序正样机完成试制后，由研制主管部门会同使用部门组织首件鉴定，具备设计定型试验条件后，向定型委员会提出设计定型（鉴定）试验申请报告的规定。也不符合 GJB 907A 5.1 条“产品质量评审应具备的条件一般包括，产品按要求已通过设计评审、工艺评审及首件鉴定”的要求。

第三节　装备转阶段研制评审控制

装备转阶段研制评审是承制单位在装备研制过程中不可缺少的一项质量控制工作，同时也是系统工程管理活动中技术状态管理控制的重点工作。通过评审这种迭代活动，使装备转阶段研制质量要控制并能传承、技术状态要符合要求并能有效控制、技术指标要满足并能符合研制总要求及技术协议书的要求。

根据相关法规、标准规定，军队有关装备部门应当按照武器装备研制程序，组织转阶段审查，确认达到规定的质量要求后，方可批准转入下一研制阶段。GJB2102《合同中质量保证要求》中规定，合同监管机构主持或参加的审查活动和要求中指出，明确转阶段或节点时使用部门参与的方式。凡提交使用部门主持审查的工作项目，承制单位应事先确认合格。承制单位确认合格的方式就是事先对转阶段之前评审工作需更改、补充的内容进行清理、评审合格后，对使用部门关注的阶段或节点，提交合同监管机构进行转阶段或节点审查。

一、论证阶段转方案阶段研制评审控制

论证阶段转方案阶段研制评审一般是系统级的承制单位的工作内容，这种评审既是合同监管机构需求的一种输出，也是技术状态管理工作的开始。此时的评审，也可称技术审查，其工作性质则都属于技术状态控制的工作范畴。常规武器装备、战略武器装备和人造卫星装备的研制，应按照常规武器装备研制程序、战略武器装备研制程序和人造卫星研制程序，认真组织或参与论证转方案阶段评审或技术审查工作，确认达到规定的质量要求后，再转入下一研制阶段。

对于设备级产品的论证阶段转方案阶段研制评审，往往是对技术协议书进行评审通过后（对评审提出的问题，可用补充协议的形式完善），即可转入方案阶段研制。简言之，就是总结评审阶段内工作，审查评审下一阶段的工作内容（下同）。

（一）转方案阶段研制评审概述

论证阶段转方案阶段研制评审，是承制单位协助主管装备研制的两级机关完成了论证阶段的工作内容后进行的，承制单位在主管装备研制的两级机关组织专家按照 GJB 2993、GJB 3273A 的规定，对立项综合论证报告的讨论、修改完善，形成初步的研制总要求的编写意见。与此同时，对装备研制的通用质量特性（可靠性、保障性、维修性、测试性、安全性以及环境适应性）进行讨论、评审、修改完善，完成装备研制的功能基线及系统规范初稿。

（二）转方案阶段研制评审提供的文件

（1）立项综合论证报告初稿及修改立项综合论证报告意见文件及内容；

（2）系统规范初稿及修改系统规范意见文件及内容；

（3）修改、完善可靠性、维修性、保障性等意见文件及内容；

（4）风险管理计划和方案阶段风险评估报告；

（5）审查方案阶段的总体技术方案文件（应已完成系统功能分析和按照工作分解结构实施的系统要求初步分配）；

（6）其他相关文件。

（三）转方案阶段研制评审的内容

（1）围绕系统要求审查所做的工作是否充分和正确，论证阶段系统的初步总体技术方案的设计是否符合 GJB 2993、GJB 3273A 的要求；

（2）评估需求分析的准确性和全面性，围绕系统要求所做的工作是否充分和正确；

（3）评估系统性能要求、不可剪裁的技术要求、可剪裁的技术要求等，是否已正确和完整地体现在初步的系统规范中；

（4）评估现有技术和项目资源是否支持系统架构的进一步定义；

（5）对专家所提立项综合论证报告的意见和建议是否落实，对专家所提可靠性等专题评审是否补充、完善；

（6）对专家所提试验规范和试验规程等与装备质量有关的专项评审的意见是否补充、完善，并符合相关标准要求；

（7）对专家所提系统的综合保证条件问题是否补充、完善，并符合相关标准要求；

（8）对专家所提系统规范的内容是否补充、完善，并基本符合研制总要求的要求。

二、方案阶段转工程研制阶段设计状态研制评审控制

方案阶段转工程研制阶段设计状态评审，是装备研制过程第二个技术状态管理活动的工作内容。“转阶段”工作是承制单位科研管理部门对技术状态管理控制的主管部门。其应依据国家和军队的相关法规、标准的规定，全面履行装

备研制合同规定的义务，协助军事代表机构和军队其他有关单位，对本单位的研制进度、经费使用、技术质量状态、研制试验等进行控制与监督，督促其保证装备研制合同的履行要求。

方案阶段转工程研制阶段设计状态研制，是根据 GJB 2993 中 5.5.1 条的要求进行的，对于设备级产品在工程研制阶段分为两个状态，即设计状态和试制与试验状态。设计状态输出初样机，习惯用 C 标示；试制与试验状态输出正样机，习惯用 S 标示。

系统级装备在工程研制阶段有两种工作模式，即初步设计审查输出试制型样机和关键设计审查输出设计定型样机。本章节对于系统级装备转阶段的控制，其工作内容基本相同（两个状态的工作内容相加是系统级的），不同的仅仅是术语表达不一致。为此，不再赘述。

（一）转工程研制阶段设计状态研制评审概述

方案阶段的转阶段评审或技术审查，是检查装备研制在方案阶段的全部研制工作，是否全面贯彻、落实了研制总要求及技术协议书，以及系统规范、研制规范的要求。产品层次间的分级评审或技术审查，包括对设计、工艺和产品质量评审的情况、可靠性、维修性等六性大纲文件的专题评审及其他验证、试验等专项评审的问题是否落实修改，标准化工作计划是否覆盖型号工作，是否具有针对性，设计方案是否全面、规范及可行，工艺性分析是否合理，关键性工艺技术是否解决，样机的基本原理是否能打通等。承制单位确认转阶段评审或技术审查合格后，按型号研制合同或技术协议书要求，对使用部门关注的阶段或状态，提交使用部门会同装备研制主管部门进行转阶段技术审查。

（二）转工程研制阶段设计状态研制评审提供的文件

（1）提供方案阶段内设计文件、图样及各类评审意见、结论；

（2）修改标准化大纲意见文件；

（3）系统总体技术方案及评审意见、结论；

（4）修改研制规范意见文件及实施情况；

（5）提供方案阶段内的设计文件、资料（如特性分析报告、可靠性、维修性等预计报告和 FMECA 等文件）；

（6）修改可靠性、维修性、保障性等六性大纲的意见文件及内容；

（7）提供方案阶段内工艺技术和管理的相关文件、资料（如工艺性分析报告、工艺总方案、工艺说明书等）；

（8）风险管理计划和方案阶段风险评估报告；

（9）提供方案阶段转工程研制阶段设计状态评审（作为技术状态管理控制的依据和是否满足评审的条件）报告以及含设计状态初样机初步设计方案；

（10）方案阶段转工程研制阶段设计状态评审的报告，可参照 GJB/Z 170

编写。

（三）转工程研制阶段设计状态研制评审内容

（1）在方案阶段内，确认的系统规范是否全面和规范；

（2）围绕研制规范的要求所做的工作是否充分和正确；

（3）专家所提研制规范的意见和建议是否落实，内容是否补充、完善；

（4）对专家所提可靠性等专题评审和与装备质量有关的专项评审的意见是否补充、完善；

（5）对专家所提系统的综合保证条件问题是否补充、完善；

（6）对专家所提工艺准备的内容是否补充、完善。

（四）转工程研制阶段设计状态研制备查文件目录示例

转工程研制阶段设计研制备查文件，是装备研制在方案阶段进行方案论证时形成的文件，这些文件已经通过了各专业组织的评审、修改工作，具有一定的传承作用。只有随着研制工作的进一步深入，进入初样机的设计验证后，才能基本用于正样机的制造。

在装备的研制过程中，产品的六个层次，每个层次的文件名称、类型和内容以及文件的数量是不同的，尤其是机械产品、电子产品和软件产品，其术语、名称不是完全一致。作为二级以上产品，经特性分类后，对于结构复杂的产品，需编有材料规范、工艺规范和软件规范等，但在方案阶段后期，一般应提供不得少于以下目录的文件：

（1）研制总结报告（含初样机设计方案）；

（2）工作总结报告；

（3）标准化大纲；

（4）“三化”设计；

（5）标准化工作报告；

（6）标准化选用设计报告；

（7）标准化选用清单；

（8）特性分析报告；

（9）工艺规范（初）；

（10）材料规范（初）；

（11）软件规范（初）；

（12）产品规范（初）；

（13）试验规范（初）；

（14）检验规范（初）；

（15）减重分析报告（初）；

（16）腐蚀防护与控制报告；

（17）元器件选用管理工作报告；
（18）电子元器件选用清单；
（19）材料选用清单；
（20）研制规范；
（21）FMECA 建模分析报告；
（22）环境适应性设计准则；
（23）环境适应性预计报告；
（24）环境适应性设计报告；
（25）环境工程工作计划；
（26）环境试验与评价计划；
（27）动力学环境适应性仿真分析报告；
（28）可靠性设计准则；
（29）可靠性预计报告；
（30）维修性设计分析报告；
（31）维修性预计报告；
（32）安全性设计准则；
（33）保障性设计总结报告；
（34）耐久性设计分析报告；
（35）噪声辐射预计与控制分析；
（36）热性能分析报告；
（37）检测需求明细表；
（38）固有频率分析报告；
（39）性能仿真模型（初）；
（40）外型尺寸图（含重量）、电子数模（初）；
（41）原理图/电路图、连接图/接线图（初）；
（42）图样、三维数模（初）；
（43）系统仿真用数学模型；
（44）工艺性分析报告；
（45）工艺总方案；
（46）工艺说明书；
（47）产品质量保证大纲。

三、工程研制阶段设计状态转试制与试验状态研制评审控制（常规）

工程研制阶段设计状态转试制与试验状态研制，习惯称为 C 型样机研制转 S 型样机研制。本节武器装备是按常规武器研制程序研制为例，战略武器研制程序研制的方式方法将在下一节讲述。

（一）转工程研制阶段试制与试验状态研制评审概述

工程研制阶段设计状态转试制与试验状态研制，实际上就是对初样机在工程研制阶段的评审，通过后转入正样机研制的过程。

根据《常规武器装备研制程序》第十四条和第十五条的规定，“研制单位负责武器装备的设计、试制及科研试验。除飞机、舰船等大型武器装备平台外，一般进行初样机和正样机两轮研制”和“完成初样机试制后，由研制主管部门或研制单位会同使用部门组织鉴定性试验和评审，证明其规定的战术技术指标要求，试制、试验中暴露的技术问题已经解决或有切实可行的解决措施，方可进行正样机的研制”。

常规武器装备实施五个阶段研制，C 和 S 是设备以下层次产品在工程研制阶段的两个不同的研制状态（即设计状态和试制与试验状态），样机名称为初样机，用 C 标示；正样机，用 S 标示。C 转 S 状态评审是指 C 状态的初样机完成研制后的评审。所以，C 转 S 状态研制评审又称为对初样机评审，评审合格后批准进入产品的试制与试验状态，即正样机的研制状态。

C 转 S 状态研制评审是承制单位按照常规武器研制程序的规定，必须进行的一项评审工作。根据产品研制的复杂程度或产品定型等级，对于二级以上需进行技术审查的产品（含二级），待评审通过并将意见和问题修改完善后，报使用单位研制主管部门会同装备研制主管部门一起，对该产品研制的 C 转 S 状态研制进行技术审查，其技术审查的文件及内容与评审基本一致。

（二）转工程研制阶段试制与试验状态研制评审提供的文件

（1）提供工程研制阶段设计状态工作的技术文件、图样及各类评审意见、结论（产品特性分析报告、通用质量特性类设计文件、预计文件和 FMECA 建模分析文件等）；

（2）确认的各技术状态项的研制规范；

（3）初样机研制情况的总结报告、试验报告、通用质量特性文件（可靠性、维修性等大纲）；

（4）C 转 S 研制 C 型件参加地面联试情况的意见（联试主持单位提供）；

（5）工艺标准化综合要求；

（6）生产图样（原理图、交联关系图、包装图样）；

（7）软件产品及软件程序资料；

（8）专用测试设备图样、随机工具图样；

（9）关键件（或特性）、重要件（或特性）、关键工序、特种工艺的工艺质量控制文件以及关键件、重要件进行首件鉴定文件；

（10）风险管理计划和工程研制阶段设计状态风险评估报告；

（11）草拟的产品质量保证大纲；

（12）草拟产品规范；

（13）试验大纲、试验规程及相关试验表格、试验记录文件；

（14）新产品试制准备状态检查报告；

（15）审查工程研制阶段试制与试验状态研制的正样机技术方案。

注：系统级在常规武器研制程序的工程研制阶段中，有两个工作环节，即初步设计和详细设计，其状态标识都是S；不应与GJB 3273A规定的第三方技术审查的题目，如初步设计审查和关键设计审查相混淆。前者是系统级阶段研制中的术语；后者是第三方在阶段中的检查项目及内容。

（三）转工程研制阶段试制与试验状态研制评审的内容

（1）初样机设计经试验验证原理、结构是否可行，技术性能是否满足研制总要求及技术协议书的要求；

（2）软件开发和测试结果是否基本满足产品功能和性能要求；

（3）关键技术问题是否已基本突破，遗留问题是否有解决措施；

（4）关键件（或特性）、重要件（或特性）、关键工序、特种工艺是否编制质量控制文件？是否具有操作性；

（5）关键件、重要件是否进行首件鉴定，其鉴定文件是否符合军用标准要求，并具有追溯性；

（6）地面试验技术指标是否协调、工作是否稳定、安全是否可靠；

（7）设计资料、技术文件是否齐全，是否已整理完毕，符合归档条件；

（8）是否按照GJB 1710A的要求，进行新产品试制准备状态检查，并形成书面报告；

（9）评审会议是否讨论评审意见并形成评审结果。

（四）工程研制阶段装备科研试验的内容和要求

《装备科研条例》规定，装备试验按照试验性质分为装备科研试验和装备定型（鉴定）试验。装备科研试验为检验装备研制总体技术方案和关键技术提供依据。装备定型（鉴定）试验为装备定型（鉴定）提供依据。

工程研制阶段，承制单位对系统级和设备级，尤其是交试的正样机进行检验合格后，应按相关法规、标准要求，实施装备科研试验，确认检验和试验合格、接口正确、配套完整，办理合格证明文件，并通过产品质量评审，满足装机试验的安全性等要求后，方可提供系统级试验。系统级试验符合要求后，承制单位可上报定型（鉴定）试验申请报告。装备科研试验由承制单位自行组织，其项目、内容及要求，一般不得少于以下试验项目与内容：

1. 功能性能试验与验证

在装备研制的系统规范、研制规范和产品规范文件中，应有明确的作战效能/功能和性能指标的要求，在装备研制的工程研制阶段后期，即研制装备正式交付的正样机进行作战效能/功能和性能指标的试验验证工作，指标和性能参数基本符合要求后，才能做其他项目的试验验证工作。功能性能试验验证的要求是：

（1）针对作战使命任务，根据作战需求，规定实体预期完成的任务、行动或活动。

（2）针对作战使用的方式，根据作战使命任务，规定实体使用的指挥关系、协同方式、人员编成及各种状态与方式等。需要实体以一个以上的状态或方式运行时，应明确相应状态与方式，诸如空载、准备、战斗（工作）、训练、紧急备用、平时与战时等。宜采用表格描述状态与方式同各项要求间的关系。

（3）针对性能试验验证，规定有关表征实体能力的指标要求，包括相应的参数及其使用条件下的允许偏差，以表征实体应具备的能力。例如飞机的作战半径，雷达的射频工作频率，通信装备的地域覆盖能力，导弹的射程、命中精度和突防能力，舰船的稳性、航速和续航能力，火炮的口径与射程，坦克的装甲防护能力等。

适用时，还要规定实体在意外条件下所需具备的运行特征、防误操作措施，以及在紧急情况下保证连续运行所需要的各种预防措施。

2. 电源特性试验

装备科研试验的第二个试验项目就是电源特性试验。工程研制阶段正样机应按照 GJB 181B《飞机供电特性》的规定进行电源特性试验。

（1）为验证用电设备与 GJB 181B 供电特性的兼容性、要求用电设备进行供电适应性（兼容性）试验。用电设备的供电适应性（兼容性）试验要求和方法应符合相关标准的规定。

（2）为验证在飞机上及用电设备所有工作状态下供电特性都在 GJB 181B 规定的范围内，应进行装机试验。装机试验要求应符合飞机专用规范（系统规范、研制规范、材料规范、工艺规范、软件规范和产品规范）的规定。试验结束并合格且基本满足要求后，才能进行电磁兼容试验。

3. 电磁兼容试验

装备科研试验的第三个试验项目就是电磁兼容试验。工程研制阶段的系统和设备，应分别按照 GJB 1389A 和 GJB 151B 的规定进行电磁兼容试验。

（1）对系统级的要求

① 系统内所有分系统和设备之间应是电磁兼容的，系统与系统外部的电磁环境也应兼容；

② 应在典型（能反映电磁兼容性整体水平的）系统上进行系统电磁兼容性的验证；

③ 对安全性有关键性影响的功能，应证明在系统内是电磁兼容的，并在使

用之前证明它与外部环境是电磁兼容的；

④ 验证应考虑到系统全寿命期的所有状态和阶段，包括正常的工作、检查、贮存、运输、搬运、包装、维护、加载、卸载和发射等，还要考虑实现上述各种状态(或阶段)相应的正常操作程序。

(2) 对分系统和设备电磁发射的敏感度及测量的要求

① 电子、电气、机电设备和分系统，都应进行验证并符合 GJB 151B 的相关要求；

② 对于在特定系统或平台内使用的设备和分系统，当电磁环境和工程分析表明其与 GJB 151B 的要求不完全适用时，可对 GJB 151B 的要求进行剪裁、加严或放宽要求，以满足整个系统的性能，从而提高效费比，降低成本；

③ 当要求改变后，可根据各具体应用对 GJB 151B 中的测试方法进行相应的修改；

④ 剪裁的内容应列入设备或分系统的研制合同及技术协议书中，并在研制规范中予以说明。

4. 环境适应性研制试验

环境适应性研制试验是为寻找设计和工艺缺陷，以便采取纠正措施，增强装备(产品)的环境适应性，而在工程研制阶段早期进行的试验。它是装备工程研制试验的组成部分。

本条规定实体在运输、贮存、维护保养和使用中适应预期环境的能力，它以其寿命周期内预期经历的环境条件描述。其内容及要求如下：

(1) 环境适应性研制试验承制单位可独立于研制单位的实验室进行，试验条件不具备的承制单位，可在有一定试验资质的研制单位的试验室进行。

(2) 环境适应性研制试验的试验项目，应符合武器装备研制总要求和产品研制合同的规定。并按照 GJB 150A《军用装备实验室环境试验方法》和有关标准或产品规范的要求实施。

(3) 环境适应性研制试验进行前应邀请现场代表和受其委托的专家组对试验准备工作进行检查，以证明试验过程的有效性。检查的内容包括：

① 试验设备、仪器和试验条件是否满足技术和安全要求；

② 受试产品是否符合正样机的技术状态；

③ 试验所需的技术文件是否齐全；

④ 故障报告、分析与纠正措施系统(FRACAS)以及试验管理制度是否健全；

⑤ 承试单位质量管理体系是否健全，质量保障措施是否有效；

⑥ 其他认为需要检查的内容。

(4) 为加强对试验的管理和监控，试验前应成立试验工作组。

① 试验工作组由承制单位任组长,全面负责试验工作,包括制定有关规章制度,全面安排试验的实施、故障处理及紧急情况的处置等;

② 现场代表任副组长,负责对试验全过程实施监控,包括产品性能检测及功能检查,检查并签署各种试验记录;

③ 承制单位作为成员参加试验工作组,提供对被试产品的技术支持。

(5) 在试验过程中,对于没有经过环境试验的项目,由试验工作组提出排故、改进设计、继续或终止试验的处理建议并以试验单位名义及时上报主管机关审定。

(6) 试验结束后,由试验工作组召集全体参试人员,对试验结果进行评审。评审的内容包括:

① 试验是否按试验大纲规定的内容和要求全部完成;

② 试验中暴露出的问题,是否已得到妥善处理;

③ 试验是否有明确的结论,结论是否恰当。

评审通过后,试验工作组应及时完成试验报告并上报主管领导。

5. 可靠性研制试验

凡在研制总要求或研制合同中明确提出可靠性指标的产品在进入设计定型阶段鉴定试验前,应按照 GJB 450A 和 GJB 899A 的规定, 完成可靠性研制试验,其目的是确保新研和改进改型的装备,早期就达到规定的可靠性要求,并能保持和提高现役装备的可靠性水平,以满足系统战备完好性和任务成功性要求,降低对保障资源的要求,减少寿命周期费用。

本条规定实体在无故障、无退化或不要求保障系统保障的情况下执行其功能的能力。可靠性研制试验可参照 GJB 899A 相应的规定实施,可靠性参数宜按照 GJB 1909A 的规定选取。

为了搞好可靠性研制试验工作,有必要重点强调可靠性工作的基本原则、环境应力筛选工作项目和可靠性研制试验工作项目及要求。

1) 可靠性工作的基本原则

(1) 可靠性要求源于系统战备完好性、任务成功性并与维修性、保障系统及其资源等要求相协调,确保可靠性要求合理、科学并可实现。

(2) 可靠性工作必须遵循预防为主、早期投入的方针,应把预防、发现和纠正设计、制造、元器件及原材料等方面的缺陷和消除单点故障作为可靠性工作的重点。

(3) 在研制阶段,可靠性工作必须纳入装备的研制工作,统一规划、协调进行。并行工程是实现综合协调的有效工程途径。

(4) 必须遵循采用成熟设计的可靠性设计原则,控制新技术在新研装备中所占的比例,并分析已有类似产品在使用可靠性方面的缺陷,从而采取有效的改进措施,以提高其可靠性。

(5) 软件的开发必须符合软件工程的要求,对关键软件应有可靠性要求并规定其验证方法。

(6) 应采取有效的方法和控制程序,以减少制造过程对可靠性带来的不利影响,如利用统计过程控制(SPC)、故障模式及影响分析(FMEA)和环境应力筛选(ESS)等方法来保持设计的可靠性水平。

(7) 尽可能通过规范化的工程途径,利用有关标准或有效的工程经验,开展各项可靠性工作,其实施结果应形成报告。

(8) 必须加强对研制和生产过程中可靠性工作的监督和控制,严格进行可靠性评审,为转阶段决策提供依据。

(9) 应充分重视实用阶段的可靠性工作,尤其是初始使用期间的使用可靠性评估和使用可靠性改进工作,以尽快达到使用可靠性的目标值。

(10) 在选择可靠性工作项目时,应根据产品所处阶段、复杂和关键程度,使用(贮存)环境、新技术含量、费用、进度以及产品数量等因素对工作项目的适用性和有效性进行分析,以选择效费比高的工作项目。

2) 环境应力筛选工作项目及要求

(1) 目的。

为研制和生产的产品建立并实施环境应力筛选(ESS)程序,以便发现和排除由不良元器件、制造工艺和其他原因引入的缺陷造成的早期故障。

(2) 工作项目要点。

① ESS 主要适用于电子产品,也适用于电气、机电、光电和电化学产品。

② 承制单位应对电子产品的电路板、组件和设备层次尽可能 100%地进行 ESS。对备件也应实施相应层次的 ESS。承制单位一般还应按规定和有关要求对进厂的元器件进行二次筛选。

③ 对设备应按照 GJB 1032 进行 ESS,有条件时,也可按照 GJB/Z 34《电子产品定量环境应力筛选指南》进行定量 ESS;对电路板和组件应按有关标准或 GJB 1032 进行 ESS;除纯机械产品以外的非电产品可参考 GJB 1032 进行 ESS。

④ 承制单位应在产品出厂前对其进行 ESS。

⑤ 在研制和生产过程中,承制单位应制定并实施 ESS 方案,方案中应包括实施筛选的产品层次及各层次的产品清单、筛选方法、筛选应力类型和水平、筛选过程中监测的性能参数、实施和监督部门及其职责等。

(3) 注意事项。

合同监管机构在合同工作说明或技术协议中应明确:

① 对 ESS 方案、程序的要求;

② ESS 应遵循的标准;

③ 需提交的资料项目。

3）可靠性研制试验工作项目及要求

可靠性研制试验应在工程研制阶段的正样机完成功能性能试验、电源特性试验、电磁兼容试验和环境研制试验的基础上，由承制单位独立于研制单位的实验室或具有资格的试验单位试验室进行。必要时，可邀请现场代表参加。

（1）目的。

通过对产品施加适当的环境应力、工作载荷，寻找产品中的设计缺陷，以改进设计，提高产品的固有可靠性水平。

（2）工作项目要点。

① 承制单位在研制阶段应尽早开展可靠性研制试验，通过试验、分析、改进(TAAF)过程来提高产品的可靠性。

② 可靠性研制试验是产品研制试验的组成部分，应尽可能与产品的研制试验结合进行。

③ 承制单位应制定可靠性试验方案，并对可靠性关键产品，尤其是新技术含量较高的产品实施可靠性研制试验。必要时，可靠性研制试验方案应经合同监管机构认可。

④ 可靠性研制试验可采取加速应力进行，以识别薄弱环节并诱发故障或验证设计余量。

⑤ 对试验中发生的故障均应纳入 FRACAS，并对试验后产品的可靠性状况做出说明。

（3）注意事项。

合同监管机构在合同工作说明或技术协议中应明确：

① 建议进行可靠性研制试验的产品；

② 需提交的资料项目。

（五）转工程研制阶段试制与试验状态研制常见的问题

（1）对初样机研制的目的是考核设计原理、结构的正确性认识不足。因此，对初样机研制的资料在评审时准备不充分，重视硬件研制，不明白资料在装备研制过程中对接口关系的重要性。例如，产品的特性分析报告等文件，只有一个关键件、重要件项目表，这些关键件、重要件项目从何而来不清楚，并不知道是通过分解后，按照 GJB 190 的要求，进行性能指标分析、设计分析识别出来的。

（2）技术状态基线文件研制规范编写不及时，在工程研制阶段初样机研制出来后，但承制单位并没有编写研制规范，造成基线文件没有起到规范作用而产生错误的认识，认为技术协议书是产品研制的唯一的依据性文件。GJB/Z 16 规定，技术协议书是产品研制的制约性文件。在供需双方签订技术协议书时，应详细列出新器材的技术要求和质量标准,试制、试验、试用的程序和记录,以及各方应负的质量责任等。

(3) 在对初样机进行评审时,有些承制单位不能提供被检查的《工艺标准化综合要求》的文件。工艺标准化综合要求文件是规定样机试制工艺标准化要求、指导工程研制阶段工艺标准化工作的型号标准化文件,也是生产定型时编制工艺标准化大纲的基础文件。

(六) 转工程研制阶段试制与试验状态研制总结的目次示例

本示例是依据相关法律法规及标准要求,通过在型号研制过程中的不断实践而形成的示例,读者可根据产品的复杂程度、结构特点以及产品层次,使得转工程研制阶段试制与试验研制总结的目次及内容,符合研制总要求及技术协议书的要求。该总结的目次一般为:

1. 范围

2. 引用文件

3. 产品概述(用图\表)

3.1 产品组成及主要功能

3.2 研制任务分工

4. 研制需求

4.1 C 型件设计输入变更情况检查

4.2 确认后的需求及需求计划

5. 分配基线完善与确定

6. 产品基线初步确定

6.1 主要功能及性能指标

6.2 验证规划

7. 产品设计

7.1 详细设计及设计审查中的问题归零情况

7.2 关键技术的攻关和落实情况

8. 工程研制阶段 C 型件设计

8.1 技术方案的完善与更改

8.2 工艺总方案及关键工艺攻关

8.3 配套原材料、元器件、标准件

8.4 配套成品及外购件(含外包件)

8.5 关键特性的过程控制

9. 工程研制阶段 C 型件设计验证

9.1. (C 型件)初样机的设计验证工作

9.2. (C 型件)初样机设计验证暴露的问题及处理情况

9.3.(C型件)初样机设计验证的充分性分析

9.4. 设计验证小结

10. 机载软件研制情况

11. 产品通用质量特性工作小结

11.1 环境适应性

11.2 可靠性

11.3 维修性

11.4 测试性

11.5 保障性

11.6 安全性

11.7 供电兼容性

11.8 腐蚀防护与控制

12. 重量控制工作小结

13. 静强度工作小结

14. 技术状态管理控制

15. 标准化工作小结

15.1 标准化实施情况

15.2 "三化"设计情况

15.3 标准化系数评估

16. 产品质量保证工作小结

16.1 C型件研制过程质量保证工作

16.2 质量控制与问题处理

17. 经济性工作小结

17.1 设计、试制与试验过程中的成本控制

17.2 单机成本

18. C型件遗留问题及完善设计

19. 对C转S研制的结论及意见

20. 会议备查文件及目录

(七)转工程研制阶段试制与试验状态研制备查文件目录示例

转工程研制阶段试制与试验研制备查文件,是装备研制工作在工程研制阶段设计状态之前形成的文件,这些文件已经通过了初样机的设计验证,具有一定的传承作用。只有随着研制工作的进一步深入,进入正样机的试验考核后,这些文件才基本冻结,状态为S,待第三方技术审查和鉴定、定型工作。

在装备的研制过程中,产品的六个层次,每个层次的文件名称、类型和内容以及文件的数量是不一样的,尤其是机械产品、电子产品和软件产品,其术语、名

称不是完全一致，如材料规范、工艺规范、软件规范和测试性、保障性、安全性以及环境适应性大纲，是指二级以上或结构复杂的产品需要编制，其他产品按需编制，但一般不得少于以下目录文件：

(1) 研制总结报告；

(2) 工作总结报告；

(3) 标准化大纲；

(4) 标准化选用设计报告；

(5) 标准化选用清单；

(6) 标准化工作总结报告；

(7) 特性分析报告；

(8) 研制规范；

(9) 产品规范；

(10) 材料规范；

(11) 工艺规范；

(12) 软件规范；

(13) 试验规范；

(14) 检验规范；

(15) 环境适应性大纲；

(16) 环境适应性工作总结报告；

(17) 环境工程工作计划；

(18) 环境试验与评价计划；

(19) 环境适应性设计报告；

(20) 环境适应性设计准则；

(21) 环境适应性预计报告；

(22) 环境试验报告(C)；

(23) 可靠性大纲；

(24) 可靠性设计准则；

(25) 可靠性预计报告；

(26) 可靠性符合性验证报告；

(27) C 型件可靠性工作总结报告；

(28) 维修性大纲；

(29) 维修性预计报告；

(30) 维修性设计分析报告；

(31) C 型件维修性工作总结报告；

(32) 测试性大纲；

（33）C 型件测试性工作总结报告；
（34）安全性大纲；
（35）安全性设计准则；
（36）安全性符合性检查报告；
（37）安全性工作总结报告；
（38）保障性大纲；
（39）保障性设计总结报告；
（40）C 型件综合保障总结报告；
（41）减重分析报告；
（42）腐蚀防护与控制报告；
（43）电磁环境效应报告；
（44）元器件选用管理工作报告；
（45）“三化”实施报告；
（46）材料选用清单；
（47）材料选用设计报告；
（48）电子元器件选用清单；
（49）动力学环境适应性仿真分析报告；
（50）静强度分析报告；
（51）工艺性分析报告；
（52）工艺总方案；
（53）工艺说明书；
（54）特殊过程工艺文件；
（55）关键件、重要件、关键工序的工艺文件；
（56）采用新工艺、新技术、新材料、新设备的相关证明文件；
（57）工艺标准化综合要求；
（58）工艺总结报告；
（59）耐久性设计分析报告；
（60）耐久性试验与评估方案；
（61）耐久性试验方案；
（62）“三化”设计；
（63）FMECA 建模分析报告；
（64）噪声辐射预计与控制分析；
（65）噪声辐射测试报告；
（66）C 型件设计验证报告；
（67）热性能分析报告；

（68）检测需求明细表；

（69）固有频率分析报告；

（70）产品仿真模型；

（71）性能仿真模型；

（72）外型尺寸图（含重量）、电子数模；

（73）原理图/电路图、连接图/接线图；

（74）图样、三维数模；

（75）系统仿真用数学模型；

（76）产品质量保证大纲；

（77）质量分析报告；

（78）成本估算分析报告；

（79）使用维护说明书；

（80）试制准备状态检查报告。

四、工程研制阶段初样状态转试样状态研制评审控制（战略）

（一）转试样状态研制评审概述

《战略武器装备研制程序》第二十条明文规定，“初样研制工作完成后，研制单位提出初样研制报告并附有关资料。使用部门应会同研制主管部门组织进行评审。评审通过后方可转入试样研制”。根据法规的规定，战略武器装备是分四个阶段（即论证阶段、方案阶段、工程研制阶段和定型阶段）研制的，其工程研制阶段的两个不同研制状态的术语与常规武器装备研制有所区别，即初样研制状态的地面试验样机，用C标识；试样研制状态的飞行试验样机，用S标识。

因此，C转S状态研制评审是指C状态的地面试验样机完成研制后评审，转入S状态飞行试验样机研制。所以，C转S状态研制评审又称为地面试验样机评审，评审合格后批准进入产品的试制状态，即飞行试验样机研制状态。但在其评审或审查的内容和提供的文件方面基本类似。

（二）转试样状态研制评审提供的文件

（1）地面试验样机研制情况的报告、试验报告、六性分析报告等；

（2）确认各技术状态项的研制规范；

（3）生产图样（原理图、交联关系图、包装图样）；

（4）软件产品及软件程序资料；

（5）专用测试设备图样、随机工具图样；

（6）工艺标准化综合要求；

（7）关键件（或特性）、重要件（或特性）、关键工序、特种工艺的质量控制文件以及关键件、重要件进行首件鉴定文件；

（8）试验大纲、试验规程及相关试验表格、试验记录文件；

（9）风险管理计划和方案阶段风险评估报告；

（10）草拟产品规范；

（11）草拟的产品质量保证大纲；

（12）试验大纲、试验规程及相关试验表格、试验记录文件；

（13）新产品试制准备状态检查报告；

（14）审查工程研制阶段试样研制状态的飞行试验样机的详细设计的技术方案（又习惯称：S 型样机的详细设计技术方案，此时的样机称为飞行试验样机）。

（三）转试样状态研制评审的内容

（1）地面试验样机设计经试验验证原理、结构是否可行，技术性能是否满足研制总要求或技术协议书的要求；

（2）软件开发和测试结果是否基本满足产品功能和性能要求；

（3）关键技术问题是否已基本突破，遗留问题是否有解决措施；

（4）关键件（或特性）、重要件（或特性）、关键工序、特种工艺是否编制质量控制文件，是否具有操作性；

（5）关键件、重要件是否进行首件鉴定，其鉴定文件是否符合军用标准要求，并具有追溯性；

（6）地面试验技术指标是否协调、工作是否稳定、安全是否可靠；

（7）设计资料、技术文件是否齐全，是否已整理完毕，符合归档条件；

（8）是否按 GJB 1710A 的要求，进行新产品试制准备状态检查，并形成书面报告；

（9）评审会议是否讨论评审意见并形成评审结果。

（四）转试样状态研制常见的问题

（1）对地面试验样机研制的目的是考核设计原理、结构的正确性认识不足。因此，对地面试验样机研制的资料在评审时准备不充分，重视硬件研制，不明白资料在装备研制过程中对接口关系的重要性。例如，产品的特性分析报告等文件，只有一个关键件、重要件项目表，这些关键件、重要件项目从何而来不清楚，不知道是通过分解后，按照 GJB 190 的要求，进行性能指标分析、设计分析后识别出来的。

（2）技术状态基线文件研制规范编写不及时，在工程研制阶段地面试验样机研制出来后，但承制单位并没有编写研制规范，造成基线文件没有起到规范作用而产生错误的认识，认为技术协议书是产品研制的唯一依据性文件。GJB/Z 16 规定，技术协议书是产品研制的制约性文件。在供需双方签订技术协议书时，应详细列出新器材的技术要求和质量标准，试制、试验、试用的程序和记录，以及各方应负的质量责任等。

（3）在对地面试验样机进行评审时，有些承制单位不能提供被检查的《工艺标准化综合要求》的文件，工艺标准化综合要求文件是规定样机试制工艺标准化要求、指导工程研制阶段工艺标准化工作的型号标准化文件，也是生产定型时编制工艺标准化大纲的基础文件。

五、工程研制阶段转设计定型阶段定型试验状态研制评审控制

工程研制阶段工作结束时，应依据法规和相关标准要求，在各项目研制评审的基础上，进行技术状态管理的转阶段评审工作，确认本阶段工作达到规定的质量要求后，方可转入设计定型阶段定型（鉴定）试验研制。

（一）转设计定型阶段定型试验状态研制评审概述

设计定型阶段研制有三个状态，即定型试验（或鉴定试验）状态、设计定型会议审查状态、上报文件批复状态。每通过一个或进入一个状态都应进行评审，具备条件后才能转入下一个状态工作。本节主要从评审的目的、定型（鉴定）原则以及设计定型（鉴定）程序，简述设计定型阶段研制的基本情况。

1. 评审的目的

军工产品定型工作的依据是《军工产品定型工作规定》和一级定委制定的工作规定。

根据 GJB 1362A 5.1 设计定型程序可知，申请设计定型试验是进入设计定型阶段的第一步，换句话讲，只要装备在进行设计定型（鉴定）试验，证明产品的研制已进入到设计定型阶段。由此可知，承制单位与合同监管机构在此时对设计定型（鉴定）试验条件的评审，实际上就是技术状态管理过程的转阶段评审控制，评审通过产品可转入设计定型阶段研制，这次产品评审也是申请设计定型阶段进行设计定型试验的重要环节，通过设计定型试验考核并合格的产品，才是批准装备定型的前提条件。

2. 掌握定型原则

军工产品定型应遵守以下原则：

（1）军工产品先进行设计定型，后进行生产定型；

（2）生产量很小且关键工艺、生产条件与设计定型试验样品相同的军工产品，可以只进行设计定型；

（3）只进行设计定型或设计定型后短期内不能进行生产定型的军工产品，在设计定型时，应对承研承制单位的关键性生产工艺进行考核，并在设计定型后进行部队试用；

（4）军工产品设计定型时，涉及战术技术指标调整的，应按照规定的权限审批后方可重新申请办理定型；

（5）按照引进图样、资料制造的军工产品，可以只进行生产定型；

（6）军工产品应配套齐全，凡能够独立进行考核的分系统、配套设备、部件、器件、原材料、软件，应在军工产品定型前进行定型或鉴定；

（7）拟正式装备军队的技术简单的军工产品，经改进、改型、技术革新后未改变原有主要战术技术性能和结构的装备，以及一般装备研制项目的配套设备、配套软件及其相关部件、器件、原材料等军工产品，可以鉴定方式考核；

（8）由国外购买（引进）的产品配套于国内已定型军工产品使用时，凡影响主产品基本性能的，在正式列装前应组织试验和鉴定。

3. 了解设计定型程序

军工产品设计定型一般按照下列工作程序进行：

（1）申请设计定型试验；

（2）制定设计定型试验大纲；

（3）组织设计定型试验；

（4）申请设计定型；

（5）组织设计定型审查；

（6）审批设计定型。

4. 熟悉评审的要点及其内容

产品转入申请设计定型试验之前，承制单位除了满足 GJB 1362A 5.2 申请设计定型试验的条件外，在转阶段评审或技术审查时，还应重点考虑以下内容：

（1）正样机设计经研制试验验证，原理、结构是否可行，技术性能是否满足研制总要求或技术协议书的要求；

（2）软件开发和测试结果是否基本满足产品功能和性能要求；

（3）关键技术问题是否已基本突破，遗留问题是否已解决；

（4）关键件（或特性）、重要件（或特性）、关键工序、特种工艺是否编制了质量控制文件（如工艺规程、随件流转卡等），是否具有操作性；

（5）关键件、重要件和正样机是否进行了首件鉴定，其鉴定文件是否符合 GJB 908A 要求，并具有追溯性；

（6）地面试验技术指标是否协调、工作是否稳定、安全是否可靠；

（7）生产图样及技术文件是否齐全，是否已整理完毕，符合归档条件；

（8）评审会议中是否讨论评审意见并形成评审结果。

（二）转设计定型阶段定型（鉴定）试验状态应具备的条件

装备的设计定型（鉴定）试验考核工作，是属于装备研制进入设计定型阶段研制的首要工作。产品能不能进行设计定型（鉴定）试验考核，转阶段技术状态管理评审是关键。该评审是检查承制单位研制的产品，是否具备转入设计定型阶段研制并进行设计定型（鉴定）试验状态的条件。产品能转入设计定型阶段研制并已进行设计定型（鉴定）试验，证明工程研制阶段工作已全部结束。

GJB 1362A 中,规定了申请设计定型(鉴定)试验的条件,研制的产品符合下列要求时,承研承制单位可以申请设计定型(鉴定)试验:

(1) 通过规定的试验,软件通过测试,证明产品的关键技术问题已经解决,主要战术技术指标能够达到研制总要求;

(2) 产品的技术状态已确定;

(3) 试验样品经军事代表机构检验合格;

(4) 样品数量满足设计定型试验的要求;

(5) 配套的保障资源已通过技术审查,保障资源主要有保障设施、设备,维修(检测)设备和工具,必须的备件等;

(6) 具备了设计定型试验所必需的技术文件,主要有产品研制总要求、承研承制单位技术负责人签署批准并经正式评审的产品规范,产品研制验收(鉴定)试验报告,工程研制阶段标准化工作报告,技术说明书,使用维护说明书,软件使用文件,图实一致的产品图样、软件源程序及试验分析评定所需的文件资料等。

研制产品进入设计定型(鉴定)试验状态,证明该产品已处在设计定型阶段研制。

(三) 定型(鉴定)试验的内容与要求

为加强军工产品的定型工作,确保产品环境适应性和可靠性达到武器装备研制总要求和研制合同以及技术协议书的规定,根据《军工产品定型工作条例》和有关国家军用标准的规定,本章节将简述定型环境鉴定试验(以下简称环境鉴定试验)和设计定型可靠性鉴定试验(以下简称可靠性鉴定试验)工作的相关内容和要求,供承制单位试验准备时参考。

1. 定型(鉴定)试验概述

从产品定型角度讲,设计定型阶段的定型(鉴定)试验,应包括功能性能试验、电源特性鉴定试验、电磁兼容鉴定试验、寿命试验等项目,由于试验考核时技术单一,军工产品定组委员会(以下简称航定委)在独立实验室完成,其内容和要求以及执行的标准与工程研制阶段研制试验的内容及要求相似,仅仅是试验性质不同而已。由此,本章重点分别介绍环境鉴定试验和可靠性鉴定试验的内容和要求,以及试验前后、过程中的注意事项。

(1) 两项试验是设计定型试验的重要组成部分,其试验结论是产品设计定型的依据之一。用于两项试验的产品应符合设计定型技术状态。

(2) 设计定型产品适用于在试验室进行的两项试验。非试验室进行的两项试验可参照执行。

(3) 总设计师单位对型号各配套设备和子系统的两项试验,特别是可靠性鉴定试验工作，要预先做出要求和安排，做好统筹规划，并提出试验条件、剖面等相关建议。

（4）试验室的建设条件应符合 GJB 2725A《测试实验室和校准实验室通用要求》等有关标准的规定。用于两项试验的设施、设备等均应在检定合格的有效期内。测试设备或仪器的精度应符合产品检验的精度要求。试验室应无有碍试验的干扰源，对试验中产生的有害污染应有防护措施。

（5）两项试验的管理程序按设计定型试验的管理程序进行。试验由研制单位提出申请报主管机关同意后进行。试验大纲由试验单位拟制并征求总设计师单位、研制单位和军代表意见，主管机关审批后实施。试验结束后，由承试单位向主管机关提交试验报告。

2. 环境鉴定试验

环境鉴定试验是在产品的功能性能试验、电源特性试验和电磁兼容试验等鉴定试验完成并合格的情况下进行的，一般情况下，上述试验不完成或不符合要求，是不能开展环境鉴定试验的。实施环境鉴定试验一般应注意以下几个方面的问题：

（1）环境鉴定试验一般应在取得相应资格并经主管机关认可、独立于研制单位的实验室进行。特殊情况，经主管机关批准，允许在研制单位的试验室进行。

（2）环境鉴定试验应符合武器装备研制总要求和产品研制合同以及技术协议书的规定。并按照 GJB 150A《军用装备实验室环境试验方法》和有关标准或专用规范的要求实施。

（3）环境鉴定试验进行前应由主管机关或受其委托的专家组对试验准备工作进行检查。检查的内容包括：

① 试验设备、仪器和试验条件是否满足技术和安全要求；

② 受试产品是否符合设计定型技术状态；

③ 试验所需的技术文件是否齐全；

④ 故障报告、分析与纠正措施系统（FRACAS）以及试验管理制度是否健全；

⑤ 质量管理体系是否健全，质量保障措施是否有效；

⑥ 其他认为需要检查的内容。

（4）为加强对试验的管理和监控，试验前应成立试验工作组：

① 试验工作组由承试单位任组长，全面负责试验工作，包括制定有关规章制度，全面安排试验的实施、故障处理及紧急情况的处置等；军代表任副组长，负责对试验全过程实施监控，包括产品性能检测及功能检查，检查并签署各种试验记录；研制单位作为成员参加试验工作组，提供对被试产品的技术支持。

② 试验在研制单位的试验室进行时，可由承制单位和驻厂军事代表共同组

织进行，由军代表任组长，承制单位任副组长。

（5）在试验过程中，对于没有通过环境鉴定试验的项目，由试验工作组提出排故、改进设计、继续或终止试验的处理建议并以试验单位名义及时上报主管机关审定。

（6）试验结束后，由主管机关或受其委托的专家组根据需要对试验结果进行审查。审查的内容包括：

① 试验是否按试验大纲规定的内容和要求全部完成；

② 试验中暴露出的问题，是否已得到妥善处理；

③ 试验是否有明确的结论，结论是否恰当。

试验结束后，承试单位应及时完成试验报告并上报主管机关。

3. 可靠性鉴定试验

可靠性鉴定试验是在环境鉴定试验完成并合格的情况下进行的，其试验的要求及注意事项，一般不得少于下列条款：

（1）凡在研制总要求或研制合同以及技术协议中明确提出可靠性指标的产品在设计定型前原则上应完成可靠性鉴定试验。

（2）可靠性鉴定试验应在取得相应资格并经主管机关认可、独立于研制单位的实验室进行。特殊情况，经主管机关批准，可由具有上述资格的承试单位负责组织在研制单位的试验室进行。

（3）可靠性试验前，产品必须先完成规定的设计定型环境鉴定试验项目并通过环境应力筛选，同时产品还应完成可靠性预计且预计值不小于 MTBF 的上限值（θ_0）。

（4）可靠性试验一般应按照研制合同和 GJB 899A 要求的环境应力条件进行。应力剖面应由研制单位根据型号的任务剖面和在型号平台上的位置提出，经试验单位研究后列入试验大纲。

（5）可靠性试验总试验时间按采用的试验方案确定。若无其他规定，试验一直进行到试验大纲规定的时间为止。如试验中出现超过合格判定的故障数时，应适时做出拒收结论。如果中途终止试验，应报主管机关批准。

（6）可靠性试验的故障分类、故障处理应符合 GJB 899A 的有关规定，并应针对产品的特点，在试验大纲中详细规定故障判据。

（7）试验期间必须建立健全故障报告、分析和纠正措施系统（FRACAS），实行故障信息的闭环控制。该系统应符合 GJB 841《故障报告、分析和纠正措施系统》的规定。

（8）为加强试验的管理和监控，试验前应成立试验工作组。

试验工作组由承试单位任组长，全面负责试验工作，包括制定有关规章制度，全面安排试验的实施、故障处理及紧急情况的处置等；军代表任副组长，负责对试验全过程实施监控,包括产品性能检测及功能检查,检查并签署各种试验记录;研制单位作为成员参加试验工作组,提供对被试产品的技术支持。

(9) 可靠性鉴定试验开始前,由主管机关或受其委托的专家组对试验准备工作进行检查。检查的内容包括:

① 试验设备、仪器和试验条件是否满足要求;

② 受试产品是否符合设计定型技术状态,可靠性鉴定试验前应做的试验是否已经完成;

③ 试验所需的技术文件是否齐全,试验大纲、试验规程、可靠性预计报告、故障模式、影响及危害性分析(FMECA)报告、环境鉴定试验报告、环境应力筛选报告、夹具测定报告等以及合同和技术协议书中规定的其他技术文件是否齐备;

④ 故障报告、分析与纠正措施系统(FRACAS)和试验管理制度是否健全,质量控制和保证措施等制度是否制定;

⑤ 试验质量管理体系是否健全,质量保障措施是否有效;

⑥ 其他要求需要检查的内容。

(10) 试验期间应严格按照试验规程进行以下工作:

① 严格按照检测项目和内容对产品进行监测;

② 产品一旦出现故障,按照试验程序和质量保证措施进行处理;

③ 当产品的故障定位确认在元器件并需要确定其失效机理时,应对元器件进行失效分析;

④ 试验期间只允许对产品进行技术文件规定的预防性维修,维修工作应有详细记录;

⑤ 产品的试验记录应全面记录试验数据、发生的情况及试验设备工作情况,由承试单位、承制单位和合同监管机构共同签署;

⑥ 承试单位如实填写故障报告表和试验日志,由承制单位和合同监管机构确认;承制单位填写故障分析报告表、纠正措施报告表,由承试单位、合同监管机构确认。

(11) 试验结束后,根据需要对试验结果进行审查。审查的内容包括:

① 试验是否按要求全部完成;

② 试验中暴露出的问题是否已得到妥善处理;

③ 试验是否有明确的结论,结论是否恰当,承试单位应及时完成试验报告并上报主管机关。

(12) 在特殊情况下,允许采用成功的可靠性增长试验代替可靠性鉴定试验,但应符合以下条件:

① 在研制总要求、研制合同中专门明确或由使用部门主管机关专门明确并按照 GJB 1407 的要求和方法实施;

② 可靠性增长试验由主管机关认可的、具备可靠性鉴定试验资格的单位承担；

③ 可靠性增长试验的条件应不低于相应可靠性鉴定试验的条件；

④ 可靠性增长试验所用被试产品的状态应符合设计定型技术状态；

⑤ 可靠性增长试验应能给出指标的符合性结论。

(13) 可靠性增长试验代替可靠性鉴定试验时的被试品状态应按下述方法控制：

① 满足规定的，试验期间只允许对产品进行技术文件规定的预防性维修，维修工作应有详细记录的要求；

② 可靠性增长试验出现相关故障需要改进时，只允许局部结构、工艺和元器件改进；

③ 被试品的设计原理、主要功能、性能、结构、尺寸、重量和接口关系等不可改变；

④ 如因可靠性增长试验必须进行本条③所涉及内容的改变时，则可靠性增长试验不能代替可靠性鉴定试验，应重新进行可靠性鉴定试验或补做部分试验。

(14) 可靠性增长试验代替可靠性鉴定试验时，试验大纲应由使用部门主管机关会同业务主管部门审批。试验结束后，由主管机关组织专门评审，确认其结论。凡不经批准，自行完成可靠性增长试验的产品，不能代替可靠性鉴定试验。

(四) 转设计定型阶段定型(鉴定)试验状态研制总结目次

1. 范围

本部分规定了军工产品研制总结的编制内容和要求。

本部分适用于装备研制的工程研制阶段文件的编制。

2. 引用文件

下列文件中的有关条款通过引用而成为本部分的条款。凡注日期或版次的引用文件，其后的任何修改单(不包含勘误的内容)或修订版本都不适用于本部分，但提倡使用本部分的各方探讨使用其最新版本的可能性。凡不注日期或版次的引用文件，其最新版本适用于本部分。

GJB 1362A《军工产品定型程序和要求》；

GJB/Z 170.1《军工产品设计定型文件编制指南　第1部分：总则》；

《军工产品定型工作规定》(国务院、中央军委于2005年9月20日发布，国发〔2005〕32号)。

3. 基本要求

3.1　编制依据

主要包括：

a）产品立项批复文件；

b）研制总要求（或研制合同以及技术协议书）；

c）相关试验大纲；

d）相关试验、评估报告；

e）技术问题归零报告；

f）转阶段评审意见等。

3.2 编制原则

主要包括：

a）全面性。全面梳理、归纳和总结产品设计、试制、试验、管理、质量控制等的工作情况。

b）规范性。贯彻国家和军队的有关方针、政策，落实《军工产品定型工作规定》的有关要求，编制格式、术语、定义等符合相关标准要求。

c）准确性。紧密结合研制产品特点，工作情况、相关数据和结论应准确无误，并具有可追溯性。

d）简洁性。分类合理，层次清晰，表述简明。

3.3 编制内容

主要包括：

a）研制任务来源；

b）产品概述；

c）研制过程；

d）研制试验情况；

e）出现的技术问题及解决情况；

f）主要配套产品的研制试验情况及质量、供货保障情况；

g）产品可靠性、维修性、保障性、测试性、安全性情况；

h）贯彻产品标准化大纲情况；

i）产品质量、工艺性、经济性评价；

j）产品达到的战术技术性能；

k）产品尚存问题及解决措施；

l）对产品转阶段评审的意见。

4. 编制内容与要求

4.1 研制任务来源

简述产品研制任务形成的基本情况，内容应包含研制任务背景和立项批复、研制总要求（或研制任务书、研制合同等）下达的时间、机关、文号、文件名称等。

4.2 产品概述

4.2.1　使命任务及作战使用要求

主要包括：

a）产品的使命任务；

b）典型作战使用模式等。

4.2.2　产品组成及主要功能

主要包括：

a）产品组成；

b）产品主要功能；

c）反映产品特点的主要战术技术指标。

4.2.3　研制任务分工

简述研制任务分工的基本情况。

4.3　研制过程

4.3.1　方案阶段

主要包括：

a）阶段起止时间；

b）主要工作及完成情况；

c）主要成果；

d）阶段评审情况等。

4.3.2　工程研制阶段

主要包括：

a）阶段起止时间；

b）主要工作及完成情况；

c）主要成果（含产品研制数量）；

d）研制试验内容及完成情况（功能性能、电源特性、电磁兼容试验、环境试验、可靠性试验情况）；

e）转阶段评审情况等。

工程研制阶段，二级和三级或三级以下产品可进一步根据产品特点按不同状态（如设计状态、试制与试验状态）描述。

工程研制阶段应列出主要研制试验项目（可采取表格形式）。对于重要试验可叙述试验目的、依据、简要经过（时间、地点、参试装备及状态）、出现的问题及处理情况、试验结论等。

4.4　出现的技术问题及解决情况

对工程研制、软件定型测评、基地试验和部队试验中出现的技术问题及解决情况以表格形式列出。

对影响安全、主要战技指标、部队使用以及其他对研制工作产生重大影响的技术问题应当逐项详细说明,如表 3-3 所列。

表 3-3 研制过程问题汇总表

序号	问题描述	原因分析	解决措施	试验验证情况	备注

4.5 主要配套产品的研制试验以及定型(鉴定)情况及质量、供货保障情况

概要介绍主要配套成品、设备、零部件、元器件、原材料、软件的种类、数量、生产厂家,其中已定型(鉴定)的种类、数量,经过质量管理体系认证的研制生产厂家情况,供货保障情况;国外进口配套设备、零部件、元器件、原材料、软件的供货保障情况;国外进口电子元器件规格控制比例、数量控制比例、经费控制比例以及使用紫色、橙色、黄色等级的进口电子元器件比例,若存在超标,还需说明申请特批情况。

以表格形式列出直接配套、能够独立考核的成品、设备,主要的零部件、元器件,以及新研原材料等的明细,如表 3-4 所列。

表 3-4 配套成品、设备、零部件、元器件、原材料、软件明细

序号	名称	类别	数量	定型级别	新研或外购情况	定型或鉴定情况	配套单位	质量、供货保障情况
注:1. 类别栏填写产品是属于配套成品、设备、零部件、元器件、原材料中哪一类; 2. 新研或外购情况栏填写新研、外购、外协、联合研制等								

4.6 产品可靠性、维修性、测试性、保障性、安全性情况

4.6.1 可靠性情况

主要包括:

a) 可靠性要求;

b) 可靠性设计情况;

c) 可靠性试验情况;

d) 可靠性数据分析及处理情况;

e) 评估结论。

4.6.2 维修性情况

主要包括:

a) 维修性要求;

b) 维修性设计情况;

c) 维修性试验情况;

d) 维修性数据分析及处理情况;

e）评估结论。

4.6.3　测试性情况

主要包括：

a）测试性要求；

b）测试性设计情况；

c）测试性试验情况；

d）测试性数据分析及处理情况；

e）评估结论。

4.6.4　保障性情况

主要包括：

a）保障性要求；

b）保障性设计情况；

c）保障性试验情况；

d）保障性数据分析及处理情况；

e）评估结论。

4.6.5　安全性情况

主要包括：

a）安全性要求；

b）安全性设计情况；

c）安全性试验情况；

d）安全性数据分析及处理情况；

e）评估结论。

4.7　贯彻产品标准化大纲情况

4.7.1　标准的贯彻实施情况

主要包括：

a）标准化大纲编制、实施情况；

b）实施相关标准情况；

c）生产图样与相关技术文件的完整性、正确性、统一性；

d）尚未贯彻标准以及无标准可依的元器件、原材料、配套产品等的说明清单。

4.7.2　通用化、系列化、组合化情况

主要包括：对直接配套成品、设备、保障资源，主要零部件、元器件，以及新研原材料的通用化、系列化、组合化情况的总体评价。

4.7.3　标准化程度评价

主要包括：

a）标准化系数；

b）标准化效益情况；

c）标准化程度评价结论等。

4.8　产品质量、工艺性、经济性评价

4.8.1　产品质量评价

主要包括：

a）产品质量保证大纲的制订与贯彻情况；

b）质量管理体系的建立与运行情况；

c）质量问题的归零情况等。

4.8.2　产品工艺性评价

主要包括：

a）工艺设计及工艺文件编制情况；

b）工艺装备和专用(检测、试验)设备配套情况；

c）产品试制情况和生产准备状态检查情况；

d）生产质量工艺保证措施；

e）关键性生产工艺攻关情况；

f）工艺满足保证产品质量和小批量试生产条件的情况。

4.8.3　产品经济性评价

主要包括：

a）价值工程工作实施情况；

b）设计、试制与试验过程的成本控制；

c）目标价格符合性情况；

d）寿命周期费用分析。

4.9　产品达到的战术技术性能

4.9.1　产品战术技术指标达到情况

对照批准的研制总要求(研制合同以及技术协议书)，以表格形式列出产品的主要战术技术指标及使用要求、实测值、数据来源、符合研制总要求及技术协议书的情况，如表3-5所列。

表3-5　产品战术技术指标符合性对照表

序　号	指标章节号	要　求	实测值	数据来源	考核方式	符合情况

注：1. 指标章节号沿用研制总要求(或研制合同以及技术协议书)原章节号；
2. 要求是指战术技术指标及使用性能要求；
3. 数据来源栏填写实测值引自的相关报告、文件，如基地试验报告、仿真试验报告等；
4. 考核方式栏可填试验验证、理论分析、数学仿真/半实物仿真、综合评估等

4.9.2 承试单位提出的意见、建议及解决情况

逐项描述承试单位提出的意见、建议及解决情况。

4.10 产品尚存问题及解决措施

针对产品尚存问题进行逐条分析,主要包括:

a) 问题描述;

b) 原因分析;

c) 对部队使用的影响;

d) 解决措施和时间节点;

e) 责任单位。

必要时应列表说明。如果无遗留问题,此条亦应保留,可填写“无”,如表3-6所列。

表3-6 产品尚存问题及解决措施

序号	问题描述	原因分析	对部队使用的影响	解决措施	时间节点	责任单位
注:1. 产品所有尚存问题均应列入表中; 2. 解决措施指采取的工作内容和步骤						

4.11 对工程研制阶段转设计定型阶段鉴定试验状态的意见

在工程研制阶段各专业综合工程评审通过的前提下,按照GJB 1362A《军工产品定型程序和要求》5.2中a~f条款的要求,实施技术状态管理控制评审,逐条叙述,明确给出是否具备转入设计定型阶段设计定型(鉴定)试验的条件,以及可否申请设计定型(鉴定)试验的结论与其他需要说明的问题和建议。

(五)转设计定型阶段定型(鉴定)试验状态评审应提供的文件

(1)研制总结(转设计定型阶段及定型(鉴定)试验)(状态D);

(2)生产准备状态检查报告;

(3)产品规范(状态D);

(4)工艺标准化大纲(状态D);

(5)产品质量保证大纲(状态D)

(6)质量分析报告(状态D);

(7)关键件(或特性)、重要件(或特性)、关键工序、特种工艺的质量控制文件以及关键件、重要件首件鉴定文件;

(8)产品检验合格的相关证明文件;

(9)研制试验文件(各类试验项目的试验大纲、试验规程及相关试验表格、试验记录等文件);

(10)软件产品及软件源程序及试验分析评定、鉴定、软件使用资料;

（11）技术说明书；

（12）使用维护说明书（草）；

（13）产品履历书（草）。

（六）转设计定型阶段定型（鉴定）试验状态备查文件目录

转设计定型阶段及定型（鉴定）试验研制备查文件，是装备研制工作在工程研制阶段试制与试验状态下，即正样机形成的文件，这些文件已经通过了正样机状态的试验验证、评审工作，具有一定的传承作用。随着研制工作的进一步深入，正样机进入设计定型阶段及定型（鉴定）试验前的技术状态管理控制的考核，这些备查文件已基本冻结，待第三方组织专家进行技术审查并通过后，产品正式进入设计定型阶段及定型（鉴定）试验工作状态。所以说，进入设计定型阶段及定型（鉴定）试验状态的产品和技术文件都属于定型阶段，或者称 D 状态。被查文件经评审后，传承文件状态应标识为 D。

在装备的研制过程中，产品的六个层次，每个层次的文件名称、类型和内容以及文件的数量是不同的，尤其是系统与分系统、设备之间，机械产品与电子产品和软件产品之间，其术语、名称不可能完全一致，如材料规范、工艺规范、软件规范和测试性、保障性、安全性以及环境适应性大纲，仅指一级或二级结构复杂的产品需要编制，其他产品按需编制，但一般不得少于以下目录文件：

（1）工作总结报告；

（2）标准化大纲；

（3）标准化选用设计报告；

（4）标准化选用清单；

（5）标准化工作总结报告；

（6）特性分析报告；

（7）系统规范；

（8）研制规范；

（9）材料规范；

（10）工艺规范；

（11）软件规范；

（12）试验规范；

（13）检验规范；

（14）环境试验大纲；

（15）环境试验规程；

（16）环境试验记录；

（17）环境试验表格；

（18）环境设计报告；

（19）环境设计准则；
（20）环境预计报告；
（21）环境应力筛选报告；
（22）环境试验总结报告；
（23）可靠性试验大纲；
（24）可靠性试验规程（程序）；
（25）可靠性试验记录；
（26）可靠性设计准则；
（27）可靠性预计报告；
（28）故障模式影响及危害性分析（FMECA）报告；
（29）故障报告、分析与纠正措施系统（FRACAS）；
（30）可靠性符合性验证报告；
（31）S 型样机可靠性工作总结报告；
（32）维修性大纲；
（33）维修性预计报告；
（34）维修性设计分析报告；
（35）S 型样机维修性工作总结报告；
（36）测试性大纲；
（37）S 型样机测试性工作总结报告；
（38）安全性大纲；
（39）安全性设计准则；
（40）安全性试验验证报告；
（41）安全性工作总结报告；
（42）保障性大纲；
（43）保障性设计报告；
（44）S 型样机综合保障总结报告；
（45）减重分析报告；
（46）腐蚀防护与控制报告；
（47）电磁环境效应报告；
（48）元器件选用管理工作报告；
（49）材料选用清单；
（50）材料选用设计报告；
（51）电子元器件选用清单；
（52）动力学环境适应性仿真分析报告；
（53）静强度分析报告；

(54) 工艺性分析报告；
(55) 工艺总方案；
(56) 工艺说明书；
(57) 特殊过程工艺文件；
(58) 关键件、重要件、关键工序的工艺文件；
(59) 采用新工艺、新技术、新材料、新设备的相关证明文件；
(60) 工艺标准化综合要求(状态 S)；
(61) 工艺总结报告；
(62) 耐久性设计分析报告；
(63) 耐久性试验与评估方案；
(64) 耐久性试验方案；
(65) 耐久性试验总结；
(66) 噪声辐射预计与控制分析；
(67) 噪声辐射测试报告；
(68) S 型件设计验证报告；
(69) 热性能分析报告；
(70) 检测需求明细表；
(71) 固有频率分析报告；
(72) 产品仿真模型、系统仿真用数学模型；
(73) 性能仿真模型；
(74) 外型尺寸图(含重量)、电子数模、三维数模；
(75) 产品图样(原理图/电路图、连接图/接线图、交联关系图、包装图样)；
(76) 专用测试设备图样；
(77) 随机工具图样；
(78) 产品质量保证大纲；
(79) 成本估算分析报告。

(七) 转设计定型阶段定型(鉴定)试验状态研制常见的问题

1. 定型(鉴定)试验条件把关不严

GJB 1362A 中明确规定，产品技术状态确定后，方可申请开展设计定型试验。但在现实工作中的问题是：

(1) 技术状态确定的内容不具体、方法不规范。GJB 1362A 5.2 条中规定的六项内容没有得到评审与验证，导致未具备设计定型试验的条件就开展了设计定型试验。其结果是，对设计定型试验结论的有效性、正确性产生了不利影响。

(2) 受原引进修理和测绘仿制模式的影响，认为产品设计定型试验过程中无需开展技术状态控制，直接造成试验条件控制不严、试验项目不完整、试验验证不充分的问题比较突出。

2. 试验过程的技术状态控制不规范

实施设计定型试验过程技术状态管理，需从装备的论证阶段就开始策划，在研制过程中编制并逐步完善三大基线及相关技术状态文件，实施全寿命范围内的技术状态管理，打好装备设计定型试验过程中技术状态管理的基础。

实践中，各产品层次的三大基线文件的传承性差，尤其是研制规范与产品规范的内容之间，一是在要求方面应有传承性；二是在验证方面，对设计定型试验时技术状态确定要求和细则、过程技术状态控制内容和要求、试验技术状态控制评价与办法等内容，应明确、规范、操作性要强。

3. 对研制试验认识不足、概念模糊

装备在工程研制阶段的工作完成的标志，应该是工程研制阶段的正样机已完成研制试验，并满足研制合同及技术协议书的要求后，才能申请定型（鉴定）试验。很多承制单位对此认识不足，处于欠试验状态。

研制试验全称为环境适应性研制试验，它是实验室环境试验中的第一种试验类型（其他几种类型为环境响应特性调查试验、飞行器安全性环境试验、环境鉴定试验、环境验收试验、环境例行试验）。环境适应性研制试验是为寻找设计和工艺缺陷，采取纠正措施，增强装备（产品）环境适应性，在工程研制阶段早期进行的试验，是装备工程研制试验的组成部分。

该试验大纲应按 GJB 150A 的相关要求编制，经 GJB 1362A 规定的，通过研制试验，软件通过测试，证明产品的关键技术问题已经解决，主要战术技术指标能够达到研制总要求及技术协议书的要求后，承研承制单位可以申请设计定型试验。

4. 设计定型（鉴定）试验的属性不清

申请设计定型（鉴定）试验获得批准后，证明装备已进入设计定型阶段，此时试验产品的技术状态应标识为 D。属于第三方（指国家级考核）对产品进行定型（鉴定）试验考核，承制单位和合同监管机构对产品的状态不可随意调整、更改。

5. 设计评审、工艺评审和产品质量评审不规范

在工程研制阶段，提交产品质量评审时，正样机未进行首件鉴定。不符合《常规武器研制程序》第十六条和 GJB 907A 5.1 条等相关法规和标准的要求。

6. 研制规范编写不及时甚至可有可无

技术状态基线文件研制规范编写不及时，在工程研制阶段正样机研制出来后，承制单位并没有编写研制规范，造成基线文件没有起到规范作用，错误地认为技术协议书是产品研制的唯一依据性文件。

GJB/Z 16 规定，“技术协议书是产品研制的制约性文件”，在供需双方签订

技术协议书时，应详细列出新器材的技术要求和质量标准，试制、试验、试用的程序和记录，以及各方应负的质量责任等。

7. 工艺标准化综合要求文件理解不到位甚至未提供

对正样机进行评审时，有些承制单位不能提供被检查的工艺标准化综合要求的文件。工艺标准化综合要求是规定样机试制工艺标准化、指导工艺标准化工作的工艺管理文件，也是生产定型时编制工艺标准化大纲的基础文件。

六、设计定型阶段定型（鉴定）试验转定型（鉴定）会议审查控制

定型（鉴定）会议审查控制是设计定型阶段的第二项重点工作。装备研制进入设计定型阶段后，每项工作的内容是不同的，设计定型阶段的第二项重点工作是最终性的第三方审查（即国家级审查）。因此，应具备的条件、主题内容以及应提供的文件、资料等，都不相同，必须按照法规、标准的要求系统地、规范地以及全面地提供给专家审查。

（一）转定型（鉴定）会议审查概述

产品已通过设计定型阶段定型（鉴定）试验且符合规定的标准和要求时，由承研承制单位向二级定委提出设计定型书面申请。承研承制单位与军事代表机构或军队其他有关单位意见不统一时，经二级定委同意，承研承制单位可以单独提出军工产品设计定型申请，军事代表机构或军队其他有关单位应对军工产品设计定型提出意见。

上报设计定型申请后，承研承制单位和军事代表机构或军队其他有关单位应积极做好各方面准备工作。

产品设计定型审查由二级定委组织，通常采取派出设计定型审查组以调查、抽查、审查等方式进行。审查组由定委成员单位、相关部队、承试单位、研制总要求论证单位、承研承制单位（含其上级集团公司）、军事代表机构或军队其他有关单位的专家和代表，以及本行业和相关领域的专家组成。审查组组长由二级定委指定，一般由军方专家担任。

（二）转定型（鉴定）会议审查应具备的条件

设计定型阶段及设计定型（鉴定）会议审查前，上报申请报告单位应已完成以下工作：

（1）试制样品通过设计定型（鉴定）试验，并已通过验收。

（2）申请设计定型（鉴定）会议审查的报告已编制，其内容通常包括：

① 产品研制任务的由来；

② 产品简介和研制、设计定型试验概况；

③ 符合研制总要求和规定标准的程度；

④ 存在的问题和解决措施；

⑤ 设计定型意见。

（3）申请设计定型（鉴定）会议审查的报告附件已准备完毕，其申请报告附件一般包括：

① 研制总要求及技术协议书（系统上报前者）；

② 产品研制总结；

③ 军事代表机构质量监督报告；

④ 质量分析报告；

⑤ 价值工程和成本分析报告；

⑥ 标准化工作报告；

⑦ 可靠性、维修性、测试性、保障性、安全性评估报告；

⑧ 设计定型文件清单；

⑨ 二级定委规定的其他文件。

（4）产品模型。

条件具备时，承研承制单位应向定委提交产品模型。

（三）设计定型（鉴定）文件的主题内容和编制时机

1. 主题内容

1）设计定型审查意见书

内容应包括：审查工作简况，产品简介，产品研制概况，设计定型试验概况，主要问题及解决情况，产品战术技术指标达到情况，设计定型文件审查情况，配套设备、原材料、元器件保障情况，小批生产条件准备情况，存在问题的处理意见，对生产定型条件和时间的建议，产品达到设计定型的标准和要求的程度及审查结论意见等。

2）设计定型申请

内容应包括：研制任务来源，产品简介，研制概况，设计定型试验概况，符合研制总要求和规定标准的程度，存在的问题和解决措施，设计定型意见及相关附件等。

3）研制总结

内容应包括：研制任务来源，产品概述，研制过程，设计定型试验情况，出现的技术问题及解决情况，主要配套产品的定型（鉴定）情况及质量、供货保障情况，产品可靠性、维修性、保障性、测试性、安全性情况，贯彻产品标准化大纲情况，产品质量、工艺性、经济性评价，产品达到的战术技术性能，产品尚存问题及解决措施，对产品设计定型的意见等。

4）设计定型基地试验大纲

内容应包括：任务依据，试验性质，试验目的，试验时间和地点，被试品、陪试品数量及技术状态，试验项目、方法及要求，测试测量要求，试验的中断处理与恢复，试验组织与任务分工，试验保障，试验安全，有关问题说明，试验实施网络图和附录等。

5）设计定型基地试验报告

内容应包括：被试品全貌照片，试验概况，试验内容和结果，试验中出现的主要问题及处理情况，结论，存在的问题与建议，附件等。

6）设计定型部队试验大纲

内容应包括：任务依据，试验性质，试验目的，被试品、陪试品及主要测试仪器设备，试验条件与要求，试验模式和试验项目，试验流程，考核内容，试验数据采集、处理的原则和方法，试验评定标准，试验中断、中止与恢复，试验组织与分工，试验报告要求，试验保障和安全要求等。

7）设计定型部队试验报告

内容应包括：试验概况，试验条件说明，试验项目、结果和必要的说明，对被试品的评价，问题分析和改进建议，试验结论，关于编制、训练、作战使用和技术保障等方面的意见和建议等。

8）军事代表对军工产品设计定型的意见

内容应包括：概述，研制过程质量监督工作概况，对研制工作的基本评价，对产品设计定型的意见，问题与建议等。

9）重大技术问题攻关报告

内容应包括：产品概述，重大技术问题综述，重大技术问题攻关情况，结论等。

10）标准化工作报告

内容应包括：概述，型号标准化工作系统组建及工作情况，型号标准体系建立情况，标准贯彻实施情况，产品通用化、系列化、组合化设计与实现情况，产品标准化程度评估，存在问题及解决措施，结论等。

11）标准化审查报告

内容应包括：审查工作概况，审查意见，审查建议和审查结论等。

12）可靠性维修性测试性保障性安全性评估报告

内容应包括：概述，可靠性维修性测试性保障性安全性（以下简称“五性”）要求，“五性”设计情况，“五性”试验情况，“五性”评估，存在的问题及建议，结论等。

13）电磁兼容性评估报告

内容应包括：产品概述，电磁兼容性要求，电磁兼容性设计情况，电磁兼容性管理与质量控制情况，电磁兼容性试验情况，问题及解决情况，电磁兼容性综合评估，使用建议等。

14）质量分析报告

内容应包括：概述，质量要求，质量控制，质量问题分析与处理，质量改进措施与建议，结论等。

15）价值工程和成本分析报告

内容应包括：概述，价值工程评估，成本分析，有关问题的说明和建议等。

16）各种配套表、明细表、汇总表和目录

内容应包括：各种配套表、明细表、汇总表和目录的编制要求、编制格式、编制顺序和编制规则等。

17）设计定型录像片

内容应包括：解说词编写要求、录像片脚本结构设计和画面要求，录像片拍摄、编辑、制作要求，录像片报送要求等。

2. 编制时机

设计定型文件的编制时机，见表 3-7 所示。

表 3-7　设计定型文件编制时机及说明

序号	文件名称	编制时机		说明
		工程研制	设计定型	
1	设计定型审查意见书	—	✓	设计定型审查会上由审查组给出
2	设计定型申请	—	✓	设计定型审查准备工作完成后，由承研承制单位编制
3	研制总结	—	✓	设计定型申请前，由承研承制单位编制
4	设计定型基地试验大纲	—	✓	设计定型基地试验申请获批后，由承试单位在距试验开始一个月前，完成编制
5	设计定型基地试验报告	—	✓	承试单位在试验结束后一个月内完成编制，上报二级定委，并抄送有关单位
6	设计定型部队试验大纲	—	✓	承试部队受领试验任务后开始编制，在距试验开始一个月前，完成编制
7	设计定型部队试验报告	—	✓	承试单位在试验结束后一个月内完成编制，上报二级定委，并抄送有关单位
8	军事代表对军工产品设计定型的意见	—	✓	设计定型申请前，由军事代表机构完成编制
9	重大技术问题攻关报告	✓	✓	设计定型申请前，由承研承制单位编制
10	标准化工作报告	✓	✓	设计定型申请前，由承研承制单位编制
11	标准化审查报告	—	✓	设计定型审查会上由审查组提出
12	可靠性维修性测试性保障性安全性评估报告	—	✓	设计定型申请前，由承研承制单位编制
13	电磁兼容性评估报告	—	✓	设计定型申请前，由承研承制单位编制
14	质量分析报告	✓	✓	设计定型申请前，由承研承制单位编制

续表

序号	文件名称	编制时机		说　　明
		工程研制	设计定型	
15	价值工程和成本分析报告	✓	✓	设计定型申请前，由承研承制单位编制
16	各种配套表、明细表、汇总表和目录	✓	✓	设计定型申请前，由承研承制单位编制
17	设计定型录像片	—	✓	由相关单位在各级定型审查会前完成编制
注：1. ✓表示应在该阶段编制，后续阶段修改完善； 2. —表示该阶段没有编制任务				

（四）设计定型（鉴定）文件的编制和装订要求

1. 技术文件

技术文件的编制应符合以下要求：

（1）技术文件的编制结构样式见 GJB 1362A 附录 B。内容一般包括：硬质封面（合订本）、封面、签署页、目次页、正文、附录和参考文献等部分。其中正文和附录等的章、条、表格、图、公式、量、单位等的编写应符合 GJB 0.1-2001 中第 7 章的规定；目次的编排应符合 GJB 0.1-2001 中 6.2 条的要求。

（2）技术文件幅面宜采用 A4（297mm×210mm）规格纸张，上、下边距分别为 25mm，左、右边距分别为 30mm。

（3）合订本的硬质封面结构样式见 GJB 1362A 附录 C。内容应包括：定型文件、产品名称（全称）、共__册 第__册、研制单位名称（全称）等。

（4）单本的封面结构样式见 GJB 1362A 附录 D。内容应包括：定型文件、文件名称（全称）、共__册 第__册、研制单位名称（全称）、密级、日期等。

（5）签署页的结构样式见 GJB 1362A 附录 E。内容应包括：文件名称（全称）、密级、签署页、编制、校对、审核、标审、会签、批准等栏目，并应注明日期。

（6）技术文件内容等的其他编制要求，应符合 GJB 1362A 各部分的规定。

2. 产品图样

产品图样的绘制应符合以下要求：

（1）图样内容一般包括封面、扉页、正文等部分；

（2）图样为蓝图；

（3）图样合订本的硬质封面样式见 GJB 1362A 附录 C；

（4）扉页的样式见 GJB 1362A 附录 E；

（5）行业图样管理制度。

3. 产品照片

产品照片的编制应符合以下要求：

（1）产品照片应独立成册，幅面为120mm×90mm或240mm×180mm。分辨率应为800万（3264×2448）像素（含）以上。

（2）产品照片应能反映产品全貌、主要侧视面、主要组成部分、主要工作状态（战斗状态和行军状态等）和作战效能等。

4. 字号字体与行间距

（1）公文。

公文文件的字号字体与行间距按照相关规定执行。

（2）技术文件。

技术文件的字号字体与行间距应符合以下要求：

① 硬质封面、封面和签署页的字号与字体分别见GJB 1362A附录C、附录D和附录F；

② 前言、目次等字样采用三号黑体；条文采用小四号宋体；

③ 正文文本一般采用小四号宋体（也可按需采用四号宋体）；

④ 正文文本行间距为21磅；

⑤ 正文的章、条编号和标题采用四号黑体；

⑥ 图的编号和图题采用五号黑体；

⑦ 表的编号和表题采用五号黑体；

⑧ 表中的文字和数字采用小五号宋体；

⑨ 图注、图的脚注采用小五号宋体；

⑩ 附录编号、规范性附录、资料性附录、参考文献、索引等字样采用五号黑体。

5. 标识与签署等

设计定型文件的标识与签署等应符合以下要求：

（1）图样、简图的编号应按照各行业图样管理规定；其他技术性定型文件的编号标识应符合研制项目的规定。

（2）设计定型文件的关键件、重要件特性的标注应符合GJB 190的规定。

（3）设计定型文件中选用的标准件、外协件和外购件等的标注应完整、正确，并符合有关标准的规定；完整的标注包括：产品名称、型号、规格、标准号或产品标准；进口的元器件应注明国名（地区）。

（4）图样的更改，应当改、换底图，换发蓝图。

（5）设计定型文件的封面应有“设计定型”标识。

（6）设计定型文件的签署程序、签署要求应当符合各行业管理制度和研制项目的具体规定，并且完整、有效。

（7）设计定型文件除具有纸质文件外，还应按照GJB 5159《军工产品定型电子文件要求》的要求制作相应的军工产品定型电子文件。

6. 设计定型文件的装订要求

设计定型文件的装订应符合以下要求：

(1) 技术文件和产品图样一般要分别装订；

(2) 技术文件要分类装订成册，每册要有目录，厚度不应超过25mm；

(3) 图样应装订成册，并编张号，每册厚度不应超过50mm；

(4) 设计定型文件一般采取穿线装订，产品技术说明书、使用维护说明书等也可以按照图书装订；

(5) 设计定型文件成册后应有硬质封面，不应用塑料和漆布面，封面为天蓝色。

(五) 转定型(鉴定)会议审查应提供的文件

设计定型(鉴定)会议审查，承制单位一般应提供的相关文件包括：

(1) 研制总要求、研制合同及技术协议书；

(2) 设计定型审查意见书；

(3) 设计定型申请报告；

(4) 军事代表机构或军队其他有关单位对设计定型的意见；

(5) 设计定型试验文件(各类试验项目的试验大纲、试验报告、试验规程及相关试验表格、试验记录等文件)；

(6) 产品研制总结；

(7) 生产准备状态检查报告；

(8) 研制规范、产品规范(材料规范、工艺规范和软件规范视情而定)；

(9) 工艺标准化大纲；

(10) 产品质量保证大纲；

(11) 质量分析报告；

(12) 关键件(或特性)、重要件(或特性)、关键工序、特种工艺的质量控制文件以及关键件、重要件首件鉴定文件；

(13) 产品检验或验收的质量控制和质量保证文件(如验收规程和检验规程等)；

(14) 技术说明书；

(15) 使用维护说明书；

(16) 产品履历书；

(17) 重大技术问题的技术攻关报告；

(18) 产品标准化大纲、标准化工作报告和标准化审查报告；

(19) 可靠性、维修性、测试性、保障性、安全性评估报告；

(20) 主要的设计和计算报告(含数学模型)；

(21) 软件(含源程序、框图及说明等)；

(22) 软件需求分析文件;
(23) 软件设计、测试、使用、管理文档;
(24) 产品全套设计图样;
(25) 价值工程和成本分析报告;
(26) 各种配套表、明细表、汇总表和目录;
(27) 产品像册(片)和录像片;
(28) 二级定委要求的其他文件。

(六) 转定型(鉴定)会议审查备查文件目录

(1) 工作总结报告;
(2) 标准化大纲(状态 D);
(3) 标准化选用设计报告;
(4) 标准化选用清单;
(5) 标准化工作总结报告;
(6) 特性分析报告;
(7) 系统规范(状态 D);
(8) 研制规范(状态 D);
(9) 材料规范(状态 D);
(10) 工艺规范(状态 D);
(11) 软件规范(状态 D);
(12) 试验规范(状态 D);
(13) 检验规范(状态 D);
(14) 环境试验大纲(状态 D);
(15) 环境试验规程;
(16) 环境试验记录;
(17) 环境试验表格;
(18) 环境设计报告;
(19) 环境设计准则;
(20) 环境预计报告;
(21) 环境应力筛选报告(状态 D);
(22) 环境试验总结报告;
(23) 可靠性试验大纲(状态 D);
(24) 可靠性试验规程(程序);
(25) 可靠性试验记录;
(26) 可靠性设计准则;
(27) 可靠性预计报告(状态 D);

（28）故障模式、影响及危害性分析（FMECA）报告；
（29）故障报告、分析与纠正措施系统（FRACAS）；
（30）可靠性符合性验证报告；
（31）S 型样机可靠性工作总结报告；
（32）维修性大纲；
（33）维修性预计报告；
（34）维修性设计分析报告；
（35）S 型样机维修性工作总结报告；
（36）测试性大纲；
（37）S 型样机测试性工作总结报告；
（38）安全性大纲；
（39）安全性设计准则；
（40）安全性试验验证报告；
（41）安全性工作总结报告；
（42）保障性大纲；
（43）保障性设计报告；
（44）S 型样机综合保障总结报告；
（45）减重分析报告；
（46）腐蚀防护与控制报告；
（47）电磁环境效应报告；
（48）元器件选用管理工作报告；
（49）材料选用清单；
（50）材料选用设计报告；
（51）电子元器件选用清单；
（52）动力学环境适应性仿真分析报告；
（53）静强度分析报告；
（54）工艺性分析报告；
（55）工艺总方案（状态 D）；
（56）工艺说明书；
（57）特殊过程工艺文件；
（58）关键件、重要件、关键工序的工艺文件；
（59）采用新工艺、新技术、新材料、新设备的相关证明文件；
（60）工艺标准化综合要求（状态 S）；
（61）工艺总结报告；
（62）耐久性设计分析报告；

（63）耐久性试验与评估方案；
（64）耐久性试验方案；
（65）耐久性试验总结；
（66）噪声辐射预计与控制分析；
（67）噪声辐射测试报告；
（68）S 型件设计验证报告；
（69）热性能分析报告；
（70）检测需求明细表；
（71）固有频率分析报告；
（72）产品仿真模型、系统仿真用数学模型；
（73）性能仿真模型；
（74）外型尺寸图（含重量）、电子数模、三维数模；
（75）产品图样（原理图/电路图、连接图/接线图、交联关系图、包装图样）；
（76）专用测试设备图样；
（77）随机工具图样；
（78）产品质量保证大纲；
（79）成本估算分析报告。

（七）转定型（鉴定）会议审查研制总结示例

本示例给出了某型导弹的研制总结，示例不具有一般性，针对具体产品，可根据标准要求的内容视情剪裁，也可视情增加，不可机械地套用。

1. 研制任务来源

为了满足××××××××需求，××××年×月×日××××部以××[××××]××号文，通报了××××××××批准立项研制，装备命名为××××，简称××××。

××××系统的研制依据为：

××××年×××部以××[××××]×××号文《批复××××××××××导弹系统研制总要求》。

××××导弹研制由××××作为技术责任总体单位；××××作为××××配套设备承研单位。

2. 产品概述

2.1 使命任务及作战使用要求

××××导弹是我国研制的××××××××，××××年×月立项研制，×××年完成设计定型试验，首装××××飞机，适挂于××××、×××V、×××V 等飞机。××××导弹主要使命任务是××××××××，××××××××。

×××导弹的主要战术技术指标如下：

打击目标：×××××。

最大射程:×××××。

最小射程:×××××。

飞行速度:×××××。

飞行高度:×××××。

命中精度:×××××。

毁伤威力:×××××。

发射条件:×××××。

尺寸:×××××。

重量:×××××。

×××导弹有两种典型作战使用模式:

(1) ×××攻击方式,用于××××××××××××××××××××××××××××××××××;

(2) ×××攻击方式,用于××××××××××××××××××××××××××××××××××。

2.2 产品组成及主要功能

2.2.1 产品组成

××××导弹系统由×××导弹、××××、××××、××××、××××、××××、××××和××××组成。

×××导弹全弹共分×个舱段,由前向后分别是×××舱、×××舱、×××舱、×××舱、×××舱和×××舱。导引头舱内装×××、×××、×××、×××等;×××舱内装×××、×××、×××、×××、×××等;×××舱内装××××××××等;××××××××。

……

2.2.2 产品主要功能

……

2.3 研制任务分工

××××导弹由××××××××负责研制,其主要分系统的研制分工如表 3-8 所列。

表 3-8 ×××导弹及主要分系统研制任务分工表

产品名称	级别	新研或改型、选型情况	研制单位	备注
×××导弹系统	一级	新研	×××	—
×××导弹	二级	新研	×××	—
×××导弹发动机	二级	新研	×××	—
—	—	—	—	—

3. 研制过程

××××导弹系统的研制工作从××××年底开始,先后经历了方案、工程研制和设计定型三个阶段。

3.1 方案阶段

××××年×月至××××年×月为方案阶段，依据×××下发的“×××导弹武器系统作战使用性能初步要求”，主要围绕××××××××××××××××××××进行关键技术的相关论证工作，确定了××××××××××方案。经过××××××××，确定了××××××××承研单位。

方案阶段完成的主要工作：

(1) 根据导弹的××××要求，通过××××××××，确定了××××××××；

(2) 开展了××××，××××，×××等主要关键技术的论证工作；

(3) ××××××××。

在方案阶段，完成了对导弹总体方案设计和关键技术的论证、原理样机的研制，××××年×月通过了由××××部和×××公司联合主持召开的方案阶段评审，型号转入工程研制阶段。

3.2 工程研制阶段

3.2.1 初样机研制

××××年×月至×××年×月为初样机研制。在初样机研制状态，完成了×××弹×枚、×××试验弹×枚、×××试验弹×枚和×××弹×枚。其主要工作如下：

(1) 完成并下发了各分系统初样机研制的任务。对×××、×××、×××、×××、×××、×××、×××和×××等分系统设计方案进行了评审。

(2) 完成了导弹总体气动布局优化设计、××××××设计和××××××设计，通过××××××试验和×××试验；在×××基地完成了××××××试验和××××××试验，经××××××仿真计算、××××××试验以及××××××飞行试验验证，解决了××××××问题。

(3) 完成了××。

……

在初样机研制规程中，完成的大型试验项目共计××项，试验项目见表3-9。

表3-9 初样机研制阶段大型试验项目

序号	试验项目名称	试验时间	试验地点	备注
总体气动试验				
1	××××××风洞试验	×年×月×日	×××所	—
2	××××××抛放试验	×××	×××	—
3	××××××测力及校核试验	×××	×××	—
4	××××××试验	×××	×××	—
5	××××××试验	×××	×××	—
…	—	—	—	—

续表

序号	试验项目名称	试验时间	试验地点	备注
结构强度试验				
1	××××××静力试验	×××	×××	—
2	×××舱段静力试验	×××	×××	—
3	××××××试验	×××	×××	—
4	×××试验	×××	×××	—
5	××××××试验	×××	×××	—
…	—	—	—	—

×××年×月通过了由×××部和×××公司联合主持召开的初样机研制(C 状态)转入正样机研制和试验(S 状态)的评审,评审组一致认为初样机主要研制工作已经完成,可以转入正样机研制和试验状态。

3.2.2　正样机研制和试验

×××年×月至×××年×月为正样机研制和试验,在正样机研制和试验规程中,逐步完善了×××导弹的详细设计,经充分的地面试验和空中挂飞试验验证后,先后进行了动力外形弹飞行试验、自控弹飞行试验以及自导弹飞行试验。

1) 动力外形弹研制状态

×××年×月至×××年×月为动力外形弹状态。在动力外形弹研制状态,总体和各分系统承研单位按照研制要求完善了设计,主要工作如下:

(1) 完成了××××××××××、××××××××××××××××××××工作。针对××××××,及××××××××××出现的问题和故障进行了归零。

(2) 编写了××××××××××××××××××××××××××××××××××××。

(3) 完成了×××××××××××××××试验,验证了××××××××××××××××××××。

(4) 完成了××××××××××××××试验,考核了××××××××××××××××××××性能。

在动力外形弹状态,研制动力外形弹×枚,完成的大型试验项目共计×项(详见表 3-9)。

×××年×月完成了动力外形弹进场前评审,×××年×月至×××年×月按《×××导弹动力外形弹飞行试验大纲》在××××××进行了×枚动力外形弹飞行试验。

主要目的是:验证×××××××××××××××××××××××××××××××;检验××××××××××××××××××××××;验证××××××××××××××××××××××××××××××;检验××××××××××××××××××××××××××××××;以及检验××××××××××××××××××××××××××××××××。

×××年×月×日和×××年×月×日,在×××进行了×枚动力外形弹飞行试验,所有试验项目均得到验证,试验获得成功。具体情况见《×××导弹动力外形弹飞行试验报告》。

×××年×月通过了由×××部和×××公司联合主持召开的动力外形弹研制状态转入自控弹研制状态评审,评审组一致认为×××××××××设计合理;××××××××××;××××××××××工作协调;弹上××××××××××××××××××××工作正常;动力外形弹研制状态的关键技术已基本解决,具备转入自控弹研制状态的条件,可以转入自控弹研制状态,如表3-10所列。

表3-10 动力外形弹研制状态的大型试验项目

序号	试验项目名称	试验时间	试验地点	备注
1	×××吹风试验	×年×月	×××基地	—
2	×××试验	×××	×××	第二期
3	×××试验	×××	×××	—
4	×××试验	×××	×××	—
5	×××试验	×××	×××	—
…	—	—	—	—

2) 自控弹研制状态

……

3) 自导弹研制状态

……

3.3 设计定型阶段

××××年×月至××××年×月,转入设计定型阶段。

××××年×月×日,在×××导弹系统转设计定型阶段的评审会上确定了导弹的设计定型状态,批准进行定型弹生产。××××年×月至×月分别完成了×××导弹设计定型试验大纲、靶场外试验大纲和各类技术鉴定试验大纲(大纲名称)的评审及批复。××××年×月至××××年×月,×××导弹在×××进行了×枚定型弹飞行试验,成功地完成了设计定型飞行试验考核。××××年×月,所有的靶场外鉴定试验项目均通过了考核。××××年×月,×××导弹进入定型资料准备状态。××××年×月,×××导弹系统所有Ⅱ类、Ⅲ类和Ⅳ类产品均完成了设计定型和鉴定评审,×××导弹作为Ⅰ类定型产品完成了所有定型资料的准备和内部审查工作。

定型阶段共生产导弹×枚,其中,定型遥测弹×枚,定型战斗弹×枚,××××××××××××××。

×××××××××××××××××××××××××××××××。

3.4 关键技术攻关情况

××××导弹作为××××××,涉及××××××、××××××、××××××等关键技术。

3.4.1 ××××××技术

××××技术在国内××××××××××××,主要存在的问题是××××××××××××,在××××××××××××××××××有待试验验证。研制过程中,为攻克××××××,采取的主要措施包括:

(1) 改善×××××××××××××××。采用××××××××××××××××××,×××××××××。采用×××××××××,×××××××××。

(2) 采用×××××××××。导弹的××××××××××××××××××××××××××××,对于×××××××××部分采用×××××××××××××。

(3) 对于×××××××××采用××××××方法,降低×××××××××。

通过××××××试验,及××××××试验验证,×××导弹×××性能满足研制总要求。

3.4.2 ××××××技术

……

4. 设计定型试验情况

4.1 软件定型测评

××××导弹弹载软件共有××个,分别是:×××软件、×××软件、……。其中,关键软件××个,重要软件××个,一般软件××个。

按照××××年×月批复的××[××××]××号《×××导弹××××××大纲》,××××年×月×日开展了测评工作,软件测评版本号×××-×××,定型测评由×××、×××组织,×××软件测评中心和×××实验室软件评测中心承担实施。其中×××软件测评中心完成了×××软件、×××软件、……软件的测试;×××实验室软件评测中心完成了×××、……软件的测试,软件测评按《×××导弹系统设计定型阶段软件第三方测试方案》执行。

软件定型测试内容如下:

(1) 文档审查:对软件研制单位的文档进行审查。重点审查文档的完整性、文档内容的直观性和易于理解性、文档的一致性、文档的准确性、文档编写的符合性。

(2) 代码审查:×××××××××××××××××××××××××××××。

(3) 系统测试:×××××××××××××××××××××××××××××。

××××年×月由×××主持,在×××召开了《×××导弹系统设计定型阶段软件第三方测试方案》评审会,对方案进行了评审,确定了第三方软件测试的机构分工及职责、测试内容、测试要求、测试方法、通过准则等。

××××年×月至×月完成了上述软件项目的文档审查及代码审查工作(导弹

综合测试系统软件无需代码审查)。

××××年××月至××月完成了弹载软件项目的系统测试计划及测试用例设计。×××年×月×日由×××办主持,在××召开了×××导弹系统设计定型阶段软件测试计划暨测试说明评审会,对弹载软件项目的代码审查总结报告、测试计划和测试说明进行了评审。

××××年×月至××月,完成了弹载软件项目的动态测试执行及系统测试回归。

××××年×月由××××主持,在×××召开了×××导弹系统设计定型阶段软件测试结果评审会,对×××××××××测试结果进行了进场评审。所有×××导弹定型状态软件均通过软件定型测评。

针对测试中发现的所有问题,各软件承研单位都作了处理,定型测试机构也全部进行了回归测试,保障了软件质量。确定的软件定型版本,如表3-11所列。

表3-11　×××导弹软件定型测评

软件项目名称	第三方软件评测单位	文档审查及 代码审查问题	系统测试问题	最终版本号
×××软件	×××软件测评中心	一般缺陷××个,建议改进缺陷××个	无	V.×.×.×
×××软件	×××实验室软件评测中心	建议改进××个	严重缺陷×个:…… 一般缺陷×个:…… 建议改进×个:……	V.×.×.×
…	…	…	…	…

4.2　基地试验

4.2.1　靶场外鉴定试验

×××导弹的靶场外鉴定试验包括性能测试、环境鉴定、可靠性鉴定、××××××、×××、×××、×××、×××、××××××、×××、×××试验和导弹系统软件测评等×项。

4.2.1.1　性能测试

×××年×月×日,在×××环境实验室用综合测试设备对导弹进行了性能测试,测试结果表明导弹及弹上分系统技术性能满足设计定型技术状态要求。

4.2.1.2　电磁兼容性试验

4.2.1.3　环境鉴定试验

××××年×月×日至×月×日,在×××厂、×××所进行了环境鉴定试验。试验按顺序完成了×××、×××、×××、×××、×××、×××、×××、×××、×××、×××等××项试验,试验结果表明导弹环境适应性满足研制总要求。

4.2.1.4　可靠性鉴定试验

××××年×月至×月，在×××所进行了可靠性鉴定试验，试验结果表明导弹挂飞可靠性满足研制总要求。

……

4.2.2　靶场试验

××××年×月至××××年×月，×××导弹在×××进行了×枚定型弹的设计定型靶场试验，成功地完成了设计定型飞行试验考核。试验依据××××年×月批复的××[××××]××号《×××导弹系统设计定型试验大纲》组织实施，共发射导弹×枚，成功精确命中靶标×枚，飞行试验结果如表3-12所列。

表3-12　导弹定型飞行试验结果

参试产品	试验日期	发射高度 h	发射速度 M	弹上系统工作情况	飞行时间 /s	射程 /km	脱靶量 m	巡航速度 M	试验结论
0-××	×××	×××	×××	正常	×××	×××	×××	×××	成功
0-××	×××	×××	×××	×××	×××	×××	×××	×××	成功
0-××	×××	×××	×××	×××	×××	×××	×××	×××	成功
…	…	…	…	…	…	…	…	…	…

根据定型试验大纲要求，对导弹的发射条件和飞行条件进行了综合考核。于××××年×月×日至×月×日进行了×枚导弹的飞行试验，试验情况如下：

0-××号导弹：验证×××××××××；导弹采用×××飞行，弹目距离×××km时××××××，××××××××××××，准确命中靶标，导弹命中精度×××m。

……

通过×枚定型弹的飞行试验，×××导弹的各项性能指标得到了全面考核。

4.3　部队试验

……

5. 出现的技术问题及解决情况

5.1　主要技术问题及解决情况

导弹系统在研制过程中过出现×个主要技术问题，均已归零。

5.1.1　××××××××××问题

××××年×月×日，在进行×××××××××试验中，导弹出现××××××××现象，致使导弹××××××××。

从×××数据分析，××××××××。由于××××××××，致使××××××××。

针对上述原因，采取的措施是：

(1) ×××××××××××××××；

(2) ×××××××××××××××。

××××年×月×日,×××部和×××部在×××联合主持召开了×××××××××系统故障归零评审会,专家组一致认为:×××××××××方案,经过×××××××××××××××××分析,方案可行,×××××××××××××××。

××××年×月×日进行了×××××××××飞行试验,采用×××××××××方案,试验取得了圆满成功。经过××××××××××试验、××××××××××、××××××××××、××××××××××试验验证,证明了采用××××××××××××××××××××××××方案的正确性和合理性。

5.1.2　××××××××××问题

××××年×月到×月,在×××××××××××××靶试过程中,××导弹出现×××××××××现象,导致×××××××××。针对这一问题,设计人员对试验数据和现象进行了分析,并对可能引起××××××××××××现象的原因进行了排查。××××年×月×日至×日,在××召开了××××××系统故障分析会,结论是:××××××××导弹靶试时出现××××××的可能原因主要是××××××××××××××××××××××;×××××××××××× ××××××××××××。会上专家组建议:

(1) ×××××××××××××××××××××××××;

(2) ×××××××××××××××××××××××××。

根据故障分析会的故障定位以及与会专家提出的建议,两总系统组织了专项问题攻关组,开展×××××××××××××××××××验证试飞工作。共完成了××批次××架次××××××××××××验证试飞工作。

完成故障复现试飞后,总师系统对×××系统进行了优化改进,改进措施如下:

(1) ×××××××××××××××××××××××××;

(2) ×××××××××××××××××××××××××。

完成改进措施后,在×××进行了改进措施验证××××××××试验,试验中×××系统工作正常,验证了改进措施的有效性。

××××年×月×日,由×××部和×××公司在×××联合主持召开××××××系统故障归零评审会。评审组认为,×××导弹××××××××××故障已进行了归零处理,可以转入下一阶段的××××××××××××工作。

在完成×××××××××问题技术攻关后,共进行了×枚××弹的靶试工作,在××次飞行试验中×××系统均工作正常。此后在×枚××弹靶试中,×××系统均工作正常,证明了×××技术攻关取得成功。

……

5.2　定型试验状态出现的一般问题及解决情况

×××导弹系统设计定型试验没有出现问题,其战技指标满足××[××××]××

号文《批复×××导弹系统研制总要求》的规定。

6. 主要配套产品的定型(鉴定)情况及质量、供货保障情况

××××导弹定型(鉴定)项目共有××项。其中,进行二级设计定型的有××项,三级设计鉴定的有××项,三级以下级鉴定的有××项。表中的生产厂家均是具有军工产品生产资质的单位,所有产品均已完成设计鉴定和设计定型,符合在×××导弹上装载使用的要求。

××××导弹的成品配套和元器件采购按××××××公司质量管理体系程序文件×××《采购过程控制程序》控制。采购的成品和元器件的供应方均在“合格供方目录”中,产品质量可靠,供应渠道畅通,供货周期可以满足生产要求,如表3-13所列。

表3-13 ××导弹系统主要配套成品、设备、零部件、元器件、原材料、软件明细

序号	名　称	类别	数量	定型级别	新研或外购情况	考核情况	配套单位	质量、供货保障情况
1	×××导引头	配套成品	×套	Ⅱ	新研	已定型	×××所	供货充足质量稳定
2	×××装置	部件	×套	Ⅱ	新研	已定型	×××	×××
3	×××装置	部件	—	Ⅱ	新研	已定型	×××	×××
4	战斗部	配套成品	—	Ⅱ	外协	已定型	×××	×××
5	×××	设备	—	Ⅲ	外购	已鉴定	×××	×××
6	×××活门	器件	—	Ⅳ	外购	已鉴定	×××	×××
…	…	…	…	…	…	…	…	…

7. 产品可靠性、维修性、保障性、测试性、安全性情况

7.1 可靠性情况

根据研制总要求,×××导弹的可靠性指标要求如下:

(1) 自主飞行可靠度。

规定值:不小于0. ××(置信度0. ××);

最低可接受值:不小于×. ××(置信度0. ××)。

(2) 挂飞可靠性。

规定值:不小于×××小时(置信度0. ××);

最低可接受值:不小于×××小时(置信度0. ××)。

按照GJB 450A《装备可靠性工作通用要求》,总设计师系统从方案阶段开始制定了《××××导弹可靠性保证大纲》,并下发各有关研制单位贯彻实施。同时为保证可靠性保证大纲的贯彻落实,为分系统提供具体的应予遵循的指导原则,

在研制初期制定了型号专用的可靠性顶层文件，并下发给各分系统指导其开展可靠性工作。

在方案阶段，按照可靠性指标要求开展了初步的可靠性分配和预计工作。根据导弹各分系统技术状态的变化，以及与分系统单位的多轮技术协调，在详细设计状态，再次进行可靠性指标分配，并将分配值纳入各分系统的研制任务书中。×××系统、×××系统、×××装置、×××装置、×××系统、×××系统等均进行了可靠性预计。经可靠性分析、增长试验、研制（测定）试验和可靠性鉴定试验验证，导弹及各系统的可靠性指标均达到了研制要求。

在可靠性设计方面，方案阶段，总设计师系统编制了《×××导弹可靠性设计准则》并下发各分系统单位，规定了可靠性设计的一般要求和详细要求。

为保证可靠性设计准则的贯彻落实，在研制阶段均进行了可靠性设计准则符合性检查，总体单位进行了电气系统和弹体结构可靠性设计准则符合性自查，编制了《×××导弹电气系统可靠性符合性设计报告》与《×××弹体结构可靠性设计准则符合性报告》，同时对各分系统可靠性设计准则符合性进行了检查，各分系统单位编制了可靠性设计准则符合性报告。

在S1和S2状态，各分系统都进行了故障模式、影响及危害性分析，在此基础上，总体编制了《×××导弹动力外形弹故障模式影响分析报告》。

在元器件的控制与管理方面，为提高成件的可靠性，在研制初始阶段，总体单位组织各分系统编写了《×××导弹武器系统元器件优选目录》，并于第二次工作会议上下发各分系统，同时还下发了《×××导弹武器系统元器件大纲》《×××导弹武器系统元器件质量与可靠性管理规定》《×××导弹武器系统电子元器件二次筛选规范》《×××导弹武器系统元器件破坏性物理分析（DPA）工作管理规定》等文件，督促各分系统按顶层文件开展工作。

建立了故障报告闭环系统，确定故障报告、分析和纠正（FRACAS）程序，记录和保存全部活动过程中形成的文件，以保证出现的故障得到及时报告、分析和纠正。制定×××导弹系统的故障报告、分析和纠正措施规范，加强×××导弹武器系统FRACAS管理，促进故障信息交流、查询、保存和统计分析，并尽量避免研制过程信息的遗漏和丢失。

在可靠性测定试验、可靠性鉴定试验、带飞试验和飞行试验可靠性数据统计的基础上，对产品的挂飞阶段可靠性进行了评估。导弹挂飞可靠性为×××h，自主飞行可靠度≥×××，满足可靠性指标要求。

7.2　维修性情况

根据研制总要求，×××导弹的维修性指标要求如下：

××××××××××××××××。

×××导弹根据研制总要求建立维修性模型，采用×级维修体制，方案、工程研制阶段结合功能试验和可靠性试验进行维修性核查，×××导弹维修的可达性良好。按照《×××导弹设计定型靶场外鉴定试验大纲》的要求，于××××年×月×日在×××进行了互换性试验，试验结果导引头舱、×××和×××具有良好的互换性。

导弹维修能满足平均修复时间 MTTR≤×h，按照《×××导弹设计定型靶场外鉴定试验大纲》的要求，于××××年×月×日至×月×日在×××进行了二级维修平均修复时间试验，试验结果为×××min，满足研制总要求。

通过对×××导弹使用过程中的导弹故障数据进行分析，导弹故障率较低，涉及导弹维修保障工作较少。在导弹贮存可靠性较高的情况下，导弹本身具有的维修性可以满足部队使用要求。

7.3　测试性情况

……

7.4　保障性情况

……

7.5　安全性情况

……

8. 贯彻产品标准化大纲情况

8.1　标准的贯彻实施情况

根据×××《武器装备研制生产标准化工作规定》和×××公司《产品研制标准化管理办法》等文件规定，型号标准化工作系统在型号行政指挥系统的领导下，配合型号设计师系统开展工作。为保证标准化工作与型号研制同步开展，在方案阶段，依据导弹系统的组成、研制特点和技术状态标识等要求，结合国军标、航标和企标的要求，编写了《×××导弹武器系统标准化大纲》和《×××导弹武器系统产品标准化体系表》。明确了导弹标准化工作的原则、目标和要求；提出了重大标准的贯彻实施意见和研制各阶段的标准化任务；规定了与分系统标准化之间的协调原则、办法和程序；并编写发出了基础标准、材料标准、标准件标准限用清册，组织开展了型号"三化"的设计工作。

型号标准化工作系统按照产品标准化大纲的规定和要求，组织标准化专业设计人员对导弹各系统设计图样、设计文件进行全面标准化审查，重点审查了产品中必须贯彻的重要性互换标准和基础标准、原材料标准、标准件标准以及产品图样管理规定在产品设计图样和设计文件中的贯彻执行情况。标准化审查中提出各类技术性问题均得到妥善处理。

为了保证型号先进的战技指标，提高设计质量，将研制纳入科学化、现代化轨道，型号研制过程始终注意加强型号的可靠性、维修性、测试性、保障性、安全性、电磁兼容性、质量保证、标准化等。研制过程贯彻执行了《×××导弹武器系统产品质量保证大纲》《×××导弹武器系统可靠性大纲》《×××导弹武器系统标准化大纲》《×××导弹武器系统维修性大纲》《×××导弹武器系统安全性大纲》《×××导弹武器系统保障性大纲》和《×××导弹武器系统电磁兼容性大纲》,并在型号研制过程中实施动态管理,根据实施过程中的情况进行了完善,导弹各系统严格按照上述大纲进行各阶段研制。

为保证×××导弹系统的设计符合通用化、系列化、组合化设计要求,标准化系统规定了×××导弹系统设计图样中必须贯彻的重要性互换标准和基础标准。针对导弹的研制需要,制订了××项标准,其中国家军用标准××项,行业标准××项(必要时可列表给出)。

……

××××导弹定型生产用的图样共计×××张;设计文件×××份,用于生产的图样和设计文件配套完整,格式统一、正确;图文物一致,符合标准化管理规定。

……

8.2　通用化、系列化、组合化情况

××××导弹充分借鉴其他型号及相关单位产品的经验,借助国内外先进、成熟技术,贯彻通用化、系列化、模块化的设计思想。为保证×××导弹的设计符合通用化、系列化、组合化设计要求,标准化系统规定了×××导弹系统设计图样中必须贯彻的重要性互换标准和基础标准;对原材料、成品、元器件、标准件的选用提出了标准化具体要求;在产品各系统及其组件、零部件设计过程中,充分利用×××导弹的设计结构,开展产品的通用化设计工作,使得产品性能在满足研制总要求的同时达到了合理的成本消耗,并且兼顾未来发展需要。

……

8.3　标准化程度评价

经分析计算,××××导弹的标准化系数为××,达到产品标准化大纲规定的指标。标准化工作取得了良好的效果,具体表现在:

(1) 成套发文使图样、设计文件基本统一、协调、完整,提高了发文质量;

(2) 通过在产品上贯彻各项互换性基础标准,保障了产品系统之间连接的互换性;保障了产品的维修性;

(3) 通过贯彻执行各项标准限用文件,极大限度地压缩了专用件、原材料等品种、规格,获得了一定的经济效益;

(4) 通过在产品中开展"三化"设计,保障了用户对产品的使用性和维护性;

(5) 为本型号的改进、改型工作做好了提前的准备工作;

(6) 减少了专用工装的投入,有利于组织产品批生产,降低产品的制造成本。

××××导弹系统研制过程中严格贯彻《武器装备研制生产标准化工作规定》,按照《××××导弹武器系统标准化大纲》要求开展标准化工作。××××导弹系统按照《××××导弹武器系统标准化大纲》和《××××导弹设计文件出图要求》的规定,贯彻实施《××××导弹武器系统标准选用目录》中的国家标准、国家军用标准、航天行业标准、企业标准及航天总公司发布的强制性标准,建立了×××导弹系统标准体系。××××导弹系统设计文件正确、完整、齐套、协调,符合设计文件出图规定及绘制要求。

……

9. 产品质量、工艺性、经济性评价

9.1 产品质量评价

根据军工产品质量保证要求和导弹研制的质量保障要求,为确保导弹系统研制工作有序开展,成立了型号行政总指挥系统、总设计师系统和总质量师系统,明确了系统之间的关系及各自的质量职责;制定了型号的产品质量保证大纲、质量师系统工作规定、FRACAS 系统工作规定等质量管理体系文件,规定了相关单位、部门人员应当承担的质量责任;制定了质量方针和质量目标,确定了质量管理体系自身的建设要求;符合 GJB 9001C 对质量管理体系的建设要求。

在工程研制阶段,质量工作重点是依据产品质量保证大纲、质量师系统工作规定、FRACAS 系统工作规定等质量管理体系文件,规范设计、器材采购和加工装配行为,进行过程控制,严把设计和生产质量关。

在设计质量控制上,按照质量管理体系程序中相关文件要求进行,严格技术状态管理,设计图样更改严格履行审批手续。

在技术状态管理上,×××××××××××××××。

在生产过程质量控制上,×××××××××××××××。

在外协、外购产品质量控制上,×××××××××××××××。

在不合格品处理的控制上,×××××××××××××××。

针对设计、生产、试验中暴露出来的重大技术问题,组织进行专题评审、技术攻关和技术归零;在各次进场试验前,组织进场评审工作。

在产品研制过程中,还开展了多次质量工作检查及复查,促进质量管理工作和体系建设不断完善。

……

9.2 产品工艺性评价

××××导弹系统研制过程中,编制了工艺总方案和各类工艺文件××册;设计、制造了专用工装×××(件)套,设计制造及购置了××种非标准仪器仪表设备及专用测试设备;完成了进气道法兰盘加工变形,×××××××××工艺,×××××××××加工工艺,××××××、××××××、……工艺,××项重点工艺攻关,加强对外协外购件的质量控制和产品验收工作,对关键件组件,明确了验收指标。××××导弹系统弹上其余产品均为×××导弹定型产品,其生产批量累计×××套,工艺成熟,质量可靠。

……

×××导弹系统大量采用×××××××××的成熟技术、产品和工艺,导弹系统工艺总方案、工艺路线、工艺规程合理可行,工艺装备齐全;型号研制过程中贯彻执行了通用化、系列化和模块化的"三化"设计思想,降低了设计、试验和生产成本;导弹系统具有良好的工艺性和经济性。通过研制阶段试验弹的研制和批产弹的生产,工艺存在的问题和难点都得到有效解决,×××导弹生产工艺现已经成熟并趋于稳定,具备了小批量试生产的条件。

9.3　产品经济性评价

为达到性能质量最优、经济性最好的型号研制目标,××××导弹型号系统确立了价值工程需达到的目标及工作计划,明确了系统之间的关系及各自的职责,建立了相关管理体系。

在研制过程中不断完善价值工程目标、工作方法。严格按照×××××、×××发布的×××字第××××号文《关于国防科研试制费使用若干问题的规定(试行)》和×××字第××××号文《国防科研试制费核算暂行规定》以及×××自行发布的《重点型号科研财务管理办法》(司财字[××××]×××号文)、《科研试制费的管理与核算办法》(司财字[××××]×××号文)和《重点型号科研试制费的会计核算办法》(司财字[××××]×××号文)强化科研财务管理,控制科研经费的开支。在设计、研制、试验及小批量试生产过程中,始终本着满足高质量的基础上,尽可能降低各项成本的思想贯彻三化设计理念,在实施价值工程工作过程中,在满足技战术指标的前提下,提高零件的加工工艺性,降低成本。尽量采用通用、标准、成熟元器件,压缩元器件的品种和规格,以利于采购和生产的顺利进行。通过以上措施,使导弹系统整体具有较好的经济性。

××××年×××部与×××公司正式签订研制合同,由×××公司进行×××导弹的设计、研制和生产。×××导弹研制工作从××××年××月开始至×××年结束,合同明确研制阶段生产×××导弹××发,包含:×××弹×发,×××弹×发,×××弹×发,×××弹×发,×××弹×发,×××弹×发,×××弹×发,×××弹×发。研制经费严格按照[××××]计计字第××××号《国防科研项目计价管理办法》控制使用,研制成本支出×××万元。

×××导弹系统研制经费×××万元,超概算研制经费×××万元(包含研制×××枚导弹)。截至××××年××月底,经费结余×××万元(经费结余=预算经费+超概算经费-实际研制成本)。如表3-14所列。

×××导弹批生产成本估算,如表3-15所列。

表 3-14 研制成本项目明细表 单位:元

序号	项 目	预算经费	超概算经费	实际研制成本
1	设计费	×××	×××	×××
2	材料费	×××	×××	×××
…	…	…	…	…
合 计		×××	×××	×××
经费结余		×××		

表 3-15 批生产成本项目明细表 单位:元

序号	项 目	金 额	备 注
1	一、制造成本	×××	×××
2	1、直接材料	×××	×××
	其中:原材料	×××	×××
	×××	×××	×××
…	…	…	…

……

根据批生产成本估算,初步预计××××导弹直接成本为××万元。

××××导弹订购价格除直接成本之外,还必须考虑订购周期、订购数量等因素。根据对×××公司生产能力的评估,具备年产××枚×××导弹的能力。根据合同监管机构需求,参考国内某型×××导弹订购价格,考虑批产经济性,当采购数量小于××枚时,订购价格预计为××万元/枚,当采购数量超过××枚时,订购价格预计为××万元/枚。

××××导弹采用×级维修体制,平均修复时间 MTTR≤×h,通过对××××导弹使用过程中的导弹故障数据进行分析,导弹故障率较低,涉及导弹维修保障工作较少。在导弹贮存可靠性较高的情况下,导弹本身具有的维修性可以满足部队使用要求。使用期限内费用开支主要涉及××××、××××、××××等项目,在正确按照使用维护方法操作情况下,预计维护费用约为××万元/枚。

……

10. 产品达到的战术技术性能

10.1 产品设计定型技术状态

×××导弹系统设计定型技术状态与装军[××××]×××号文《批复×××导弹系统研制总要求》的规定一致,不存在偏差。

10.2 产品战术技术指标达到情况

经过工程研制阶段试验验证和设计定型阶段定型试验的考核,导弹系统战术技术指标满足装军[××××]××号文《批复×××导弹系统研制总要求》的规定，如表 3-16 所列。

表 3-16 战术技术指标及使用性能符合性对照表

序号	名　称	要　求	试验结果	数据来源	考核方式	符合情况
1	最大有效射程	×××km	×××km	×××导弹设计定型试验报告	试验验证	符合
2	最小有效射程	×××km	×××km	…	试验验证	符合
3	最大航程	×××km	×××km	…	试验验证	符合
4	导弹射击扇面角	−×°～+×°	−×°～+×°	…	试验验证	符合
5	发射高度(海拔高度)	×××m～×××m	×××m～×××m	…	试验验证	符合
6	发射时载机速度	×××～×××	×××～×××	…	试验验证	符合
7	发射时载机姿态	俯仰:−×°～×° 横滚:−×°～×°	俯仰:−×°～×° 横滚:−×°～×°	…	试验验证	符合
8	发射方式	×××	×××	…	试验验证	符合
9	命中精度	CEP≤×××m	CEP=×××m	…	试验验证	符合
10	重量	≤×××kg	×××kg	×××导弹靶场外鉴定试验报告	试验验证	符合
11	弹长	≤×××mm	×××mm	…	试验验证	符合
12	翼展	≤×××mm	×××mm	…	试验验证	符合
13	弹径	Φ×××mm	Φ×××mm	…	试验验证	符合
…	…	…	…	…	…	…

10.3　承试单位提出的意见、建议及解决情况

10.3.1　××××××××××问题

×××年×月×日，在进行×××××××××××××试验中，承试单位提出××××××建议，以便进一步提高×××导弹的××××××××××××。

针对该单位提出的建议，采取的措施是：

(1) ××××××××××××××××；

(2) ××××××××××××××××。

10.3.2　××××××××××问题

××××年×月到×月，在×××××××××××××过程中，承试单位提出××××××建议，以便进一步提高×××导弹的××××××××××××。

针对该单位提出的建议,采取的措施是:

(1) ××××××××××××××××××××××××;

(2) ××××××××××××××××××××××××。

……

11. 产品尚存问题及解决措施

××××导弹系统完成了各个阶段的研制工作并经设计定型试验考核,其战技指标满足装军字[××××]×××号文《批复×××导弹系统研制总要求》的规定,在工程研制、鉴定和提前投产中出现的问题均已归零,不存在遗留问题。

12. 对产品设计定型的意见

××××导弹系统按照研制程序完成了方案阶段、工程研制和设计定型阶段的研制工作,导弹系统按照《×××导弹系统技术鉴定靶场外试验大纲》及《×××导弹系统设计定型试验大纲》的要求完成了靶场外鉴定试验、靶场设计定型试验。

试验结果表明,×××导弹系统战技指标和使用要求完全满足《批复×××导弹系统研制总要求》的规定。

目前导弹系统技术状态已经冻结,鉴定和提前投产批出现的问题均已归零,不存在遗留问题;产品严格贯彻标准化大纲规定,符合标准化要求;产品的生产图样和技术文件完整准确,定型阶段,共发出生产用图样×××份,文件(包括各类产品规范、清册、试验大纲)××份,设计定型资料满足 GJB 1362A—2007 的规定,准备齐全;产品配套齐全,配套设备、软件、部件均已完成鉴定;导弹系统所有设备、元器件、原材料质量有保证,货源稳定,具备小批量试生产的条件;承研单位×××已通过了武器装备科研生产许可和装备承研承制单位资格审查,具备国家和军队认可的武器装备科研生产资质。

××××导弹系统已具备设计定型条件,可以提交设计定型审查。

(八)转定型(鉴定)会议审查质量分析报告示例

1. 范围

本部分规定了军工产品质量分析报告的编制内容和要求。

本部分适用于军工产品设计定型文件的编制、军工产品鉴定文件的编制可参照执行。

2. 引用文件

下列文件中的有关条款通过引用而成为本部分的条款。凡注日期或版次的引用文件,其后的任何修改单(不包含勘误的内容)或修订版本都不适用于本部分,但提倡使用本标准的各方探讨使用其最新版本的可能性。凡不注日期或版次的引用文件,其最新版本适用于本部分。

GJB 439A—2013 《军用软件质量保证通用要求》;

GJB 467A—2008 《生产提供过程质量控制》;
GJB 546B—2011 《电子元器件质量保证大纲》;
GJB 726A—2004 《产品标识和可追溯性要求》;
GJB 906—1990 《成套技术资料质量管理要求》;
GJB 909A—2005 《关键件和重要件的质量控制》;
GJB 939—1990 《外购器材的质量管理》;
GJB 1269A—2000 《工艺评审》;
GJB 1309—1991 《军工产品大型试验计量保证与监督要求》;
GJB 1310A—2004 《设计评审》;
GJB 1362A—2007 《军工产品定型程序和要求》;
GJB 1405A—2006 《装备质量管理术语》;
GJB 1406A—2005 《产品质量保证大纲要求》;
GJB 1452A—2004 《大型试验质量管理要求》;
GJB 1686A—2005 《装备质量信息管理通用要求》;
GJB 2366A—2007 《试制过程的质量控制》;
GJB 2712A—2009 《装备计量保障中测量设备和测量过程的质量控制》;
GJB 2786A—2009 《军用软件开发通用要求》;
GJB 2993—1997 《武器装备研制项目管理》;
GJB 3206A—2010 《技术状态管理》;
GJB 3404—1998 《电子元器件选用管理要求》;
GJB 4072A—2006 《军用软件质量监督要求》;
GJB 5000A—2008 《军用软件研制能力成熟度模型》;
GJB 5236—2004 《军用软件质量度量》;
GJB 5707—2006 《装备售后技术服务质量监督要求》;
GJB 5708—2006 《装备质量监督通用要求》;
GJB 5709—2006 《装备技术状态管理监督要求》;
GJB 5711—2006 《装备质量问题处理通用要求》;
GJB 6387—2008 《装器装备研制项目专用规范编写规定》;
GJB 9001C—2017 《质量管理体系要求》;
GJB/Z 127A—2006 《装备质量管理统计方法应用指南》;
GJB/Z 170.1—2013 《军工产品设计定型文件编制指南 第1部分:总则》;

《军工产品定型工作规定》(国务院、中央军委于2005年9月20日颁布,国发〔2005〕32号);

《军用软件产品定型管理办法》(国务院、中央军委军工产品定型委员会于

2005 年 11 月 11 日发布,〔2005〕军定字第 62 号);

《武器装备质量管理条例》(国务院、中央军委发布,2010 年 11 月 1 日起施行,国发〔2010〕582 号)。

3. 术语

GJB 1362A—2007、GJB 1405A—2006、GJB 1406A—2005、GJB 2993—1997、GJB 9001C—2017 确立的术语和定义适用于本部分。

4. 基本要求

4.1 编制依据

主要包括:

a) 研制总要求(或研制合同及技术协议书);

b) 产品质量保证大纲;

c) 相关试验、评估报告;

d) 阶段评审意见;

e) 相关国家标准和国家军用标准;

f) 其他。

4.2 编制原则

主要包括:

a) 规范性。贯彻国家有关军工产品质量的方针、政策,落实《装备质量管理条例》《军工产品定型工作规定》等法规要求。

b) 系统性。内容全面、论述具体、协调一致。

c) 针对性。根据产品质量目标和要求进行质量工作分析与评价,重点分析研制过程中影响战术技术指标实现的技术质量问题及解决情况。

d) 合理性。紧密结合产品研制特点,数据分析合理,结论符合实际。

4.3 编制内容

主要包括:

a) 概述;

b) 质量要求;

c) 质量控制;

d) 质量问题分析与处理;

e) 质量改进措施与建议;

f) 结论。

5. 编制内容与要求

5.1 概述

简述产品名称、代号、任务来源,主要用途、组成及功能,研制过程(研制节点)和研制技术特点,产品质量保证特点,产品质量保证概况,试验验证情况,配套情况和其他需要说明的情况。

5.2　质量要求

简要说明质量目标、质量保证原则和产品质量保证大纲要求及产品质量保证相关文件。

5.3　质量控制

5.3.1　质量管理体系

根据GJB 9001C和GJB 5708,对本单位或质量师系统指导产品研制的质量管理体系建立、运行及改进等情况进行说明,主要包括:

a）管理体系:质量管理体系建立、运行及持续改进情况。应说明体系运行的有效性和保持产品可靠性、维修性、保障性、测试性、安全性、环境适应性等工作的过程。

b）文件体系:程序文件、作业文件、军工产品质量系列保证文件的编制情况、执行情况和文件持续改进情况。

c）监督体系:对质量管理体系运行的监督情况。应对重大活动进行测量,提交建立相应记录备查。

5.3.2　研制过程质量控制

5.3.2.1　技术状态管理

根据GJB 3206A和GJB 5709,对产品论证、方案、工程研制和定型阶段技术状态管理,技术状态项和基线的确定,技术状态标识、控制、记实、评价和审核等活动的开展情况进行说明,主要包括:

a）技术状态标识:简述产品技术状态基线的确定和相应标识符号(包括用以标识每个技术状态项、技术状态文件、技术状态文件更改建议,以及偏离许可与让步的标识号)的选择情况。

b）技术状态控制(分解、传递、文件控制):简述在技术状态文件正式确立后,对技术状态项的更改(包括技术状态文件更改以及对技术状态产生影响的偏离和超差)进行评价、协调、批准或不批准以及实施活动情况。

c）技术状态记实:简述对已确定的技术状态文件、建议更改状况和已批准更改的执行状况所做的正式记录和报告情况。

d）技术状态评价:简述对已建立的技术状态基线,进行技术成熟度评价和技术状态实现情况。应提交技术状态技术成熟度评价报告备查。

e）技术状态审核:简述对产品是否符合技术状态标识而开展的审查情况(包括要进行技术状态审核的技术状态项清单及其与装备研制进度的关系,所使用的审核程序、审核报告的形式等)。

f）偏离许可情况:简述是否经书面批准,允许一定数量或在一定时间内,产品可以不符合规范、图样或其他文件所规定的特性或设计要求情况(包括偏离许可申请的编号,标题,型号名称、技术状态项名称及其编号,申请单位名称及申请日期,受影响的技术状态标识文件,偏离许可的内容,实施日期,有效范围,偏离许可带来的影响及相应的措施等)。

5.3.2.2 设计质量控制

根据 GJB 1310A 和 GJB 2366A,对依据产品质量保证大纲进行的产品设计分析、设计报告、阶段评审和试验验证以及设计更改控制等情况进行说明,主要包括:

a) 设计分析:简述对产品性能、质量、可靠性、费用、进度、风险等因素进行综合权衡和优化设计情况,以及产品特性、容差、必要的试验和检验要求等。

b) 设计报告:简述对设计和开发的输入进行验证的情况,说明是否满足设计和开发输入要求。

c) 阶段评审:简述方案阶段、工程研制阶段、定型阶段设计评审情况,以及各阶段评审要点和评审归零情况。

d) 试验验证:简述设计验证项目及验证方法情况(重点包括涉及关键技术、直接影响试验成功和危及安全等的项目)。

e) 设计更改:简述识别设计和开发的更改评审情况(包括评价更改对产品组成部分和已交付产品的影响等)。

5.3.2.3 工艺质量控制

根据 GJB 467A 和 GJB 1269A,对在研制过程中依据产品质量保证大纲进行的工艺设计、工艺控制、工艺验证、工艺技术状态的一致性等情况进行说明,主要包括:

a) 工艺设计:简述根据管理级别和产品研制程序,分级、分阶段工艺评审情况。

b) 工艺控制:简述根据管理级别和产品研制程序,分级工艺控制情况,工艺更改是否按程序批准。

c) 关键工序:简述关键工序的识别和关键工序的控制情况。

d) 特殊工艺:简述特殊工艺的工艺设计过程及质量特性控制情况。

e) 工艺验证:简述工艺设计的符合性验证情况。

f) 工艺文件:简述工艺文件的规范性、齐套性和可控性情况。

g) 不合格品处理:简述对不合格品的处理情况(包括鉴别、标识、隔离、审理、处置、记录等一系列活动)。

5.3.2.4 外协、外购产品质量控制

根据 GJB 939,对外协/外购产品设计、试制与试验、生产、检验和验收等过程质量控制情况进行说明,主要包括:

a) 外协/外购单位资质:简述外协/外购单位是否建立质量管理体系及其运行有效性情况,是否具备军品研制资质和保密资质。

b）技术状态控制(分解、传递、文件控制)：简述主承制单位如何对外协/外购单位技术状态标识实施控制，相关技术状态是否受控。

c）产品交接验收：简述对外协/外购单位产品检查、确认、质量评审、制定验收文件情况。

d）技术资料完整性及归档：简述外协/外购单位的图样、产品规范、试验文件、技术状态更改文件、目录(清单)和必要的软件等资料的归档情况。

e）不合格品处理：简述外协/外购单位建立不合格品审理系统，制定并实施鉴别、隔离、控制、审查和分级处理不合格品程序情况。

5.3.2.5　元器件及原材料质量控制

根据GJB 546A和GJB 3404，对电子元器件和原材料的质量及其生产设施、过程的质量控制情况进行说明，主要包括：

a）元器件和原材料的使用与元器件优选目录的符合性(有无超目录使用及审批情况)：简述是否严格按优选目录选择元器件，超目录选择是否按程序上报并批准。

b）元器件和原材料的合格检验及元器件筛选：简述元器件是否按有关技术标准规定进行筛选，对未经筛选或经筛选但不满足要求的元器件的处理情况，以及筛选技术要求情况。

c）元器件和原材料的失效分析：简述元器件和原材料的失效分析情况，失效分析是否由指定元器件失效分析机构进行，并提交失效分析报告备查。

d）不合格品处理：简述对元器件和原材料的不合格品鉴别、隔离、控制、审查与分级处理情况。

5.3.2.6　文件及技术资料质量控制

根据GJB 906，对产品研制过程有关文件，包括图样和技术文件等文件资料质量控制情况进行说明，主要包括：

a）设计文件：简述图样、技术文件、设计计算文件、产品试验文件、技术状态更改文件、汇总目录(清单)、必要的软件资料等的质量控制情况。

b）工艺文件：简述工艺总方案、生产说明书、工艺规程(卡片)、关键工序、重要工序目录等的质量控制情况。

c）质量文件：简述合格器材供应单位名单(定点供应厂商名单)、质量保证文件(检验规范及检验规程等)、质量控制文件(如验收规范及验收规程等)、质量证明文件(履历本、合格证、鉴定证书)、质量(故障)分析报告、质量信息反馈等的资料齐套性情况。

d）产品规范：简述产品规范的编制策划、编制过程控制、终极评审的质量控制情况。

e）作业指导书：简述作业指导书的编制策划、编制过程控制、终极评审的质量控制情况。

f）调试/试验文件：简述调试/试验文件的编制策划、编制过程控制、终极评审的质量控制情况。

g）外来文件：简述外来文件的质量控制情况。

h）文件更改记录：简述文件更改的质量控制和记录情况。

5.3.2.7 关键件和重要件质量控制

根据 GJB 909A，对产品实现过程的关键件和重要件质量控制情况进行说明，主要包括：

a）关键特性、重要特性分析：简述对关键特性、重要特性（包括技术指标分析、FMECA 分析、设计分析并选定检验单元）分析情况。

b）产品特性分类：简述根据特性重要程度，实施分类（关键特性、重要特性和一般特性）的过程情况。

c）关键件、重要件标识：简述根据特性分类，对关键件、重要件的标识策划和质量控制情况。

d）关（键）重（要）工序：简述关键、重要特性构成工序的识别和质量控制情况。

e）关键件、重要件控制：简述关键件、重要件分析、记录和质量控制情况。

注：关（键）重（要）工序即产品生产过程中，对产品质量起决定性作用，需要严密控制的工序。一般包括，加工难度大，质量不稳定，原材料昂贵、出废品后经济损失较大的工序，关键外购器材入厂验收工序等。

5.3.2.8 产品标识和可追溯性质量控制

根据 GJB 726A，对产品研制、生产过程中产品的标识和追溯情况进行说明，主要包括：

a）产品标识：简述对产品名称、型号、图（代）号等可追溯性策划和质量控制情况。

b）分类编码：简述对产品进行分类编码策划和质量控制情况。

c）电子标识及管理：简述对产品进行电子标识及管理策划和质量控制情况。

5.3.2.9 计量检验质量控制

根据 GJB 1309 和 GJB 2712A，对执行检验、测量和试验设备的质量控制情况和产品检验程序控制情况进行说明，主要包括：

a）产品关键参数量值传递关系：简述产品关键参数的识别、量值传递过程和质量控制情况。

b）专用测试设备：简述对专用测试设备进行计量策划和质量控制情况。

c）通用测试设备：简述对通用测试设备进行计量策划和质量控制情况。

d）工艺/工装：简述对工艺/工装进行计量检定策划和质量控制情况。

e）大型试验的计量保证：简述对大型试验的计量保证策划、设备检定和质量控制情况。

f）不合格处理：简述计量检验质量控制过程中出现不合格项的处理情况。

5.3.2.10　大型试验质量控制

根据 GJB 1452A 和 GJB/Z 171，对产品大型试验的质量控制情况进行说明，主要包括：

a）试验质量策划：简述大型试验的识别过程，质量控制项目、质量控制点和控制措施，质量职责和权限落实，以及试验过程质量控制情况。

b）试验风险分析：简述试验过程中技术难点、风险识别、风险分析和评估，以及故障预案安全保障措施的策划情况。

c）试验现场质量控制：简述试验现场质量控制的策划和措施落实情况。

d）试验数据处理：简述试验实施过程完成后在撤离试验现场前，汇集、整理试验记录和全部原始数据，保证数据完整性和真实性情况。

e）试验报告：简述试验结束后，试验总结报告的质量控制情况。

f）持续改进：简述试验过程中出现故障的分析、处理和验证情况。

g）不合格项处理：简述大型试验质量控制过程中出现不合格项的处理情况。

5.3.2.11　软件质量控制

根据 GJB 438B、GJB 439A、GJB 2786A、GJB 4072A、GJB 5000A、GJB 5236 和《军用软件产品定型管理办法》，对软件产品策划、开发、验证、测试、改进、更改、评审、配置和质量管理情况进行说明，主要包括：

a）软件质量策划：说明软件质量控制实施机构及其责任和权限，软件管理、工具、设施、技术等具体要求，按规定对软件的问题和缺陷进行检测、报告、分析与修改、评审和审查的情况。

b）软件配置管理：简述软件配置管理情况（可列出标识软件产品项目、控制和实现修改、维护和存贮软件版本等的方法）。

c）软件基线管理：简述软件基线的构建和版本控制情况。

d）软件成熟度评价：简述软件技术成熟度评价策划，软件功能模块技术成熟度评价，软件技术成熟度质量控制情况。

e）软件测试验证：简述软件测试验证策划、测试大纲和测试细则评审、测试验证实施和质量控制情况。

f）软件持续改进：简述软件持续改进的内容和项目，说明对软件持续改进的质量控制。

g）不合格项处理：简述软件质量控制过程中出现不合格项的处理情况。

5.3.2.12　质量信息管理

根据 GJB 1686A，对利用各种手段采集产品质量数据的有关活动进行说明，并对产品质量数据应用情况，产品质量信息收集、传递、处理、贮存和使用等的管理活动情况，以及 FRACAS 系统的运行情况等进行说明。

5.4　质量问题分析与处理

5.4.1　重大和严重质量问题分析处理

对产品出现的重大质量问题情况，技术（管理）归零工作情况，解决措施验证情况进行说明，在设计定型审查时应提供质量问题归零报告（或处理单）及归零评审证书备查。主要包括：

a）问题描述：问题出现的时间、地点，呈现的典型特征以及带来的后果。

b）原因分析：说明原因分析的过程、问题产生的机理。

c）问题复现：通过试验或其他验证方法，问题是否再现或得到确认，验证定位的准确性和机理分析的正确性。

d）纠正措施：针对问题采取了哪些措施，措施是否经过验证。

e）举一反三：是否把质量问题信息反馈给本型号、本单位，并通报其他型号、其他单位，是否开展有无可能发生类似模式或机理的问题检查，并采取预防措施。

f）归零情况：针对发生的质量问题，是否从管理上按"过程清楚、责任明确、措施落实、严肃处理、完善规章"和技术上按"定位准确、机理清楚、问题复现、措施有效、举一反三"的要求逐项落实，并形成管理归零报告和相关文件等。

5.4.2　质量数据分析

根据 GJB 5711，对产品在研制期间出现的质量问题，列出《质量问题汇总表》。根据 GJB/Z 127A 进行质量稳定性分析，并以适当的形式（例如图表）表征研制各阶段主要质量问题的原因（按人、机、料、法、环、测），分析说明产品技术参数与研制总要求及产品规范要求的符合性情况。

5.4.3　遗留质量问题及解决情况

明确产品有无性能特性研制遗留问题，凡有遗留质量问题的产品应详细说明情况并明确解决措施、完成时限和责任单位。主要包括：

a）问题描述：简述遗留问题的典型特征及后果。

b）原因分析：对遗留问题的成因进行分析。

c）问题风险：简述问题的风险识别、风险分析和评估以及主要难点。

d）后续措施：简述后续措施策划情况、责任人和时间进度安排。

5.4.4　售后服务保证质量风险分析

根据 GJB 5707，对承制单位产品售后技术服务策划的质量保证及风险进行分析，一般包括：

a）技术培训质量保证风险；

b）技术资料提供质量保证风险；

c）备件供应质量保证风险；

d）现场技术支持质量保证风险；

e）质量问题处理质量保证风险；

f）信息收集与处理质量保证风险；

g）装备大修规划质量保证风险；

h）其他可能预见的质量保证风险。

5.5 质量改进措施与建议

说明产品研制过程中发现质量问题的改进情况，包括体系运行、管理制度、技术改进、检验和验收等，以及其他改进建议。

5.6 结论

主要包括：

a）产品研制过程是否符合军工产品研制程序，经过各项试验考核，产品各项指标是否满足研制总要求（研制合同及技术协议书）；

b）产品质量管理体系受控情况、研制过程是否质量受控；

c）设计文件是否完整、正确、协调，是否与产品设计定型技术状态一致，是否符合定型标准要求；

d）对产品研制过程中暴露的设计和产品质量问题，采取措施或解决措施的有效性；

e）产品原材料、元器件、外购件及外协件是否定型、定点，供货是否有保证，是否满足小批量试生产和部队使用要求；

f）是否全面贯彻了进口电子元器件控制要求，进口电子元器件是否具有稳定的供货渠道、替代计划及风险分析；

g）是否全面贯彻了质量保证大纲要求，产品质量是否具备设计定型条件，给出可否设计定型的结论意见。

5.7 质量问题汇总表

按照质量问题汇总表的格式收集相关质量问题数据，质量问题汇总表见表×××。

6. 编制格式要求与签署

按照 GJB/Z 170.1 的要求和本部分第 5 章的内容进行编制，并完成签署。

（九）转定型（鉴定）会议审查重大技术问题攻关报告示例

1. 产品概述

根据×××号《关于×××立项研制事》，×××号《关于转发×××武器系统研制总要求事》，×××武器系统×××自××年××月开始研制，××年××月通过方案评审进入工程研制阶段,××年××月进入设计定型阶段。本报告涉及×××武器系统工程研制过程及设计定型试验中出现的重大技术问题攻关情况。

×××武器系统主要由×××、×××、×××、×××等组成,产品组成见表(略)。×××武器系统主要用于××××××。

2. 重大技术问题综述

工程研制阶段出现的技术问题共××××项,其中重大技术问题××××项。主要问题有××××、××××。

设计定型阶段出现的技术问题共××××项,其中重大技术问题××××项。主要问题有××××、××××。

3. 重大技术问题攻关情况

3.1 ××××问题攻关情况

3.1.1 基本情况

××年××月××日至××月××日,在×××试验场进行×××试验,在进行×××操作时,暴露了××××问题。引发重大技术问题的故障部位为××××,其组成见图(略)。

3.1.2 问题定位

××××和××××主要由于××××和××××强度无法满足×××弹中心爆管开舱时高速度、高过载,××被抛撒后不能尽快稳定或下落姿态不稳定,致使××××或××××而导致××××,同时××运动方向各异,发生碰撞,碰撞也会导致××××或××××。由于×××弹中心爆管开舱对××飞行规律、强度变化及机构有很大影响,为缩短研制周期和节约研制资金,研制模拟弹非常必要。通过模拟弹飞行试验,不断发现影响××××作用可靠性的问题所在,进行改进设计,然后进行飞行验证并重新改进设计。解决×××主要在×××等方面。

3.1.3 机理分析

由于××××为差动远解机构提供工作的动力——极阻尼力矩,其长度不一、宽度不一、材料不同带来的极阻尼力矩各异,其功能失效(表现为××××、××××和××××)直接导致××××,同时造成××××。

××××强度主要由材质强度、缝合强度、铆接强度决定。经××××和××××的强度拉力对比试验结果表明,××××最低强度为×××kN,××××最大强度为×××kN,××××明显优于××××。针对××××缝合强度采用专用工业缝纫机使缝线按“S”,并用××××纤维线缝合××××,并在缝合处涂××胶,固结缝合纤维和××××缝合处,保证了缝合强度。××××铆接强度主要由击针的强度和铆接工艺决定,因此将击针原来铆接处外径 ϕ×××改成 ϕ×××,中心孔 ϕ×××改成 ϕ×××,击针铆点强度的对比试验表明,击针铆点强度由×××kN 提高到×××kN,另外设计了新的铆接工装,确保铆点一致。同时采用×××mm 厚的硬度较高垫片,并在垫片与××××之间涂环氧胶黏结,加强××××铆接强度,并经过模拟弹飞行试验验证。

××××为××××提供第二环境——离心环境，其变形、断、掉直接影响××离心保险机构的工作，解决××××主要在其材质强度、外形尺寸及相关零件等方面。针对材料强度，采用×××mm 厚的×××钢带制作××××和加强片，解决了材料强度问题。在××××外形尺寸等方面，××××强度与××××大小、张开角度、是否带××××簧有关，经过模拟弹试验和低速（风速××~××m/s）××××试验，在确保××××平衡转速、侧发火可靠的基础上，减小了××××翼展尺寸，加大了张开角度，取消了××××簧缺口，保证了×××m/s 模拟开舱条件下××××仍能完好。

在增加远解工作时间方面，一是将击针螺纹 M×改为 M×，增加轮系工作时间，二是加长击针，增加击针自身解除保险的工作时间；对于差动轮系主要降低模数以增加自身的工作时间，将其模数由原来 M=××，传速比××:××变为 M=××，传速比××:××。加快离心保险解脱方面，第一，调整离心簧的抗力，使离心板在低转速条件下也能打开，第二是优化××形状。

××弹中心爆管开舱时产生的横向过载高、××抛撒速度大，况且××在战斗部中位置有前后之别，内外之差，开舱后××飞行速度彼此各异，加之××的××和××打开时间先后有别，飞行轨道千差万别，在这种开舱条件下，××碰撞是很必然的。××碰撞造成引信体变形导致××××未解脱，或使差动机构在引信体异型腔内运动不灵活而处于待发状态，或引信体变形挡住转子回转到位而处于故障状态，碰撞导致引信上下体差位或碎裂而使引信丧失功能，更有的碰撞还使××引信处于隔爆状态发火等。

针对××碰撞问题，从××方面，调整××战斗部的内腔尺寸，确保××套装、分离可靠，在设计定型阶段，通过改进战斗部壳体外型尺寸，提高××的稳定性，重心位置，以使××重心前移、压心后移，使得××飞行姿态在初始抛撒段及早稳定。

3.1.4 解决措施及验证情况

3.1.4.1 解决措施

针对××××问题，采取了以下措施：

（1）选取高强度××××取代原来的××××；采用上方下圆两种不同的垫片铆接××，提高××铆接强度；

（2）采用上沿翻边、支腿变窄的××××，提高平衡转速，有利于解除保险，同时也有利于××压心后移，提高××××稳定性；

（3）增加了远解工作时间；

（4）加快离心保险解脱时间；

（5）从××方面，调整××××的内腔尺寸，确保××套装、分离可靠；

（6）改进战斗部壳体外型尺寸，提高××的稳定性，改变重心位置，以使××重心前移、压心后移，使得××飞行姿态在初始抛撒段及早稳定。

3.1.4.2 验证情况

××××年，在正样机研制过程中，接连进行了××轮模拟弹飞行试验，基本解决了××××问题、××××问题以及××××三者之间时序关系问题。在××××弹的高、低、常温条件下××弹空抛靶试，计消耗××弹×××发，共回收真引信假××弹×××枚，××弹引信发火×××枚，×××枚瞎火，对于×××弹的大射程（常温和低温），回收率××%的前提下，××××对目标的综合发火率为××%；对于×××弹的小射程（高温），回收率××%的前提下，××××对目标的综合发火率××%。

××××年，在设计定型阶段，主要通过调整××××和××××等措施提高××××能力，从而提高××××的综合发火率，在×××弹的高、低、常温条件下××弹空抛靶试，计消耗××弹×××发。其中实弹×××发，××弹作用×××枚，瞎火××弹×××枚，××××对目标的综合发火率为××%；对于×××弹的大射程（高温和低温），回收率××%的前提下，××××对目标的综合发火率为××%；对于×××弹的小射程（高温），回收率××%的前提下，××××对目标的综合发火率为××%。

研制过程中开展了大量的验证试验，确保产品的性能得到了充分的试验和验证，有效降低了研制风险。

3.2 ××××问题攻关情况

3.2.1 基本情况

××××××××。

3.2.2 问题定位

××××××××。

3.2.3 机理分析

××××××××。

3.2.4 解决措施及验证情况

××××××××。

4. 结论

经过全面攻关，完善设计、改进工艺、严格检测，使产品研制中出现的重大技术问题得到了控制和解决，攻关的效果在设计定型基地试验、寒区和热区部队试验中得到了进一步的验证，问题已全部归零。

第四节 技术状态更改控制

一、技术状态更改原则

原国防科工委［2001］531号《强化“高新工程”型号研制管理的若干要求》规定：技术状态的更改要执行“充分论证、各方认可、有益无害、试验验证、审批完备、落实到位”的原则。切实做好装备研制过程的技术状态更改工作。系统级技术状态项的更改,应从上向下传承;下一层次的更改应逐级向上一层次报告或备案。真正做到技术状态的更改论证充分、试验验证、各方认可、审批完备、落实到位的原则。

二、技术状态更改分类

技术状态更改一般分为Ⅰ类、Ⅱ类和Ⅲ类。承制单位可根据行业特点细化技术状态更改类别,但应经合同监管机构认可。

(一) Ⅰ类技术状态更改

下列更改均属Ⅰ类技术状态更改:

(1) 更改功能基线、分配基线,致使下列任一要求超出规定的限值或容差值:

① 性能和功能;

② 可靠性、维修性、测试性、保障性、安全性、生存性、环境适应性和电磁兼容性等特性;

③ 外形尺寸、质量、质心、转动惯量;

④ 接口特性;

⑤ 规范中的其他重要要求。

(2) 设计定型后,更改产品技术状态文件,对产品质量有影响,达到上一条所规定的程度,或者对下列一个或多个方面产生重大影响:

① 技术状态项及其零、部、组件的互换性;

② 已交付的使用手册、维修手册;

③ 与保障设备、保障软件、零备件、训练器材(装置、设备和软件)等的兼容性;

④ 技能、人员配备、训练、生物医学因素或人机工程设计。

(二) Ⅱ类技术状态更改

下列更改均属Ⅱ类技术状态更改:

(1) 设计定型前,更改不属于功能基线、分配基线的技术状态文件,对满足产品要求有影响;

(2) 设计定型后,更改产品技术状态文件,对产品质量有影响,但没有达到Ⅰ类技术状态更改中第2条所规定的程度。

(三) Ⅲ类技术状态更改

勘误译印、修正描图、统一标注方法、进一步明确技术要求等不影响满足产品要求或产品质量的更改和补充。

三、技术状态更改程序及工作流程

(一) 更改的程序及工作流程

(1) 判定技术状态更改需求;

（2）确定技术状态更改类别；

（3）编制技术状态更改申请；

（4）评审技术状态更改申请；

（5）审批技术状态更改申请；

（6）编制技术状态更改通知；

（7）实施并检查技术状态更改；

（8）技术状态更改工作流程图，见图 3-2 所示。

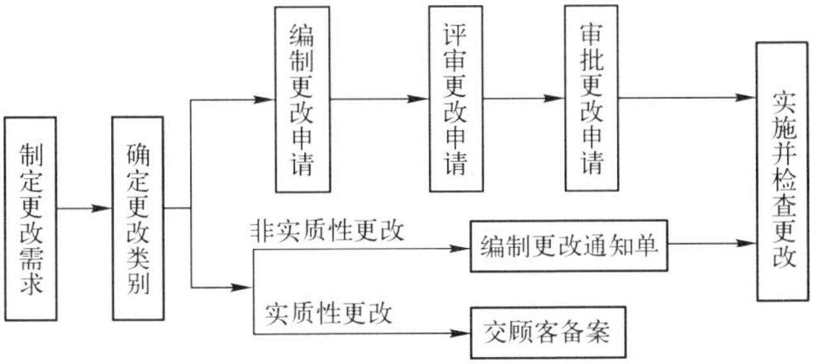

图 3-2　技术状态更改工作流程

（二）判定技术状态更改需求

应判定技术状态更改的必要性和可行性，必要时开展验证。如确有需要，承制单位和合同监管机构均可提出技术状态更改需求。

（三）确定技术状态更改类别

在编制技术状态更改申请之前，应明确技术状态更改的类别。当合同监管机构和承制单位有分歧时，经双方协商后由合同监管机构最后确定。设计定型后，属于标准规定的Ⅰ类技术状态更改，且达到重大程度时，应视为产品改型，按相应研制程序办理手续。

（四）编制技术状态更改申请

（1）Ⅰ类技术状态更改和Ⅱ类技术状态更改应编制技术状态更改申请。Ⅲ类技术状态更改可直接编制技术状态更改通知。

（2）承制单位和合同监管机构均可编制技术状态更改申请，一般由承制单位统一编制。

（3）技术状态更改申请应有标识，标识号应具有唯一性。

（4）Ⅰ类技术状态更改申请的内容一般包括：

① 更改申请的标识号；

② 申请提出的单位、日期；

③ 更改的类别；

④ 更改的技术状态项的名称、编号；

⑤ 受影响的其他技术状态项的名称、编号；

⑥ 受影响的技术状态文件的名称、编号；

⑦ 受影响的产品的范围(包括在制品、制成品、在役品等)；

⑧ 更改理由简要说明；

⑨ 更改内容；

⑩ 更改带来的影响(包括对作战使用要求、战术技术指标、质量、进度、费用等的影响)；

⑪ 更改实施方案(含实施日期)。

(5) 技术状态更改申请应附必要的支持技术状态更改的资料(如试验结果与分析、保障性分析、费用分析等资料)。

(6) 其他类技术状态更改申请内容可参照Ⅰ类技术状态更改申请的内容进行适当剪裁。

(五) 评审技术状态更改申请

(1) 应根据技术状态更改类别和所处产品寿命周期阶段确定评审组织方式。

(2) 评审内容一般包括：

① 受更改影响的技术状态项及其零、部、组件；

② 更改的效果，包括不进行更改的影响和更改可以为产品带来的改进；

(3)更改所产生的费用和更改实施进度。

(六) 审批技术状态更改申请

(1) Ⅰ类技术状态更改申请和设计定型后的Ⅱ类技术状态更改申请应经合同监管机构审批；

(2) Ⅲ类技术状态更改申请和设计定型前的Ⅱ类技术状态更改申请由承制单位自行审批，并通知合同监管机构。

(七) 编制技术状态更改通知

(1) 应将经批准的技术状态更改申请的内容形成技术状态更改通知。技术状态更改通知的形式一般有更改单或修改单、技术通报等。

(2) 技术状态更改通知一般由承制单位编制。合同监管机构认为必要时，可组织编制Ⅰ类技术状态更改通知。

(3) Ⅰ类技术状态更改通知和设计定型后的Ⅱ类技术状态更改通知应经合同监管机构认可。

(4) Ⅲ类技术状态更改通知和设计定型前的Ⅱ类技术状态更改通知应送合同监管机构备案。如合同监管机构对技术状态更改的类别有异议时，经双方协商后最终由合同监管机构决定。当确定为Ⅰ类技术状态更改或设计定型后的Ⅱ

类技术状态更改,承制单位应及时中止技术状态更改通知发放和实施,补充执行Ⅰ类技术状态更改或设计定型后的Ⅱ类技术状态更改审批程序。

(八)实施并检查技术状态更改

(1)应及时将经批准的技术状态更改纳入技术状态文件,当影响到进度、费用改变时应订立合同或协议。

(2)应检查技术状态更改的实施,确保产品、技术状态文件、保障设备及训练器材的一致性。必要时应进行验证。

第五节 偏离许可和让步控制

一、偏离许可和让步概述

(一)一般性要求

技术状态项的制造应满足已批准的技术状态文件规定的要求。在技术状态项制造前,如果承制单位认为有必要临时偏离已批准的技术状态文件,可提出偏离许可申请。在技术状态项制造期间或检验验收过程中,如果承制单位认为不合格品可返修或原样使用,可提出让步申请。

(二)适用范围及时间

经批准的偏离许可、让步申请仅在指定范围和时间内适用,不应作为功能技术状态文件、分配技术状态文件或产品技术状态文件的更改依据。

(三)偏离程度识别

偏离、不合格的级别一般分为严重级和轻度级。严重级之外的属轻度级,对下列一项或多项产生影响的偏离、不合格均属严重级:

(1)性能;

(2)功能接口或物理接口;

(3)互换性;

(4)形状、质量、质心;

(5)可靠性、维修性、测试性、保障性、安全性;

(6)环境适应性和电磁兼容性等特性;

(7)人员健康与安全;

(8)服役使用或维修;

(9)造成严重后果的其他方面。

二、编制偏离许可、让步申请

偏离许可、让步申请可按承制单位自行规定的格式编写。每一份申请都应有标识,标识号应具有唯一性。偏离许可、让步申请的一般和详细内容及要求应包括以下方面。

(一) 一般内容及要求

(1) 偏离许可、让步申请书的状态;

(2) 偏离许可、让步申请书的内容;

(3) 审批偏离许可、让步申请书;

(4) 控制偏离许可、让步申请书。

(二) 详细内容及要求

(1) 偏离许可、让步申请可按承制单位自行规定的格式编写。每一份申请都应有标识,标识号应具有唯一性。

(2) 偏离许可、让步申请的内容一般应包括:

① 偏离许可、让步申请的标识号;

② 申请单位、申请日期;

③ 偏离、不合格的级别;

④ 技术状态项名称及编号;

⑤ 受影响的技术状态文件名称、编号;

⑥ 受影响的产品范围和数量;

⑦ 偏离、不合格内容;

⑧ 偏离、不合格带来的影响(包括对质量、进度、费用等影响);

⑨ 必要的验证试验结果;

⑩ 实施日期。

三、审批偏离许可、让步申请

(一) 偏离许可、让步批准权限

(1) 产品设计定型前的偏离许可、让步申请一般由承制单位自行审批;

(2) 产品设计定型后的偏离许可、让步申请应经合同监管机构审批;

(3) 按照偏离、不合格的级别,合同监管机构确定相应批准权限。

(二) 偏离许可申请提出和审批办理时机

偏离许可申请提出和审批应在技术状态项制造前办理。

四、控制偏离和让步

(一) 一般性要求

(1) 让步申请书的状态;

(2) 让步申请书的内容;

(3) 审批让步申请书;

(4) 控制让步申请书。

(二) 详细要求

(1) 承制单位应根据批准的偏离许可申请,编制必要的内部控制文件,确保偏离的正确实施。

(2) 承制单位应按照 GJB 571A 对不合格品进行识别和控制,以防止其非预期的使用或交付。

(3) 为避免偏离、不合格的重复发生,承制单位应分析偏离、不合格的原因,制定并实施必要的纠正措施,并将经验证后的纠正措施纳入技术文件或形成内部制度。

(4) 纠正措施。

承制单位应采取措施,以消除不合格的原因,防止不合格的再发生。纠正措施应与所遇到不合格的影响程度相适应。并编制形成文件的程序,以规定以下方面的要求:

① 评审不合格(包括顾客抱怨);

② 确定不合格的原因;

③ 评价确保不合格不再发生的措施的需求;

④ 确定和实施所需的措施;

⑤ 记录所采取措施的结果;

⑥ 评审所采取的纠正措施的有效性。

⑦ 当确认供方对不合格负责,适用时,承制单位应向供方提出纠正措施要求,并评价供方措施的有效性。

⑧ 承制单位应建立并运行产品故障报告分析和纠正措施系统,并将与最终产品质量有关的问题及其纠正措施向顾客通报。

(5) 预防措施。

承制单位应确定措施,以消除潜在不合格的原因,防止不合格的发生。预防措施应与潜在问题的影响程度相适应。并编制形成文件的程序,以规定以下方面的要求:

① 确定潜在不合格及其原因;

② 评价防止不合格发生的措施的需求;

③ 确定并实施所需的措施;

④ 记录所采取措施的结果;

⑤ 评审所采取的预防措施的有效性。

注:识别预防措施的机会可源于故障模式影响及危害性分析(FMECA)、风险管理、防错技术和有关产品质量信息等。

第四章　装备研制技术状态记实和审核

装备研制技术状态记实和技术状态审核,具有一定的系统性、全面性和规范性,其工作并非是在一个产品层次上实施的。一般情况下,在一个产品层次上实施,会影响上一个产品层次,具体讲,要满足上一个产品层次要求的同时,还应给下一层次、二层次提出要求,希望下一层次、二层次满足本层次所提出的要求。

针对技术状态记实和技术状态审核,从技术状态管理的角度,读者首先应掌握技术状态管理的顶层要求、了解承制单位与供应方之间的工作关系、提出器材供应单位质量保证能力的要求等,作为评定承制单位技术状态审核的依据和基本要素,为承制单位内部质量审核满足标准要求打好基础。

本章节为承制单位技术状态审核、承制单位与供应方技术状态管理、器材供应要求和内部质量审核提供参考。

第一节　装备研制技术状态记实

技术状态记实的定义是,在产品寿命周期内,为说明产品的技术状态所进行的记录、报告活动。在装备研制运行过程中,技术状态记实是一种信息管理系统,它记录并报告为有效管理系统和技术状态项的技术状态而需要的信息。技术状态记实从建立功能技术状态基线开始,贯彻研制、生产、试验、使用和维修的全过程。

GJB 3206A 中新增了技术状态记实的要求,如归档和维护,调整了记录报告的发送主体、时间、对象和内容等。

一、技术状态记实综述

(一) 技术状态记实的概述

1. 技术状态记实的类型资料

(1) 标识(如组件号、文件号);

(2) 发布/修订、序列号;

(3) 标题;

(4) 日期;

（5）发放状况；

（6）实时状态（如设计、制造/标准）；

2. 文件状况

（1）更改情况；

（2）偏离许可和让步放行；

（3）技术状态基线；

（4）技术状态项。

（二）技术状态记实的任务

技术状态记实从发布功能技术状态基线伊始，即应进行技术状态记实，应准确地记录每一技术状态项的技术状态，保证可追溯性。在装备研制、生产、试验和修理等过程中，技术状态记实的任务至少应包括：

（1）已批准的技术状态文件和文件号；

（2）对技术状态文件进行技术状态更改、偏离、让步的状况；

（3）已批准的技术状态更改的执行情况。

技术状态记实情况应及时向合同监管机构和有关承制单位提供，以便及时交换信息，保证技术状态的透明度、可追溯性和相互之间的协调。

（三）研制技术状态记实的内容及要求

技术状态记实的内容包括：

（1）记录并报告各技术状态项的标识号、现行已批准的技术状态文件及其标识号；

（2）记录并报告每一项技术状态更改从提出到实施的全过程情况；

（3）记录并报告技术状态项的所有偏离许可和让步的状况；

（4）记录并报告技术状态审核的结果，包括不符合的状况和最终处理情况；

（5）记录并维持已交付产品的版本信息及产品升级的信息；

（6）定期备份技术状态记实数据，维护数据的安全性。

二、记录和报告

（一）概述

记录与报告是技术状态记实的准则，如果对技术状态标识和技术状态控制过程中的有关事项和数据，包括相应的零（组）件号、序列号、版本、标题、日期、发放状态、更改、偏离、超差等内容，不能正确、规范、详细和适时的记录，那么，技术状态进展过程中实施有关管理是不可能有可追溯性依据的。

（二）记录和报告的一般要求

（1）承制单位应从产品的方案阶段起开展技术状态记实活动。

（2）在产品研制、生产过程中，承制单位应与合同监管机构协商发送下列不同类型的适用文件：

① 技术状态项及其技术状态基线文件清单；

② 当前技术状态说明报告；

③ 技术状态更改、偏离许可和让步的报告；

④ 技术状态更改实施和验证报告；

⑤ 其他合同监管机构要求的报告。

（3）产品设计定型时承制单位应按照 GJB 1362A 7.2.1 所列文件，向合同监管机构提交关于产品技术状态的文件。

（4）承制单位应按照合同要求向分承制单位或供应商发送适用的 GJB 1362A 7.2.2 所列文件。

（三）报告的项目

对实施技术状态管理的项目或产品系统，技术管理部门应按照技术状态记实系统的管理规定，先对所报告的问题进行分析，以查明问题的动向；评定纠正措施，验证它是否已解决了相应的问题，或是否又产生了新的问题。而后阶段性或不定期地向顾客、相关部门和供方（必要时）发送下述不同类型的文件报告：

（1）技术状态项及其技术状态基线文件清单；

（2）当前（设计或生产）的技术状态；

（3）批量交付产品的技术状态更改、偏离和超差的报告；

（4）技术状态更改实施和验证的报告。

三、归档和维护

（一）概述

技术状态基线建立后，应将所有现行已批准技术状态文件的原件归档进行控制并保持，并满足承制单位有关《文件控制程序》的相关要求。

（二）归档和维护的一般要求

（1）技术状态记实数据可采用纸质载体或电子载体。可归档的数据应有纸质载体，并按档案管理的规定和标准处理。归档的数据应保持完整性和正确性。

（2）无论采取何种数据存储方式，都应保证所需的技术状态记实数据可用。

第二节　装备研制技术状态审核

一、技术状态审核综述

（一）技术状态审核的概述

技术状态审核是确定已制成的系统和技术状态项是否符合其技术状态文件所进行的审核。技术状态审核分为两类，即功能技术状态审核（FCA）和物理技术状态审核（PCA）。

功能技术状态审核是为证实技术状态项是否达到了功能技术状态文件和分配技术状态文件中规定的功能特性所进行的正式检查。

物理技术状态审核亦可在功能技术状态审核后直接进行。

技术管理部门应与合同监管机构代表共同组织成立审核组,在产品/项目定型或鉴定前,进行功能技术状态审核和物理技术状态审核,有关要求可按产品定型中相关规定执行,并满足承制单位质量管理体系文件的相关要求。

(二) 技术状态审核的要求及时机

审查过程中的要求:

(1) 首先进行技术状态项(CI)的审核,达到要求后,再进行系统的审核;

(2) 对系统、技术状态项(CI)进行试验和分析,证实该系统和技术状态项(CI)是否已达到了功能技术状态文件和分配技术状态文件中规定的性能要求;

(3) 证实该系统、技术状态项(CI)的技术状态文件(规范、试验分析资料等)是否准确地反映了它实际的功能特性;

(4) 也可在设计定型前,结合拟正式提交设计定型样机的试验情况进行;

(5) 为确保研制质量,消除研制风险,承制单位亦可在初步设计、详细设计后自行组织功能技术状态审核。

(三) 当前技术状态管理审核中存在的问题

如何实施技术状态管理,GJB 3206A 做出了规定和要求,由于国内军工企业对这项工作的理解都不深透,企业现有的技术状态管理制度还不够系统、完整,基本上照搬 GJB 3206 的内容要求,技术状态管理控制很大程度上取决于经验,可操作性不强,执行过程中也比较迷茫。虽然《质量管理体系要求》中提出对技术状态管理实施审核,但如何进行审核,各体系审核员在理解上都有所分歧,具体实施起来就显得不够规范统一,主要表现在:

(1) 对组织技术状态管理方面,只要有程序规定,一般不在本条款使用过多审核时间。有的人甚至认为,只要合同或协议没有规定,就不需要进行审核。

(2) 对技术状态管理审核仅仅侧重于技术状态控制方面的内容,如技术状态更改和让步,而对技术状态标识等其他方面没有进行全面审核。

(3) 忽视对企业技术状态管理计划、组织管理方面的审核。

(四) 技术状态管理审核应把握的重点

实施技术状态管理审核的主要目的是验证组织所实施的技术状态管理的有效性,评价所实施的技术状态管理满足规定要求的程度,以及确定技术状态管理实践活动对应于技术状态管理程序的符合性。具体审核应重点把握以下几个方面的内容:

(1) 要审核制度、机构和计划落实情况。审核组织是否根据需要成立技术状态管理委员会对技术状态进行管理;是否制定技术状态管理程序或制度;是否制定年度技术状态管理计划。

(2) 审核技术状态标识情况。审核组织技术状态项是否按 GJB 2116A 要求进行结构分解和选择;是否建立技术状态基线和编制输出对应基线的技术状态文件;技术文件编号、产品代号是否符合程序文件要求,技术状态项的功能和物理状态标识(性能指标、规范类技术文件、软硬件)、研制阶段标识是否符合 GJB 726A 的规定。此外还应审核研制各阶段技术文件编制和分发签署情况及规定接口要求的符合性情况。

(3) 审核技术状态控制情况。不仅应关注技术状态更改的控制,还应关注状态偏离和超差控制的符合性。对于一经批准确立的基线不应轻易变更,如确需进行技术状态变更,必须按原基线审批程序和级别重新进行批准。此外,还应重点审核技术状态更改的协调性,即文文协调、图文协调、文实相符。

(4) 审核技术状态记实情况。应重点审核是否及时对技术状态标识和控制过程中产生的数据进行记录;所交付的产品是否是按照已批准的技术状态文件研制和生产的,所有的更改是否都经过审查、批准并在产品图样和设计文件中得到落实;是否定期向顾客提交技术状态管理状况和分析报告,对报告所反映的问题是否进行分析并制定了纠正措施。

(5) 审核技术状态审核情况。应审核组织技术状态审核工作计划和记录,是否按照计划要求,对功能技术状态和物理技术状态进行了审核;应重点关注前一阶段的工作是否达到规定目标或达到规定质量要求(转阶段或状态审查),否则就不能转入下一个阶段;为确保设计质量,必须重点关注转阶段时,对基线文件的检查和评审。

二、功能技术状态审核

(一) 功能技术状态审核概述

功能技术状态审核(FCA)是为证实技术状态项(CI)已达到了功能技术状态文件和分配技术状态文件中所规定的功能特性所进行的正式审查。它在工程研制阶段(设计和试制与试验)过程确定后期进行。

(二) 功能技术状态审核的要求

功能技术状态审核前,应关注以下事宜:

(1) 功能技术状态审核可与设计定型工作结合进行。根据产品的复杂性,功能技术状态审核可分步进行,与产品的技术审查((评审)工作)相结合。

(2) 待审查的试验数据应从拟正式提交设计定型的样机的技术状态试验中随机采集,如果未制造设计定型样机,则应从第一个(批)生产件的试验数据中随机采集。

(3) 功能技术状态审核完成后,审核组织者应向有关各方发放审核纪要。审核纪要至少应记录功能技术状态审核的完成情况和结果,以及解决遗留问题所必需的措施。审核纪要还应给出功能技术状态审核的结论,即认可、有条件认可或不认可。

(4) 对于产品的转产、复产,应重新进行功能技术状态审核。

(三) 功能技术状态审核的内容

审核要求应包括:

(1) 审核承制单位的试验程序和试验结果是否符合装备研制总要求的要求;

(2) 审核正式的试验计划和试验规范的执行情况,检查试验结果的完整性和准确性;

(3) 审核试验报告,确认这些报告是否准确、全面地说明了技术状态项目的各项试验;

(4) 审核接口要求的试验报告;

(5) 对那些不能完全通过试验证实的要求,应审查其分析或仿真的充分性及完整性,确认分析或仿真的结果是否足以保证技术状态项目满足其技术状态文件的要求;

(6) 审核所有已确认的技术状态文件更改是否已纳入了技术状态文件并已经实施;

(7) 审核未达到质量要求的技术状态项目是否进行了原因分析,并采取了相应的纠正措施;

(8) 对计算机软件配置项,除进行上述审核外,还可进行必要的补充审核;

(9) 审查偏离许可和让步清单。

(四) 功能技术状态审核后的工作

功能技术状态审核完成后,技术管理部门应进行下列工作:

(1) 公布功能技术状态审核会议记录;

(2) 在技术状态记实中,记录功能技术状态审核的完成情况和结果;

(3) 指定责任部门负责完成遗留的工作。

三、物理技术状态审核

(一) 物理技术状态审核概述

物理特性是指产品的形体特性,包括结构、尺寸、粗糙度、形状、配合、公差等。

物理技术状态审核是指为证实已制出的技术状态项的技术状态是否符合其产品技术状态文件所进行的正式检查。

(二) 物理技术状态审核的要求

物理技术状态审核前,应关注以下事宜:

(1) 物理技术状态审核应在功能技术状态审核完成之后进行,必要时,可与功能技术状态审核同步进行。

（2）物理技术状态审核可与生产定型工作结合进行。如无生产定型，可与设计定型工作结合进行。根据产品的复杂性，可开展预先的物理技术状态审核。预先的物理技术状态审核可与产品质量评审工作结合进行。

（3）待审查的试验数据和检验数据应从按正式生产工艺制造的首批（个）生产件的试验与检验中得到。

（4）在进行物理技术状态审核之前，承制单位应将合同监管机构批准的和承制单位自身批准的全部技术状态更改纳入到适用的技术状态文件，并形成新的、完整的文件版本。

（5）物理技术状态审核完成后，审核组织者应向有关各方发放审核纪要。审核纪要至少应记录物理技术状态审核的完成情况和结果，以及解决遗留问题所必需的措施。审核纪要还应给出物理技术状态审核的结论，即认可、有条件认可或不认可。

（6）对于产品的转产、复产，应重新进行物理技术状态审核。

（三）物理技术状态审核的内容

审核内容应包括：

（1）审核每个硬件技术状态项中有代表性数量的生产（或产品）图样和相关的工艺规程（工艺卡），以确认工艺规程（工艺卡）的准确性，包括反映在图样和产品硬件上的更改。

（2）审核技术状态项所有记录，确认按正式生产工艺制造的技术状态项的技术状态准确地反映了所发放的图样、技术资料。

（3）审核技术状态项的试验数据和程序是否符合产品规范的要求，审核组可确定需重新进行的试验，未通过验收试验的技术状态项目应由承制单位进行返修或重新试验，必要时，重新进行审核。

（4）确认分承制单位在制造地点所做的检验和试验资料。

（5）审核功能技术状态审核遗留的问题是否已经解决。

（6）对计算机软件配置项，除进行上述审核外，还可进行必要的补充审核。

（四）物理技术状态审核后的工作

物理技术状态审核完成后，技术管理部门应进行下列工作：

（1）公布物理技术状态审核会议记录；

（2）在技术状态记实的记录中，记录物理技术状态审核的完成情况和结果；

（3）指定责任部门负责完成遗留的工作。

四、技术状态审核实施

（一）概述

技术状态审核一般由合同监管机构担任组长、承制单位担任副组长，合同监管机构和承制单位共同组成的审核组在承制单位或分承制单位的现场进行技术状态审核。如技术状态审核与定型工作结合进行时，按定型工作的要求执行。

（二）承制单位和合同监管机构职责

1. 承制单位职责

承制单位职责一般包括：

（1）编制技术状态审核计划。

（2）保证分承制单位参与必要的技术状态审核。

（3）审核前，向技术状态审核组提交一份清单，列出技术状态审核中要用的文件、硬件和软件。

（4）指定审核组副组长和本方参与人员。

（5）与合同监管机构协调审核日程和地点。

（6）提供必要的资源和器材。

（7）按技术状态审核计划做好资料准备。

（8）做好会议记录，内容包括重要问题和对策、措施、结论和建议性意见等；交合同监管机构确认后，形成正式的会议记录。

2. 合同监管机构职责

合同监管机构职责一般包括：

（1）指定审核组组长和本方参与人员；

（2）审查会议记录，保证其内容反映合同监管机构的所有重要意见；

（3）向承制单位发出技术状态审核的结论，即认可、有条件认可或不认可。

（三）审核准备

审核前完成的准备工作一般包括：

（1）确定参与审核的人数；

（2）确定审核日程和地点；

（3）编制审核计划，提交审核清单和准备审核资料（对于功能技术状态审核，需额外准备一份说明每个受审核技术状态项试验结果和结论的概要。此外，还需说明未达到规定要求的方面及其解决办法和建议。该概要也要说明技术状态更改情况）。

（四）审核内容

1. 功能技术状态审核

审核的内容一般包括：

（1）审核承制单位的试验程序和试验结果是否符合产品规范、试验规范以及试验大纲的要求；

（2）审核正式的试验计划和试验规范的执行情况，编制检验规程检查试验结果的正确性和准确性；

（3）审核试验报告，确认这些报告是否准确、全面地说明了技术状态项的各项试验并满足 GJB/Z 170 和相关文件的要求；

（4）审核接口要求的试验报告并符合 GJB 2737 的要求；

（5）对那些不能完全通过试验证实的要求，应审查其分析或仿真的充分性及完整性，确认分析或仿真的结果是否足以保证技术状态项满足其产品规范、检验规范或验收规范的要求；

（6）审核所有已确认的技术状态更改是否已纳入了技术状态文件并已经实施并符合 GJB 3206A 及相关标准的要求；

（7）审核未达到质量要求的技术状态项是否进行了原因分析，并采取了相应的纠正措施并符合 GJB 1406A 的要求；

（8）审查偏离许可、让步清单；

（9）对软件与硬件集合成一体的技术状态项，除进行上述审核外，还可进行必要的补充审核并符合 GJB 5234、GJB 5235 的要求。

2. 物理技术状态审核

审核的内容一般包括：

（1）审核各技术状态项有代表性数量的产品图样和相关工艺规程（或工艺卡，下同），以确认工艺规程的准确性、完整性和统一性，包括反映在产品图样和技术状态项上的更改应符合工艺标准化大纲（工艺标准化综合要求）等标准化文件的规定。

（2）审核技术状态项所有记录，确认按正式生产工艺制造的技术状态项的技术状态准确地反映了所发放的技术状态文件应符合 GJB 3206A 的要求。

（3）审核技术状态项首件的试验数据和程序是否符合技术状态文件的规定；审核组可确定需重新进行的试验；未通过验收试验的技术状态项应由承制单位进行返修或重新试验，必要时，重新进行审核并符合 GJB 1710A、GJB 908A 的要求。

（4）确认技术状态项的偏离、不合格是在批准的偏离许可、让步范围内。

（5）审核技术状态项的使用保障资料，以确认使用保障资料的完备性和正确性并符合 GJB 2488、GJB 2489 的要求。

（6）确认分承制单位在制造地点所做的检验和试验资料。

（7）审核功能技术状态审核遗留的问题是否已经解决并应与风险报告一致，符合 GJB 2993 的要求。

（8）对软件与硬件集合成一体的技术状态项，除进行上述审核外，还可进行必要的补充审核后应符合 GJB 5234 的要求。

五、记录表格

（一）技术状态更改建议审批表

技术状态更改建议审批表，见表 4-1 所列。

表4-1 技术状态更改建议审批表

<table>
<tr><td colspan="4">技术状态更改建议(ECP)编号:</td><td colspan="2">第1页 共2页</td></tr>
<tr><td>产品/项目名称</td><td colspan="2"></td><td>更改性质</td><td colspan="2">□Ⅰ类　□Ⅱ类</td></tr>
<tr><td>产品/项目代号</td><td></td><td>合同/协议名称</td><td colspan="3"></td></tr>
<tr><td>合同编号</td><td></td><td>建议提出单位</td><td colspan="3"></td></tr>
<tr><td>更改说明</td><td colspan="5">更改原因:□设计改进　□设计错误　□配套要求
□内部接口变化:
□外部(用户)要求:
更改内容:(可加附页)

更改提出人:　日期:　部门审核:　日期:</td></tr>
<tr><td colspan="6">更改方案、可行性论证及验证情况(可加附页):</td></tr>
<tr><td colspan="6">更改的迫切性:</td></tr>
<tr><td rowspan="5">更改带来的影响</td><td colspan="5">性能参数:</td></tr>
<tr><td colspan="5">可靠性、维修性:</td></tr>
<tr><td colspan="5">综合保障:</td></tr>
<tr><td colspan="5">内外接口:</td></tr>
<tr><td colspan="5">进度:</td></tr>
<tr><td>受影响的项目</td><td colspan="5">□系统、分系统:

□部件及专用工装:</td></tr>
</table>

续表

<table>
<tr><td>受影响的文件</td><td>□技术文件：
□图样：
□软件程序：
□其他</td></tr>
<tr><td colspan="2">实施更改所需费用（费用计算、来源）：</td></tr>
<tr><td colspan="2">需说明的其他事项（如对已验收或已交付产品的处置）：</td></tr>
<tr><td colspan="2">产品更改的实施计划：
更改起始时间或批（套）次</td></tr>
<tr><td rowspan="5">技术状态控制委员会审批</td><td>技术管理部门对更改类别的审查意见：
签字：　　　　日期：</td></tr>
<tr><td>生产管理部门对已制品更改实施性的审查意见：
签字：　　　　日期：</td></tr>
<tr><td>计划管理部门对更改影响进度、经费的审查意见：
签字：　　　　日期：</td></tr>
<tr><td>质量管理部门对更改后测试验收性的审查意见：
签字：　　　　日期：</td></tr>
<tr><td>型号/项目技术负责人审批/预审（Ⅱ类更改/Ⅰ类更改）：
签字：　　　　日期：</td></tr>
<tr><td colspan="2">Ⅰ类更改顾客方审批意见：
审批人职务：　　　　签字：　　　　日期：</td></tr>
<tr><td colspan="2">领导机关审批意见（重大更改）：
审批人职务：　　　　签字：　　　　日期：</td></tr>
</table>

(二) 偏离审批单

偏离审批单,见表 4-2 所列。

表 4-2 偏离审批单

<table>
<tr><td colspan="2">产品型(代)号</td><td colspan="2">产品名称</td><td colspan="2">被偏离技术状态文件名称</td><td colspan="2">被偏离技术状态文件代号</td></tr>
<tr><td colspan="2"></td><td colspan="2"></td><td colspan="2"></td><td colspan="2"></td></tr>
<tr><td>偏离内容</td><td colspan="4">基线文件要求:

提出日期:</td><td colspan="3">偏离后要求:</td></tr>
<tr><td>偏离原因</td><td colspan="3"></td><td>偏离适用范围期限</td><td colspan="3"></td></tr>
<tr><td rowspan="8">对其他要求的影响</td><td colspan="3">受影响的项目</td><td colspan="4">影响程度</td></tr>
<tr><td colspan="3">性能指标</td><td colspan="4"></td></tr>
<tr><td colspan="3">接口要求</td><td colspan="4"></td></tr>
<tr><td colspan="3">软件程序</td><td colspan="4"></td></tr>
<tr><td colspan="3">综合保障性</td><td colspan="4"></td></tr>
<tr><td colspan="3">进度</td><td colspan="4"></td></tr>
<tr><td colspan="3">费用</td><td colspan="4"></td></tr>
<tr><td colspan="3">其他</td><td colspan="4"></td></tr>
<tr><td colspan="2">提出(拟制)</td><td></td><td></td><td>审 核</td><td></td><td colspan="2"></td></tr>
<tr><td rowspan="3">会签</td><td>电路主管</td><td></td><td></td><td>校对</td><td></td><td colspan="2"></td></tr>
<tr><td>结构主管</td><td></td><td></td><td></td><td></td><td colspan="2"></td></tr>
<tr><td>质量主管</td><td></td><td></td><td>总设计师</td><td></td><td colspan="2"></td></tr>
<tr><td colspan="8">顾客代表审批</td></tr>
<tr><td colspan="2">单位</td><td colspan="2"></td><td colspan="2"></td><td colspan="2"></td></tr>
<tr><td colspan="2">审批人</td><td colspan="2"></td><td colspan="2"></td><td colspan="2"></td></tr>
<tr><td colspan="2">日期</td><td colspan="2"></td><td colspan="2"></td><td colspan="2"></td></tr>
</table>

第三节　器材供应单位质量保证能力评定指南

一、范围

（一）主题内容

本指南规定了军工产品承制单位（以下简称需方）的器材供应单位（以下简称供方）质量保证能力的评定要求、评定项目、评定内容。

（二）适用范围

本指南适用于军工产品需方对器材供方的质量保证能力的考察和评定。

（三）应用指南

应用本指南时，可根据器材的具体情况剪裁。

二、引用文件

GJB 939《外购器材的质量管理》；

GJB 1405A《装备质量管理术语》；

GJB 1442A《检验工作要求》；

GJB 9001C《质量管理体系要求》；

GJB/Z 16《军工产品质量管理要求与评定导则》。

三、要求

（一）一般要求

（1）为确定合格器材供方，应对器材供方质量保证能力进行考察和评定。

（2）供方质量保证能力评定的依据是器材的质量要求，一般包括技术要求和质量保证要求。

（3）对供方质量保证能力评定的项目一般包括质量保证要求和产品样品评定。对外协件（含外包件）还须审定其加工工艺。

① 质量保证要求的评定原则。

a. 应根据器材的内型、功能特性、设计复杂性、设计成熟性、制造复杂性、器材质量历史情况和需要的数量等因素，确定对供方的质量保证要求。

b. 应根据不同的质量保证要求，将供方分为以下三类：

Ⅰ——要求具有质量管理体系；

Ⅱ——要求具有检验系统；

Ⅲ——要求提供检验合格证。

c. 属于下列情况的为Ⅰ类供方：

☆ 承接具有独立功能的关键配套设备、分系统；

☆ 按需方图样、技术文件生产的复杂结构件。

d. 属于下列情况的为Ⅱ类供方：

☆ 按需方图样、技术文件生产的一般结构件；

☆ 承接一般配套件及有特殊要求的标准件；

☆ 承接的器材在接受检验时不能充分验证其质量的。

e. 属于下列情况的为Ⅲ类供方：

☆ 承接一般原材料、元器件、标准件；

☆ 除上述Ⅰ类、Ⅱ类供方以外的。

f. 凡经主管部门组织的质量管理体系要求考核合格的军工产品承制单位，一般可以免予质量管理体系或检验系统考察、评定。

② 产品样品的评定原则。

a. 首次使用或变更供方后的产品应对其样品进行评定。

b. 属于下列情况的一般不需要进行产品样品评定，可直接确定为合格器材：

☆ 凡经长期使用考核证明其质量一直稳定可靠的产品；

☆ 凡经国际、国内质量认证合格的产品。

③ 当选用已被其他用户列入合格器材供应单位名录中的器材时，一般可对比其使用经验减免评定项目。

（二）详细要求

（1）供方清单的提出。

由需方采购部门提出供方清单及其质量历史资料。

（2）评定组的组成。

由需方质量、采购、设计、工艺等有关部门的代表组成评审组。

（3）评定计划。

评定组按供方质量保证能力评定项目的要求，制定评定计划。评定计划应包括以下内容：

① 需实地考察质量管理体系或检验系统的单位名单；需进行产品样品评定的目录；需审查的供方的工艺目录（外协件的）。

② 评定工作的组织分工、责任及完成日期。

（4）供方质量保证能力的评定项目。

① 对Ⅰ类供方须考察、确认质量管理体系和进行产品样品评定；

② 对Ⅱ类供方须考察、确认检验系统和进行产品样品评定；

③ 对承接外协件（含外包）的Ⅰ类、Ⅱ类供方还须进行工艺审定；

④ 对Ⅲ类供方须审查检验合格证书和进行产品样品评定。

（5）质量管理要求的评定。

① 质量管理体系以及检验系统的考察由需方质量、采购部门结合器材的特

点等实际情况,依据评定计划,制定考察、评定提纲并组织实施。

② 对Ⅰ类供方,质量管理体系考察提纲的内容可按照 GJB 9001C 和 GJB/Z 16 编制。

③ 对Ⅱ类供方,检验系统考察提纲可参照检验系统评定要求编制。

④ 考察中检查的不满足项目,经核对后应做记录。

⑤ 编写考察报告,考察报告至少应包括以下内容:

a. 考察所依据的标准;

b. 按考察提纲进行检查的情况;

c. 改进建议;

d. 对供方质量管理体系以及检验系统的评价。

⑥ 对Ⅲ类供方应审查检验合格证书是否满足器材规定要求。

(6) 产品样品评定。

① 由需方质量部门和设计或技术部门组织,进行产品样品评定;

② 产品样品评定应按相应的技术标准或技术要求进行,必要时进行试用。

(7) 外协件(含外包件)的工艺审定。

① 工艺审定应由需方质量、工艺部门组织实施。

② 工艺审定的内容:

a. 审查外协件(含外包件)须审定的工艺规范(说明书)是否满足产品质量要求,并经需方设计、工艺部门认可。当供方使用需方的工艺规范(说明书)时,免于审查。

b. 检查经需方认可的工艺规范(说明书)是否得到了贯彻执行,即编制的工艺规程是否满足工艺规范和相关标准的要求。

(8) 评定报告。

① 评定报告中的结论分为以下两种:

a. 合格:质量管理体系以及检验系统考察合格,产品样品评定合格,可确认为合格器材供应单位。对外协件(外包件),还须在工艺审定后,方可确认为合格器材供方,并编入合格器材目录。

b. 不合格:产品样品评定不合格;产品样品评定合格,质量管理体系以及检验系统中存在着危及器材质量的致命缺陷,且不能在限期内改正的为不合格器材供方。

② 对产品样品评定合格,质量管理体系以及检验系统考察不合格,但对存在的问题能保证在规定的期限内改正,方可确认为合格器材供方。

(9) 对供方质量保证能力评定报告由需方主管负责人批准后通知采购部门。

(10) 需方应定期或不定期地对供方的质量管理体系以及检验系统和审定后的外协件(外包件)加工工艺进行审核;还应根据供方交付的器材质量进行统

计与定期评估。对质量保证能力下降,而不能满足规定的质量要求的,一般应要求停止发货,逾期不改的,取消其资格。

四、检验系统评定要求

检验系统评定要求如表4-3所列。

表4-3 检验系统评定要求

序号	评定项目及要求	检查方法	评定结果		评语
			满足	不满足	
1	**质量责任**				
	(1) 厂长或公司经理的质量责任是否明确?他对质量是否负全责?	查制度及质量责任的规定			
	(2) 检验、试验部门是否有明确的质量责任要求?	查质量责任制			
	(3) 从事检验、试验的全体人员的责任权限是否明确?	查制度及质量责任制的规定			
	(4) 审核机构是否定期对检验系统进行审核?	查审核报告及原始纪录			
2	**检验系统职责及程序**				
	(1) 检验系统与各部门的工作关系是否协调?工作程序是否可行?	查检验系统各项工作程序			
	(2) 检验系统人员行使职权,在组织上制度上有无充分保证?	查保证措施			
	(3) 是否制定了一个有效的内部纠正措施程序?	查工作程序			
3	**生产过程的质量管理**				
	(1) 有无保证现行有效图样、规范及其更改的程序?	查工作程序			
	(2) 检验人员对生产条件是否实施监控?	查监控记录			
	(3) 是否制订和执行首件二检制度?效果如何?	查制度和成批故障			
	(4) 是否都使用经审批的检验、试验规程和技术标准?	查有关文件			
	(5) 采用的抽样检验程序是否符合有关规定的要求?	查有关规定			
	(6) 经过检验的成品、半成品、在制品和外购器材有无质量识别标志?不合格品是否进行隔离?是否形成制度?	查制度和现场			

续表

序号	评定项目及要求	检查方法	评定结果		评语
			满足	不满足	
	(7) 检验、试验记录是否齐全？是否具备可追溯性？	查记录			
	(8) 检验人员培训、考核制度和检验印章管理制度是否健全？	查制度和记录			
	(9) 检验人员有无资格证书？	抽查证书			
	(10) 对检验人员错、漏检是否实施监督？	查错、漏检记录			
4	**计量和测试的管理**				
	(1) 计量管理机构和制度是否健全？	查制度			
	(2) 计量测试器具能否满足承担任务和精度要求？	查计量测试器具精度			
	(3) 对用于检验产品的生产用工艺装备和调试设备，是否建立了精度验证程序？	对照任务要求查验证程序			
5	**外购器材质量管理(含外包外协)**				
	(1) 是否对所有外购器材建立并执行了入厂复验(验收)制度？	查制度、记录			
	(2) 各种器材是否编有不同的复验(验收)技术文件？	查检验文件			
	(3) 对器材复验、入库、发放的控制方法是否有效？	查现场控制情况			
	(4) 代用器材是否履行审批手续？	查代用单			
6	**产品包装、搬运、发送的质量控制**				
	对不同器材是否制定了包装、贮存、搬运、发送的质量控制程序？	查程序、现场			

第四节　厂际质量管理体系工作指南

厂际质量管理体系工作，是为了更好地贯彻实施《武器装备质量管理条例》的精神，将武器装备以及用于武器装备的计算机软件、专用元器件、配套产品、原材料的质量管理纳入系统的质量管理体系中，使装备研制工作中的技术状态管理工作的每一个产品层次、每一个过程更具有系统性、规范性和一致性。

厂际质量管理体系是以设备层次产品为对象，以保证和提高产品质量、满足使用需要为目的，按照装备研制过程的研制、生产协作的客观要求，运用系统工程的观点,由系统单位和分系统以及有关配套产品单位组织起来的横向质量保证的有机整体。

公司、院校间的组件、部件和零件层次产品的质量保证工作,可参考实施。

一、范围

本指南规定了厂际质量保证体系组织的组成、工作原则、机构与职责、质量保证与考核等的一般要求。

本指南适用于配套件多、协作面广、技术复杂的产品在研制、生产过程中建立的厂际质量管理体系。

公司、院校间的组件、部件和零件层次产品的质量保证工作,可参考实施。

二、引用文件

GJB 1405A《装备质量管理术语》;

GJB/Z 1687A《军工产品承制单位内部质量审核指南》;

GJB 9001C《质量管理体系要求》;

《武器装备质量管理条例》(国务院、中央军委发布,2010 年 11 月 1 日起施行,国发[2010]582 号)。

三、要求

(1) 军工产品质量第一的方针是各产品层次质量管理体系成员单位必须遵守的原则。

(2) 严格履行合同(包括技术协议书)。

(3) 系统单位对最终产品质量负责,对用户负责;配套单位对配套产品的质量负责,对系统单位负责。

(4) 各成员单位之间处理问题坚持以满足要求为主,密切配合,相互支持,共求发展。

(5) 系统单位择优订货。在保证产品质量和交货期的前提下,各成员单位享有订货优先权。

(6) 厂际质量管理体系受上级主管部门的领导,当成员单位之间遇到难以解决的问题时,报请上级主管部门组织协调解决。

四、机构与职责

(一) 机构

1. 厂际质量管理体系领导小组

由厂际质量管理体系成员单位主管质量工作的负责人组成领导小组,系统单位(或总设计师单位)任组长。

2. 厂际质量管理体系办公室

在系统单位(或总设计师单位)设厂际质量管理体系办公室,作为领导小组的办事机构,系统单位(或总设计师单位)选派有专业知识和业务管理能力的人员组成。办公室设主任一名。

3. 厂际质量管理体系联络员

各成员单位指定一名科技干部或主管工程师担任厂际质量管理体系联络员,并保持相对稳定。

(二) 职责

1. 厂际质量管理体系领导小组职责

(1) 制订厂际质量管理体系的质量目标、规划和工作计划;

(2) 制订厂际质量管理体系的各项规章制度;

(3) 总结、部署厂际质量管理体系年度工作;

(4) 研究新产品开发和用户提出的要求,协助解决产品研制、生产及创优中的重大技术质量问题,共同进行技术攻关;

(5) 研究奖励事项。

2. 厂际质量管理体系办公室职责

(1) 草拟厂际质量管理体系的质量目标、规划和工作计划;

(2) 组织检查成员单位对质量工作计划的实施情况;

(3) 负责厂际质量管理体系质量信息和文件管理;

(4) 组织对成员单位的质量考察与诊断;

(5) 向厂际质量管理体系领导小组汇报工作,编写厂际质量管理体系活动简报;

(6) 组织经验交流和质量管理小组成果发表;

(7) 考核成员单位和联络员的工作。

3. 厂际质量管理体系联络员职责

(1) 向本单位主管领导汇报厂际质量管理体系办公室各项工作要求,提出措施,协助领导协调落实;

(2) 准确、及时地传递、处理质量信息;

(3) 定期向厂际质量管理体系办公室汇报本单位有关质量工作的情况。

五、质量保证工作

(一) 一般要求

(1) 各成员单位必须建立质量管理体系,对本单位产品的研制、生产、包装、贮存、运输、使用、技术服务全过程实行有效的质量控制,保证满足系统装备的质量要求。

(2) 各成员单位要制订和落实质量工作计划,如:

① 产品开发(改进)的目标和计划;

② 产品创优目标和计划;

③ 质量保证计划(产品质量保证大纲)。

(3) 系统单位(或总设计师单位)要向配套单位提供配套产品的技术、质量要求和有关文件资料,包括:

① 产品用途及使用条件说明;

② 产品标准;

③ 质量特性;

④ 复验标准;

⑤ 更改审批程序;

⑥ 有关技术状态更改的通知。

(4) 配套单位要向系统单位(或总设计师单位)提供有关文件资料和质量保证,包括:

① 产品质量保证大纲;

② 满足合同(或技术协议书)要求的合格产品质量证明文件(履历本或合格证)和产品的使用维护说明书;

③ 关键器材代用和关键特性技术状态变更资料;

④ 有关技术状态更改通知单;

⑤ 完整的产品标准和交付时的检验规程;

⑥ 技术服务。

(二) 质量信息

(1) 厂际质量管理体系要制订统一的质量信息反馈处理程序,程序要明确信息方位、传递表格、反馈处理的时间要求等;

(2) 各成员单位要有质量信息的收集、传递、处理的管理办法,保证信息畅通,发挥信息效用;

(3) 系统单位(或总设计师单位)对陪同产品在复验、装配、试验和用户使用中发现的质量问题应准确、及时地向有关成员单位反馈质量信息,有关成员单位接到质量信息要及时处理,认真分析原因,采取有效改进措施,并将处理结果回复系统单位(或总设计师单位)。

(三) 质量考察与诊断

(1) 厂际质量管理体系根据陪同产品的质量状况,对成员单位进行质量考察与诊断,做出评价,提出改进要求;

(2) 质量考察与诊断工作由厂际质量管理体系办公室组织,有关成员单位派人参加;

(3) 各成员单位要接受质量考察与诊断,上级主管部门给予支持。

(四) 质量攻关与质量管理小组活动

(1) 各成员单位要围绕系统产品质量和创优的要求,开展质量攻关和群众性的质量管理小组的活动，并报厂际质量管理体系办公室注册登记；

（2）质量管理小组按预定目标获得成果后，经过考核验证，并已纳入相应技术标准或管理标准，可申请发表；

（3）厂际质量管理体系办公室对各成员单位申报的成果，组织审查、发表，并择优向上级部门推荐发表。

（五）例会制度

（1）厂际质量管理体系领导小组会议，一般每年召开一次，由领导小组成员并吸收联络员参加；

（2）厂际质量管理体系联络员会议和质量管理小组成果发表会，一般每年召开一次，由联络员和有关质量管理小组成果发表人参加；

（3）特殊情况需要，体系领导小组组长可召开体系领导小组会议和联络员会议。

六、考核

（一）对系统单位（或总设计师单位）

（1）系统装备合同实现率：

系统装备合同实现率=系统装备合同实际完成数/系统装备合同计划数×100%

（2）系统装备一次交验合格率：

系统装备一次交验合格率=系统装备一次交验合格数/系统装备交验数×100%

（3）系统装备返修率：

系统装备返修率=系统装备返修数/系统装备交验数×100%

（4）返修配套产品成套率：

返修配套产品成套率=返修配套产品成套数/返修配套产品数×100%

（二）对配套单位工作质量的考核

（1）合同实现率：

合同实现率=合同实际完成数/合同计划数×100%

（2）开箱合格率：

开箱合格率=开箱产品合格数/开箱产品总数×100%

（3）装整机合格率：

装整机合格率=装整机合格数/装整机总数×100%

（4）装整机一次测试交验合格率：

装整机一次测试交验合格率=装整机一次测试交验合格数/装整机一次测试交验数×100%

(三) 对联络员的考核

(1) 发出信息准确率:

发出信息准确率=发出信息准确数/发出信息的总数×100%

(2) 信息及时处理率:

信息及时处理率=处理信息数/收到信息的总数×100%

(3) 信息回复率:

信息回复率=处理并回复的信息数/收到信息的总数×100%

第五节 军工产品承制单位内部质量审核指南

一、单位内部质量审核指南

(一) 范围

本指南提供了军工产品承制单位内部质量审核的相关内容,包括对内部质量审核的策划、实施以及对内部质量审核员的管理。

本指南适用于承担军工产品研制和生产的组织的内部质量审核。

(二) 引用文件

GJB/Z 1687A《军工产品承制单位内部质量审核指南》;

GJB 9001C《质量管理体系要求》。

(三) 定义

1. 过程质量审核

对过程的运行、控制及其结果进行审查,以确定过程实现所策划的结果的符合程度,并评价过程有效性。

理解说明:

过程质量审核与过程的监视和测量是有区别的。过程的监视和测量是对过程的结果进行监视和测量,以证实过程实现所策划的结果的能力,其目的是对过程实施控制;过程质量审核不但要审核过程实现所策划的结果,还包括对过程的运行和控制状态的审查,以及评价过程实现所策划的结果的有效性。过程的监视和测量是过程质量审核的重要内容之一。

2. 产品质量审核

对产品质量特性进行测量和评价,以确定产品质量特性符合所要求的程度。

理解说明1:

产品质量审核是从顾客的观点来观察问题,产品质量审核一般包括产品性能、接口特性,维修性、互换性等这些顾客最关心的领域。

理解说明2:

产品质量审核与产品质量评审是有区别的。产品质量审核需对抽取的产品样品的质量特性进行测量，而产品质量评审是通过对有关产品质量的原始记录、报告和文件进行审查，对产品质量和制造过程的质量保证工作进行评审，确定产品能否交付使用、试装和试验。在产品质量评审中，对产品的质量特性是重新测量的。

理解说明3：

产品质量审核与产品的监视和测量是有区别的。产品的监视和测量是对产品的质量特性进行测量；产品质量审核是从已经验收合格的产品中抽取样品，不仅要对产品的质量特性进行测量，而且还要对产品的符合性程度进行评价，确定其测量系数或过程控制的有效性。

（四）一般要求

（1）组织的最高管理者应当确保建立有效的内部质量审核过程，以便获取满足要求的客观证据并评价实施改进的机会。内部质量审核一般可针对（但不限于）质量管理体系、过程或产品进行审核。这些审核通常称为质量管理体系审核、过程质量审核和产品质量审核。

（2）内部质量审核的策划应当是灵活的，除了按策划的时间间隔对质量管理体系进行审核外，也可作为独立评定任何过程或活动的管理工具，并允许依据审核过程中的审核发现和客观证据对审核的重点进行调整。

（3）内部质量审核应当遵循审核原则，以保持审核过程的客观性和公正性，审核员不能审核自己的工作。

（4）内部质量审核应当应用过程方法，在理解和满足顾客要求的基础上向过程控制延伸，注重过程的结果和产品性能，密切为重点型号的研制和生产服务。

（5）内部质量审核应当避免将满足质量要求的职责从运作部门转移到审核管理部门。受审核的部门应当支持和配合审核工作，并及时采取措施以消除审核中所发现的不符合及其原因。

（五）详细要求

1. 内部质量审核的策划

1）内部质量审核的管理职责

（1）最高管理者应当把内部质量审核作为实现其质量方针和质量目标的一个重要管理手段，审核的结果可为进行有效的管理评审以及采取纠正、预防或改进措施提供信息。

（2）最高管理者应当授权某个人或部门负责对内部质量审核进行管理，并确保内部质量审核所需的资源。

（3）授权负责内部质量审核的个人或部门应当：

① 建立和实施内部质量审核程序，确保内部质量审核工作的开展；

② 策划内部质量审核方案，编制内部质量审核年度计划，协调和安排有关审核的活动；

③ 管理内部质量审核员；

④ 总结审核结果并提交管理评审；

⑤ 保存审核记录。

2）内部质量审核方案的策划

（1）总则。

① 组织应当根据质量工作的需要和实际情况对内部质量审核方案进行策划，确定每年需定期或预先可确定的审核活动，并形成年度审核计划，审核方案可包括质量管理体系审核、过程质量审核和产品质量审核。

② 当组织的质量管理体系、过程、产品发生重大变更或发生重大质量安全问题以及需要对纠正措施进行跟踪时，组织可随时增加临时性的审核或专题性的审核活动，并纳入年度审核计划的管理之中。

（2）质量管理体系审核方案的策划。

组织应当定期进行质量管理体系审核，以确定质量管理体系是否：

① 具有稳定地提供满足顾客要求以及适用的法律法规要求的产品的能力。

② 符合 GJB 9001C 以及组织确定的质量管理体系要求，并得到有效实施和保持。

组织应当考虑拟审核的过程和部门的状况及其重要性以及以往审核的结果，确定质量管理体系审核时间间隔。

（3）过程质量审核方案的策划。

质量管理体系的过程包括与管理活动、资源提供、产品实现和测量有关的过程，组织可以根据需要独立地对任何需评价的过程进行审核，以确定过程是否：

① 得到实施。

② 有效地实现所要求的结果。

过程质量审核能发现过程的簿弱环节，并能间断地监督过程控制的实施。

组织应当考虑拟审核的过程的重要性和稳定性，确定过程质量审核的项目。组织应当重视对产品实现过程的审核，包括对设计和开发、采购过程，生产和服务提供过程的审核，组织可根据型号研制计划的节点预先确定对其设计和开发的审核的活动。对特殊过程应当定期进行审核。

（4）产品质量审核方案的策划。

① 产品质量审核通常是从检验合格的产品中抽取样品，对产品质量特性进行测量，以确定其产品是否符合规定的产品接收准则的程度，并评价其测量系统或过程控制的有效性。

② 产品质量审核可用于产品质量趋势分析和产品质量问题的调查。

③ 组织应当考虑拟审核的产品的成熟度和验证的难易程度,确定产品质量审核的对象。审核对象可以是中间产品,也可以是最终产品。

(5) 内部质量审核方案策划的输出。

组织应当以年度质量审核计划的形式作为内部质量审核方案策划结果的输出。年度审核计划的内容应当包括:

① 审核的项目或对象与理由。

② 审核所覆盖的范围,包括产品、过程以及涉及的部门。

内部质量审核年度计划经最高管理者或管理者代表批准后发放给相关的受审部门。

2. 内部质量审核的实施

1) 总则

(1) 组织应当根据内部质量审核年度计划的安排对审核活动进行策划并组织实施。

(2) 一次完整的内部质量审核过程应当包括启动审核、现场审核的准备、现场审核的实施以及审核跟踪的全部活动。

2) 启动审核

(1) 指定审核组长。

组织应当为每一次审核活动指定一名审核组长,并向审核组长明确审核的目的、范围和准则。即使审核组只有一名审核员,也应当明确审核组长的职责。审核组长对审核的准备、实施和报告全面负责。

(2) 与受审核部门的沟通。

审核组长应当与受审核部门就审核活动进行沟通,以便对审核活动进行协调和安排。审核组长通过与受审核部门的沟通以确定:

① 与受审核部门联系的渠道和人员;

② 审核的目的、范围和准则;

③ 审核的实施时间;

④ 受审核活动或对象的状况。

当发现受审核部门在可接受的审核时间内无受审核的活动或对象及证据,或与受审核部门的其他活动有冲突或影响时,审核组长应当与受审核部门协商后向审核管理部门提出变更审核活动的建议。

(3) 组成审核组。

在与受审核部门的沟通并确定审核可行后,审核组长应当根据审核目的选择审核员,组成审核组,确保审核组的整体能力能满足审核要求。在不能满足要求时,可邀请技术专家参加以给予技术上的支持。

在产品质量审核时,可委托组织内具有独立性的检测部门对产品进行测量。

3）现场审核的准备

（1）现场审核的策划。

审核组长应当根据审核目的以及与受审核部门沟通的结果对审核活动进行策划，确定具体的审核计划并正式通知受审核部门，对有关审核事项做出说明。现场审核的策划应当确定以下内容：

① 审核的目的、范围和准则；

② 审核的日程安排；

③ 审核组的组成等。

对于产品质量审核还应当确定产品图号、取样的状态、地点、数量以及需测量的产品质量特性、测量方法和负责测量的人员或部门等。

（2）分配落实审核任务。

审核组长应当与审核组的成员进行协商，把审核任务分配落实给每个审核员。在分配工作时应考虑审核员的专业能力、审核内容的连贯性、审核区域的相对集中以及工作量之间的平衡等。为确保审核目的的实现，审核组长可根据审核情况调整审核员的分工。

（3）编制检查单。

① 审核员应当按审核计划及其分工，根据审核的目的、范围和准则对自己所承担的审核任务进行策划，编制检查单，确定检查的内容和要求；

② 审核员可结合检查单的编制对与受审核的活动或对象有关的文件进行评审，并通过评审确定现场审核的内容及要求；

③ 在审核过程中，审核员应当利用检查单帮助自己掌握审核的进度，提示审核的重点和内容，记录审核的结果；

④ 对于过程质量审核，检查单可采用流程图的形式，对过程中各个节点明确其审核的内容和要求；

⑤ 对于产品质量审核，检查单可采用检验图表的形式，明确需测量的项目、要求及方法。

4）现场审核

（1）首次会议。

审核组长应当主持召开首次会议，对将要进行的审核活动与受审核方管理者进行沟通。首次会议的目的是：

① 说明审核的目的、范围；

② 简要介绍审核的程序和方法；

③ 确定审核所覆盖的产品及相关过程和区域；

④ 确定陪同审核的人员。

（2）现场信息的收集和验证。

审核员应当根据检查单收集和验证与审核目的、范围和准则有关的信息。当审核中发现可能导致不符合的线索时,无论是否属于检查单中的内容都应当予以注意并进一步审核。

审核员在现场收集和验证信息时应当做好审核记录。

收集和验证信息的方法有面谈、观察、审查文件和记录等,以及这些方法的综合应用。

① 面谈。审核员每到一处应当向接受审核的人员说明来意,并从要求对方描述其工作开始,了解与审核活动有关的状况,按照“告诉和示范”的思路把审核引向深入。面谈获得的信息需经验证后才能作为审核证据。

② 观察。对正在进行的过程或活功,审核员应当通过观察来收集和验证有关符合审核准则的信息,通过观察,审核员应当能够回答:

a. 现场工作人员是否了解、得到和使用正在进行的质量活动以及与结果有关的文件;

b. 现场工作人员是否执行了这些文件;

c. 文件所规定的资源条件是否处于受控状态;

d. 文件执行后是否能达到所规定的要求。

③ 审查文件和记录。对于已完成的过程或活动,审核员应当通过对这些过程和活动策划的安排及其实施结果有关的文件和记录的审查,确定其符合规定要求的程度。在审查文件和记录时,审核员应当注意对有关数据的收集和分析,以便对过程业绩和产品特性的趋势做出判断。

对于正在进行的过程或活动,通过对有关文件的审查,确定其文件与审核准则的符合程度,并了解受审核的过程或活动的运作方式,按其要求进行现场验证。

当收集和验证的有关信息证实受审核部门存在不符合审核准则的事实时,审核员应当向受审核方的陪同人员说明不符合的理由,并提请其对不符合的事实现场见证。

在产品质量审核中,审核员应当通过对抽样的样品进行测量来收集信息。必要时,需调查产品的质量历史状况。审核员应当按检查单进行取样,并确保取样的独立性,如委托其他部门进行测量时,应当对其测量手段、测量环境以及测量人员的资格进行审查,如果在产品质量审核中发现测量结果与原检查结果有明显差异或产品质量特性不合格时,应当组织有关测量分析原因,找出存在的问题。必要时可重新进行测量。

(3) 形成审核发现。

① 审核员应当依据审核准则对所收集的审核证据进行评审并形成审核发现。审核发现有符合和不符合两类。应对符合审核准则的情况进行汇总,包括所审核的部门、职能或过程以及覆盖的产品范围。对于不符合审核准则的情况

应当形成不符合项报告。

② 审核员在不符合项报告中应当阐明在什么地方、抽查什么情况时,发现了什么问题、不符合什么要求,以便受审核部门在制订纠正措施时对不符合的事实进行核实,也便于在后续的跟踪审核时对纠正措施效果的验证。

③ 审核组长应当对形成的审核发现进行审查,需要时可召集审核组成员共同评审审核发现。

(4) 末次会议。

审核组长应当主持召开末次会议,就审核发现和审核结论与受审核部门提出纠正措施要求。适当时,双方就受审核部门纠正措施的时间进度达成共识。

(5) 编制和发放审核报告。

审核组长应当编制审核报告并对报告的内容负责。审核报告应当包括:

① 审核的目的和范围;

② 审核准则;

③ 审核发现,包括符合的和不符合的;

④ 对纠正措施的要求。

必要时,审核报告可包括建议。

审核报告连同不符合项报告由审核组长提交给审核管理部门。审核管理部门应当对审核报告和不符合项报告进行审查,对审核报告履行批准手续。审核报告应当及时发放给最高管理者、管理者代表以及受审核部门,以便及时采取纠正措施,消除所发现的不符合项及其原因。

5) 审核跟踪

(1) 纠正措施的反馈。

受审核部门应当对不符合项报告中提出的问题调查其原因,制订和实施纠正措施,并把所制订的纠正措施和预期完成日期的信息反馈给审核管理部门。

审核管理部门应当对受审核部门制订的纠正措施的适宜性进行评审,以确定是否对不符合项报告中提出的问题:

① 进行原因分析;

② 针对原因制订相应的纠正措施;

③ 纠正措施能防止问题的再发生;

④ 完成纠正措施时间的适宜性。

当发现受审核部门制订的纠正措施不能满足要求时,应当要求其重新制订纠正措施。

(2) 纠正措施的跟踪审核。

审核管理部门应当指派审核员对受审核部门所采取的纠正措施的有效性进行跟踪审核,跟踪审核按受审核部门纠正措施预期完成的时间进行。

在跟踪审核时,审核员应当确定受审核部门是否:

① 原有的不符合项已纠正;

② 纠正措施贯彻到位;

③ 执行纠正措施后类似不符合项的问题未再发生。

跟踪审核的结果应当形成审核报告。跟踪审核中发现受审核部门制订的纠正措施尚未落实或类似不符合项的问题还在发生时,审核员应当按不符合处理,要求受审核部门继续采取纠正措施。

3. 内部质量审核员的管理

1)内部质量审核员的选择

组织应当从相关的职能和层次上选择内部质量审核员,选择的内部质量审核员应当具备以下条件:

① 具有实际工作经验和质量管理知识;

② 能理解受审核的产品、过程的技术内容;

③ 能坚持原则,客观公正,忠于职守,勤奋工作。

2)内部质量审核员的培训

组织应当对选择的内部质量审核员进行培训。通过培训,审核员应当:

(1)熟悉并理解 GJB 9001C 的要求;

(2)了解组织质量管理体系的运行情况;

(3)掌握审核所需的检查、提问、评价和报告的方法以及策划、组织、交流、指导等主持审核所需的技能;

(4)遵守内部质量审核程序及要求。

3)内部质量审核员的资格要求

内部质量审核员应当具有中等教育程度的学历,参加实际工作 5 年以上,经过内部质量审核知识的培训并获得资格后,由最高管理者或管理者代表聘任为内部质量审核员。

审核员要成为审核组长,应当在胜任审核组长的审核员的指导和帮助下完成两次完整的审核。

4)内部质量审核员的业绩评定

组织应当对内部质量审核员的业绩进行评定,并把评定的结果作为是否继续聘用的依据之一。

对内部质量审核员的业绩评定可在审核员自我总结的基础上进行。组织应当依据对审核活动监视的结果、受审核部门以及审核员所在工作部门的意见,从工作态度、工作能力、工作成果等方面进行综合评价。这种评价有助于内部质量审核队伍的建设,也有助于审核工作的不断改进。

二、单位内部质量审核原则

审核的特征在于其遵循若干原则。这些原则使审核成为支持管理方针和控制的有效且可靠的工具,并为组织提供可以改进其业绩的信息。遵循这些原则是得出相应和充分的审核结论的前提,也是审核员独立工作时,在相似的情况下得出相似结论的前提。

(一) 与审核员有关的原则

1. 道德行为

道德是职业的基础。对审核而言,诚信、正直、保守秘密和谨慎是最基本的。

2. 公正表达

真实、准确地报告义务。审核发现、审核结论和审核报告真实和准确地反映审核活动。报告在审核过程中遇到的重大障碍以及在审核组和受审核方之间没有解决的分歧意见。

3. 职业素养

在审核中勤奋并有判断力。审核员珍视所执行的任务以及审核委托方和其他相关方对他们的信任。具有必要的能力是一个重要的因素。

(二) 与审核有关的原则

1. 独立性

独立性是审核的公正性和审核结论的客观性的基础。审核员独立于受审核的活动,并且不带偏见,没有利益上的冲突。审核员在审核过程中应保持客观的心态,以保证审核发现和结论仅建立在审核证据的基础上。

2. 基于证据的方法

基于证据的方法是在一个系统的审核过程中,得出可信的和可证实的审核结论的合理方法。

审核证据是能够证实的。由于审核是在有限的时间内并在有限的资源条件下进行的,因此审核证据是建立在可获得信息的样本的基础上。抽样的合理性与审核结论的可信性密切相关。

三、对与过程和产品有关文件的评审

(一) 对过程文件的评审

1. 总则

组织应当对确保过程有效策划、运行和控制所需的文件进行评审。对过程文件的评审应当包括以下内容:

(1) 过程策划的输出是否满足其输入的要求;

(2) 过程的运行和控制要求是否明确。

组织应当识别受审核的过程是管理性过程、产品实现的过程还是支持性过程，以便有针对性地对其过程文件进行评审。

2. 对有关管理性过程文件的评审

组织应当以 GJB 9001C 中的有关要求和相关的质量法规、标准以及组织的质量手册为审核准则对有关管理性过程文件进行评审，以确定文件是否：

（1）符合审核准则；

（2）明确做什么、由谁或哪一个部门做、何时何地以及如何做，或引用其作业文件；

（3）规定监视和测量要求；

（4）规定记录的要求。

在 GJB 9001C 中，有关的管理活动以及对质量管理体系和过程进行监视和测量的过程为管理性过程。

3. 对有关产品实现过程文件的评审

组织应当对产品实现策划的输出所形成的文件进行评审。组织在对有关产品实现过程文件进行评审时应当注意以下两个方面：

（1）过程文件之间的关系：上一个过程的输出直接形成下一个过程的输入。上一个过程的输出所形成的文件也就成为下一个过程策划的输入，并确保过程策划的输出满足其输入的要求。其顾客要求是产品实现过程策划的源头。

（2）过程的运行和控制要求：包括过程的输入和输出要求、过程中的活动、资源、过程和产品的验证和确认、过程和产品要求的记录等。

对有关产品实现过程文件的评审应当以上一个过程的输出以及对过程运行和控制的要求为审核准则，并确定其满足要求的程度。

在 GJB 9001C 中，有关产品的实现以及对产品进行监视和测量的过程为产品实现的过程。标准中有关“产品实现的策划”的要求是对过程文件中有关过程运行和控制要求进行评审的审核准则。

4. 对有关支持性过程文件的评审

组织应当对产品实现的支持性过程文件进行评审。支持性过程的输出是产品实现过程输入的一部分，以支持产品实现过程的有效运行以及对过程的监视。

组织在对支持性过程文件进行评审时应当注意其过程的输出，并确定其输出是否：

（1）要求明确，适用时包括对提供的硬件质量以及需提供信息的要求；

（2）与产品实现过程的要求相一致。

在 GJB 9001C 中，为产品实现提供有关资源和信息的过程为支持性过程，包括提供人力资源、基础设施、工作环境、文件、记录以及质量信息有关的过程。组织应当以产品实现策划的安排、GJB 9001C 以及质量手册中有关资源和信息的要求作为对支持性过程文件进行评审的审核准则。

（二）对有关产品要求文件的评审

1. 总则

在进行产品质量审核时，组织应当对表述顾客要求的产品规范和产品验收要求（如产品最终检验和试验规范或规程）进行评审，确保顾客的要求得到确定并予以满足。

2. 对产品规范的评审

组织应当以合同、技术协议以及有关法律、法规为审核准则对产品规范进行评审，以确定产品规范是否：

（1）包括顾客规定的要求；

（2）符合与产品有关的法律法规的要求；

（3）规定对产品安全和正常使用所必需的要求。

3. 对产品验收要求的评审

组织应当以产品规范为审核准则，对有关产品验收要求（如产品最终检验和试验规范或规程）进行评审，以确定产品：

（1）验收的项目和要求与产品规范是否相符；

（2）验收的方法、测量手段及其精度是否能满足产品质量特性的要求；

（3）抽样方案是否合理；

（4）验收记录要求是否明确。

第六节　技术状态管理实践与审核要求

武器装备研制过程的技术状态管理是《武器装备质量管理条例》第二十三条的规定，即武器装备研制、生产单位应当对武器装备的研制、生产过程严格实施技术状态管理，也是 GJB 9001C 第八章的重要内容之一。GJB 2993 对武器装备研制项目管理的方法，即技术状态管理进行了具体细化。

《技术状态管理》的编制工作始于 1991 年 12 月，1998 年颁布实施。由于装备发展的历史原因，对其贯彻不是很理想。随着我国武器装备自主式研制的跨越式发展，认真总结贯彻 GJB 3206—1998 的经验，对武器研制的技术状态管理的认识和运行已经有了一定基础，标准的修订在保证连贯性的基础上，进一步针对我国装备研制的程序和特点，使修改的标准系统化、规范化。

新修改的标准 GJB 3206A 既吸收了国外发达国家技术状态管理的先进经验，也针对国内武器装备研制管理环境的变化、管理能力的提升、先进工具的运用等对技术状态管理的进一步需求，在借鉴国外做法的同时，结合工作实践和发展方向，对标准进行了优化。

GJB 3206A 在引领技术状态管理标准发展的同时，与现有其他技术状态管理相协调,不产生不可调和的矛盾和冲突。GJB 3206A 具体细化了技术状态管理的内容、要求和方法,该标准是武器装备研制程序的支持性文件、与其协调一致。

GJB 3206A 属于技术状态管理领域的顶层标准。GJB 3206A 与 GJB 9001 和 GJB 5709《装备技术状态管理监督要求》相关。GJB 9001C 针对装备研制生产,具体提出了技术状态管理的内容、要求和方法。GJB 5709 是从军事代表的角度提出实施监督,其实质内容与 GJB 3206A 的内容基本一致,只是它们的要求和方法以及处理的属性不同。

下面对 GJB 3206A 的有关条文进行解释并提出审核要求。

一、技术状态管理　总则

(一) 标准第 4 章总则条文

4　总则

4.1　应在产品寿命周期内实施技术状态管理。应随产品寿命周期各阶段的特点和要求,逐步建立和完善技术状态管理。产品寿命周期各阶段的技术状态管理工作内容参见附录 A。

4.2　应明确技术状态管理责任主体及其职责。必要时,应成立由相关技术领域和管理领域代表组成的技术状态控制委员会,按赋予的权限对技术状态及其管理进行审查和决策。

4.3　应编制技术状态管理计划。技术状态管理计划应规定参与者的职责、技术状态管理内容。技术状态管理计划的内容参见附录 B。技术状态管理计划应根据产品寿命周期各阶段的特点和要求,进行必要的修订。承制单位的技术状态管理计划应提交给合同监管机构认可。

4.4　应监督技术状态管理实施。技术状态管理实施监督应与质量管理体系监督协调一致,可以一并进行。

4.5　应针对产品寿命周期数据,明确管理内容,确保数据的可用性和可追溯性。开展数据管理时应考虑信息技术发展对当前数据格式的影响、法律法规对数据保护的要求。

4.6　软件应按照 GJB 5235 开展配置管理。

(二) 条文解释

(1) 标准第 4 章对技术状态管理提出了总的要求,主要内容包括:

① 技术状态管理的使用范围;

② 技术状态管理和职责;

③ 技术状态管理计划;

④ 技术状态管理监督;

⑤ 与技术状态有关的数据管理;

⑥ 软件的技术状态管理等。

（2）在产品的寿命周期进行技术状态管理是 GJB 3206A 主要变化的内容之一。从适用于研制、生产过程，到适用于产品的寿命周期，这个过程既反映了武器装备发展的需求，也反映了国际标准方面技术管理要求的变化。

（3）技术状态控制委员会的责任主体一般是总设计师系统或科研管理系统。研制重大武器装备系统或研制复杂武器装备的单位，应成立技术状态控制委员会。技术状态控制委员会由相关技术领域和管理领域代表组成。

（4）产品的寿命周期管理的监督应纳入质量管理体系的监督，既可以在 GJB 9001C 8.1 的有关要求中提出，也可以在 GJB 9001C 8.3 的有关要求中提出。

（5）产品的寿命周期的技术状态数据管理要求，应结合数字化设计、制造的实际水平提出。

（6）软件的配置管理要求按 GJB 5235、GJB 2786A、GJB 438B 等标准执行。

（三）实施与审核要点

（1）技术状态管理的范围是产品的整个寿命周期，这是 GJB 3206A 的主要变化，应在产品的设计、开发、生产、服务全过程，实施技术状态管理。

（2）在产品的寿命周期实施技术状态管理，首先要制订技术状态管理程序。在形成文件的程序中，应规定管理职责、内容、程序和要求。

（3）对于复杂武器装备系统的承制单位，应成立技术状态控制委员会。主要职责是对技术状态的确立和变化进行审查、管理及决策。

（4）承制单位应编制技术状态管理计划。技术状态管理计划应针对技术状态管理项编制，并提交合同监管机构认可。

（5）技术状态管理的监督，应按 GJB 5709《装备技术状态管理监督要求》执行，也可以结合 GJB 9001C 9.1 中监视、测量、分析和评价的要求进行。

（6）进行数字化设计、制造的单位，应结合本单位实际，制定数字化条件下技术状态管理的程序或管理办法。

（7）软件产品应按照 GJB 5235《军用软件配置管理》的要求进行管理。

二、技术状态标识

（一）标准第 5 章 5.1 条文

5　技术状态标识

5.1　技术状态标识任务

技术状态标识的任务包括：

（1）选择技术状态项；

（2）确定各技术状态项在不同阶段所需的技术状态文件；

（3）标识技术状态项和技术状态文件；

(4) 建立技术状态基线；

(5) 发放经正式确认的技术状态文件并保持其原件。

(二) 条文解释

(1) 技术状态标识，是确立技术状态项及其所需技术状态文件、标识技术状态项及其技术状态文件、发放和保持技术状态文件、建立技术状态基线的活动。

(2) 技术状态标识的重点，是确立技术状态项及其技术状态文件。标识的步骤是：

① 按照 GJB 2116A 进行结构分解，并编制到相应文件中。

② 按照 GJB 2737 分层次提接口要求，并编制到相应文件中。

③ 按照 GJB 190 进行特性分析，并编制到相应文件中。

④ 汇总相应文件与表格：

a. 技术状态项汇总表；

b. 关键件、重要件汇总表；

c. 工序检验、外包外协检验或验收汇总表；

d. 互换性(包括替换、互换和代用)项目汇总表。

(3) 对技术状态项及其所需技术状态文件的识别，应根据标准的要求，结合产品的层次、级别以及产品的复杂程度等实际情况，识别相关文件，其文件的类型一般是：

① 编制基线文件(如系统规范、研制规范、材料规范、工艺规范、软件规范和产品规范)；

② 质量保证文件(如检验规范、检验规程等)；

③ 质量控制文件(如验收规范、验收规程等)；

④ 试验验证文件(如试验规范、试验规程等)。

(三) 实施与审核要点

(1) 承制单位应在程序文件中明确规定技术状态标识的任务，并规定与标识五项任务相关的各个职能部门的职责。

(2) 技术状态管理计划的编制，应紧密结合标识的任务进行。

(3) 技术状态标识的首要任务：

① 识别、确定管理对象；

② 确定管理对象所需要的技术状态文件；

③ 审查、确认技术状态文件；

④ 标识、发放、保持技术状态文件。

(4) 应注意把技术状态标识工作和设计输入、设计输出的工作结合起来，协调开展工作。

（四）标准第5章5.2条文

5.2　技术状态项

5.2.1　产品分解

选择技术状态项之前，应确定产品分解结构。产品分解结构应能说明当前阶段产品的组成。如合同规定采用GJB 2116A时，承制单位应确保技术状态项能够与工作分解结构单元相对应。

（五）条文解释

（1）技术状态项，是能够满足最终使用功能，并能够指定作为单个实体进行管理的硬件、软件或其结合体。技术状态项，可以是一架飞机，一个部件，可以是雷达系统，也可以是一部电台，一台燃油调节器，一台液压泵，一个元器件，一个软件系统，一台装有嵌入式软件的设备。

（2）选取技术状态项，应采用工作分解结构和产品分解结构。

（3）工作分解结构WBS，是对武器装备项目在研制和生产过程中所应完成的工作，自上而下逐级分解而成的一个层次体系。该层次体系以研制和生产产品为中心，由产品（硬件和软件）项目、服务项目和资料项目组成。

（4）产品分解结构，可按GJB 431的要求，分为：系统、分系统、设备、组件、部件、零件。

（六）实施与审核要点

（1）承制单位应首先分析本单位产品的类型、层次、特点，以及在武器系统中的位置。

（2）按照GJB 2116A进行工作分解结构分解。

（3）按照GJB 431《产品层次、产品互换性、样机及有关术语》进行产品的分解。

（七）标准第5章5.2.2条文

5.2.2　技术状态项选择

应选择功能特性和物理特性能被单独管理且有助于达到总的最终使用要求的产品作为技术状态项。承制单位应编制技术状态项清单，并提交合同监管机构认可。选定的技术状态项应在合同中予以规定。较高层次的技术状态项可在方案阶段初期或之前选择，较低层次的技术状态项可在工程研制阶段初期或之前选择。可从多个角度选择技术状态项，被选择作为技术状态项的产品一般是：

a）武器装备、分系统级产品或跨单位、跨部门研制的产品；

b）在风险、安全、完成作战任务等方面具有关键特性和重要特性的产品；

c）新研制的产品；

d）接口复杂且重要的产品；

e）单独采购的重要产品；

f) 使用和保障方面需着重考虑的产品。

(八) 条文解释

(1) 选定技术状态项的原则:

① 功能特性和物理特性能够被单独管理的产品;

② 有助于达到最终使用要求的产品。

(2) 技术状态项的选取是一个渐进的过程。

3.5.2.2 条文中规定了选择技术状态项的六类产品,具体选择过程应按照 GJB 2116A、GJB 2737、GJB 190 的规定,结合本单位研制、生产的特点,具体分析后选取。

(九) 实施与审核要点

(1) 承制单位应编制技术状态项清单,并提交合同监管机构认可;

(2) 技术状态项的选取,应与设计定型(或鉴定)的要求一致;

(3) 应按 GJB 3206A 5.2.2 条确定的原则和要求,选择技术状态项;

(4) 应在工作分解结构、产品分解结构的基础上,确定技术状态项;

(5) 技术状态项的选择可逐级、分层次、分阶段进行;

(6) 应结合本单位研制生产装备的特点,选择技术状态项;

(7) 技术状态项的实质是产品,技术状态项的选择过程实质是产品的分层分类过程;

(8) 应根据本单位技术状态项管理的需求及管理精力和能力,恰当地选择技术状态项。

(十) 标准第 5 章 5.2.3 条文

5.2.3　技术状态项标识

每个技术状态项都应有标识。标识内容一般包含技术状态项的型号、序列号(或批次号)等信息,标识号应具有唯一性。

(十一) 条文解释

(1) 技术状态项标识,实际上就是产品标识。但它们与技术状态标识是不同的。

(2) 技术状态管理是保持产品标识和可追溯性的一种方法;但技术状态管理的目的,不仅仅是保持产品的可追溯性,它的主要目的是保持产品的功能特性、物理特性与技术状态文件规定的一致性。

(3) 技术状态项的标识包括两个方面:

① 技术状态文件的规定;

② 在产品上的实现。

(十二) 实施与审核要点

(1) 技术状态项的标识是在设计过程中确定、生产,使用过程予以保持的;

（2）关于标识的方法，由各承制单位根据行业标准和特点确定。

（十三）标准第5章5.3条文

5.3　技术状态文件

5.3.1　技术状态文件编写和签署

5.3.1.1　应确定每个技术状态项在不同阶段所需技术状态文件的名称、标识号、内容和责任主体。技术状态文件应随产品的寿命周期阶段递进、研制工作深化而逐步完备。常见技术状态文件参见附录C。

5.3.1.2　各技术状态文件的内容和格式应按相应标准规定执行。其中，武器装备研制项目专用规范按GJB 6387编写。

5.3.1.3　各技术状态文件都应有标识，标识号应具有唯一性。

5.3.1.4　各技术状态文件应按相应程序进行签署。

5.3.2　技术状态文件发放和保持

5.3.2.1　应制定技术状态文件发放的程序。技术状态文件未经批准不应发放。

5.3.2.2　应记录并保存技术状态文件的发放信息。

5.3.2.3　技术状态基线建立后，应控制并保持所有现行已批准的技术状态文件的原件。

（十四）条文解释

（1）技术状态文件是规定技术状态项的功能特性和物理特性，或从这些内容发展而来的关于技术状态项验证、使用、保障和报废要求的技术文件。技术状态文件一般分为功能技术状态文件、分配技术状态文件和产品技术状态文件。

这三种技术状态文件在产品寿命周期不同阶段进行编制、批准和保持，且在内容上逐级细化。

（2）技术状态文件一般包括系统规范、研制规范、材料规范、工艺规范、软件规范和产品规范，质量通用性大纲（六性），标准化大纲，产品图样，各类试验大纲/计划（或方案/计划）等。

（3）各类规范的编写应按GJB 6387的规定执行。

（十五）实施与审核要点

（1）技术状态文件不等同于技术文件，不是所有的技术文件都是技术状态文件。

（2）承制单位应根据本单位实际，参照GJB 3206A附录C，确定本单位技术状态文件。

（3）技术状态文件应有名称、编号、状态标识。

（4）承制单位应规定各级人员签署各类文件的职责、权限及程序。

（5）对已批准的技术状态文件原件的保持应做出明确规定。

（十六）标准第5章5.4.2条文

5.4.2　技术状态基线建立和维持

5.4.2.1　在技术状态基线建立之前，承制单位应编制建立技术状态基线所需的技术状态文件的清单，并提交合同监管机构认可。所列技术状态文件应满足合同的要求。

5.4.2.2　功能基线应与产品的主要使用要求(含技术指标)协调一致；分配基线应与产品的总体技术方案协调一致；产品基线应与上级技术状态文件规定及产品定型(或鉴定，下同)要求协调一致。功能基线、分配基线和产品基线各自对应的技术状态文件参见附录C。

5.4.2.3　技术状态基线应通过技术审查方式确定，技术审查按GJB 3273执行。技术状态基线建立的标志应是组成基线的技术状态文件全部获得合同监管机构的确认。

5.4.2.4　功能基线一般在产品的方案阶段建立。分配基线一般在产品的方案阶段末期或工程研制阶段初期建立。产品基线一般在产品设计定型时基本建立，在产品生产定型时最终建立。

5.4.2.5　功能基线、分配基线和产品基线一般应自建立时起，维持到产品寿命周期结束为止。

5.4.2.6　技术状态基线的修订应结合技术状态控制活动进行。原技术状态基线中不再适用的技术状态文件应进行适当标识后归档或作废销毁。

（十七）条文解释

（1）技术状态基线，是在产品寿命周期内的某一特定时刻，被正式确认并作为今后研制生产、使用保障活动基线，以及技术状态改变判定基线的技术状态文件。一般包括三种技术状态基线，即功能基线、分配基线和产品基线。

（2）功能基线，一般包括：研制总要求，经审查批准的系统规范。

（3）分配基线，一般包括：经审查批准的研制规范，标准化大纲，质量通用性大纲(六性大纲)。

（4）产品基线，一般包括：经审查批准的产品规范、软件规范、材料规范、工艺规范，产品图样，技术、保障资料。

（十八）实施与审核要点

（1）承制单位在建立技术状态基线之前，应编制技术状态文件清单，并经合同监管机构认可。

（2）功能特性、物理特性的传递应保持一致性，逐级细化并满足合同及技术协议书的要求。

（3）技术状态基线，是经过确认的技术状态文件。确认的方式，是按照GJB 3273A的要求进行技术审查。

（4）通过系统设计审查，确定功能基线；通过初步设计审查，确定分配基线；通过关键设计审查，建立产品基线；通过设计鉴定/定型，初步确立产品基线；通过生产鉴定/定型，确立产品基线。

（5）技术状态基线的建立、保持，适用于产品的寿命周期。

（十九）标准第5章5.5条文

5.5　接口控制

应按GJB 2737对接口进行管理。承制单位应规定技术状态项的接口要求。在研制期间，应将合同监管机构必须控制的接口要求纳入功能技术状态文件或分配技术状态文件。在建立产品基线之前，承制单位应规定并控制分配技术状态文件中未规定的所有接口。承制单位应确保所设计的各种硬件和软件之间的兼容性，并确保它们与技术状态文件中规定的相应接口要求之间的兼容性。

（二十）条文解释

（1）接口，是指对两个或两个以上系统、分系统、设备或计算机软件产品间共同边界的功能特性、物理特性要求。

（2）接口控制，是指标识、记载接口的功能特性和物理特性并控制其更改的过程。

（二十一）实施与审核要点

（1）主承制单位、分承制单位在合同或技术协议书中，应按照GJB 2737《武器装备系统接口控制要求》的规定，规定技术状态文件的接口要求。

（2）在技术状态文件中，应明确规定接口控制要求。

三、技术状态控制

（一）标准第6章6.1条文

6　技术状态控制

6.1　技术状态控制任务

技术状态控制的任务包括：

a）制定控制技术状态更改、偏离许可和让步的管理程序与方法；

b）控制技术状态更改、偏离许可和让步；

c）确保已批准的技术状态更改申请，及偏离许可、让步申请得到准确实施。

（二）条文解释

（1）技术状态更改是产品在研制、生产、使用过程中，研制需求、生产条件、接口关系等方面原因，对功能特性、物理特性所做的正式变更。这种变更，需要在技术状态文件中做出规定，在产品中贯彻实施。

（2）偏离许可，是产品在研制、生产前，因研制需求、生产条件、接口关系等方面原因，对功能特性、物理特性所做的有限范围、有限时间内的变更。这种变更，也需要发出有关技术状态文件，对变更做出的决定，在产品中贯彻实施，但不需要对原技术状态文件做出变更。

（3）让步，是对产品在生产过程中出现的不符合技术状态文件规定的状况，给予的认可。

（三）实施与审核要点

（1）技术状态更改、偏离许可和让步的管理程序，可以单独制定，也可以结合其他相关程序制定。但其管理的内容与要求，应与设计更改的控制、器材的代用、不合格品的管理要求协调一致。

（2）技术状态更改、偏离许可和让步的管理权限是有区别的，应在程序文件中明确权限、流程以及管理职责。

（3）技术状态控制应实施闭环管理，应对闭环管理情况进行监督检查。

（四）标准第6章6.2条文

6.2 技术状态更改

6.2.1 技术状态更改原则

技术状态更改应遵循论证充分、试验验证、各方认可、审批完备、落实到位的原则。

6.2.2 技术状态更改分类

6.2.2.1 概述

技术状态更改一般分为Ⅰ类、Ⅱ类和Ⅲ类。承制单位可根据行业特点细化技术状态更改类别，但应经合同监管机构认可。

（五）条文解释

（1）技术状态更改，必须贯彻"论证充分、试验验证、各方认可、审批完备、落实单位"的原则。原则不能改变，方法可以多样。

（2）技术状态更改一般分为三类，不同行业可以根据产品特点，细化为四类或五类，但不得少于三类。

（六）实施与审核要点

（1）技术状态管理程序应贯彻技术状态更改原则。

（2）在技术状态管理程序文件中，应更改类别划分，并经合同监管机构认可。

（七）标准第6章6.2.2.2条文

6.2.2.2 Ⅰ类技术状态更改

下列更改均属Ⅰ类技术状态更改：

a）更改功能基线、分配基线，致使下列任一要求超出规定的限值或容差值：

1）性能和功能；

2）可靠性、维修性、测试性、保障性、安全性、生存性、环境适应性和电磁兼容性等特性；

3）外形尺寸、质量、质心、转动惯量；

4）接口特性；

5）规范中的其他重要要求。

b）设计定型后，更改产品技术状态文件，对产品质量有影响，达到6.2.2.2 a）所规定的程度，或者对下列一个或多个方面产生重大影响：

1）技术状态项及其零、部、组件的互换性；

2）已交付的使用手册、维修手册；

3）与保障设备、保障软件、零备件、训练器材（装置、设备和软件）等的兼容性；

4）技能、人员配备、训练、生物医学因素或人机工程设计。

（八）条文解释

（1）Ⅰ类技术状态更改一般指，影响性能、强度、互换性、"六性"及电磁兼容性、重量、重心等特性的更改。

（2）由于定型前后更改的内容对产品的影响范围不同，所以，定型后的Ⅰ类更改的范围要适当扩大。

（3）更改的类别不但应包括功能特性、物理特性的内容，也应包括贯彻更改的时间、产品批次等内容。

（九）实施与审核要点

（1）GJB 3206A 对更改类别的划分及确定包含了阶段的要素。设计定型前后，同样的内容，更改类别会有所不同，在实施和审核时应予以关注。

（2）对于规范中"其他重要的内容"应针对本行业的产品特点，在与合同监管机构协商后确定。

（3）对使用过程各类装备的更改，当涉及技术说明书、使用维护说明书的更改时，应在技术通报的技术文件更改栏中做出说明。

（4）承制单位、分承制单位需要对技术协议书的内容进行更改时，应按合同监管机构的要求，履行相关确认手续。

（十）标准第6章6.2.2.3条文

6.2.2.3　Ⅱ类技术状态更改

下列更改均属Ⅱ类技术状态更改：

a）设计定型前，更改不属于功能基线、分配基线的技术状态文件，对满足产品要求有影响；

b）设计定型后，更改产品技术状态文件，对产品质量有影响，但没有达到6.2.2.2 b）所规定的程度。

6.2.2.4　Ⅲ类技术状态更改

勘误译印、修正描图、统一标注方法、进一步明确技术要求等不影响满足产品要求或产品质量的更改和补充。

（十一）条文解释

（1）定型前后，更改类别的划分内容有所不同，主要是考虑对在役产品的影响不同。

（2）对于Ⅱ类技术状态更改的划分或细化，应考虑对在制品的影响。

（十二）实施与审核要点

（1）设计定型前的Ⅱ类更改，虽然不属于合同监管机构签署的范围，但应与合同监管机构沟通后实施，以便于产品的设计定型（或鉴定）。

（2）关于各类更改的贯彻情况，应按与合同监管机构商定的办法，定期向合同监管机构报告。

（十三）标准第6章6.2.3条文

6.2.3　技术状态更改一般程序包括：

a）判定技术状态更改需求；

b）确定技术状态更改类别；

c）编制技术状态更改申请；

d）评审技术状态更改申请；

e）编制技术状态更改通知；

f）实施并检查技术状态更改。

（十四）条文解释

（1）技术状态更改的一般程序包括：

① 提出需求；

② 判定类别；

③ 确定范围；

④ 编制申请；

⑤ 审批申请；

⑥ 发放更改通知；

⑦ 贯彻更改；

⑧ 检查更改实施情况。

（2）技术状态更改的要求适应于产品的寿命周期，涉及设计、工艺、生产、采购、质量管理、检验及售后服务等环节。

（十五）实施与审核要点

（1）由于技术状态更改的要求适应于产品的寿命周期，因此，在贯彻技术状态更改流程中，应明确规定设计、工艺、生产、采购、质量管理、检验及售后服务等环节的位置和作用。

（2）承制单位在制定技术状态更改流程时，应注意按“技术状态”的定义，从“技术状态文件”和“在产品中达到”这两个要点中，规定各部门在技术状态更改流程中的职责。

(十六) 标准第6章6.2.3.1条文

6.2.3.1 判定技术状态更改需求

应判定技术状态更改的必要性和可行性,必要时开展验证,如确有需要,承制单位与合同监管机构均可提出技术状态更改需求。

6.2.3.2 确定技术状态更改类别

在编制技术状态更改申请之前,应明确技术状态更改的类别。当合同监管机构与承制单位有分歧时,经双方协商后由合同监管机构最后决定。设计定型后,属于6.2.2.2 a)所规定的Ⅰ类技术状态更改,且达到重大程度时,应视为产品改型,按相应研制程序办理手续。

(十七) 条文解释

(1) 更改的需求,合同监管机构和承制单位均可提出。

(2) 更改类别一般由承制单位提出,当双方有分歧时,更改类别由合同监管机构确定。

(十八) 实施与审核要点

(1) 技术状态更改的类别划分,由承制单位确定,合同监管机构认可。

(2) 产品定型后的重大技术状态更改,按国家和军队的有关规定执行。

(十九) 标准第6章6.2.3.3条文

6.2.3.3 编制技术状态更改申请

6.2.3.3.1 Ⅰ类技术状态更改和Ⅱ类技术状态更改应编制技术状态更改申请。Ⅲ类技术状态更改可直接编制技术状态更改通知。

6.2.3.3.2 承制单位或合同监管机构均可编制技术状态申请,一般由承制单位统一编制。

6.2.3.3.3 技术状态更改申请应有标识。标识号应具有唯一性。

(二十) 条文解释

(1) 技术状态更改申请的形式,可以按各行业的规定执行。

(2) 涉及在役产品的技术状态更改,由合同监管机构提出并实施时,按国家和军队的有关规定执行。

(二十一) 实施与审核要点

(1) 技术状态更改申请与通知单的形式,由各承制单位根据本行业特点确定,应当在技术状态管理程序中做出规定。

(2) 技术状态更改申请与通知单的编号要求,承制单位应在相关文件中做出规定。

(二十二) 标准第6章6.2.3.3.4~6.2.3.3.6条文

6.2.3.3.4 Ⅰ类技术状态更改申请的内容一般应包括:

a）更改申请的标识号；

b）申请提出的单位、日期；

c）更改的类别；

d）更改的技术状态项的名称、编号；

e）受影响的其他技术状态项的名称、编号；

f）受影响的技术状态文件的名称、编号；

g）受影响产品的范围（包括在制品、制成品、在役品等）；

h）更改理由简要说明；

i）更改内容；

j）更改带来的影响（包括对作战使用要求、战术技术指标、质量、进度、费用等的影响）；

k）更改实施方案（含实施日期）。

6.2.3.3.5　技术状态申请应附必要的支持技术状态更改的资料（如试验结果与分析、保障性分析、费用分析等）。

6.2.3.3.6　其他类技术状态更改申请可参照Ⅰ类技术状态更改申请的内容进行适当剪裁。

（二十三）条文解释

（1）Ⅰ类技术状态更改申请单的填写内容包括了6.2.3.3.4 a）~k）的11个方面的内容。

（2）其他类别的技术状态更改或细化后的技术状态申请的内容可适当剪裁，但必须说明对在制品的影响及处置建议。

（二十四）实施与审核要点

（1）在承制单位制订技术状态管理程序中，应按标准要求，明确规定Ⅰ、Ⅱ类更改申请的填写内容。

（2）审核中，应注意审核技术状态更改申请单与填写要求的符合性。

（二十五）标准第6章6.2.3.4条文

6.2.3.4　评审技术状态更改申请

6.2.3.4.1　应根据技术状态更改类别和所处产品寿命周期阶段确定评审组织方式。

6.2.3.4.2　评审内容一般包括：

a）受更改影响的技术状态项及其零、部、组件；

b）更改的效果，包括不进行更改的影响和更改可以为产品带来的改进；

c）更 改所产生的费用和更改实施进度。

（二十六）条文解释

（1）技术状态更改类别不同，评审方式不同。评审方式一般包括不同级别的会议、会签、逐级审批等。

（2）评审时，应首先考虑：

① 技术状态更改对产品使用带来的影响；

② 实施进度对用户需求的影响；

③ 费用、方法、手段等因素。

（二十七）实施与审核要点

（1）评审应根据不同的更改类别，采取不同的评审方式进行。分类的原则及相应的评审方式应在技术状态管理程序中做出明确规定。

（2）当更改的内容涉及在制品、在役品时，参加评审的部门，一般包括：设计、工艺、生产、供应、质量等部门，并邀请合同监管机构参加。

（二十八）标准第6章6.2.3.5条文

6.2.3.5　审批技术状态更改申请

6.2.3.5.1　Ⅰ类技术状态更改申请和设计定型后的Ⅱ类技术状态更改申请应经合同监管机构审批。

6.2.3.5.2　Ⅲ类技术状态更改申请和设计定型前的Ⅱ类技术状态更改申请由承制单位自行审批，并通知合同监管机构。

（二十九）条文解释

（1）本条规定了与用户有关的三类技术状态更改的审批规定。针对不同的阶段（状态），提出了不同的审批要求。

（2）承制单位技术状态更改的申请方式，可根据各行业的特点，与合同监管机构商定。

（三十）实施与审核要点

（1）在技术状态管理程序或其他相关文件中，承制单位应明确规定各类更改的批准权限。

（2）承制单位应与合同监管机构商定技术状态更改的审批权限，并形成文件。

（三十一）标准第6章6.2.3.6条文

6.2.3.6　编制技术状态更改通知

6.2.3.6.1　应将经批准的技术状态更改申请的内容形成技术状态更改通知。技术状态更改通知的形式一般有更改单或修改单、技术通报等。

6.2.3.6.2　技术状态更改通知一般由承制单位编制。合同监管机构认为必要时，可组织编制Ⅰ类技术状态更改通知。

6.2.3.6.3　Ⅰ类技术状态更改通知和设计定型后的Ⅱ类技术状态更改通知应经合同监管机构认可。

6.2.3.6.4　Ⅲ类技术状态更改通知和设计定型前的Ⅱ类技术状态更改通知应送合同监管机构备案。如合同监管机构对技术状态更改的类别有异议时，经双方协商后最终由合同监管机构决定。当确定为Ⅰ类技术状态更改或设计定型后的Ⅱ类技术状态更改,承制单位应及时中止技术状态更改通知发放和实施,补充执行Ⅰ类技术状态更改或设计定型后的Ⅱ类技术状态更改审批程序。

(三十二) 条文解释

(1) 技术状态更改通知的形式一般有更改单、修改单、技术通报等,也可以采取其他方式。

(2) 如果合同监管机构对更改类别有异议,则应按合同监管机构意见,并重新履行申请申报手续。

(三十三) 实施与审核要点

(1) 承制单位应在技术状态管理文件中规定技术状态更改的形式和文件名称。

(2) 当合同监管机构对技术状态更改的类别划分有异议时,应按合同监管机构的意见办理。

(三十四) 标准第6章6.2.3.7条文

6.2.3.7　实施并检查技术状态更改

6.2.3.7.1　应及时将经批准的技术状态更改纳入技术状态文件,当影响到进度、费用改变时应订立合同或协议。

6.2.3.7.2　应检查技术状态更改的实施,确保产品、技术状态文件、保障设备及训练器材的一致性。必要时应进行验证。

(三十五) 条文解释

(1) 技术状态更改单的各项内容,应纳入技术状态文件。

(2) 应检查技术状态更改在产品中的更改情况。

(三十六) 实施与审核要点

(1) 承制单位应规定技术状态更改的流程。包括设计、工艺、冶金、工装、供应、质量、售后服务等职能部门和生产单位。

(2) 承制单位应规定技术状态更改贯彻实施的时间要求,并明确规定更改贯彻情况的相关部门的职责。

(3) 要注意在役品的随机备件、资料、设备、工具的技术状态更改贯彻情况。

(三十七) 标准第6章6.3.1条文

6.3　偏离许可和让步

6.3.1　概述

6.3.1.1　技术状态项的制造应满足已批准的技术状态文件规定的要求。在技术状态项制造前,如果承制单位认为有必要临时偏离已批准的技术状态文件,可提出偏离许可申请。在技术状态项制造期间或检验验收过程中,如果承制单位认为不合格品可返修或原样使用,可提出让步申请。

6.3.1.2　经批准的偏离许可、让步申请仅在指定范围和时间内适用，不应作为功能技术状态文件、分配技术状态文件或产品技术状态文件的更改依据。

（三十八）条文解释

（1）偏离许可，是在技术状态项制造之前，由承制单位提出临时偏离已批准的技术状态文件的一种处置方法。

（2）让步申请，是在技术状态项制造、检验、验收过程中，如果承制单位认为不合格品可以返修或原样使用，则可以以一定方式向合同监管机构提出。

（三十九）实施与审核要点

（1）提出偏离许可申请，是在技术状态项制造之前，临时偏离已批准的技术状态文件的一种处置方法。

（2）提出让步申请，是在技术状态项制造期间或检验验收过程中，承制单位认为不合格品可经过返工、返修或原样使用的一种处置方法。

（3）偏离许可，仅在指定的范围适用，如：指定批次、架次的飞机；指定时间，也应与制定的范围相协调。

（四十）标准第6章6.3.1.3条文

6.3.1.3　偏离、不合格的级别一般分为严重级和轻度级。严重级之外的属轻度级，对下列一项或多项产生影响的偏离、不合格均属严重级：

a）性能；

b）功能接口或物理接口；

c）互换性；

d）形状、质量、质心；

e）可靠性、维修性、测试性、保障性、安全性；

f）环境适应性和电磁兼容性等特性；

g）人员健康与安全；

h）服役使用或维修；

i）造成严重后果的其他方面。

（四十一）条文解释

（1）偏离的级别一般分为严重级和轻度级，但也可细化为三级，或与技术状态更改的类别划分相协调。

（2）不合格的级别一般分为严重级和轻度级，也可划分为三级。

（四十二）实施与审核要点

（1）偏离的级别一般分为严重级和轻度级，也可以根据行业特点进行细化。

（2）不合格的级别一般分为严重级和轻度级，但也可以根据行业特点进行细化。

（3）偏离、不合格的级别划分应在技术状态管理程序和不合格品管理程序中明确规定,并经合同监管机构认可。

（4）不合格品管理规定,应注意满足 GJB 571 的要求。

（四十三）标准第 6 章 6.3.2 条文

6.3.2　编制偏离许可、让步申请

6.3.2.1　偏离许可、让步申请可按承制单位自行规定的格式编写。每一份申请都应有标识,标识号应具有唯一性。

6.3.2.2　偏离许可、让步申请的内容一般应包括：

a）偏离许可、让步申请的标识号；

b）申请单位、申请日期；

c）偏离、不合格的级别；

d）技术状态项名称及编号；

e）受影响的技术状态文件名称、编号；

f）受影响的产品范围和数量；

g）偏离、不合格内容；

h）偏离、不合格带来的影响(包括对质量、进度、费用等的影响)；

i）必要的验证试验结果；

j）实施日期。

（四十四）条文解释

（1）标准的 6.3.2.2 a)~j)规定了偏离许可、让步申请的内容。其中,偏离许可、让步申请的标识号,主要是指该项申请的编号。

（2）偏离、不合格带来的影响应首先考虑对使用的影响。

（四十五）实施与审核要点

（1）偏离许可申请文件的名称和格式,承制单位应在技术状态管理程序中予以规定;偏离许可申请的内容,应满足 6.3.2.2 的各项要求。

（2）让步申请文件的名称和格式,承制单位应在技术状态管理程序中予以规定,并与不合格品的审理要求协调一致。

（四十六）标准第 6 章 6.3.3 条文

6.3.3　审批偏离许可、让步申请

6.3.3.1　产品设计定型前的偏离许可、让步申请一般由承制单位自行审批。产品设计定型后的偏离许可、让步申请应经合同监管机构审批。按偏离、不合格的级别,合同监管机构确定相应批准权限。

6.3.3.2　偏离许可申请提出和审批应在技术状态项制造前办理。

（四十七）条文解释

（1）设计定型前的偏离许可、让步申请一般由承制单位自行审批是指产品设计定型前的偏离许可、让步申请,在不影响试验状态、不涉及定型批技术状态等情况下,可由承制单位自行审批。

(2) 研制技术协议的偏离许可,其审批办法,应与合同监管机构商定。

(四十八) 实施与审核要点

(1) 设计定型前的偏离许可,如影响设计定型前的实验状态,或涉及定型批技术状态等情况下,应经合同监管机构审批。

(2) 如设计定型批产品包括交付批产品,则应按定型后产品的审批要求执行。

(3) 应严格控制设计定型前"以优代劣"的偏离许可。一般情况下,设计定型前不允许办理"以优代劣"的偏离许可。

(四十九) 标准第 6 章 6.3.4 条文

6.3.4 控制偏离和让步

6.3.4.1 承制单位应根据批准的偏离许可申请,编制必要的内部控制文件,确保偏离的正确实施。

6.3.4.2 承制单位应按 GJB 571A 对不合格品进行识别和控制,以防止其非预期的使用或交付。

6.3.4.3 为避免偏离、不合格的重复发生,承制单位应分析偏离、不合格的原因,制定并实施必要的纠正措施,并将经验证后的纠正措施纳入技术文件或形成内部制度。不合格的纠正按 GJB 9001 执行。

(五十) 条文解释

(1) 应在技术状态管理程序中规定偏离许可的控制方法。

(2) 对于让步的控制,应按 GJB 571A 的要求执行。

(五十一) 实施与审核要点

(1) 承制单位编制的技术状态管理程序,应规定贯彻偏离许可的流程和相关部门的职责。

(2) 不合格品的控制,按 GJB 571A 和 GJB 9001C 8.7 的要求执行。

(3) 承制单位不但应针对不合格制定并实施必要的纠正措施,而且应分析偏离的原因,制定并实施必要的纠正措施。

(4) 应按 GJB 9001C 10.2 的要求,制定纠正措施。

四、技术状态记实

(一) 标准第 7 章 7.1 条文

7 技术状态记实

7.1 技术状态记实任务

技术状态记实的任务包括:

a) 记录并报告各技术状态项的标识号、现行已批准的技术状态文件及其标识号;

b) 记录并报告每一项技术状态更改从提出到实施的全过程情况；

c) 记录并报告技术状态项的所有偏离许可和让步的状况；

d) 记录并报告技术状态审核的结果,包括不符合的状况和最终处理情况；

e) 记录并维持已交付产品的版本信息及产品升级的信息；

f) 定期备份技术状态记实数据,维护数据的安全性。

（二）条文解释

（1）标准 7.1 a)～f)规定了技术状态记实的六项任务,以及完成这六项任务的方式、方法,可由承制单位根据行业特点确定。

（2）应注意的是,记录和报告的内容应适应于产品的寿命周期。

（三）实施与审核要点

（1）承制单位应在技术状态管理程序中规定技术状态记实的内容、方法和要求。

（2）承制单位应规定记录并报告每一项技术状态更改,以及从提出到实施全过程情况的方式和方法,还应规定按产品研制节点要求,报告更改的提出和实施情况。在定型产品交付时,应向用户提交技术状态更改报告和清单。

（3）记录和报告的内容,还包括技术状态项的所有偏离许可和让步的实施情况。

（4）对技术状态审核情况的记录报告内容,应包括不符合的情况,处置情况,最终处置结果。

（5）承制单位还应规定已交付产品的升级、接口变化、型号变化的记录、报告要求。

（6）承制单位应规定备份技术状态数据的周期要求和维护数据安全性的要求。

（四）标准第 7 章 7.2 条文

7.2　记录和报告

7.2.1　承制单位应从产品的方案阶段起开展技术状态记实活动。

7.2.2　在产品研制生产阶段,承制单位应与合同监管机构协商发送下列不同类型的适用文件：

a) 技术状态项及其技术状态基线文件清单；

b) 当前技术状态说明报告；

c) 技术状态更改、偏离许可和让步状况报告；

d) 技术状态更改实施和验证报告；

e) 其他合同监管机构要求的报告。

7.2.3　在产品定型时承制单位应按照 GJB 1362 向合同监管机构提交关于产品技术状态的文件。

7.2.4 承制单位应按合同要求向分承制单位或供应商发送适用的 7.2.2 所列文件。

(五) 条文解释

(1) 标准 7.2.2 规定了产品研制阶段承制单位向合同监管机构发送的各类文件,其中 7.2.2 e)应与合同监管机构协商确定。

(2) 设计定型、生产定型所需的各类文件,应按照 GJB 1362A 的要求执行。

(3) 承制单位在合同或技术协议书中应明确规定向分承制单位发送的各类记录和报告。

(六) 实施与审核要点

(1) 记录和报告始于方案阶段,适用于整个寿命周期。

(2) 报告内容既包括技术状态项清单、技术状态文件清单,也包括各个阶段的技术状态更改清单、偏离许可清单、让步接收清单。

(3) 技术状态更改实施和验证报告,主要指二级以上产品的技术状态更改。

(4) 产品设计定型时,承制单位在提交定型文件清单的同时,还应提交 GJB 3206 所要求的各类清单。

(5) 承制单位应按照 GJB 3206A 的要求,在与分承制单位签订的研制合同中,明确提出技术状态管理要求。

(七) 标准第 7 章 7.3 条文

7.3 归档和维护

7.3.1 技术状态记实数据可采用纸质载体或电子载体。可归档的数据应有纸质载体,并按档案管理的规定和标准处理。归档的数据应保持完整性和正确性。

7.3.2 无论采取何种数据存储方式,都应保证所需的技术状态记实数据可用。

(八) 条文解释

(1) 技术状态记实数据的管理要求应与档案管理的要求协调一致。

(2) 技术状态记实数据若采用电子载体,应制定管理规定,并保证数据安全。

(九) 实施与审核要点

(1) 承制单位应规定技术状态记录、报告的归档和维护要求,并规定记录和报告的保管周期。

(2) 技术状态记录和报告的保管周期应与产品的寿命周期相一致。

五、技术状态审核

(一) 标准第 8 章 8.1 条文

8 技术状态审核

8.1　概述

8.1.1　每一个技术状态项都应进行功能技术状态审核和物理技术状态审核。

8.1.2　应成立技术状态审核组，审核组成员应有代表性和相应的资质。承制单位应采取必要措施配合开展技术状态审核。具体措施参见附录D。

8.1.3　在正式的技术状态审核之前，承制单位应自行组织内部的技术状态审核。内部的技术状态审核可参照本标准执行。

（二）条文解释

（1）技术状态审核是为确定技术状态项与其技术状态文件的一致程度而进行的正式检查。包括功能技术状态审核和物理技术状态审核。

（2）技术状态审核的性质是决策性的，设计评审的性质是咨询性的，二者不能混淆。

（3）技术状态审核的对象是技术状态项，审核准则是技术状态文件；内部审核的对象是体系、过程，审核准则是质量管理体系文件和相关质量管理体系标准，二者不能替代。

（三）实施与审核要点

（1）技术状态审核的安排应纳入技术状态管理计划。

（2）在正式的技术状态审核之前，承制单位应自行组织内部的技术状态审核。内部的技术状态审核，可以结合设计定型（鉴定）、生产定型（鉴定）前的相关审查工作平静性。

（3）正式的技术状态审核应与合同监管机构商定，由合同监管机构担任组长。

（4）定货方的职责一般包括：指定组长、确定审核地点和日程、发出审核结论。

（5）承制单位应在程序文件中规定承制单位在技术状态审核中的职责。

（四）标准第8章8.2条文

8.2　功能技术状态审核

8.2.1　功能技术状态审核可与设计定型工作结合进行。根据产品的复杂性，功能技术状态审核可分步进行，与产品的技术审查（（评审）工作）相结合。

8.2.2　待审查的试验数据应从拟正式提交设计定型的样机的技术状态试验中随机采集，如果未制造设计定型样机，则应从第一个（批）生产件的试验数据中随机采集。

8.2.3　功能技术状态审核的具体开展参见附录D。

8.2.4　功能技术状态审核完成后，审核组织者应向有关各方发放审核纪要。审核纪要至少应记录功能技术状态审核的完成情况和结果，以及解决遗留问题所必需的措施。审核纪要还应给出功能技术状态审核的结论，即认可、有条件认可或不认可。

8.2.5　对于产品的转产、复产，应重新进行功能技术状态审核。

（五）条文解释

（1）功能技术状态审核，是为验证技术状态项的功能特性是否达到功能基线、分配基线规定的要求所进行的技术状态审核。

（2）功能技术状态审核可以与设计定型结合进行。是否结合，由合同监管机构确定。

（3）功能技术状态审核的安排应在技术状态管理计划中予以明确。

（4）功能技术状态审核的一般要求，可以纳入技术状态管理程序；针对技术状态项的特殊要求，如时间节点、组织人员、数据、报告要求等，应纳入技术状态管理计划。

（六）实施与审核要点

（1）承制单位应在程序文件中规定功能技术状态审核的主要内容。一般包括：

① 试验程序；

② 试验参数；

③ 试验结果是否全面反映大纲要求；

④ 技术状态更改、偏离许可、让步接收情况；

⑤ 各类技术、质量问题的原因和分析及处理情况。

（2）功能技术状态审核应在设计定型之前进行。与设计定型（鉴定）工作结合进行的含义是，与设计定型（鉴定）前的技术审查结合进行。由国家一级定委（或二级定委）组织的产品定型，其组织方是国家定型委员会，不再是合同监管机构，这一点应引起注意。

（3）承制单位应对转产、复产产品的功能技术状态审核的内容、程序做出规定。

（七）标准第8章8.3条文

8.3　物理技术状态审核

8.3.1　物理技术状态审核应在功能技术状态审核完成之后进行，必要时，可与功能技术状态审核同步。物理技术状态审核可与生产定型工作结合进行；如无生产定型，可与设计定型工作结合进行。根据产品的复杂性，可开展预先的物理技术状态审核。预先的物理技术状态审核可与产品质量评审工作结合进行。

8.3.2　待审查的试验数据和检验数据应从按正式生产工艺制造的首批（个）生产件的试验与检验中得到。

8.3.3　在进行物理技术状态审核之前，承制单位应将合同监管机构批准的和承制单位自身批准的全部技术状态更改纳入到适用的技术状态文件,并形成新的、完整的文件版本。

8.3.4　物理技术状态审核的具体开展参见附录D。

8.3.5　物理技术状态审核完成后,审核组织者应向有关各方发放审核纪要。审核纪要至少应记录物理技术状态审核的完成情况和结果,以及解决遗留问题所必需的措施。审核纪要还应给出物理技术状态审核的结论,即认可、有条件认可或不认可。

8.3.6　对于产品的转产、复产,应重新进行物理技术状态审核。

(八) 条文解释

(1) 物理技术状态审核,是为建立或验证产品基线,对技术状态项试制样品的完工状态,所依据的技术状态文件而进行的技术状态审核。

(2) 物理技术状态审核是否与功能技术状态审核结合进行,由合同监管机构与承制单位商定。

(3) 物理技术状态审核的安排应在技术状态管理计划中予以明确。

(4) 物理技术状态审核的各方工作职责,见标准的附表D。

(5) 对于转产、复产产品的物理技术状态审核,应制定物理技术状态审核计划。

(九) 实施与审核要点

(1) 承制单位应在程序文件中,规定物理技术状态审核的主要内容。一般包括:

① 检验、试验程序;

② 检验、试验数据;

③ 检验、试验结果是否符合技术状态文件要求;

④ 检验、试验的纪录、报告是否准确;

⑤ 检验、试验结果是否全面满足技术状态文件的要求;

⑥ 技术状态更改应纳入适用的技术状态文件。

(2) 功能技术状态审核应在生产定型前进行。如经合同监管机构同意,产品只进行设计定型,不进行生产定型,物理技术状态审核可与功能技术状态审核结合进行。

(3) 物理技术状态审核的对象,是生产定型批的首批产品。

(4) 承制单位应对转产、复产产品的物理技术状态审核内容、程序做出规定。

第五章　装备研制技术状态管理监督

第一节　装备研制技术状态管理监督综论

一、装备技术状态管理监督的由来

技术状态管理工作的起源应该从用户的需求开始,需求一旦确定,就成为用户的要求。在技术状态管理过程中,将要求的内容编制成规范,专用规范就形成了基线文件,用于技术状态管理。由此,从装备研制的论证阶段开始,技术状态管理工作就开始了。

论证阶段工作完成后,对作战使用要求、战术技术指标体系、初步总体方案、初步提出的研制总要求等进行评审,并按规定程序报批。

二、装备研制监督要求增加的主要内容

GJB 5709《装备技术状态管理监督要求》是合同监管机构现场代表实施技术状态管理监督的标准,结合我国军工企业技术状态管理的实际情况,对技术状态标识监督和技术状态记实监督的内容作了较大修改和补充。与 GJB 3206 相比,其增加了以下内容:

(一) 技术状态更改监督的范围前伸

技术状态文件更改监督的范围前伸至研制过程。从各种相关法规和条例来看,或者从各驻厂军事代表的工作实际情况看,军事代表对承制单位研制过程的技术状态控制监督,特别是对研制过程涉及战术技术指标、安全性、可靠性、互换性、通用性等的更改监督,是必要的和必然的,是军事代表的工作内容。因此,技术状态更改的监督范围不能仅限于已经定型的设计文件,而应前伸至研制过程中。

(二) 偏离许可、让步修改,增加限制性要求

对偏离许可、让步的处理规定做了修改,并增加了限制性要求。原标准将偏离、超差按对装备的影响程度分为轻微偏离、超差,严重偏离、超差和重大偏离、超差,但没有给出相应的定义,在实际工作中不好划分和操作,而且相关法规和资料中没有找到该规定和定义。因此 GJB 5709 对此做了修改,并对偏离许可、让步提出了限制性要求。

（三）增加了技术状态审核内容及要求

技术状态审核监督增加了审核内容的规定，并补充了审核前和审核后工作的要求。审核前工作和审核后工作是合同监管机构现场代表在技术状态审核监督中的责任，因此专门作为两条进行规定。审核要求和审核内容是承制单位和审核组的责任，合同监管机构现场代表应进行监督或参与。

三、技术状态管理监督的实施要点

技术状态是技术文件规定的并在产品中达到的硬件和软件的功能特性（性能、可靠性、维修性等）和物理特性（外形、尺寸、重量、公差配合等）。简言之，技术状态就是功能特性和物理特性。技术状态是在研制中规定、生产中体现并在使用中加以维护的。技术状态管理就是对技术状态项目所进行的技术和管理活动，包括技术状态标识、技术状态控制、技术状态记实和技术状态审核四个要素。技术状态管理始于设计阶段初期，涉及产品形成的全过程。因此，合同监管机构现场代表实施技术状态管理监督也必须是对装备研制、生产全过程的监督，应围绕技术状态管理的四个要素，对承制单位的技术状态管理制度、技术状态管理形成文件的程序，以及技术状态文件的更改等进行有效监督，确保装备系统或技术状态项在其研制、生产、使用的任何时刻，都能使用正确的技术文件。

（一）建立技术状态管理制度

为使装备技术状态的确立和更改正确无误，承制单位必须建立技术状态管理制度。合同监管机构现场代表在监督工作中可审查承制单位的技术状态管理企业标准或体系文件，检查其技术状态文件形成的程序是否正确，技术状态管理制度是否满足相关的要求。

（二）制定技术状态管理计划

每个技术状态项都必须制定技术状态管理计划，承制单位应分阶段编制，并在研制过程中根据装备系统或技术状态项目目标的不断演进，对该计划进行必要的修订，合同监管机构现场代表应审查技术状态管理计划，检查其是否符合合同要求和本标准的规定。

（三）分阶段建立技术状态基线

合同监管机构现场代表应监督承制单位在装备系统或技术状态项研制过程的不同阶段，分别编制出能全面反映其在某一特定时刻能够确定下来的技术状态的文件，建立三种技术状态基线。合同监管机构现场代表应检查功能基线是否与装备战术技术指标协调一致；分配基线是否与装备研制总要求的技术内容协调一致；产品基线是否与研制合同中的技术内容协调一致。

（四）控制文件的编写方法和批准权限

合同监管机构现场代表在技术状态标识监督工作中，应重点检查承制单位是否确定了需控制的文件范围及相关人员的职责，以及文件的编写要求、批准权限、编号方法及标识等是否做出规定并得到执行,文件的管理和归档能否确保文件协调一致、现行有效。

(五) 严格控制技术状态更改

技术状态文件更改是对已由军方正式批准的技术状态标识文件和承制单位相应制定的工艺技术文件所进行的更改,这些技术文件是装备研制、生产的原始依据,必须保证其正确、完整、统一、协调。合同监管机构现场代表必须从严控制,认真审查,按标准规定的程序和权限办理。

(六) 严格控制偏离和让步申请

办理偏离和让步(超差处理)是合同监管机构现场代表重要的日常工作之一,应坚持"三不放过"的原则,采取积极的工作方法,主动深入调查研究,严格按标准规定的程序和要求进行,既坚持质量标准,又做出恰如其分的处理,确保装备质量和安全。

(七) 适时检查技术状态状况记录

合同监管机构现场代表应定期或不定期地检查承制单位技术状态状况记录是否准确、及时,记录内容是否符合要求,是否能提供产品实现过程的完整质量证据,并能清楚地证明产品满足规定要求的程度,记录的保存时间与产品寿命相适应。

(八) 组织或参与技术状态审核工作

合同监管机构现场代表应按装备主管机关(部门)的要求,参加在承制单位现场进行的技术状态审核工作,积极做好审核前的各项准备工作,并跟踪监督审核遗留问题的解决及效果。

四、有关问题的说明

(一) 根据产品复杂程度,适当剪裁标准

由于军工产品复杂程度差异较大,采用本标准时,各单位可以根据装备的重要性、规模、预定用途、综合保障要求和其所处的研制、生产阶段等具体情况,对GJB 5709 第 5、6、7、8 章中的要求,进行适当剪裁后使用。

(二) 现场代表可加入技术状态控制委员会

对于承制单位设置有技术状态控制委员会的,合同监管机构现场代表可以参加技术状态控制委员会的有关活动。技术状态控制委员会由承制单位有关职能机构的代表组成,负责按决策权限审查技术状态文件更改建议和重要的偏离、让步申请,提出批准或不批准的建议。由于各工业企业管理形式和方法各有不同,本标准没有提及该事项。

(三) 承制单位对装备研制过程更改的把握

分配基线建立后,在工程研制过程中,承制单位要进行硬件、软件的工程设计,产生各种设计文件和相关的技术文件。这些反映技术状态逐步形成过程的设计文件和相关技术文件,只要不涉及对功能基线和分配基线的更改,均可由承制单位按内部制度自行编写和控制,合同监管机构现场代表掌握情况即可。

第二节　装备技术状态管理监督

为了规范合同监管机构现场代表对装备承制单位技术状态管理的监督，明确监督的内容、方法和要求，提升合同监管机构现场代表在装备研制、生产各阶段实施技术状态管理监督的整体水平，以确保监督的有效性。

一、技术状态管理监督的基本要求

为了确保合同监管机构现场代表监督有效，GJB 5709 明确了合同监管机构现场代表必须进行技术状态管理监督，并针对如何实施技术状态管理监督提出了总体要求。

（一）落实监督措施，确保监督有效性

军事代表应依据有关法规和合同要求，对承制单位的装备研制、生产各阶段实施技术状态管理的监督，落实监督措施，确保监督的有效性。

（二）贯彻法规标准，执行状态管理程序

军事代表应监督承制单位按照装备类别、合同要求和有关标准，制定并执行技术状态管理形成文件的程序。

（三）确认基线文件，控制基线文件实施

军事代表应监督承制单位在装备系统或技术状态项研制过程的不同阶段，分别编制出能全面反映其在某一特定时刻能够确定下来的技术状态的文件，经军方确认后建立功能基线、分配基线、产品基线，并控制对这些基线的更改，使对这些基线所做出的全部更改都具有可追溯性，以确保装备系统或技术状态项在其研制、生产和使用的任何时刻，都能使用正确的技术文件。

（四）监督技术状态管理计划的规范性

军事代表应监督承制单位制定技术状态管理计划。技术状态管理计划应符合合同要求，明确对技术状态项的功能特性和物理特性进行管理所采取的程序和方法。技术状态管理计划的编制可参照 GJB 5709 附录 A。

（五）监督技术状态管理过程的关联活动

军事代表应对承制单位技术状态管理过程相互关联的活动实施监督。提出相互关联的技术状态管理标识、控制、记实和审核四要素，以便展开并分别对其规定详细监督要求。这些活动包括：

（1）技术状态标识；

（2）技术状态控制；

（3）技术状态记实；

（4）技术状态审核。

二、技术状态标识监督

（一）一般要求

军事代表应监督承制单位进行技术状态标识，为技术状态控制、技术状态记实和技术状态审核建立并保持系统的文件依据。技术状态标识一般应包括：

（1）从工作性能或构成结构分解的单元中选择技术状态项；

（2）按技术状态项在工作分解结构的单元中所处的位置，确定每一技术状态项所需的技术状态文件；

（3）制定用以标识技术状态项、技术状态文件、技术状态文件更改建议以及偏离许可与让步等的标识号、编号制度，发布每一技术状态文件标识号；

（4）合同监管机构确认有关技术状态文件，建立技术状态基线，作为正式技术状态控制的起点；

（5）发放经正式确认的技术状态文件；

（6）标识每个技术状态项在研制技术状态中的内部控制文件。

（二）选择技术状态项

（1）军事代表应监督承制单位选择功能特性和物理特性能被单独管理的项目作为技术状态项，一般选择：

① 装备系统、分系统级项和跨承制单位、分承制单位研制的项目；

② 在风险、安全、完成作战任务等方面具有关键性的项目；

③ 采用了新技术、新设计或全新研制的项目；

④ 与其他项目有重要接口的项目和共用分系统；

⑤ 单独采购的项目；

⑥ 使用和维修方面需着重考虑的项目。

（2）选择的技术状态项应由承制单位和军事代表协商后共同提出，经批准的技术状态项应在合同中规定。

（三）建立技术状态基线

军事代表应监督承制单位建立三种技术状态基线：

（1）在论证阶段，编制功能技术状态文件，形成功能基线；功能基线应与装备战术技术指标协调一致。

（2）在方案阶段，编制分配技术状态文件，形成分配基线；分配基线应与装备研制总要求的技术内容协调一致。

（3）在工程研制阶段，编制产品技术状态文件，形成产品基线；产品基线应与研制合同中的技术要求协调一致。

（四）编制技术状态文件

1. 功能技术状态文件

军事代表应监督承制单位功能技术状态文件的编制，确认其满足装备主要

作战使用性能要求。功能技术状态文件内容包括:

(1) 装备总的功能特性指标;

(2) 主要的界面特性及安装尺寸;

(3) 验证总功能特性所需进行的试验项目;

(4) 可靠性、安全性、维修性技术指标和保障性要求;

(5) 设计规范及有关限制要求。

2. 分配技术状态文件

军事代表应监督承制单位分配技术状态文件的编制,确认其符合装备研制总要求、合同及技术协议书。分配技术状态文件内容包括:

(1) 根据装备的总功能特性指标制定各分系统的性能指标;

(2) 确定各分系统的接口要求;

(3) 分配可靠性、维修性技术指标;

(4) 附加的设计约束条件;

(5) 提出验证各分系统的特性指标所需的试验项目。

3. 产品技术状态文件

军事代表应监督承制单位产品技术状态文件的编制,确认其符合研制总要求、合同及技术协议书的要求。产品技术状态文件内容包括:

(1) 所有的工程设计图样(试制图样和生产图样)、产品规范、材料规范、试验规范等设计规范及文件;

(2) 根据设计文件及试验、生产要求编制形成的成套制造工艺、产品检验技术文件;

(3) 关键件、重要件目录和相应的特性分析报告;

(4) 合格供应商目录和器材验收标准;

(5) 装备技术说明书和使用维护说明书;

(6) 生产、使用、维护及综合保障等的技术状态管理制度。

(五) 技术状态文件保持

技术状态基线建立后,军事代表应监督承制单位控制并保持所有现行已批准技术状态文件的原件。

(六) 技术状态标识号指定

(1) 军事代表应监督承制单位指定用以标识每个技术状态项、技术状态文件、技术状态文件更改建议以及偏离许可与让步的标识号并进行编码;

(2) 军事代表应监督承制单位对器材、毛坯、零件、组合件直至最终装备做相应的标识,以确保装备标识的可追溯性。

(七) 技术状态文件发放

(1) 军事代表应监督承制单位制定并执行发放技术状态文件的程序,使其工程文件发放系统将有关的技术状态文件发放到各有关部门。被发放的每份技术状态文件均应有发放签字,以表明该文件是经批准的并适合于预期的用途。

(2) 军事代表应监督承制单位确保工程文件发放系统记录技术状态文件发放的信息,并检查技术状态文件更改的落实情况。

(八) 技术状态文件控制

军事代表应监督承制单位按 GJB 9001C 及事务管理体系的规定对技术状态文件进行控制。

(九) 规定接口要求

(1) 军事代表应监督承制单位规定武器装备系统和技术状态项目的接口要求;

(2) 在研制期间,军事代表应检查合同中规定必须控制的接口要求是否纳入功能技术状态文件或分配技术状态文件;

(3) 军事代表应监督承制单位确保所设计的各种硬件和软件之间的兼容性,并确保它们与技术状态文件中规定的相应接口要求之间的兼容性。

(十) 特性标识

军事代表应监督承制单位划定特性类别并做特性标识。同时,还应监督承制单位编制关键工序目录并做相应标识。

(十一) 标识监督应注意的问题

技术状态标识监督的全部活动都是在技术状态项设计定型(鉴定)前完成的。军事代表在监督工作中应注意以下几点:

(1) 应尽早选择技术状态项。高层次的技术状态项应在论证阶段或方案阶段的初期选定,较低层次的技术状态项应在工程研制阶段初期或其之前选定。军事代表在和承制单位协商时,应考虑经费和人力的承受能力,技术状态项太多将增加管理控制费用,技术状态项太少又会由于缺乏管理的明晰度,而冒失控的风险和使用维修的困难。

(2) 应在装备系统或技术状态项研制过程的不同阶段,建立三种技术状态基线,即功能基线、分配基线和产品基线。这三种基线应循序渐进地描述装备系统与技术状态项的要求,并为其后的设计提供依据。

(3) 形成三种技术状态基线的三类技术状态文件是从功能技术状态文件到分配技术状态文件再到产品技术状态文件的一级接一级的,这三者之间应相互协调具有可追溯性,而且后者应对前者进行扩展和细化。如果这三者之间出现矛盾,其优先顺序是:功能技术状态文件、分配技术状态文件和产品技术状态文件。

(4) 确定技术状态管理标识符并编码,再进行相应的标识,并以文件形式予以明确规定。这也是军事代表监督检查的一个重要内容。

(5) 对大型复杂装备进行特性分类，对零件和工序进行分类管理，做好技术状态标识，是进行重点控制的保证，同时也是军事代表进行监督检查的重要环节。所以在此项工作中，军事代表不仅要对其进行一般性检查监督，并且要对分类情况直接进行审查和确认。

三、技术状态控制监督

（一）一般要求

军事代表应监督承制单位实施技术状态控制。技术状态控制一般应包括：

(1) 有效地控制对所有技术状态项目及其技术状态文件的更改；

(2) 制定有效控制技术状态文件更改、偏离许可和让步的程序与方法；

(3) 确保已批准的更改得到实施。

（二）技术状态文件更改

1. 技术状态文件更改原则

技术状态文件更改应符合以下基本原则：

(1) 纠正缺陷；

(2) 满足装备使用需要；

(3) 提高装备质量，降低装备成本；

(4) 确保图样、资料的完整、正确和统一；

(5) 偏离许可、让步不得进行技术状态文件更改。

注：装备使用需要主要是指增加或修改接口和共用性要求等需求。

2. 技术状态文件更改分类

按对装备的影响程度不同，将技术状态文件更改分为以下三类：

(1) Ⅰ类技术状态文件更改：影响装备战术技术性能、结构、强度、互换性、通用性、安全性等的更改。

(2) Ⅱ类技术状态文件更改：对不涉及装备性能、结构、强度、互换性、通用性、安全性等的更改和其他一般性修改、补充。

(3) Ⅲ类技术状态文件更改：勘误译印、修正描图等不影响装备质量的更改和补充。

3. 技术状态文件更改程序

军事代表应监督承制单位按下列步骤办理技术状态文件更改：

(1) 提出技术状态文件更改，判定技术状态文件更改的必要性；

(2) 确定技术状态文件更改类别；

(3) 审查和评价更改；

(4) 拟定技术状态文件更改建议；

(5) 将技术状态文件更改建议提交军事代表审签或备案；

(6) Ⅰ类技术状态文件更改应上报主管装备机关(部门)审批或备案；

（7）将已确认的技术状态文件更改纳入技术状态文件，必要时将其纳入合同；

（8）对相关文件实施更改。

4. 技术状态文件更改提出

（1）军事代表和承制单位都可对现行已批准的技术状态文件提出技术状态文件更改的建议；

（2）军事代表因装备使用需要提出技术状态文件更改建议时，应书面通知承制单位；

（3）军事代表应监督承制单位提出的技术状态文件更改建议符合相关标准的原则。

5. 确定技术状态文件更改类别

军事代表应监督承制单位在提出技术状态文件更改建议时确定正确的技术状态文件更改类别。军事代表对承制单位确定的技术状态文件更改类别有异议时，双方协商且经军事代表确认。

6. 编写技术状态文件更改建议

（1）技术状态文件更改建议应由承制单位拟定并附必要的资料（如实验数据分析、保障性分析、费用分析等）。

（2）Ⅰ类技术状态文件更改建议可按承制单位自行规定的格式编写，也可按 GJB 5709 附录 B（资料性附录）推荐的格式编写，但应包括下述内容：

① 要更改的装备名称（型号）、技术状态项和技术状态文件的名称和编号；

② 建议单位名称和提出日期；

③ 更改内容；

④ 更改理由；

⑤ 更改方案；

⑥ 更改的迫切性；

⑦ 更改带来的影响（包括对装备战术技术性能、结构、强度、互换性、通用性、可靠性、安全性、维修性、保障性等的影响）；

⑧ 更改所需费用估算；

⑨ 更改的实施日期；

⑩ 对已制品和在制品的处理意见。

（3）Ⅱ类、Ⅲ类技术状态文件更改建议按承制单位自行规定的格式编写，其内容可参照Ⅰ类技术状态文件更改建议的内容进行适当剪裁。

7. 技术状态文件更改批准权限

（1）Ⅰ类技术状态文件更改，军事代表应参加相关验证试验和鉴定工作，并签署意见后上报装备主管机关（部门）审批，未经批准前，不得更改；

（2）Ⅱ类技术状态文件更改，经授权由军事代表和承制单位双方按有关规定协商处理，必要时需上报装备主管机关（部门）备案；

（3）Ⅲ类技术状态文件更改，由承制单位处理，并通知军事代表。

8. 更改实施

（1）军事代表应督促承制单位将已经确认的技术状态文件更改迅速纳入受影响的技术状态标识文件；

（2）涉及已交付的装备停用、返修和更换时，军事代表应联合承制单位按规定办理上报审批手续；

（3）军事代表应对有关的技术状态文件更改执行情况和效果进行检查和记录。

（三）偏离许可

1. 偏离许可限制

（1）军事代表一般不受理承制单位涉及安全性及致命缺陷的偏离许可申请和影响部队使用或维修的偏离许可申请；

（2）经军事代表同意的偏离许可申请仅在指定范围和时间内适用，并不构成对功能技术状态文件、分配技术状态文件或产品技术状态文件的更改；

（3）应在技术状态项目制造之前办理偏离许可申请和审批手续。

2. 偏离许可申请

军事代表应审查承制单位提出的偏离许可申请。偏离许可申请可按承制单位自行规定的格式编写，也可按 GJB 5709 附录 C 推荐的格式编写，但应包括下述内容：

（1）偏离许可申请的编号；

（2）标题；

（3）装备名称（型号）、技术状态项目名称及其编号；

（4）申请单位的名称及申请日期；

（5）受影响的技术状态标识文件；

（6）偏离许可的内容；

（7）实施日期；

（8）有效范围；

（9）偏离许可带来的影响（包括对装备战术技术性能、可靠性、维修性、保障性、安全性、互换性、通用性的影响）；

（10）相应的措施。

3. 偏离许可办理

（1）军事代表应按规定权限签署承制单位提出的偏离许可申请，其中涉及下列因素的偏离许可申请应签署意见后上报装备主管机关（部门）审批：装备战

术技术性能、可靠性、维修性、保障性、安全性、互换性、通用性;

(2) 军事代表应监督承制单位分析偏离的原因,检查、评价所采取纠正措施的落实情况和后效,防止偏离重复出现。

(四) 让步

1. 让步限制

(1) 军事代表一般不批准承制单位涉及安全性及致命缺陷的让步和影响部队使用或维修的让步;

(2) 经军事代表批准的让步仅适用于特定数量的制成项目,不构成对功能技术状态文件、分配技术状态文件或产品技术状态文件的更改,也不能作为以后让步和检验验收的依据。

2. 不合格品控制

(1) 军事代表应监督承制单位确保不合格品得到识别和控制,以防止其非预期的使用或交付;

(2) 当在交付或开始使用后发现产品不合格时,军事代表应督促承制单位采取与不合格的影响或潜在影响的程度相适应的措施。

3. 让步办理

(1) 对承制单位做出的不合格品审理意见,军事代表应在认真分析并确定其影响的基础上,按规定权限签署处理意见。其中,如与承制单位有意见分歧,由军事代表室和承制单位双方协商,仍不能取得一致意见时,应上报装备主管机关(部门)处理。

(2) 军事代表应监督承制单位分析产品不合格的原因,制定切实可行的预防和纠正措施,验证预防和纠正措施实施后的效果,并将有效措施纳入技术文件或形成制度,防止不合格重复出现。

(五) 技术状态控制监督应注意的问题

技术状态控制监督始于功能基线确定之时,贯穿于技术状态项研制、生产全过程。军事代表在技术状态控制监督工作中的重点是控制技术状态及其贯彻执行,还包括对偏离许可和让步的控制。所以技术状态控制监督主要涵盖技术状态文件更改和偏离许可、让步和转阶段(状态)评审或预审查三项监督工作内容。

(1) 必须严格控制技术状态文件的更改,它是装备研制、生产过程中军事代表质量监督工作的一项重要任务。由于军工产品质量有着特殊重要的意义,所以必须认真维护军工产品质量标准的严肃性,一般不允许更改技术状态文件,以保证技术状态文件的相对稳定性。因此,本标准规定了技术状态更改的基本原则和严格程序,以便军事代表更好地加以控制和监督。

(2) 偏离许可和让步在很多法规和条例中都有相应的规定,标准规定的监督内容、方法和要求是根据相关法规和条例进行编写的。实践表明,这些要求,已成为了军事代表和承制单位的工作惯例,因而容易贯彻执行。

(3) 转阶段(状态)评审或预审查,是根据《武器装备质量管理条例》和GJB 3273A 的规定,前者是承制单位对于一般性产品,按《武器装备质量管理条例》的规定,贯彻执行武器装备研制程序,组织转阶段(状态)审查,技术状态管理委员会下设的技术状态日常管理机构组织实施,确认达到规定的质量要求后,方可转入下一研制阶段;后者是产品层次高、结构复杂的研制型号,研制部门的管理机关,按 GJB 3273A 的要求,在实施装备研制阶段的技术审查前,承制单位所进行的预审查,通过技术审查,确认达到规定的质量要求后,方可批准转入下一研制阶段。

四、技术状态记实监督

(一) 一般要求

军事代表应监督承制单位进行技术状态记实,以准确地记录每一技术状态项目的技术状态,保证可追溯性。技术状态记实一般应包括:

(1) 标识各技术状态项的已批准的现行技术状态文件,给出各有关技术状态项的标识号;

(2) 记录并报告技术状态文件更改建议提出及其审批情况;

(3) 记录并报告技术状态审核的结果,包括不符合的状况和最终处理情况;

(4) 记录并报告技术状态项目的所有偏离许可和让步的状况;

(5) 记录并报告已批准更改的实施状况;

(6) 提供每一技术状态项的所有更改对初始确定的基线的可追溯性。

(二) 记录

军事代表应定期或不定期地检查承制单位技术状态状况记录是否准确、及时,记录内容是否符合要求。

通常记录内容应包括:

(1) 技术状态项目;

(2) 技术状态基线;

(3) 技术状态文件更改;

(4) 偏离许可和让步,及其相应的零(部、组件)号、文件号、序列号、版本、标题、日期、发放状态和实施状况等。

(三) 报告

军事代表应定期或适时地审查承制单位下述不同类型的报告:

(1) 技术状态项及其技术状态基线文件清单;

(2) 当前的技术状态状况;

(3) 技术状态文件更改、偏离许可和让步状况报告;

(4) 技术状态文件更改实施和检查或验证的报告。

(四) 分析

军事代表应监督承制单位进行以下质量问题分析:

(1) 对所报告的质量问题进行分析,以查明质量问题的动向;

(2) 评定纠正措施,验证是否已解决了相应的质量问题,或是否又产生了新的质量问题。

(五) 技术状态记实监督应注意的问题

技术状态记实监督涉及从研制、生产到使用服务全过程。军事代表在技术状态记实监督检查中应注意以下几点:

(1) 承制单位的所有技术状态记录必须是准确、及时的,并具有可追溯性;

(2) 承制单位技术档案部门应统一归档技术状态文件,提供的成套资料文件正确、完整和现行有效;

(3) 承制单位质量管理部门应对技术状态记实工作的准确性、及时性和可追溯性予以监督、检查;

(4) 军事代表开展记实监督工作时,一般采用随机抽查方式进行。

五、技术状态审核监督

(一) 一般要求

军事代表应按合同、技术协议书或标准的要求,参加在承制单位现场进行的技术状态审核工作:

(1) 应对每个技术状态项进行功能技术状态审核和物理技术状态审核。如果合同要求,还应对整个装备系统进行功能技术状态审核和物理技术状态审核。

(2) 功能技术状态审核应在设计定型(鉴定)前根据拟正式提交设计定型(鉴定)的样机或装备的试验情况进行。

(3) 物理技术状态审核应在完成功能技术状态审核之后,或与功能技术状态审核同时,根据按正式生产工艺制造的首批(个)生产件的试验与检验情况进行。

(4) 物理技术状态审核应详细审核有关的产品图样、产品规范、工艺规范、材料规范、软件规范等设计文件,及其用于技术状态项生产的各项实验、以及计算机软件配置项的使用和支持文件。

物理技术状态审核还应审核已发放的工程文件和质量控制记录,以确保这些文件如实反映了按正式生产工艺制造的技术状态项的技术状态,审核完成后,最终建立产品基线。

(二) 审核前工作

军事代表应:

(1) 按装备主管机关(部门)的要求指定参与审核的人员;

（2）了解承制单位审核人员的资格；

（3）督促承制单位编制审核计划、提交审核清单、准备审核资料；

（4）与承制单位协调审核日程和地点。

（三）审核内容

1. 功能技术状态审核

审核内容应包括：

（1）审核承制单位的试验程序和试验结果是否符合装备研制总要求的要求；

（2）审核正式的试验规范和试验计划的执行情况，检查试验结果的完整性和准确性；

（3）审核试验报告，确认这些报告是否准确、全面地说明了技术状态项的各项试验；

（4）审核接口要求的试验报告；

（5）对那些不能完全通过试验证实的要求，应审查其分析或仿真的充分性及完整性，确认分析或仿真的结果是否足以保证技术状态项满足其技术状态文件的要求；

（6）审核所有已确认的技术状态文件更改是否已纳入了技术状态文件并已经实施；

（7）审核未达到质量要求的技术状态项是否进行了原因分析，并采取了相应的纠正措施；

（8）对计算机软件配置项，除进行上述审核外，还可进行必要的补充审核；

（9）审查偏离许可和让步清单。

2. 物理技术状态审核

审核内容应包括：

（1）审核每个硬件技术状态项的有代表性数量的产品图样和相关的工艺规程（工艺卡），以确认工艺规程（工艺卡）的准确性，包括反映在产品图样和产品硬件上的更改；

（2）审核技术状态项所有记录，确认按正式生产工艺制造的技术状态项的技术状态准确地反映了所发放的设计或生产资料；

（3）审核技术状态项的试验数据和程序是否符合产品规范的要求，审核组可确定需重新进行的试验，未通过验收试验的技术状态项应由承制单位进行返修或重新试验，必要时，重新进行审核；

（4）确认分承制单位在制造地点所做的检验和试验资料；

（5）审核功能技术状态审核遗留的问题是否已经解决；

（6）对计算机软件配置项，除进行上述审核外，还可进行必要的补充审核。

(四) 审核后工作

技术状态审核完成后,军事代表应进行下列工作:

(1) 审查有关审核记录,保证其内容正确、完整地反映了军事代表的所有重要意见;

(2) 协助装备主管机关(部门)做出技术状态审核的结论;

(3) 跟踪监督审核遗留问题的解决及效果。

(五) 技术状态审核监督应注意的问题

技术状态审核监督可与定型(鉴定)工作结合进行,但应注意以下几点:

(1) 审核要求可按产品定型中相关规定执行,但还必须满足 GJB 5709 中 8.3 条规定的内容;

(2) 应按装备主管机关(部门)的要求与承制单位共同组成审核组在承制单位或分承制单位的现场进行功能技术状态审核和物理技术状态审核;

(3) 应监督承制单位做好资料准备、后勤保障以及提供必要的资源和器材,保证审核有效进行;

(4) 应检查承制单位审核中发现的问题是否实行了闭环管理。

六、易产生不同理解的说明

(一) 关于技术状态文件控制与技术状态控制

技术状态文件控制不能与技术状态控制混淆,二者有着完全不同的含义。

技术状态文件控制仅指对文件进行控制,包括从文件的生成(编制、批准、评审与更新、再批准)、使用和管理(发放、更改及状态标识、归档保存、查阅)直至作废(回收、销毁、作标识后保留)全过程的控制;而技术状态控制则是技术状态管理四要素之一,涵盖技术状态文件更改和偏离许可、让步等状态的控制,对它的监督要求在 GJB 5709 第 6 章中有详细的规定。

(二) 关于技术状态文件更改

技术状态文件更改通常在工业企业中都称为工程更改,在很多的法规和标准中也都使用工程更改,这已是过去时了《武器装备质量管理条例》规定,武器装备研制、生产单位应当对武器装备的研制、生产过程严格实施技术状态管理。更改技术状态应当按照规定履行审批手续;对可能影响武器装备性能和合同要求的技术状态的更改,应当充分论证和验证,并经原审批部门批准。然而,技术状态更改比工程更改术语要规范、明朗、直观,包含的内容全面,并不仅仅是工业企业中习惯所指的已经定型、鉴定的产品图样、技术文件、试验规范等的更改,而是包括功能技术状态文件、分配技术状态文件、产品技术状态文件在内的三种技术状态文件的更改。

(三) 关于对相关文件实施更改的理解说明

这里的相关文件实施更改是指对已确认并更改的技术状态文件相关的其他

文件做相应更改,如相关的工艺文件、检验技术文件等,即从顶层设计文件到工艺规程等底层文件一层层进行更改。

(四) 关于对偏离许可的理解说明

偏离许可是指技术状态制造之前对该技术状态项的某些方面在指定的数量或时间范围内,可以不按其已被批准的现行技术状态文件要求进行制造的一种书面认可。它与让步的区别就在于,前者是在技术状态项制造之前,后者是在技术状态项制造之后,因此对其要求相比让步更加严格。

另者,从装备研制过程分析,偏离许可涉及的是质量控制行为,让步涉及的质量保证行为应尤为重视。

(五) 关于让步的理解说明

让步通常在工业企业中都称为超差处理,或者称为超差特许,很多的法规和标准也都使用超差二字,让步之词应当说是泊来品,由于术语标准将其介定为让步,并有定义,在 GJB 9001C 中也称其为让步使用,并规定对于未经顾客授权的让步使用,应征得顾客同意;关键特性不允许让步使用。让步使用仅限本批次。

第三节　装备研制过程技术审查监督

技术审查是建立技术状态基线所必经的手段。技术审查是系统研制过程中,在关键环节、事件点或阶段进行的一项重要的技术状态管理控制工作,其目的是以评估系统的设计进展情况,设计成熟程度,技术风险消除情况等,系统、全面地检查这一关键环节、事件点或阶段的技术状态管理工作情况,建立技术状态基线,以确定研制工作是否可进入下一个阶段研制。

技术审查是作用于承制单位装备研制过程、在某个项目上所做的工作是否充分和正确而进行的一种审查。也是对型号研制阶段装备技术、进度、质量要求贯彻情况的审查。根据 GJB 2993 中阶段审查规定,在研制过程中的重要节点尚未确定现阶段工作是否满足既定要求所进行的审查,该审查是决定本阶段工作能否转入下一阶段(或状态)的正式审查。GJB 3273A 将武器装备研制过程中的技术、进度、质量要求贯彻情况的审查,统称为技术审查。

本章节装备技术审查是以装备研制程序及相关法规、标准的要求,对武器装备研制中的装备技术审查总则、要求、目标和类型与剪裁提出明确的规定,对内容及项目进行阐明。技术审查的区别在于系统与设备的区别,一般情况下,技术审查主要针对系统的审查;作为设备的技术审查可参照实施。

一、研制过程技术审查总则

从 GJB 3273A 规定的技术审查七个项目的内容、术语及质量要求可知,研制阶段技术审查主要针对系统或分系统,对一般的设备是不适用的,对重要设备的技术审查可参照实施。GJB 3273A 规定了武器装备研制过程技术审查总则的要求、目标以及类型与剪裁,如论证阶段的技术审查是为技术状态基线的形成、确定、发展和落实而进行的要求等。承制单位在武器装备的研制过程中,应根据武器装备的技术复杂程度、能力、经费和进度等综合情况进行剪裁,并在研制合同或技术协议书中指定技术状态项并对审查项目和内容做出具体规定。

(一) 技术审查概述

技术审查是保证设计和生产的系统或设备,满足使用部门质量要求的重要措施之一。技术审查的结论是能否转入下一节点的重要依据。审查中出现的不足之处必须制定纠正措施,限期完成。

技术审查一般是针对系统层次或重要的分系统及设备(一级装备或重要二级装备)研制过程的重要节点进行的审查。技术审查与样机是有关系的,尤其是装备研制进入工程研制阶段后,样机是新型武器装备研制过程中,设计和制造的实物样品。用于阶段性试验或最终鉴定、定型试验。根据 GJB 431 规定,样机在研制的五个阶段中,系统及装备有初步研制型样机、试制型样机、设计定型样机、试生产型样机和生产定型样机。设备层次的样机依据常规武器装备研制程序规定,方案阶段应是原理样机或模型样机;工程研制阶段设计状态应是初样机,试制与试验状态应是正样机。在装备研制的实际过程中,常规武器装备研制与战略武器装备研制稍有不一致的方面,战略武器装备研制阶段技术审查的项目,从 GJB 2102 可知,在论证阶段、方案阶段技术审查的内容基本相同,其不同点是,工程研制阶段中的技术状态术语不一致,形成技术审查内容的术语不一致,如工程研制阶段的初样研制审查、试样研制审查等。为了承制单位能够正确参考与应用武器装备研制阶段技术审查的方法和项目及内容,将常规武器装备研制的技术审查和战略武器装备研制的技术审查分别阐述。

技术审查贯穿于装备研制的全过程,其类别的数量不决定技术审查的项目数。根据产品型号、产品层次和产品的重要度(一般指对重要二级以上产品的审查),在装备研制合同或技术协议书中,应确定技术审查项目和质量要求。

系统、分系统技术状态项的复杂程度和武器装备研制项目的类型是确定是否需要技术审查和审查内容的多少的核心。当研制一个小而简单的系统时,有些审查可能就不需要,或者即使需要,也可限制在一定范围内。相反,在研制一个非常复杂的工程项目时,审查过程在级别上和审查的内容上都要增加。

GJB 3273A 适用于合同环境条件下进行系统工程管理的武器装备研制项目。常规武器装备研制程序的技术审查,都应在装备研制的不同阶段、不同状态下,贯彻 GJB 3273A 技术审查项目。

(二) 技术审查要求

(1) 承制单位应在武器装备研制项目全过程、全系统开展技术审查。技术审查应与武器装备研制系统工程过程的其他技术活动协调一致。系统工程过程要求应执行 GJB 8113 规定。

（2）承制单位应开展技术审查整体策划，明确审查类型、范围、要求、进度安排与资源需求等，并应纳入武器装备研制计划或系统工程计划。

（3）应确定技术审查的准入要求与审查条件。依据要求对技术活动及其结果进行独立评估。完成技术审查应作为项目进入下一阶段技术活动的前提条件。

（4）应明确技术审查责任主体及其职责。必要时，应成立由相关技术领域和管理领域代表组成的技术审查委员会，按赋予的权限对武器装备研制系统工程过程进行审查。技术审查委员会成员可按需调整。应随武器装备研制项目各阶段的特点和要求，逐步开展技术审查。

（5）应通过技术审查方式确认技术状态基线，确认关系参见 GJB 3273A 附录 A。技术状态基线要求见 GJB 3206A。

（6）应做好技术审查的前期准备、过程记录、意见落实与监控反馈等工作。

（三）技术审查目标

技术审查具体目标如下：

（1）确保正确实施系统工程过程且持续迭代；

（2）确保定义和分配的要求是清晰、一致、完备、可行和可验证的，且具有可追溯性；

（3）确认项目技术过程适应系统研制的复杂程度和要求；

（4）确认技术风险评估及风险应对的有效性，确保进入下一阶段的技术风险可接受；

（5）确保软硬件接口互联互通互操作，且与人员间的接口友好高效；

（6）评价研制工作的符合性和稳定性，发现并改进缺陷和问题；

（7）确保技术性能、费用、进度及综合保障等目标的综合权衡及可实现；

（8）确保及时有效地关注技术状态，为确定和控制技术状态基线提供技术依据；

（9）确认持续设计、试验、制造所需的资源（包括人员、资金、保障资产及设施）得到识别与供应。

（四）技术审查类型与剪裁

1. 技术审查类型

武器装备研制项目技术审查一般分为以下类型：

1）系统要求审查（SRR）

系统要求审查是对承制单位在明确系统要求上所做的工作是否充分和正确而进行的一种技术审查，英语缩写为 SRR。系统要求审查主要是审查承制单位是否致力于谋求一个最优化而且完整的技术状态。通过审查,完善系统规范。审查过程在论证阶段后期、方案阶段前期确认系统规范。

2)系统功能审查(SFR)

系统功能审查是顶层设计的审查,是在硬件初步设计前的全面审查以保证技术设计工作成果是必须的和充分的;是对系统要求分配给分系统、设备的要求是否最优,及其协调性、完整性及风险性等进行的技术审查,英语缩写为SFR。它还简要审查产生分配系统要求的系统工程过程和下一阶段的工程计划,并涉及基本的制造方面的初步意见和后续阶段的生产工程计划。

系统功能审查要审定根据系统规范产生的研制规范以及依据技术协议书等产生分系统、设备层次的研制规范、材料规范、工艺规范、软件规范和产品规范等规范(参见GJB 6387)传承性、规范性和正确性的要求。审查过程在论证阶段后期,将方案阶段前期确认的系统规范,作为编制研制规范以及研制规范确认后与分系统以下层次签订技术协议书的依据。

3)初步设计审查(PDR)

初步设计审查是对功能上有关系的技术状态项的基本设计进行的技术审查,英语缩写为PDR。它也是对技术状态项或一组功能上有联系的技术状态项的基本设计途径的技术审查。主要集中审查所选定的最初设计与试验途径在进展中是否具备一致性和技术充分性,软件要求与初步设计的相适应性,以及最初的使用和保障文件。

从硬件角度考虑,硬件技术状态项初步设计审查,是对每一硬件技术状态项或多个硬件技术状态项组合所进行的审查,主要审查以下内容:

(1)评价所选择设计途径的技术充分性,技术、费用和进度等方面的风险程度;

(2)确定其是否符合研制规范和专业工程(指六性工程)的要求;

(3)评价初步设计达到的程度并评估同选定的生产方法或工艺相联系的技术风险;

(4)确定技术状态项同其他设备项目、设施、计算机软件以及人员之间物理和功能接口及其相容性。

4)关键设计审查(CDR)

关键设计审查是阶段内工作性质的审查,英语缩写为CDR。有些承制单位将其称为详细设计。它是在工程研制阶段设计状态其工程基本完成后对每一技术状态项是否满足研制规范所进行的审查,其目的是:

(1)确定被审查的技术状态项的工程设计是否满足研制规范和专业工程(可靠性、保障性、维修性等工程)的要求;

(2)确定技术状态项同其他设备项目、设施、计算机软件以及人员之间工程设计的相容性；

（3）从技术、费用和进度等方面评估技术状态项的风险区域；

（4）评估系统硬件的可生产性；

（5）审查硬件产品规范初稿。

5）首次大型试验准备审查(FLTRR)

航空或航天装备的首次大型试验准备是武器装备研制过程的一项里程碑事件，英语缩写为FLTRR。首次大型试验准备审查是对首次大型试验技术状态及飞行准备状态的全面检查，也是使用单位确定承制单位已做好科研大型试验或飞行试验准备的必须性审查。

6）定型试验准备审查(FTRR)

定型试验准备审查是对科研试验(装备研制称为研制试验)结果及设计定型试验准备情况的全面审查(根据情况可以分为科研试验结果的审查和设计定型试验准备的审查)，英语缩写为FTRR。它也是使用单位确定承制单位已做好设计定型试验准备的必须性审查。

7）小批量试生产准备审查(LIPRR)

小批量试生产准备审查是承制单位在设计定型之前必须做的一项检查工作，英语缩写为LIPRR。它也是为设计定型后即可投入小批量试生产状态的一次检查，检查的结果也是衡量能否设计定型的依据性佐证材料。检查的内容是：

（1）设计文件；

（2）生产计划与批次管理；

（3）生产设施与环境；

（4）人员配备；

（5）工艺准备；

（6）采购产品；

（7）质量控制。

8）软件规格说明审查(SSR)

软件规格说明审查是对计算机软件技术状态项(CSCI)的软件需求规格说明、接口需求规格说明和软件产品规格说明等做的审查。评价软件承制单位对系统级装备或上层次产品各级需求、要求是否正确理解。在GJB 2102《合同中质量保证要求》中亦称软件规范审查。

软件规格说明审查一般应在工程研制阶段初期，即系统功能审查之后，在确定软件分配基线和软件技术状态项概要设计之前进行。对应硬件产品是初步设计审查的内容，一般与初步设计审查同步进行。主要审查软件需求的充分性和完整性，是否符合GJB 438B、GJB 2786A等标准，特别是要注意审查软件的设计规范和约束，如GJB 5236要求的可靠性、易用性、效率、维护性、可移植性等软件通用质量特性的要求。

2. 技术审查剪裁

可以根据武器装备的技术复杂程度、承制单位的能力、经费和进度等情况，综合考虑对技术审查类型进行合理剪裁(剪裁导则另行简述)。

(五) 技术审查点设置

1. 技术审查点设置简述

技术审查的时间点极为重要，过早或过晚都会对装备研制工作的进展带来不利的影响。从制订计划的角度而言，安排技术审查时间的一个好办法是将它们同文件资料要求联系起来，因为这些技术审查都是审查承制单位是否达到了这些文件资料的要求。确定技术审查的时间还取决于承制单位能否提供硬件和软件，以及能否完成有关试验。现将审查项、安排时间关系列表，供装备研制过程实施技术审查参考。

2. 常规武器装备研制技术审查点设置

常规武器装备研制技术审查点设置，如表 5-1 所列。

表 5-1　常规武器装备研制技术审查点设置

序号	审查内容	审查时机
1	系统要求审查	通常在论证阶段后期，也可以在方案阶段初期进行
2	系统功能审查	通常在方案阶段后期，也可作为技术方案的审查进行
3	初步设计审查	通常在方案阶段或工程研制阶段的工程设计状态之后进行
4	关键设计审查	通常在工程研制阶段试制与试验状态前或正式投入样机制造前进行
5	首飞大型试验准备审查	通常在工程研制阶段后期进行
6	定型试验准备审查	通常在工程研制阶段后期或具备定型条件时进行
7	小批量试生产准备审查	通常在工程研制阶段结束后，设计定型前进行
8	软件规格说明审查	在软件需求确定之前进行

3. 战略武器装备研制技术审查点设置

战略武器装备研制技术审查点设置，如表 5-2 所列。

表 5-2　战略武器装备研制技术审查点设置

序号	审查内容	审查时机
1	系统要求审查	通常在论证阶段后期，也可以在方案阶段初期进行
2	系统设计审查	通常在方案阶段后期，也可作为技术方案的审查进行
3	初步设计审查	通常在方案阶段实施
4	详细设计审查	通常在方案阶段后期或工程研制阶段的初样研制状态前期

续表

序号	审 查 内 容	审 查 时 机
5	初样研制审查	工程研制阶段的初样研制状态前期
6	试样研制审查	工程研制阶段试样研制状态前
7	试验准备审查	定型阶段地面鉴定试验前期
8	综合保障审查	定型阶段定型批飞行试验状态后
9	软件规格说明审查	在软件需求确定之前进行

注:核导弹、核动力按本审查点审查。常规武器可参照《常规武器装备研制程序》执行。

(六) 技术审查应用指南

1. 目的

本应用指南的目的是用以指导对 GJB 3273A 规定的技术审查类型的剪裁,以便针对特定的武器装备研制项提出具体的技术审查要求。根据武器装备研制项目的类型,GJB 3273A 列出的技术审查对有些项目可能需要而对另一些项目可能不需要。它取决于合同及技术说明书(如工作说明等)的规定。内容的剪裁在武器装备研制过程的各阶段都可进行,但特别适用于一揽子需求准备的开始阶段和合同谈判时进行。

2. 剪裁导则

1) 概述

应根据武器装备的技术复杂程度、承制单位的能力、经费和进度等综合情况,对技术审查类型进行剪裁。并在合同附件(工作说明)中指定技术状态项并对审查类型和内容做出具体规定。剪裁应与武器装备研制项目的类型、复杂程度和风险大小相匹配。如,简单的系统,有些审查类型可限制在一定范围内;新研项目一般不宜剪裁审查类型;而改进的项目,应根据改进的程度和影响,审查内容可侧重改动的设计和接口方面。

2) 协商剪裁

当要求具体的技术审查时,重要的是要根据工程项目的要求来确定审查类型。为此,承制单位可提出更改建议和确认其类型是否适当。剪裁只有经合同监管机构与承制单位充分研究、协商确定,才能更为有效。被剪裁的审查类型或要求应有充分证据。技术审查的项目必须在签订合同前确定下来。

3) 与研制合同的关系

技术审查是直接了解承制单位执行合同和工作说明中工作项目情况的手段。剪裁 GJB 3273A 的关键是把该标准的要求恰当地反映到有关合同任务要求和工作说明的细节中去。工作说明编写要求见 GJB 2742。应在合同附件(工作说明)中指定技术状态项并对审查类型和内容作出具体规定。当使用 GJB 3273A 时,包括有关要求的任务应在工作说明中明确。该标准未规定的,但认为是必要的审查内容也应在工作说明中明确。

4）确定技术审查类型

系统、分系统、技术状态项的复杂程度和武器装备研制项的类型是确定是否需要技术审查和审查内容的多少的核心。当研制一个小而简单的系统时，有些审查可能不需要，或者即使需要，也可限制在一定范围内。相反，在研制一个非常复杂的工程时，审查过程在类型和审查内容上可考虑增加。

除上述情况外，技术审查项还取决于系统中技术状态项的状况（例如新设计或现货或改型时的改动程度）。一个新研制的技术状态项，可能需要绝大多数的审查类型。而一个已定型的技术状态项，可能只需要审查其适用性和接口方面。在改进设计的情况下，还必须考虑改进的程度和影响，审查可限于改动部分和它们的接口方面。

5）避免重复和遗漏

尽管 GJB 3273A 是关于技术审查的一份通用标准，但其他标准，比如可靠性、维修性等国家军用标准也都要求技术审查。这些设计方面的审查同样在该标准中也有要求。因此，如果在一份合同中同时引用了这些标准和该标准，则工作说明中应规定是否和如何把它们合并进行。合并审查并非取消含有技术审查要求的其他标准和计划等。合同中应规定最少的、综合的、全面的技术审查工作。

3. 技术审查准入准则

技术审查的准入准则包括适宜的审查时机以及以事件为驱动的准入要求。技术审查的准入时机极为重要，如技术审查开展的过早或过晚都会对研制工作的进展带来不利的影响。从编制研制计划的角度而言，将技术审查的时机和准入要求与资料要求联系起来是一个好办法，因为这些技术审查都是审查承制单位是否达到了这些资料的要求，还取决于承制单位能否提供以及能否完成有关试验。这些资料包括文件、硬件和软件。各项技术审查的时间表可以作为承制单位研制计划或系统工程管理计划的一部分。

4. 技术审查与技术状态基线的关系

本标准所规定的技术审查，是围绕基线的形成、确定、发展和落实而进行的技术审查。根据 GJB 3206A 要求，武器装备研制项目一般应建立三种基线：功能基线、分配基线和产品基线。这三种基线与技术审查的关系见图 5-1 所示，具体要求如下：

（1）SRR 确认系统规范（初稿），形成初步的功能基线；

（2）SFR 确认系统规范，形成功能基线；

（3）PDR 确认各技术状态项研制规范，形成分配基线；

（4）CDR 确认生产图样、各技术状态项产品规范（初稿）等，形成初始的产品基线；

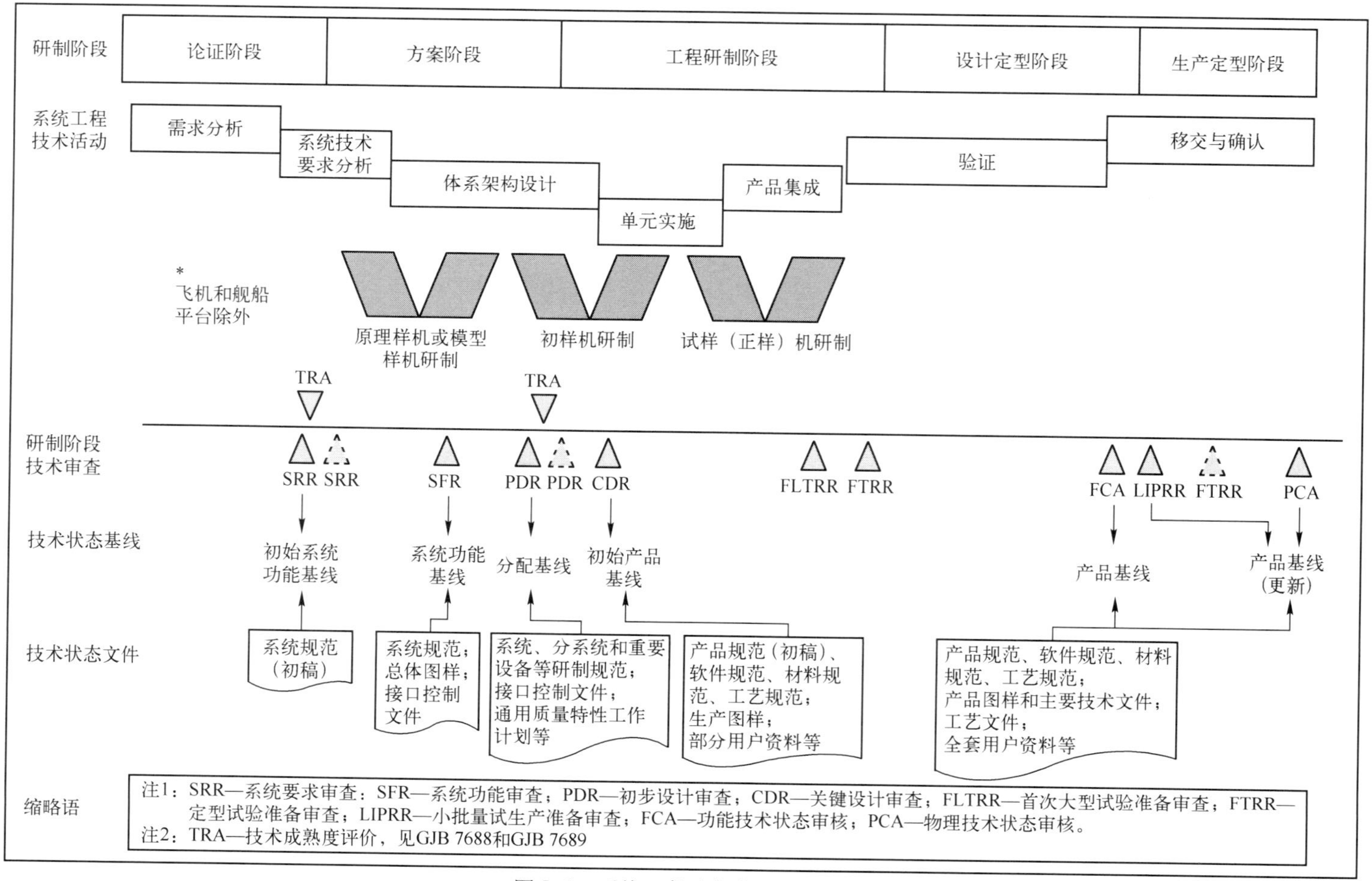

图5-1　系统工程过程的技术审查

(5) FCA 和 PCA 确认各技术状态项所必需的产品规范、软件规范、材料规范、工艺规范及相关产品定义文件等,形成产品基线。

(七) 技术审查组织管理

1. 各方职责

1) 合同监管机构职责

主要职责包括:

(1) 将技术审查类型与要求纳入研制合同;

(2) 督促承制单位将技术审查要求纳入武器装备研制计划,并按规定编制用于技术审查的管理文件;

(3) 判定是否具备技术审查条件;

(4) 确定审查要求;

(5) 确认审查组组长及成员;

(6) 负责技术审查的组织与监督工作,确保技术审查按程序和要求开展;

(7) 根据审查组意见,确认审查结论;

(8) 监督审查意见落实、反馈与资料归档等工作。

2) 审查组职责

主要职责包括:

(1) 按照既定的审查要求确定审查内容;

(2) 审查技术文件、图样或样机等资料及工作过程,评价研制工作对有关要求的符合性情况;

(3) 检查前次技术审查意见落实情况;

(4) 指出研制工作的问题和缺陷,提出改进建议;

(5) 给出审查组审查结论,并签字确认。

3) 申请单位职责

主要职责包括:

(1) 按要求提出技术审查申请,并做好审查准备工作;

(2) 按要求提供有关资料并确保其完整性;

(3) 汇报项目情况及答疑;

(4) 做好审查会议记录,保证其反映了参会各方的重大意见;

(5) 根据审查意见和建议制定改进措施,并按要求落实审查意见;

(6) 负责改进情况反馈、审查资料归档等工作。

2. 技术审查程序

1) 概述

技术审查一般采用正式会议的形式。技术审查程序一般分为三个阶段:

(1) 第一阶段为审查准备,包括提出申请、发出通知、成立审查组和会议准备等；

（2）第二阶段为审查会议，包括按照会议议程进行审查以及全程记录、给出审查结论等；

（3）第三阶段为会后工作，包括审查意见落实与反馈、监督管理等。

2）提出申请

根据研制计划及研制工作实际进展情况，当具备技术审查条件后，应由申请单位向合同监管机构提出审查申请及会议议程建议，一般应在会前一个月完成。

3）发出通知

审查申请批准后，合同监管机构应及时向有关单位发出会议通知，确定会议时间、地点、议程和参加人员范围及要求。参会人员一般包括：

（1）部队代表；

（2）论证单位代表；

（3）合同监管机构质量监督代表；

（4）主管部门代表；

（5）独立于项目的技术专家；

（6）承制单位代表；

（7）其他代表等。

4）成立审查组

合同监管机构提出审查组组成及组长人员建议。审查组应由熟悉产品、具有技术权威性且能涵盖被审查项目研制要求的各有关方面的专家组成，并保持一定的延续性。审查组人数可根据被评项目的重要性、复杂程度、接口关系等因素综合考虑确定。根据技术审查类型或产品复杂程度，可按照专业类型或产品类型成立多个审查小组。

5）会议准备

合同监管机构可委托申请单位承担审查会议准备。做好会议议程、审查资料、审查要求、汇报材料、会务安排等准备工作。必要时，合同监管机构可会同申请单位召开预备会议，确认会议准备情况。

6）审查会议

审查会议议程如下：

（1）确认审查组组成及组长，按需可分组审查；

（2）审查组组长主持会议并宣布审查要求；

（3）申请单位汇报研制情况，审查组审查申请单位提交的审查资料，必要时检查现场、实物或有关音像资料等；

（4）审查组听取申请单位答疑；

（5）申请单位做好会议记录，确保不遗漏重要信息；

（6）审查组讨论形成审查意见，并给出审查结论；

（7）整理完成审查报告；

（8）必要时，形成会议纪要分发有关单位。

7）审查报告

审查报告一般包括以下内容：

（1）审查概况。

（2）审查组意见。

（3）审查结论，包括是否通过审查，以及是否需再次审查后确认，应由审查组组长签字确认。

（4）后续工作建议。

（5）申请单位意见，应签名盖章。

（6）必要的附件，主要包括：

① 审查意见及改进措施汇总表，应由审查组组长签字确认；

② 审查组名单与签字；

③ 审查文件清单等。

8）审查意见落实与监督

合同监管机构应督促承制单位完成以下主要工作：

（1）对审查意见及建议进行分析研究，制定相应改进措施，并组织落实；

（2）完成技术文件更改与审签，有关资料上报与归档等工作。

二、研制过程项目技术审查监督

（一）系统要求审查（SRR）

系统要求审查用以审查初步研究结果，以确定为满足作战需求和使用要求所做的工作是否充分和正确，并确定在系统技术要求分析和系统工程管理中的初始工作方向。系统要求审查通过对系统要求（用于研究和确定系统规范）的分析及技术与进度、费用、风险等多方面权衡研究成果的审查，对其正确性和完善性取得共识。

SRR 可分两次进行。SRR-Ⅰ确定可追溯至研制总要求的系统性能要求和不可剪裁的设计要求已确定；SRR-Ⅱ确定可裁剪的设计要求的门限。根据工程项目的复杂性，可对各分系统进行单独的系统要求审查。

1. 审查目的

评定对作战需求、使用要求和研制要求理解的正确性和充分性。

2. 审查要点

主要包括：

（1）评估需求分析的准确性和全面性；

（2）评估系统性能要求、功能要求、不可剪裁的技术要求、可剪裁的技术要

求等,是否已正确和完整地体现在初步的系统规范中;

(3) 评估现有技术和项目资源是否支持系统架构的进一步定义。

3. 审查时机

一般在论证阶段后期或方案阶段初期,在完成系统功能分析与系统要求初步分配(按工作分解结构,见 GJB 2116)后开展。

4. 审查资料

审查资料一般包括:

(1) 初步系统规范,参见 GJB 6387;

(2) 初步总体技术方案;

(3) 必要时,样机及相关资料;

(4) 初步综合保障方案;

(5) 试验规划;

(6) 初步的风险管理计划和该阶段风险评估报告,参见 GJB/Z 171;

(7) 初步技术状态管理计划,参见 GJB 3206A;

(8) 初步武器装备研制计划。

5. 审查内容

审查内容一般包括下列分析研究的结果:

(1) 满足作战使用要求的技术途径分析;

(2) 功能流程分析;

(3) 系统性能相对于寿命周期费用的权衡研究,包括性能参数对费用的敏感性;

(4) 初步的系统规范要求同由此产生的工程设计要求、制造工艺要求、研制费用要求以及单件生产费用等目标之间重大的权衡研究;

(5) 系统功能分配和技术状态项划分过程,为满足作战使用要求所采用的技术方案评估,以及确定设计约束条件而对系统带来影响的权衡和研究;

(6) 通用质量特性研究(如可靠性、维修性、测试性、保障性、安全性、环境适应性、电磁兼容性、生存力和易损性等);

(7) 系统效能分析;

(8) 制造可行性研究,影响决策的生产性和制造因素分析,如关键部件、材料、工艺、工装和测试设备的研制、生产和试验方法,需要提前准备的项目和设施、人员及技术等级要求;

(9) 风险识别与分析,重大风险应对措施及要求(根据情况,应讨论与系统效能分析、权衡研究、试验计划、硬件验证、预定制造方法及费用之间的相互关系);

(10) 综合试验规划;

（11）技术成熟度初步评价；

（12）研制计划或网络图评价；

（13）经济可行性初步评价。

6. 审查意见

系统要求审查意见应对以下工作给出评价，一般包括：

（1）技术资料的成套性和完备性评价；

（2）系统功能要求确定及分配的正确性、完整性及合理性评价；

（3）对选定的技术状态项合理性评价，技术路径的可行性和经济性评价；

（4）技术成熟度初步评价；

（5）风险管理的有效性和可控性评价；

（6）装备研制进度安排等合理性评价。

7. 审查后工作

（1）申请单位落实审查意见，并更新系统规范。

（2）合同监管机构提出意见落实要求，并跟踪管理审查意见落实情况。

（二）系统功能审查（SFR）

系统功能审查包含对整个系统技术方案的审查，以及系统工程技术活动完成情况的全面审查，以保证系统设计工作的结果是必须而充分的。系统功能审查正式评估分配到分系统、设备的要求和这些要求的依据，包括为满足系统要求所进行的相应的试验要求。系统功能审查对承制单位提交的技术资料的正确性和完善性应取得共识。

1. 审查目的

评定系统功能基线及开展功能分配的准备状况。

2. 审查要点

主要包括：

（1）确认系统规范；

（2）评估系统方案所选择的设计途径的技术充分性和制造、综合保障方面的初步意见，技术、费用和进度等方面的风险程度，评估是否符合系统规范和研制合同等要求；

（3）评估分配到分系统和重要设备的技术要求的准确性、完整性、协调性和追溯性；

（4）评估产生系统要求分配的系统工程过程或系统工程计划等。

3. 审查时机

一般在方案阶段中期或中后期，完成系统设计和系统功能初步分配后开展。可结合总体技术方案审查开展。

4. 审查资料

审查资料一般包括但不限于下列：

（1）系统规范；

（2）总体技术方案；

（3）可靠性、维修性、测试性、安全性、环境适应性、电磁兼容性等工作计划，见 GJB 450A、GJB 368B、GJB 2547A、GJB 3872、GJB 900A、GJB 4239、GJB 1389A；

（4）初步的工艺总方案；

（5）系统接口控制文件；

（6）软件文档，如初步的软件需求和接口需求规格说明，见 GJB 438B；

（7）产品标准化大纲、材料选用方案；

（8）综合保障方案；

（9）项目工作分解结构，见 GJB 2116A；

（10）产品特性分析报告，见 GJB 190；

（11）风险管理计划和阶段风险评估报告，见 GJB/Z 171；

（12）技术状态管理计划；

（13）总体布置图、三面图、交点数据图等图样；

（14）初步的产品质量保证大纲；

（15）武器装备研制计划（含网络图）；

（16）必要时，重要分系统和设备的研制规范；

（17）必要时，样机及有关资料；

（18）经费概算报告或经济性分析报告；

（19）其他技术文件。

5. 审查内容

1）系统工程技术活动

审查系统工程技术活动，一般包括系统工程过程的各个环节，如：

（1）需求分析和系统技术要求分析；

（2）功能分析；

（3）要求分配；

（4）工程综合；

（5）生存性和耐久性；

（6）可靠性；

（7）维修性；

（8）测试性；

（9）保障性；

（10）安全性；

（11）环境适应性；
（12）电磁兼容性；
（13）人机工程；
（14）运输性（含包装和装卸）；
（15）质量特性；
（16）标准化；
（17）电子防御、抗干扰要求；
（18）互连、互通、互操作和信息安全；
（19）互换性要求；
（20）价值工程；
（21）系统扩展能力；
（22）风险管理计划；
（23）技术成熟度评价；
（24）生产性分析；
（25）寿命周期费用；
（26）经济可承受性要求；
（27）产品质量保证大纲；
（28）综合保障；
（29）研制计划或网络图；
（30）软件开发要求和方法；
（31）系统或分系统功能开发试验或关键技术攻关试验，选型摸底试验等科研试验情况。

2）权衡研究

审查重要权衡研究的结果，如：

（1）多方案比较分析，选定方案是否最优；
（2）系统设计相对于寿命周期费用的权衡研究，包括性能参数对费用的敏感性；
（3）系统采用集中的大系统相对于采用分散的分系统研究；
（4）设计与生产可行性、制造能力的权衡研究；
（5）采用的新技术、新工艺、新材料的技术风险以及经费、进度等权衡研究；
（6）可靠性、维修性、测试性、安全性、环境适应性等通用质量特性与性能、进度、费用之间的权衡研究；
（7）自动操作相对于人工操作；
（8）尺寸和重量；
（9）现货相对于新研项目；

（10）电磁干扰和频谱选择研究；
（11）硬件、软件、固件和人员及过程之间的功能分解；
（12）软件开发进度；
（13）综合保障方案相对于性能、保障费用的权衡研究；
（14）维修要求包括保障设备相对于作战使用要求的影响；
（15）通用保障设备相对于专用保障设备的比例；
（16）试验规划同规定的威胁环境和模拟试验条件的一致性研究；
（17）系统和技术状态项的设计对自然环境的相互作用；
（18）价值工程权衡研究；
（19）风险评估与应对措施权衡研究。

6. 审查意见

系统功能审查意见应对以下工作给出评价，一般包括但不限于下列：
（1）技术资料的成套性和完备性评价；
（2）系统设计的可行性和效费比评价；
（3）选定的技术状态满足系统规范的能力评价；
（4）关键技术攻关实施途径的有效性评价；
（5）系统要求分配的充分性及其最优化、可追溯性、完整性、协调性和风险评价；
（6）系统内、外接口控制要求的合理性和可达性评价；
（7）工艺性要求的合理性和可实现性评价；
（8）货架产品的选用合理性评价；
（9）运输、包装和装卸的规范性和有效性评价；
（10）寿命周期费用评价；
（11）初步综合保障方案的可行性评价；
（12）试验规划和试验保障要求的充分性、合理性评价；
（13）风险管理计划的有效性和可控性评价；
（14）装备配套产品定点建议、研制进度安排等合理性评价。

7. 审查后工作

（1）申请单位落实审查意见，并编制各分系统和重要设备研制规范等。
（2）合同监管机构提出意见落实要求，并跟踪管理审查意见落实情况。
（3）合同监管机构确认功能基线。

（三）软件规格说明审查（SSR）

软件规格说明审查是对软件技术状态项目的软件需求规格说明、接口需求规格说明和软件产品规格说明中规定的要求进行审查。可以对集中在一起的一组技术状态项目的软件规格说明进行审查，但对每一个技术状态项目应单独处理。目的是向使用部门证明软件需求规格说明、接口需求规格说明和使用方案是充分的,能建立起软件技术状态项目概要设计的分配基线。

应审查下列内容:

(1) 软件技术状态项目的功能概况,包括每一功能的输入、处理和输出;

(2) 软件技术状态项目的全部性能要求,包括对执行时间、存储的要求和类似的约束;

(3) 构成软件技术状态项目的每一软件功能之间的控制流程和数据流程;

(4) 软件技术状态项目同系统内、外所有其他技术状态项目之间的所有接口要求;

(5) 标明测试等级和方法的合格鉴定要求;

(6) 软件技术状态项目的特殊交付要求;

(7) 质量要素要求,即准确性、可靠性、效能、整体性、可用性、维护性、测试性、灵活性、便携性、重复使用性和兼容性;

(8) 系统的任务要求及其有关的使用和保障环境;

(9) 整个系统中计算机系统的功能和特征;

(10) 重大事件网络图;

(11) 更新自上次审查以来提供的同软件有关文档。

(四) 初步设计审查(PDR)

PDR 可以根据项目研制需要分多次进行。可根据项目研制情况或合同要求,对各技术状态项分别审查,也可集中审查。为降低研制风险,对产品质量、性能指标、研制进度和经费有重大影响的通用专业技术可作为专题纳入初步设计审查。这些专题一般包括可靠性、维修性、测试性、保障性、安全性、环境适应性、电磁兼容性和人机工程,以及元器件选用、标准化、材料和软件等。对于改型产品初步设计审查可集中纳入系统功能审查。初步设计审查对申请单位提交的技术资料的正确性和完善性应取得共识。

1. 审查目的

评定系统分配基线及技术状态项基本设计途径的正确性与合理性。

2. 审查要点

主要包括:

(1) 确认技术状态项的研制规范;

(2) 评估技术状态项所选择的设计途径的技术充分性,技术、费用和进度等方面的风险程度,是否符合研制规范或研制合同等要求;

(3) 评估技术要求分配的准确性、完整性、协调性和追溯性等。

3. 审查时机

一般在已具备研制规范、技术状态项验证计划(含软件概要设计和软件测试计划)及相关运行和保障文件初稿后,在详细设计开始前开展。

4. 审查资料

审查资料一般包括但不限于下列:

(1) 各技术状态项研制规范;

(2) 新成品技术协议或工作说明;

(3) 各分系统技术方案、工艺总方案;

(4) 系统、分系统接口控制文件;

(5) 可靠性、维修性、测试性、安全性、环境适应性、电磁兼容性等工作计划(更新),必要时,设计准则、分配或预计报告等;

(6) 软件文档,如:软件需求规格说明、软件接口设计描述、软件质量保证计划、软件配置管理计划,参见 GJB 438B;

(7) 各项选用范围,如:元器件选用范围;

(8) 各类管理大纲,如:产品标准化大纲、工艺标准化综合要求、产品质量保证大纲;

(9) 该阶段所产生的图样、模型及数字样机;

(10) 综合保障方案;

(11) 各分系统试验工作计划;

(12) 合同工作分解结构,参见 GJB 2116A;

(13) 风险管理计划(更新)和该阶段风险评估报告;

(14) 技术状态管理计划(更新);

(15) 其他技术文件。

5. 审查内容

审查内容一般包括:

(1) 研制规范中的技术要求、接口要求和验证要求。

(2) 功能流程框图、原理图和对功能分解分配。

(3) 接口控制文件。

(4) 各分系统技术方案:

① 各分系统技术方案的技术途径和解决方案;

② 系统、分系统、设备间的相容性;

③ 各分系统和设备的初步重量数据;

④ 权衡研究和设计研究的结果;

⑤ 设备布置图和初步设计数据。

(5) 通用质量特性设计:

① 可靠性、维修性和可用性设计建模与分配,参见 GJB/Z 72;

② 安全性初步设计;

③ 环境控制和热设计；
④ 腐蚀防护和控制初步设计；
⑤ 电磁兼容性初步设计；
⑥ 生存性和易损性初步评估；
⑦ 环境适应性初步设计和评估；
⑧ 人机工程初步设计和评估。
(6) 互换性要求。
(7) 元器件和原材料选用及分析：
① 元器件和原材料选用目录；
② 元器件降额使用准则等。
(8) 标准化初步意见。
(9) 软件设计开发情况。
(10) 质量保证情况。
(11) 综合保障工作：
① 综合保障要求，包括保障性定性定量要求、保障资源规划等，参见 GJB/Z 147A；
② 运输、包装和装卸初步意见。
(12) 工艺设计和试验验证情况：
① 生产性和制造方面的初步意见(即材料、工装、试验设备、工艺方法、设施人员技能、检验技术)，配套和供货情况；
② 各系统原理性试验验证情况和资料；
③ 基于数字样机或全尺寸样机所开展的工作情况；
④ 理论计算分析、仿真模拟和试验验证等报告，其结果的准确性和应用情况等。
(13) 关键技术研究或验证试验情况。
(14) 其他工程管理工作：
① 技术状态项研制进度表；
② 价值工程初步意见；
③ 全寿命周期费用分析；
④ 技术成熟度评价；
⑤ 风险分析及控制措施；
⑥ 配套新成品设计研制，外购器材的供货渠道和立足国内保障方案，及新器材的研制情况。
6. 审查意见
初步设计审查意见应对以下工作给出评价，一般包括但不限于下列：

（1）技术资料的成套性和完备性评价；

（2）研制规范对系统规范要求的符合性评价；

（3）分系统技术方案对总体技术方案要求的符合性和可实现性评价；

（4）系统、分系统和设备之间接口设计的协调性等评价；

（5）关键技术解决有效性评价；

（6）采用的设计准则、规范和标准的适用性和先进性，材料选材的合理性评价；

（7）耐久性、可靠性、维修性、测试性、安全性、环境适应性、电磁兼容性等和人机工程等工作的有效性及符合性评价；

（8）确定的各类试验项目的充分性和合理性评价；

（9）工艺总方案完整性、准确性及执行情况评价；

（10）初步经济性分析和试制成本评估；

（11）配套产品研制或采购工作评价；

（12）货架产品和标准零部件的选用合理性评价；

（13）综合保障方案（包括新装备生产、部队作训使用过程中储存、运输条件适应性）的合理性评价；

（14）技术状态项研制进度符合性评价；

（15）风险管理的有效性和可控性评价等。

7. 审查后工作

（1）申请单位落实审查意见，更新研制规范、接口控制文件等资料。

（2）合同监管机构提出意见落实要求，并跟踪管理审查意见落实情况。

（3）合同监管机构确认分配基线。

（五）关键设计审查（CDR）

关键设计审查是一种工作状态；详细设计是一项工作内容。关键设计审查应对各技术状态项详细设计的符合性、有效性和完善性进行确认，并审查开展系统工程管理活动的情况，以及执行通用工程要求的情况。还应对技术、费用和进度等有关的风险性进行审查，以确保详细设计结果满足研制规范的要求，并使所分配的产品规范得以落实。

关键设计审查可根据研制合同要求，对各系统分别审查，也可集中审查，也可细分若干技术状态项分别审查。关键设计审查对承制单位提交的技术资料的正确性和完善性应取得共识。

1. 审查目的

评定初步的产品基线及试制等工作准备状况。

2. 审查要点

按照 GJB 2993 中 5.5.1.2 的要求，主要包括：

(1) 评估技术状态项完成详细设计后能否达到预期的性能;

(2) 评估技术关键是否已经解决,各类风险是否确已降低到可以接受的水平;

(3) 评估现有技术和资源是否支持试制等后续研制工作。

3. 审查时机

在工程研制阶段,完成详细设计后(对于舰船装备,完成技术设计后),正式试制和软件编码、测试前开展。

4. 审查资料

审查资料一般包括但不限于下列:

(1) 各分系统和设备研制规范,初步的产品规范;

(2) 全套设计技术文件;

(3) 生产图样;

(4) 工艺总方案等工艺指令性文件,初步的材料规范和工艺规范;

(5) 关键技术攻关报告;

(6) 软件文档,如软件设计文档、软件测试计划;

(7) 综合保障文件,如随机文件目录、随机工具目录及其他保障文件等;

(8) 试验大纲或试验方案;

(9) 风险管理计划(更新)和该阶段风险评估报告;

(10) 技术状态管理计划(更新);

(11) 成品的地面试验和验收报告;

(12) 其他技术文件。

5. 审查内容

审查内容一般包括:

(1) 产品设计:

① 产品设计的功能特性和物理特性满足研制规范和其他设计输入的情况;

② 产品规范初稿中的技术要求、接口要求、验证要求和包装、运输与贮存要求等;

③ 接口控制要求在设计中的实施情况,电气和机械接口的相容性;

④ 多余物预防和防差错设计情况;

⑤ 产品功能、性能计算分析、仿真验算和试验验证的结果。

(2) 通用质量特性设计:

① 可靠性、维修性和可用性设计评估,参见 GJB/Z 72;

② 安全性设计和评估;

③ 故障模式、影响及危害性分析,参见 GJB/Z 1391;

④ 环境适应性设计和评估;

⑤ 腐蚀防护和控制措施落实情况；

⑥ 电磁兼容性设计和评估，及设备、分系统和系统间的电磁兼容性试验情况；

⑦ 生存性和易损性评估；

⑧ 人机交互设计和评估。

(3) 特性分类和重要度分类所确定的关键件和重要件质量控制要求，及执行情况。

(4) 产品质量保证大纲贯彻情况。

(5) 产品标准化大纲贯彻情况：

① 标准贯彻实施与监督情况；

② 通用化、系列化和组合化的设计情况。

(6) 软件开发和配置管理情况，软件测试计划和规程，软件测试用资源情况。

(7) 元器件和原材料控制：

① 元器件和原材料选用目录执行情况；

② 元器件、原材料的试制、采购、测试和筛选的质量控制；

③ 元器件、原材料失效分析及改进措施。

(8) 综合保障工作，包括保障设备、用户技术资料进展情况，运输性设计，包装设计、装卸意见等，参见 GJB/Z 147。

(9) 试制准备状态检查情况，关键材料、设备、工艺和工装已解决情况。

(10) 试验验证情况：

① 试验文件的技术正确性是否符合所有规范要求；

② 试验模型、全尺寸样机或原型机；

③ 关键技术研究或验证试验情况；

④ 产品功能、性能计算分析，仿真验算和试验验证结果和应用情况等。

(11) 其他工程管理工作：

① 技术状态项控制文件；

② 价值工程更改建议；

③ 全寿命周期费用分析情况；

④ 风险评估与风险应对措施，风险持续监控情况等。

6. 审查意见

关键设计审查意见应对以下工作给出评价，一般包括但不限于下列：

(1) 技术资料的成套性和完备性评价；

(2) 产品规范与研制规范符合性；

(3) 系统同分系统、其他设备设施、计算机软件以及人员之间详细设计的相容性评价；

(4) 耐久性、可靠性、维修性、测试性、安全性、保障性、环境适应性、电磁兼容性和人机工程等工作的有效性及符合性评价；

(5) 各类试验验证的充分性和有效性评价；

(6) 试制准备的充分性、准确性及执行情况评价；

(7) 产品质量保证大纲贯彻情况评价；

(8) 产品软件配置项管理、软件测评等工作的有效性及符合性评价；

(9) 配套产品研制或采购工作评价；

(10) 综合保障工作合理性和有效性评价；

(11) 经济性分析和试制成本评估；

(12) 风险管理的有效性和可控性评价等。

7. 审查后工作

申请单位落实审查意见，并发布全套图样、技术文件和各种配套目录，及各种综合保障文件。合同监管机构跟踪管理审查意见落实情况。

(六) 首次大型试验准备审查(FLTRR)

首次大型试验准备审查包含首次飞行试验准备审查、首次系泊试验准备审查和首次航行试验准备审查。本章节除了将审查目的、审查要点和审查时机作为共性条件外，将对首次飞行试验准备审查、首次系泊试验准备审查和首次航行试验准备审查的详细要求和内容分别进行描述。

1. 审查目的

审查判定是否具备首次大型试验的条件。

2. 审查要点

主要包括：

(1) 评估首次大型试验前的规定试验和特殊试验完成情况；

(2) 评估首次大型试验参试产品的技术状态；

(3) 评估首次大型试验准备状况(包括首次飞行试验准备审查、首次系泊试验准备审查、首次航行试验准备审查)、安全措施和配套情况等。

(4) 大型试验准备要求可参见 GJB 1452A 中的 4.2。

3. 审查时机

在完成试制或必要综合试验后，准备首次大型试验前开展。

4. 首次飞行试验准备审查

1) 概述

航空或航天装备的首次飞行试验(以下简称首飞)是武器装备研制过程的一项里程碑事件。首次飞行试验准备审查(以下简称首飞准备审查)是对首飞技术状态及飞行准备情况的全面审查，目的是使合同监管机构确定承制单位已做好科研飞行试验准备。首飞准备审查对飞行前规定试验结果、试验大纲、试验规程、试验保障条件和试验安全措施等应达到技术上的共识。首飞准备审查可以按需分为首飞技术审查和放飞审查。首飞技术审查主要考核首飞技术状态;放飞审查主要考核放飞条件。

2）审查资料

审查资料一般包括:

（1）试飞要求、试飞大纲;

（2）技术状态文件(包括产品规范、软件规范、材料规范等);

（3）首飞限制条件文件;

（4）配套产品放飞质量证明文件;

（5）试验规程;

（6）飞行试验产品配套目录(包括一级保障设备配套目录、一级工具配套目录等);

（7）场站保障要求;

（8）飞行试验风险评估报告,应急处置方案等;

（9）其他技术文件等。

3）审查内容

审查内容一般包括:

（1）物理技术状态是否符合设计状态和要求。

（2）地面试验完成情况和质量控制情况:

① 全机静力试验;

② 重要功能系统地面模拟试验;

③ 部件和全机疲劳试验;

④ 单独或综合进行的可靠性试验、维修性试验和安全性验证试验;

⑤ 电磁兼容性试验、接口兼容性试验、硬/软件兼容性试验、人机兼容性试验等;

⑥ 各种环境试验;

⑦ 动平衡试验;

⑧ 各系统机上地面试验;

⑨ 联合试车台模拟试验等。

（3）全机配套产品放飞结论。

（4）首飞技术文件的完备性。

（5）审查鉴定试验(如可靠性鉴定试验、环境鉴定试验、电磁兼容性鉴定试验等)、飞行前规定试验、研制单位提出的特殊试验等是否符合要求。

（6）质量问题归零情况。

(7) 专用测试设备和辅助设备等专用设备。

(8) 机务、场务和空勤准备情况。

(9) 空地勤人员培训情况。

(10) 飞行试验安全规定、保证措施及限制条件等,如试验应急预案,明确参试人员的应急处置职责分工、应急处置方法、安全防范措施及应急处置程序,并做好应急处置所需设备、工具等准备等。

4) 审查意见

首飞准备审查意见应对以下工作给出评价,一般包括但不限于下列:

(1) 技术资料的成套性和完备性评价;

(2)首飞前试验的充分性和符合性评价;

(3) 机务、场务和空勤准备符合性评价;

(4) 飞行试验安全保证措施有效性评价;

(5) 研制飞行试验大纲对满足各种考核和试验要求的符合性评价;

(6) 是否具备研制试飞条件的结论。

5) 审查后工作

申请单位落实审查意见。合同监管机构跟踪管理审查意见落实情况,并督促承制单位根据试飞大纲,开展科研飞行试验。

5. 首次系泊试验准备审查

1) 概述

系泊试验是舰船装备研制过程的一项里程碑事件。首次系泊试验准备审查是对系泊试验技术状态及系泊试验准备情况的全面审查,目的是使合同监管机构确认承制单位已做好系泊试验准备。系泊试验准备审查对系泊试验前规定试验结果、试验大纲、试验规程、试验保障条件和试验安全措施等应达到技术上的共识。

2) 审查资料

审查资料一般包括:

(1) 系泊试验技术状态文件;

(2) 系泊试验限制条件文件;

(3) 系泊试验大纲;

(4) 系泊试验试验规程和记录表册;

(5) 系泊试验保障设备配套目录;

(6) 系泊试验保障条件;

(7) 系泊试验风险评估报告,应急处置方案等;

(8) 其他技术文件等。

3) 审查内容

审查内容一般包括:

(1) 物理技术状态是否符合设计状态和要求。

(2) 设备陆上联调和试验完成情况以及质量控制情况:

① 重要设备和系统陆上联调和试验;

② 单独或综合进行的可靠性试验、维修性试验和安全性验证试验;

③ 电磁兼容性试验、接口兼容性试验、硬/软件兼容性试验、人机兼容性试验等;

④ 各种环境试验。

(3) 舰船配套设备安装工作完成情况。

(4) 系泊试验技术文件的完备性。

(5) 系泊试验前必须完成的工程、研制单位提出的特殊试验等是否符合要求。

(6) 质量问题归零情况。

(7) 专用测试设备和辅助设备等专用设备。

(8) 码头准备情况。

(9) 系泊试验人员培训情况。

(10) 系泊试验安全规定、保证措施及限制条件等,如试验应急预案,明确参试人员的应急处置职责分工、应急处置方法、安全防范措施及应急处置程序,并做好应急处置所需设备、工具等准备。

(11) 系泊试验规程和记录表册等。

4) 审查意见

系泊试验准备审查意见应对以下工作给出评价,一般包括但不限于下列:

(1) 技术资料的成套性和完备性评价;

(2) 系泊试验的充分性和符合性评价;

(3) 码头准备符合性评价;

(4) 系泊试验安全保证措施有效性评价;

(5) 系泊试验试验规程和记录表册对满足各种考核和试验要求的符合性评价;

(6) 是否具备系泊试验开始条件的结论。

5) 审查后工作

申请单位落实审查意见。合同监管机构跟踪管理审查意见落实情况,并督促承制单位根据系泊试验大纲,开展系泊试验。

6. 首次航行试验准备审查

1) 概述

航行试验是舰船装备研制过程的一项里程碑事件。首次航行试验准备审查是对航行试验技术状态及航行试验准备情况的全面审查,目的是使合同监管机构确认承制单位已做好航行试验准备。航行试验准备审查对航行试验前规定试验结果、试验大纲、试验规程、试验保障条件和试验安全措施等应达到技术上的共识。

2）审查资料

审查资料一般包括：

（1）航行试验技术状态文件；

（2）航行试验限制条件文件；

（3）航行试验大纲；

（4）航行试验试验规程和记录表册；

（5）航行试验保障设备配套目录；

（6）航行试验保障条件；

（7）航行试验风险评估报告，应急处置方案等；

（8）其他技术文件等。

3）审查内容

审查内容一般包括：

（1）物理技术状态是否符合设计状态和要求；

（2）系泊试验完成情况和质量控制情况；

（3）舰船配套设备安装工作完成情况；

（4）航行试验技术文件的完备性；

（5）航行试验前必须完成的工程、研制单位提出的特殊要求等是否符合规定；

（6）质量问题归零情况；

（7）专用测试设备和辅助设备等专用设备；

（8）试验配合条件是否符合航行试验要求；

（9）航行试验人员培训情况；

（10）航行试验安全规定、保证措施及限制条件等，如试验应急预案，明确参试人员的应急处置职责分工、应急处置方法、安全防范措施及应急处置程序，并做好应急处置所需设备、工具等准备；

（11）航行试验规程和记录表册等。

4）审查意见

航行试验准备审查意见应对以下工作给出评价，一般包括但不限于下列：

（1）技术资料的成套性和完备性评价；

（2）航行试验的充分性和符合性评价；

（3）试验配合条件符合性评价；

（4）航行试验安全保证措施有效性评价；

（5）航行试验试验规程和记录表册对满足各种考核和试验要求的符合性

评价；

（6）是否具备航行试验开始条件的结论。

5）审查后工作

申请单位落实审查意见。合同监管机构跟踪管理审查意见落实情况，并督促承制单位根据航行试验大纲，开展航行试验。

（七）定型试验准备审查（FTRR）

定型试验准备审查包括设计定型试验准备审查和生产定型试验准备审查。根据 GJB 1362A 的要求，对于批生产工艺与设计定型试验样品工艺有较大变化，并可能影响产品主要战术技术指标的，应进行生产定型；或对于产品在部队试用中暴露出影响使用的技术、质量问题的，经改进后应进行生产定型。

本章节仅对普遍开展的设计定型试验准备审查提出具体要求。设计定型试验准备审查是对研制试验结果及设计定型试验准备情况的全面审查（根据情况可以分阶段进行），目的是使合同监管机构确认设计定型试验准备情况。设计定型试验准备审查对研制试验或工厂鉴定试验情况、设计定型试验保障条件和试验安全措施等应达到技术上的共识。审查意见可作为设计定型试验书面申请的附件。

1. 审查目的

评定是否具备开展定型试验的条件。

2. 审查要点

主要包括：

（1）评估定型试验前的规定试验和特殊试验完成情况，以及遗留问题的解决情况；

（2）评估定型试验参试产品的技术状态；

（3）评估定型试验准备状况、安全措施和配套情况等。

3. 审查时机

批复定型试验申请前开展。

4. 审查资料

按照 GJB 1362A 中 5.2 的要求，审查资料一般包括：

（1）产品规范；

（2）产品研制验收（鉴定）试验报告；

（3）工程研制阶段标准化工作报告；

（4）技术说明书、使用维护说明书等；

（5）软件文档，如软件使用文件、软件源程序；

（6）生产图样、主要技术文件和各种配套目录；

（7）试验分析评定所需的文件资料等；

（8）设计定型样机、配套产品和随机备品、备件、工具、资料等；

（9）设计定型试验风险评估报告，试验安全保证文件等；

（10）其他技术文件等。

5. 审查内容

审查内容一般包括：

（1）产品技术状态是否已确定，是否符合要求；

（2）规定的试验和提出的特殊试验完成情况和质量控制情况；

（3）软件测评情况及主要软件文档；

（4）关键技术攻关情况；

（5）研制试验对主要战术技术指标的符合性验证情况；

（6）试验样品是否经军事代表机构检验合格；

（7）样品数量是否满足设计定型试验的要求；

（8）保障资源配套情况，包括保障设施、设备，维修（检测）设备和工具，必须的备件等；

（9）质量问题归零情况；

（10）图样和技术文件的完备性、一致性、协调性等；

（11）试验现场准备情况，如设计定型试验测试改装情况；

（12）各类人员培训情况；

（13）试验安全规定、保证措施及限制条件等，如：试验应急预案，明确参试人员的应急处置职责分工、应急处置方法、安全防范措施及应急处置程序，并做好应急处置所需设备、工具等准备等。

6. 审查意见

设计定型试验准备审查意见应对以下工作给出评价，一般包括但不限于下列：

（1）确认设计定型阶段技术状态；

（2）通过必要的研制试验验证，关键技术问题解决情况评价；

（3）通过各种考核和研制试验表明，对主要战术技术指标符合程度评价；

（4）设计定型试验所需图样和技术文件的成套性和完备性评价；

（5）设计定型试验保障和安全保证措施有效性评价；

（6）给出是否具备转入设计定型试验条件的结论。

7. 审查后工作

申请单位落实审查意见后，向二级定委提出装备设计定型试验书面申请。

（八）小批量试生产准备审查（LIPRR）

小批量试生产准备审查是对试生产的准备状态进行全面系统的检查，对投入试生产的条件做出评价，以确保产品能保质、保量、按期交付并有效控制风险。

应考虑与设计成熟程度、工艺准备、生产条件、产品采购、质量保证等有关的所有问题。可以根据产品的特点、生产规模、复杂程度以及准备工作的实际情况等,集中或分级分阶段地进行产品的试生产准备状态检查。转厂生产或间断性生产前的准备状态检查,可参照本标准要求执行。

1. 审查目的

评定系统设计、制造及有关准备工作是否达到小批量试生产要求,具备投产条件。

2. 审查要点

主要包括:

(1) 评估与设计定型技术状态的一致性;

(2) 评估工艺准备和生产条件;

(3) 评估投产的风险状况及风险应对有效性等,是否存在不可接受的风险。

3. 审查时机

产品小批量试生产前开展。

4. 审查资料

审查资料一般包括:

(1) 技术状态文件,包括全套生产图样、产品规范、工艺规范、材料规范、软件规范等;

(2) 主要工艺文件,包括工艺总方案(含工艺流程图)、工艺标准化大纲、工艺指令性文件、关键件和重要件汇总表、工艺装置设计图样、特殊工艺说明和主要工艺规程等;

(3) 生产管理文件,包括生产计划、合格供方名录和采购产品优选目录等;

(4) 承制单位质量管理体系,最终产品检验规程,元器件、原材料等产品质量控制文件等;

(5) 小批量试生产风险评估报告;

(6) 小批量试生产准备工作报告;

(7) 军事代表机构质量监督报告及投产意见;

(8) 其他资料。

5. 审查内容

审查内容一般包括:

1) 设计方面

(1) 设计定型遗留问题的解决情况;

(2) 对设计定型技术状态的必要更改是否按规定的程序,实施了严格控制并符合要求;

(3) 图样和主要设计、试验、验收、使用等有关技术文件,是否完整、准确、协调、统一,并能满足生产的需要等。

2）工艺准备

（1）工艺总方案、工具(工装)选择原则、工艺规程等工艺文件是否齐备,并能满足试生产的质量和数量的要求;

（2）关键工艺攻关情况,是否已得到解决并纳入了工艺规程或其他有关文件;

（3）工艺评审情况,按要求对工艺总方案和关键件、重要件工艺文件以及特殊过程的工艺文件进行了评审,并符合要求;

（4）首件鉴定工作完成情况,及最终检验合格结论,制造工艺是否符合设计要求;

（5）工艺装备、检验、测量和试验设备等,是否已按小批量试生产配备齐全,其准确度和使用状态是否能满足生产要求,并编制了检修、检定计划;

（6）对检验与生产共用的工艺装备、调试设备,是否有控制程序保证能按规定进行检定或校准;

（7）对识别的关键过程和特殊过程,其控制方法是否已确定并纳入了工艺规程,必要时,应采取统计技术进行控制,以减少加工中的变异;

（8）生产现场的工艺布置、工位器具的配备,是否按小批量试生产的要求符合工序的性质和加工程序,并实施了定置管理;

（9）对产品试生产、检验和试验所用的计算机软件,是否已经过鉴定,并能满足生产使用要求。

3）生产条件

（1）生产计划的制定是否做到全面、协调,能保证均衡生产。

（2）生产设施、设备、专用工具(工装)和专用试验设备、标准样件等是否按要求配套齐全,并保证安全。

（3）当生产工艺、设备使用和测量对温度、湿度、清洁度、振动、电磁场、噪声等环境有特殊要求时,其生产环境是否能符合规定的要求,并有相应的控制手段和记录;人员配备与培训等是否满足要求。

4）采购产品

（1）是否编制了合格供方名录和采购产品优选目录,并在批准的名录和目录中选择供方和产品;

（2）是否确保采购产品在质量、数量、交货期等方面,能满足试生产的要求;

（3）是否有完善的采购产品入厂(所)复验、筛选、检测的程序,且具备工作条件;

（4）是否按要求控制采购产品入库、贮存、发放,其采购产品的贮存条件是否能满足要求等。

5）其他工程管理工作

① 风险评估，审查是否存在重大风险且应对措施是否有效；

② 运用价值工程方法和寻求降低费用的措施；

③ 产品质量保证大纲实施情况；

④ 技术状态管理，对设计、工艺文件及材料、设备的技术状态是否实行严格的控制；

⑤ 投产的条件、数量和进度安排等；

⑥ 质量管理体系是否持续有效运行。

6）审查意见

小批量试生产准备审查意见应对以下工作给出评价，一般包括但不限于下列：

（1）小批量试生产的技术状态与设计定型技术状态的一致性评价；

（2）技术状态控制的有效性评价；

（3）工艺准备与生产条件评价；

（4）采购产品的供方稳定与质量情况评价；

（5）风险评估及风险应对措施有效性评价；

（6）小批量试生产的图样和技术文件成套性和完备性评价，给出是否具备小批量试生产条件的结论。

7）审查后工作

承制单位落实审查意见。合同监管机构会同承制单位将投产请示和风险评估报告一并上报审批。

（九）战略武器装备研制技术审查

战略武器装备研制中的技术审查贯穿于装备研制的全过程，其类别的数量不决定技术审查的项目数，根据产品型号、产品层次和产品的重要度（一般指对重要二级以上产品的技术审查），在装备研制合同或技术协议书中，应确定技术审查项目及质量要求。

系统、分系统技术状态项的复杂程度和武器装备研制项目的类型是确定是否需要技术审查和审查内容的多少的核心。当研制一个小而简单的系统时，有些技术审查可能就不需要，或者即使需要，也可限制在一定范围内。相反，在研制一个非常复杂的工程项目时，审查过程在级别上和审查的内容上都要增加。

GJB 2102 及附录 A 对技术审查的质量保证活动，一般只适用于战略武器装备研制项目。GJB 3273A 颁布后，覆盖了我国三种武器装备研制的技术审查工作。由于转换工作需要一定的时间，故本节仍将战略武器装备研制的技术审查工作（仅供参考）按照 GJB 2102 及附录 A 对技术审查的质量保证活动要求编写。战略武器装备研制过程中技术审查的项目包含：

1. 系统要求审查

系统要求审查是对承制单位在明确系统要求上所做的工作是否充分和正确而进行的一种技术审查。系统要求审查主要是审查承制单位是否致力于谋求一个最优化而且完整的技术状态。通过审查,完善系统规范。审查项目包括下列主要分析研究的结果:

(1) 任务和要求分析,包括先进性、可行性、适用性、风险性、经济性等分析;

(2) 综合保障的初步分析;

(3) 可靠性,维修性,安全性、综合化、电磁兼容性、生存力和易损性、环境适应性、试验计划、检验方法和技术分析等分析;

(4) 系统界面研究;

(5) 系统安全和人素工程分析;

(6) 寿命周期费用和效费比分析;

(7) 重要节点安排和人工要求及人员分析;

(8) 经过审查,进一步完善系统规范,编制资料管理计划和技术状态管理计划。

2. 系统设计审查

系统设计审查是顶层设计的审查,是在硬件初步设计前的全面审查以保证技术设计工作成果是必须的和充分的;是对系统要求分配给分系统、设备的要求是否最优,及其协调性、完整性及风险性等进行的技术审查。它还简要审查产生分配系统要求的系统工程过程和下一阶段的工程计划,并涉及基本的制造方面的初步意见和后续阶段的生产工程计划。

系统设计审查要审定根据系统规范产生的分系统乃至设备级的研制规范、材料规范、工艺规范、软件规范和产品规范等技术规范(技术规范的定义,参见 GJB 3363 中 4.5a 条)。主要审查以下内容:

(1) 修订的系统规范,分系统和设备级的研制规范等,确定的接口控制文件,应充分满足已批准的任务要求并有好的经济效果;

(2) 已进行的各项试验;

(3) 系统工程管理工作,包括任务与要求的分析,效费比分析,生存性和易损性、可靠性和维修性、电磁兼容性、保障性分析等分析,标准化大纲、产品质量保证大纲、人素工程、系统风险分析、训练与训练保障、软件研制程序等;

(4) 综合保障方案,已满足使用部门提出的要求;

(5) 系统中尚未解决的风险问题以及新产生的风险问题的解决方案;

(6) 样机生产能力。

3. 初步设计审查

初步设计审查是对功能上有关系的技术状态项目的基本设计进行的技术审

查,也是对技术状态项或一组功能上有联系的技术状态项的基本设计途径的技术审查。主要集中审查所选定的最初设计与试验途径在进展中是否具备一致性和技术充分性,软件要求与初步设计的相适应性,以及最初的使用和保障文件。

从硬件角度考虑,硬件技术状态项初步设计审查,是对每一硬件技术状态项或多个硬件技术状态项组合所进行的审查,主要审查以下内容:

(1) 综合协调初步设计、技术风险、进度、费用等,包括软件要求的适应性;

(2) 确定的设备布置及初步设计图;

(3) 电磁兼容性、安全性、生存性、易损性、工艺性、可靠性、维修性、可利用性、运输性、人素工程、标准化、通用化、系列化等;

(4) 试验资料;

(5) 冻结的接口控制文件;

(6) 协作单位提供的技术规范(指研制规范、产品规范、工艺规范、材料规范和软件规范)是否与系统规范相协调;

(7) 综合保障要求,可靠性和维修性大纲等各种计划和大纲;

(8) 寿命周期费用分析;

(9) 确定的产品质量保证大纲。

4. 详细设计审查

详细设计审查是审查技术状态项目的详细设计。详细设计审查主要审查以下内容:

(1) 详细设计满足研制规范的程度;

(2) 各项目间的相容性、协调性;

(3) 评估风险(技术、费用及进度)及所采取的相应措施的有效性;

(4) 初步设计审查的全部内容;

(5) 评估硬件的可生产性,软件设计的完整性;

(6) 所有硬件的研制规范、产品规范和试验的可行性;

(7) 使用维护文件的充分性;

(8) 技术状态项审核。

5. 初样研制审查

战略武器初样研制审查是在设计师系统完成初样研制全部技术评审的基础上,由使用部门组织进行。战略武器初样研制审查应主要审查以下内容:

(1) 全武器系统总体同各系统初样设计满足初样研制规范要求的程度;

(2) 总体同各系统间的协调性、互换性;

(3) 武器系统计算机软件符合有关国家军用标准的程度;

(4) 重要试验情况和结果分析报告;

(5) 试制工艺质量;

（6）结构弹和振动弹的试制与总装质量；

（7）可靠性、维修性、安全性、电磁兼容性、人素工程、综合保障和标准化大纲的执行情况；

（8）试样设计技术状态，总体向各分系统提出的《试样设计任务书》；

（9）试样产品规范、工艺规范、材料规范和试验规范。

6. 试样研制审查

战略武器试样研制审查是在设计师系统完成试样研制全部技术评审的基础上，由使用部门组织进行。战略武器试样研制审查主要审查以下内容：

（1）武器系统总体与各系统试样设计满足试样研制规范要求的程度；

（2）试验样机研制的工艺性，合练弹、贮存弹和遥测弹的试制与总装质量；

（3）飞行试验与地面大型试验的试验情况和试验结果分析报告；

（4）可靠性、维修性、安全性、电磁兼容性、人素工程、综合保障和标准化大纲的执行情况；

（5）设计定型技术状态；

（6）定型产品规范、材料规范、工艺规范、试验规范、验收规范和使用维护说明书等。

7. 试验准备审查

试验准备审查是在重大试验如全机静力试验、首航（首飞）、电磁兼容试验、电子综合试验等试验前的审查，确认各项准备工作已经就绪。部队试验试用可参照执行。试验准备审查除应按照 GJB 907A 和 GJB 908A 的规定进行产品（质量）评审和（首件）鉴定外，还要审查以下各项主要内容：

（1）所有对各种规范的更改以及对相关的重大试验有影响的更改，技术稳妥并按规定履行审批手续；

（2）所有对顶层设计的更改及对相关的重大试验有影响的更改，技术稳妥并按规定履行审批手续；

（3）试验计划和程序的更改，技术稳妥并按规定履行审批手续；

（4）确认安全性审查、人素工程审查和已进行试验的审查已经完成；（安全性审查是按照 GJB 900A 的规定编制并实施安全性大纲后进行的审查，审查设计中已贯彻防错措施、裕度措施、以及在万一情况下已有应急措施。人素工程审查是审查设计中已贯彻不妨碍人机协调工作的一切有效措施。已进行试验的审查是审查应完成的各种试验和鉴定已圆满完成。）

（5）试验的准备工作（包括物资、人员、后勤保障、规章制度等）已就绪，达到安全，万无一失；

（6）试验大纲的完备、正确情况；

（7）试验限制的确认。

8. 综合保障的审查

综合保障的审查主要包括以下方面：

1）定期会议审查

召开专门会议检查综合保障要求的落实，综合保障分析、可靠性和维修性等工作进展情况。审查中发现武器装备设计上的问题应及时完善设计。

2）使用维护文件审查

使用部门对按使用维护文件出版计划完成的使用维护文件应予专门审查。审查分40%审查、80%审查、验证、出版前审查等四步。

（1）40%审查主要审查使用维护文件的纲目及骨架已满足要求；

（2）80%审查主要审查除需试验验证的程序及数据不做定论外，所有内容已满足要求；

（3）验证是在定型试验中验证所有内容已满足要求；

（4）出版前审查是为出版发行审查定稿。

3）保障设备推荐文件审查

使用部门根据要求、进度、经费等对保障设备推荐文件进行审查。文件应详列维修任务及维修级别分析结果、设备技术性能指标及简图，生产厂商、生产周期、数量及价格等。进行专门的全面审查后，按批准的文件采购，并使保障设备能同主要装备同时装备部队。

4）计划和大纲的审查

主要是审查出版计划、培训计划及可靠性、维修性等各类计划和大纲的完整性、正确性、协调性等。

5）零备件清单草案审查

根据装备的使用强度（如飞机的每月飞行小时数），以及备件的平均故障间隔时间、维修级、订货周期、单机需要量、单价、返修周期等提出其备件清单草案，供使用部门审定。批准后组织生产。零备件清单按以下分类分别审查：

（1）初始备件是满足形成初始战斗力所需的零备件，包括保障设备的维修备件；

（2）长订货周期备件是由于生产周期长而需提前订货以求按时提供使用部门需要的零备件，包括保障设备的维修备件；

（3）结合生产采购的备件是需要量不大，如果单独订货会引起费用增长，所以在生产装备的同时带出的备件；

（4）通用备件是非专用的只有大批生产才能降低价格的器材，可以单独订货也可以单项采购；

（5）后续备件属售后服务内容，是满足形成初始战斗力所需以外，寿命周期或额外所需的零备件，应另案处理。

三、试制与小批量试生产交叉技术审查监督

试制与小批量试生产交叉是我国武器装备发展的一项新的举措，是装备跨越式发展的重要途径之一。这个方法实施后证明，其装备建设的周期、装备交付的成批性质量以及装备使用过程的技术状态管理控制等，都在相关部门的有效管理控制当中。试制与小批量试生产交叉，如图5-2所示。

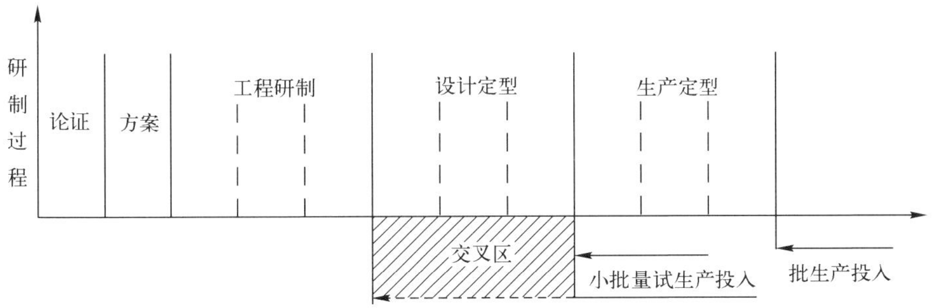

图5-2 试制与小批量试生产交叉

(一) 试制与小批量试生产交叉监督概述

1. 试制

试制是指，研制批的新产品工作在常规武器研制程序的工程研制阶段的试制与试验状态，这个状态的样机为正样机，正样机经过研制试验合格，可以申请转入设计定型阶段的试验状态，即D状态工作。

试制是产品成批制造之前的试验性生产。主要目的是确保产品的质量，验证图样、工艺、工装设备的正确性，解决批生产中的技术难点和减少不必要的损失等。

2. 小批量试生产

所谓小批量试生产，是指研制批装备，如正样机经过研制试验合格，已申请转入设计定型阶段的试验状态、会议审查工作和定型批复工作已结束后，小批量试生产的产品可以批量投入生产，但这种投入仍然属于小批量试生产。

3. 交叉区

正常情况下，是没有交叉区的。研制批产品完成定型审查通过后，静等定型批复，批复后承制单位方可小批量试生产投入。提前投入，是指研制批产品进入工程研制阶段鉴定试验状态后，此时的小批量试生产提前投入，这样试制过程与提前投入过程，在试制与小批量试生产之间就会有一个时间差，这个时间差的区间就是交叉区。所以，小批量试生产要想提前投入，不论是系统级或设备级的研制批产品，只有研制批产品转入设计定型阶段后，试生产批才能第一次投入。

4. 试生产批提前投入的条件

必须符合下列要求时，承制单位可以申请设计定型试验：

(1) 研制批产品在工程研制阶段已完成研制试验；

(2) 研制批产品在工程研制阶段已完成设计评审、工艺评审及首件鉴定和产品质量评审；

(3) 转入定型试验，必须满足 GJB 1362A 中 5.2 条的要求：

① 通过规定的试验，软件通过测试，证明产品的关键技术问题已经解决，主要战术技术指标能够达到研制总要求及技术协议书的要求。

② 产品的技术状态已确定。

③ 试验样品经军事代表机构检验合格（设备级一般为三台（或套）。第一台（或套）完成功能性能试验、电源特性试验、电磁兼容试验、环境试验等鉴定试验；第二台（或套）完成可靠性鉴定试验；第三台（或套）计划准备交付系统，供试验用）。

④ 样品数量满足设计定型试验的要求。

⑤ 配套的保障资源已通过技术审查，保障资源主要有保障设施、设备，维修（检测）设备和工具，必需的备件等。

⑥ 具备了设计定型试验所必需的技术文件，主要有产品研制总要求、承研承制单位技术负责人签署批准并经正式评审的产品规范，产品研制验收（鉴定）试验报告，工程研制阶段标准化工作报告，技术说明书，使用维护说明书，软件使用文件，图实一致的产品图样、软件源程序及试验分析评定所需的文件资料等。

(4) 相关部门已组织技术状态管理控制评审或审查，即转入设计定型阶段试验状态研制评审或审查，并通过评审或审查，同意转入下一研制阶段的试验状态工作。

（二）试制与小批量试生产交叉监督的内容

进入 21 世纪，是我国武器装备研制生产迅猛发展的年代，为在保证装备研制生产质量的前提下，加快其研制生产进度，确保实现重点武器装备的研制生产计划，在坚持现行研制生产法规和制度的基础上，针对武器装备研制生产的特殊情况，提出有关问题的处理办法。

1. 提前投产的原则和要求

按照武器装备建设计划，有些重点型号在研制工作达到一定成熟程度时，需要做出提前投产的决策。提前投产决策应依据下列原则和要求实施：

(1) 当装备研制达到下述条件时，可向主管机关报出《××型号装备提前投产建议书》（以下简称《建议书》），其基本的原则是：

① 新研装备规定的有关技术审查已经通过，部队适应性试验已基本完成（特别情况下不能进行的，可针对部队需要的项目，提前进行必要的试验验证），

重大风险已经排除，设计定型状态已确定，重大结构和重要分系统设计不再有根本性变更；

② 主要新研配套成品已进入设计定型阶段；

③ 综合保障工作已基本满足部队启动接装工作的要求；

④ 承制单位技术改造计划能满足小批量投产的进度需要；

（2）《建议书》的主要内容：

① 整机及配套成品研制情况及达到的技术状态；

② 产品图样、技术资料的编制和准备情况；

③ 小批量投产的生产条件情况；

④ 综合保障工作实施情况及评价意见；

⑤《提前投产批装备的交付状态》初步意见；

⑥ 提前投产决策的时机和具体意见；

⑦ 重大问题及处理意见。

（3）根据《建议书》，按有关程序办理投产决策报批手续。

（4）《建议书》报出后，军事代表应督促承制单位抓紧补充完善小批量投产条件，准备订货合同文本，开展价格预测等投产准备工作。

（5）提前投产决策一经批准，各有关部门和单位都要建立项目责任制，逐级落实项目责任。

（6）用于部队适应性试验装备的投产决策，可以提前到新研装备的主要科研试验基本结束后，按研制批投产条件进行。

2. 合理确定交付状态

（1）部队适应性试验批装备的交付状态，由军事代表监督承制单位和总设计师单位在认真清理装备和配套成品的研制情况的基础上，根据装备《研制任务书》和设计定型状态，在《建议书》中提出初步意见，由承制厂提出建议，按有关程序办理报批手续。

（2）提前投产批装备的交付状态，原则上应按设计定型状态确定，由军事代表会同承制单位和总设计师单位根据部队适应性试验的情况，在《建议书》中提出初步意见，由有关单位组织专家论证后确定。个别产品（设备）出现未达到设计定型状态的情况时，三级以上（含三级）产品按级专报专批；三级以下由军事代表会同总设计师系统处理，并提出改进计划后，报主管业务部门备案。

3. 科学组织试验

试验是全面考核并确认研制样机（品）能否达到设计定型状态，顺利进行提前投产决策的关键环节。军事代表对重点型号装备开展试验的监督，除按照规定抓紧做好有关工作外，要特别抓好：

（1）军事代表应监督承制单位做好试验前的各项准备工作，检查参试样机

(品)技术状态,严格控制试验试飞程序和要求,把人为差错减少到最低程度。

(2) 科学安排各类试验课目。军事代表应在确保试验项目科目不减少前提下,根据《试验合同》督促研制单位或试验单位采用综合优化试验方法,尽量缩短试验周期。

(3) 督促承制单位认真、及时开展可靠性工作,保证在设计定型前完成可靠性试验、评估、统计分析等工作。

4. 严格审查技术文件

(1) 提前投产的装备(含部队适应性试验用装备),军事代表应督促承制单位按上级批准的交付技术状态,修订产品图样、研制规范、验收规范、产品规范以及检验规程等技术文件,并经专项技术审查后,方可用于产品的生产。

(2) 对已经审定的提前投产装备(产品)的设计文件、冶金技术文件、工艺指令性文件、特种检验说明书等,军事代表应加强技术状态更改管理与控制。

5. 重视配套成品监督管理

重视并认真组织开展装备配套成品的监督管理,是确保产品研制生产交付进度的重要基础工作,须做到:

(1) 清理配套项目,弄清配套关系。

(2) 全面掌握配套成品的技术质量状况。

(3) 开展投产决策前配套成品的质量审查。

6. 强化质量监督工作

(1) 军事代表应督促承制单位将确定的交付技术状态落实到图样和产品规范等设计、生产文件中,经主管业务部门组织审查后,加盖"专用"标识,作为监督管理、质量控制和检验验收的依据。

(2) 军事代表应控制技术状态更改,审签技术状态更改文件,协同承制单位加强对提前投产批产品的技术状态管理。

(3) 督促承制单位加快生产条件的建设,完善工艺技术文件和工艺管理文件;抓紧新材料、新工艺的攻关鉴定工作,对未完成技术鉴定的新材料、新工艺,经必要试验验证并履行批准手续后,允许在提前投产批产品上试用。

(4) 军事代表要重视国外采购产品和技术合作的质量控制工作,必要时应进行监造验收。

(5) 军事代表要加强生产过程现场监督工作,应跟产、跟试、跟飞。

(6) 军事代表按照产品图样、产品规范和合同及技术协议书规定,编制专用的《军检规程》(用于过程检验)和《检验验收规程》(用于最终产品的检验),对提前投产出厂产品实施军检验收。

(三) 试制与小批量试生产交叉监督应注意的问题

(1) 试制指的是工程研制阶段正样机研制状态,与 GJB 9001C 中 8.3.7 条新产品试制是同一个状态。此状态是技术状态管理监督的重点。

(2) 随提交设计定型批(新产品试制批)带出的少量产品(如可能是 N 批,每批 20 套),若研制合同中规定定型后要交付部队使用的,军事代表应按提交设计定型的图样、产品规范进行预先检查,并在检查记录上签字,但不签署合格证明文件,待批准设计定型后,再补办验收签字手续。交付部队的产品必须符合设计定型状态。

(3) 每批交付部队的产品必须符合设计定型状态,但是,此时交付部队产品的标识全部是 S,并在合格证明文件上标明供试验用字样(因为不签署合格证明文件,即军代表至主任在合格证或履历本上没签字),待产品设计定型后,再实施 S 转 D。

(4) 对于 N 批,每批大于 20 套,而且有例行试验计划的产品,由军事代表和工厂根据产品的质量状况和批量,按产品规范或合同规定协商确定。其中飞机、发动机等产品的重要例行试验计划,须按规定上报主管业务部门备案或批准。

(5) 用于例行试验的产品,由军事代表从检验合格的同期同批或所代表数量的产品中抽取。例行试验必须严格按试验规程和试验要求进行,不得任意增减试验项目、颠倒试验顺序和中途更换零组件、试验设备、仪表等,如确需要更换时,工厂必须征得军事代表同意并按规定履行批准手续。试验结束后,军事代表应和工厂共同做出试验结论并按规定上报。例行试验做出结论前,同期(同批)生产的飞机,可以边生产边交付;同期(同批)生产的航空发动机、飞机和发动机的附件,交付出厂数量不超过相关规定;其他成品的交付出厂问题,按上级有关部门(或合同)规定和产品规范执行。没有规定的由军、厂双方商定。

(6) 检验验收中质量问题的处理。

① 日常检验验收中发现的一般质量问题,经工厂处理、复查,军事代表复验合格后,产品可予接收;如发现的是较大质量问题或复验不合格,应判为第一次提交失败;在工厂对质量问题采取纠正措施后,允许第二次提交。按抽样检验验收的产品,二次提交的抽样数量应采用加严方案。

② 二次提交验收的产品,如仍然达不到验收标准,应判该批产品不合格并拒绝验收。军事代表应将拒绝验收的理由及时通知工厂;如有意见分歧,由军、厂双方领导协商解决;不能取得一致意见时,应上报各主管业务部门处理;未答复前,该批产品不得出厂。

③ 第一次例行试验失败时,同期(同批)产品暂不出厂,直接造成例行试验失败的零部(组)件暂不周转工序,对已出厂产品需采取措施的应及时上报处理意见。工厂采取纠正措施后,允许组织第二次例行试验;如第二次例行试验仍失败,同期(同批)的产品应判为不合格。应将试验情况和对已出厂产品的处理意见上报。

第六章　产品寿命周期技术状态管理

第一节　产品寿命周期技术状态管理综述

一、寿命周期技术状态管理概述

产品的寿命周期包括研制、生产和使用过程，一般可细分为论证阶段、方案阶段、工程研制阶段、设计定型阶段、生产定型阶段、批生产阶段、使用保障阶段。其中，从方案阶段到批生产阶段是实施技术状态管理的主要过程。按产品寿命周期各阶段的特点和要求，视情确定论证阶段、方案阶段、工程研制阶段、设计定型阶段、生产定型阶段、批生产阶段、使用保障阶段规定的技术状态管理工作内容。五个阶段是以常规武器装备研制程序的系统级产品为示例，批生产阶段和使用保障阶段是根据武器装备的批生产和使用特点，从技术状态管理以及标准角度，提出的批生产和使用保障要求。配套产品可参考使用。

二、寿命周期内工作重点

本章节描述了装备研制过程的基本内容，因受到主题和标准内容的限制，并没有对产品寿命的全部过程进行详细描述。而是在其他章节中增加了转阶段(状态)评审和技术审查的内容。

三、对转阶段(状态)评审的认识

转阶段(状态)评审是技术状态管理的活动非常重要的环节，在装备研制的每一个阶段、状态内，都必须应有转阶段(状态)评审的环节，因这个环节是技术状态控制的重要手段，在其他章节中已重点、详细介绍，在本章节未作补充。

四、对技术审查的认识

技术审查是合同监管机构对武器装备研制项目组织开展的检查、评估和确认研制过程系统工程技术活动满足研制要求的一系列审查活动。其内容主要有系统要求审查、系统功能审查、初步设计审查、关键设计审查、首次大型试验准备审查、定型试验准备审查和小批量试生产准备审查，技术审查是第三方对承制单位实施技术状态管理监督的又一技术手段，它适用于武器装备研制项目研制过程的各类技术审查工作。如通过关键设计审查，能对每一技术状态项或一组功能上有联系的技术状态项的设计成果是否满足专用规范和专业工程等要求开展的审查。上述内容已在其他章节详细介绍,在本章节未作补充。

第二节　寿命周期技术状态管理

一、论证阶段技术状态管理

本阶段的技术状态管理工作内容,见表6-1所列。

表6-1　论证阶段技术状态管理

管理内容	管理输出	合同监管机构活动	双方活动	承制单位活动
总则	—	需要时,拟制或完善本阶段的技术状态管理规章制度	—	—
技术状态标识	a) 主要作战使用要求(含战术技术指标); b) 初步总体技术方案	a) 确定技术状态文件的标识方法; b) 编制规定产品功能和性能要求的技术状态文件,如主要作战使用要求(含战术技术指标)、初步总体技术方案; c) 发放技术状态文件; d) 保持技术状态文件的标识、原件和发放程序	—	—
技术状态控制	技术状态更改的正式程度及相应的审批权限和流程	需要时,初步建立合同监管机构本阶段的技术状态控制流程	—	—
技术状态记实	技术状态记实信息	a) 记录并报告技术和技术管理决策的情况; b) 记录技术状态文件及其标识号	—	需要时,报告技术的情况
技术状态审核	—	—	—	—

二、方案阶段技术状态管理

本阶段的技术状态管理工作内容,见表6-2所列。

表6-2　方案阶段技术状态管理

管理内容	管理输出	合同监管机构活动	双方活动	承制单位活动
总则	技术状态管理计划	制定产品寿命周期技术状态管理的指导原则; 完善合同监管机构技术状态管理的规章制度; 审查承制单位的技术状态管理计划; 审核承制单位的专业技术能力和质量保证能力	协调技术状态管理计划; 确定技术数据的要求	完善承制单位技术状态管理的规章制度; 编制产品寿命周期的技术状态管理计划; 制定对分承制单位或供应商的技术状态管理要求和考核标准

续表

管理内容	管理输出	合同监管机构活动	双方活动	承制单位活动
状态标识	a）技术状态项初始清单、功能技术状态文件清单； b）技术状态项和技术状态文件的标识方法； 技术状态文件发放记录;功能基线（系统规范、研制总要求等），产品通用特性的大纲或工作计划，及部分研制规范	a）认可功能技术状态文件清单； b）组织评审并批准规定产品设计要求和验证要求的技术状态文件（如系统规范）； 组织评审并批准部分技术状态项设计和验证要求的技术状态文件（如研制规范）； 编制并组织评审研制总要求	a）选择技术状态项； b）确定产品的设计要求	a）初步定义产品分解结构，提出受合同监管机构控制的技术状态项初始清单建议； b）提出产品功能技术状态文件清单； c）确定技术状态项、技术状态文件的标识方法； d）起草规定产品设计和验证要求的技术状态文件（如系统规范）； e）编制部分技术状态项设计和验证要求的技术状态文件（如研制规范）； f）发放技术状态文件； g）保持技术状态文件的标识、原件和发放程序
技术状态控制	技术状态更改的正式程度及相应的审批权限和流程	初步建立合同监管机构本阶段的技术状态控制流程； 初步评价承制单位的技术状态控制流程	确定技术状态更改的正式程度； 需要时，初步组建技术状态控制委员会	初步建立承制单位本阶段的技术状态控制流程； 初步评价分承制单位或供应商的技术状态控制流程； 功能基线建立之前，按内部制度实施技术状态控制
状态标识	a）技术状态项初始清单、功能技术状态文件清单； b）技术状态项和技术状态文件的标识方法； c）技术状态文件发放记录； d）功能基线（系统规范、研制总要求等）； e）产品通用特性的大纲或工作计划，及部分研制规范	a）认可功能技术状态文件清单； b）组织评审并批准规定产品设计要求和验证要求的技术状态文件（如系统规范）； c）组织评审并批准部分技术状态项设计和验证要求的技术状态文件（如研制规范）编制并组织评审研制总要求	a）选择技术状态项； b）确定产品的设计要求	a）初步定义产品分解结构，提出受合同监管机构控制的技术状态项初始清单建议； b）提出产品功能技术状态文件清单； c）确定技术状态项、技术状态文件的标识方法； d）起草规定产品设计和验证要求的技术状态文件（如系统规范）； e）编制部分技术状态项设计和验证要求的技术状态文件（如研制规范）； f）发放技术状态文件； g）保持技术状态文件的标识、原件和发放程序
技术状态控制	技术状态更改的正式程度及相应的审批权限和流程	a）初步建立合同监管机构本阶段的技术状态控制流程； b）初步评价承制单位的技术状态控制流程	a）确定技术状态更改的正式程度； b）需要时，初步组建技术状态控制委员会	a）记录并报告技术和技术管理决策的情况； b）记录技术状态项、技术状态文件及其标识号

续表

管理内容	管理输出	合同监管机构活动	双方活动	承制单位活动
技术状态记实	技术状态记实信息	—	—	a) 记录并报告技术和技术管理决策的情况; b) 记录技术状态项、技术状态文件及其标识号
技术状态审核	—	—	—	—

三、工程研制阶段技术状态管理

本阶段的技术状态管理工作内容,见表 6-3 所列。

表 6-3 工程研制阶段技术状态管理

管理内容	管理输出	合同监管机构合同	双方活动	承制单位活动
总则	a) 修订的技术状态管理计划; b) 质量管理体系审核文件	a) 完善产品寿命周期技术状态管理的指导原则; b) 完善合同监管机构技术状态管理的规章制度; c) 审查承制单位的技术状态管理计划; d) 审核承制单位的质量管理体系	a) 完善并协调技术状态管理计划; b) 完善技术数据的要求; c) 改进流程并将经验教训形成文档	a) 完善承制单位技术状态管理的规章制度; b) 完善对分承制单位或供应商的技术状态管理要求和考核标准
技术状态标识	a) 技术状态项清单、分配技术状态文件清单; b) 技术状态项及其下层产品的标识方法; c) 技术状态文件的标识方法和发放记录; d) 分配基线(全部研制规范); e) 部分产品技术状态文件; f) 接口管理文件	a) 适当地指定产品和各技术状态项的统一术语或命名; b) 认可分配技术状态文清单; c) 组织评审并批准受合同监管机构控制的规定各技术状态项设计要求和验证要求的技术状态文件(如研制规范),以建立分配基线; d) 在上级的组织和协调下,与相关部门或其他产品项目达成接口协议,并指派代表参与接口协调; e) 参与承制单位的接口控制工作小组的活动	a) 选定各技术状态项,明确双方对技术状态项的控制权限; b) 确定分配到各技术状态项的设计要求和验证要求,并建立与产品顶层要求的可追溯性; c) 基于技术状态管理计划和综合保障计划,确定各技术状态项的技术状态文件的控制权限; d) 确定纳入分配基线的技术状态文件; e) 确定接口协议,需要时,成立接口控制工作小组	a) 完善定义产品分解结构,提出受门购方控制的技术状态项清单建议; b) 命名并标识每个技术状态项; c) 确定零部件的标识方法以及软件的标识方法; d) 提出产品的分配技术状态文件清单建议; e) 完善各类技术状态文件的标识方法; f) 编制分配技术状态文件; g) 编制部分的产品技术状态文件; h) 在权限内批准技术状态项的技术状态文件,建立承制单位自己的技术状态基线; i) 发放技术状态文件并保持相应程序; j) 确定各技术状态项的接口

续表

管理内容	管理输出	合同监管机构合同	双方活动	承制单位活动
技术状态控制	技术状态更改申请、偏离许可和让步申请的正式审批、执行流程,以及审批、执行结果	a) 建立合同监管机构本阶段的技术状态控制流程; b) 评价承制单位的技术状态控制流程; c) 需要时,提出技术状态更改申请; d) 组织评审并批准I类技术状态更改申请; e) 监督技术状态更改落实	a) 沟通技术状态更改申请和偏离许可、让步申请的内容和状况; b) 需要时,正式组建技术状态控制委员会	a) 建立承制单位本阶段的技术状态控制流程; b) 评价分承制单位或供应商的技术状态控制流程; c) 需要时,提出技术状态更改申请,及偏离许可、让步申请; d) 批准权限范围内的技术状态更改申请,及偏离许可、让步申请; e) 实施技术状态更改、偏离,及让步放行
技术状态记实	技术状态记实信息	a) 评价承制单位的技术状态记实流程; b) 检查并确保合同监管机构保存的技术状态文件的完整性	a) 记录并报告当前的产品和各技术状态项的技术状态文件,并提供各级文件的可追溯性; b) 记录并报告权限范围内的技术状态更改、偏离、让步放行全过程状况; c) 定期备份技术状态记实数据	a) 评价分承制单位或供应商的技术状态记实流程; b) 建立各技术状态项与相关已批准的技术状态文件的链接
技术状态审核	评审前的准备、评审结果、评审问题的处理和跟踪		如功能技术状态审核结合技术审查分步进行,则开展关键设计评审、飞行试验及大型地面、水面、水下试验评审等	

四、设计定型(鉴定)阶段技术状态管理

本阶段的技术状态管理工作内容,见表6-4所列。

表6-4　设计定型阶段技术状态管理

管理内容	管理输出	合同监管机构合同	双方活动	承制单位活动
总则	修订的技术状态管理计划	a) 需要时,完善合同监管机构技术状态管理的规章制度; b) 需要时,审核承制单位的质量管理体系	a) 需要时,完善并协调技术状态管理计划; b) 改进流程并将经验教训形成文件	a) 需要时,完善承制单位技术状态管理规章制度; b) 需要时,完善对分承制单位或供应商的技术状态管理要求和考核标准

续表

管理内容	管理输出	合同监管机构合同	双方活动	承制单位活动
技术状态标识	a）技术状态项最终清单、产品技术状态文件清单； b）试验文件标识方法； c）技术状态文件发放记录； d）基本的产品基线	a）确认技术状态项最终清单和产品技术状态文件清单； b）确认受合同监管机构控制的规定各技术状态项生产要求和检验验收要求的技术状态文件，以建立基本的产品基线	a）确定权限范围内的试验文件的标识方法； b）编制权限范围内的试验文件并按发放程序发放	a）提出产品的技术状态项最终清单和产品技术状态文件清单建议； b）根据已批准的技术状态更改申请，标识需要制定或修改的技术状态文件； c）补充完善产品技术状态文件； d）发放技术状态文件并保持程序
技术状态控制	修订的技术状态更改申请、偏离许可申请和让步申请的审批、执行流程，以及审批、执行结果	a）需要时，完善本阶段的技术状态控制流程； b）需要时，评价承制单位的技术状态控制流程； c）需要时，提出技术状态更改申请； d）组织评审并批准Ⅰ类技术状态更改申请； e）监督技术状态更改落实	沟通技术状态更改申请和偏离许可、让步申请的内容和状况	a）需要时，完善本阶段的技术状态控制流程； b）需要时，评价分承制单位或供应商的技术状态控制流程； c）需要时，提出技术状态更改申请，及偏离许可、让步申请； d）批准权限范围内的技术状态更改申请，及偏离许可、让步申请； e）实施技术状态更改、偏离，及让步放行
技术状态记实	技术状态记实信息	a）需要时，评价承制单位的技术状态记实流程； b）检查并确保合同监管机构保存的技术状态文件的完整性； c）确认承制单位提交的技术状态文件符合设计定型审查要求	a）记录并报告权限范围内的产品和各技术状态项的试验文件； b）记录并报告权限范围内的技术状态更改、偏离、让步放行全过程状况； c）定期备份技术状态记实数据	a）需要时，评价分承制单位或供应商的技术状态记实流程； b）完善各技术状态项与相关联的已批技术状态文件的链接； c）准备设计定型审查所需的技术状态文件
技术状态审核	审核前的准备、审核结果、审核问题的处理和跟踪	—	a）进行功能技术状态审核，如与设计定型审查结合进行，按设计定型工作要求执行； b）如无生产定型，进行物理技术状态审核；如与设计定型审查结合进行，按设计定型工作要求执行	—

五、生产定型(鉴定)阶段技术状态管理

本阶段的技术状态管理工作内容,见表 6-5 所列。

表 6-5　生产定型阶段技术状态管理

管理内容	输出	合同监管机构活动	双方活动	承制单位活动
总则	a) 修订的技术状态管理计划和规章制度; b) 质量管理体系审核文件	a) 需要时,完善合同监管机构技术状态管理的规章制度; b) 审查承制单位的技术状态管理计划; c) 审核承制单位的质量管理体系	a) 完善并协调技术状态管理计划; b) 改进流程并将经验教训形成文件	a) 需要时,完善承制单位技术状态管理的规章制度; b) 需要时,完善对分承制单位或供应商的技术状态管理要求和考核标准
技术状态标识	a) 产品技术状态文件最终清单; b) 技术状态文件发放记录; c) 最终的产品基线	a) 适当时,采用合同监管机构的命名; b) 维持产品现有的功能基线和分配基线; c) 认可产品基线对应的技术状态文件清单; d) 确认受合同监管机构控制的产品技术状态文件,以建立最终的产品基线	如果技术状态更改申请导致综合保障计划发生变化,确保技术状态文件与新计划的一致	a) 提出产品的产品技术状态文件最终清单建议; b) 按已批准的技术状态更改申请,标识需要制定或修改的技术状态文件; c) 完善或编制产品技术状态文件; d) 发放技术状态文件并保持程序
技术状态控制	修订的技术状态更改申请、偏离许可申请和让步申请的审批、执行流程,以及审批、执行结果和偏离、不合格纠正措施	a) 建立产品改进的控制流程; b) 评价承制单位的技术状态管理流程; c) 需要时,提出技术状态更改申请; d) 组织评审并批准Ⅰ、Ⅱ类技术状态更改申请; e) 监督技术状态更改落实; f) 审批权限内的偏离许可、让步申请	沟通技术状态更改申请和偏离许可、让步申请的内容和状况	a) 需要时,完善本阶段的技术状态控制流程; b) 需要时,评价分承制单位或供应商的技术状态控制流程; c) 需要时,提出技术状态更改申请,及偏离许可、让步申请; d) 批准权限范围内的技术状态更改申请,及偏离许可、让步申请; e) 实施技术状态更改、偏离,及让步放行; f) 采取措施纠正偏离、不合格
技术状态记实	技术状态记实信息	a) 需要时,评价承制单位的技术状态记实流程; b) 检查并确保合同监管机构保存的技术状态文件的完整性; c) 确认承制单位提交的技术状态文件符合生产定型审查要求	a) 记录并报告权限范围内的产品和各技术状态项的试验文件; b) 记录并报告权限范围内的技术状态更改、偏离、让步放行全过程状况; c) 定期备份技术状态记实数据	a) 需要时,评价分承制单位或供应商的技术状态记实流程; b) 完善各技术状态项与相关联的已批技术状态文件的链接; c) 准备生产定型审查所需的技术状态文件

续表

管理内容	输出	合同监管机构活动	双方活动	承制单位活动
技术状态审核	审核前的准备、审核结果、审核问题的处理和跟踪	—	完成物理技术状态审核,如与生产定型审查结合进行,按生产定型工作要求执行	—

六、批生产阶段技术状态管理

本阶段的技术状态管理工作内容,见表6-6所列。

表6-6 批生产阶段技术状态管理

管理内容	管理输出	合同监管机构活动	双方活动	承制单位活动
总则	a) 修订的技术状态管理计划; b) 质量管理体系审核文件	a) 持续实施技术状态管理流程; b) 审核承制单位的质量管理体系	需要时,完善技术状态管理计划	持续实施技术状态管理流程
技术状态标识	a) 技术状态文件发放记录; b) 修订的产品基线	需要时,确认受合同监管机构控制的规定各技术状态项生产要求和检验验收要求的技术状态文件,以修订现有产品基线	如果技术状态更改申请导致综合保障计划发生变化,确保技术状态文件与新计划的一致	a) 根据已批准的技术状态更改申请,标识需要制定或修改的技术状态文件; b) 发放技术状态文件并保持程序
技术状态控制	a) 技术状态更改申请和偏离许可、让步申请的审批、执行结果; b) 偏离、不合格的纠正措施	a) 持续实施技术状态控制流程; b) 需要时,提出技术状态更改申请,属产品改型的,按相应手续办理; c) 组织评审并批准Ⅰ、Ⅱ类技术状态更改申请; d) 监督技术状态更改落实; e) 审批权限内的偏离许可、让步申请	沟通技术状态更改申请和偏离许可、让步申请的内容和状况,确保产品、技术状态文件、使用及维修资源的一致性	a) 持续实施技术状态控制流程; b) 需要时,提出技术状态更改申请,及偏离许可、让步申请; c) 批准权限内的技术状态更改申请,以及偏离许可、让步申请; d) 实施技术状态更改、偏离,及让步放行; e) 采取措施纠正偏离、不合格
技术状态记实	技术状态记实信息	a) 需要时,评价承制单位的技术状态记实流程; b) 检查并确保合同监管机构保存的技术状态文件的完整性	a) 记录并报告权限范围内的技术状态更改、偏离、让步放行全过程状况; b) 定期备份技术状态记实数据	a) 需要时,评价分承制单位或供应商的技术状态记实流程; b) 完善各技术状态项与相关联的已批技术状态文件的链接
技术状态审核	审核前准备、审核结果以及审核问题的处理和跟踪	—	需要时,参照开展技术状态审核	—

七、使用保障阶段技术状态管理

本阶段的技术状态管理工作内容,见表 6-7 所列。

表 6-7　使用保障阶段技术状态管理

管理内容	管理输出	合同监管机构活动	双方活动	承制单位活动
技术状态标识	a) 技术状态文件发放记录; b) 新增或修订的技术状态文件	保持在役的技术状态项的可追溯性	a) 根据已批准的技术状态更改申请,标识需要制定或修改的技术状态文件; b) 需要时,发放并维护技术状态文件(如保障资料、技术通报等); c) 如果综合保障计划发生变化,确定技术状态文件与新计划是否一致	—
技术状态控制	技术状态更改文件的审批、执行情况	a) 需要时,提出技术状态更改申请。属产品改型的,按相应手续办理; b) 批准实施内部技术状态更改申请前,确认其对现有技术状态基线的影响,必要时邀请承制单位参与评审	a) 持续实施技术状态控制流程; b) 沟通技术状态更改申请的内容和状况; c) 实施技术状态更改,并确保产品、技术状态文件、使用及维修资源的一致性	—
技术状态记实	技术状态记实信息	记录并报告内部加改装或维修替换所产生的技术状态更改	定期备份技术状态记实数据	a) 记录并报告承制单位负责的加改装或维修替换所产生的技术状态更改; b) 记录并报告技术状态文件(如保障资料)的更改状况
技术状态审核	审核前准备、审核结果以及审核问题的处理和跟踪	需要时,参照开展技术状态审核	—	—

参 考 文 献

[1] GB/T 19000—2016《质量管理体系 基础和术语》.
[2] GB/T 19017—2008《质量管理体系 技术状态管理指南》.
[3] GJB 0. 1—2001《军用标准文件编制工作导则 第 1 部分:军用标准和指导性技术文件编写规定》.
[4] GJB 0. 2—2001《军用标准文件编制工作导则 第 2 部分:军用规范编写规定》.
[5] GJB 0. 3—2001《军用标准文件编制工作导则 第 3 部分:出版印刷规定》.
[6] GJB 145A—1993《防护包装规范》.
[7] GJB 150. 1A—2009《军用装备实验室环境试验方法 第 1 部分 通用要求》.
[8] GJB 151A—1997《军用设备和分系统电磁发射和敏感度要求》.
[9] GJB 151B—2013《军用设备和分系统电磁发射和敏感度要求与测量》.
[10] GJB 152A—1997《军用设备和分系统电磁发射和敏感度测量》.
[11] GJB 179A—1996《计数抽样检验程序及表》.
[12] GJB 181B—2012《飞机供电特性》.
[13] GJB 190—1986《特性分类》.
[14] GJB 368B—2009《装备维修性工作通用要求》.
[15] GJB 431—1988《产品层次、产品互换性、样机及有关术语》.
[16] GJB 438B—2009《军用软件开发文档通用要求》.
[17] GJB 439A—2013《军用软件质量保证通用要求》.
[18] GJB 450A—2004《装备可靠性工作通用要求》.
[19] GJB 451A—2005《可靠性维修性保障性术语》.
[20] GJB 466—1988《理化试验质量控制规范》.
[21] GJB 467A—2008《生产提供过程质量控制》.
[22] GJB 480A—1995《金属镀覆和化学覆盖工艺》.
[23] GJB 481—1988《焊接质量控制要求》.
[24] GJB 509B—2008《热处理工艺质量控制》.
[25] GJB 546B—2011《电子元器件质量保证大纲》.
[26] GJB 571A—2005《不合格品管理》.
[27] GJB 593—1998《无损检测质量控制规范》.
[28] GJB 630A—1998《飞机质量与可靠性信息分类和编码要求》.
[29] GJB 726A—2004《产品标识和可追溯性要求》.
[30] GJB 813—1990《可靠性模型的建立和可靠性预计》.
[31] GJB 832A—2005《军用标准文件分类》.
[32] GJB 841—1990《故障报告、分析和纠正措施系统》.
[33] GJB 897A—2004《人 机 环境系统工程术语》.
[34] GJB 899A—2009《可靠性鉴定和验收试验》.

[35] GJB 900A—2012《装备安全性工作通用要求》.
[36] GJB 904A—1999《锻造工艺质量控制要求》.
[37] GJB 905—1990《熔模铸造工艺质量控制》.
[38] GJB 906—1990《成套技术资料质量管理要求》.
[39] GJB 907A—2006《产品质量评审》.
[40] GJB 908A—2008《首件鉴定》.
[41] GJB 909A—2005《关键件和重要件的质量控制》.
[42] GJB 939—1990《外购器材的质量管理》.
[43] GJB 1032—1990《电子产品环境应力筛选方法》.
[44] GJB 1091—1991《军用软件需求分析》.
[45] GJB 1132—1991《飞机地面保障设备通用规范》.
[46] GJB 1181—1991《军用装备包装、装卸、贮存和运输通用大纲》.
[47] GJB 1182—1991《防护包装和装箱等级》.
[48] GJB 1267—1991《军用软件维护》.
[49] GJB 1268A—2004《军用软件验收要求》.
[50] GJB 1269A—2000《工艺评审》.
[51] GJB 1309—1991《军工产品大型试验计量保证与监督要求》.
[52] GJB 1310A—2004《设计评审》.
[53] GJB 1330—1991《军工产品批次管理的质量控制要求》.
[54] GJB 1362A—2007《军工产品定型程序和要求》.
[55] GJB 1364—1992《装备费用—效能分析》.
[56] GJB 1371—1992《装备保障性分析》.
[57] GJB 1378A—2007《装备以可靠性为中心的维修分析》.
[58] GJB 1389A—2005《系统电磁兼容性要求》.
[59] GJB 1404—1992《器材供应单位质量保证能力评定》.
[60] GJB 1405A—2006《装备质量管理术语》.
[61] GJB 1406A—2005《产品质量保证大纲要求》.
[62] GJB 1407—1992《可靠性增长试验》.
[63] GJB 1442A—2006《检验工作要求》.
[64] GJB 1443—1992《产品包装、装卸、运输、贮存的质量管理要求》.
[65] GJB 1452A—2004《大型试验质量管理要求》.
[66] GJB 1573—1992《核武器安全设计及评审准则》.
[67] GJB 1686A—2005《装备质量信息管理通用要求》.
[68] GJB 1710A—2004《试制和生产准备状态检查》.
[69] GJB 1775—1993《装备质量与可靠性信息分类和编码通用要求》.
[70] GJB 1909A—2009《装备可靠性维修性保障性要求论证》.
[71] GJB 2028A—2007《磁粉检测》.
[72] GJB 2041—1994《军用软件接口设计要求》.
[73] GJB 2072—1994《维修性试验与评定》.
[74] GJB 2100—1994《飞机地面保障设备颜色要求》.
[75] GJB 2102—1994《合同中质量保证要求》.

[76] GJB 2116A—2015《武器装备研制项目工作分解结构》.
[77] GJB 2240—1994《常规兵器定型试验术语》.
[78] GJB 2254—1994《武器装备柔性制造系统术语》.
[79] GJB 2353—1995《设备和零件的包装程序》.
[80] GJB 2366A—2007《试制过程的质量控制》.
[81] GJB 2374—1995《锂电池安全要求》.
[82] GJB 2434—1995《军用软件测试与评估通用要求》.
[83] GJB 2472—1995《铬鞣黄中高强度耐压密封革规范》.
[84] GJB 2488—1995《飞机履历本编制要求》.
[85] GJB 2489—1995《航空机载设备履历本及产品合格证编制要求》.
[86] GJB 2547A—2012《装备测试性工作通用要求》.
[87] GJB 2635A—2008《军用飞机腐蚀防护设计和控制要求》.
[88] GJB 2692A—2012《飞行事故调查程序和技术要求》.
[89] GJB 2712A—2009《装备计量保障中心测量设备和测量过程的质量控制》.
[90] GJB 2715A—2009《军事计量通用术语》.
[91] GJB 2725A—2001《测试实验室和校准实验室通用要求》.
[92] GJB 2737—1996《武器装备系统接口控制要求》.
[93] GJB 2742—1996《工作说明编写要求》.
[94] GJB 2786A—2009《军用软件开发通用要求》.
[95] GJB 2873—1997《军事装备和设施的人机工程设计准则》.
[96] GJB 2891—1997《大气数据测试系统静态压力检定规程》.
[97] GJB 2926—1997《电磁兼容性测试实验室认可要求》.
[98] GJB 2961—1997《修理级别分析》.
[99] GJB 2993—1997《武器装备研制项目管理》.
[100] GJB 3206A—2010《技术状态管理》.
[101] GJB 3207—1998《军事装备和设施的人机工程要求》.
[102] GJB 3208—1998《新机进场试飞移交验收要求》.
[103] GJB 3210—1998《飞机坠撞安全性要求》.
[104] GJB 3273—1988《研制阶段技术审查》.
[105] GJB 3273A—2017《武器装备研制项目技术审查》.
[106] GJB 3363—1998《生产性分析》.
[107] GJB 3367A—2008《飞机变速恒频发电系统通用规范》.
[108] GJB 3369—1998《航空运输性要求》.
[109] GJB 3404—1998《电子元器件选用管理要求》.
[110] GJB 3569—1999《飞机地面保障设备配套目录编制要求》.
[111] GJB 3660—1999《武器装备论证评审要求》.
[112] GJB 3669—1999《常规兵器贮存试验规程》.
[113] GJB 3677A—2006《装备检验验收程序》.
[114] GJB 3732—1999《航空武器装备战术技术指标论证规范》.
[115] GJB 3837—1999《装备保障性分析记录》.
[116] GJB 3845—1999《航空军工产品定型审查报告编写要求》.

[117] GJB 3870—1999《武器装备使用过程质量信息反馈管理》.
[118] GJB 3872—1999《装备综合保障通用要求》.
[119] GJB 3885A—2006《装备研制过程质量监督要求》.
[120] GJB 3886A—2006《军事代表对承制单位型号研制费使用监督要求》.
[121] GJB 3887A—2006《军事代表参加装备定型工作程序》.
[122] GJB 3898A—2006《军事代表参与装备采购招标工作要求》.
[123] GJB 3899A—2006《大型复杂装备军事代表质量监督体系工作要求》.
[124] GJB 3900A—2006《装备采购合同中质量保证要求的提出》.
[125] GJB 3916A—2006《装备出厂检查、交接与发运质量工作要求》.
[126] GJB 3919A—2006《封存生产线质量监督要求》.
[127] GJB 3920A—2006《装备转厂、复产鉴定质量监督要求》.
[128] GJB 3967—2000《军用飞机质量监督规范》.
[129] GJB 3968—2000《军用飞机用户技术资料通用要求》.
[130] GJB 4050—2000《武器装备维修器材保障通用要求》.
[131] GJB 4054—2000《武器装备论证手册编写规则》.
[132] GJB 4072A—2006《军用软件质量监督要求》.
[133] GJB 4239—2001《装备环境工程通用要求》.
[134] GJB 4803—1997《装备战场损伤评估与修复手册的编写要求》.
[135] GJB 5000A—2008《军用软件研制能力成熟度模型》.
[136] GJB 5100—2002《无人机用涡轮喷气和涡轮风扇发动机通用规范》.
[137] GJB 5109—2004《装备计量保障通用要求检测和校准》.
[138] GJB 5159A—2004《军工产品定型电子文件要求》.
[139] GJB 5234—2004《军用软件验证和确认》.
[140] GJB 5235—2004《军用软件配置管理》.
[141] GJB 5236—2004《军用软件质量度量》.
[142] GJB 5283—2004《武器装备发展战略论证通用要求》.
[143] GJB 5313—2004《电磁兼容辐射暴露限值和测量方法》.
[144] GJB 5423—2005《质量管理体系的财务资源和财务测量》.
[145] GJB 5707—2006《装备售后技术服务质量监督要求》.
[146] GJB 5708—2006《装备质量监督通用要求》.
[147] GJB 5709—2006《装备技术状态管理监督要求》.
[148] GJB 5710—2006《装备生产过程质量监督要求》.
[149] GJB 5711—2006《装备质量问题处理通用要求》.
[150] GJB 5712—2006《装备试验质量监督要求》.
[151] GJB 5713—2006《装备承制单位资格审查要求》.
[152] GJB 5714—2006《外购器材质量监督要求》.
[153] GJB 5715—2006《引进装备检验验收程序》.
[154] GJB 6117—2007《装备环境工程术语》.
[155] GJB 6387—2008《武器装备研制项目专用规范编写规定》.
[156] GJB 6388—2008《武器综合保障计划编制要求》.
[157] GJB 6463—2008《理化检测人员资格鉴定与认证》.

[158] GJB 7688—2012《装备技术成熟度等级划分及定义》.
[159] GJB 7689—2012《装备技术成熟度评价程序》.
[160] GJB 8113—2013《武器装备研制系统工程通用要求》.
[161] GJB 8114—2013《C/C++语言编程安全子集》.
[162] GJB 8892—2017《武器装备论证通用要求》.
[163] GJB 9001C—2017《质量管理体系要求》.
[164] GJB 9712A—2008《无损检测人员资格鉴定与认证》.
[165] GJB/Z 16—1991《军工产品质量管理要求与评定导则》.
[166] GJB/Z 17—1991《军用装备电磁兼容性管理指南》.
[167] GJB/Z 23—1991《可靠性和维修性工程报告编写一般要求》.
[168] GJB/Z 27—1992《电子设备可靠性热设计手册》.
[169] GJB/Z 34—1993《电子产品定量环境应力筛选指南》.
[170] GJB/Z 35—1993《元器件降额准则》.
[171] GJB/Z 57—1994《维修性分配与预计手册》.
[172] GJB/Z 69—1994《军用标准的选用和剪裁导则》.
[173] GJB/Z 72—1995《可靠性维修性评审指南》.
[174] GJB/Z 77—1995《可靠性增长管理手册》.
[175] GJB/Z 89—1997《电路容差分析指南》.
[176] GJB/Z 91—1997《维修性设计技术手册》.
[177] GJB/Z 94—1997《军用电气系统安全设计手册》.
[178] GJB/Z 99—1997《系统安全性工程手册》.
[179] GJB/Z 102A—2012《军用软件安全性设计指南》.
[180] GJB/Z 105—1998《电子产品防静电放电控制手册》.
[181] GJB/Z 106A—2005《工艺标准化大纲编制指南》.
[182] GJB/Z 108A—2006《电子设备非工作状态可靠性预计手册》.
[183] GJB/Z 113—1998《标准化评审》.
[184] GJB/Z 114A—2005《产品标准化大纲编制指南》.
[185] GJB/Z 115—1998 GJB2786《武器系统软件开发》剪裁指南.
[186] GJB/Z 122—1999《机载电子设备设计准则》.
[187] GJB/Z 127A—2006《装备质量管理统计方法应用指南》.
[188] GJB/Z 141—2004《军用软件测试指南》.
[189] GJB/Z 142—2004《军用软件安全性分析指南》.
[190] GJB/Z 145—2006《维修性建模指南》.
[191] GJB/Z 147A—2006《装备综合保障评审指南》.
[192] GJB/Z 151—2007《装备保障方案和保障计划编制指南》.
[193] GJB/Z 170—2013《军工产品设计定型文件编制指南》.
[194] GJB/Z 171—2013《武器装备研制项目风险管理指南》.
[195] GJB/Z 220—2005《军工企业标准化工作导则》.
[196] GJB/Z 299C—2006《电子设备可靠性预计手册》.
[197] GJB/Z 379A—1992《质量管理手册编制指南》.
[198] GJB/Z 768A—1998《故障树分析指南》.

[199] GJB/Z 1391—2006《故障模式、影响及危害性分析指南》.
[200] GJB/Z 1687A—2006《军工产品承制单位内部质量审核指南》.
[201] GJB/Z 20517—1998《武器装备寿命周期费用估算》.
[202] KJB 9001A—2006《航空军工产品承制单位质量管理体系要求》.
[203] HB/Z 227—1992《机载设备制造工艺工作导则》.
[204] ISO 10007—2017《质量管理 技术状态管理指南》.
[205] MIL-STD-973《技术状态管理》.
[206] 中华人民共和国政府采购法．全国人大常委会．2014 年 8 月 31 日．主席令第 14 号.
[207] 武器装备质量管理条例．国务院 中央军委．2010 年 11 月 1 日．国发[2010]582 号.
[208] 中国人民解放军驻厂军事代表工作条例．国务院 中央军委．1989 年 9 月 26 日.
[209] 军工产品定型工作规定．国务院 中央军委．2005 年 9 月 20 日．国发[2005]32 号.
[210] 军用软件产品定型管理办法．国务院 中央军委军工产品定型委员会．2005 年 11 月 11 日．[2005]军定字第 62 号.
[211] 武器装备研制设计师系统和行政指挥系统工作条例．国务院 中央军委．1984 年 4 月 4 日.
[212] 武器装备研制合同暂行办法．国务院 中央军委．1987 年 1 月 22 日．国发[1987]7 号.
[213] 中国人民解放军装备条例．中华人民共和国中央军事委员会．2000 年 12 月．[2000]军字第 96 号.
[214] 中国人民解放军装备科研条例．中华人民共和国中央军事委员会．2004 年 2 月．[2004]军字第 4 号.
[215] 中国人民解放军装备采购条例．中华人民共和国中央军事委员会．2002 年 10 月．[2002]军字第 50 号.
[216] 中国人民解放军计量条例．中华人民共和国中央军事委员会．2003 年 7 月 29 日.
[217]《常规武器装备研制程序》《战略武器装备研制程序》《人造卫星研制程序》．总参谋部、国防科工委、国家计委、财政部．1995 年 8 月 28 日．[1995]技综字第 2709 号.
[218] 关于进一步加强高新武器装备质量工作的若干要求．总装备部 国防科工委．2005 年.
[219] 武器装备研制生产标准化工作规定．国防科工委．2004 年 2 月 19 日.
[220] 驻厂军事代表室工作规范．[2001]装计字第 31 号.
[221] 中国人民解放军空军装备部技术部．空军航空工程辞典[M]．北京：中国科学技术出版社，1998.

内 容 简 介

本书总结作者多年从事武器装备研制生产工作的实际,结合先进的技术状态管理方法,从技术状态管理基本理念、装备研制程序、技术状态标识、技术状态控制、技术状态记实、技术状态审核、技术状态管理监督、全寿命周期的技术状态管理等方面阐述了武器装备研制项目技术状态管理的主要工作,并把技术状态管理工作与工程管理、质量管理等工作有机结合起来,融入装备研制生产实际工作当中。同时,着重阐述了技术状态基线管理、技术状态管理计划的制定、技术状态标识管理、转阶段管理、专用规范的编写等技术状态管理工作中的一些短板和重点工作,希望对当前技术状态管理工作的开展提供积极的指导。

This book summarizes the rich experience in weapon equipment developing practice. Based on the advanced configuration management methods, it presents the main practice of configuration management(CM) in weapon equipment developing process, which includes the basic definition and concept of CM, equipment development procedures, configuration identification, configuration control, configuration accounting, configuration audit, configuration management and monitoring, CM in whole life cycle and so on. The Significant contribution is to combine CM with engineering management and quality management, which is used to equipment development and production. Furthermore, it focuses on some shortcoming and important problems in configuration baseline managing, configuration management scheduling, configuration identification managing, phase-transference managing, special specification preparing, etc. As a whole, the book will give all the people with efficient guidance who engaging in the development of configuration management.